"博学而笃志，切问而近思。"

《论语》

博晓古今，可立一家之说；
学贯中西，或成经国之才。

基础医学本科核心课程系列教材

总主编：汤其群

生物化学与分子生物学

Biochemistry and Molecular Biology

主　审　查锡良

主　编　汤其群

副主编　雷群英　王丽影

编　者（按姓氏笔画排序）

汤其群　查锡良　雷群英　李　希

江建海　张　英　王丽影　黄海艳

魏湲颜

復旦大學出版社

基础医学本科核心课程系列教材

编写委员会名单

序 言

医学是人类繁衍与社会发展的曙光，在社会发展的各个阶段具有重要的意义，尤其是在科学鼎新、重视公民生活质量和生存价值的今天，更能体现她的尊严与崇高。

医学的世界博大而精深，学科广泛，学理严谨；技术精致，关系密切。大凡医学院校必有基础医学的传承而显现特色。复旦大学基础医学院的前身分别为上海第一医学院基础医学部和上海医科大学基础医学院，诞生至今已整 60 年。沐浴历史沧桑，无论校名更迭，复旦大学基础医学素以“师资雄厚，基础扎实”的风范在国内外医学界树有声望，尤其是基础医学各二级学科自编重视基础理论和实验操作、密切联系临床医学的本科生教材，一直是基础医学院的特色传统。每当校友返校或相聚之时，回忆起在基础医学院所使用的教材及教师严谨、认真授课的情景，都印象深刻。这一传统为培养一批又一批视野开阔、基础理论扎实和实验技能过硬的医学本科生起到关键作用。

21 世纪是一个知识爆炸、高度信息化的时代，互联网技术日益丰富，如何改革和精简课程，以适应新时代知识传授的特点和当代大学生学习模式的转变，日益成为当代医学教育关注的核心问题之一。复旦大学基础医学院自 2014 年起在全院范围内，通过聘请具有丰富教学经验和教材编写经验的全国知名教授为顾问、以各学科带头人和骨干教师为主编和编写人员，在全面审视和分析当代医学本科学生基础阶段必备的知识点、知识面的基础上，实施基础医学“主干课程建设”项目，其目的是传承和发扬基础医学院的特色传统，进一步提高基础医学教学的质量。

在保持传统特色、协调好基础医学各二级学科和部分临床学科的基础上，在全院范围内组织编写涵盖临床医学、基础医学、公共卫生、药学、护理学等专业学习的医学基础知识的教材，这在基础医学院历史上还是首次。我们对教材编写提出统一要求，即做到内容新颖、语言简练、结合临床；编写格式规范化，图表力求创新；去除陈旧的知识和概念，凡涉及临床学科的教材，如《系统解剖学》《病理学》《生理学》《病理生理学》《药理学》《法医学》等，须聘请相关临床专家进行审阅等。

由于编写时间匆促，这套系列教材一定会存在一些不足和遗憾，希望同道们不吝指教和批评，在使用过程中多提宝贵意见，以便再版时完善提高。

2015 年 8 月

前言

生物化学与分子生物学课程是生命科学与医学中的一门极为重要的专业基础课程，其理论及技术广泛渗透到医学各门课程中。生物化学与分子生物学与临床的联系十分密切，几乎所有疾病的预防、诊断和治疗都涉及生物化学相关知识。对医学相关专业学生而言，学习、理解与掌握生物化学课程内容，为进一步学习基础医学其他课程和临床医学课程奠定了基础，也为今后从分子水平理解疾病的发生和发展及治疗方法具有十分重要的作用。

当今生命科学发展日新月异，知识更新迅速，作为生命科学前沿学科的生物化学与分子生物学，其新知识、新技术更是不断涌现。为提高医学教育质量与培养适应当今临床医学高速发展的医学生，编写精炼经典内容、突出重要新进展、体现学科交叉知识的新颖教材，是教育诸多重要环节之一。

为体现生物化学与分子生物学学科知识的最新进展，符合医学生培养目标以及进一步加强课程内涵建设以提高教学效果，我们生物化学与分子生物学系集中骨干教师力量，充分利用上医在基础医学领域的学科优势，秉承与发扬我系自编经典教材的经验和传统，并加入更新的知识，旨在编写出“自主品牌、上医特色”的能密切结合临床，具有实用性和时效性的生物化学与分子生物学教材。本教材对医学生在基础医学学习阶段必须具备的知识点、知识面进行重新审视和梳理，期望达到“内容与时俱进，语言精简凝炼，紧密结合临床”三大目标，以彰显国内一流学科的教学水平。

由于生物化学与分子生物学涉及的学科面之广与编者学识疏浅，加之撰写时间仓促，错误或不当之处在所难免，恳请使用者不吝批评指正。

主编　汤其群

2015 年 8 月

目 录

绪　论

生物化学(biochemistry)是一门从分子水平探讨生命现象与本质的重要基础课程，主要研究生物分子结构与功能、物质代谢与调节以及遗传信息传递的分子基础与调控规律等。生物化学通常采用化学、物理学和数学的原理和方法，同时也融入了生理学、细胞生物学、遗传学和免疫学等的理论和技术，研究各种形式的生命活动本质。

20 世纪 50 年代，生物化学发展进入了分子生物学(molecular biology)时期，揭示了生命本质的高度有序性和一致性，是人类在认识论上的重大飞跃。分子生物学是生物化学的重要组成部分，也被视作生物化学的发展和延续。因此，分子生物学的飞速发展无疑为生物化学的发展注入了更大的活力，并促进了相关和交叉学科的发展，特别是医学的发展，已成为生命科学的共同语言。

第一节　生物化学发展简史

生物化学的起始研究可追溯至 18 世纪，于 20 世纪初叶作为一门独立的学科蓬勃发展，可归纳为如下 3 个时期。

一、 叙述生物化学时期

18 世纪中至 19 世纪末，主要研究生物体的化学组成。对糖类、脂质及氨基酸的性质进行了较为系统的研究；发现了核酸；从血液中分离了血红蛋白；证实了连接相邻氨基酸的肽键的形成；化学合成了简单的多肽；发现酵母发酵生醇过程存在“可溶性催化剂”，奠定了酶学的基础等。

二、 动态生物化学时期

20 世纪初期，发现了人类营养必需氨基酸、营养必需脂肪酸及多种维生素；发现了多种激素，并将其分离、合成；应用同位素示踪技术，基本确定了体内主要物质的代谢途径，包括糖代谢途径的酶促反应过程、脂肪酸 β-氧化、尿素合成途径及三羧酸循环等；提出了生物能产生过程中的 ATP 循环学说；阐明了酶的化学本质是蛋白质，酶晶体制备获得成功。

三、分子生物化学时期

20世纪后半叶以来，除了合成代谢与代谢调节研究外，更为重要的是分子生物学的崛起，使生物化学发展进入崭新的时期。

1. DNA双螺旋结构 20世纪50年代初期，J. D. Watson和F. H. Crick提出DNA双螺旋结构模型，为揭示遗传信息传递规律奠定了基础，是生物化学发展进入分子生物学时期的重要标志。对DNA的复制机制、RNA的转录过程以及各种RNA在蛋白质合成过程中的作用进行了深入研究，提出了遗传信息传递的中心法则，破译了RNA分子中的遗传密码等；发现了蛋白质α-螺旋的二级结构；完成了胰岛素的氨基酸全序列分析等。20世纪50年代后期还揭示了蛋白质生物合成途径，确定了由合成代谢与分解代谢网络组成的“中间代谢”概念。

2. DNA克隆 20世纪70年代，重组DNA技术建立，促进了对基因表达调控机制的研究，且使主动改造生物体成为可能，进而获得了多种基因工程产品，大大推动了生物医药工业和农业的发展。转基因动植物和基因敲除(gene knock out)动物模型的成功是重组DNA技术发展的结果。80年代，核酶(ribozyme)的发现是人们对生物催化剂的深入认识。聚合酶链反应(PCR)技术的发明，使人们有可能在体外高效率扩增DNA。

3. 基因组学及组学 20世纪末始动的人类基因组计划(human genome project)是人类生命科学中的又一伟大创举。人类基因组计划描述人类基因组和其他基因组特征，包括物理图谱、遗传图谱、基因组DNA序列测定。2001年2月人类基因组计划和Cerela共同公布了人类基因组草图(Nature，2001，409:860－921；Science 2001，291:1304－51)，揭示了人类遗传学图谱的基本特点，将为人类健康和疾病的研究带来根本性的变革。

曾估计人类的基因组中应涵盖约7万～10万个基因，然而却只有3万～4万个可翻译基因，仅仅是线虫或果蝇的两倍，说明人类的基因更加复杂，具有更多的选择性剪切，从而产生巨大数目的蛋白质产物，提示对基因的结构、功能及其调控研究显得尤为重要。

此后出现蛋白质组学(proteomics)，研究内容包括蛋白质的定位、结构与功能、相互作用以及特定时空的蛋白质表达谱等；转录组学(transcriptomics)研究细胞在某一功能状态下所含mRNA的类型与拷贝数。我国科学家在1998年和2000年多次提出了功能RNA组研究。除mRNA、tRNA、rRNA外，近年来一类小分子RNA受到广泛重视，已发现小分子RNA可参与基因表达调控；所有的小分子RNA被统称为非mRNA小RNA(small non-messenger RNA，snmRNA)，由此产生了RNA组学(RNomics)的概念，主要研究snmRNA的种类、结构、功能等，探讨同一生物学不同组织细胞、同一细胞在不同时空状态下snmRNA表达谱以及功能的变化。

代谢组学(metabonomics)主要研究生物体对外源性物质的刺激、环境变化或遗传修饰所作出的所有代谢应答的全貌和动态变化过程，其研究对象为完整的多细胞的生物系统，包括生命个体与环境的相互作用。

糖组学(glycomics)主要研究单个生物体所包含的所有聚糖的结构、功能(包括与蛋白质的相互作用)等生物学作用，糖组学的出现使人类可以更深刻理解第三类生物信息大分子——聚糖在生命活动中的作用。

总之,阐明人类基因组功能是一项多学科的任务,正吸引着生物、医学、化学、物理、数学、工程和计算机等领域的学者共同参与,从中整合所有基因组信息,分析各种数据并提取其生物学意义,由此产生了一门前景广阔的新兴学科——生物信息学(bioinformatics)。尽管生物化学与分子生物学的发展异常迅速,但人类基因组序列的揭晓仅是序幕,生命本质的阐明任重而道远。

四、 我国科学家对生物化学发展的贡献

早在西方生物化学诞生之前,即公元前 21 世纪,我国人民已能造酒,这是我国古代用"曲"作"媒"(即酶)催化谷物淀粉发酵的实践。近代,我国生物化学家吴宪等在血液化学分析方面,创立了血滤液的制备和血糖测定法,还提出了蛋白质变性学说;刘思职用定量分析方法研究抗原抗体反应机制。1965 年,我国科学家首先采用人工方法合成了具有生物活性的牛胰岛素,解出了三方二锌猪胰岛素的晶体结构;1981 年,采用有机合成与酶促相结合的方法成功合成了酵母丙氨酰 tRNA。此外,在酶学、蛋白质结构、生物膜结构与功能方面的研究都有举世瞩目的成就。近年来,我国的基因工程、蛋白质工程、新基因的克隆与功能、疾病相关基因的定位克隆及其功能研究均取得了重要成果。特别要指出的是,人类基因组序列草图的完成也有我国科学家的一份贡献。

第二节 当代生物化学研究的主要内容

一、 生物分子的结构与功能

组成生物体的化学成分,包括无机物、有机小分子和生物大分子。体内生物大分子的种类繁多(核酸、蛋白质、多糖、蛋白聚糖和复合脂质等),结构复杂,但其结构有一定的规律性,都是由基本结构单位按一定顺序和方式连接而形成的多聚体(polymer),相对分子质量(简称分子量)一般$>10^4$。例如,由核苷酸作为基本组成单位,通过磷酸二酯键连接形成多核苷酸链——核酸;由氨基酸作为基本组成单位,通过肽键连接形成多肽链——蛋白质。

在生物大分子结构研究的基础上,对其功能以及分子之间的相互识别和相互作用研究是生物大分子研究的重点之一。例如,蛋白质与蛋白质的相互作用在细胞信号转导中起重要作用;蛋白质与蛋白质、蛋白质与核酸、核酸与核酸的相互作用在基因表达调控中发挥决定的作用。由此可见,分子结构、分子识别和分子相互作用是执行生物信息分子功能的基本要素,而这一领域的研究是当今生物化学的热点之一。

二、 物质代谢及其调节

生物体的基本特征是新陈代谢。个体一刻不停地与外环境进行物质交换,摄入养料排出废物,以维持体内环境的相对稳定,从而延续生命。据估计,以 60 岁计算,一个人在一生中

与环境进行着大量的物质交换，约相当于 60 000 kg 水、10 000 kg 糖类、600 kg 蛋白质以及 1 000 kg 脂类。因此，正常的物质代谢是正常生命过程的必要条件，若物质代谢发生紊乱则可引起疾病。阐明物质代谢有序性调节的分子机制是当前研究热点之一。此外，细胞信息传递参与多种物质代谢及与其相关的生长、增殖、分化等生命过程的调节。细胞信息传递的机制及网络也是近代生物化学研究的重要课题。

三、 基因信息传递及其调控

基因信息传递涉及遗传、变异、生长、分化等诸多生命过程，也与遗传病、恶性肿瘤、心血管病等多种疾病的发生机制有关。因此，基因信息的研究在生命科学中的作用越来越重要。当今，基因分子生物学除了进一步研究 DNA 的结构与功能外，更重要的是研究 DNA 复制、基因转录、蛋白质生物合成等基因信息传递过程的机制及基因表达时空规律，而目前基因表达调控主要集中在信号转导研究、转录因子研究和 RNA 剪辑研究 3 个方面。DNA 重组、转基因、基因敲除、新基因克隆、人类基因组及功能基因组研究等的发展，将大大推动这一领域的研究进程。

第三节　生物化学与医学

以研究生命现象与本质为基础的生物学是一个涵盖众多学科的生命科学领域，包括形态学、分类学、生理学、生物化学、遗传学、生态学等。生物化学又是生命科学中进展迅速的重要学科之一，它的理论和技术已渗透至生物学各学科乃至基础医学和临床医学的各个领域，产生了许多新兴的交叉学科，如分子遗传学、分子免疫学、分子微生物学、分子病理学和分子药理学等。总而言之，生物化学已成为生物学各学科之间、医学各学科之间相互联系的共同语言。

生物化学课程叙述正常人体的生物化学以及疾病过程中的生物化学相关问题，与医学有紧密联系。基础医学各学科主要是阐述人体正常、异常的结构与功能等，临床医学各学科则研究疾病发生、发展机制，以及诊断、治疗等，而生物化学为医学各学科从分子水平研究正常或疾病状态时人体结构与功能乃至疾病预防、诊断与治疗提供了理论与技术，对推动医学各学科的新发展作出了重要的贡献。

近年来，疾病相关基因克隆、重大疾病发病机制研究、基因芯片与蛋白质芯片在诊断中的应用、基因治疗，以及应用重组 DNA 技术生产蛋白质、多肽类药物等方面的深入研究，无不与生物化学的理论与技术相关。可以相信，随着生物化学与分子生物学的进一步发展，将给临床医学的诊断和治疗带来全新的理念。

生物化学与分子生物学的发展在推动这些交叉学科发展的同时，也使自身吸取众学科之长，更具生命力。随着近代医学的发展，生物化学的理论和技术越来越多地应用于疾病的预防、诊断和治疗，从分子水平探讨各种疾病的发生、发展机制，已成为当代医学研究的共同目标。

因此，学习和掌握生物化学知识，除理解生命现象的本质与人体正常生理过程的分子机制外，更重要的是为进一步学习基础医学其他各课程和临床医学打下扎实的生物化学基础。

（查锡良）

第一章　蛋白质的结构与功能

蛋白质(protein)是生物体内重要的生物大分子之一，具有复杂的空间结构，在生命活动中参与完成各种功能。19 世纪末 20 世纪初，人们证明蛋白质由氨基酸组成，并发现了蛋白质的二级结构——α-螺旋，测定了胰岛素一级结构；20 世纪中叶，确定了血红蛋白的四级结构；20 世纪中叶起，随着解析蛋白质技术的迅速发展，深入研究了蛋白质复杂多样的空间结构、相互作用与动态变化等，对蛋白质结构与功能关系的理解达到新的高峰。

第一节　蛋白质的分子组成

种类繁多的蛋白质，其元素组成相似，主要有碳(50%～55%)、氢(6%～7%)、氧(19%～24%)、氮(13%～19%)和硫(0%～4%)。有些蛋白质还含有少量磷或金属元素铁、铜、锌、锰、钴、钼等，个别蛋白质还含有碘。各种蛋白质的含氮量平均为 16%，由于蛋白质是体内的主要含氮物质，因此测定生物样品的含氮量可推算出蛋白质大致含量。

一、蛋白质的基本结构单位

氨基酸(amino acid)是蛋白质的基本结构单位。组成人体蛋白质的氨基酸有 20 种，均属 *L*-α-氨基酸(除甘氨酸外)。由图 1-1 可见，连在—COO^- 基上的碳称为 α-碳原子，为不对称碳原子(甘氨酸除外)，不同的氨基酸其侧链(R)结构各异。

除了 20 种基本的氨基酸外，近年发现硒代半胱氨酸在某些情况下也可用于合成蛋白质。硒代半胱氨酸存在于少数天然蛋白质中，包括过氧化物酶和电子传递链中的还原酶等。

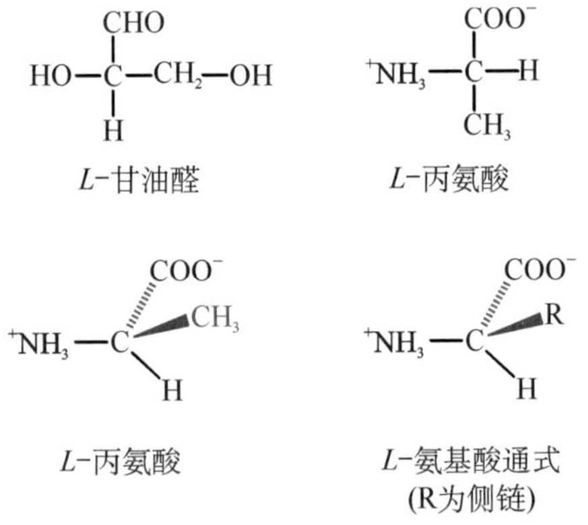

CHO
HO—C—CH_2—OH
H
L-甘油醛

COO^-
$^+NH_3$—C—H
CH_3
L-丙氨酸

COO^-
$^+NH_3$—C
CH_3
H
L-丙氨酸

COO^-
$^+NH_3$—C
R
H
L-氨基酸通式
(R为侧链)

图 1-1　*L*-甘油醛和 *L*-氨基酸

二、氨基酸的分类

根据氨基酸侧链的结构和理化性质，可将 20 种氨基酸分成 5 类：①非极性脂肪族氨基酸；②极性中性氨基酸；③芳香族氨基酸；④酸性氨基酸；⑤碱性氨基酸(表 1-1)。

表 1-1　氨基酸分类

结构式	中英文名	缩写	pK_1 α-COOH	pK_2 α-NH_2	等电点(pI)
1. 非极性脂肪族氨基酸					
$H-CH(NH_3^+)-COO^-$	甘氨酸 Glycine	Gly(G)	2.34	9.60	5.97
$CH_3-CH(NH_3^+)-COO^-$	丙氨酸 Alanine	Ala(A)	2.34	9.69	6.00
$(H_3C)_2CH-CH(NH_3^+)-COO^-$	缬氨酸 Valine	Val(V)	2.32	9.62	5.96
$(H_3C)_2CH-CH_2-CH(NH_3^+)-COO^-$	亮氨酸 Leucine	Leu(L)	2.36	9.60	5.98
$CH_3-CH_2-CH(CH_3)-CH(NH_3^+)-COO^-$	异亮氨酸 Isoleucine	Ile(I)	2.36	9.68	6.02
$CH_3-S-CH_2-CH_2-CH(NH_3^+)-COO^-$	甲硫氨酸 Methionine	Met(M)	2.28	9.21	5.74
(pyrrolidine ring) $\overset{+}{N}H_2$ $-COO^-$	脯氨酸 Proline	Pro(P)	1.99	10.96	6.30
2. 极性中性氨基酸					
$HO-CH_2-CH(NH_3^+)-COO^-$	丝氨酸 Serine	Ser(S)	2.21	9.15	5.68
$HS-CH_2-CH(NH_3^+)-COO^-$	半胱氨酸 Cysteine	Cys(C)	1.96	10.28	5.07
$H_2N-C(=O)-CH_2-CH(NH_3^+)-COO^-$	天冬酰胺 Asparagine	Asn(N)	2.02	8.80	5.41
$H_2N-C(=O)-CH_2-CH_2-CH(NH_3^+)-COO^-$	谷氨酰胺 Glutamine	Gln(Q)	2.17	9.13	5.65
$CH_3-CH(OH)-CH(NH_3^+)-COO^-$	苏氨酸 Threonine	Thr(T)	2.11	9.62	5.60
3. 含芳香环的氨基酸					
$C_6H_5-CH_2-CH(NH_3^+)-COO^-$	苯丙氨酸 Phenylalanine	Phe(F)	1.83	9.13	5.48
$HO-C_6H_4-CH_2-CH(NH_3^+)-COO^-$	酪氨酸 Tyrosine	Tyr(Y)	2.20	9.11	5.66

续 表

结构式	中英文名	缩写	pK_1 α-COOH	pK_2 α-NH_2	等电点(pI)
(吲哚环)—CH_2—CH(NH_3^+)—COO^-	色氨酸 Tryptophan	Trp(W)	2.38	9.32	5.89
4. 酸性氨基酸					
$^-OOC—CH_2—CH(NH_3^+)—COO^-$	天冬氨酸 Aspartic acid	Asp(D)	2.09	9.60	2.97
$^-OOC—CH_2—CH_2—CH(NH_3^+)—COO^-$	谷氨酸 Glutamic acid	Glu(E)	2.19	9.67	3.22
5. 碱性氨基酸					
$H—N(C(=NH_2^+)NH_2)—CH_2—CH_2—CH_2—CH(NH_3^+)—COO^-$	精氨酸 Arginine	Arg(R)	2.17	9.04	10.76
$CH_2(NH_3^+)—CH_2—CH_2—CH_2—CH(NH_3^+)—COO^-$	赖氨酸 Lysine	Lys(K)	2.18	8.95	9.74
(咪唑环 HN N)—CH_2—CH(NH_3^+)—COO^-	组氨酸 Histidine	His(H)	1.82	9.17	7.59

非极性脂肪族氨基酸在水溶液中的溶解度小于极性中性氨基酸；芳香族氨基酸中苯基的疏水性较强。酚基和吲哚基在一定条件下可解离；酸性氨基酸的侧链含有羧基；而碱性氨基酸的侧链含有氨基、胍基或咪唑基。

脯氨酸属于亚氨基酸，N在杂环中移动的自由度受限制，但其亚氨基仍能与另一羧基形成酰胺键。半胱氨酸的巯基失去质子的倾向较其他氨基酸为大，极性最强；2个半胱氨酸通过脱氢后以二硫键相连接，形成胱氨酸。蛋白质中有不少半胱氨酸以胱氨酸形式存在。

三、氨基酸的理化性质

（一）氨基酸的两性解离性质

氨基酸分子中含有碱性的α-氨基和酸性的α-羧基，可在酸性溶液中与H^+结合呈阳离子($—NH_3^+$)；也可在碱性溶液中与OH^-结合，失去H^+生成阴离子($—COO^-$)。因此，氨基酸是一种两性电解质。氨基酸的解离方式取决于其所处溶液的酸碱度。在某一pH值的溶液中，氨基酸解离成阳离子和阴离子的趋势及程度相等，成为兼性离子，呈电中性，此时溶液的pH值称为该氨基酸的等电点(isoelectric point，pI)。

$$
\begin{array}{ccccc}
 & & R\text{—}CH\text{—}COOH & & \\
 & & | & & \\
 & & NH_2 & & \\
 & & \Updownarrow & & \\
R\text{—}CH\text{—}COOH & \xleftarrow{H^+} & R\text{—}CH\text{—}COO^- & \xrightarrow{OH^-} & R\text{—}CH\text{—}COO^- \\
| & & | & & | \\
NH_3^+ & & NH_3^+ & & NH_2
\end{array}
$$

阴离子　　　　　氨基酸的兼性离子　　　　　阴离子

pH<pI　　　　　pH=pI　　　　　pH>pI

通常氨基酸的 pI 是由 α-羧基和 α-氨基的解离常数的负对数 pK_1 和 pK_2 决定。pI 计算公式为：$pI=1/2(pK_n+pK_{n+1})$。式中 n=氨基酸(多肽)完全质子化时带正电荷的基团数；计算时可将解离基团的 pK 值自小到大按顺序排列，pK_n 则为第 n 个解离基团的 pK 值，而 pK_{n+1} 为第 n+1 个解离基团的 pK 值。

例如甘氨酸：$pI = 1/2(pK_n + pK_{n+1}) = 1/2 \times (2.34 + 9.60) = 5.97$；n = 1。

天冬氨酸的：$pI = 1/2(pK_n + pK_{n+1}) = 1/2 \times (2.09 + 3.86) = 2.98$；n = 1。

赖氨酸的：$pI = 1/2(pK_n + pK_{n+1}) = 1/2 \times (8.95 + 10.53) = 9.74$；n = 2。

（二）紫外线吸收性质

根据氨基酸的吸收光谱，含有共轭双键的色氨酸、酪氨酸的最大吸收峰在 280 nm 波长附近(图 1-2)。由于大多数蛋白质含有酪氨酸和色氨酸残基，所以测定蛋白质溶液 280 nm 的光吸收值，是分析溶液中蛋白质含量的快速简便的方法。

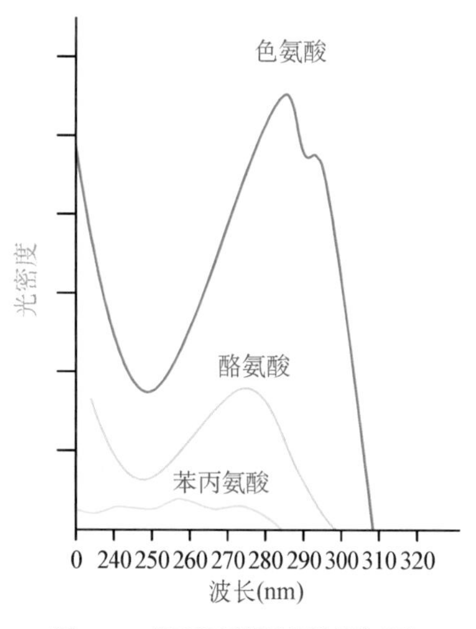

图 1-2　芳香族氨基酸的紫外线吸收

（三）茚三酮反应

茚三酮水合物在弱碱性溶液中与氨基酸共加热时，氨基酸被氧化脱氨、脱羧，而茚三酮水合物被还原，其还原物可与氨基酸加热分解产生的氨结合，再与另一分子茚三酮缩合成为蓝紫色的化合物，此化合物最大吸收峰在 570 nm 波长处。此吸收峰值的大小与氨基酸释放出的氨量成正比，因此可作为氨基酸定量分析方法。

（四）氨基酸成肽反应、脱羧反应与脱氨反应

氨基酸之间可相互结合而生成肽(peptide)，如 1 分子甘氨酸的 α-羧基和 1 分子丙氨酸的 α-氨基脱去 1 分子水缩合成为甘氨酰丙氨酸，这是最简单的肽，即二肽。在甘氨酰丙氨酸分子中连接两个氨基酸的酰胺键又称为肽键(peptide bond)(图 1-3)。二肽通过肽键与另一分子氨基酸缩合生成三肽。此反应可继续进行，依次生成四肽、五肽……

氨基酸可分别在酶催化下脱去 α-羧基或 α-氨酸，生成有机胺或有机酸，发挥生物学作用。如谷氨酸经谷氨酸脱羧酶催化生成 γ-氨基丁酸；谷氨酸经谷氨酸脱氢酶催化生成 α-酮

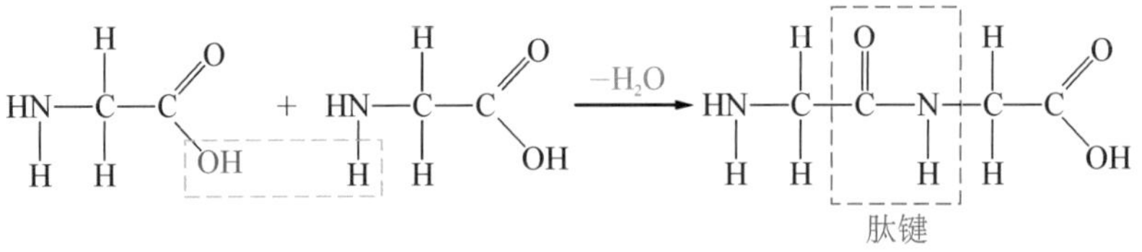

$$H_2N-CH_2-COOH + H_2N-CH_2-COOH \xrightarrow{-H_2O} H_2N-CH_2-CO-NH-CH_2-COOH$$

肽键

图 1-3　肽与肽键

戊二酸。此外，氨基酸的 α-氨基能与醛类化合物生成弱碱，即 Schiff 碱，作为体内氨基酸代谢的中间产物。

四、多肽与生物活性肽

（一）多肽与肽键

若干氨基酸通过肽键相连，可生成寡肽与多肽。由 20 个以内氨基酸相连而成的肽称为寡肽(oligopeptide)；含大于 20 个氨基酸的肽称为多肽(polypeptide)。多肽链具有方向性，也即有两端，其一端为氨基末端(N-端)，另一端为羧基末端(C-端)。肽链中的氨基酸分子因脱水缩合而基团不全，被称为氨基酸残基(residue)。

20 世纪 30 年代末，L. Pauling 和 R. B. Corey 应用 X 线衍射技术研究氨基酸和寡肽的晶体结构，最终提出了肽单元(peptide unit)的概念。参与肽键的 6 个原子 $C_{\alpha1}$、C、O、N、H、$C_{\alpha2}$ 位于同一平面，$C_{\alpha1}$ 和 $C_{\alpha2}$ 在平面上所处的位置为反式(trans)构型，此同一平面上的 6 个原子构成了所谓的肽单元(图 1-4)。其中肽键(O=C—N—H)的键长为 0.132 nm，该键长介于 C—N 的单键长(0.149 nm)与双键长(0.127 nm)之间，具有一定程度的双键性能，不能自由旋转。而 Cα 与 N—H 和 C=O 相连的键都是典型的单键，可以自由旋转，C_α 与 C=O 的键旋转角度以 ψ 表示，C_α 与 N—H 的键角以 ϕ 表示。肽单元上 C_α 原子所连的二个单键的自由旋转角度，决定了两个相邻的肽单元平面的相对空间位置。

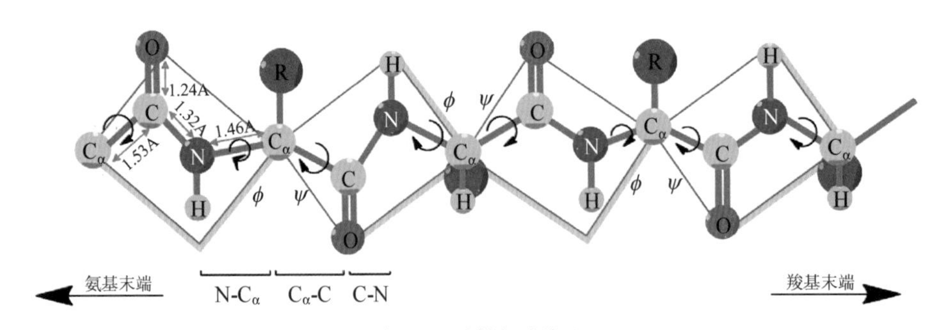

图 1-4　肽键与肽单元

（二）生物活性肽

体内存在许多具有生物活性的低分子肽，有的仅 3 肽，有的属寡肽或多肽，在物质代谢调节、神经传导等方面起着重要的作用。

1. 谷胱甘肽(glutathione, GSH)　GSH 是由谷氨酸、半胱氨酸和甘氨酸组成的 3

肽，第一个肽键是非 α 肽键，由谷氨酸 γ -羧基与半胱氨酸的氨基形成(图 1 - 5)。GSH 中半胱氨酸的巯基是主要功能基团，具有还原性，以保护体内蛋白质或酶分子中巯基免遭氧化。在谷胱甘肽过氧化物酶的催化下，GSH 可使细胞内产生的 H_2O_2 还原成 H_2O，而 GSH 被氧化成氧化型谷胱甘肽(GSSG)(图 1 - 6)，后者在谷胱甘肽还原酶催化下，再生成 GSH。此外，GSH 的巯基还有嗜核特性，能与外源的嗜电子毒物如致癌剂或药物等结合，从而阻断这些化合物与 DNA、RNA 或蛋白质结合，以保护机体免遭毒物损害。

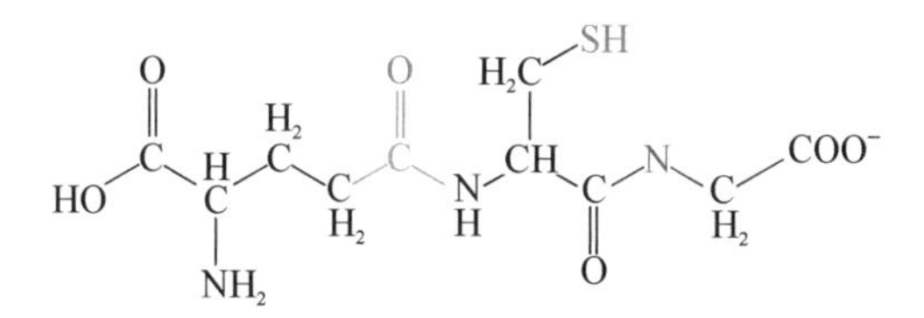

图 1 - 5　谷胱甘肽分子结构

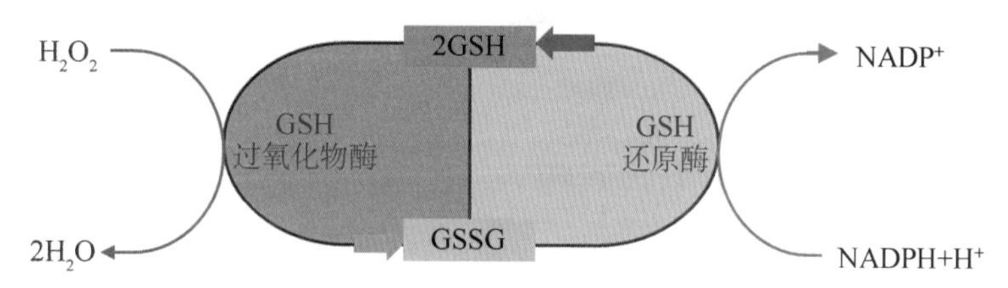

图 1 - 6　GSH 与 GSSG 间的转换

2. 多肽类激素及神经肽　体内有许多激素属寡肽或多肽，如属于下丘脑-垂体-肾上腺皮质轴的催产素(9 肽)、加压素(9 肽)、促肾上腺皮质激素(39 肽)、促甲状腺素释放激素(3 肽)等。促甲状腺素释放激素是一个特殊结构的 3 肽(图 1 - 7)，其 N -端的谷氨酸环化成为焦谷氨酸(pyroglutamic acid)，C -端的脯氨酸残基酰化成为脯氨酰胺。它由下丘脑分泌，可促进腺垂体分泌促甲状腺素。牛胰高血糖素为 29 肽，发挥调节糖代谢的作用。

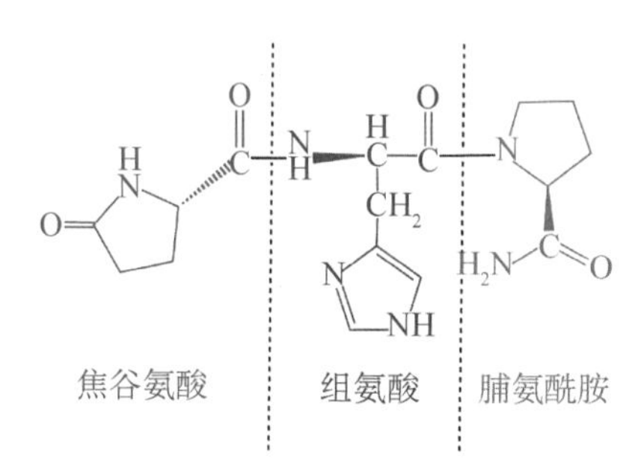

图 1 - 7　促甲状腺素释放激素(TRH)分子结构

有一类在神经传导过程中起信号转导作用的肽类被称为神经肽(neuropeptide)。较早发现的有脑啡肽(5 肽)、β -内啡肽(31 肽)和强啡肽(17 肽)等。近年还发现孤啡肽(17 肽)，其一级结构类似于强啡肽。它们与中枢神经系统产生痛觉抑制有密切关系，因此很早就被用于临床镇痛治疗。除此以外，神经肽还包括 P 物质(10 肽)、神经肽 Y 等。随着脑科学的发展，相信将发现更多的在神经系统中起重要作用的生物活性肽或蛋白质。

五、蛋白质的分类

根据蛋白质组成成分，可分成单纯蛋白质和结合蛋白质。前者只含氨基酸；后者还含有非氨基酸组分，称为辅基(prothetic group)，为蛋白质的生物学活性或代谢所依赖(表 1-2)。绝大多数辅基是通过共价键与蛋白质部分相连。常见的辅基有色素、寡糖、脂质、磷酸、金属离子甚至分子量较大的核酸。细胞色素 C 是含有色素的结合蛋白质，其铁卟啉环上的乙烯基侧链与蛋白质部分的半胱氨酸残基以硫醚键相连，铁卟啉中的铁离子是细胞色素 C 的重要功能位点。免疫球蛋白是一类糖蛋白，作为辅基的数支寡糖链通过共价键与蛋白质部分连接。

表 1-2　结合蛋白质及其辅基

类别	辅基	举例
脂蛋白	脂质	β-脂蛋白
糖蛋白	糖链	免疫球蛋白 G
磷蛋白	磷酸基团	酪蛋白
血红素蛋白质	血红素(铁卟啉)	血红蛋白
黄素蛋白质	黄素核苷酸	琥珀酸脱氢酶
金属蛋白质	铁	铁蛋白
	锌	乙醇脱氢酶
	钙	钙调蛋白
	铜	铜蓝蛋白

蛋白质还可根据其形状分为纤维状蛋白质和球状蛋白质两大类。纤维状蛋白质分子长轴的长度比短轴长 10 倍以上。纤维状蛋白质多数为结构蛋白质，较难溶于水，作为细胞坚实的支架或连接各细胞、组织和器官，如胶原蛋白、弹性蛋白、角蛋白等。球状蛋白质的形状近似于球形或椭球形，多数可溶于水，许多具有生理学功能的蛋白质如酶、转运蛋白、蛋白质类激素、代谢调节蛋白质、基因表达调节蛋白质及免疫球蛋白等都属于球状蛋白质。

随着蛋白质结构与功能研究的不断深入，发现体内氨基酸序列相似且空间结构与功能也十分相近的蛋白质有若干，即产生了“蛋白质家族(protein family)”新的分类概念。人们通过对蛋白质家族成员的比较，可得到许多物种进化的重要证据。在体内还发现 2 个或 2 个以上的蛋白质家族之间，氨基酸序列相似性并不高，但含有发挥相似作用的同一模体或结构域等结构，通常将这些蛋白质家族归类为超家族(superfamily)，如锌指结构蛋白质、PDZ 结构域蛋白质等。

第二节　蛋白质的分子结构

蛋白质含有的氨基酸残基数通常在 50 个以上，折叠成特定的空间结构，并具有特定生物学功能。常把含 39 个氨基酸的促肾上腺皮质激素称为多肽，而把含有 51 个氨基酸、分子量为 5 733 的胰岛素称作蛋白质。由于参与蛋白质生物合成的氨基酸有 20 种，且蛋白质的分子量均较大，因此蛋白质的氨基酸排列顺序和空间位置几乎是无穷尽的，足以为人体多达数以万计的蛋白质提供各异的氨基酸序列和特定的空间结构，使蛋白质完成生命所赋予的数以千万计的生理功能。

一、蛋白质的一级结构

在蛋白质分子中，从 N-端至 C-端的氨基酸排列顺序称为蛋白质的一级结构(primary structure)，其主要化学键是肽键；此外，蛋白质分子中所有二硫键的位置也属于一级结构范畴。牛胰岛素是第一个被测定一级结构的蛋白质分子，由英国化学家 F. Sanger 于 1953 年完成，由此而获得 1958 年诺贝尔化学奖。图 1-8 为含有 A 和 B 两条多肽链的牛胰岛素一级结构；A 链有 21 个氨基酸残基，B 链有 30 个氨基酸残基。如果把氨基酸序列(amino acid sequence)标上数码，应以 N-端的氨基酸为 1 号，依次向 C-端排列。牛胰岛素分子中有 3 个二硫键，1 个位于 A 链内，称为链内二硫键，由 A 链的第 6 位和第 11 位半胱氨酸的巯基脱氢而形成；另 2 个二硫键位于 A、B 两链间，称为链间二硫键。

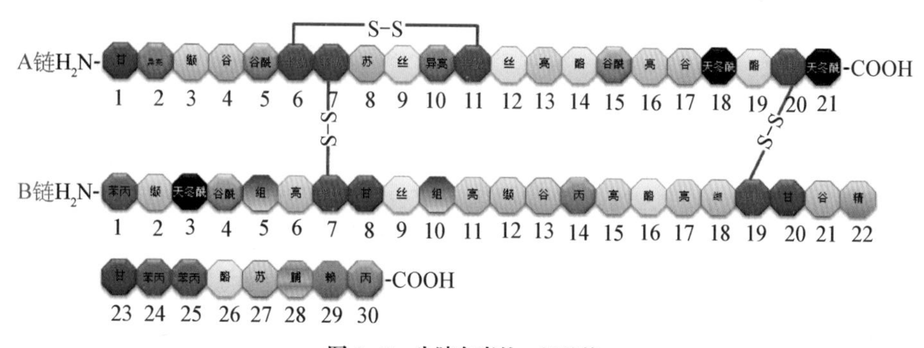

图 1-8　牛胰岛素的一级结构

体内种类繁多的蛋白质，其一级结构各不相同。一级结构是蛋白质空间构象和特异生物学功能的基础，但不是决定蛋白质空间构象的唯一因素。

目前已知一级结构的蛋白质数量相当可观，并且以更快的速度在增加。国际上有若干重要的蛋白质数据库收集了大量最新的蛋白质一级结构及其他资料，为蛋白质结构与功能的深入研究提供了便利。

二、蛋白质的二级结构

（一）概念

蛋白质二级结构(secondary structure)是指蛋白质分子中局部主链骨架原子的相对空间位置，但不涉及氨基酸残基侧链的构象。所谓肽链主链骨架原子即N—H(氨基氮)、C_α(α-碳原子)和C═O(羰基碳)依次重复排列。蛋白质的二级结构主要包括α-螺旋、β-折叠、β-转角和无规卷曲。一个蛋白质分子可含有多种二级结构或多个同种二级结构，而且在蛋白质分子内空间上相邻的2个以上二级结构可协同完成特定的功能。

（二）α-螺旋

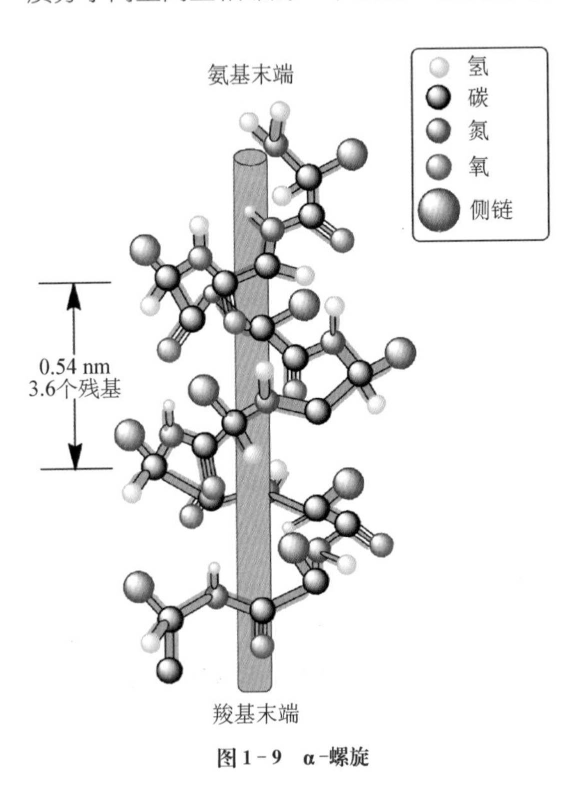

图1-9 α-螺旋

α-螺旋(α-helix)为蛋白质二级结构的形式之一。在α-螺旋结构(图1-9)中，多肽链的主链围绕中心轴做有规律的螺旋式上升，螺旋的走向为顺时针方向。所谓右手螺旋，其ψ为−47°，ϕ为−57°。氨基酸侧链伸向螺旋外侧。每3.6个氨基酸残基螺旋上升一圈(即旋转360°)，螺距为0.54 nm。α-螺旋的每个肽键的N—H的氢和第4个肽键C═O的氧形成氢键，氢键的方向与螺旋长轴基本平行。肽链中全部肽键中的羰基氧和氨基氢都可参与形成氢键，以稳固α-螺旋结构。

一般而言，20种氨基酸均可参与组成α-螺旋结构，但是Ala、Glu、Leu和Met比Gly、Pro、Ser及Tyr更常见。在蛋白质表面存在的α-螺旋，常具有两性特点，即由3～4个疏水氨基酸残基组成的肽段与由3～4个亲水氨基酸残基组成的肽段交替出现，致使α-螺旋的一侧为疏水性氨基酸，另一侧为亲水性氨基酸，能在极性或非极性环境中存在。这种两性α-螺旋可见于血浆脂蛋白、多肽激素和钙调蛋白调节蛋白激酶等。肌红蛋白和血红蛋白分子中有许多肽段呈α-螺旋结构。毛发的角蛋白、肌肉的肌球蛋白以及血凝块中的纤维蛋白，它们的多肽链几乎全长都卷曲成α-螺旋。数条α-螺旋状的多肽链可缠绕起来，形成缆索，从而增强机械强度，并具有可伸缩性。

（三）β-折叠

β-折叠(β-pleated sheet)形似折纸状。在β-折叠结构(图1-10)中，多肽链充分伸展，每个肽单元以C_α为旋转点，依次折叠成锯齿状结构，氨基酸残基侧链交替地位于锯齿状结构的上下方。所形成的锯齿状结构一般比较短，只含5～8个氨基酸残基。一条肽链内的若干肽段的锯齿状结构可平行排列，分子内相距较远的两个肽段可通过折叠而形成相同走向，也可通过回折而形成相反走向。走向相反时，两个反平行肽段的间距为0.70 nm(图1-10a)，

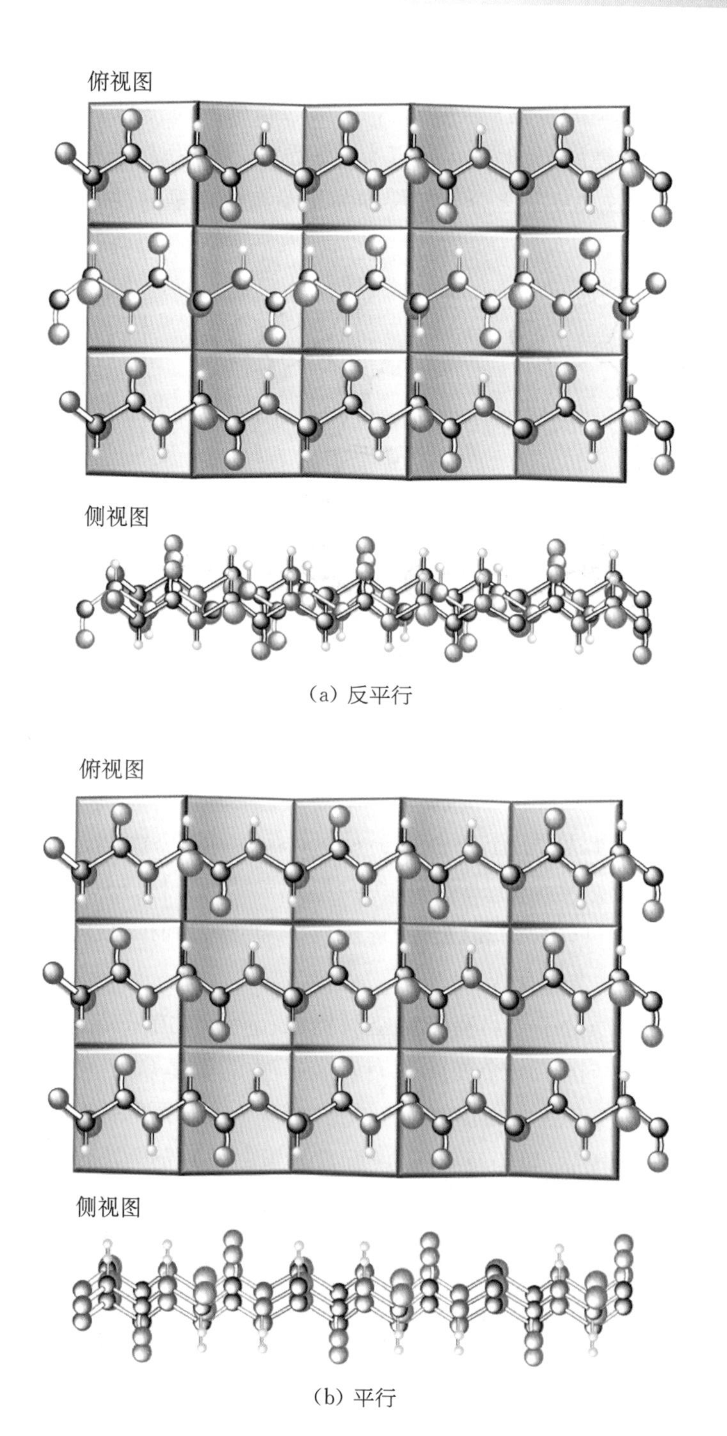

(a) 反平行

(b) 平行

图 1-10　β-折叠

并通过肽链间的肽键羰基氧和亚氨基氢形成氢键而稳固β-折叠结构。蚕丝蛋白几乎都是β-折叠结构，许多蛋白质既有α-螺旋又有β-折叠结构。

（四）β-转角和无规卷曲

除α-螺旋和β-折叠外，蛋白质二级结构还包括β-转角(β-turn)和无规卷曲(random

coil)。β-转角(图 1-11)常发生于肽链进行 180°回折时的转角上。β-转角通常由 4 个氨基酸残基组成，其第 1 个残基的羰基氧与第 4 个残基的氨基氢可形成氢键。β-转角的结构较特殊，第 2 个残基常为脯氨酸，其他常见残基有甘氨酸、天冬氨酸、天冬酰胺和色氨酸。β-转角中间的肽单元又有顺式与反式之分。无规卷曲是没有确定规律性的肽链结构。

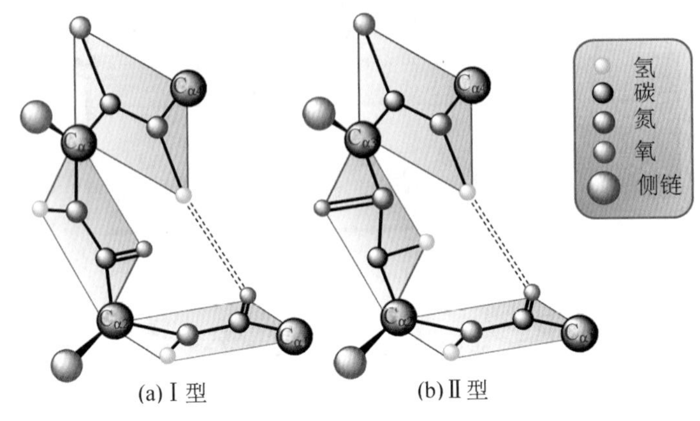

图 1-11 β-转角

（五）超二级结构

在许多蛋白质分子中，可由 2 个或 2 个以上具有二级结构的肽段在空间上相互接近，形成有规则的二级结构组合，称为超二级结构(super-secondary structure)。此概念由 M. G. Rossman 于 1973 年提出。常见的二级结构组合形式主要有 3 种：αα、βαβ、ββ(图 1-12 a、b、c)。研究 α-螺旋之间、β-折叠之间以及 α-螺旋与 β-折叠之间相互作用的规律，发现主要由非极性氨基酸残基参与此类相互作用。

模体(motif)是蛋白质分子中具有特定空间构象和特定功能的结构成分，其中一类就是具有特殊功能的超二级结构。一个模体总有其特征性的氨基酸序列，并发挥特殊的功能。常见的模体可有以下几种形式：α-螺旋-β-转角(或环)-α-螺旋模体(见于多种 DNA 结合蛋白质)；链-β-转角-链模体(见于反平行 β-折叠的蛋白质)；链-β-转角-α-螺旋-β-转角-链模体(见于多种 α-螺旋/β-折叠蛋白质)。在这些模体中，β-转角常为含 3～4 个氨基酸残基的片段；而环(loop)为较大的片段，常连接非规则的二级结构。

在许多钙结合蛋白分子中通常有一个结合钙离子的模体，它由 α-螺旋-环-α-螺旋 3 个肽段组成(图 1-12d)，在环中有几个恒定的亲水侧链，侧链末端的氧原子通过氢键而结合钙离子。锌指(zinc finger)结构也是一种常见的模体，由 1 个 α-螺旋和 2 个反平行的 β-折叠 3 个肽段组成(图 1-12e)，形似手指，具有结合锌离子功能。此模体的 N-端有 1 对半胱氨酸残基，C-端有 1 对组氨酸残基，此 4 个残基在空间上形成一个洞穴，恰好容纳 1 个 Zn^{2+}。由于 Zn^{2+} 可稳固模体中 α-螺旋结构，使此 α-螺旋能镶嵌于 DNA 的大沟中，因此含锌指结构的蛋白质都能与 DNA 或 RNA 结合。可见模体的特征性空间构象是其特殊功能的结构基础。

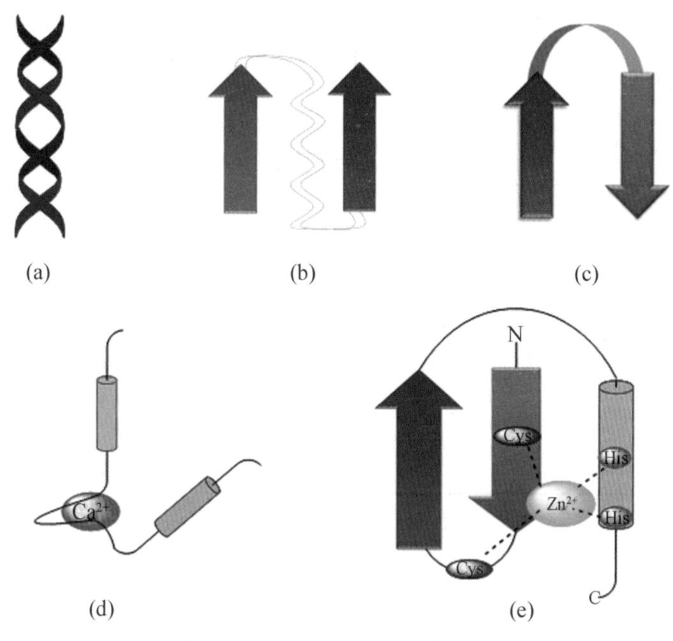

图 1-12　蛋白质超二级结构与模体

(a)、(b)、(c)分别是 αα、βαβ、ββ 超二级结构；(d)为钙结合蛋白中结合钙离子的模体；(e)为锌指结构

（六）氨基酸残基的侧链影响二级结构的形成

蛋白质二级结构是以一级结构为基础的。一段肽链的氨基酸残基的侧链适合形成 α-螺旋或 β-折叠，就会出现相应的二级结构。例如一段肽链有多个谷氨酸或天冬氨酸残基相邻，则在 pH 7.0 时这些残基的游离羧基都带负电荷，彼此相斥，妨碍 α-螺旋的形成。同样，多个碱性氨基酸残基在一肽段内，由于正电荷相斥，也妨碍 α-螺旋的形成。此外天冬酰胺、亮氨酸的侧链较大，也会影响 α-螺旋形成。脯氨酸的 N 原子在刚性的五元环中，其形成的肽键 N 原子上没有 H，所以不能形成氢键，结果肽链走向转折，不形成 α-螺旋。形成 β-折叠的肽段要求氨基酸残基的侧链较小，才能容许两条肽段彼此靠近。

三、蛋白质的三级结构

（一）蛋白质三级结构的概念

蛋白质三级结构(tertiary structure)是指整条肽链中全部氨基酸残基的相对空间位置，也就是整条肽链所有原子在三维空间的排布位置。已知球状蛋白质的三级结构有某些共同特征，如折叠成紧密的球状或椭球状；含有多种二级结构并具有明显的折叠层次，即一级结构上相邻的二级结构常在三级结构中彼此靠近并形成超二级结构，进一步折叠成相对独立的三维空间结构；以及疏水侧链常分布在分子内部等。蛋白质三级结构的形成和稳定主要靠次级键如疏水键、盐键、氢键和 Van der Waals 力等(图 1-13)。

肌红蛋白是由 153 个氨基酸残基构成的单一肽链蛋白质(图 1-14)，含有 1 个血红素辅基。图 1-14 显示肌红蛋白的三级结构。肌红蛋白分子中 α-螺旋占 75%，构成 A～H 8 个

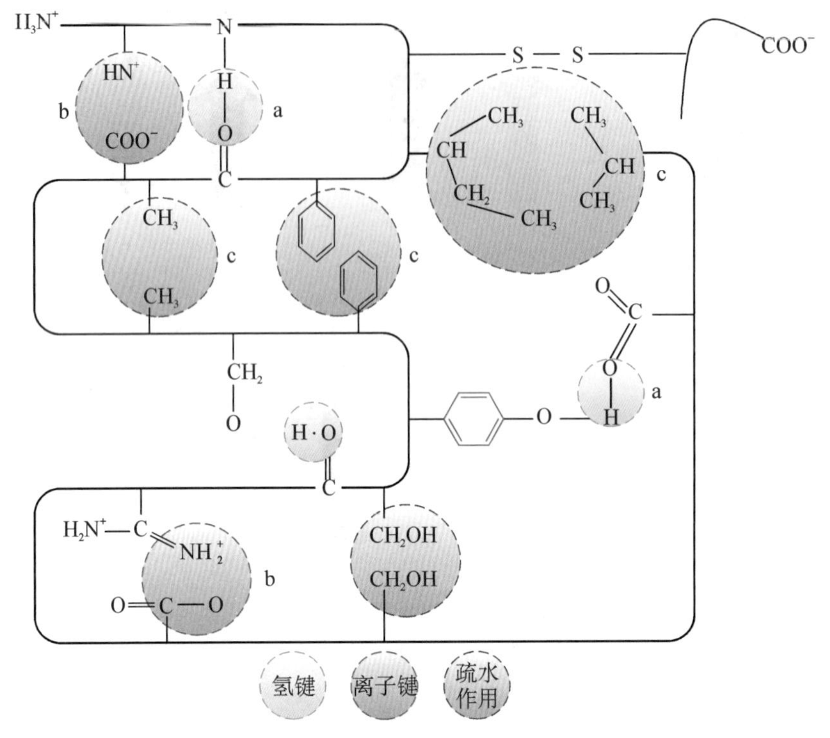

图 1-13 维持蛋白质分子构象的各种化学键

a. 氢键 b. 离子键 c. 疏水键

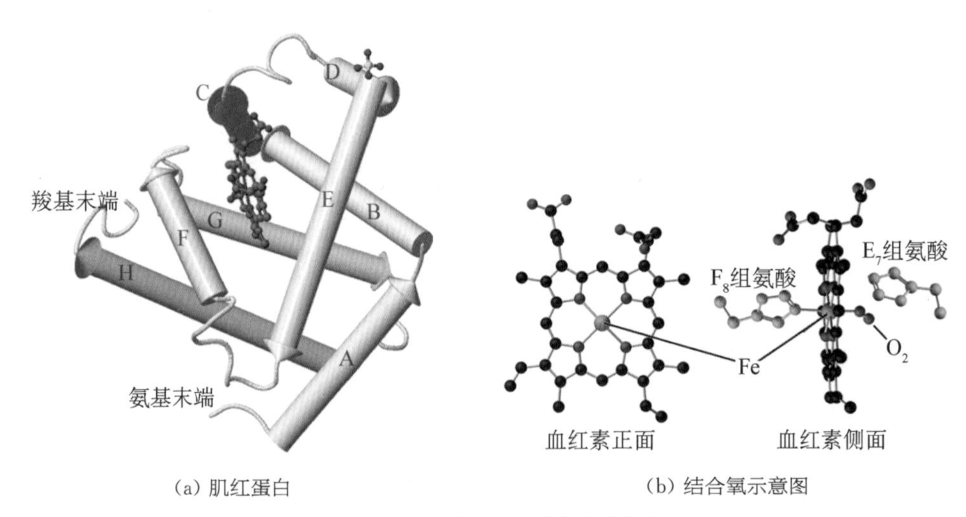

(a) 肌红蛋白 (b) 结合氧示意图

图 1-14 肌红蛋白中血红素与肽链的关系

螺旋区,两个螺旋区之间有一段无规卷曲,脯氨酸位于转角处。由于侧链 R 基团的相互作用,多肽链缠绕,形成一个球状分子(4.5 nm×3.5 nm×2.5 nm),球表面主要有亲水侧链,疏水侧链则位于分子内部。

(二) 结构域

分子量较大的蛋白质常可折叠成多个结构较为紧密且稳定的区域,并各行其功能,称为结构域(domain)。大多数结构域含有序列上连续的100～200个氨基酸残基,若用限制性蛋白酶水解,含多个结构域的蛋白质常分解出独立的结构域,而各结构域的构象可以基本不改变,并保持其功能。超二级结构则不具备这种特点。因此,结构域也可看作是球状蛋白质的独立折叠单位,有较为独立的三维空间结构。

3-磷酸甘油醛脱氢酶含有2个相同的亚基,每个亚基由2个结构域组成、第1个结构域(N-端第1～146位氨基酸残基)能与NAD^+结合;第2个结构域(第147～333位氨基酸残基)与底物3-磷酸甘油醛结合(图1-15)。有些蛋白质各结构域之间接触较多并紧密,从结构上很难划分。因此,并非所有蛋白质的结构域都明显可分。

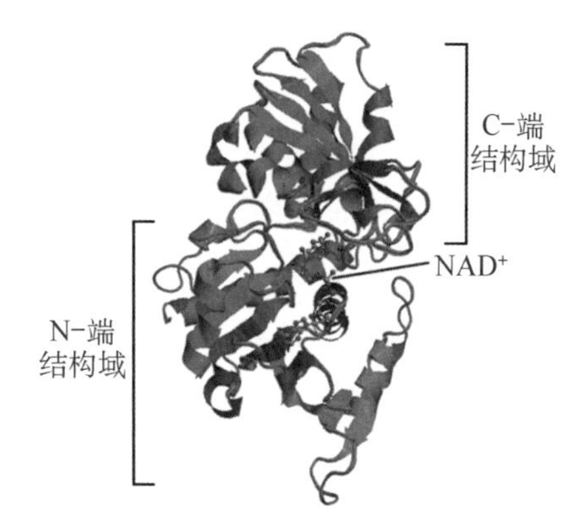

图1-15 3-磷酸甘油醛脱氢酶亚基的结构示意图

(三) 蛋白质分子的折叠

如果蛋白质的多肽链随机折叠,可能产生成千上万种可能的空间构象。而实际上,蛋白质合成后,基本只形成一种正确的空间构象。除一级结构为决定因素外,还需要在一类称为分子伴侣(molecular chaperone)的蛋白质辅助下,合成中的蛋白质才能折叠成正确的空间构象(详见第十一章)。只有当蛋白质折叠形成正确的空间构象后,才具有生物学功能。

四、蛋白质的四级结构

体内许多蛋白质含有2条或2条以上多肽链,每条多肽链都有其完整的三级结构,称为亚基(subunit)。亚基与亚基之间呈特定的三维空间排布,并以非共价键相连接。蛋白质分子中各个亚基的空间排布及亚基接触部位的相互作用,称为蛋白质四级结构(quaternary structure)。

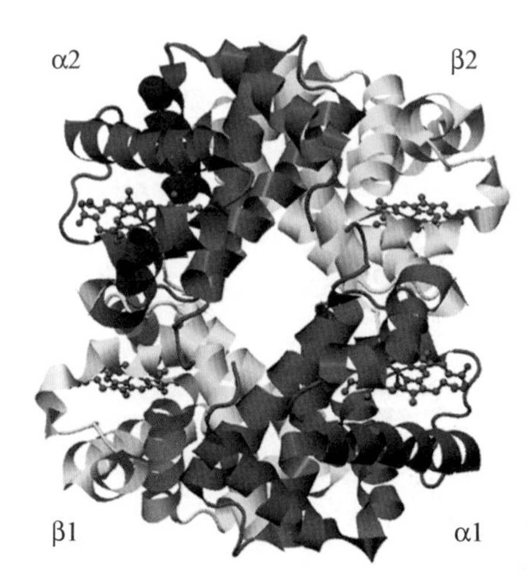

图1-16 蛋白质的四级结构——血红蛋白结构示意图

在四级结构中,各亚基间的结合力主要是氢键和离子键。由2个亚基组成的蛋白质四级结构中,若亚基分子结构相同,称为同二聚体(homodimer);若亚基分子结构不同,则称为异二聚体(heterodimer)。含有四级结构的蛋白质,单独的亚基一般没有生物学功能,只有完整的四级结构寡聚体才有生物学功能。

成人血红蛋白的α亚基和β亚基分别含有141个和146个氨基酸。两种亚基的三级结构颇为相似,且每个亚基都可结合1个血红素(heme)辅基(图1-16)。4个亚基通过8个离子键相连,形成血红蛋白四聚体,具有运输O_2和CO_2的功能。但每1个亚基单独存在时,虽可结合氧且与氧亲和力增强,但在体内组织中难于释放氧,失去了血红蛋白原有的运输氧的作用。

第三节　蛋白质结构与功能的关系

通过大量蛋白质的结构与功能相关性研究，发现具有不同生物学功能的蛋白质常含有不同的氨基酸序列即不同的一级结构。然而，有些蛋白质的氨基酸序列也不是绝对固定不变的，而是有一定的可塑性。据估算，人类有 20% ～ 30% 的蛋白质具有多态性(polymorphism)，即在人类群体中这些蛋白质存在氨基酸序列的多样性，但几乎不影响蛋白质的功能。当然，在相隔甚远的两种物种中，执行相似功能的蛋白质其氨基酸序列、分子量大小等也可有很大的差异。

一、蛋白质一级结构与高级结构的关系

（一）一级结构是空间构象的基础

20 世纪 60 年代，Anfinsen 在研究核糖核酸酶时发现，蛋白质的功能与其三级结构密切相关，而特定三级结构是以氨基酸顺序为基础的。核糖核酸酶由 124 个氨基酸残基组成，有 4 对二硫键(Cys26 和 Cys84、Cys40 和 Cys95、Cys58 和 Cys110、Cys65 和 Cys72)(图 1 - 17a)。用尿素(或盐酸胍)和 β-巯基乙醇处理该酶溶液，分别破坏次级键和二硫键，使其二、三级结构遭到破坏，但肽键不受影响，一级结构仍存在，此时该酶活性丧失殆尽。核糖核酸酶中 4 对二硫键被 β-巯基乙醇还原后，若要再形成 4 对二硫键，从理论上推算有 10^5 种不同配对方式，唯有与天然核糖核酸酶完全相同的配对方式，才能呈现酶活性。当用透析方法去除尿素和 β-巯基乙醇后，松散的多肽链循其特定的氨基酸序列，卷曲折叠成天然酶的空间构象，4 对二硫键也正确配对，这时酶活性又逐渐恢复至原来水平(图 1 - 17b)。这充分证明空间构象遭破坏的核糖核酸酶只要其一级结构(氨基酸序列)未被破坏，就有可能回复到原来的三级结构，且功能依然存在。

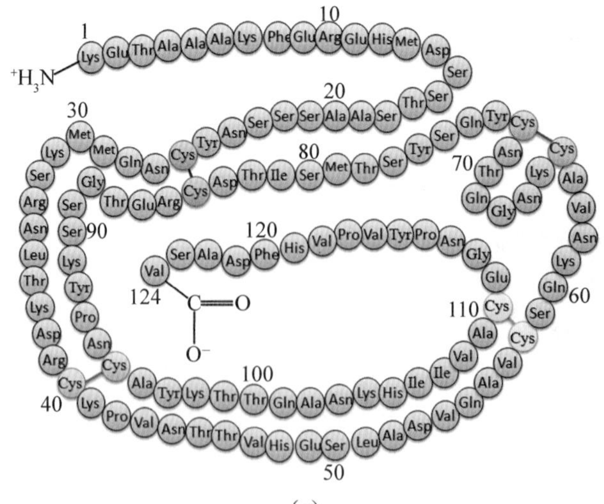

(a)

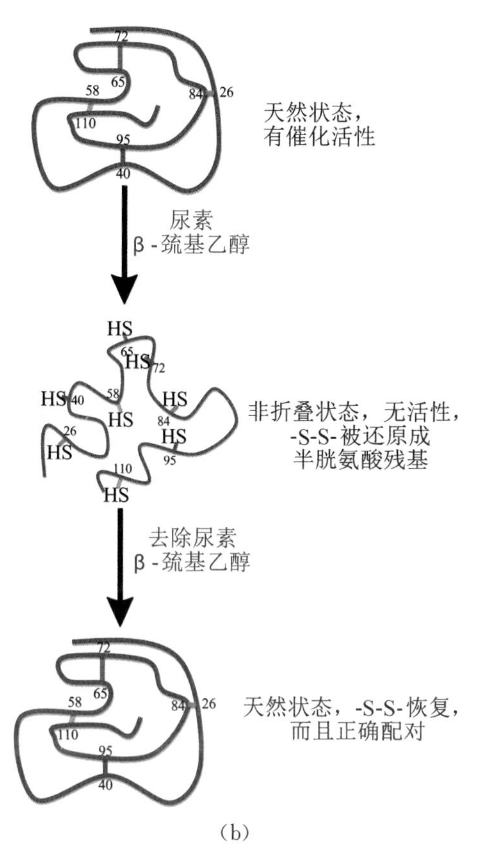

图 1-17　牛核糖核酸酶一级结构与空间结构的关系

(a)牛核糖核酸酶的氨基酸序列;(b)β-巯基乙醇及尿素对核糖核酸酶的作用

（二）一级结构相似的蛋白质具有相似的高级结构与功能

蛋白质一级结构的比较，常被用来预测蛋白质之间结构与功能的相似性。同源性较高的蛋白质之间，可能具有相类似的功能。值得指出的是，同源蛋白质是指由同一基因进化而来的相关基因所表达的一类蛋白质。已有大量实验结果证明，一级结构相似的多肽或蛋白质，其空间构象及功能也相似。例如不同哺乳类动物的胰岛素分子结构都由 A 和 B 两条链组成，且二硫键的配对位置和空间构象也极相似，一级结构也相似，仅有个别氨基酸差异，因此它们都执行着相同的调节糖代谢等的生理功能(表 1-3)。

表 1-3　哺乳动物胰岛素氨基酸序列的差异

胰岛素	氨基酸残基序号			
	A8	A9	A10	B30
人	Thr	Ser	Ile	Thr
猪	Thr	Ser	Ile	Ala
狗	Thr	Ser	Ile	Ala
兔	Thr	Ser	Ile	Ser
牛	Ala	Ser	Val	Ala
羊	Ala	Gly	Val	Ala
马	Thr	Gly	Ile	Ala

A 为 A 链，B 为 B 链；A8 表示 A 链第 8 位氨基酸，其余类推

（三）氨基酸序列与生物进化信息

通过比较一些广泛存在于生物界不同种系间的蛋白质的一级结构，可以帮助了解物种进化间的关系。如细胞色素C(cytochrome C)，物种间越接近，则一级结构越相似，其空间构象和功能也相似。猕猴与人类很接近，两者一级结构只相差1个氨基酸残基，即第102位氨基酸猕猴为精氨酸，人类为酪氨酸；人类和黑猩猩的细胞色素C一级结构完全相同。面包酵母与人类从物种进化看，两者相差极远，所以细胞色素C一级结构相差达51个氨基酸。灰鲸是哺乳类动物，由陆上动物演化，它与猪、牛及羊只差2个氨基酸。

（四）重要蛋白质的氨基酸序列改变可引起疾病

蛋白质分子中起关键作用的氨基酸残基缺失或被替代，都会严重影响空间构象乃至生理功能，甚至导致疾病产生。例如正常人血红蛋白β-亚基的第6位氨基酸是谷氨酸，而镰刀形红细胞贫血患者的血红蛋白中，谷氨酸变成了缬氨酸，即酸性氨基酸被中性氨基酸替代。仅此一个氨基酸之差，原是水溶性的血红蛋白就聚集成丝，相互粘着，导致红细胞变形成为镰刀状而极易破碎，产生贫血。这种由基因引起蛋白质分子或水平发生变异所导致的疾病，称为“分子病”，其病因为基因突变。表1-4列举了若干分子病及其因突变基因而受影响的蛋白质。但并非一级结构中的每个氨基酸都很重要，如细胞色素C在某些位点即使置换10个氨基酸残基，其功能依然不变。

表1-4 若干分子病及其受影响蛋白质

相关疾病	受影响蛋白质
腺苷酸脱氨酶缺陷病	腺苷酸脱氨酶
痛风症	磷酸核糖焦磷酸合成酶
维生素D依赖性佝偻病	25-(OH)-D_3-1-羟化酶
家族性高胆固醇血症	低密度脂蛋白受体
镰状细胞贫血	血红蛋白
同型半胱氨酸尿症	胱硫醚合成酶
白化病	酪氨酸酶
蚕豆病	葡萄糖-6-磷酸脱氢酶
肝豆状核变性	铜转运ATP酶
苯丙酮尿症	苯丙氨酸羟化酶

二、蛋白质空间结构与功能的关系

体内蛋白质所具有的特定空间构象都与其发挥特殊的生理功能有密切的关系。例如角蛋白(keratin)含有大量α-螺旋结构，与富含角蛋白组织的坚韧性并富有弹性直接相关；而丝心蛋白分子中含有大量β-折叠结构，致使蚕丝具有伸展和柔软的特性。以肌红蛋白和血红蛋白为例，阐述蛋白质空间结构和功能的关系。

（一）血红蛋白亚基与肌红蛋白结构相似

肌红蛋白(myoglubin, Mb)与血红蛋白(hemoglubin, Hb)都是含有血红素辅基的蛋白质。血红素是铁卟啉化合物(图1-18)，由4个吡咯环通过4个甲炔基相连成为一个环形，

Fe^{2+}居于环中。Fe^{2+}有 6 个配位键，其中 4 个与吡咯环的 N 配位结合，1 个配位键和肌红蛋白的第 93 位(F8)组氨酸残基结合，氧则与 Fe^{2+} 形成第 6 个配位键，接近第 64 位(E7)组氨酸。

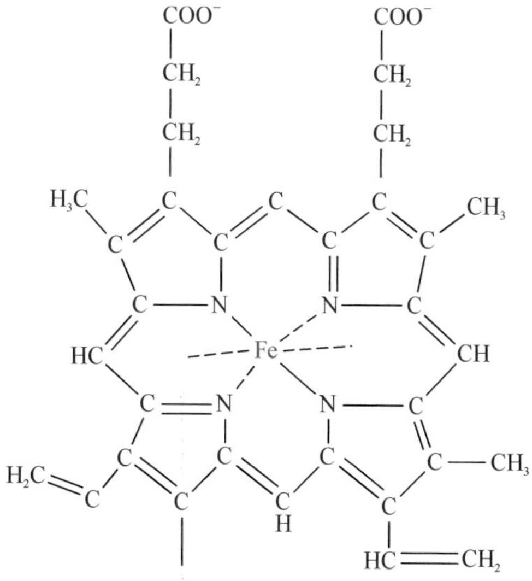

Mb 是一条单链蛋白质，其 X 线衍射获得的三维结构如图 1－14a 所示，有 8 段 α－螺旋结构，分别称为 A、B、C、D、E、F、G 及 H 肽段。整条多肽链折叠成紧密球状分子，大部分疏水的氨基酸侧链都在分子内部，而含极性及电荷的侧链则在分子表面，因此其水溶性较好。Mb 分子内部有一个袋形空穴，血红素居于其中。血红素分子中的两个丙酸侧链以离子键形式与肽链中的两个碱性氨基酸侧链上的正电荷相连，加之肽链中的 F8 位组氨酸残基还与 Fe^{2+} 形成配位结合，所以血红素可与蛋白质部分稳定结合。

图 1－18　血红素结构

Hb 具有 4 个亚基组成的四级结构，每个亚基结构中间有一个疏水局部，可结合 1 个血红素并携带 1 分子氧，因此 1 分子 Hb 共结合 4 分子氧。成人 Hb 主要由两条 α 肽链和两条 β 肽链(α2β2)组成，α 链含 141 个氨基酸残基，β 链含 146 个氨基酸残基。胎儿期主要为 α2γ2，胚胎期为 α2ε2。此外在成人 Hb 中存在较少的 α2δ2 型，而镰状红细胞贫血患者红细胞中的 Hb 为 α2S2。Hb 的 β、γ 和 δ 亚基的一级结构高度保守。Hb 各亚基的三级结构与 Mb 极为相似。Hb 亚基之间通过 8 对盐键(图 1－19)使 4 个亚基紧密结合而形成亲水的球状蛋白质。

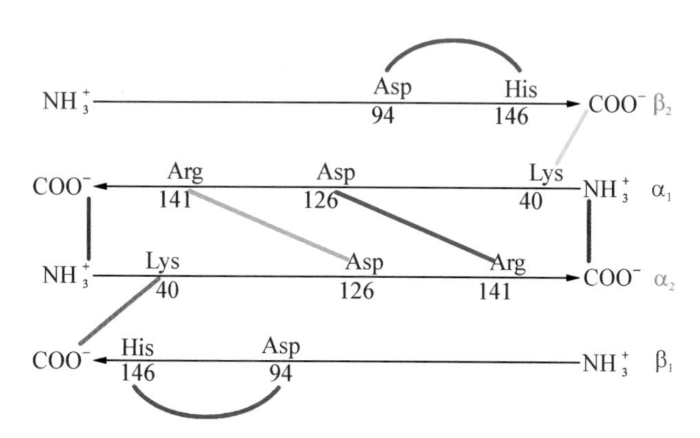

图 1－19　脱氧 Hb 亚基间和亚基内的盐键

（二）血红蛋白亚基构象变化可影响亚基与氧结合

Hb 也可逆地与 O_2 结合，氧合 Hb 占总 Hb 的百分数(称百分饱和度)随 O_2 浓度变化而变化。图 1－20 为 Hb 和 Mb 的氧解离曲线，前者为“S”形曲线，后者为直角双曲线。可见，Mb 易与 O_2 结合，而在 O_2 分压较低时 Hb 与 O_2 的结合较难。Hb 与 O_2 结合的“S”形曲线提示 Hb 的 4 个亚基与 4 个 O_2 结合时有 4 个不同的平衡常数，最后一个亚基与 O_2 结合的常数最大。根据“S”形曲线的特征可知，Hb 中第 1 个亚基与 O_2 结合以后，促进第 2 个及第 3 个亚基与 O_2 的结合，当前 3 个亚基与 O_2 结合后，又大大促进第 4 个亚基与 O_2 结合，这种效应称为正协同效应(positive cooperativity)。协同效应的定义是指一个亚基与其配体(Hb 中的配体为 O_2)结合后，能影响此寡聚体中另一亚基与配体的结合能力。如果引起促进作用则称为正协同效应；反之则为负协同效应。

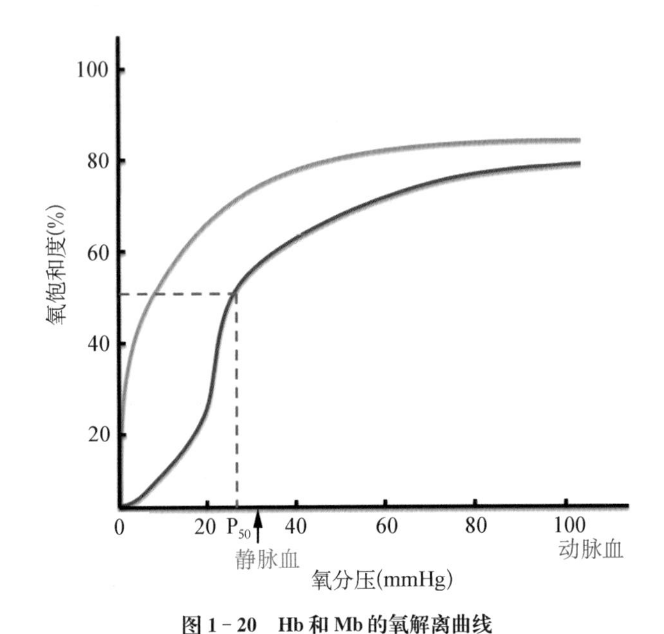

图 1-20　Hb 和 Mb 的氧解离曲线

根据 Perutz 等利用 X 线衍射技术分析 Hb 和氧合 Hb 晶体的三维结构图谱，提出了 O_2 与 Hb 结合的正协同效应的理论机制。

未结合 O_2 时，Hb 的 α1/β1 和 α2/β2 呈对角排列，结构较为紧密，称为紧张态(tense state, T 态)，T 态 Hb 与 O_2 的亲和力小。随着 O_2 的结合，4 个亚基羧基末端之间的盐键(图 1-21)断裂，其二级、三级和四级结构发生变化，使 α1/β1 和 α2/β2 的长轴形成 15°的夹角(图 1-22)，结构显得相对松弛，称为松弛态(relaxed state, R 态)。图 1-22 显示 Hb 氧合与脱氧时 T 态和 R 态相互转换的可能方式。T 态转变成 R 态是逐个结合 O_2 而完成的。在脱氧 Hb 中，Fe^{2+} 半径比卟啉环中间的孔大，因此 Fe^{2+} 高出卟啉环平面 0.4Å，而靠近 F8 位组氨酸残基。当第 1 个 O_2 与血红素 Fe^{2+} 结合后，Fe^{2+} 的半径变小，进入到卟啉环中间的小孔中(图 1-23)，引起

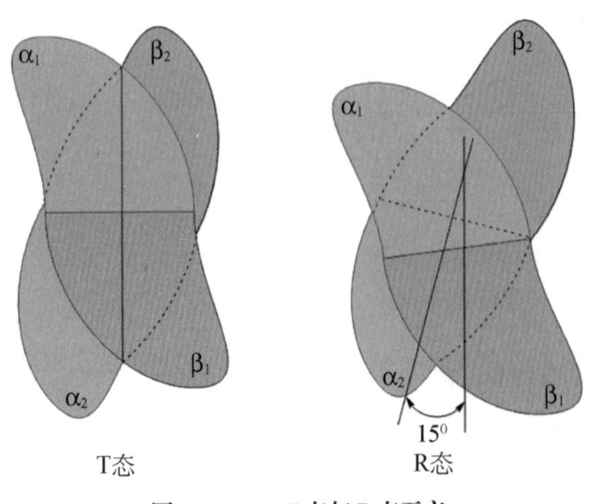

图 1-21　HbT 态与 R 态互变

F肽段等一系列微小的移动，同时影响附近肽段的构象，造成两个α-亚基间盐键断裂，使亚基间结合松弛，可促进第2个亚基与O_2结合，依此方式可影响第3、4个亚基与O_2结合，最后使4个亚基全处于R态。此种一个氧分子与Hb亚基结合后引起亚基构象变化，称为别构效应(allosteric effect)。小分子O_2称为别构剂或效应剂，Hb则被称为别构蛋白。别构效应不仅发生在Hb与O_2之间，一些酶与别构剂的结合、配体与受体结合也存在着别构效应，所以它具有普遍生物学意义。

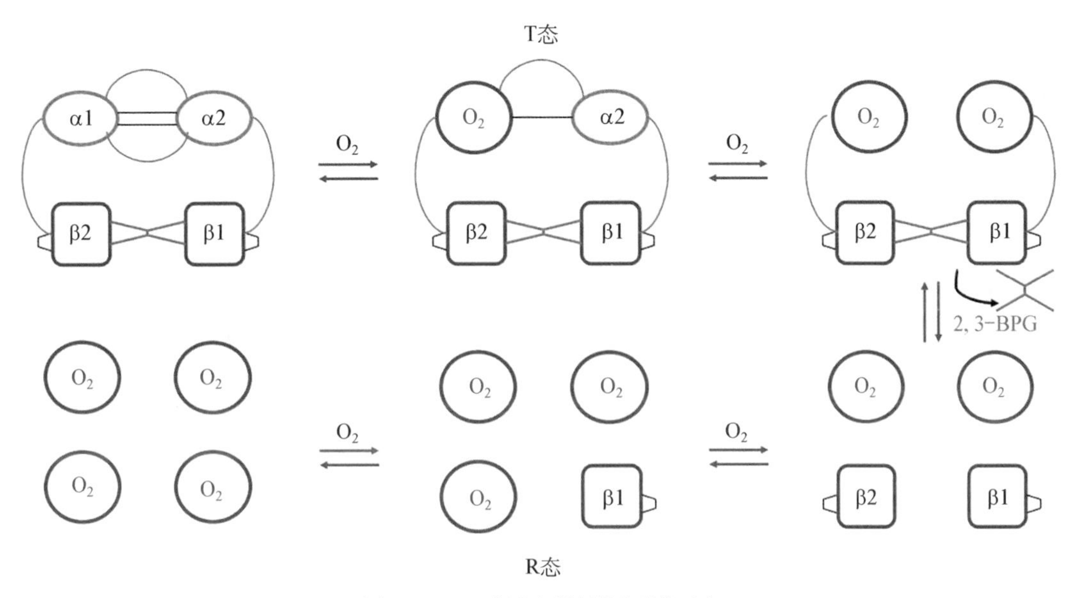

图1-22　Hb氧合与脱氧构象转换示意

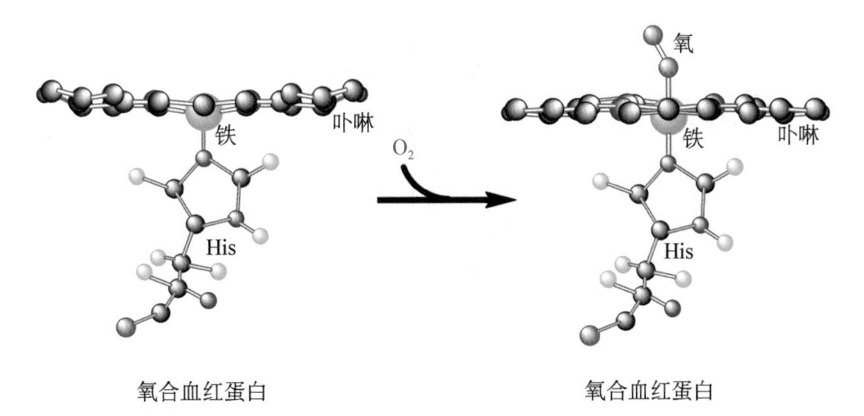

图1-23　血红素与O_2结合

人体在相对氧含量较低的组织，如肌肉的毛细血管，红细胞中2,3-二磷酸甘油酸(2,3-BPG)浓度相对较高。在高海拔氧气稀薄的状态，体内可通过多种调控来适应相对缺氧的状态，如增加红细胞数量、Hb浓度和红细胞中2,3-BPG浓度，提供充足氧气，以保障正常新陈代谢。升高的2,3-BPG可降低Hb与O_2的亲和力，使组织中氧合Hb释放的氧量增加(图1-22)。

（三）蛋白质构象改变与疾病

生物体内蛋白质的合成、加工和成熟是一个复杂的过程，其中多肽链的正确折叠对其形成正确构象并赋予功能至关重要。若蛋白质的折叠发生错误，尽管其一级结构不变，但蛋白质的构象发生改变，仍可影响其功能，严重时可导致疾病发生，有人将此类疾病称为蛋白质构象疾病。有些蛋白质错误折叠后相互聚集，常形成抗蛋白水解酶的淀粉样纤维沉淀，产生毒性而致病，表现为蛋白质淀粉样纤维沉淀的病理改变，这类疾病包括人纹状体脊髓变性病、老年痴呆症、亨丁顿舞蹈病（Huntington disease）、疯牛病等。

疯牛病是由朊病毒蛋白（prion protein，PrP）引起的一组人和动物神经退行性病变，这类疾病具有传染性、遗传性或散在发病的特点，其在动物间的传播是由 PrP 组成的传染性颗粒（不含核酸）完成的。PrP 是染色体基因编码的蛋白质。正常动物和人 PrP 分子量为 33 000～35 000，其水溶性强，对蛋白酶敏感，二级结构为多个 α-螺旋，称为 PrP^{C}。富含 α-螺旋的 PrP^{C} 在某种未知蛋白质的作用下可转变成分子中大多数为 β-折叠的 PrP，称为 PrP^{Sc}。但 PrP^{C} 和 PrP^{Sc} 两者的一级结构完全相同，可见 PrP^{C} 转变成 PrP^{Sc} 涉及蛋白质分子 α-螺旋重折叠成 β-折叠的过程。外源或新生的 PrP^{Sc} 可以作为模板，通过复杂的机制诱导 PrP^{C} 重折叠成为富含 β-折叠的 PrP^{Sc}，并可形成聚合体（图 1-24）。PrP^{Sc} 耐受蛋白酶作用，水溶性差，而且对热稳定，可以相互聚集，最终形成淀粉样纤维沉淀而致病。

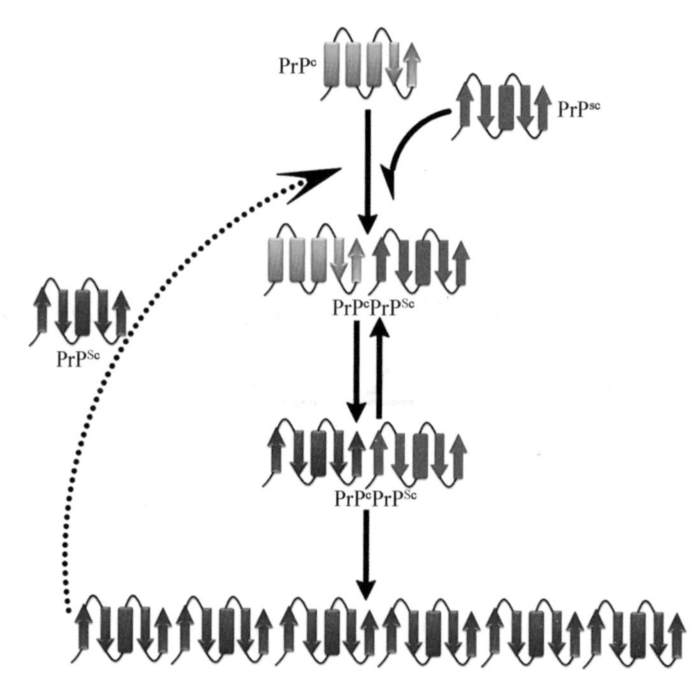

图 1-24　PrP^{C} 转变成 PrP^{Sc} 的过程

三、蛋白质的化学修饰与相互作用

细胞内新合成的蛋白质，不一定具有生物学功能，常需要进行蛋白质翻译后的化学修饰。即使成熟的蛋白质也常存在有活性与无(低)活性两种形式,通过蛋白质化学修饰,两者可相互转变而发挥功能,以适应体内新陈代谢的需要。常见的蛋白质化学修饰有糖基化、磷酸化、甲基化、甲酰化、乙酰化、羟基化、异戊二烯化、泛素化修饰等,都需要特异的酶来催化(详见第十一章)。蛋白质经化学修饰后可改变蛋白质的溶解度、稳定性、亚细胞定位及与其他蛋白质相互作用的性质等。当被修饰的蛋白质发挥功能后,可由特异的酶催化去除蛋白质的修饰基团,恢复到蛋白质的原有活性状态。

人体具有非常复杂的生物学功能,即使简单的功能也需要若干蛋白质共同参与完成。因此,蛋白质之间通过精准的相互作用,改变构象而聚集在一起形成蛋白质复合物,进而完成特定的生物学功能。两个或多个蛋白质相互作用时,通过各自分子中特殊的局部空间结构而相互识别与结合,同时改变了蛋白质的构象,利于形成蛋白质复合物,而执行生物学功能。

第四节　蛋白质的理化性质

蛋白质是生物大分子,除了有与氨基酸相同或相关的理化性质外,还具有若干重要的氨基酸所没有的理化性质。

一、蛋白质的两性电离性质

蛋白质分子除两端的氨基和羧基可解离外,氨基酸侧链中某些基团,如谷氨酸和天冬氨酸侧链中的γ或β-羧基、赖氨酸侧链的ε-氨基、精氨酸侧链的胍基和组氨酸侧链的咪唑基,在一定的溶液pH条件下均可解离成带负电荷或正电荷的基团。当蛋白质溶液处于某一pH时,蛋白质解离成正、负离子的趋势相等,即成为兼性离子,净电荷为零,此时溶液的pH称为蛋白质的等电点(isoelectric point, pI)。溶液的pH大于某一蛋白质的等电点时,该蛋白质分子带负电荷,反之则带正电荷。

体内各种蛋白质的等电点不同,但大多数接近于pH 5.0。在人体体液pH 7.4的环境中,大多数蛋白质解离成阴离子。少数蛋白质含碱性氨基酸较多,其等电点偏于碱性,称为碱性蛋白质,如鱼精蛋白、组蛋白等。也有少量蛋白质含酸性氨基酸较多,其等电点偏于酸性,称为酸性蛋白质,如胃蛋白酶和丝蛋白等。

二、蛋白质的胶体性质

蛋白质分子量可自1万～100万,分子直径可达1～100 nm,为胶体颗粒范围之内。蛋白质颗粒表面大多为亲水基团,可吸引水分子,使颗粒表面形成一层水化膜,以防止蛋白质颗粒的相互聚集而在溶液中沉淀析出。除水化膜是维持蛋白质胶体稳定的重要因素外,蛋白质胶粒表面可带有电荷,也可起胶粒稳定的作用。若去除蛋白质胶体颗粒表面电荷和水化膜两个稳定因素,蛋白质极易从溶液中析出。

三、 蛋白质变性与复性

在某些物理和化学因素作用下，蛋白质特定的空间结构被破坏，即有序的空间结构变成无序的空间结构，导致其理化性质改变，如溶解度降低、黏度增加、结晶能力消失、易被蛋白酶水解、生物学活性丧失，称为蛋白质变性(denaturation)。蛋白质变性时主要发生非共价键和二硫键的破坏，常不涉及一级结构中氨基酸序列的改变。常见的蛋白质变性因素有加热、乙醇等有机溶剂，以及强酸、强碱、重金属离子及生物碱试剂等。在临床工作中，变性因素常被应用来消毒及灭菌。防止蛋白质变性是有效保存生物制品(如疫苗、血浆蛋白、胰岛素针剂等)活性的必要条件。

蛋白质变性后，疏水侧链暴露在外，肽链相互缠绕进而聚集，从溶液中析出，这一现象被称为蛋白质沉淀。变性的蛋白质易于沉淀，有时蛋白质发生沉淀，但并不变性。

若蛋白质变性程度较轻，去除变性因素后，有些蛋白质仍可恢复或部分恢复其原有的构象和功能，称为复性(renaturation)。如图 1－17 所示，在核糖核酸酶溶液中加入尿素和β-巯基乙醇，可解除其分子中的 4 对二硫键和氢键，使空间构象遭到破坏，丧失生物学活性。变性后如经透析方法去除尿素和β-巯基乙醇，并设法使巯基氧化成二硫键，核糖核酸酶又恢复其原有构象，生物学活性也几乎全部重现。如果蛋白质变性后，空间构象被严重破坏，不能复原，称为不可逆性变性。

蛋白质经强酸、强碱作用发生变性后，仍能溶解于强酸或强碱溶液中，若将 pH 调至等电点，则变性蛋白质立即形成絮状的不溶解物，此絮状物仍可溶解于强酸和强碱中。如再加热，则絮状物可变成比较坚固的凝块，此凝块不易再溶于强酸和强碱中，这种现象称为蛋白质的凝固作用(protein coagulation)。实际上凝固是蛋白质变性后进一步发展的不可逆的结果。

四、 蛋白质的紫外吸收峰

蛋白质分子中含有共轭双键的酪氨酸和色氨酸，因此在 280 nm 波长处有特征性吸收峰。在此波长范围内，蛋白质的 A_{280} 与其浓度成正比关系，可进行蛋白质定量测定。

五、 蛋白质呈色反应

1. 茚三酮反应(ninhydrin reaction) 蛋白质经水解后产生的氨基酸也可发生茚三酮反应，详见本章第一节。

2. 双缩脲反应(biuret reaction) 蛋白质和多肽分子中的肽键在稀碱溶液中与硫酸铜共热，呈现紫色或红色，称为双缩脲反应。氨基酸不出现此反应。当蛋白质溶液中蛋白质的水解不断加强时，氨基酸浓度上升，其双缩脲呈色的深度就逐渐下降，因此双缩脲反应可检测蛋白质的水解程度。

第五节　蛋白质的分离、纯化与结构分析

蛋白质是生物大分子化合物，具有胶体性质、沉淀、变性和凝固等特点。在细胞和体液中数千种蛋白质常混合而存在，要分析单个类型蛋白质的结构和功能势必先要分离纯化单一蛋白质。蛋白质分离纯化方法通常建立于其特殊理化特性，以不损伤蛋白质空间构象为原则，并满足后续蛋白质结构与功能研究的需要。

一、蛋白质溶液的透析与超滤法

利用透析袋把大分子蛋白质与小分子化合物分离的方法称为透析(dialysis)。透析袋是用具有超小微孔的膜，一般只允许分子量为 10 000 以下的化合物通过，而高分子量的蛋白质即留在袋内，从而使蛋白质溶液浓缩。同样，应用正压或离心力使蛋白质溶液透过有一定截留分子量的超滤膜，达到浓缩蛋白质溶液的目的，称为超滤法。此法简便且回收率高，是常用的浓缩蛋白质溶液方法。

二、蛋白质的沉淀

蛋白质在溶液中一般含量很低，经沉淀浓缩，以利于进一步分离纯化。丙酮沉淀、盐析及免疫沉淀是常用的蛋白质溶液浓缩方法。

可与水混合的有机溶剂如丙酮、乙醇、甲醇等，通过结合小分子而使蛋白质颗粒的水化膜遭受破坏，从而沉淀蛋白质。盐析(salt precipitation)是将硫酸铵、硫酸钠或氯化钠等加入蛋白质溶液，使蛋白质表面电荷被中和以及水化膜被破坏，去除蛋白质在水溶液中的稳定性因素而沉淀。各种蛋白质盐析时所需的盐浓度及 pH 均不同。例如血清中的白蛋白及球蛋白，前者溶于 pH 7.0 左右的半饱和硫酸铵溶液中，而后者在此溶液中沉淀。当硫酸铵溶液达到饱和时，白蛋白也随之析出。因此，盐析法可将蛋白质初步分离，但欲得纯品，需用其他方法。许多蛋白质经纯化后，在盐溶液中长期放置逐渐析出，成为整齐的结晶。

蛋白质具有抗原性，将某一纯化蛋白质免疫动物可获得抗该蛋白的特异抗体。利用特异抗体识别相应抗原并形成抗原抗体复合物的原理，可从蛋白质混合溶液中分离获得抗原蛋白，这就是免疫沉淀法。

三、蛋白质电泳

带电蛋白质颗粒在电场中泳动而达到分离的技术称为蛋白质电泳(electrophoresis)。蛋白质在高于或低于其 pI 的溶液中成为荷电颗粒，在电场中能向正极或负极方向移动。作为蛋白质样品支撑物的聚丙烯酰胺凝胶(polyacrylamide gel)，其两端分别置于正、负电极，蛋白质即在凝胶中泳动。电泳结束后，用蛋白质显色剂显色，即可见一条条已被分离的蛋白质色带。

若在蛋白质样品和聚丙烯酰胺凝胶系统中加入带负电荷较多的十二烷基磺酸钠(SDS),所有蛋白质颗粒表面覆盖一层 SDS 分子,导致各种蛋白质分子间的电荷差异消失,此时蛋白质泳动速率仅与蛋白质颗粒大小有关;加之聚丙烯酰胺凝胶具有分子筛效应,可用这种 SDS-聚丙烯酰胺凝胶电泳(SDS-PAGE)用于蛋白质分子量的测定。

在聚丙烯酰胺凝胶中加入系列两性电解质载体,在电场中形成一个连续而稳定的线性 pH 梯度,也即 pH 从凝胶的正极向负极依次递增,电泳时被分离蛋白质处在偏离其 pI 的 pH 位置时带有电荷而移动,至该蛋白质 pI 值相等的 pH 区域时,其净电荷为零而不再移动,这种通过蛋白质 pI 的差异而分离蛋白质的电泳方法称为等电聚焦电泳(isoelectric equilibrium electrophoresis, IEE)。

双向凝胶电泳(two-dimentional gel electrophoresis, 2-DGE)是蛋白质组学研究的重要技术之一。双向凝胶电泳的第一向为 IEE,第二向为 SDS-PAGE,通过被分离蛋白质 pI 和分子量的差异,将复杂蛋白质混合物在二维平面上分离(图 1-25)。随着技术的发展,包括 20 世纪 80 年代固相化 pH 梯度的完善使双向凝胶电泳的重复性被改善,80 年代后期电喷雾质谱和基质辅助的激光解吸飞行时间质谱技术的发明以及近年来蛋白质双向电泳图谱的各种分析软件不断涌现,不仅使双向凝胶电泳的分辨率提高,还进一步获取被分离的单个蛋白质的若干参数甚至翻译后修饰等信息,从而加速了蛋白质组学的研究进程。

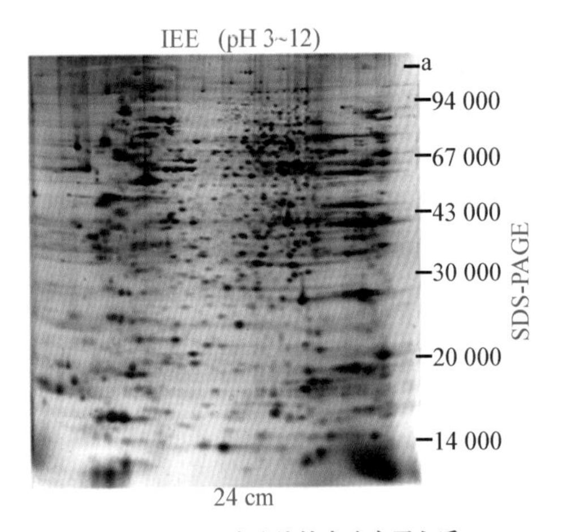

图 1-25 双向电泳技术分离蛋白质

四、蛋白质层析

层析(chromatography)是分离、纯化蛋白质的重要方法之一。一般而言,待分离蛋白质溶液(流动相)经过一个固态物质(固定相)时,根据溶液中待分离的蛋白质颗粒大小、电荷多少及亲和力等,使待分离的蛋白质组分在两相中反复分配,并以不同速度流经固定相而达到分离蛋白质的目的。层析种类很多,有离子交换层析、凝胶过滤与亲和层析等。其中离子交换层析和凝胶过滤应用最广。例如阴离子交换层析分离蛋白质时,将阴离子交换树脂颗粒填充在层析管内,由于阴离子交换树脂颗粒带正电荷,能吸引溶液中的蛋白质阴离子(图 1-26a)。然后再用含阴离子(如 Cl^-)的溶液洗柱,含负电荷少的蛋白质首先被洗脱下来(图 1-26b);增加 Cl^- 浓度,含负电荷多的蛋白质也被洗脱下来(图 1-26c),于是两种蛋白质被分开。

凝胶过滤(gel filtration)又称分子筛层析。层析柱内填满带有小孔的颗粒,一般由葡聚糖制成。蛋白质溶液加于柱的顶部,任其往下渗漏,小分子蛋白质进入孔内,因而在柱中滞留时间较长,大分子蛋白质不能进入孔内而径直流出,因此不同大小的蛋白质得以分离(图 1-27)。

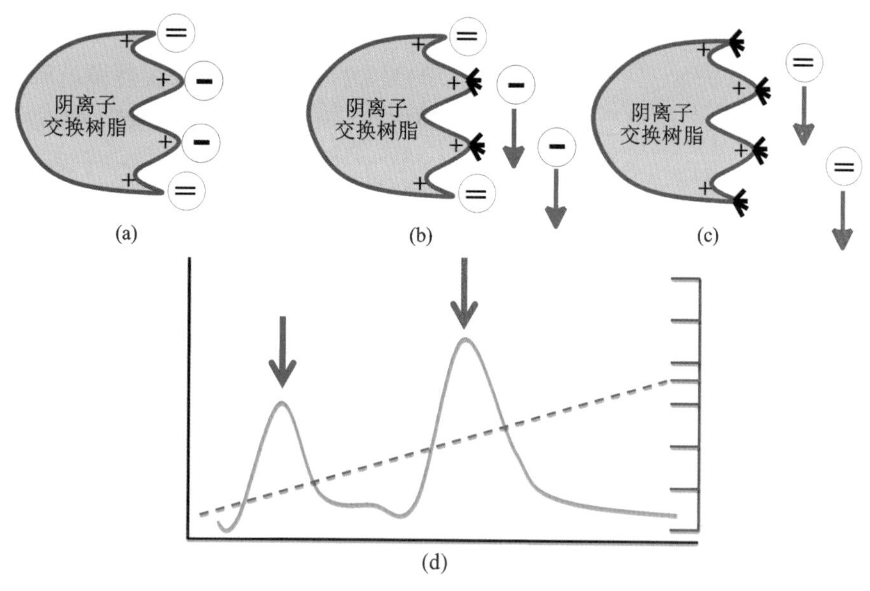

图 1 - 26　离子交换层析分离蛋白质

(a) 样品全部交换并吸附到树脂上;(b) 负电荷较少的分子用较稀的 Cl^- 或其他负离子溶液洗脱;(c) 电荷多的分子随 Cl^- 浓度增加依次洗脱;(d)洗脱图 A_{280} 表示为 280 nm 的吸光度

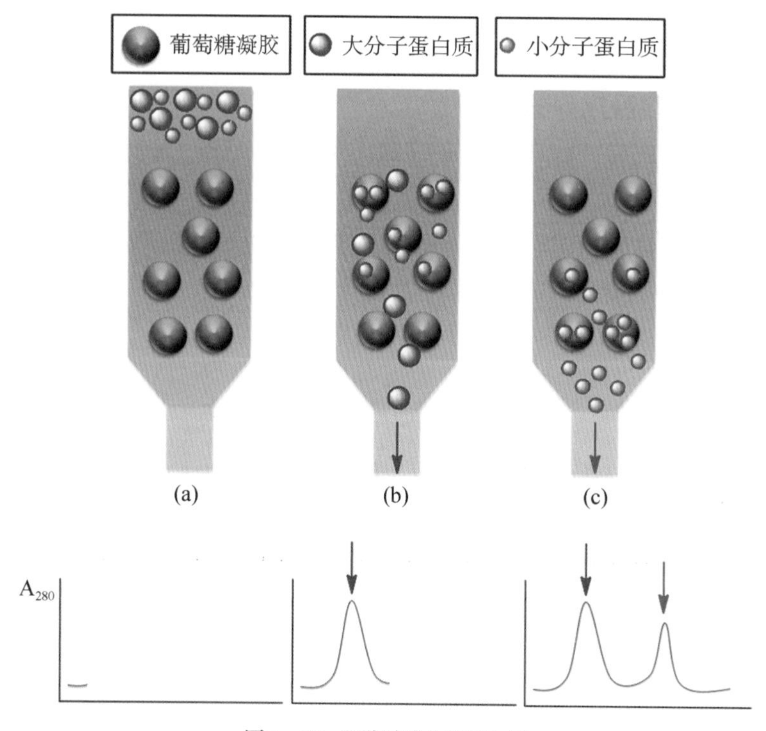

图 1 - 27　凝胶过滤分离蛋白质

五、超速离心分离

超速离心法(ultracentrifugation)既可用来分离纯化蛋白质也可用作测定蛋白质的分子量。蛋白质在高达50万g(gravity,地心引力)的重力作用下,在溶液中逐渐沉降,直至其浮力(buoyant force)与离心所产生的力相等,沉降停止。不同蛋白质其密度与形态各不相同,用上述方法可分开。蛋白质在离心场中的行为用沉降系数(sedimentation coefficient, S)表示:

$$S = \frac{dx/dt}{\omega^2 x} \times 10^{13}$$

式中 dx/dt 代表颗粒在离心场中的移动速率,ω 为离心头的角速度,x 是距转动中心的距离,t 为离心时间。沉降系数使用 Svedberg 单位($1\ S=10^{-13}\ s$),系数与蛋白质的密度和形状相关(表1-5)。

表1-5　蛋白质的分子量和沉降系数

蛋白质	分子量	S	蛋白质	分子量	S
细胞色素C(牛心)	13 370	1.17	血清白蛋白(人)	68 500	4.60
肌红蛋白(马心)	16 900	2.04	过氧化氢酶(马肝)	247 500	11.30
糜蛋白酶原(牛胰)	23 240	2.54	脲酶(刀豆)	482 700	18.60
β-乳球蛋白(羊奶)	37 100	2.90	纤维蛋白原	339 700	7.60
血红蛋白(人)	64 500	4.50			

六、多肽链的氨基酸序列分析

1953年,Sanger首次完成胰岛素的氨基酸顺序测定。目前方法学得到改进后,可自动化分析蛋白质的氨基酸序列。

(1) 首先分析已纯化蛋白质的氨基酸残基组成。蛋白质经盐酸水解后成为个别氨基酸,用离子交换树脂将各种氨基酸分开,测定它们的量,算出各氨基酸在蛋白质中的百分组成或个数(图1-28)。

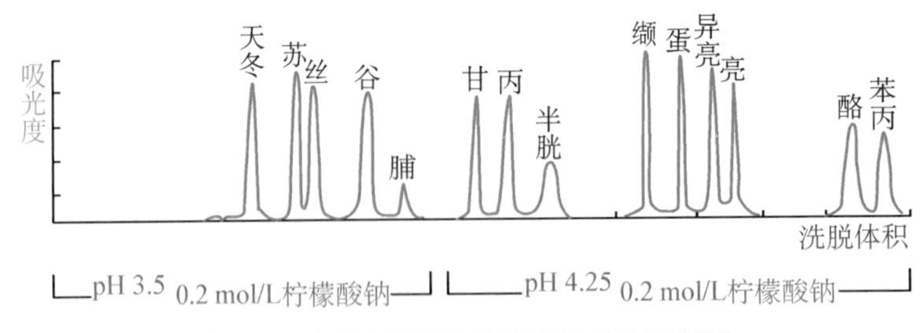

图1-28　离子交换层析分析蛋白质的氨基酸组分

(2) 第2步测定多肽链的N-端与C-端为何种氨基酸残基。Sanger当年用二硝基氟苯与多肽链的α-氨基作用生成二硝基苯氨基酸,然后将多肽水解,分离出带有二硝基苯基的氨基酸。目前多用丹酰氯使之生成丹酰衍生物,该物质具强烈荧光,更易鉴别。C-端氨基酸残基可用羧肽酶将其水解下来。

(3) 第 3 步是把肽链水解成片段，分别进行分析。方法甚多，常用胰蛋白酶法、胰凝乳蛋白酶法、溴化氰法等。胰蛋白酶能水解赖氨酸或精氨酸的羧基所形成的肽键，如果蛋白质分子中有 4 个精氨酸及赖氨酸残基，则可得 5 个片段。

胰凝乳蛋白酶水解芳香族氨基酸(苯丙氨酸、酪氨酸及色氨酸)羧基侧的肽键，溴化腈水解甲硫氨酸羧基侧的肽键。由水解生成的肽段，可用离子交换层析或其他层析方法将其分离纯化。

(4) 最后测定各肽段的氨基酸排列顺序，一般采用 Edman 降解法。肽段先与异硫氰酸苯酯反应，该试剂只与氨基末端氨基酸的游离 α-氨基作用。再用冷稀酸处理，氨基末端残基即自肽链脱落下来，成为异硫氰酸苯酯衍生物，用层析可鉴定为何种氨基酸衍生物。残留的肽链可继续与异硫氰酸苯酯作用。依次逐个鉴定出氨基酸的排列顺序(图 1 - 29)。

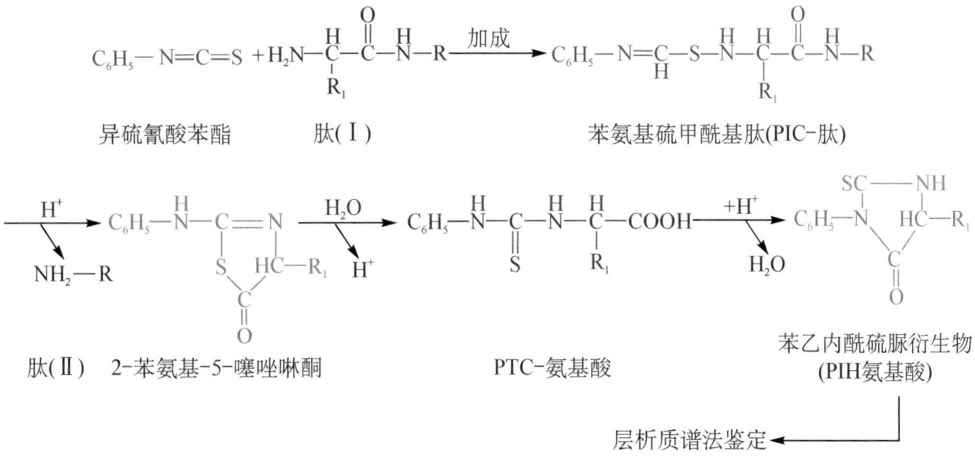

异硫氰酸苯酯　肽(Ⅰ)　加成　苯氨基硫甲酰基肽(PIC-肽)

肽(Ⅱ)　2-苯氨基-5-噻唑啉酮　PTC-氨基酸　苯乙内酰硫脲衍生物 (PIH氨基酸)

层析质谱法鉴定

图 1 - 29　肽的氨基酸末端测定法

如前所述，一条多肽链可被水解成若干肽段，这些肽段经过分离纯化后，即可进行氨基酸顺序测定。但是获得了这些数据之后，还不能得出整条多肽链的氨基酸排列顺序，因为尚不清楚这些片段在多肽链中的前后次序。一般需用数种水解法，并分析出各肽段中的氨基酸顺序，然后经过组合排列对比，最终得出完整肽链中氨基酸顺序的结果。

近年来，由于核酸研究在理论上及技术上迅猛发展，人们开始通过核酸来推演蛋白质中的氨基酸序列。

七、蛋白质空间结构测定

大量生物体内存在的蛋白质空间结构的解析，对于研究蛋白质结构与功能的内在关系至关重要，也为蛋白质或多肽药物的结构改造从而增强作用减弱不良反应提供了理论依据。由于蛋白质的空间结构十分复杂，因而其测定的难度也较大。随着结构生物学的发展，蛋白质二级结构和三维空间结构的测定也已普遍开展。

通常采用圆二色光谱(circular dichroism, CD)测定溶液状态下的蛋白质二级结构含量。CD谱对二级结构非常敏感,α-螺旋的CD峰有222 nm处的负峰、208 nm处的负峰和198 nm处的正峰3个成分;而β-折叠的CD谱不很固定。此法测定含α-螺旋较多的蛋白质,所得结果更为准确。

X线衍射法(X-ray diffraction)和核磁共振(nuclear magnetic resonance, NMR)是研究蛋白质三维空间结构最准确的方法。通常采用的X线衍射法,首先将蛋白质制备成晶体。迄今为止,并非所有纯化蛋白质都能制备成满意的能供三维结构分析的晶体。例如糖蛋白,由于蛋白质分子中糖基化位点和某些位点的糖链结构存在不均一性,较难获得糖蛋白晶体。X线射至蛋白质晶体上,可产生不同方向的衍射,X线片则接受衍射光束,形成衍射图。这种衍射图也即X线穿过晶体的一系列平行剖面所表示的电子密度图。然后借助计算机绘制出三维空间的电子密度图。如一个肌红蛋白的衍射图有25 000个斑点,通过对这些斑点的位置、强度进行计算,已得出其空间结构。此外,近年建立的二维NMR技术已用于测定蛋白质三维空间结构。

由于蛋白质一级结构是空间结构的基础,通过直接的蛋白质测序或核酸测序,已获得几十万条蛋白质序列,其中仅7 000条来自于X线衍射和NMR分析。近年来根据蛋白质的氨基酸序列预测其三维空间结构,受到科学家的关注。目前有几种蛋白质结构预测方法。

(1) 同源模建:将待研究的序列与已知结构的同源蛋白质序列对齐——补偿氨基酸替补、插入和缺失——通过模建和能量优化计算,产生目标序列的三维结构。序列相似性越高,预测的模型也越准确。

(2) 折叠识别:通过预测二级结构、预测折叠方式和参考其他蛋白质的空间结构,从而产生目标序列的三维结构。

(3) 从无到有:根据单个氨基酸形成二级结构的倾向,加上各种作用力力场信息,直接产生目标序列的三维结构。同源建模目前被认为是最精确的方法。同源性>50%时,结果比较可靠;同源性在30%~50%之间,则需要参考其他蛋白质的信息;同源性<30%时,人们一般采用折叠识别方法。同源性更小时,从无到有法更有效。

第六节 血浆蛋白质

一、血浆蛋白质的主要成分及其功能

血液是由有形成分红细胞、白细胞、血小板与液态成分血浆所组成的流体组织。在血浆中蛋白质是含量最多的血液固体成分,人血浆总蛋白质浓度为60~80 g/L,白蛋白(albumin)是血浆蛋白质的主要成分。大部分血浆蛋白质在肝中合成,γ-球蛋白(γ-globulin)由浆细胞合成,血管内皮细胞也能合成部分血浆蛋白质,所以多数血浆蛋白质为分泌性蛋白。

血浆蛋白质种类繁多,各种蛋白质的含量也相差甚远,可利用盐析、电泳、超离心、层析等方法进行分离。临床常用电泳法分离和分析血浆蛋白质。若用醋酸纤维素膜电泳,可将

血浆蛋白质分为5个组分，按泳动快慢依次为：白蛋白、α_1-球蛋白、α_2-球蛋白、β-球蛋白和γ-球蛋白。采用PAGE可将血浆蛋白分离出100种以上，可见血浆蛋白质种类之繁多。

许多血浆蛋白质可以高亲和性、高专一性地与其配体结合，以发挥作为配体储存库、控制配体运输及其分布的作用。表1-6归纳了发挥不同功能的血浆蛋白质的种类。

表1-6　具有不同功能的血浆蛋白质

功能	血浆蛋白质
抗蛋白酶	抗凝乳蛋白酶、α1-抗胰蛋白酶、α2-巨球蛋白、抗凝血酶
血液凝固	各种凝血因子、纤维蛋白原
酶	血液中功能酶：如凝血因子、胆碱酯酶
	组织细胞漏出的酶：如转氨酶
激素	促红细胞生成素
免疫功能	γ-免疫球蛋白、补体蛋白、β2-微球蛋白
参与炎症反应	急性时相反应蛋白：如C-反应蛋白、α1-酸性糖蛋白（血清类黏蛋白）
肿瘤胚胎性蛋白	α1-甲胎蛋白（AFP）
转运或结合蛋白	白蛋白：结合和运输胆红素、非酯化脂肪酸、离子（Ca^{2+}）、金属离子（Cu^{2+}、Zn^{2+}）、正铁血红素、类固醇激素和各种药物分子
	血浆铜蓝蛋白：含有Cu^{2+}（但Cu^{2+}转运可能主要依赖白蛋白）皮质类固醇结合球蛋白（运皮质激素蛋白）：结合皮质醇结合珠蛋白：结合细胞外的血红蛋白
	脂蛋白（乳糜微粒、VLDL、LDL、HDL）：运输三酰甘油（甘油三酯）、胆固醇、磷脂等
	血红素结合蛋白：结合血红素
	视黄醇结合蛋白：结合视黄醇
	性激素结合球蛋白：结合睾酮、雌二醇
	甲状腺素结合球蛋白：结合T3、T4
	运铁蛋白：运输铁
	甲状腺素运载蛋白：结合T4并与视黄醇结合蛋白形成复合物

二、白蛋白的功能

人血浆中白蛋白的浓度为32～56 g/L，占总蛋白的52%～65%。肝中每天合成白蛋白约12 g，占肝合成总蛋白的25%，约为分泌蛋白的50%。

因白蛋白在肝中合成，所以严重肝病时血浆白蛋白含量下降，出现白蛋白与球蛋白比值（A/G）下降，严重时倒置。由于白蛋白的分子量较小，且含量高，因而对维持人血浆的正常渗透压很重要。渗透压的75%～80%由白蛋白维持，若白蛋白减少可引起严重水肿。有一种称为无白蛋白血症的患者却表现为中度水肿，这可能是其他蛋白质代偿性合成增加的结果。

血浆白蛋白具有结合各种配体分子的能力，例如非酯化脂肪酸、钙、一些类固醇激素、胆红素等。白蛋白还能与一些药物，如青霉素、磺胺、阿司匹林等结合。此外对铜的运输也起重要作用。

三、其他血浆蛋白的功能

1. 前白蛋白　前白蛋白（prealbumin，PA）的主要功能是运输视黄醇。维生素A在体内的活性形式包括视黄醇、视黄醛及视黄酸。食物中的视黄醇都以酯的形式即视黄醇酯存在，在小肠被水解为视黄醇，被吸收后又重结合为视黄醇酯；再以脂蛋白的形式储存于脂肪细胞。血浆中的维生素 A 为非酯化型，它与视黄醇结合蛋白（retinol binding protein，RBP）结合而被转运。后者又与已结合甲状腺素的前白蛋白形成维生素 A－RBP－PA 复合物。当运至靶组织后，与特异受体结合而被利用。

2. 运铁蛋白 在体内所含的微量元素中，铁是最多的一种，约占体重的 0.005 7%。体内铁约 75%存在于铁卟啉化合物中。成年男子及绝经后的妇女每月需铁约 1 mg。体内运铁蛋白（transferrin）是运输铁的主要物质。铁蛋白（ferritin）则是储存铁的分子。运铁蛋白是分子量为 76 000 的糖蛋白，属于 β_1－球蛋白，在肝中合成，该蛋白约有 20 种多态性。1 mol 运铁蛋白可运输 2 mol Fe^{3+}。血浆中运铁蛋白的浓度约为 300 mg/dl，可结合 300 μg/dl 铁。游离铁对机体有毒性，与运铁蛋白结合后无毒性作用。它主要通过血循环将铁运至需铁的组织，如骨髓及其他器官。许多组织的细胞膜有运铁蛋白的受体，当运铁蛋白与之结合后，通过胞吞作用进入细胞，在溶酶体的酸性 pH 条件下使之与铁分离。脱铁铁蛋白（apoferritin）在溶酶体内并不被降解，可通过与受体结合重回到细胞膜，再进入血液重新行使运铁使命。

血浆中的铁蛋白与多种铁代谢途径相关，并能储存铁。铁蛋白大约含 23%的铁。脱铁铁蛋白的分子量为 440 000。通常由 24 个分子量为 18 500 的亚基构成。24 个亚基可聚合 3 000～4 500 个铁原子。正常情况下铁蛋白在血浆中的含量是极低的，它的量随铁的增加而变化。

3. 甲状腺素结合球蛋白 体内 1/2～1/3 的三碘甲状腺氨酸（T3）和四碘甲状腺氨酸（T4）存在于甲状腺外，大多数在血中与两种特异结合蛋白，即甲状腺结合球蛋白（TBG）和甲状腺结合前白蛋白（TBPA）结合。TBG 为一种糖蛋白，通常 TBG 与 T3、T4 结合的亲和力为 TBPA 的 100 倍。正常状态下，TBG 以非共价键与血浆中的 T3、T4 结合，在血液中游离的甲状腺素与结合的甲状腺含量处于动态平衡。

4. 结合珠蛋白-血红蛋白复合物 可防止血红蛋白（Hb）在肾小管沉积。结合珠蛋白（heptoglobin，Hp）是一种血浆糖蛋白，可与细胞外的 Hb 非共价结合为复合物。细胞外 Hb 主要来自于衰老的红细胞。每天降解的 Hb 有 10%进入血循环中，余下的 90%仍存在于衰老的红细胞中。Hp 的分子量为 90 000，Hb 的分子量为 65 000，两者复合物的分子量为 155 000。这种复合物不能通过肾小球进入肾小管，所以不会沉积于肾小管内，但游离的 Hb 能。因而 Hp－Hb 复合物可避免由 Hb 造成的肾损伤，还可防止 Hb 从肾丢失，从而保存其中的铁。Hp 也是一种急性反应蛋白，在急性炎症时血浆中可升高。

5. 铜蓝蛋白 血浆铜蓝蛋白属于 α_2－球蛋白，血浆中 90%的铜由其运输，其余 10%的铜与白蛋白结合。每个铜蓝蛋白可结合 6 个铜原子。

6. 免疫球蛋白 免疫球蛋白（immunoglobulin，Ig）具有抗体作用，在电泳时主要出现于 γ－球蛋白区域，占血浆蛋白质的 20%；某些 β－球蛋白和 α_2－球蛋白也含有免疫球蛋白。Ig 由 B 细胞系中的特殊细胞浆细胞所产生。Ig 能识别、结合特异抗原，形成抗原-抗体复合物，激活补体系统，从而解除抗原对机体的损伤。

免疫球蛋白可分为IgG、IgA、IgM、IgD、IgE，结构相类似，均由两条相同的重链(heavy chain，H链)和两条相同的轻链(light chain，L链)组成。其中IgG、IgD、IgE为四聚体，IgA为二聚体，IgM是五聚体。H链由450～550个氨基酸残基组成，L链由212～230个氨基酸残基组成，两条链由二硫键相连。

图1-30显示IgG的分子结构。每条L链由可变区(V_L)和恒定区(C_L)组成。每条H链也可由可变区(V_H)和恒定区(C_H)组成，其中恒定区分为3个结构域(C_H1、C_H2、C_H3)，C_H2结构域含有补体结合部位。C_H3结构域含有与中性粒细胞和巨噬细胞受体接触的部位。由L链和H链可变区形成的高变区是抗原结合的部位。L链与H链之间由二硫键连接，H链之间也由二硫键连接。

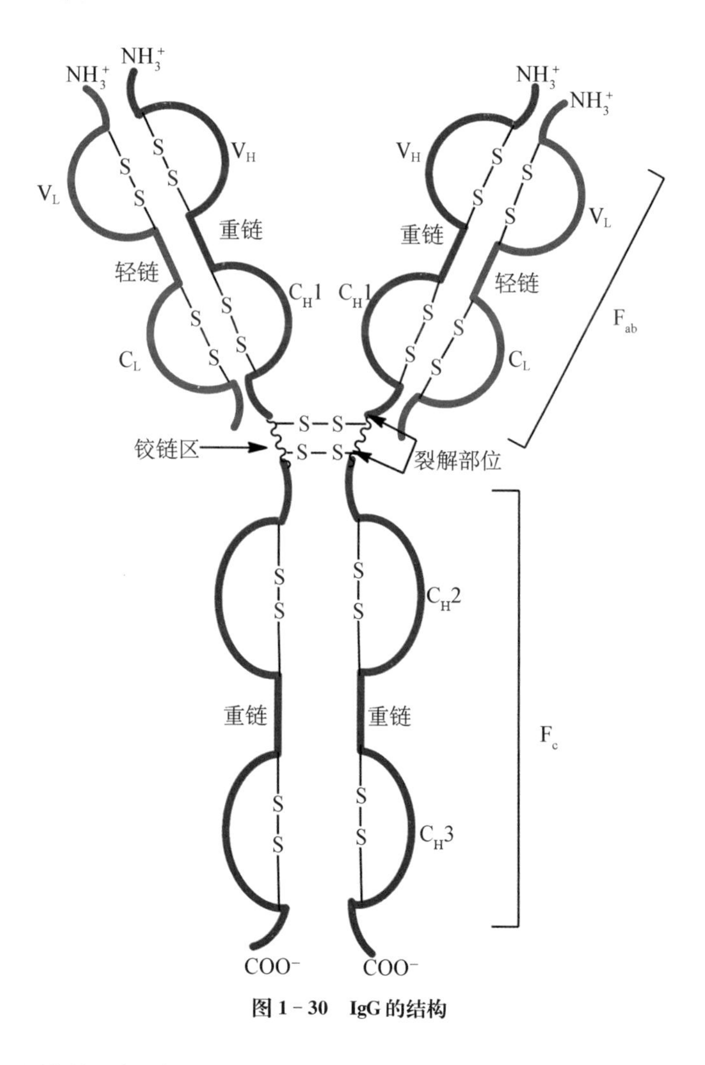

图1-30　IgG的结构

从N-端起，H链的1/4肽段及L链的1/2肽段在各类Ig中的排列顺序可变性大，称可变区(variable region，V区)，其功能是决定不同Ig与抗原结合的特异性。H链及L链的其余肽段称为恒定区(constant region，C区)，其功能是决定Ig的效应作用，也是Ig的分类基础(α、γ、δ、ε、μ五大类)。L链有两个基本型，即κ和λ型。一个特异的Ig通常只含有两条

κ 链或两条 λ 链，不存在 κ 和 λ 的混合型。故 Ig 可分为两型 5 类，即 κ 型五类和 λ 型 5 类。

（查锡良）

参考文献

[1] Nelson DL，Cox MM. Lehninger Principles of Biochemistry. 6th ed. New York：W. H. Freeman and Company，2013.

[2] Berg JM，John L. Tymoczko，Lubert Stryer Biochemistry. 6th ed. New York：W. H. Freeman and Company，2007.

[3] Murray RK，Bender DA，kennelly PJ，et al. Happer's Illustrated Biochemistry. 29th ed. New York：McGraw Hill Company，2012.

[4] Anfinsen CB. Principles that govern the folding of protein chain. Science，1973，181：223 - 230.

[5] Kendrew JC. The three-dimentional structure of a protein molecule. Sci Am，1961，205：96 - 111.

[6] Dunker AK，Kriwacki RW. The orderly chaos of proteins. Sci Am，2011，302：68 - 73.

[7] Brown JH. Breaking symmetry in protein dimmers：designs and function. Protein Sci，2006，15：1 - 13.

[8] Chiti F，Dobson CM. Protein folding，functional amyloids，and human disease. Annu Rev Biochem，2006，75：333 - 366.

[9] Prisoner SB. The protein diseases. Sci Am，1995，272：48 - 57.

[10] Selkoe DJ. Folding proteins in fatal ways. Nature，2003，426：900 - 904.

第二章　酶

生物体的新陈代谢过程通过有序的化学反应来进行，这些化学反应均由生物体内的生物催化剂(biocatalyst)——酶(enzyme)催化。酶由活细胞产生，对其特异性底物具有高度催化效率。在酶的催化作用下，生物体内的化学反应能够在温和的条件下高效、特异地进行。

第一节　酶的分子结构与功能

一、酶的作用特点

（一）高度催化效率

酶是高效的催化剂，催化效率比一般催化剂高 10^7～10^{13} 倍，通常比非催化反应高 10^8～10^{20} 倍。例如在 pH 7.0，20℃时，脲酶催化尿素水解比非催化反应快 10^{14} 倍。羧基肽酶 A 催化多肽链羧基端的氨基酸残基水解，反应速率比非催化反应快 10^{11} 倍。

（二）高度专一性

受酶催化的化合物称为该酶的底物(substrate)。酶对其底物具有比较严格的选择性。一种酶仅作用于一种化合物、一类化合物或特定的化学键，催化特定的化学反应，生成特定的产物，酶的这种特性称为酶的特异性或专一性(specificity)。酶的特异性可分为 3 种类型。

1. 绝对专一性（absolute specificity）　有些酶只作用于一种特定结构的底物，进行一种专一的反应，生成特定结构的产物，这种特异性称为绝对专一性。例如脲酶仅催化尿素水解生成 CO_2 和 NH_3，对甲基尿素没有催化作用。

2. 相对专一性（relative specificity）　多数酶能够作用于含有相同化学键或化学基团的一类化合物，这种选择性称为相对专一性。例如脂肪酶不仅水解脂肪，也水解其他简单的酯；蛋白酶水解多肽时，对构成肽键的氨基酸残基无绝对要求，仅对氨基酸残基的种类有选择性。

3. 立体异构专一性（stereospecificity）　一些酶只能催化一种光学异构体或立体异构体进行反应，称为立体异构专一性。例如 *L*-乳酸脱氢酶仅催化 *L*-乳酸脱氢生成丙酮酸，而对 *D*-乳酸无催化作用；淀粉酶只能水解淀粉中的 α-1，4-糖苷键，不能水解纤维素中的 β-1，4-糖苷键。

（三）高度不稳定性

绝大多数酶的化学本质是蛋白质。凡使蛋白质变性的因素，如高温、强酸、强碱等，均能使酶发生变性而失去催化活性。因此，大多数酶促反应都是在常温、常压和接近中性的条件下进行的。

（四）可调节性

生物体内许多酶受体内代谢物或激素的调节，调控过程非常精细，以适应体内外环境的变化。

1. 酶活性的调节 如 AMP、ATP 可分别与磷酸果糖激酶-1 结合，通过改变酶的结构，分别激活或抑制该酶的催化活性。

2. 酶量的调节

（1）酶的合成受到诱导或阻遏，从而改变细胞内的酶量。例如胰岛素诱导 HMG-CoA 还原酶的合成，而胆固醇则阻遏该酶合成。

（2）改变酶分子的降解速率也能对酶量产生影响。例如饥饿时肝脏中精氨酸酶活性增加，主要是由于酶蛋白的降解受到抑制。

二、酶的化学结构

仅由一条多肽链构成的酶称为单体酶（monomeric enzyme），如牛胰核糖核酸酶。由多个相同或不同的亚基结合而成的酶称为寡聚酶（oligomeric enzyme），如含有 4 个亚基的蛋白激酶 A 和磷酸果糖激酶-1。催化连续酶促反应的一系列具有不同催化功能的酶通常聚合形成多酶复合物（multienzyme complex）或称多酶体系（multienzyme system），如哺乳动物丙酮酸脱氢酶复合物含有 3 种酶和 5 种辅因子。

（一）酶的化学组成

根据化学组成成分，酶可以分为单纯酶（simple enzyme）和结合酶（conjugated enzyme）。

1. 单纯酶 仅由蛋白质组成的酶，如淀粉酶、脲酶、核糖核酸酶等。

2. 结合酶 结合酶是由蛋白质部分和非蛋白质部分组成的酶，其中蛋白质部分称为酶蛋白（apoenzyme），非蛋白质部分称为辅因子（cofactor）。酶蛋白与辅因子相结合成为全酶（holoenzyme），才具有催化作用。酶蛋白主要决定酶促反应的特异性及其催化机制；辅因子主要决定酶促反应的性质和类型。

（二）酶的辅因子

辅因子按其与酶蛋白结合的紧密程度与作用特点，可分为辅酶与辅基。与酶蛋白疏松结合的辅因子称为辅酶（coenzyme），辅酶可以用透析或超滤的方法除去。在酶促反应中，辅酶可以离开酶蛋白，转移质子或化学基团。与酶蛋白紧密结合的辅因子称为辅基（prosthetic group），辅基不能通过透析或超滤将其除去。在酶促反应过程中，辅基不能离开酶蛋白。辅因子可以是金属离子，如 K^+、Na^+、Mg^{2+}、Cu^{2+}（Cu^+）、Zn^{2+} 等，也可以是小分子复杂有机化合物，如维生素和卟啉化合物。有的酶既含有辅酶，又含一种或多种辅基。如醇脱氢酶既含有 Zn^{2+}，又含有辅酶Ⅰ。

1. 金属离子对酶的作用 金属离子是最常见的辅因子，约 2/3 的酶含有金属离子（表 2-1）。有些酶的本质是金属蛋白质，金属离子与酶蛋白牢固结合，提取过程中不易丢失，这类酶称为金属酶(metalloenzyme),如含 Mg^{2+} 的碱性磷酸酶。有的酶本身不含金属离子,但金属离子是其活性必需,这类酶称为金属激活酶(metal activated enzyme),金属离子与酶的结合是可逆的。金属激活酶的金属离子也称为酶的激活剂(activator),如 Mg^{2+} 可以激活多种激酶。

表 2-1 某些以金属离子为辅因子的酶

以金属离子为辅因子的酶	金属离子
过氧化氢酶	Fe^{2+} 或 Fe^{3+}(铁离子在卟啉环中)
过氧化物酶	Fe^{2+} 或 Fe^{3+}(铁离子在卟啉环中)
己糖激酶	Mg^{2+}
固氮酶	Fe^{2+}, Mo^{2+}
核糖核苷酸还原酶	Mn^{2+}
羧基肽酶	Zn^{2+}
丙酮酸激酶	K^{+}, Mg^{2+}
丙酮酸羧化酶	Mn^{2+}, Zn^{2+}
蛋白激酶	Mg^{2+}, Mn^{2+}
精氨酸酶	Mn^{2+}
磷脂酶 C	Ca^{2+}
细胞色素氧化酶	Cu^{+} 或 Cu^{2+}
脲酶	Ni^{2+}
柠檬酸合酶	K^{+}

金属离子作为酶的辅因子的主要作用是:

(1) 金属离子维持并稳定酶的空间构象,如羧基肽酶 A 中的 Zn^{2+}。

(2) 金属离子参与酶活性中心的组成,使底物与酶活性中心形成正确的空间排列,利于酶促反应的发生。

(3) 金属离子在酶与底物之间起桥梁作用,将酶与底物连接起来,形成三元复合物。如各种激酶依赖 Mg^{2+} 与 ATP 结合之后才能发挥作用。

(4) 金属离子通过自身的氧化还原而在酶分子中传递电子。如各种细胞色素中的 Fe^{3+}/Fe^{2+}、Cu^{2+}/Cu^{+}。

(5) 金属离子可以中和电荷,减小静电斥力,有利于底物与酶的结合。如 α-淀粉酶中的 Cl^{-} 能中和电荷,提高酶的催化活力。

2. 维生素与辅酶的关系 作为酶辅因子的小分子有机化合物大多为或含有维生素结构,它们在酶促反应中主要参与传递电子、质子(或基团)或起运载体作用(表 2-2)。

表 2-2 基团反应中的辅因子

转移的基团	辅因子(辅酶或辅基)	所含的维生素
H^{+}、电子	尼克酰胺腺嘌呤二核苷酸,辅酶Ⅰ(NAD^{+})	尼克酰胺(维生素 PP)
H^{+}、电子	尼克酰胺腺嘌呤二核苷酸磷酸,辅酶Ⅱ($NADP^{+}$)	尼克酰胺(维生素 PP)
氢原子	黄素腺嘌呤二核苷酸(FAD)	维生素 B_2
醛基	焦磷酸硫胺素(TPP)	维生素 B_1
氨基	磷酸吡哆醛	维生素 B_6

续 表

转移的基团	辅因子(辅酶或辅基)	所含的维生素
酰基	辅酶 A(CoA)	泛酸
二氧化碳	生物素	生物素
一碳单位	四氢叶酸(FH_4)	叶酸
氢原子,烷基	辅酶 B_{12}	维生素 B_{12}
酰基	硫辛酸	硫辛酸

维生素(vitamin)是一类维持细胞正常功能所必需的小分子有机化合物,动物体内不能合成或合成不足,必须由食物供给。维生素分为脂溶性维生素和水溶性维生素两大类。脂溶性维生素包含维生素 A、维生素 D、维生素 E、维生素 K;水溶性维生素除维生素 C 外,总称为 B 族维生素,几乎所有的 B 族维生素均参与辅酶的组成。

某种维生素缺乏可发生相应的缺乏症。B 族维生素缺乏往往导致各种酶的功能障碍,使相应的酶促反应不能进行,导致代谢失常。

三、 酶的活性中心与催化活性

(一) 酶的活性中心和必需基团

酶分子中与底物特异结合并催化底物转变为产物的区域称为酶的活性中心(active center)或活性部位(active site)。其中一些与酶的活性密切相关的化学基团称作酶的必需基团(essential group),有的必需基团位于酶的活性中心内,有的必需基团位于酶的活性中心外(图 2 - 1)。位于酶活性中心内的必需基团分为结合基团(binding group)和催化基团(catalytic group)。结合基团识别并结合底物及辅酶,形成酶-底物过渡态复合物。催化基团降低底物中被催化的化学键的稳定性,催化底物转变成产物。位于活性中心外的必需基团与维持活性中心的空间构象有关。

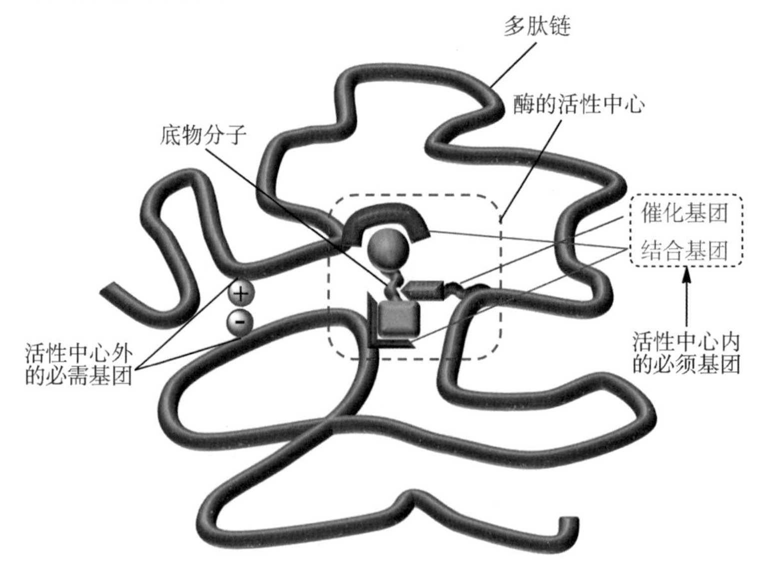

图 2 - 1　酶的活性中心示意图

酶的活性中心是酶分子中执行其催化功能的部位，具有特定三维结构，其中的必需基团在一级结构上可能相去甚远，但在空间结构上相互接近。酶的必需基团常见的有丝氨酸残基的羟基、组氨酸残基的咪唑基、半胱氨酸残基的巯基，以及酸性氨基酸残基的羧基等。辅因子常参与酶活性中心的组成。

（二）酶的活性中心与其催化作用

具有相似催化作用的酶具有结构相似的活性中心。很多蛋白酶的活性中心均含有丝氨酸和组氨酸残基，处于这两个氨基酸残基附近的氨基酸序列也十分相似（表 2－3）。酶活性中心的各基团必须处于适当的空间位置，酶活性中心才具有催化功能。

表 2－3 几种蛋白质酶活性中心的氨基酸序列

酶	丝氨酸残基周围的氨基酸残基序列
牛胰蛋白酶	-谷胺-甘-天-丝-甘-甘-脯-
牛胰凝乳蛋白酶	-甲硫-甘-天-丝-甘-甘-脯-
牛凝血酶	-谷-甘-天-丝-甘-甘-甘-脯-
猪弹性蛋白酶	-甲硫-甘-天-丝-甘-甘-脯-
	组氨酸残基周围的氨基酸残基序列
羧基肽酶	-丝-丙-丙-组-半胱-谷-赖-
丙酮酸激酶	-苏-丙-丙-组-甘-甘-赖-
丙酮酸羧化酶	-苏-丙-丙-组-半胱-亮-亮-

（三）酶的活性中心与酶的专一性

酶的活性中心往往形成裂缝或凹陷，深入到酶分子内部，且多为氨基酸残基的疏水基团组成的疏水环境，形成疏水“口袋”。活性中心的结构和组成决定了酶的专一性。如胰蛋白酶催化碱性氨基酸（赖氨酸、精氨酸）的羧基所形成的肽键水解，而胰凝乳蛋白酶催化芳香族氨基酸（苯丙氨酸、酪氨酸、色氨酸）的羧基所形成的肽键。X 线衍射显示，胰蛋白酶在活性中心丝氨酸残基附近有一凹陷，其中有带负电荷的天冬氨酸残基侧链，易与底物分子中带正电荷的碱性氨基酸残基的侧链形成盐键，从而构成中间产物。胰凝乳蛋白酶活性中心的凹陷中有非极性氨基酸和丝氨酸残基，底物分子中芳香族（或大的非极性脂肪族）氨基酸侧链可伸入该凹陷，以疏水键结合。因此，这两种酶有不同的专一性（图 2－2）。

酶的活性中心与整个酶分子是密不可分的。酶的其他部分在酶的催化作用、调节作用、免疫作用和维持空间结构等方面均具有重要作用。有些酶在一条肽链上具有多个活性中心，能完成多种催化功能，称为多功能酶（multifunctional enzyme）或串联酶（tandem enzyme），如催化嘧啶核苷酸从头合成的氨基甲酰磷酸合成酶Ⅱ、天冬氨酸氨基甲酰转移酶和二氢乳清酸酶即位于同一条肽链上。

四、同工酶

同工酶（isoenzyme 或 isozyme）指催化相同的化学反应，但酶蛋白的分子结构不同的一组酶。同工酶活性中心的三维结构相同或相似，可以催化相同的化学反应，但在一级结构上

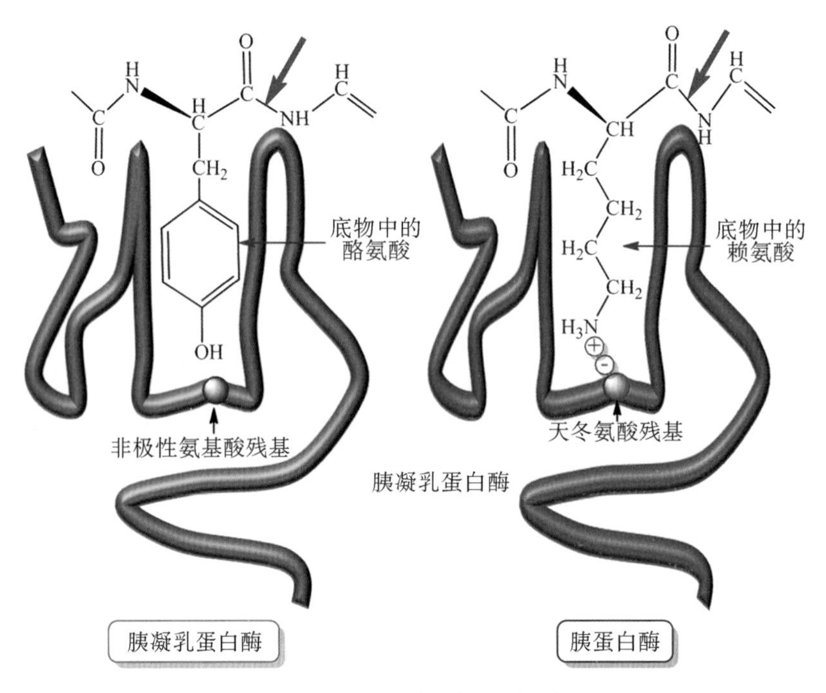

图 2-2 两种蛋白酶的底物结合部位

存在差异。同工酶存在于生物的同一种属或同一个体的不同组织，甚至同一组织或同一细胞内，大多由 2 个或 2 个以上的亚基聚合而成，它们的生物学性质、理化性质、免疫学性质等均可以不同。

乳酸脱氢酶(lactate dehydrogenase, LDH)催化乳酸与丙酮酸之间的氧化还原反应：

$$丙酮酸+NADH+H^{+} \xrightleftharpoons{LDH} 乳酸+NAD^{+}$$

动物的 LDH 由 M 型(骨骼肌型)和 H 型(心肌型)亚基按不同比例组成 5 种同工酶：$LDH_1(H_4)$、$LDH_2(H_3M)$、$LDH_3(H_2M_2)$、$LDH_4(HM_3)$、$LDH_5(M_4)$(图 2-3)，

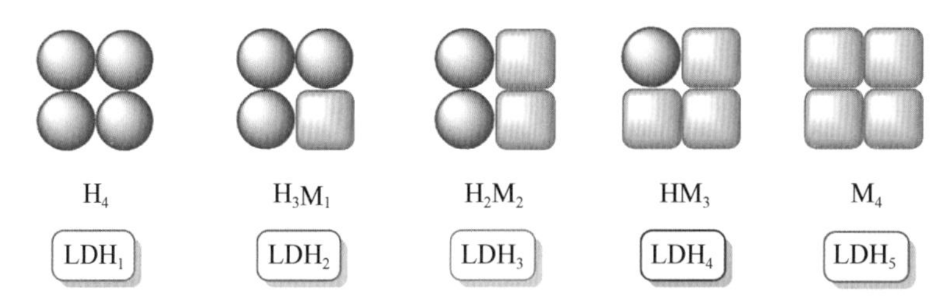

图 2-3 乳酸脱氢酶的 5 种同工酶亚基组成

M 和 H 亚基在 LDH 活性中心附近有极少数的氨基酸残基不同，导致 LDH 同工酶解离程度和分子表面电荷不同，因此不同 LDH 同工酶的电泳速率不同。自负极向正极泳动时，按泳动速率从快到慢排列次序为 LDH_1、LDH_2、LDH_3、LDH_4 和 LDH_5。两种亚基氨基酸序列和构象差异，导致不同 LDH 同工酶催化活性的不同。如心肌中的 $LDH_1(H_4)$对 NAD^{+}

的亲和力较大（$K_m = 4.1 \times 10^{-3}$ mol/L），易受丙酮酸抑制，主要催化乳酸脱氢生成丙酮酸，有利于心脏利用乳酸氧化供能。反之，骨骼肌中富含 $LDH_5(M_4)$，对 NAD^+ 的亲和力较小（$K_m = 14.3 \times 10^{-3}$ mol/L），不易受丙酮酸抑制，主要催化丙酮酸还原成乳酸。

同一个体不同发育阶段、不同组织器官以及同一细胞的不同亚细胞结构中，同工酶的种类和数量不同，形成不同的同工酶谱。表 2－4 列出了人体各组织器官中 LDH 同工酶的分布。

表 2－4　人体各组织器官 LDH 同工酶谱（活性%）

LDH 同工酶	LDH_1	LDH_2	LDH_3	LDH_4	LDH_5
肝	2	4	11	27	56
心肌	73	24	3	0	0
肾	43	44	12	1	0
骨骼肌	0	0	5	16	79
肺	14	34	35	5	12
正常血清	27	34.7	20.9	11.7	5.7
红细胞	43	44	12	1	0
白细胞	12	49	33	6	0

同工酶可以是酶蛋白结构上的不同，如 LDH 中的 H 亚基和 M 亚基；也可以是酶蛋白部分相同，但辅基部分不同，特别是糖蛋白中糖链的不同，如肝脏碱性磷酸酶的糖链部分与骨骼肌的不同，但蛋白质部分相同。

临床上通常检测血清中同工酶活性、同工酶谱，对疾病的诊断和预后有重要意义。当组织细胞存在病变时，该组织细胞特异的同工酶可释放入血，表现为血中同工酶活力的变化。例如肌酸激酶（creatine kinase，CK）是由 M 型（肌型）和 B 型（脑型）亚基组成的二聚体，有 CK_1（BB 型，主要存在于脑）、CK_2（MB 型，仅存在于心肌）和 CK_3（MM 型，主要存在于骨骼肌）3 种同工酶。正常情况下，血液中主要是 CK_3，CK_2 以高含量存在于心肌细胞，常作为临床早期诊断心肌梗死的一项生化指标。心肌梗死后 3～6 h 血中 CK_2 活性升高，12～24 h 达到最高峰，3～4 d 后可恢复正常。

第二节　酶的分类与命名

一、酶的分类

根据酶催化的反应类型，酶可以分为六大类。

（一）氧化还原酶类（oxidoreductase）

氧化还原酶催化氧化还原反应，包括传递电子、氢的反应以及需氧参加的反应。如乳酸脱氢酸（脱氢）、琥珀酸脱氢酶（脱氢）、细胞色素 C 氧化酶（传递电子）、过氧化氢酶（传递电子）等。

（二）转移酶类（transferase）

转移酶催化底物之间基团的转移或交换。如甲基转移酶、乙酰基转移酶、转氨酶（转移氨基)、激酶(转移磷酸基)等。

(三) 水解酶类(hydrolase)

水解酶类催化底物水解反应。根据底物不同可分为蛋白酶、核酸酶、磷脂酶、脲酶等。

(四) 裂合酶类(lyase)

裂合酶催化底物移去某个基团并形成双键,或通过逆反应将某个基团加到双键上。如脱水酶、脱羧酶、醛缩酶、水化酶等催化底物形成双键。合酶(synthases)属裂合酶类,催化一个底物去除双键,并与另一底物结合形成一个分子,如柠檬酸合酶。

(五) 异构酶类(isomerase)

异构酶催化分子内部基团的位置互变,包括几何或光学异构体互变、醛酮互变。如表构酶、异构酶、变位酶、消旋酶等。

(六) 合成酶类(synthetase)

合成酶催化两种底物形成一种产物,包括分子间的缩合反应,或同一分子两个末端的连接反应,反应同时偶联 ATP 或其他核苷三磷酸高能磷酸键的水解释能,又称连接酶(ligase)。如 DNA 连接酶、谷氨酰胺合成酶等。合成酶与合酶的区别除反应机制不同,还在于合酶催化反应时不需要核苷三磷酸水解释能。

二、酶的命名

(一) 酶的编号

国际系统分类法中,每种酶的分类编号由 4 组数字组成,数字前冠以 EC(enzyme commission)。编号中第 1 个数字表示该酶属于六大类中的哪一类;第 2 组数字表示该酶所属的亚类;第 3 组数字表示亚-亚类;第 4 组数字是该酶在亚-亚类中的排序(表 2 - 5)。

(二) 酶的系统名称和推荐名称

国际生物化学与分子生物学学会(IUBMB)以酶的分类为依据,于 1961 年提出系统命名法,规定每一个酶都有一个系统名称(systematic name)。系统名称标明酶的所有底物与反应性质,底物名称之间以":"分隔。为了应用方便,国际酶学委员会从每种酶的几个习惯名称中选定一个简便实用的作为推荐名称(recommended name)。表 2 - 5 列举了一些酶的系统名称和推荐名称。

表 2 - 5 酶的分类与命名举例

催化反应	系统名称	编号	推荐名称
L-乳酸$+NAD^+ \rightleftharpoons$丙酮酸$+NADH+H^+$	*L*-乳酸:NAD^+-氧化还原酶	EC1.1.1.27	*L*-乳酸脱氢酶
L-丙氨酸$+\alpha$-酮戊二酸$\rightleftharpoons$丙酮酸$+$*L*-谷氨酸	*L*-丙氨酸:α-酮戊二酸氨基转移酶	EC2.6.1.2	丙氨酸转氨酶
D-果糖-1,6-二磷酸磷$\rightleftharpoons$酸二羟丙酮$+$*D*-甘油醛-3-磷酸	*D*-果糖-1,6-二磷酸 *D*-甘油醛-3-磷酸裂合酶	EC4.1.2.13	果糖二磷酸醛缩酶
D-甘油醛-3-磷酸$\rightleftharpoons$磷酸二羟丙酮	*D*-甘油醛-3-磷酸醛-酮-异构酶	EC5.3.1.1	磷酸丙糖异构酶

第三节 酶的工作原理

酶是生物催化剂，与普通催化剂一样，在化学反应前后不发生质和量的改变；只能催化热力学允许的化学反应；只能加速反应的进程，不改变反应的平衡常数。

一、酶促反应活化能

任何化学反应中，反应物分子必须超过一定的能阈，转变为活化分子，才能发生相互碰撞并进入化学反应过程而形成产物。低自由能的反应物分子(基态)需要获得能量，才能转变为能量较高的过渡态(transition state)分子，该能量称为活化能(activation energy)，指在一定温度下，1 mol 反应物从基态转变成过渡态所需要的自由能。活化能是化学反应的能障(energy barrier)。催化剂降低反应的活化能，以致相同的能量使更多的分子活化，从而加速反应进行。

酶比一般催化剂更有效地降低反应的活化能，因此表现为高度的催化效率(图 2－4)。例如 H_2O_2 的分解，在没有催化剂时，活化能为 18 kCal/mol。用胶状钯作为催化剂时，活化能降低为 11.7 kCal/mol。在过氧化氢酶催化下，活化能下降到 2 kCal/mol，反应速率显著提高。

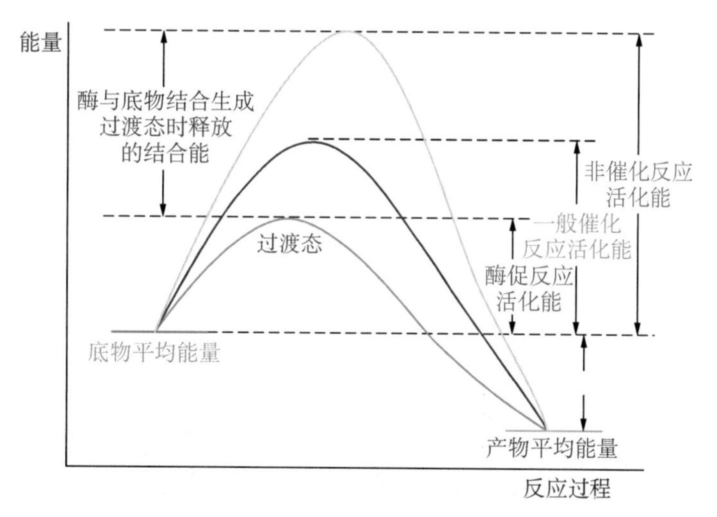

图 2－4 酶促反应活化能的变化

二、酶高效催化作用的机制

(一) 酶与底物的结合

1902 年，Victor Henri 提出了酶-底物中间产物学说(intermediate theory)，认为首先是

酶(E)与底物(S)生成酶-底物中间复合物(ES),然后 ES 分解生成产物(P)和游离的酶。

$$E + S \underset{k_2}{\overset{k_1}{\rightleftharpoons}} ES \xrightarrow{k_3} E + P$$

注:k_1, k_2 和 k_3 分别为各反应速率常数。

ES 的形成过程是释能反应,释放的结合能是降低反应活化能的主要能量来源。酶与底物结合形成 ES 复合物,使底物的活化能显著降低,从而加速酶促反应。

1. 诱导契合作用 根据中间产物学说,Koshland 于 1958 年提出了酶-底物结合的诱导契合假说(induced-fit hypothesis),认为酶与底物的结合并非锁与钥匙的机械关系。此假说随后得到 X 线衍射结果的有力支持。在酶与底物相互接近时,两者在结构上相互诱导、相互适应,结合并形成酶-底物复合物(图 2-5)。具有相对特异性的酶通过诱导契合作用能够结合一组结构并不完全相同的底物分子。酶为了适应底物的结构而发生构象变化,与底物结合并催化其转变为不稳定的过渡态;而转变为过渡态的底物易受酶的催化攻击而形成产物。

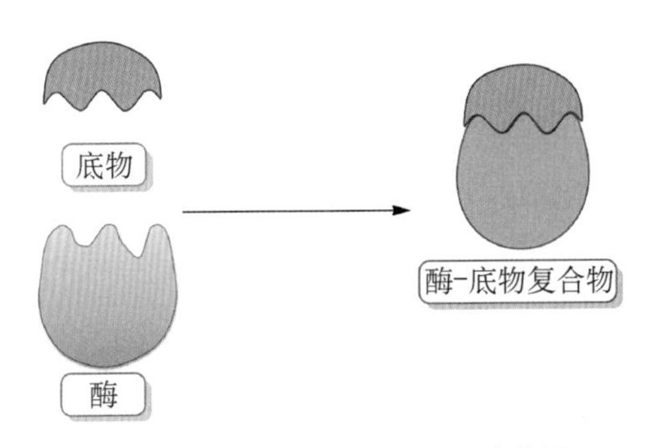

图 2-5 酶与底物结合的诱导契合作用

2. 邻近效应(proximity effect)与定向排列(orientation arrange) 两个以上底物参加的反应中,在酶的作用下,各底物相互接近,结合到酶的活性中心,形成有利于反应的正确定向关系(图 2-6)。邻近效应与定向排列实际上是将分子间的反应变成类似于分子内的反应,增加 ES 复合物进入过渡态的概率,从而提高反应速率。

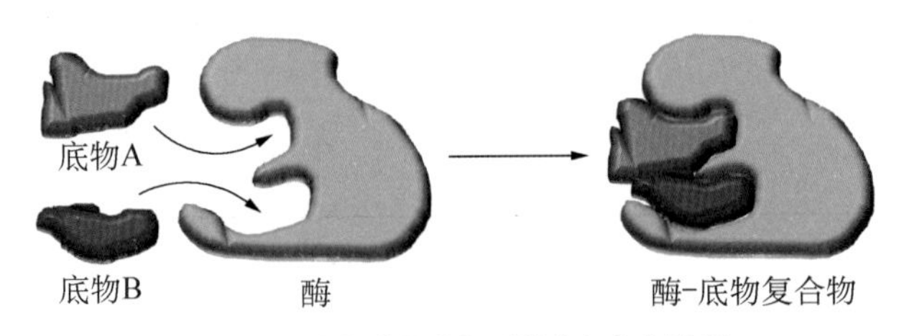

图 2-6 酶与底物的邻近效应与定向排列

3. 表面效应(surface effect) 酶活性中心常形成一个疏水"口袋"(图 2-7),底物进入其中脱溶剂化(desolvation)。酶及底物分子中的功能基团在该疏水环境可排除周围大量水分子的干扰性吸引和排斥,有利于两者的结合,这种现象称为表面效应。

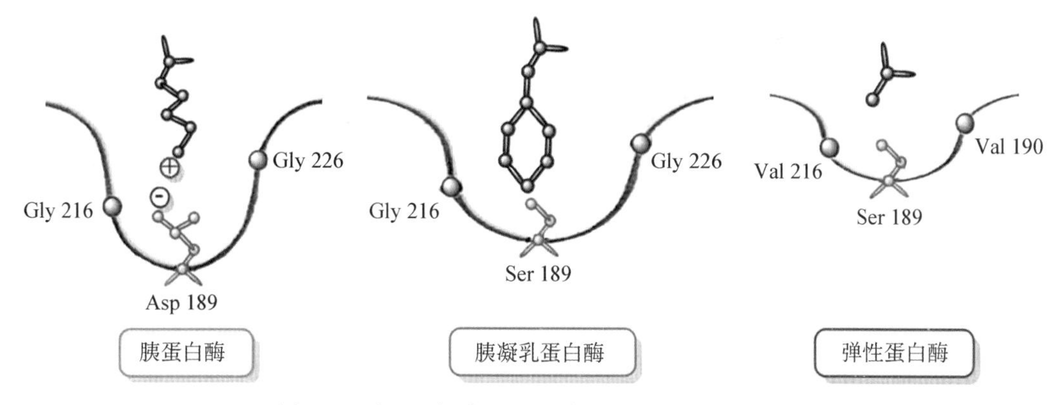

图 2-7 胰蛋白酶、胰凝乳蛋白酶和弹性蛋白酶活性中心

（二）酶的催化机制呈多元化

许多酶促反应常常涉及多种催化机制的参与，共同完成催化反应(图 2-8)。

1. 酸碱催化 酶活性中心可以提供特殊氨基酸残基的 R 基团，酶分子处于不同的微环境时，这些功能基团解离程度不同，成为良好的质子供体(酸)或质子受体(碱)。在水溶液中这些广义的酸性基团或碱性基团是强有力的催化剂，可使反应速率提高 10^2～10^5 倍，这种催化作用称为酸-碱催化作用(general acid-base catalysis)。

2. 亲核催化、亲电子催化和共价催化 酶活性中心的一些基团具有强的亲核能力(如丝氨酸蛋白酶的 Ser-OH、巯基酶的 Cys-SH、谷氨酰胺合成酶的 Tyr-OH 等)，能释出电子攻击过渡态底物上具有部分正电性的原子或基团，形成瞬时共价键，称为亲核催化(nucleophilic catalysis)。反之，酶活性中心内亲电子基团攻击富电子底物形成瞬时共价键，称为亲电催化(electrophilic catalysis)。酶活中心与底物形成瞬时共价键后，底物被激活并进一步水解形成产物，此时表现出共价催化(covalent catalysis)。有些酶分子的氨基酸侧链往往缺乏有效的亲电子基团，因此需要缺乏电子的辅因子参加。

胰凝乳蛋白酶的催化基团是 195 位丝氨酸残基的羟基，该羟基的氧原子孤对电子具有强亲核性。此外，胰凝乳蛋白酶的 57 位组氨酸残基具有碱催化功能。在两者的共同作用下，底物蛋白质肽键断裂，肽链羧基与胰凝乳蛋白酶形成共价的酰基酶。最后酰基酶水解生成游离的酶(图 2-8)。

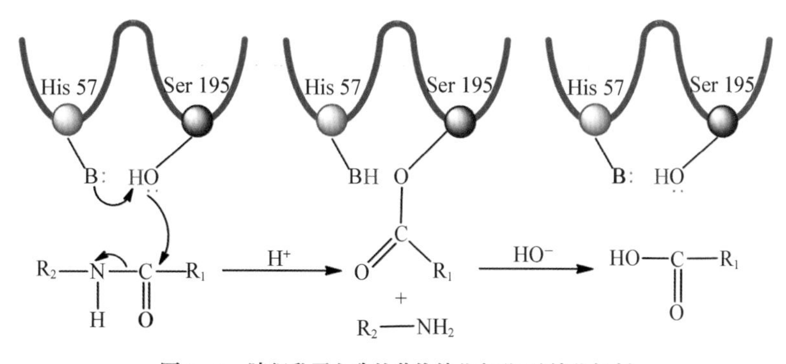

图 2-8 胰凝乳蛋白酶的共价催化和酸-碱催化机制

第四节　酶促反应动力学

酶促反应动力学(Kinetics of enzyme-catalyzed reaction)是以酶促反应速率及各种因素影响酶促反应速率的机制为研究目标的学科。酶促反应速率通常指特定反应条件下,单位时间内酶促反应产物的生成量或底物的减少量,它是酶活性测定的基础。多种因素可以影响酶促反应速率,如反应温度、pH、酶浓度、底物浓度、抑制剂及激活剂等。

一、底物浓度对酶促反应速率的影响

(一) 底物浓度曲线

在酶浓度、温度、pH 及其他反应条件恒定的前提下,底物浓度([S])的变化影响酶促反应速率(V),V 对[S]作图呈矩形双曲线(图 2-9)。

(1) 当[S]较低时,酶还未被底物饱和,V 与[S]成正比例,酶促反应呈一级反应,随[S]的增加而上升,此时的反应速率称为酶促反应初速率(initial velocity, V_0)。

(2) 随着[S]的进一步增加,V 不再成正比例升高,酶促反应表现为一级与零级的混合级反应,V 的增幅不断下降。

(3) [S]不断增大,将所有酶的活性中心饱和之后,V 不再增加,酶促反应表现为零级反应,V 无限接近最大反应速率(maximum velocity, V_{max})。

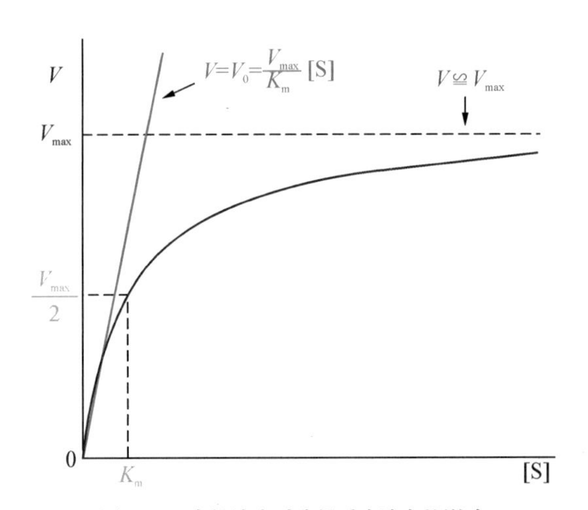

图 2-9　底物浓度对酶促反应速率的影响

(二) 米-曼氏方程

中间产物学说是解释酶促反应中底物浓度与反应速率之间关系的基础。1913 年,L. Michaelis 和 M. Menten经过大量的研究,在中间产物学说的基础上,推导出著名的米-曼氏方程(Michaelis-Menten equation),简称米氏方程(Michaelis equation)。

$$V=\frac{V_{max}[S]}{K_m+[S]}$$

[S]为底物浓度；V_{max}为最大反应速率；V 为不同底物浓度时的反应速率；K_m 为米氏常数(Michaelis constant)，是酶的特征常数之一。

当底物浓度很低，即 $[S] \ll K_m$ 时，$V=\frac{V_{max}}{K_m}[S]$，反应速率 V 与底物浓度[S]成正比；当底物浓度很高，即 $[S] \gg K_m$ 时，$V \cong V_{max}$，反应速率达到最大反应速率，酶全部被底物饱和，再增加底物浓度也不能影响反应速率。

米氏方程的推导基于以下假设：

(1) 酶促反应是单底物反应；

(2) 测定的反应速率是初速率 V_0，此时生成的产物量极少，逆反应可忽略不计；

(3) 底物浓度[S]超过酶浓度[E]，在测定反应初速率的过程中[S]的变化可忽略。

米氏方程的推导如下：

酶促反应体系中的酶有两种存在形式：游离酶和与中间产物结合的酶。游离酶浓度为酶总浓度减去结合到中间产物上的酶，即[游离酶] = [E] − [ES]。

当反应系统处于稳态时，ES 的生成速率＝ES 的分解速率，即：

$$k_1([E]-[ES])[S]=k_2[ES]+k_3[ES]$$

整理上式得：

$$\frac{([E]-[ES])[S]}{[ES]}=\frac{k_2+k_3}{k_1}$$

令 $K_m=\frac{k_2+k_3}{k_1}$ 代入上式并整理得：$[ES]=\frac{[E][S]}{K_m+[ES]}$

因为单位时间内产物 P 的生成量代表了酶促反应速率，所以

$$V=k_3[ES]=k_3\frac{[E][S]}{K_m+[ES]}$$

当底物浓度很高时，所有的酶均与底物生成 ES，此时 [E] = [ES]，反应达到最大速率。即 $V_{max}=k_3[ES]=k_3[E]$，将其代入上式，则得米氏方程：

$$V=\frac{V_{max}[S]}{K_m+[S]}$$

(三) K_m 及 V_{max} 的意义

1. K_m 值等于酶促反应速率为最大反应速率一半时的底物浓度 当酶促反应速率达到最大反应速率的一半时，米氏方程变换为：

$$\frac{V_{max}}{2}=\frac{V_{max}[S]}{K_m+[S]} \qquad \text{经整理得：} K_m=[S]$$

2. K_m 值表示酶对底物的亲和力 由米氏常数的推导过程已知，$K_m - \frac{k_2 + k_3}{k_1}$，当反应中间产物 ES 分解成 E 和 S 的速率远大于分解成 E 和 P 的速率，即 $k_2 \gg k_3$ 时，k_3 可忽略不计。这时，

$$K_m = \frac{k_2}{k_1} = \frac{[E][S]}{[ES]} = K_s$$

K_S 为 ES 的解离常数。

此时，K_m 值可以表示酶对底物的亲和力。K_m 值越小，表明酶促反应达到最大反应速率时所需的底物浓度越低，也表明酶对底物的亲和力越大。

注意：不满足 $k_2 \gg k_3$ 时，K_m 不能表示酶对底物的亲和力。K_m 值和 K_S 值的涵义不同，不能相互代替。

3. K_m 值是酶的特征常数之一 K_m 值只与酶的结构、底物及反应条件（如温度、离子强度、pH 等）有关，与酶的浓度无关。不同的酶有不同的 K_m 值，范围很广，在 $10^{-6} \sim 10^{-2}$ mol/L 之间。作用于同一底物的不同酶有不同的 K_m 值，作用于多种底物的酶对其不同底物也有不同的 K_m 值。

4. 酶被底物完全饱和时的反应速率定义为 V_{max} 当酶促反应中的酶全部被底物饱和后，反应达到最大反应速率 V_{max}，即 $V_{max} = k_3[E]$。酶浓度越高，酶促反应的 V_{max} 越大。

5. 酶的转换数 酶完全被底物饱和时，一个酶分子或酶活中心在单位时间内催化底物生成产物的分子数，称为酶的转换数（turnover number）。动力学常数 k_3 用于描述酶的转换数，$k_3 = V_{max}/[E]$。如果已知反应中酶的总浓度，就可以从 V_{max} 计算出酶的转换数，单位为 S^{-1}。酶的转换数可用来表示酶的催化效率。对于生理性底物，酶的转换数大多在$1 \sim 10^4 S^{-1}$。

表 2-6 某些酶的转换数

酶	过氧化氢酶	碳酸酐酶	乙酰胆碱酯酶	β-内酰胺酶	延胡索酸酶
底物	H_2O_2	HCO_3^-	乙酰胆碱	苄青霉素	延胡索酸
转换数（S^{-1}）	4×10^7	4×10^5	1.4×10^4	2×10^3	800

（四）作图法求取 K_m 和 V_{max} 值

1. 林-贝作图法 最常用的直线作图法是林-贝（Lineweaver-Burk）作图法，又称为双倒数作图法（图 2-10）。将米氏方程的两边同时取倒数，加以整理即得林-贝方程，它是一个直线方程：

$$\frac{1}{V} = \frac{K_m}{V_{max}} \cdot \frac{1}{[S]} + \frac{1}{V_{max}}$$

$1/V$ 对 $1/[S]$作图，横轴截距为$-1/K_m$，纵轴截距为 $1/V_{max}$。

2. 其他的作图法 林-贝方程的两边同时乘以[S]，即得 Hanes 方程（图 2-11）：

$$\frac{[S]}{V} = \frac{K_m}{V_{max}} + \frac{[S]}{V_{max}}$$

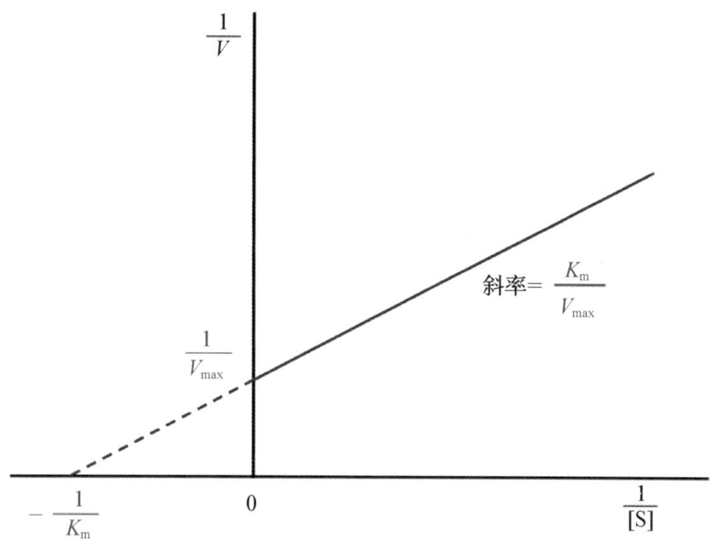

图 2-10 双倒数作图法

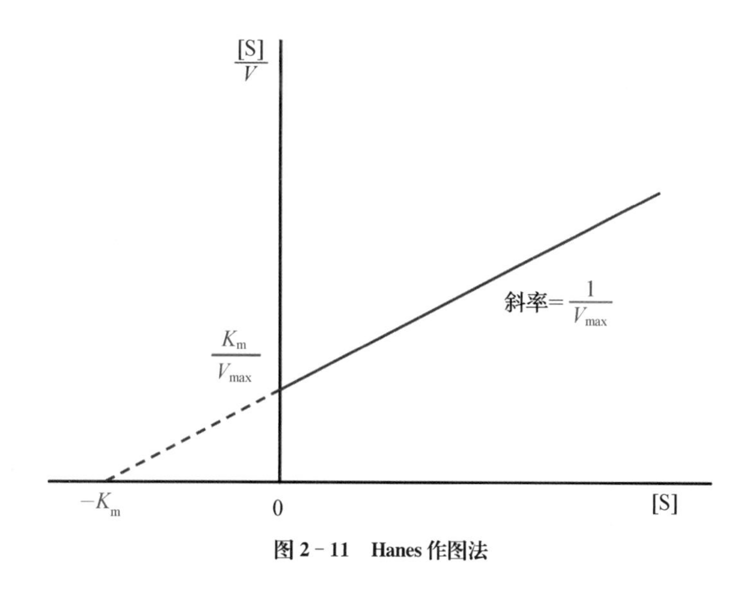

图 2-11 Hanes 作图法

林-贝方程的两边同时乘以 V_{max}，再经整理得 Eadie-Hofstee 方程：

$$V=(-K_m)\frac{V}{[S]}+V_{max}$$

各种直线作图法都有其特殊的优势，在进行酶促反应动力学的研究时，可以根据不同的需要选择不同的作图法。

二、酶浓度对酶促反应速率的影响

当底物浓度远大于酶浓度时，酶可被底物饱和，酶促反应体系中的[S]变化可忽略不计，此时酶浓度升高可提高酶促反应速率，[E]与酶促反应速率成正比(图 2-12)。

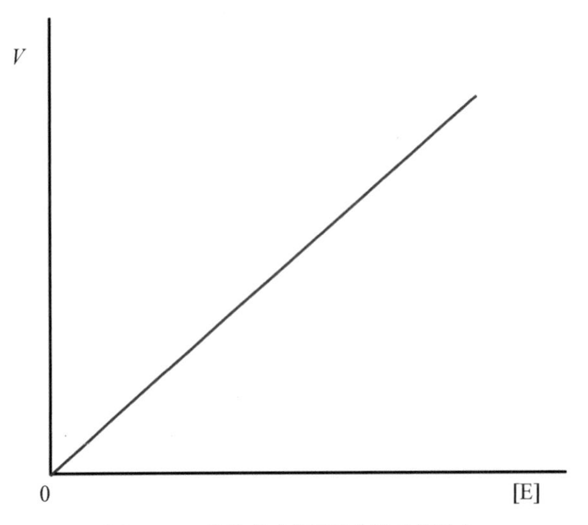

图 2-12　酶浓度对酶促反应速率的影响

三、温度对酶促反应速率的影响

酶促反应发生时，随着反应体系的温度升高，酶促反应的速率也随之加快。然而，在温度超过一定临界值时酶蛋白会发生变性，活力丧失，导致酶促反应速率下降。因此，温度对酶促反应速率的影响效果具有双重性。酶只有在一定的温度范围内能够发挥正常的催化功能。酶催化活性最高时的反应体系温度称为酶的最适温度(optimum temperature)(图 2-13)。哺乳动物组织中，酶的最适温度接近体温，大多在 35～40℃之间。反应体系的温度达到最适温度前，温度每升高 10℃反应速率可增加 1.7～2.5 倍；超过最适温度后，温度上升反而降低反应速率。酶的最适温度与反应时间有关，不是酶的特征常数。

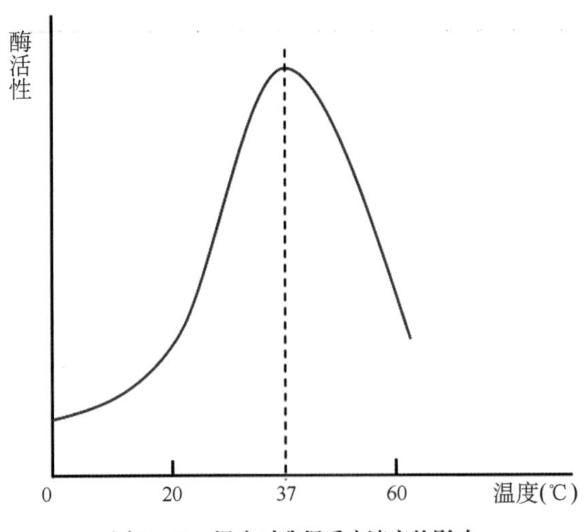

图 2-13　温度对酶促反应速率的影响

四、pH 对酶促反应速率的影响

酶活中心往往必须处于一定的解离状态及空间构象才最容易与底物结合或具备最大催化活性，而许多具有解离基团的底物和辅酶的解离状态也受 pH 变化的影响。当酶促反应体系中的 pH 发生变化时，酶、辅酶、底物等极性分子的结构和功能均可能发生变化。通常只有在一定的 pH 条件下，酶反应速率能够达到最大值，这时反应体系的 pH 称为酶促反应的最适 pH(optimum pH)。它和酶的最稳定 pH 不一定相同，与体内环境的 pH 也未必相同。酶的最适 pH 受底物浓度、缓冲液类型及浓度、酶纯度等因素的影响，不是酶的特征常数(图 2-14)。

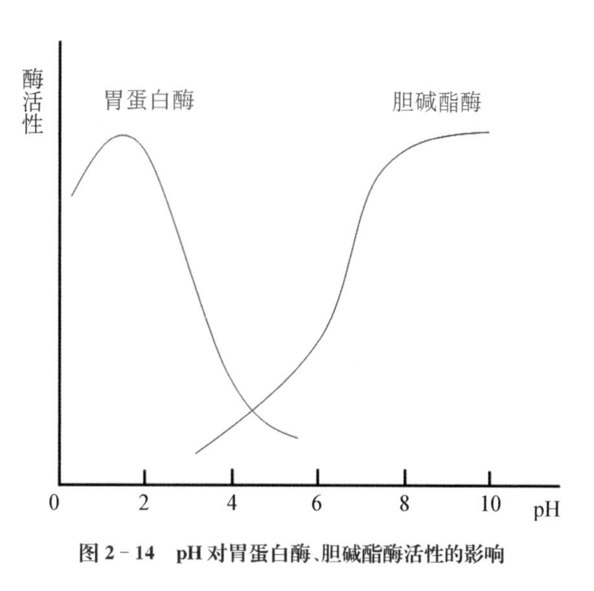

图 2-14　pH 对胃蛋白酶、胆碱酯酶活性的影响

五、抑制剂对酶促反应速率的影响

能与酶结合、使酶活性下降或丧失，但不引起酶变性的物质称为酶的抑制剂(inhibitor)。抑制剂可以结合酶的活性中心或活性中心以外的调节位点。根据与酶结合的紧密程度不同，抑制剂可分为可逆性抑制剂和不可逆抑制剂，发生的抑制作用分别称为可逆性抑制作用和不可逆抑制作用。

（一）不可逆抑制剂对酶促反应速率的影响

不可逆抑制剂通常与酶活中心的必需基团共价结合，使酶失去催化能力；也可能破坏酶活性必需的基团或与酶形成特别稳定的非共价结合；这种抑制不能用透析、超滤等方法去除，称为不可逆抑制作用(irreversible inhibition)。不可逆抑制剂与酶活性中心不可逆结合，使酶不可逆失活，通常产生严重的毒性反应。

1. 非专一不可逆抑制　抑制剂与酶分子中一类或几类基团作用，无论其是否为酶的必需基团，皆进行共价结合。由于其中的必需基团作用也被抑制，因此酶活性丧失。

低浓度的重金属离子(如 Hg^{2+}、Ag^{+}、Pb^{2+})及对氯汞苯甲酸等可与多种酶的巯基不可逆结合，从而抑制巯基酶使人畜中毒。

$$\mathrm{Cl_2As{-}CH{=}CH{-}Cl} + \mathrm{E(SH)_2} \longrightarrow \mathrm{E(S)_2As{-}CH{=}CH{-}Cl} + \mathrm{HCL}$$

路易士气　　巯基酶　　失活的酶　　酸

二巯基丙醇(british anti-Lewisite，BAL)或二巯基丁二酸钠等含巯基的化合物可使巯基酶复活。

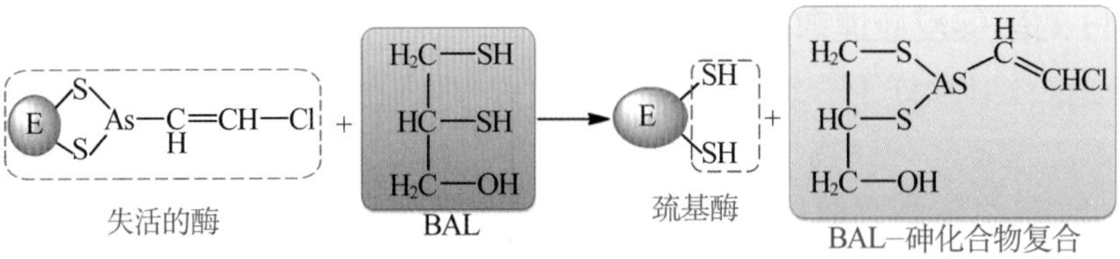

失活的酶　BAL　巯基酶　BAL-砷化合物复合

2. **专一性不可逆抑制**　抑制剂专一性作用于酶的活性中心或其他必需基团，进行共价结合，从而抑制酶的活性。如有机磷化合物能特异地与胆碱酯酶(choline esterase)活性中心的丝氨酸残基结合，使酶不可逆失活，造成迷走神经持续过度兴奋。有机磷杀虫剂种类很多，其结构越接近酶的底物结构，越容易与酶活性中心结合而发生磷酰化，且抑制越快。沙林(sarin)毒气是有机磷酸盐，可以麻痹人的中枢神经，杀伤力极强。

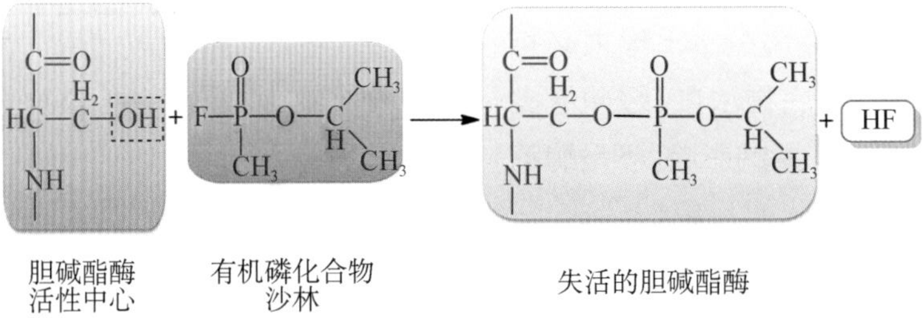

胆碱酯酶活性中心　有机磷化合物沙林　失活的胆碱酯酶　HF

解磷定(pyridine aldoxime methyloidide, PAM)类药物在体内能与磷酰化胆碱酯酶中的磷酰基结合，而将其中胆碱酯酶游离，恢复其水解乙酰胆碱的活性，故又称胆碱酯酶复活剂，可解除有机磷化合物对羟基酶的抑制作用。

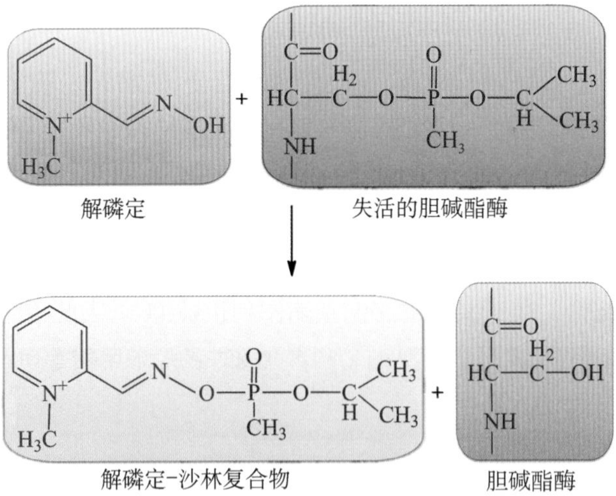

解磷定　失活的胆碱酯酶

解磷定-沙林复合物　胆碱酯酶

(二) 可逆性抑制剂对酶促反应速率的影响

可逆性抑制剂与酶非共价结合，可用超滤、透析或稀释等物理方法除去。去除可逆性抑制剂的酶能够恢复酶活性。可逆性抑制作用遵守米氏方程，通常用林-贝作图法描述可逆性抑制剂对酶动力学的影响。可逆性抑制作用大致分为以下 3 类。

1. 竞争性抑制（competitive inhibition）

（1）竞争性抑制剂(I)在结构上与底物(S)相似，与底物竞争结合酶(E)的活性中心，从而阻碍底物与酶的结合。竞争性抑制剂可与酶结合形成复合物(EI)，但不发生催化作用，不生成产物(P)。I 存在时，E 与 S 的结合能力降低，反应速率下降。

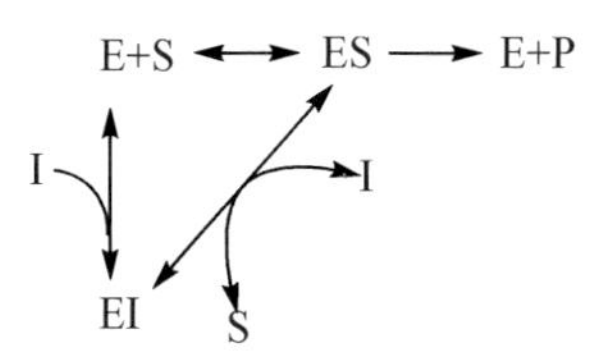

（2）竞争性抑制作用的双倒数作图(图 2－15)：竞争性抑制剂存在时直线斜率增大，横轴截距变大，而纵轴截距保持不变。因此，横轴截距代表的表观 K_m(apparent K_m)增大，表明酶对底物的亲和力降低；纵轴截距代表的最大反应速率 V_{max}不变，不受抑制剂的影响。

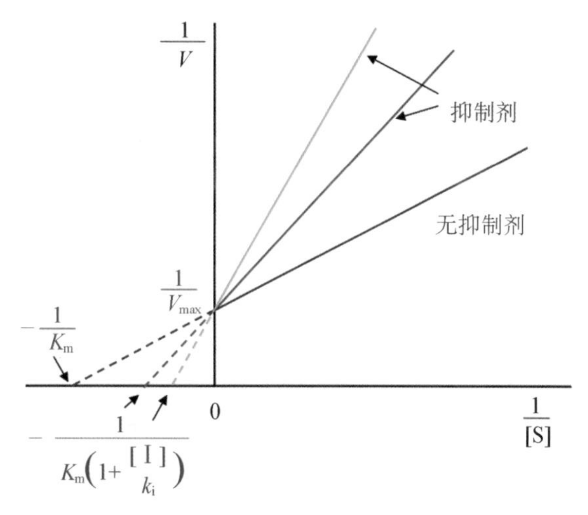

图 2－15　竞争性抑制作用双倒数图

（3）抑制剂与酶的相对亲和力及与底物的相对浓度决定了对酶促反应的抑制程度。例如丙二酸、苹果酸及草酰乙酸均与琥珀酸结构相似，是琥珀酸脱氢酶的竞争性抑制剂，但增大琥珀酸浓度可以减轻或缓解此抑制作用。

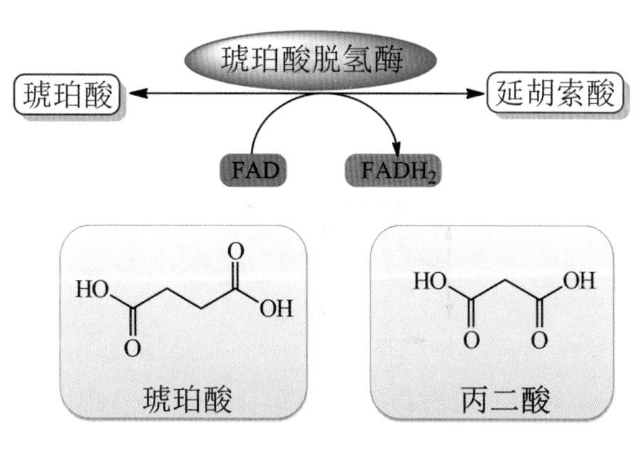

很多临床药物都是酶的竞争性抑制剂。如具有抑菌作用的磺胺类药物，通过干扰细菌的叶酸代谢而抑制细菌的生长繁殖。对磺胺药敏感的细菌不能直接利用周围环境中的叶酸，只能利用对氨苯甲酸（PABA）、谷氨酸和二氢蝶呤，在细菌体内经二氢叶酸（dihydrofolate，DHF）合成酶的催化合成二氢叶酸，二氢叶酸再经二氢叶酸还原酶的作用还原成四氢叶酸（tetrahydrofolate，THF）。磺胺药的结构与PABA相似，与PABA竞争二氢叶酸合成酶的活性中心，阻碍二氢叶酸、四氢叶酸的合成，从而影响一碳单位代谢、核酸合成，抑制细菌生长繁殖。人体利用的叶酸直接从食物中摄取，因而不受磺胺类药物的影响。由于竞争性抑制剂的抑制效果与其浓度有关，因此服用磺胺药时必须保持足够高的血药浓度，才能发挥最佳的抑菌作用。

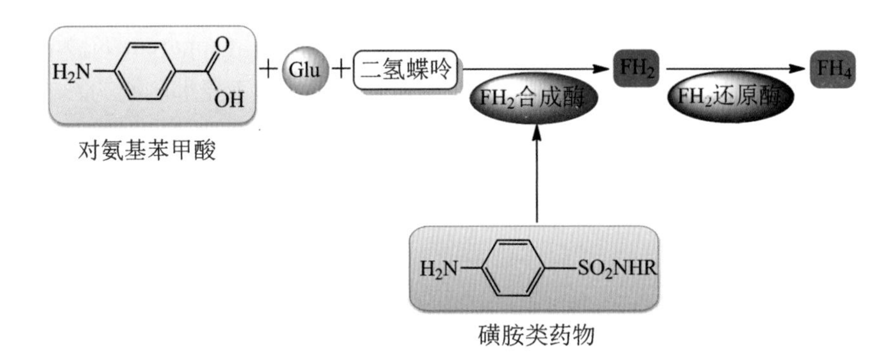

人体从食物中摄取的叶酸通过二氢叶酸还原酶的作用转变成具有生理活性的四氢叶酸。甲氨蝶呤（methotrexate，MTX）与叶酸结构相似，能与叶酸竞争结合二氢叶酸还原酶的活性中心，从而抑制四氢叶酸的生成。四氢叶酸缺乏阻碍核酸的生物合成、抑制细胞的生长增殖，因此MTX能够起到抗肿瘤作用。5-氟尿嘧啶（5-fluorouracil，5-FU）结构与胸腺嘧啶相似，在体内转变成一磷酸脱氧核糖氟尿嘧啶核苷（FdUMP）后发挥生物学作用。FdUMP与dUMP结构相似，是胸苷酸合酶的竞争性抑制剂，抑制dTMP合成。因此，5-FU也能通过干扰核酸合成抑制肿瘤细胞的生长增殖。

2. 非竞争性抑制（non-competitive inhibition）

（1）非竞争性抑制剂与酶活性中心以外的必需基团结合，与底物没有竞争关系。抑制剂与酶的结合不影响底物与酶的结合，底物与酶的结合也不影响抑制剂与酶的结合。但底物、酶、抑制剂组成的三元复合物不能释放出产物。在没有抑制剂的情况下，酶才能催化底物生成产物。如麦芽糖是α-淀粉酶的非竞争性抑制剂，亮氨酸是精氨酸酶的非竞争性抑制剂。

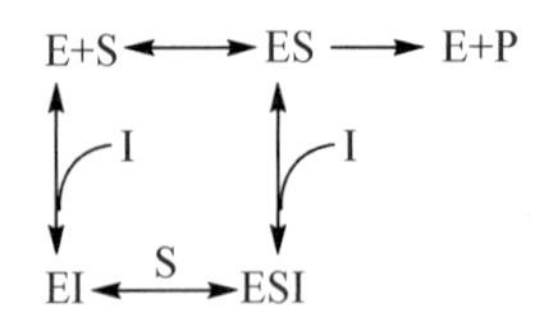

（2）非竞争性抑制作用的双倒数作图（图 2－16）：非竞争性抑制剂增大直线斜率，各直线在纵轴上的截距随抑制剂浓度的增加而增大，这表明抑制剂的存在降低了酶促反应的最大反应速率 V_{max}，且 V_{max} 减低的程度与抑制剂的浓度相关。但无论抑制剂的浓度如何变化，各直线在横轴上的截距均不变，与无抑制剂时完全相同，表明酶促反应的表观 K_m 值不受非竞争性抑制作用的影响。

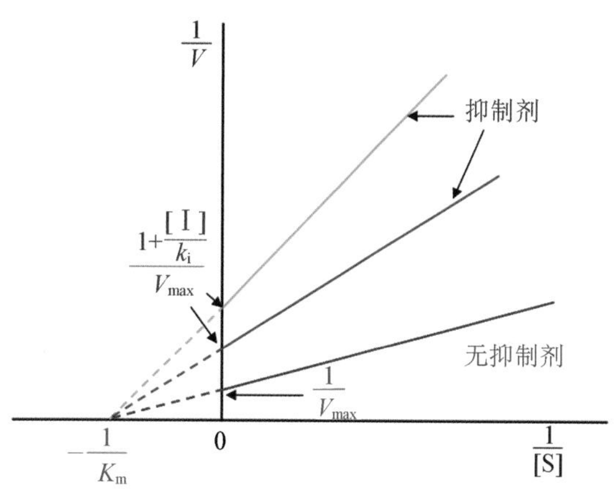

图 2－16　非竞争性抑制作用双倒数图

3. **反竞争性抑制（uncompetitive inhibition）**

（1）反竞争性抑制剂仅与酶-底物复合物（ES）结合，生成三元复合物，ESI 不能催化底物生成产物。

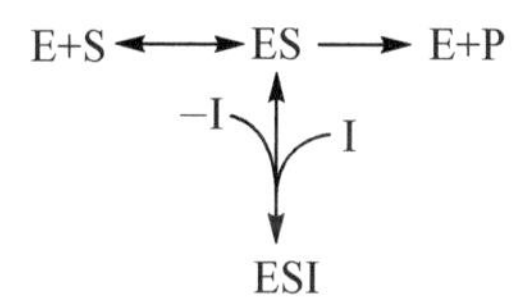

（2）反竞争性抑制作用的双倒数作图（图 2－17）：反竞争抑制剂减小直线横轴截距、增加直线纵轴截距，但对直线的斜率无影响。由于反竞争性抑制剂的存在，部分中间复合物 ES 与 I 结合，生成的 ESI 不能转化为产物，因此反竞争性抑制剂降低了酶促反应的 V_{max}。同时，由于 ESI 的形成，ES 的量下降，促进酶与底物结合，因此反竞争性抑制剂降低了酶促反应的表观 K_m，即增加了酶对底物的亲和力。

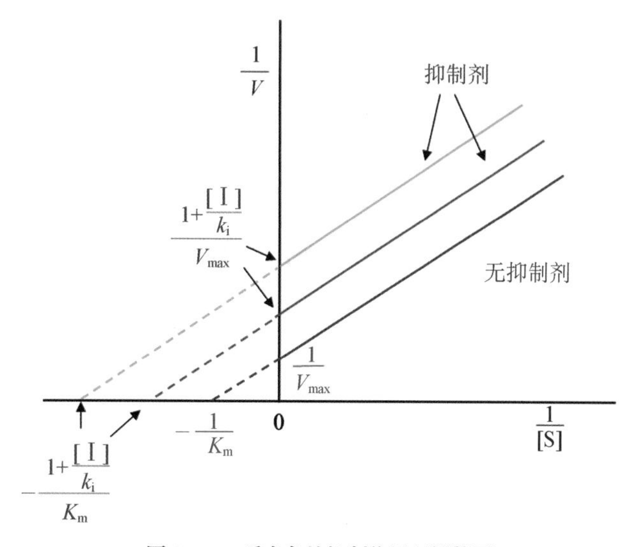

图 2－17　反竞争性抑制作用双倒数图

4. 三种可逆性抑制作用的比较 不同类型的抑制剂与酶结合的方式、对酶促反应参数，如 V_{max} 及表观 K_m 值的影响均不相同(表 2-7)。

表 2-7 三种可逆性抑制作用的比较

作用特点		无抑制剂	竞争性抑制剂	非竞争性抑制剂	反竞争性抑制剂
抑制剂 I 的结合部位			E	E、ES	ES
动力学特点	表观 K_m	K_m	增大	不变	减小
	V_{max}	V_{max}	不变	降低	降低
双倒数作图法	横轴截距	$-1/K_m$	增大	不变	减小
	纵轴截距	$1/V_{max}$	不变	增大	增大
	斜率	K_m/V_{max}	增大	增大	不变

六、激活剂对酶促反应速率的影响

酶的激活剂(activator)大多为金属离子，能使无活性的酶转变成有活性的酶或使酶的活性增加。根据酶对激活剂的依赖程度，激活剂分为必需激活剂(essential activator)和非必需激活剂(non-essential activator)。

(一) 必需激活剂

必需激活剂在酶发挥催化作用时必不可少，大多数是金属离子。如 Mg^{2+}、K^{+}、Cu^{2+} 等，它们与酶、底物或酶-底物复合物结合后可使酶激活。超氧化物歧化酶(super oxide dismutase, SOD)是生物体内重要的抗氧化酶，有三种形式：第 1 种含铜(Cu)锌(Zn)，称 Cu/Zn-SOD，主要存在于胞质；第 2 种含锰(Mn)，称 Mn-SOD，存在于真核细胞的线粒体和原核细胞内；第 3 种含铁(Fe)，称 Fe-SOD。在己糖激酶催化的反应中，Mg^{2+} 与底物 ATP 结合生成的复合物才是酶的真正底物。

(二) 非必需激活剂

非必需激活剂能结合酶、底物或酶-底物复合物，从而提高酶的催化活性。无激活剂时酶仍然有一定活性，如唾液淀粉酶的非必需激活剂是 Cl^{-}。有些有机化合物也属于非必需激活剂，如胆汁酸盐是胰脂肪酶的非必需激活剂。

第五节 酶的调节

细胞内存在着精细而有序的酶活性和酶含量调节机制，使细胞能够适应内外环境的变化。

一、酶活性的调节

(一) 别构调节

1. 别构调节的概念 别构调节是酶活力的快速调节方式之一。当内源、外源性小分子化合物非共价地结合到某些酶活性中心外的某个部位时，可改变酶的构象，继而改变酶的活性，这些酶称为别构酶(allosteric enzyme)，这种调节方式称为别构调节(allosteric regulation)。别构酶分子中与小分子化合物结合的部位称为别构部位(allosteric site)或调节部位(regulatory site)。有些酶的调节部位与催化部位存在于同一亚基，有些酶的调节部位和催化部位存在于不同亚基，这些亚基分别称为调节亚基和催化亚基。能够对别构酶产生别构调节的小分子化合物称为别构效应剂(allosteric effector)。能够增加酶对底物的亲和力，从而加快酶促反应速率的别构效应剂称为别构激活剂(allosteric activator)；而降低酶对底物的亲和力，并减慢酶促反应速率的别构效应剂称为别构抑制剂(allosteric inhibitor)。

2. 别构调节的机制

(1) 具有多亚基的别构酶存在协同效应：别构酶常含有多个(偶数)亚基，酶的一个亚基结合别构效应剂并发生变构，相邻亚基受其影响也发生变构，并增加了对此别构效应剂的亲和力，这称为正协同效应(positive cooperative effect)。反之，如果别构效应剂与酶的某个亚基结合，引起其他亚基的变构，继而降低对此别构效应剂的亲和力，称为负协同效应(negative cooperative effect)。酶分子含有两个以上的底物结合位点，当底物与一个亚基上的活性中心结合后，可以增强其他亚基活性中心与底物的结合，出现正协同效应。多数情况下，底物对别构酶的作用都表现为正协同效应，如前述的血红蛋白受 O_2 的别构调节；但有时底物对别构酶的调节也可能表现为负协同效应，如 NAD^+ 对 3-磷酸甘油醛脱氢酶的结合。

如果别构效应剂是酶促反应底物本身，正协同效应的底物浓度-酶活性曲线为 S 形(图 2-18)。即底物浓度低时，酶活性增加较慢；底物浓度升高到一定程度后，酶活性显著增强，最终达到最大反应速率 V_{max}。

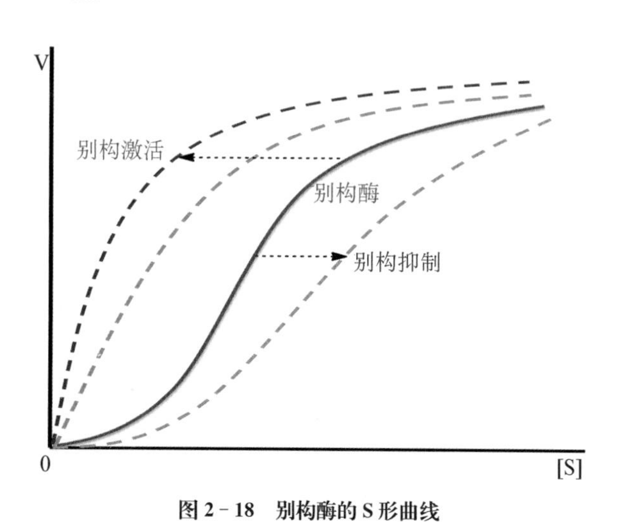

图 2-18 别构酶的 S 形曲线

(2) 别构效应剂调节别构酶活性：含有多亚基的别构酶，其催化部位(活性中心)和调节部位可能存在于同一亚基内，也可能存在于不同亚基内。含催化部位的亚基称为催化亚基，含调节部位的亚基称为调节亚基。别构效应剂与调节亚基通过非共价键特异性结合，可以改变调节亚基的构象，进而改变催化亚基的构象，从而改变酶活性（图 2－18）。别构激活剂能使上述 S 形曲线左移，甚至形成矩形双曲线；而别构抑制剂能使 S 形曲线右移。如 ATP 是磷酸果糖激酶的别构抑制剂，而 ADP、AMP 为其别构激活剂。

3. 别构调节的生理意义

（1）别构调节在生物界普遍存在，酶的底物、产物或其他小分子代谢物均可以成为别构效应剂。别构酶通常是代谢途径中的关键酶。作为别构效应剂的代谢中间物在细胞内浓度的改变精确反映了代谢途径的状况，并通过别构效应对关键酶进行反馈调节，最终实现对整条代谢途径的调控，是体内代谢途径的快速调节方式之一。

（2）别构酶的 S 形曲线中段，酶反应速率对底物浓度的变化极为敏感。底物浓度稍有降低，别构酶活性明显下降，受该酶控制的代谢途径可因此而关闭；反之，底物浓度稍有上升，代谢通路又被打开。因此，细胞可以根据内外环境的变化，通过别构酶对代谢进行更加灵敏的调节。

（二）酶原激活

1. 酶原是酶的无活性前体　某些酶在细胞内合成、初分泌或在特定环境中发挥催化功能前，均以无活性前体的形式存在，这种酶的无活性前体称为酶原（zymogen）。酶原在一定条件下水解掉一个或几个特定的氨基酸，构象发生改变，从而具备催化活力。无活性的酶原向有活性的酶转变的过程称为酶原激活，实质是酶活性中心形成或暴露的过程（表 2－8）。

2. 酶原激活具有级联效应　多种蛋白酶，包括胃黏膜分泌的胃蛋白酶、胰腺分泌的胰蛋白酶、糜蛋白酶、弹性蛋白酶等在初分泌时均以无活性的酶原形式存在，在一定条件下发生水解，去掉一个或几个氨基酸，才能转化为有活性的酶。

表 2－8　某些酶原的激活

酶原	激活因素	水解去除的肽段	激活部位
胃蛋白酶原	H^+或胃蛋白酶	6 肽	胃
胰凝乳蛋白酶原	胰蛋白酶	两个二肽	小肠
弹性蛋白酶原	胰蛋白酶	几个肽段	小肠
羧基肽酶原 A	胰蛋白酶	几个肽段	小肠

消化道内蛋白酶原具有级联激活的性质，能够加速对食物的消化过程（图 2－19）。血液中参与凝血及纤维蛋白溶解系统的各种酶类也都以酶原的形式存在，它们的激活也具有典型的级联激活性质。少量凝血因子激活就可以使大量凝血酶原激活，继而产生快速有效的凝血效应。

3. 酶原的激活具有非常重要的生理意义　消化道内的各种酶以酶原的形式分泌，可以保护消化或分泌器官本身不受酶的水解和破坏，让这些酶只在特定的部位和环境中发挥催化作用。酶原还可作为酶的储存形式，在机体需要时可以迅速产生活性。凝血和纤维溶解系统中的酶类在血液循环中以酶原的形式存在，一旦机体需要就可以快速级联激活，保持血

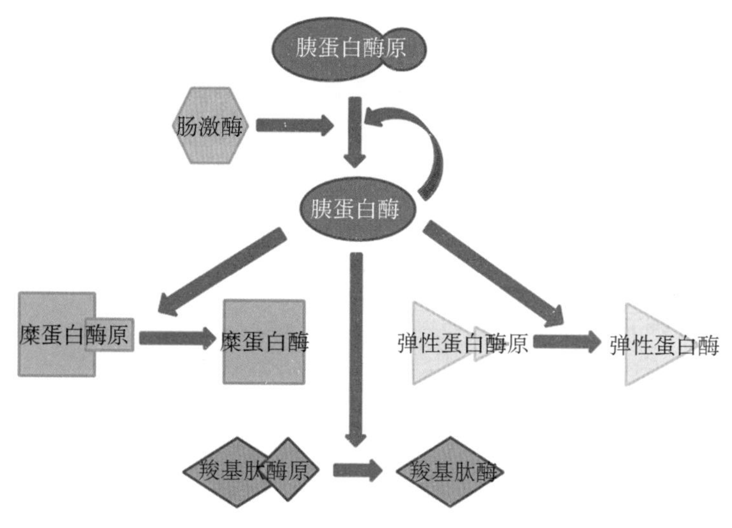

图 2-19 消化道酶的级联激活

液在血管中的正常流动。

（三）共价修饰调节

1. 概念 酶蛋白肽链的一些基团可与某些化学基团发生可逆的共价结合，从而改变酶的结构和功能，使酶的催化活性发生变化，这个过程称为酶的化学修饰（chemical modification）或共价修饰（covalent modification）。

2. 作用特点

（1）通过化学修饰，酶可以发生无活性形式与有活性形式，或者低活性形式与高活性形式的互变，从而打开或关闭某一代谢通路。

（2）化学修饰过程中化学基团的添加和去除反应不可逆，分别由两种酶催化。

（3）连续的酶促反应可以将化学信号大幅度放大。如某种激素或其他刺激信号诱导第一个酶发生共价修饰，被修饰的酶又可以催化另一种酶分子发生共价修饰，每修饰一次，就可以将刺激信号放大一次，从而出现瀑布式的放大作用。

3. 分类 酶的化学修饰有多种形式，包括磷酸化、乙酰化、甲基化、糖基化等。

（1）磷酸化修饰：酶蛋白的磷酸化（phosphorylation）修饰是调节酶活性的一种重要方式，在真核细胞中广泛存在。例如糖原磷酸化酶和糖原合酶的磷酸化调节在糖原合成过程中起着非常重要的作用。磷酸化通常发生在蛋白质的丝氨酸、苏氨酸和酪氨酸残基。酶分子可能含有一个或多个磷酸化位点，这些位点的磷酸化或去磷酸化可以改变酶的结构并影响其催化活性。催化蛋白质磷酸化的酶称为蛋白激酶（protein kinase），催化蛋白质去磷酸化的酶称为蛋白磷酸酶（protein phosphatase）。

（2）乙酰化修饰：近年研究发现，蛋白质的乙酰化（acetylation）修饰不但发生于组蛋白，还存在于大量非细胞核的蛋白质，包括多种代谢酶。例如主要表达于胚胎和肿瘤细胞的丙酮酸激酶 M2 型异构体（pyruvate kinase M2 isoform，PKM2）305 位赖氨酸受乙酰化修饰，乙酰化的 PKM2 酶活性降低。体内存在多种乙酰基转移酶和去乙酰化酶，分别催化乙酰化和去乙酰化反应。乙酰化修饰发生在蛋白质赖氨酸的 ε-氨基上。

(3) 甲基化修饰：蛋白质赖氨酸和精氨酸残基可发生甲基化(methylation)修饰。赖氨酸的 ε-氨基可以被 1～3 个甲基修饰。不同的甲基转移酶催化不同蛋白质发生甲基化，甲基化所需甲基主要来源于 *S*-腺苷甲硫氨酸(*S*-adenosyl methionine, SAM)。甲基化修饰可改变蛋白质的结构，因而对其功能产生影响。

二、酶含量的调节

酶在机体和细胞内总是处于不断合成与降解的动态平衡。

(一) 酶蛋白合成的诱导和阻遏

细胞通常在转录水平调节酶蛋白的合成。代谢底物、产物及药物、激素等都可以影响酶的生物合成。在转录水平促进酶蛋白生物合成的作用称为诱导作用(induction)；反之，在转录水平抑制酶蛋白生物合成的作用称为阻遏作用(repression)。例如胰岛素诱导 HMG-CoA 还原酶，促进胆固醇合成；而代谢产物胆固醇阻遏 HMG-CoA 还原酶，反馈抑制胆固醇合成。

当发生诱导作用时，因为酶基因转录之后还需要翻译、翻译后加工等过程，酶发挥功能还需要比较长的时间，一般几小时后方可见效。同样，基因转录被阻遏时，酶基因的转录产物还能继续加工成酶蛋白，已经存在的酶蛋白还继续发挥活性，要消除酶的作用也需要较长时间。因此，通过酶的诱导和阻遏作用对代谢的调节作用是缓慢而长效的。

(二) 酶蛋白的降解

酶蛋白可被细胞内的蛋白水解酶所识别并降解。酶的降解速率控制着酶的含量，继而改变细胞代谢的流量和流向。蛋白质的浓度减少至起始值的一半时所需要的时间，称为蛋白质的半寿期(half-life, $t_{1/2}$)。不同的酶具有不同的半寿期，其降解速率与酶的结构密切相关。N-末端置换、磷酸化、乙酰化、泛素化、氧化等可改变酶的结构或成为降解标记，使酶进入降解途径。细胞内酶的降解速率与机体的营养状况及激素调节也有关系。酶蛋白的降解大多数在细胞内进行，包括溶酶体蛋白降解途径和泛素依赖的蛋白酶体降解途径。

1. 溶酶体降解 细胞外来蛋白质、膜蛋白和长半寿期蛋白质主要通过蛋白酶体降解途径进行降解。溶酶体为酸性环境，多种溶酶体蛋白酶水解通过内吞作用进入溶酶体的蛋白质。溶酶体降解对蛋白质的选择性较差，不需要 ATP。自噬是溶酶体降解细胞自身蛋白质的方式，具有重要的生理病理功能。

2. 泛素依赖的蛋白酶体降解 细胞内的异常蛋白和短半寿期蛋白质通过泛素依赖的蛋白酶体途径进行降解。泛素分子结合靶蛋白作为降解标记，泛素化的蛋白质接着进入含有多种蛋白酶的蛋白酶体，并在其中被降解。该降解途径特异性强，需要消耗 ATP。

第六节 酶与医学的关系

一、酶与疾病的发生、诊断及治疗

（一）酶与疾病的发生

1. 先天性酶缺陷导致先天性疾病 酶的先天性或遗传性缺损可导致先天性代谢缺陷。例如酪氨酸酶缺乏引起黑色素合成障碍，导致白化病；苯丙氨酸羟化酶缺乏使苯丙酮酸堆积，对神经系统产生毒性作用，导致患儿智力低下；缺乏6-磷酸葡萄糖脱氢酶或其他磷酸戊糖通路中的酶，导致溶血性贫血。

2. 酶与一些疾病的发生发展相关 许多疾病引起酶活性、含量或分泌、释放等异常，酶的异常通常又使病情加重。例如急性胰腺炎发生时，胰蛋白酶原在胰腺中异常激活，造成胰腺组织的水解破坏，导致疾病的恶化。许多炎症导致弹性蛋白酶从浸润的白细胞或巨噬细胞中释放，释放的蛋白酶对组织产生破坏作用，从而加重炎症反应。

3. 酶活性受抑制常导致中毒性疾病 前述的有机磷农药、重金属盐以及氰化物等导致酶活性的不可逆抑制，产生中毒现象。

（二）酶与疾病的诊断

测定血清、尿液等体液中酶活性的改变，可以反映某些疾病的发生和发展，有利于临床诊断和治疗。

1. 组织器官损伤可使其组织特异性的酶释放入血 如急性肝炎时血清丙氨酸氨基转移酶活性升高；急性胰腺炎时血、尿淀粉酶活性升高。

2. 细胞中酶的合成速度增加，释放入血的酶也增多 如成骨肉瘤或佝偻病时，血清碱性磷酸酶活性增加；恶性肿瘤广泛转移时，血清乳酸脱氢酶活性增高。

3. 酶排泄障碍，导致体液中酶量升高 如肝脏中的碱性磷酸酶通过胆道排泄，当胆道梗阻时，肝中该酶的合成增加而排泄受阻，导致其反流入血。

4. 酶合成障碍或酶活性抑制，导致体液中酶活性降低 如肝病时血浆凝血酶原合成降低；有机磷中毒时红细胞胆碱酯酶活性受抑制。

（三）酶与疾病的治疗

1. 助消化药物 酶作为药物最早用于助消化，如服用胃蛋白酶、胰蛋白酶、胰脂肪酶、胰淀粉酶等可改善消化腺分泌功能下降所致的消化不良。

2. 伤口清洁和抗炎 胰蛋白酶、溶菌酶、木瓜蛋白酶、菠萝蛋白酶等可用于外科扩创、伤口净化、抗炎及防止浆膜粘连等。在某些外敷药中加入透明质酸酶可以增强药物的扩散作用。

3. 溶栓药 链激酶、尿激酶及纤溶酶等在临床上常用于溶解血栓，治疗心、脑血管栓塞等疾病。

4. 抗菌药物 前述的磺胺类药物通过竞争性抑制细菌二氢叶酸合成酶，从而达到抑菌作用。氯霉素可抑制某些细菌转肽酶的活性，从而抑制其蛋白质的合成，也具有抗菌作用。

5. 精神类药物 抗抑郁药通过抑制单胺氧化酶而减少儿茶酚胺的灭活，治疗抑郁症。

6. 降脂药物 洛伐他汀、辛伐他汀等他汀类药物通过竞争性抑制 HMG－CoA 还原酶的活性，抑制胆固醇的合成，从而达到降低血胆固醇的效果。

7. 抗肿瘤药物 前述甲氨蝶呤、5－氟尿嘧啶、6－巯基嘌呤等均为核苷酸合成途径中相关酶的竞争性抑制剂，可用于治疗肿瘤。

二、酶与临床检验及科学研究

若干种酶已常规用于基因工程操作过程中。如Ⅱ型限制性内切核酸酶、DNA 连接酶、反转录酶、DNA 聚合酶等。

有些酶可作为指示酶（indicator enzyme）或辅助酶（auxiliary enzyme）用于酶偶联测定法。在进行酶动力学研究时，经常需要测定酶促反应速率，但很多酶促反应的底物或产物不能被直接测定。这时可在反应中偶联另一种或两种酶，使初始反应产物定量地转变为可测量的终产物。这种方法称为酶偶联测定法。催化生成可测定产物的酶称为指示酶；催化生成中间产物的酶称为辅助酶。例如临床上测定血糖时，葡萄糖经葡糖氧化酶氧化为葡萄糖酸，并释放 H_2O_2，H_2O_2 再经过氧化物酶（proxidase）催化与 4－氨基安替比林及苯酚反应生成水和红色醌类化合物，红色醌类化合物在 505 nm 处的吸光度与葡萄糖含量成正比，因此可用比色法计算出血糖浓度。此方法中的过氧化物酶即为指示酶。

有些酶可作为酶标记测定法中的标记酶。临床上过去一般都采用免疫同位素标记检测微量分子，但同位素应用有很大的局限性，因此目前大多已经以酶标记代替了同位素标记，如酶联免疫吸附法（enzyme-linked immunosorbent assay，ELISA）。标记酶与抗体偶联，利用抗原-抗体特异性结合的特性，检测抗原或抗体的含量。常用的标记酶有辣根过氧化物酶、碱性磷酸酶、葡萄糖氧化酶、β－*D*－半乳糖苷酶等。

（雷群英　徐莺莺）

参考文献

[1] 周春燕，药立波. 生物化学与分子生物学. 9 版. 北京：人民卫生出版社. 2018.

[2] Nelson DL, Cox MM. Lehninger Principles of Biochemistry. 5th ed. New York: W. H. Freeman and Company, 2008.

[3] Lv L, Li D, Zhao D, et al. Acetylation targets the M2 isoform of pyruvate kinase for degradation through chaperone-mediated autophagy and promotes tumor growth. Mol Cell, 2011,42(6):719－730.

第三章　糖　代　谢

糖是自然界存在的一大类有机化合物，其化学本质为多羟基醛或多羟基酮类及其衍生物或多聚物。糖是机体主要的能量来源之一，人体所需能量的50%～70%来自于糖。糖也是组成人体组织结构的重要成分，例如蛋白聚糖和糖蛋白构成结缔组织、软骨和骨的基质；糖蛋白和糖脂参与组成细胞膜。此外，糖还参与构成体内多种重要生物活性物质，如激素、酶、免疫球蛋白、血型物质和血浆蛋白等。

第一节　糖的消化吸收及其在体内代谢概况

一、糖的消化与吸收

人类食物中的糖类主要有植物淀粉（starch），还有少量蔗糖（sucrose）、乳糖（lactose）、动物糖原（glycogen）等，都需在消化道消化成单糖——葡萄糖（glucose）、果糖（fructose）、半乳糖（galactose），然后被吸收。

淀粉在口腔和小肠内受到多种酶的作用转变为葡萄糖。由于食物在口腔停留的时间很短，所以淀粉消化主要在小肠内进行。唾液和胰液中都有 α-淀粉酶（α-amylase），可水解淀粉分子内的 α-1,4-糖苷键，水解产物为不分支或分支的寡糖。不分支的寡糖主要是麦芽糖、麦芽三糖及含有 4～9 个葡萄糖残基的麦芽寡糖；分支的寡糖主要是异麦芽糖及由 4～9 个葡萄糖残基构成的 α-极限糊精（α-limit dextrin）。在小肠黏膜刷状缘有 α-糖苷酶（包括麦芽糖酶）继续水解没有分支的麦芽糖和麦芽寡糖的 α-1,4-糖苷键，生成葡萄糖。α-极限糊精酶（包括异麦芽糖酶）可水解 α-1,4-糖苷键和 α-1,6-糖苷键，将 α-极限糊精和异麦芽糖水解成葡萄糖。肠黏膜细胞还含有乳糖酶，水解乳糖成半乳糖和葡萄糖。有些人由于先天缺乏乳糖酶，在食用牛奶制品后发生乳糖消化吸收障碍，而引起腹胀、腹泻等症状，称为乳糖不耐症（lactose intolerance）。

消化后生成的单糖，主要在小肠上部被吸收。小肠黏膜细胞依赖特定载体摄入葡萄糖，是一个耗能的主动过程。即 Na^+ 伴随葡萄糖与肠黏膜细胞刷状缘上的载体蛋白结合，引起载体蛋白的构象变化，把葡萄糖和 Na^+ 同时转运到黏膜细胞内。Na^+ 靠消耗 ATP 转运出细胞。Na^+ 依赖型葡萄糖转运体（sodium-dependent glucose transporter, SGLT）主要存在于小肠黏膜和肾小管上皮细胞。

葡萄糖被小肠黏膜细胞吸收后，通过浆膜面细胞膜上载体的促进扩散，经门静脉进入血循环，供身体各组织利用。

食物中还含有大量纤维素(cellulose),由于人体内无β-糖苷酶故不能对其分解利用,但纤维素能起到刺激肠蠕动等作用,也是维持健康所必需的糖类。

二、糖代谢的概况

(一)糖的运输形式

由消化道吸收入血的单糖主要为葡萄糖,经门静脉进入肝,部分经肝静脉入体循环,运输到全身各组织。葡萄糖是糖在体内的运输形式。血液中的葡萄糖称为血糖(blood sugar)。全身各组织都需要从血中获得葡萄糖,特别是脑组织和红细胞等极少有糖原储存,必须随时供应血糖。血糖浓度下降时会严重妨碍这些组织的能量代谢,从而影响其功能。

(二)细胞摄取葡萄糖

葡萄糖在体内进行代谢时首先需进入细胞,这是依赖一类葡萄糖转运体(glucose transporter, GLUT)实现的。人体中现已发现12种GLUT,分别在不同的组织细胞发挥作用,其中GLUT 1～5功能较为明确。GLUT1和GLUT3广泛分布于全身各组织中,是细胞摄取葡萄糖的基本转运体。GLUT2主要存在于肝细胞和胰岛β细胞中,与葡萄糖的亲和力较低,使肝从餐后血中摄取过量的葡萄糖,并调节胰岛素分泌。而GLUT4主要存在于脂肪和肌组织中,以胰岛素依赖方式摄取葡萄糖,耐力训练可以使骨骼肌细胞膜上的GLUT4数量增加。GLUT5主要在小肠分布,是果糖进入细胞的重要转运体。这些GLUT成员的组织分布不同,生物功能不同,决定了各组织中葡萄糖代谢特色。葡萄糖摄取障碍可能诱发高血糖。

(三)糖的贮存形式

糖原是体内糖的贮存形式。糖原贮存的主要器官是肝和骨骼肌。进食后肝糖原含量可达到其重量的5%(肝糖原总量可达90～100 g),肌糖原含量可达到1%～2%(肌糖原总量可达200～400 g),但是人体内糖原的贮存仍是有限的。过多的糖可转变成脂肪而贮存于脂肪组织,脂肪的贮存则较少受到限制。

(四)糖的代谢概况

本章重点介绍葡萄糖在体内的代谢。葡萄糖的代谢涉及分解、贮存、合成等途径(图3-1)。细胞内葡萄糖的分解代谢主要包括糖的无氧氧化、糖的有氧氧化和磷酸戊糖途径,取决于不同类型细胞的代谢特点和供氧状况。例如机体绝大多数组织在供氧充足时,葡萄糖进行有氧氧化生成CO_2和H_2O;肌组织在缺氧时,葡萄糖进行无氧氧化生成乳酸;饱食时葡萄糖也可聚合成糖原,储存在肝或肌组织中,以便在短期饥饿时补充血糖或分解利用。饱食后肝内葡萄糖进入磷酸戊糖途径代谢生成磷酸核糖和NADPH+H^+。长期饥饿时,有些非糖物质如乳酸、丙氨酸

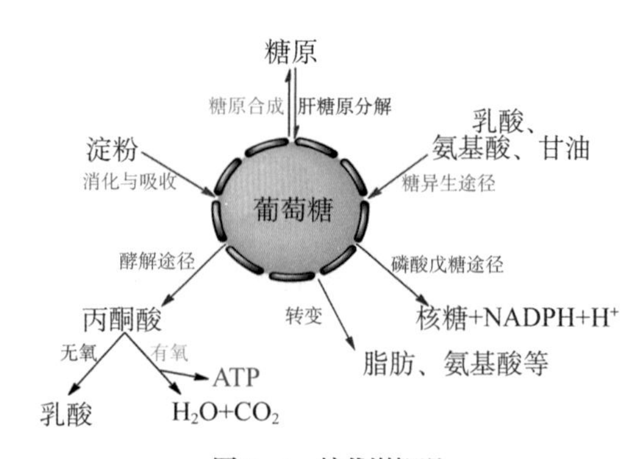

图3-1 糖代谢概况

等还可经糖异生途径转变成葡萄糖或糖原。这些分解、储存、合成代谢途径在多种激素调控下相互协调、相互制约，使血中葡萄糖的来源与去路相对平衡，血糖水平趋于稳定。肝对于维持血糖稳定发挥着关键作用。

第二节 糖的无氧氧化

1 分子葡萄糖在胞液中可裂解为 2 分子丙酮酸，是葡萄糖无氧氧化和有氧氧化的共同起始途径，称为糖酵解途径(glycolytic pathway)。氧供应充足时，丙酮酸主要进入线粒体中彻底氧化为 CO_2 和 H_2O，即糖的有氧氧化(aerobic oxidation)。在人体组织中，不需要耗氧，葡萄糖经一系列酶促反应生成丙酮酸，进而还原生成乳酸和 ATP。其过程与酵母使糖生醇发酵的过程基本相似，故称为糖酵解(glycolysis)，亦称糖的无氧氧化(anaerobic oxidation)。

一、糖的无氧氧化过程

糖的无氧氧化的全部反应在胞液中进行，共分为 4 个阶段。

（一）己糖磷酸酯的生成与转变

1. 葡萄糖磷酸化生成 6-磷酸葡萄糖 血液中葡萄糖进入细胞后首先发生磷酸化反应。磷酸化葡萄糖不能自由通过细胞膜而逸出细胞，真正被细胞俘获。生成 6-磷酸葡萄糖(glucose-6-phosphate, G-6-P)需 ATP 来提高葡萄糖的反应自由能，这步反应为糖酵解的第 1 个耗能反应。该反应不可逆，是糖酵解的第 1 个限速步骤。催化此反应的是己糖激酶(hexokinase)，它需要 Mg^{2+}，是糖酵解的第 1 个关键酶(key enzyme)。哺乳动物体内已发现 4 种己糖激酶同工酶（Ⅰ～Ⅳ型）。肝细胞中存在的是Ⅳ型，也称为葡萄糖激酶(glucokinase)，它有两个特点：一是对葡萄糖的亲和力很低，其 K_m 值为 10 mmol/L 左右，而体细胞己糖激酶的 Km 值在 0.1 mmol/L 左右；二是对 6-磷酸葡萄糖的反馈抑制不敏感。这些特性使葡萄糖激酶对于肝维持血糖稳定至关重要。当饥饿或空腹时，血糖较低，葡萄糖激酶对葡萄糖不敏感，葡萄糖不被肝细胞摄取而被体细胞摄取，因为己糖激酶对葡萄糖敏感；只有当饱食情况下血糖浓度显著升高时，肝细胞的葡萄糖激酶才会加强将葡萄糖转化为 6-磷酸葡萄糖，加快对葡萄糖的摄取和利用。因此，肝细胞葡萄糖激酶起到缓冲血糖水平的调节作用。

需要指出的是，如果从糖原进行酵解，从 6-磷酸葡萄糖进入糖酵解直接跳过了葡萄糖磷酸化的起始步骤，因此糖原中的 1 个葡萄糖基进行无氧氧化净产生 3 个 ATP(参看糖原分解)。

2. 6-磷酸葡萄糖转变为 6-磷酸果糖 这是由磷酸己糖异构酶(phosphohexose isomerase)催化的醛糖与酮糖间的异构反应。6-磷酸葡萄糖转变为 6-磷酸果糖(fructose-6-phosphate, F-6-P)是可逆反应。

3. 6-磷酸果糖转变为 1,6-二磷酸果糖 这是第 2 个磷酸化反应，需 ATP 和 Mg^{2+}，由

6-磷酸果糖激酶-1(6-phosphofructokinasc-1, PFK-1)催化,生成1,6-二磷酸果糖(fructose-1,6-biphosphate, F-1,6-BP)。这步反应为糖酵解的第2个耗能反应,1分子葡萄糖经两次磷酸化反应消耗了2分子ATP,转变为1,6-二磷酸果糖。该反应不可逆,是糖酵解的第2个限速步骤,是糖酵解过程中最重要的调节环节。

(二)磷酸丙糖的互变

1. 1,6-二磷酸果糖裂解成2分子磷酸丙糖 此反应是可逆的,由醛缩酶(aldolase)催化,产生2分子丙糖,即磷酸二羟丙酮和3-磷酸甘油醛。

2. 磷酸二羟丙酮转变为3-磷酸甘油醛 3-磷酸甘油醛和磷酸二羟丙酮是同分异构体,在磷酸丙糖异构酶(triose phosphate isomerase)催化下可互相转变。只有3-磷酸甘油醛可进一步沿着糖酵解途径向下游继续反应,3-磷酸甘油醛在下一步反应中被消耗后,磷酸二羟丙酮迅速转变为3-磷酸甘油醛,继续进行酵解,相当于1分子1,6-二磷酸果糖产生了2分子3-磷酸甘油醛。

此外,磷酸二羟丙酮还可被还原成α-磷酸甘油,后者是合成脂肪的原料,所以磷酸二羟丙酮是联系葡萄糖代谢和脂肪代谢的重要枢纽物质。

(三)糖酵解产能阶段——生成丙酮酸并产生ATP

从第3阶段开始以后的反应才开始产生能量,磷酸丙糖经两次底物水平磷酸化转变成丙酮酸,总共生成4分子ATP。

1. 3-磷酸甘油醛氧化为1,3-二磷酸甘油酸 此反应中3-磷酸甘油醛的醛基氧化成羧基及羧基的磷酸化均由3-磷酸甘油醛脱氢酶(glyceraldehyde 3-phosphate dehydrogenase)催化,以NAD^+为辅酶接受氢和电子,生成还原当量$NADH+H^+$。这是个放能反应,释放的自由能在C_3上形成高能的磷酸酯键。其磷酸酯键水解时可将能量转移至ADP,生成ATP。

2. 1,3-二磷酸甘油酸转变成3-磷酸甘油酸 磷酸甘油酸激酶(phosphoglycerate kinase)催化1,3-二磷酸甘油酸上的磷酸基从羧基转移到ADP,形成ATP和3-磷酸甘油酸,反应需要Mg^{2+}。这是糖酵解过程中第1次产生ATP的反应,将底物的高能磷酸基直接转移给ADP生成ATP。这种分子内的氧化还原反应,由于底物内部的脱氢或脱水,使分子内部的能量进行重新分布聚集成高能键,高能键水解时可将能量转移至ADP,生成ATP。这种ADP或其他核苷二磷酸的磷酸化作用与底物内部的脱氢或脱水直接相偶联的反应过程称为底物水平磷酸化(substrate-level phosphorylation)。

3. 3-磷酸甘油酸重排为2-磷酸甘油酸 磷酸甘油酸变位酶(phosphoglycerate mutase)催化磷酸基从3-磷酸甘油酸的C_3位转移到C_2,此反应是可逆的。

4. 2-磷酸甘油酸脱水生成磷酸烯醇式丙酮酸 烯醇化酶(enolase)催化2-磷酸甘油酸脱水生成磷酸烯醇式丙酮酸(phosphoenolpyruvate, PEP)。这个反应是底物内部的脱水,引起分子内部的能量重新分布和聚集,形成了一个高能磷酸键。

5. 磷酸烯醇式丙酮酸生成丙酮酸 磷酸烯醇式丙酮酸分子中的高能磷酸烯醇酯键断裂时,所释放自由能用于磷酸基转移给ADP生成ATP和丙酮酸,反应不可逆。这是糖酵解过程中的第 2 次底物水平磷酸化，由丙酮酸激酶(pyruvate kinase)催化，是糖酵解的第 3 个限速步骤。反应最初生成烯醇式丙酮酸，烯醇式丙酮酸不稳定，经非酶促反应迅速转变为酮式丙酮酸。

（四）丙酮酸被还原为乳酸

丙酮酸进一步如何代谢，取决于氧的供应。在无氧条件下丙酮酸不再进一步氧化，而是使前述 3-磷酸甘油醛脱氢时生成的 NADH＋H^+ 重新氧化成 NAD^+。以丙酮酸作为氢的受体，使丙酮酸还原成乳酸。此反应是由乳酸脱氢酶(lactate dehydrogenase，LDH)催化的可逆反应。由于 NADH＋H^+ 重新转变成 NAD^+，3-磷酸甘油醛的氧化就能继续进行，乳酸不断生成，糖酵解才能重复进行。图 3-2 是糖的无氧酵解。

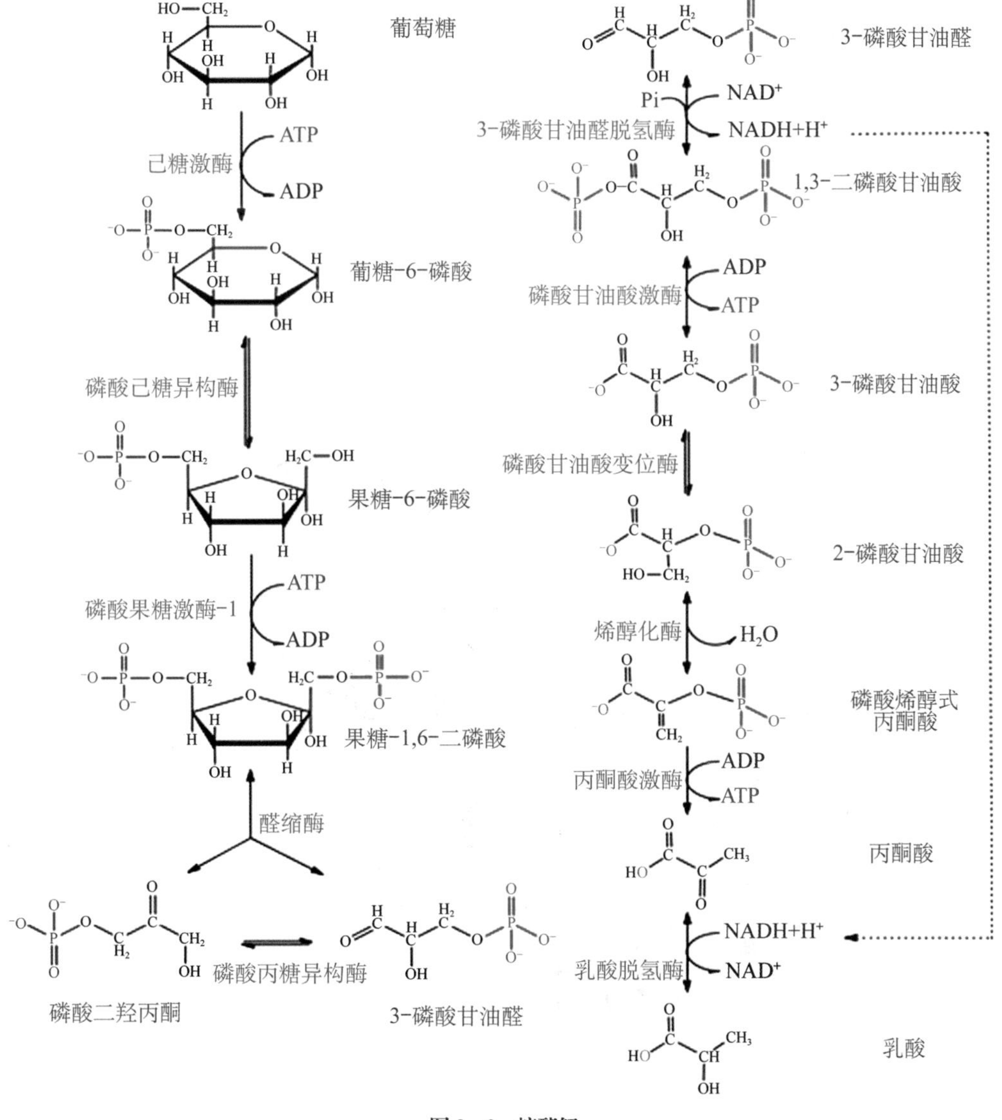

图 3-2 糖酵解

糖无氧氧化时每分子磷酸丙糖进行 2 次底物水平磷酸化，可生成 2 分子 ATP，因此 1 分子葡萄糖可生成 4 分子 ATP，扣除在葡萄糖和 6 -磷酸果糖磷酸化时消耗的 2 分子 ATP，最终 1 分子葡萄糖无氧氧化净得 2 分子 ATP。

二、 糖酵解的调节

整个糖酵解反应中，在生理条件下有 3 步是不可逆的单向反应，是糖酵解速率的调节点。而其他大多数反应是可逆的，这些可逆反应的方向、速率由底物和产物的浓度控制。催化这 3 步反应的酶活性较低，成为糖酵解的关键酶，它们分别是己糖激酶(葡萄糖激酶)、6 -磷酸果糖激酶- 1 和丙酮酸激酶，其活性受到别构效应剂和激素的调节。

(一) 6 -磷酸果糖激酶- 1

目前认为 6 -磷酸果糖激酶- 1 的催化效率最低，因此它是糖酵解的限速酶。6 -磷酸果糖激酶- 1 是一个四聚体，其活性受多种别构效应剂的影响(图 3 - 3)。ATP、异柠檬酸、柠檬酸等是此酶的别构抑制剂，而 AMP、ADP、1，6 -二磷酸果糖和 2，6 -二磷酸果糖(fructose-2，6-biphosphate，F - 2，6 - BP)是别构激活剂。6 -磷酸果糖激酶- 1 有 2 个结合 ATP 的位点，一是活性中心内的催化部位，ATP 作为底物与之结合；另一个是活性中心以外的别构部位，ATP 作为别构抑制剂与之结合，别构部位与 ATP 的亲和力较低。因而当体内 ATP 较丰富时，不需要进行糖酵解途径产能，高浓度 ATP 结合到 6 -磷酸果糖激酶- 1 的别构部位抑制

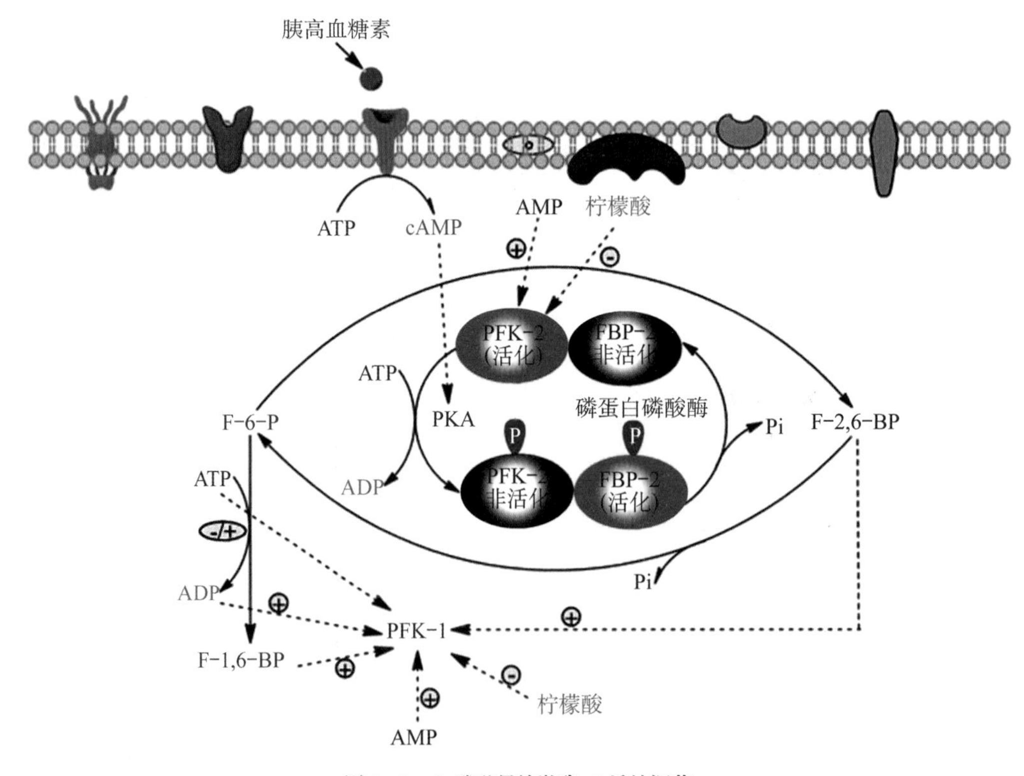

图 3 - 3　6 -磷酸果糖激酶- 1 活性调节

酶活性。AMP 可与 ATP 竞争别构结合部位，抵消 ATP 的抑制作用。1,6 -二磷酸果糖是 6 -磷酸果糖激酶- 1 的反应产物，这种产物正反馈作用比较少见，它有利于糖的分解。

2,6 -二磷酸果糖是 6 -磷酸果糖激酶- 1 最强的别构激活剂，它是由 6 -磷酸果糖激酶- 2 (6-phosphofructokinase-2, PFK - 2)催化 6 -磷酸果糖 C_2 磷酸化而生成。6 -磷酸果糖激酶- 2 和果糖二磷酸酶- 2 这两种酶的活性共存于一个酶蛋白上，具有 2 个分开的催化中心，是一种双功能酶。此酶以共价修饰方式调节酶活性。胰高血糖素可通过 cAMP -蛋白激酶 A 信号通路使 6 -磷酸果糖激酶- 2/果糖二磷酸酶- 2 发生磷酸化，磷酸化后 6 -磷酸果糖激酶- 2 活性降低，而其对应的果糖二磷酸酶- 2 活性升高，糖酵解减弱，糖异生增加。磷蛋白磷酸酶可将 6 -磷酸果糖激酶- 2/果糖二磷酸酶- 2 发生去磷酸化，6 -磷酸果糖激酶- 2 去磷酸化后活性增高，而果糖二磷酸酶- 2 活性降低。

（二） 丙酮酸激酶

丙酮酸激酶是糖酵解的第 2 个重要的调节点。1,6 -二磷酸果糖是丙酮酸激酶的别构激活剂，而 ATP、肝丙氨酸、乙酰 CoA 和长链脂肪酸是其别构抑制剂。此外，丙酮酸激酶还受共价修饰方式调节，cAMP 依赖蛋白激酶和依赖 Ca^{2+} 、钙调蛋白的蛋白激酶均可使其磷酸化而失活。胰高血糖素可通过激活 cAMP 依赖蛋白激酶抑制丙酮酸激酶活性，抑制糖酵解。

（三） 己糖激酶

己糖激酶有 4 种同工酶，在脂肪、脑和骨骼肌组织中的己糖激酶与底物亲和力高，其活性受其反应产物 6 -磷酸葡萄糖的反馈抑制。而葡萄糖激酶由于不存在 6 -磷酸葡萄糖的别构部位，故不受 6 -磷酸葡萄糖的影响。胰岛素可诱导葡萄糖激酶基因的转录，促进葡萄糖激酶的合成、促进糖酵解，以降低血糖。

三、 糖无氧氧化的生理意义

1. 缺氧时生物体供能的重要方式 糖无氧氧化在于迅速提供能量，这对骨骼肌收缩更为重要。肌内 ATP 含量很低，只要肌收缩几秒钟即可耗尽。但因葡萄糖进行有氧氧化的反应过程较长，来不及满足需要，而通过糖无氧氧化则可迅速得到 ATP。当机体缺氧或剧烈运动而骨骼肌局部血流不足时，能量主要通过糖无氧氧化获得。

2. 某些组织和细胞的主要获能方式 成熟红细胞没有线粒体，只能依赖糖的无氧氧化提供能量。神经细胞、白细胞、骨髓细胞等代谢极为活跃，即使不缺氧也常由糖无氧氧化提供部分能量。视网膜也有 50%左右的能量靠糖酵解供应。组织癌变后糖酵解增强。

第三节 糖的有氧氧化

机体将葡萄糖或糖原在有氧情况下彻底氧化成 CO_2 和 H_2O 的代谢过程称为有氧氧化

(acrobic oxidation)。有氧氧化是体内糖分解供能的主要方式,绝大多数细胞都通过此代谢途径获得能量。

一、糖的有氧氧化过程

糖的有氧氧化分为 3 个阶段:第 1 阶段是糖酵解途径,葡萄糖在胞液生成丙酮酸、ATP 及 NADH+H^+;第 2 阶段丙酮酸进入线粒体氧化脱羧生成乙酰 CoA;第 3 阶段为乙酰 CoA 进入三羧酸循环彻底氧化生成 CO_2、H_2O 及 ATP(图 3-4)。

(一)糖酵解途径

糖酵解途径第 1 阶段反应如前所述。在此主要介绍丙酮酸氧化脱羧和三羧酸循环的反应过程。

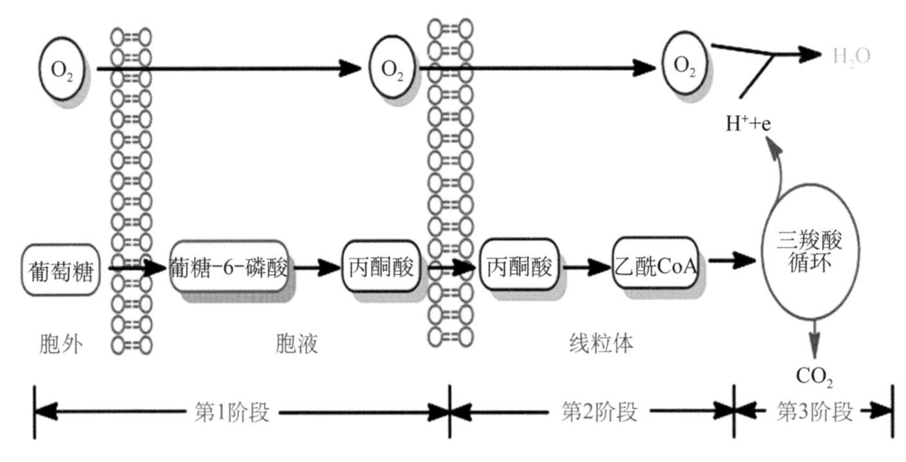

图 3-4 葡萄糖有氧氧化概况

(二)丙酮酸氧化脱羧

丙酮酸进入线粒体后,经过 5 步反应氧化脱羧生成乙酰 CoA(acetyl CoA),总反应式为:

$$丙酮酸 + NAD^+ + HS—CoA \longrightarrow 乙酰\ CoA + NADH + H^+ + CO_2$$

线粒体中的丙酮酸脱氢酶复合体(pyruvate dehydrogenase Complex, PDHC)能够催化丙酮酸不可逆地氧化脱羧生成 NADH 和乙酰 CoA,并把糖酵解与三羧酸循环以及 ATP 的生成紧密地联系在一起。丙酮酸脱氢酶复合体是一种位于线粒体基质的多酶复合体。丙酮酸脱氢酶复合体结构相当复杂,主要成分是丙酮酸脱氢酶(E1)、二氢硫辛酰胺转乙酰化酶(E2)和二氢硫辛酰胺脱氢酶(E3)。每个丙酮酸脱氢酶复合体是由 30 个 E1、60 个 E2 和 12 个 E3 构成的。此外,在高等生物的体内 PDHC 还含有丙酮酸脱氢酶激酶(PDK)、丙酮酸脱氢酶磷酸酶(PDP)、E3 蛋白结合酶(E3BP)。E2 核心和 E3 的结合是通过 12 个分子的 E3BP 连接起来的。PDHC 还需要 5 种辅酶的帮助,分别是焦磷酸硫胺素、硫辛酸、FAD、NAD^+、CoA。

丙酮酸脱氢酶复合体催化的反应分为 5 步(图 3-5)。

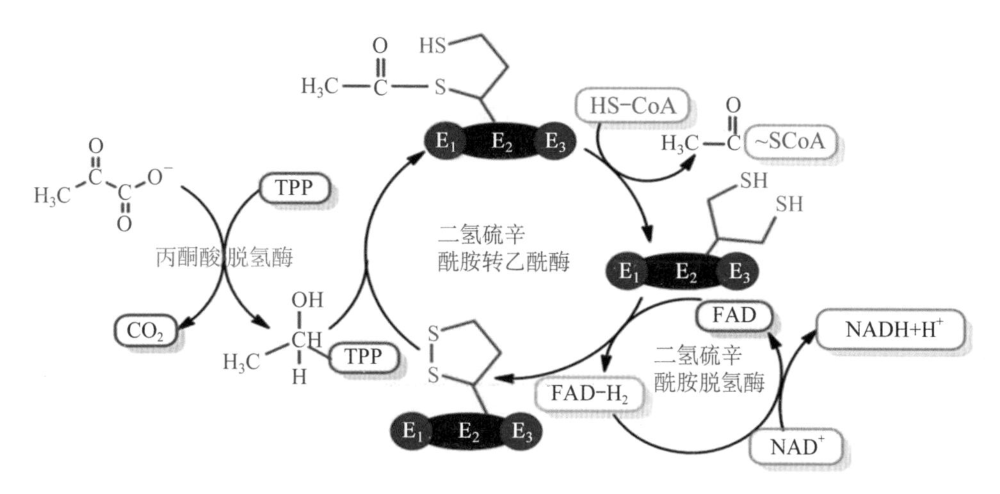

图 3-5　丙酮酸脱氢酶复合体及其催化的反应

(1) 丙酮酸脱羧形成羟乙基- TPP,丙酮酸的酮基与丙酮酸脱氢酶上 TPP 噻唑环上的 N 与 S 之间活性碳原子反应,产生 CO_2,羟乙基则结合到 TPP 上,此过程不可逆。

(2) 由二氢硫辛酰胺转乙酰酶(E2)催化形成乙酰硫辛酰胺- E2。

(3) 二氢硫辛酰胺转乙酰酶(E2)催化生成乙酰 CoA,离开酶复合体,同时使硫辛酰胺上的二硫键还原为 2 个巯基。

(4) 二氢硫辛酰胺脱氢酶(E3)使还原的二氢硫辛酰胺脱氢重新生成硫辛酰胺,同时将氢传递给 FAD,生成 $FADH_2$。

(5) 在二氢硫辛酰胺脱氢酶(E3)催化下,将 $FADH_2$ 上的 H 转移给 NAD^+,形成 $NADH+H^+$。

(三) 三羧酸循环

三羧酸循环(tricarboxylic acid cycle, TCA cycle,)是乙酰 CoA 彻底氧化的途径,从乙酰 CoA 与草酰乙酸缩合生成含 3 个羧基的三羧酸——柠檬酸开始,经过一系列反应,最终仍生成草酰乙酸而构成循环。因为该学说由 Hans Krebs 正式提出,亦称为 Krebs 循环。其主要的依据有:Albert Szent-Gyoryi 发现少量的四碳二羧酸可以加快糖类氧化反应的速度,提出可能存在一个酶促的系列反应。他还发现了丙二酸对琥珀酸脱氢酶的抑制作用;Carl Martius 和 Franz Knoop 发现柠檬酸可以转化为某些有机酸。Krebs 于 1932 年发现乙酸、琥珀酸、延胡索酸、苹果酸、柠檬酸、草酰乙酸可以促进组织匀浆或切片的氧化作用,在反应体系中过量加入其中的任意一种有机酸可以很快转化为其他有机酸;后来又发现草酰乙酸可以和活性乙酸反应生成柠檬酸,反应体系构成一个循环。Krebs 于 1937 年提出了需氧生物体内普遍存在的代谢途径——三羧酸循环的反应机制。

三羧酸循环在线粒体中进行,包括 8 步反应。

1. 柠檬酸的形成　乙酰 CoA 的高能硫酯键可提供足够的能量使乙酰基与草酰乙酸的羧基进行醛醇缩合。首先从 CH_3CO 上除去一个 H^+,生成的阴离子$^-CH_2CO$ 对草酰乙酸的羰基碳进行亲核攻击，生成中间体柠檬酰 CoA，然后高能硫酯键水解，释放出游离的柠檬酸。由于高能硫酯键水解时可释放出较多的自由能，$\Delta G^{\circ\prime}$为-31.4 kJ/mol，使反应成为单向、不可逆反应。此步反应是三羧酸循环的第 1 个限速步骤，由柠檬酸合酶(citrate synthase)催化。而且柠檬酸合酶对草酰乙酸的亲和力很高，所以即使线粒体内草酰乙酸的浓度很低，约 10 mmol/L，反应也能迅速进行。

草酰乙酸 + 乙酰-CoA —柠檬酸合酶→ 柠檬酸 + CoA-SH

2. 异柠檬酸的形成 柠檬酸的叔醇基不易进一步氧化，由顺乌头酸酶催化异构化可逆互变为异柠檬酸(isocitrate)，将 C_3 上的羟基移至 C_2 上，使叔醇变为仲醇，有利于进一步的氧化反应。反应的短暂中间产物是顺乌头酸。

柠檬酸 —顺乌头酸酶 (H_2O)→ [酶—顺乌头酸]复合物 —顺乌头酸酶 (H_2O)→ 异柠檬酸

3. α-酮戊二酸的生成 在异柠檬酸脱氢酶(isocitrate dehydrogenase)催化下，异柠檬酸的仲醇氧化成羰基，生成中间产物草酰琥珀酸，然后迅速脱羧产生 CO_2，其余碳链骨架部分转变为 α-酮戊二酸(α-ketoglutarate)，脱下的氢由 NAD^+ 接受，生成 $NADH+H^+$。这是三羧酸循环中的第 1 次氧化脱羧反应，也是三羧酸循环的第 2 个限速步骤，反应不可逆，释出的 CO_2 可被视作乙酰 CoA 的氧化脱羧。

异柠檬酸 + NAD^+ —异柠檬酸脱氢酶 (Mg^{2+})→ α-酮戊二酸 + $NADH+H^+$ + CO_2

4. 琥珀酰 CoA 的生成 三羧酸循环中的第 2 次氧化脱羧反应是α-酮戊二酸氧化脱羧生成琥珀酰 CoA(succinyl CoA)，反应不可逆，是三羧酸循环的第 3 个限速步骤。反应脱下的氢由 NAD^+ 接受，生成 $NADH+H^+$，释出的 CO_2 可被视作乙酰 CoA 的氧化脱羧。α-酮戊二酸氧化脱羧时释出的自由能较多，足以形成高能硫酯键。催化此反应的酶是 α-酮戊二酸脱氢酶复合体(α-ketoglutarate dehydrogenase complex)，其组成和催化反应过程与丙酮酸脱氢酶复合体类似，是由 3 种酶和 5 种辅酶组成的。这就使得 α-酮戊二酸的脱羧、脱氢并形成高能硫酯键等反应可迅速完成。

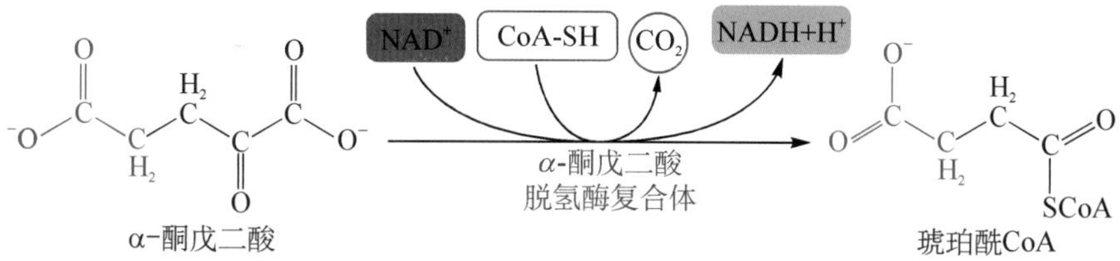

5. 琥珀酸的生成 这步反应的产物是琥珀酸（succinic acid），反应是可逆的，由琥珀酰 CoA 合成酶（succinyl CoA synthetase）催化。当琥珀酰 CoA 的高能硫酯键水解时，$\Delta G^{\circ\prime}$约 －33.4 kJ/mol（－7.98 kcal/mol），它可与 GDP 的磷酸化偶联，生成高能磷酸键。这是底物水平磷酸化的又一例子，是三羧酸循环中唯一直接生成高能磷酸键的反应。

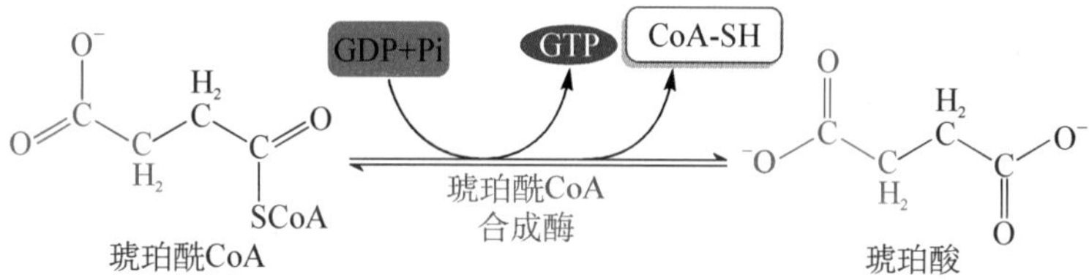

6. 延胡索酸的生成 反应由琥珀酸脱氢酶（succinate dehydrogenase）催化，其辅酶是 FAD，还含有铁硫中心。该酶结合在线粒体内膜上，是三羧酸循环中唯一与内膜结合的酶。反应脱下的氢由 FAD 接受，生成 $FADH_2$，经电子传递链被氧化，生成 1.5 分子 ATP。

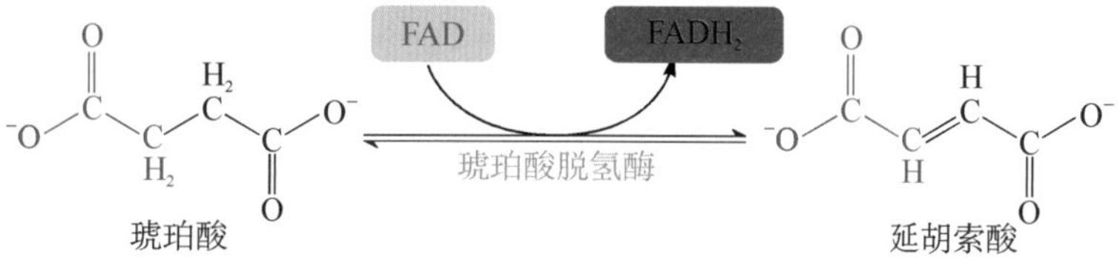

7. 苹果酸的生成 延胡索酸酶（fumarate hydratase）催化此可逆反应。

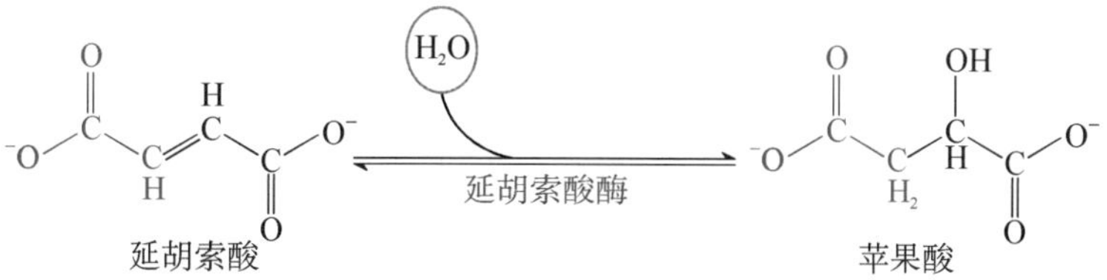

8. 草酰乙酸的生成 在苹果酸脱氢酶（malate dehydrogenase）催化下，苹果酸（malic acid）脱氢生成草酰乙酸，脱下的氢由 NAD^+ 接受，生成 $NADH^+ + H^+$。在细胞内草酰乙酸不断地被用于柠檬酸合成，故这一可逆反应向生成草酰乙酸的方向进行。

苹果酸 $\xrightarrow[\text{苹果酸脱氢酶}]{NAD^+ \quad NADH+H^+}$ 草酰乙酸

三羧酸循环的上述 8 步反应过程可归纳如图 3－6。

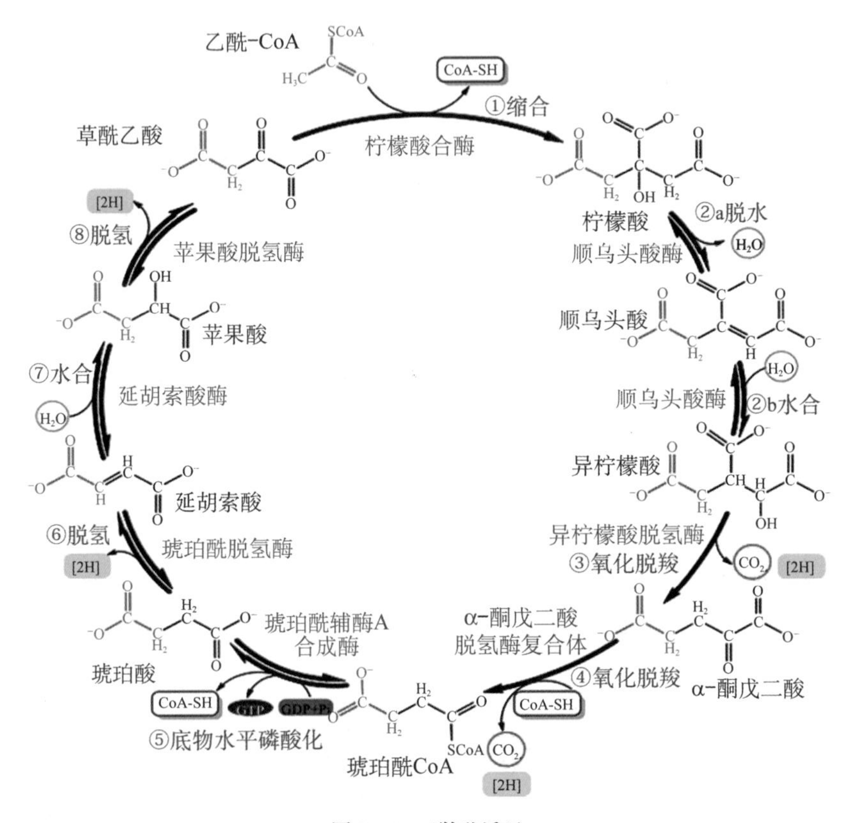

图 3－6　三羧酸循环

三羧酸循环本身并不是生成 ATP 的主要环节，绝大部分能量主要来自于三羧酸循环中的 4 次脱氢反应，生成的$NADH+H^+$和 $FADH_2$ 既是三羧酸循环中的脱氢酶的辅酶，又是电子传递链的第一个环节。这些电子传递体将电子传给氧时才能生成 ATP。2 次脱羧生成 CO_2。1 分子乙酰 CoA 进入三羧酸循环后，生成 2 分子 CO_2，这是体内 CO_2 的主要来源。三羧酸循环反应中，每循环一轮只有一个底物水平磷酸化反应生成高能磷酸键。三羧酸循环的总反应为：

$$CH_3CO \sim SCoA + 3NAD^+ + FAD + GDP + Pi + 2H_2O \longrightarrow$$
$$2CO_2 + 3NADH + 3H^+ + FADH_2 + HS\text{—}CoA + GTP$$

从表面来看，1 分子乙酰 CoA 进入三羧酸循环释放出 2 分子 CO_2，循环的各中间产物本身并无量的变化，三羧酸循环运转一周是氧化了 1 分子乙酰 CoA。但用同位素^{14}C标记乙酰

CoA 的实验发现，脱羧生成的 2 个 CO_2 中的一个碳原子来自草酰乙酸而不是乙酰 CoA，另一个碳原子有可能来自草酰乙酸，也可能来自乙酰 CoA，这是因为三羧酸循环开始时形成的柠檬酸是个对称的分子。因此实际上中间反应过程中碳原子有所置换，最后再生的草酰乙酸虽然含量并没有增减，但碳链骨架被部分更新了。

另外，三羧酸循环的各中间产物具有催化剂的作用，反应前后总的质量不发生改变，不可能通过三羧酸循环从乙酰 CoA 合成草酰乙酸或三羧酸循环的其他中间产物。乙酰 CoA 与草酰乙酸缩合成柠檬酸后如果不被柠檬酸-丙酮酸循环运出线粒体，它只能被氧化最终成 CO_2 和 H_2O。同样，三羧酸循环的中间产物也不可能直接在三羧酸循环中被氧化成 CO_2 和 H_2O，若要氧化供能必须转化为乙酰 CoA，然后再进入三羧酸循环被彻底氧化。

糖、脂肪、氨基酸都是能源物质，它们在体内的分解代谢最终都将产生乙酰 CoA，然后进入三羧酸循环进行氧化供能。三羧酸循环是三大物质共同的最后氧化供能途径，也是糖、脂肪、氨基酸代谢联系的枢纽。三大营养物质通过三羧酸循环在一定程度上可以相互转变。糖可以转变成脂肪。葡萄糖分解成丙酮酸后进入线粒体内氧化脱羧生成乙酰 CoA，由于乙酰 CoA 不能通过线粒体内膜，而合成脂肪酸的部位在胞质。乙酰 CoA 与草酰乙酸缩合成柠檬酸后通过柠檬酸-丙酮酸循环运出线粒体，在柠檬酸裂合酶(citrate lyase)作用下裂解成乙酰 CoA 及草酰乙酸，然后乙酰 CoA 即可合成脂肪酸。此外，乙酰 CoA 也是合成胆固醇的原料。大部分氨基酸可以转变成糖。许多氨基酸的碳链骨架可转变为三羧酸循环的中间产物，通过草酰乙酸可转变为葡萄糖(参见糖异生一节)。反之，糖也可通过转变为三羧酸循环中的各中间产物，然后沿着合成非必需氨基酸步骤生成天冬氨酸、谷氨酸等(见第六章)。

二、糖有氧氧化生成的 ATP

糖的有氧氧化是彻底的氧化途径，产生大量能量。三羧酸循环中 4 次脱氢反应产生还原当量 $NADH+H^+$ 和 $FADH_2$，通过电子传递链和氧化磷酸化产生 ATP。线粒体内，1 分子 $NADH+H^+$ 的氢传递给氧时，可生成 2.5 分子 ATP；1 分子 $FADH_2$ 的氢传递给氧时，只能生成 1.5 分子 ATP。底物水平磷酸化生成 1 分子 ATP，1 分子乙酰 CoA 经三羧酸循环彻底氧化，共生成 10 分子 ATP。

此外，糖酵解中 3-磷酸甘油醛在胞液中脱氢生成的 $NADH+H^+$，在有氧氧化时也要转运至线粒体内进入电子传递链而产生 ATP。有两种转运机制将胞液中的 $NADH+H^+$ 转运至线粒体。(见第五章)。总的反应为：

$$\text{葡萄糖} + 30ADP + 30Pi + 6O_2 \longrightarrow 30/32ATP + 6CO_2 + 36H_2O$$

综上所述，1 mol 葡萄糖彻底氧化生成 CO_2 和 H_2O，可净生成 30 mol 或 32 mol ATP(表 3-1)。

表 3-1　1 分子葡萄糖彻底氧化净生成的 ATP 数

反应	辅酶	最终获得 ATP
第 1 阶段(胞质)		
葡萄糖→6-磷酸葡萄糖		−1
6-磷酸果糖→1,6-二磷酸果糖		−1
2×3-磷酸甘油醛→2×1,3-二磷酸甘油酸	2NADH	3 或 5*
2×1,3-二磷酸甘油酸→2×3-磷酸甘油酸		2
2×磷酸烯醇式丙酮酸→2×丙酮酸		2
第 2 阶段(线粒体基质)		
2×丙酮酸→2×乙酰 CoA	2NADH	5
第 3 阶段(线粒体基质)		
2×异柠檬酸→2×α-酮戊二酸	2NADH	5
2×α-酮戊二酸→2×琥珀酰 CoA	2NADH	5
2×琥珀酰 CoA→2×琥珀酸		2
2×琥珀酸→2×延胡索酸	$2FADH_2$	3
2×苹果酸→2×草酰乙酸	2NADH	5
由 1 分子葡萄糖总共获得		30 或 32

*:胞质产生的 $2NADH+2H^+$,如果采取 α-磷酸甘油穿梭方式,最后产生 3 分子 ATP;如果采取苹果酸-天冬氨酸穿梭方式,最后产生 5 分子 ATP。

三、糖有氧氧化的调节

机体对能量的需求变动很大,因此有氧氧化的速率必须加以调节。其中,糖酵解的调节前已叙述,这里主要讲丙酮酸脱氢酶复合体的调节与三羧酸循环的调节。

(一) 丙酮酸脱氢酶复合体的调节

1. 别构调节　丙酮酸脱氢酶反应的产物如乙酰 CoA 和 NADH 对该酶系有别构抑制作用。当在线粒体基质中的浓度高时，能够直接反馈抑制 PDHC 的活性。

2. 共价修饰　在人体中,丙酮酸脱氢酶复合体的活性调节是由二个过程组成:①丙酮酸脱氢酶上的 E1 是磷酸化和去磷酸化的调节位点。PDK 催化 E1 的磷酸化,从而使其失去活性;②PDP 催化已磷酸化的 E1 去磷酸化而使其复性。饥饿诱导的胰岛素水平降低可以加剧脂肪组织中来源于三酰甘油的脂肪酸氧化代谢。当饥饿、大量脂肪酸被分解利用时,人体加强 PDK 表达水平,从而催化 E1 的磷酸化,使 PDHC 失去活性。糖的有氧氧化被抑制,大多数组织器官以脂肪酸作为能源以确保葡萄糖对脑等重要组织的供给。

3. 肿瘤细胞要转变到 Warburg 代谢需关闭 PDHC 反应　Warburg 效应是指肿瘤细胞在有氧条件下的糖酵解,是肿瘤能量代谢的主要特征,90 年前由德国著名学者 Otto Warburg 于 1930 年发现的。肿瘤细胞产生能量的方式极为特别:正常细胞的糖依靠有氧氧化释放出大量的能量，而大多数肿瘤细胞则通过产能率相对较低糖酵解作用为自身供能。这种作用机制不需要氧气及线粒体参与。恶性,且生长迅速的肿瘤细胞通常的糖酵解率比他们的正常组织高达 200 倍,由于细胞糖酵解活力大幅度提升,所以肿瘤细胞能够获得大量的能量以进行分裂、增殖。Warburg 效应可能与糖代谢酶表达异常和肿瘤微环境改变等有关。肿瘤细胞要转变到 Warburg 代谢需要关闭 PDHC 的反应。肿瘤细胞可以诱导 PDK 的过表达而降低 PDHC 的活性，最终维持乳酸的产生。因此，抑制 PDK 可以作为杀伤肿瘤细胞的潜在靶点。

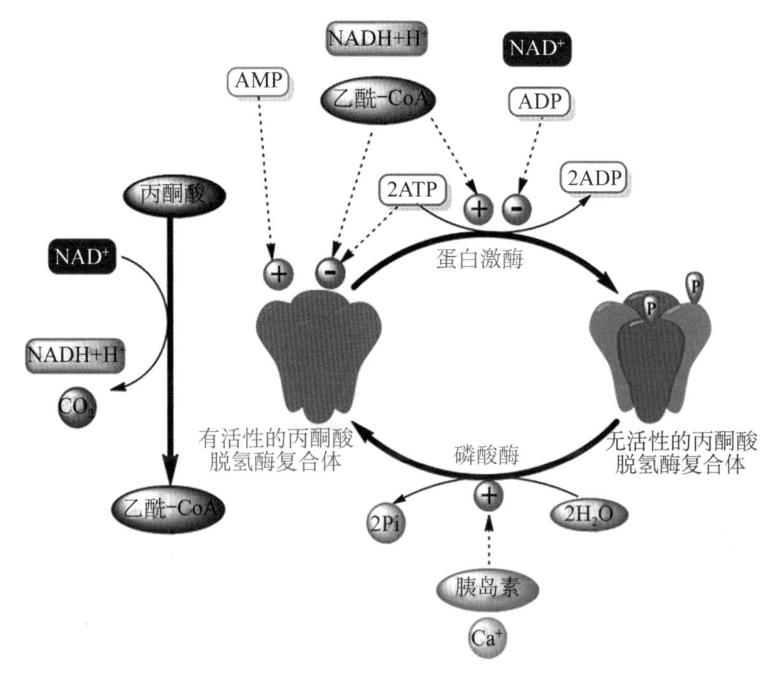

图 3－7 丙酮酸脱氢酶复合体的调节

（二）三羧酸循环的调节

1. 三羧酸循环的 3 个关键酶 在三羧酸循环中有 3 步不可逆反应，分别由柠檬酸合酶、异柠檬酸脱氢酶和 α-酮戊二酸脱氢酶催化。三羧酸循环的速率主要取决于这 3 个关键酶的活性调节，分别受到底物供应量、产物反馈抑制的调节。

柠檬酸合酶是催化三羧酸循环反应的第一个酶。其活性可以决定乙酰 CoA 进入三羧酸循环的速率，曾被认为是三羧酸循环主要的调节点。但乙酰 CoA 和草酰乙酸合成柠檬酸后，其方向不一定是沿着三羧酸循环途径进行。柠檬酸是协调糖代谢和脂代谢的枢纽物质之一，当能量供应不足时，柠檬酸留在线粒体中继续进行三羧酸循环产能；当糖氧化供能过于旺盛时，柠檬酸可通过柠檬酸—丙酮酸循环穿过线粒体膜转移至胞液，分解生成乙酰 CoA 用作合成脂肪酸和胆固醇的原料。

而异柠檬酸脱氢酶和 α-酮戊二酸脱氢酶才是调控三羧酸循环最主要的酶。特别是异柠檬酸脱氢酶，其活性可反映三羧酸循环的流量和速率。异柠檬酸脱氢酶和 α-酮戊二酸脱氢酶的酶活性在 $NADH/NAD^+$、ATP/ADP 比值升高时被反馈抑制。琥珀酰 CoA 反馈抑制 α-酮戊二酸脱氢酶的活性。终产物 ATP 可抑制柠檬酸合酶和异柠檬酸脱氢酶的活性，产物堆积如柠檬酸、琥珀酰 CoA 可抑制柠檬酸合酶的活性，而 ADP 则可别构激活异柠檬酸脱氢酶和柠檬酸合酶。另外，Ca^{2+} 可直接与异柠檬酸脱氢酶和 α-酮戊二酸脱氢酶相结合，降低其对底物的 K_m 而使酶激活，从而加速糖有氧氧化。

2. 糖酵解和氧化磷酸化的速率对三羧酸循环的影响 在正常情况下，糖酵解和三羧酸循环的速度是相协调的。这种协调体现了终产物 ATP、NADH 对多种关键酶的别构抑制作用。

氧化磷酸化的速率影响三羧酸循环的运转。三羧酸循环中有 4 次脱氢反应，从代谢物脱下的还原当量通过电子传递链进行氧化磷酸化。如不能有效进行氧化磷酸化，$NADH+H^+$ 和 $FADH_2$ 反馈抑制三羧酸的关键酶活性。三羧酸循环的调节如图 3-8 所示。

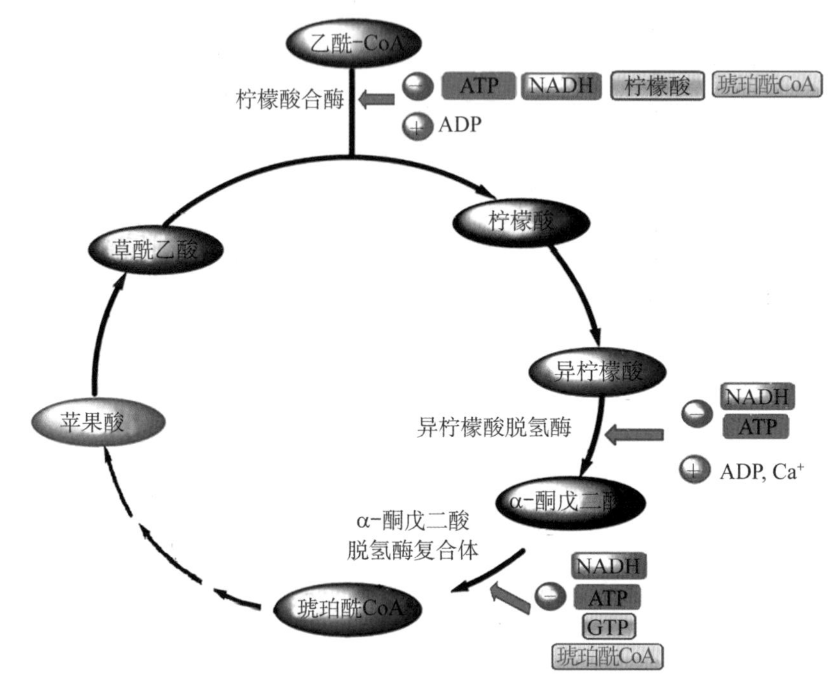

图 3-8 三羧酸循环调节

细胞内 ATP 的浓度约为 AMP 的 50 倍。ATP 被利用生成 ADP 后，可再通过腺苷酸激酶反应生成 AMP：$2ADP \longrightarrow ATP+AMP$。由于 AMP 的浓度很低，所以每生成 1 分子 AMP，其浓度的变动比 ATP 的变动大得多，所以细胞内 ATP/ADP、ATP/AMP 的比率精确调控着有氧氧化过程中诸多关键酶的活性，整个有氧氧化得以协调进行。当细胞消耗 ATP 而使 ADP 和 AMP 浓度升高时，6-磷酸果糖激酶-1、丙酮酸激酶、丙酮酸脱氢酶复合体和异柠檬酸脱氢酶、α-酮戊二酸脱氢酶复合体、柠檬酸合酶均被激活，有氧氧化加速进行以产生 ATP。反之，当细胞内 ATP 充足时，上述酶的活性均降低，有氧氧化减弱以减少葡萄糖的消耗。

（三）糖有氧氧化可抑制糖无氧氧化

酵母菌在无氧时进行生醇发酵；将其转移至有氧环境，生醇发酵即被抑制。这种有氧氧化抑制生醇发酵（或糖无氧氧化）的现象称为巴斯德效应（Pasteur effect）。

正常人类骨骼肌中也存在类似现象。糖酵解产生的丙酮酸，面临着有氧氧化和无氧氧化两种代谢选择，决定因素是 $NADH+H^+$。缺氧时，有氧氧化被抑制，$NADH+H^+$ 不穿梭，留在胞液，丙酮酸就接受 $NADH+H^+$ 的氢而被还原生成乳酸。有氧时，$NADH+H^+$ 通过穿梭作用进入线粒体内氧化，丙酮酸就彻底分解成 CO_2 和 H_2O，而此时胞液中的糖无氧氧化途径由于 $NADH+H^+$ 减少受到抑制。一般而言，无氧时所消耗的葡萄糖为有氧时的 7 倍，这是因为氧缺乏导致氧化磷酸化受阻，ADP/ATP 比例升高，6-磷酸果糖激酶-1 和丙酮酸激酶被激活，从而加速了葡萄糖的分解利用，导致大量乳酸生成。

但肿瘤细胞与正常细胞的区别是：在有氧条件下大多数肿瘤细胞则通过产能率相对较低糖酵解作用为自身供能即 Warburg 效应。

第四节 磷酸戊糖途径

磷酸戊糖途径(pentose phosphate pathway)是指从糖酵解的中间产物 6-磷酸-葡萄糖开始形成旁路，通过氧化、基团转移两个阶段生成 6-磷酸果糖和 3-磷酸甘油醛，从而进入糖酵解的代谢途径，亦称为磷酸戊糖旁路(pentose phosphate shunt)。磷酸戊糖途径不能产生 ATP，其主要意义是生成 NADPH 和磷酸核糖，NADPH 是许多合成代谢的供氢体，而生成的磷酸核糖是所有组织合成核酸所必需的。

一、磷酸戊糖途径的反应过程

磷酸戊糖途径各反应在胞液中进行，反应过程可人为地分为两个阶段：第 1 阶段是氧化反应，生成磷酸核糖、NADPH 和 CO_2；第 2 阶段是一系列的基团转移反应(图 3-9)。

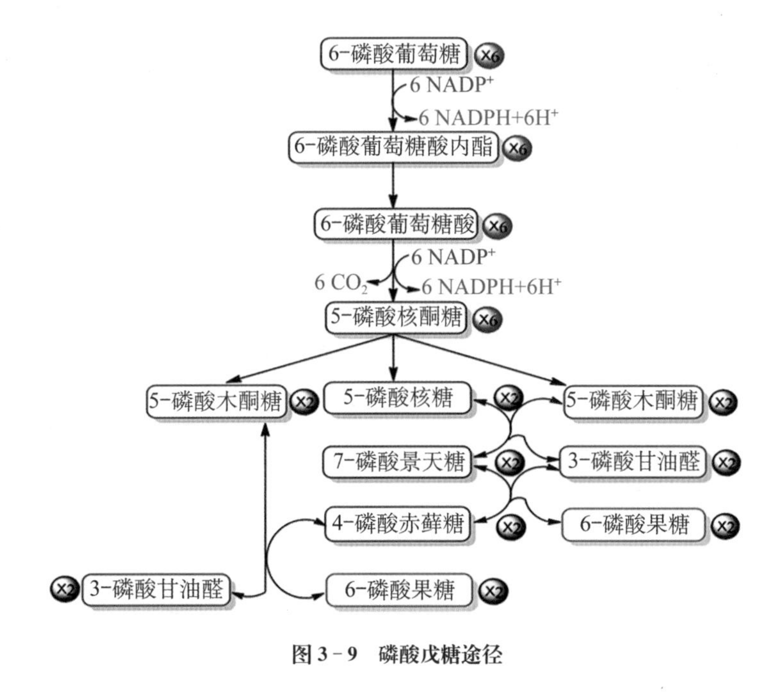

图 3-9 磷酸戊糖途径

1. 氧化反应阶段 6-磷酸葡萄糖首先在 6-磷酸葡萄糖脱氢酶(glucose-6-phosphate dehydrogenase)催化下脱氢生成 6-磷酸葡萄糖酸内酯，脱下的氢由 $NADP^+$ 接受而生成

NADPH+H^+,此反应需要 Mg^{2+} 参与。接着由内酯酶催化,6-磷酸葡萄糖酸内酯水解为 6-磷酸葡萄糖酸,再由 6-磷酸葡萄糖酸脱氢酶作用下氧化脱羧生成 5-磷酸核酮糖,同时生成 NADPH 及 CO_2。然后,5-磷酸核酮糖由异构酶催化转变成 5-磷酸核糖;或者由差向异构酶催化转变为 5-磷酸木酮糖。

在第 1 阶段的氧化反应过程中,两次脱氢都由 $NADP^+$ 接受,生成 2 分子 NADPH+$2H^+$,1 次脱羧生成 1 分子 CO_2。6-磷酸葡萄糖脱氢酶是该途径的限速酶。

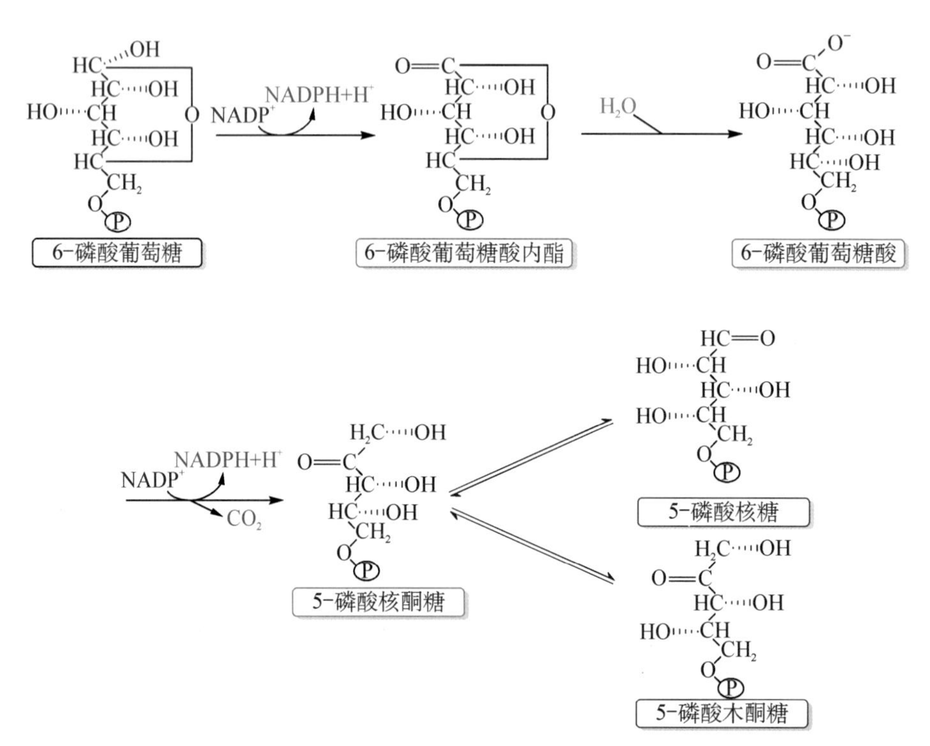

磷酸戊糖途径第一阶段

2. 基团转移反应阶段　第 2 阶段是 5-磷酸核酮糖经过一系列转酮基及转醛基反应,经过磷酸丁糖、磷酸戊糖及磷酸庚糖等中间代谢物最后生成 3-磷酸甘油醛及 6-磷酸果糖。磷酸戊糖之间的互相转变由相应的异构酶、差向异构酶催化。因为细胞要进行大量的合成反应,对 NADPH 的消耗量远大于磷酸戊糖,多余的磷酸戊糖需要通过第 2 阶段进入糖酵解的代谢途径而利用,所以这一阶段非常重要。

磷酸戊糖途径总的反应为:

3×6-磷酸葡萄糖+$6NADP^+$ ⟶ 2×6-磷酸果糖+3-磷酸甘油醛+6NADPH+$6H^+$+$3CO_2$

二、磷酸戊糖途径的生理意义

1. 体内生成 NADPH 的主要代谢途径　NADPH 在体内可用于:

(1) 作为细胞的各种合成反应的供氢体：如为脂肪酸和胆固醇合成的供氢体。

(2) 参与羟化反应：体内的羟化反应常有 NADPH 参与。体内的生物转化(biotransformation)的单加氧反应需要 NADPH 作为辅酶，参与药物和毒物的转化。经羟化作用后可增加药物或毒物的水溶性，有利于排泄(见第十五章)。

(3) 在红细胞中保证谷胱甘肽的还原状态：NADPH 是谷胱甘肽还原酶的辅酶，对谷胱甘肽保持还原状态非常重要。还原型谷胱甘肽是体内重要的抗氧化剂，可保护一些含巯基的蛋白质或酶免受氧化剂尤其是过氧化物的损害。对红细胞而言，还原型谷胱甘肽的作用更为重要，可保护红细胞膜的完整性。先天缺乏 6-磷酸葡萄糖脱氢酶时，NADPH 生成减少，难以使谷胱甘肽保持还原状态，红细胞易于破裂，发生溶血性贫血。因常在食用蚕豆(含有强氧化剂)后诱发，故又称蚕豆病。

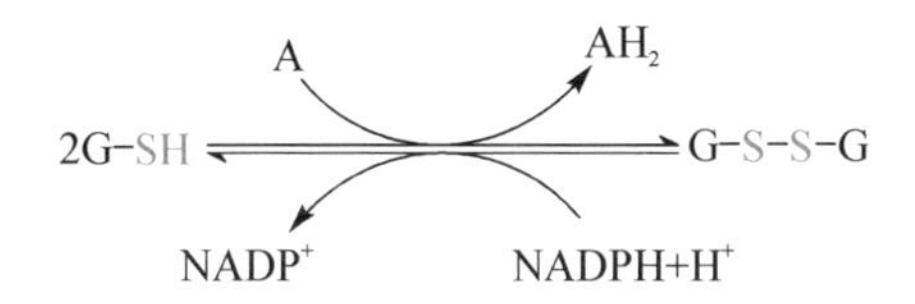

2. 体内生成 5-磷酸核糖的唯一代谢途径 体内合成核苷酸和核酸所需的核糖或脱氧核糖均以 5-磷酸核糖的形式提供。

第五节 糖原的合成与分解

糖原(glycogen)又名动物淀粉，是糖类在动物体内的贮存形式，主要存在于肝、肌肉、肾中。在动物体内用于维持血糖稳定，并提供一种快速动员的短期储备燃料。糖原是葡萄糖的多聚体，是动物体内糖的储存形式。糖原中葡萄糖残基主要以 α-1,4 糖苷键连接，分支处为 α-1,6 糖苷键。一个糖原分子中只有一个还原端、许多非还原端。当机体需要葡萄糖时，糖原可以从非还原端被迅速分解。肝糖原的贮存具有重要意义，对于某些依赖葡萄糖供能的组织(如脑、红细胞等)尤为重要。肌糖原分解为肌肉自身收缩供给能量。

一、糖原的合成代谢

(一) 概念

糖原合成(glycogenesis)就是在糖原合酶的催化下，活化形式的葡萄糖与引物分子(未降解完全的糖原分子)合成糖原的过程。

(二) 反应过程

1. 葡萄糖磷酸化生成 6-磷酸葡萄糖 此步反应与糖酵解的第 1 步一样。

2. 6-磷酸葡萄糖变构生成 1-磷酸葡萄糖 在磷酸葡萄糖变位酶的催化下，6-磷酸葡萄糖变构生成 1-磷酸葡萄糖。

3. 尿苷二磷酸葡萄糖的生成 1-磷酸葡萄糖再与尿苷三磷酸(UTP)反应生成尿苷二

磷酸葡萄糖(UDPG)和焦磷酸,焦磷酸在体内迅速被焦磷酸酶水解,使反应向糖原合成方向进行。UDPG 可看作“活性葡萄糖”,是体内的葡萄糖供体。此步反应由 UDPG 焦磷酸化酶(UDPG pyrophosphorylase)催化。

1-磷酸葡萄糖 + Ⓟ~Ⓟ~Ⓟ-尿苷 ⇌ UDPG + PPi

4. 糖原的生成 在糖原合酶催化下,UDPG 的葡萄糖基转移到糖原引物的非还原端上(4 位羟基),以 α-1,4 糖苷键连接。糖原引物是指细胞内原有的较小的糖原分子,糖原引物最初的合成依赖一种糖原蛋白(glycogenin)作为葡萄糖基的受体。糖原蛋白本身具备酪氨酸葡萄糖基转移酶活性,由两个相同亚基构成。第 1 个葡萄糖在酪氨酸葡萄糖转移酶的作用下,结合在糖原蛋白 Tyr194 残基的羟基。随后,糖原蛋白两个亚基之间相互催化,将第 2 个葡萄糖单位转移到第 1 个葡萄糖单位的 4 位羟基上,形成第 1 个 α-1,4-糖苷键。当持续形成一小段糖原引物以后,由糖原合酶进行糖原合成。

(三) 糖原合成特点

1. 糖链的延伸具有方向性 只能从还原端(1 位羟基上)向非还原端的方向进行。当糖链长度达到 12～18 个葡萄糖基时,分支酶(branching enzyme)将一段糖链(6～7 个葡萄糖基)转移到邻近的糖链上,以 α-1,6-糖苷键连接形成分支(图 3-10)。分支不仅可提高糖原的水溶性,更重要的是可增加非还原端数目,以便分解时磷酸化酶迅速分解糖原以补充能量。因此,在糖原合酶和分支酶的交替作用下,糖原分子不断增大。

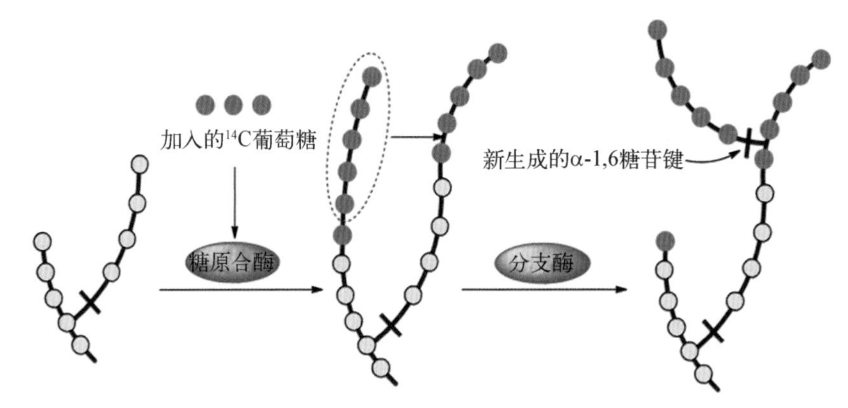

图 3-10 糖原合成及形成分支示意图

2. 糖原合酶是糖原合成的限速酶 糖原合酶的活性受许多因素的调节。

3. 糖原合成是耗能的过程 所需能量由 ATP 和 UTP 提供,在糖原引物上每加 1 个葡萄糖残基共消耗 2 个 ATP。

二、糖原的分解代谢

（一）概念

糖原分解(glycogenolysis)是指糖原分解为葡萄糖的过程。反应在细胞液进行。

（二）过程

1. 1-磷酸葡萄糖的生成 糖原分解的第 1 步是从糖链的非还原端开始，由糖原磷酸化酶(glycogen phosphorylase)催化，逐个将糖原上的葡萄糖单位水解下来，生成 1-磷酸葡萄糖，此反应不可逆。

糖原磷酸化酶只能作用于 α-1,4-糖苷键，而对 α-1,6-糖苷键不起作用，当 α-1,4-糖苷键裂解至距分支点约 4 个葡萄糖基时，由于空间位阻，糖原磷酸化酶不能再发挥作用。此时由脱支酶(debranching enzyme)将 3 个葡萄糖基以 α-1,4-糖苷键转移到邻近糖链的末端，仍以 α-1,4-糖苷键连接。剩下的 1 个以 α-1,6-糖苷键连接的葡萄糖基，由脱支酶直接水解成游离葡萄糖。故脱支酶有两种酶活性：葡聚糖转移酶和 α-1,6-葡萄糖苷酶。除去分支后，糖原磷酸化酶即可继续发挥作用。因此，在糖原磷酸化酶和脱支酶的交替作用下，分支不断减少，糖原分子不断减小。糖原磷酸化酶是糖原分解的限速酶。糖原分解成 1-磷酸葡萄糖的反应是磷酸解，细胞内无机磷酸盐的浓度约为 1-磷酸葡萄糖的 100 倍，反应只能向糖原分解方向进行(图 3-11)。

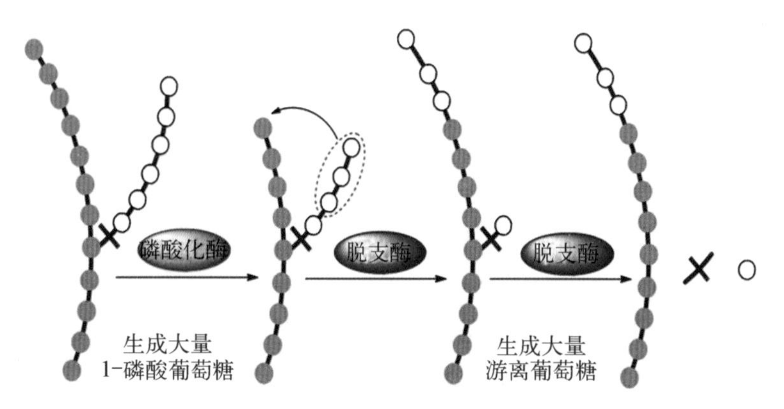

图 3-11 糖原分解及脱支示意图

2. 1-磷酸葡萄糖转变为 6-磷酸葡萄糖 在磷酸葡萄糖变位酶的催化下，1-磷酸葡萄糖变构生成 6-磷酸葡萄糖。

3. 6-磷酸葡萄糖水解成葡萄糖 肝糖原与肌糖原分解的起始阶段一样，到生成 6-磷酸葡萄糖之后经历不同的途径。葡萄糖-6-磷酸酶(glucose-6-phosphatase)只存在于肝、肾中，肌肉中无此酶。6-磷酸葡萄糖在肝中可脱磷酸成葡萄糖释放入血，因此饥饿时肝糖原能够补充血糖，维持血糖稳定。在骨骼肌，肌糖原不能分解成葡萄糖，6-磷酸葡萄糖进入糖酵解途径，为骨骼肌收缩供能。图 3-12 是糖原合成与分解的概况。

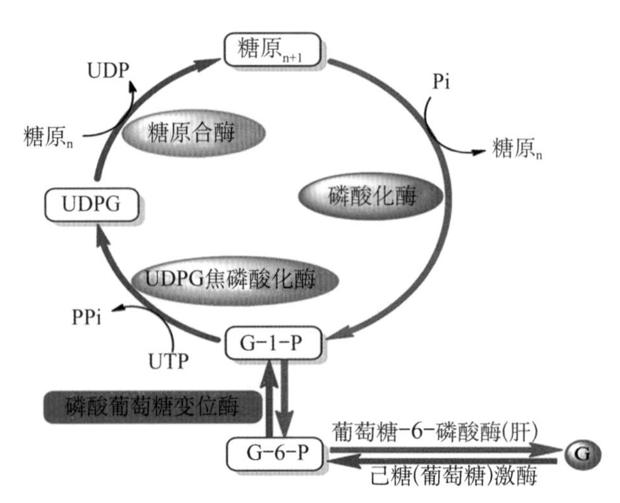

图 3-12　糖原合成与分解概况

三、糖原的合成与分解的调节

糖原合成与糖原分解分别通过两条不同途径进行，两者相互制约，调节非常精细，这也是生物体内合成与分解代谢的普遍规律。具体来讲，糖原合酶与糖原磷酸化酶分别是这两条代谢途径的关键酶，其酶活性都受到化学修饰和别构调节两种方式的快速调节，从而决定糖原代谢的方向。当糖原合酶活化时，糖原磷酸化酶被抑制，糖原合成启动；当糖原磷酸化酶活化时，糖原合酶被抑制，糖原分解启动。

（一）糖原合成与分解受化学修饰调节

体内肾上腺素和胰高血糖素可通过 cAMP 连续酶促反应逐级放大，构成一个调节的控制系统。当机体受到某些因素影响，如血糖浓度下降和剧烈活动时，促进肾上腺素和胰高血糖素分泌增加，这两种激素与肝或肌肉等组织细胞膜受体结合，由 G 蛋白介导活化腺苷酸环化酶，使 cAMP 生成增加，cAMP 又使 cAMP 依赖蛋白激酶（cAMP-dependent protein kinase，PKA）活化，活化的蛋白激酶一方面使有活性的糖原合酶 a 磷酸化为无活性的糖原合酶 b；另一方面使无活性的磷酸化酶激酶磷酸化为有活性的磷酸化酶激酶，活化的磷酸化酶激酶进一步使无活性的糖原磷酸化酶 b 磷酸化为有活性的糖原磷酸化酶 a，最终抑制糖原生成，促进糖原分解，使肝糖原分解为葡萄糖释放入血，使血糖浓度升高，肌糖原分解用于肌肉收缩。

糖原磷酸化酶有磷酸化和去磷酸化两种形式。当它的第 14 位丝氨酸被磷酸化时，原来活性很低的磷酸化酶 b 就转变为活性强的磷酸化酶 a。这种磷酸化过程由磷酸化酶 b 激酶催化。磷酸化酶 b 激酶也有两种形式。在 PKA 作用下，去磷酸的磷酸化酶 b 激酶（无活性）转变为磷酸型磷酸化酶 b 激酶（有活性）。糖原合酶亦分为 a、b 两种形式。去磷酸化的糖原合酶 a 有活性，磷酸化的糖原合酶 b 没有活性。PKA 可将糖原合酶的多个丝氨酸残基磷酸化而使之失活。磷蛋白磷酸酶-1 则催化磷酸型磷酸化酶 b 激酶的去磷酸化过程。磷蛋白磷酸酶抑制物可使磷蛋白磷酸酶-1 失活，此抑制物的磷酸化形式为活性形式，活化过程也由蛋白激酶 A 所调控。PKA 也有活性、无活性两种形式，当 cAMP 存在时被激活。肾上腺素等激素可活化腺苷酸环化酶，进而催化 ATP 生成 cAMP。cAMP 在体内很快被磷酸二酯酶水解成 AMP，此时 PKA 即转变为无活性形式。这种由激素引发的一系列连续酶促反应称为级联放大系统(cascade system)，属于应激反应机制，其特点一是反应速度快、效率高；二是对激素信号具有放大效应，在肝内糖原分解主要受胰高血糖素的调节，而骨骼肌内主要受肾上腺素调节(图 3－13)。

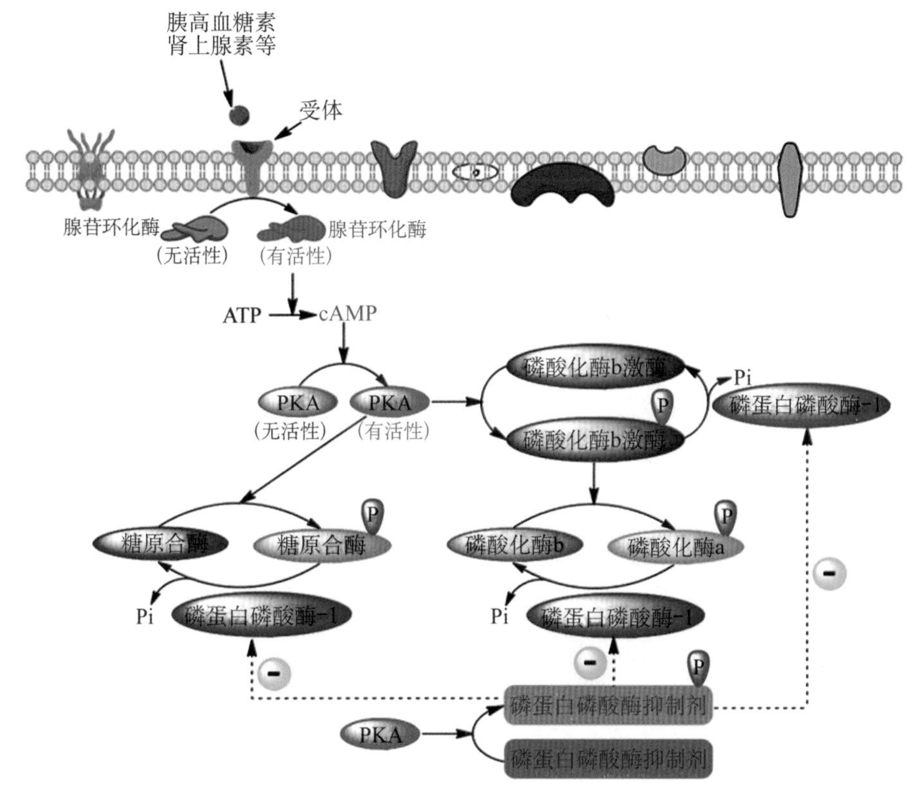

图 3－13 糖原的合成与分解的共价修饰调节

在神经冲动引起骨骼肌收缩的同时，肌糖原也加速分解以提供能量。神经冲动可以使胞液内 Ca^{2+} 升高，磷酸化酶 b 激酶中的 δ 亚基与 Ca^{2+} 结合后使酶发生活化，从而催化磷酸化酶 b 磷酸化成磷酸化酶 a，促进肌糖原分解。

（二）糖原合成与分解受别构调节

1. 糖原磷酸化酶受别构调节 葡萄糖是糖原磷酸化酶的别构抑制剂。当血糖升高时，葡萄糖进入肝细胞，与磷酸化酶 a 的别构部位相结合，引起酶构象改变而暴露出磷酸化的第 14 位丝氨酸。此时磷蛋白磷酸酶－1 使之去磷酸化转变成磷酸化酶 b 而失活，肝糖原的分解减弱。

2. 糖原合酶受别构调节 骨骼肌内糖原合酶的别构效应剂主要为 AMP、ATP 和 6－磷酸葡萄糖。当静息时，ATP 和 6－磷酸葡萄糖水平较高，能别构激活糖原合酶，有利于糖原合成。当骨骼肌收缩时，ATP 和 6 -磷酸葡萄糖水平降低，而此时 AMP 浓度升高，通过别构抑制糖原合酶而使糖原合成途径关闭。

四、糖原累积症

糖原累积症(glycogen storage disease)是指一组少见的遗传性糖原代谢紊乱的疾病，又称糖原沉着症、糖原累积病。因糖原分解与合成有关的某些酶系统缺乏，糖原分解困难，糖原异常沉积于全身各组织，尤其是肝脏、心脏及肌肉中。表现为肝大，或伴有低血糖和高血脂、血清乳酸增高、心脏扩大、肌张力降低、肾大、高尿酸血症及肌红蛋白尿，中枢神经症状包括运动障碍、智力差。确诊需依靠酶的测定。本病为常染色体隐性遗传。常见于男性，多在婴儿期发病，儿童期死亡，少数患者可活到成年。目前尚缺乏有效治疗，主要是对症处理(表 3 - 2)。

表 3 - 2　糖原累积症分型

分型	缺陷的酶	症　状
Ⅰ	缺乏葡萄糖- 6 -磷酸酶	肝脏不能从糖原、乳酸、氨基酸形成葡萄糖，诱发严重低血糖；伴酮症和乳酸性酸中毒
Ⅱ	α - 1,4 糖苷酶缺陷	糖原不能被分解，堆积在溶酶体内，造成溶酶体的增生和破坏，引起心脏增大、心力衰竭
Ⅲ	脱支酶	糖原不能被完全分解，肝大，发育障碍
Ⅳ	分支酶	糖原分支减少，进行性肝硬化、腹腔积液、空腹血糖低、肝功能异常
Ⅴ	肌肉缺乏磷酸化酶	肌糖原分解困难，肌肉中糖原堆积，肌肉酸痛、四肢僵硬、肌肉痉挛
Ⅵ	肝缺乏磷酸化酶	肝脏中糖原堆积，肝大，低血糖
Ⅶ	肌肉缺乏磷酸果糖激酶	糖原合成障碍，运动后肌肉疼痛、痉挛
Ⅷ	肝磷酸酶 b 激酶缺乏症	糖原分解发生障碍，肝糖原累积于肝和肌肉，肝大，生长迟缓，青春期自行缓解

第六节　糖　异　生

由非糖化合物(乳酸、甘油、生糖氨基酸等)转变为葡萄糖或糖原的过程称为糖异生(gluconeogenesis)。在正常情况下肝脏是糖异生的主要器官。肾的糖异生能力在正常情况下只有肝的 1/10，而在长期饥饿时则大为增强。体内糖原的储备有限，正常成人每小时可由肝释出葡萄糖 210 mg/kg 体重，如果没有补充，10 多个小时肝糖原即被耗尽，血糖来源枯竭。但事实上即使禁食 24 h，血糖仍保持正常范围。这时除了周围组织减少对葡萄糖的利用外，主要还依赖肝将氨基酸、乳酸等转变成葡萄糖，不断补充血糖。

一、糖异生途径

从丙酮酸生成葡萄糖的反应过程称为糖异生途径。糖异生与糖酵解的方向相反，但不是完全可逆反应。葡萄糖经糖酵解生成丙酮酸时的 3 个不可逆反应，是糖异生途径的 3 个

"能障",必须由另外的反应来替代,催化这些反应的酶是糖异生途径的关键酶。

1. 丙酮酸转变为磷酸烯醇式丙酮酸 也称为丙酮酸羧化支路。反应由丙酮酸羧化酶(pyruvate carboxylase)和磷酸烯醇式丙酮酸羧激酶(phosphoenolpyruvate carboxykinase)相继催化完成。第 1 个反应是丙酮酸转变为草酰乙酸,丙酮酸羧化酶的辅酶为生物素。CO_2 先与生物素结合,需消耗 ATP。然后活化的 CO_2 再转移给丙酮酸生成草酰乙酸。第 2 个反应是由磷酸烯醇式丙酮酸羧激酶催化,将草酰乙酸脱羧转变成高能化合物磷酸烯醇式丙酮酸,要消耗 1 个高能磷酸键。上述两步反应共消耗 2 个 ATP。

胞液中的丙酮酸首先进入线粒体羧化生成草酰乙酸,因为丙酮酸羧化酶仅存在于线粒体内。而磷酸烯醇式丙酮酸羧激酶在线粒体和胞液中都存在,因此草酰乙酸转变为磷酸烯醇式丙酮酸既可以在线粒体中直接进行,也可以在胞液中进行。若在胞液中进行,由于草酰乙酸不能透过线粒体膜,从线粒体转运到胞液有两种方式:一种是草酰乙酸还原生成苹果酸,苹果酸从线粒体进入胞液,苹果酸再氧化为草酰乙酸;另一种方式是由线粒体内苹果酸转变成天冬氨酸后,从线粒体转运出来,再恢复生成草酰乙酸。

丙酮酸 —(CO_2, ATP → ADP+Pi)→ 草酰乙酸 —(GTP → GDP, CO_2)→ 磷酸烯醇式丙酮酸

丙酮酸羧化支路

2. 1,6-二磷酸果糖转变为 6-磷酸果糖 反应由果糖双磷酸酶-1 催化 C1 位的磷酸酯进行水解。

3. 6-磷酸葡萄糖水解为葡萄糖 反应由葡萄糖-6-磷酸酶催化磷酸酯水解反应。葡萄糖 6-磷酸酶存在于肝脏和肾脏中,肌肉中没有。

在糖异生的随后反应中,1,3-二磷酸甘油酸还原成 3-磷酸甘油醛时,需 $NADH+H^+$ 提供氢原子。当以乳酸为原料进行糖异生时,乳酸氧化成丙酮酸已在胞液中产生了 $NADH+H^+$,以供利用。

综上所述,糖异生的 4 个关键酶是丙酮酸羧化酶、磷酸烯醇式丙酮酸羧激酶、果糖双磷酸酶-1 和葡萄糖-6-磷酸酶。各种非糖物质的糖异生过程总结见图 3-14。

二、糖异生的调节

糖异生的 4 个关键酶是丙酮酸羧化酶、磷酸烯醇式丙酮酸羧激酶、果糖双磷酸酶-1 和葡萄糖-6-磷酸酶,它们受多种代谢物及激素的调节。

(一)代谢物对糖异生的调节

1. 糖异生原料的浓度对糖异生作用的调节 饥饿情况下,脂肪动员增加、组织蛋白质分解加强、血浆甘油和氨基酸增高;激烈运动时,血乳酸含量剧增,都可促进糖异生作用。

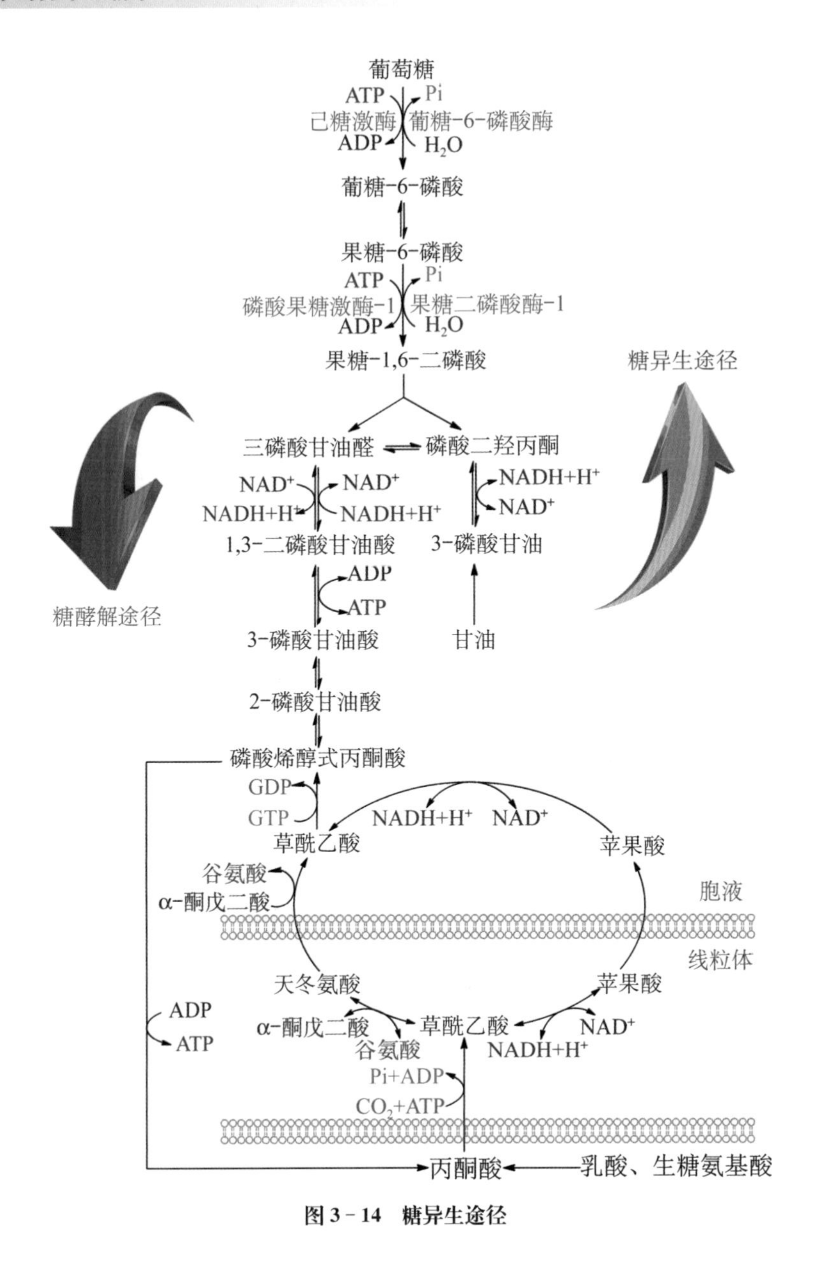

图 3-14 糖异生途径

2. 乙酰 CoA 浓度对糖异生的影响 乙酰 CoA 决定了丙酮酸代谢的方向，脂肪酸氧化分解产生大量的乙酰 CoA，可以抑制丙酮酸脱氢酶系，使丙酮酸大量蓄积，为糖异生提供原料；同时又可激活丙酮酸羧化酶，加速丙酮酸生成草酰乙酸，使糖异生作用增强，见图 3-15。

（二）激素对糖异生的调节

激素对糖异生的调节实质是调节糖异生和糖酵解这两个途径的调节酶。胰高血糖素激活腺苷酸环化酶从而产生 cAMP，胰高血糖素能通过 cAMP 促进双功能酶（6-磷酸果糖激酶 2/果糖 2,6-二磷酸酶）磷酸化。此酶经磷酸化后激酶部位灭活但磷酸酶部位活化，使果糖-2,6-二磷酸生成减少，导致磷酸果糖激酶-1 活性下降、果糖二磷酸酶-1 活性增高，有利糖异生；而胰岛素的作用正相反。

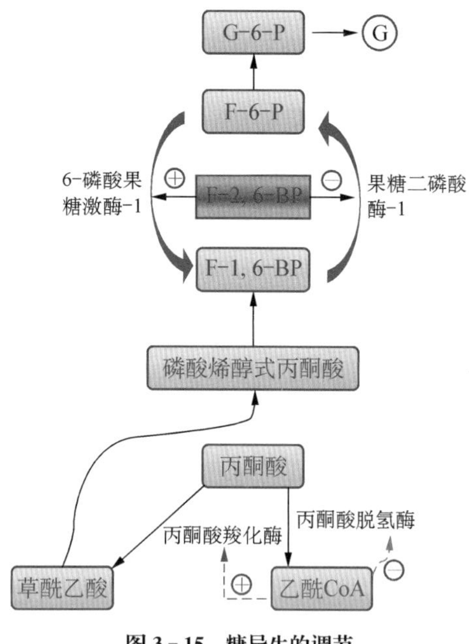

图 3-15 糖异生的调节

胰高血糖素激活的蛋白激酶磷酸化丙酮酸激酶,丙酮酸激酶磷酸化活性受抑制,从而刺激糖异生途径,因为阻止磷酸烯醇式丙酮酸向丙酮酸转变。1,6-二磷酸果糖别构激活6-磷酸果糖激酶-1的同时,还能别构激活丙酮酸激酶,此外,肝内丙酮酸激酶可被丙氨酸抑制,这种抑制作用有利于在饥饿时丙氨酸异生成糖。

除上述胰高血糖素和胰岛素对糖异生和糖酵解的快速调节,它们还分别诱导或阻遏糖异生和糖酵解的调节酶,胰高血糖素诱导大量磷酸烯醇式丙酮酸羧激酶、果糖双磷酸酶-1等糖异生酶合成,而阻遏葡萄糖激酶和丙酮酸激酶的合成。胰岛素的作用则相反,能显著降低磷酸烯醇式丙酮酸羧激酶的表达,从而抑制糖异生。

三、糖异生的生理意义

(一)维持血糖浓度的相对恒定

空腹血糖的正常浓度为3.89～6.11 mmol/L,即使禁食数周,血糖浓度仍可保持在3.40 mmol/L左右,这对保证某些主要依赖葡萄糖供能的组织的功能具有重要意义。例如正常成人的脑组织不能利用脂肪酸,主要依赖葡萄糖供能;红细胞没有线粒体,完全通过糖酵解获得能量;骨髓、神经等组织由于代谢活跃,经常进行糖酵解。若只用肝糖原的贮存量来维持血糖浓度最多不超过12 h,由此可见糖异生的重要性。其主要原料为乳酸、生糖氨基酸和甘油。乳酸是肌肉无氧酵解的产物。肌肉缺乏葡萄糖-6-磷酸酶,因此肌糖原分解生成的乳酸不能在肌内进行糖异生,必须经血液转运至肝后才能异生成糖。饥饿时的糖异生原料是生糖氨基酸和甘油。在饥饿早期,一方面肌内每天有180～200 g蛋白质分解为氨基酸,再以丙氨酸和谷氨酰胺形式运输至肝进行糖异生,可生成90～120 g葡萄糖;另一方面随着脂肪组织中脂肪分解增强,运送至肝的甘油增多,每天生成10～15 g葡萄糖。而长期禁食后，酮体代谢旺盛，身体组织可依赖酮体供能。

（二）有利于乳酸的利用

糖异生是补充或恢复肝糖原储备的重要途径，这在饥饿后进食更为重要。肝灌注和肝细胞培养实验表明，只有血糖升高时肝摄取葡萄糖，这是因为肝中葡萄糖激酶的活性低，导致肝对葡萄糖的摄取能力低。那肝如何补充饥饿时消耗的肝糖原储备呢？研究发现进食2～3 h内，肝仍要保持较高的糖异生活性。以同位素标记葡萄糖的不同碳原子进行示踪分析，观察到体内的相当一部分葡萄糖先分解成丙酮酸、乳酸等三碳化合物，后者进入肝进行异生成糖原。这条糖原的合成途径称为三碳途径。三碳途径能解释为什么肝摄取葡萄糖能力虽低但仍可合成肝糖原。

（三）肾糖异生增强促进肾小管泌氨作用

长期禁食后肾脏的糖异生可以明显增加，发生这一变化的原因可能是饥饿造成的代谢性酸中毒，体液 pH 降低可以促进肾小管中磷酸烯醇式丙酮酸羧激酶的合成，使成糖作用增加。当肾脏中 α-酮戊二酸经草酰乙酸而加速成糖后，可促进谷氨酰胺脱氨成谷氨酸，以及谷氨酸脱氨转变为 α-酮戊二酸，肾小管细胞将 NH_3 分泌入管腔中，与原尿中 H^+ 结合，有利于排 H^+ 保 Na^+，维持机体的酸碱平衡。

四、乳酸循环

肌肉收缩通过糖酵解生成乳酸。肝内糖异生活跃，又有葡萄糖-6-磷酸酶，可将6-磷酸葡萄糖水解生成葡萄糖；而肌内糖异生活性低，且没有葡萄糖-6-磷酸酶，因此肌内生成的乳酸不能异生释出葡萄糖。乳酸透过细胞膜弥散进入血液后，再入肝异生为葡萄糖。葡萄糖释入血液后又可被肌摄取，由此构成了一个循环，称为乳酸循环(lactic acid cycle)，又称 Cori 循环(Cori Cycle)(图 3-16)。乳酸循环是耗能的过程，2分子乳酸异生成葡萄糖需消耗6分子 ATP。

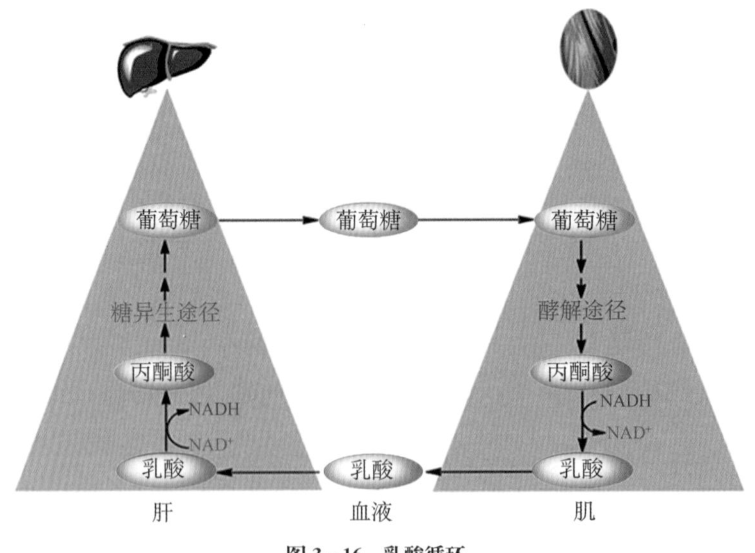

图 3-16 乳酸循环

乳酸循环具有重要的生理意义，既能重新利用乳酸，又可避免因乳酸堆积而引起的酸中毒，还可以补充血糖。

第七节 其他单糖的代谢

其他己糖如果糖、半乳糖和甘露糖也都是重要的能源物质，它们可转变成糖酵解的中间产物而进入糖酵解途径提供能量。

一、果糖的代谢

从食物摄入的果糖每天约有 100 g。在肌肉和脂肪组织中，己糖激酶使果糖磷酸化生成 6-磷酸果糖。6-磷酸果糖可成为 1,6-二磷酸果糖，从而进入糖酵解过程。

果糖优于其他甜味剂的最重要因素是其生理代谢特性。果糖在体内的代谢不受胰岛素的控制，在肝脏内果糖首先磷酸化生成 1-磷酸果糖，然后分解成丙糖，丙糖进一步合成为葡萄糖和三酰甘油（甘油三酯）或进入酵解途径。身体正常的人仅有极少量葡萄糖从肝脏释放出来，因此人体摄入果糖不会引起因摄入葡萄糖和蔗糖而易引起严重饭后血糖高峰和低血糖。果糖的这个特性，使得果糖可作为糖尿病患者的食物甜味剂。此外，果糖在体内代谢不会产生乳酸，不会引起肌肉酸痛。

遗传性果糖不耐受性症（fructose intolerance），又称果糖-1,6-二磷酸醛缩酶缺陷病，是婴儿饮食中开始含有果糖时出现的一种严重疾病，由肝、肾、小肠中醛缩酶 B 活性缺乏所致。进食果糖会引起 1-磷酸果糖堆积，这种病症常表现为自我限制，强烈地厌恶甜食。

二、半乳糖的代谢

半乳糖是哺乳动物乳汁中乳糖的组成成分。半乳糖是葡萄糖的立体异构体，在肝内转变为葡萄糖。半乳糖在半乳糖激酶作用下，与 ATP 反应生成半乳糖-1-磷酸，在半乳糖-1-磷酸尿苷酰转移酶作用下经由尿苷二磷酸半乳糖转变成葡萄糖-1-磷酸，进入糖代谢途径。

半乳糖血症（galactosemia）是一种半乳糖代谢异常的遗传病，是由于半乳糖-1-磷酸尿苷酰转移酶缺陷，使半乳糖-1-磷酸和半乳糖醇沉积而导致。血液中高浓度的半乳糖使眼睛晶状体中半乳糖含量增加，并还原为半乳糖醇，最终导致晶状体混浊而患白内障。

第八节 血糖及其调节

一、血糖的来源和去路

血糖（blood sugar）是指血中的葡萄糖。空腹血糖水平相当恒定，维持在 3.89～6.11 mmol/L 之间，这是血糖的来源与去路保持动态平衡的结果。

1. 血糖的来源 ①食物中的糖是血糖的主要来源；②肝糖原分解是空腹时血糖的直接来源；③在长期饥饿时非糖物质如甘油、乳酸及生糖氨基酸通过糖异生作用生成葡萄糖。

2. 血糖的去路 ①在各组织中氧化分解提供能量，这是血糖的主要去路；②在肝脏、肌肉等组织进行糖原合成；③转变为其他糖及其衍生物，如核糖、氨基糖和糖醛酸等；④转变为非糖物质，如脂肪、氨基酸等；血糖浓度>8.88～10 mmol/L，超过肾小管重吸收能力，出现糖尿。将出现糖尿时的血糖浓度称为肾糖阈。

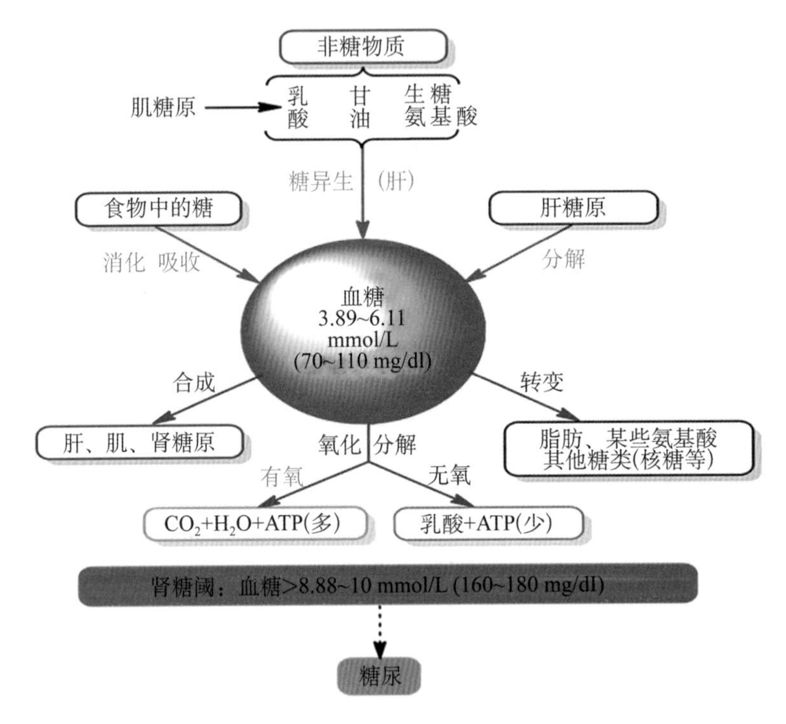

图 3-17 血糖的来源和去路

二、血糖水平的调节

正常情况下，血糖浓度的相对恒定依赖于血糖来源与去路的平衡。这种平衡需要体内多种因素的协同调节，其主要的调节因素有神经、器官、激素和代谢物水平等方面。

（一）神经系统调节

神经系统对血糖的调节属于整体调节，通过对各种促激素或激素分泌的调节，进而影响各代谢中的酶活性而完成调节作用。如情绪亢奋时，交感神经兴奋，使肾上腺素分泌增加，促进肝糖原分解、肌糖原酵解和糖异生作用，最终使血糖升高；当处于静息状态时，迷走神经兴奋，胰岛素分泌增加，使血糖水平降低。正常情况下，机体在多种调节因素的相互作用下维持血糖浓度恒定。

（二）器官水平调节

肝脏具有特殊的组织化学结构，是物质代谢的核心器官。肝脏是体内调节血糖浓度的主要器官。血糖在肝脏中以葡萄糖-6-磷酸的形式被肝细胞俘获，葡萄糖-6-磷酸是糖代谢的枢纽。肝脏通过进行一系列的代谢活动维持血糖浓度的恒定。这不仅仅是因为肝内糖代谢的途径很多，关键还在于有些代谢途径为肝所特有。餐后食物中糖类经消化吸收，以葡萄糖形式大量进入血液，使血糖浓度暂时轻度升高。此时葡萄糖直接促进肝等组织摄取葡萄糖，使肝细胞内糖原合成明显增加，同时也抑制肝糖原的分解，减少其向血中释放葡萄糖，同时还使糖转为脂肪，结果是餐后血糖浓度仅轻度升高，并很快恢复至正常范围。饥饿时肝通过自己特有的葡萄糖-6-磷酸酶，将贮存的肝糖原分解成葡萄糖以提供血糖，而肌糖原则不能转为葡萄糖。肝是糖异生的主要器官，在生理情况下，甘油、氨基酸等非糖物质主要在肝细胞转变成葡萄糖，以补充因空腹所致血糖来源不足时的血糖。这是因为糖异生途径的关键酶：丙酮酸羧化酶、磷酸烯醇式丙酮酸羧激酶的活性在肝中最高。饥饿或剧烈运动时，肝利用非糖物质转变成糖的作用尤为显著。由此可见，肝在血糖的来源与去路方面所发挥的作用较其他器官全面，所以它是维持血糖恒定的关键器官。

（三）激素水平调节

调节血糖的激素有两大类：一类是升高血糖激素，有胰高血糖素、糖皮质激素和肾上腺素等；另一类是降血糖激素，即胰岛素。

1. 胰岛素 胰岛素(insulin)是体内唯一降低血糖的激素，由胰岛 β 细胞分泌。胰岛素的分泌受血糖控制(图 3-18)，血糖升高使胰岛素分泌加强，血糖降低使之分泌减少。胰岛素主要作用于 3 个组织：肝、肌肉和脂肪组织。胰岛素降低血糖的机制有如下几种：

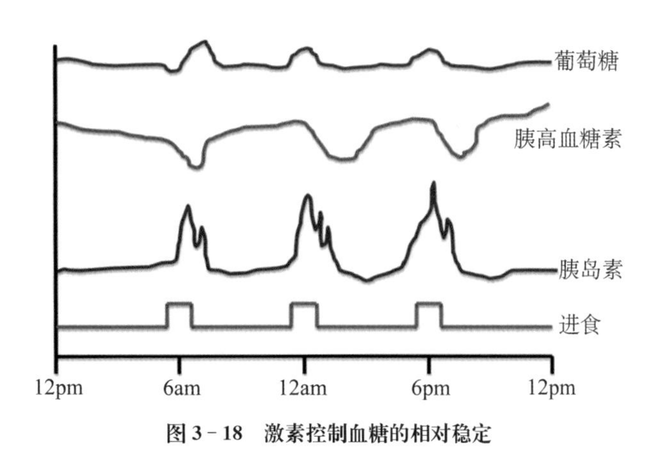

图 3-18 激素控制血糖的相对稳定

(1) 促进肌肉、脂肪细胞的细胞膜载体将血液中的葡萄糖转运入细胞，从而降低血糖。

(2) 通过降低 cAMP 水平、共价修饰增强磷酸二酯酶活性，从而使糖原合成酶活性增加，加速糖原合成；磷酸化酶活性降低，抑制糖原分解。

(3) 通过激活丙酮酸脱氢酶磷酸酶而使丙酮酸脱氢酶激活，加速丙酮酸氧化为乙酰 CoA，加快糖的有氧氧化。

(4) 通过抑制磷酸烯醇式丙酮酸羧激酶的合成,抑制糖异生。

(5) 抑制脂肪组织内的激素敏感性三酰甘油(甘油三酯)脂肪酶,减缓脂肪动员,加速组织利用葡萄糖。

2. 胰高血糖素 胰高血糖(glucagon)是胰岛 α 细胞合成和分泌的由 29 个氨基酸组成的肽类激素,分子量为 3 500。其一级结构与一些胃肠道活性肽如胰泌素、肠抑制胃肽等类似。血糖降低时胰高血糖素分泌增加,高糖饮食后其分泌则减少。胰高血糖素是一种促进分解代谢的激素,产生代谢效应的靶器官是肝。胰高血糖素具有很强的促进糖原分解和糖异生作用,使血糖明显升高。胰高血糖素通过 cAMP - PKA 系统,激活肝细胞的磷酸化酶,并加速糖原分解。激素加速氨基酸进入肝细胞,并激活糖异生过程有关的酶系,糖异生增强。胰高血糖素还可激活三酰甘油(甘油三酯)脂肪酶,促进脂肪分解,同时又能加强脂肪酸氧化,使酮体生成增多。

胰岛素和胰高血糖素是调节血糖浓度的主要激素,两者相互拮抗。例如进食后血糖升高,使胰岛素分泌增多而胰高血糖素分泌减少,血糖水平趋于回落;但胰岛素分泌增加到一定程度又会促进胰高血糖素分泌,两者比例的动态平衡使血糖在正常范围内保持较小幅度的波动(图 3 - 18)。

3. 糖皮质激素 糖皮质激素(glucocorticoid)能增加肝糖原、肌糖原含量,并升高血糖。其机制为:促进肌肉蛋白质分解,以增加糖异生原料,促进糖异生为糖原;减慢葡萄糖分解为 CO_2 的有氧氧化过程;促进脂肪动员,以减少机体组织对葡萄糖的利用。

4. 肾上腺素 肾上腺素(adrenaline 或 epinephrine)主要在应激状态下发挥调节作用,对进食或饥饿引起的经常性血糖波动影响不大。肾上腺素升血糖的机制是引发肝和肌细胞内依赖 cAMP 的磷酸化级联反应,从而加速糖原分解。肝糖原分解直接补充血糖;肌糖原无氧酵解生成乳酸,为肌收缩提供能量。

(四) 代谢物水平的调节

代谢物水平的调节是最基础的调节。主要调节点是关键酶的活性,关键酶活性决定整个代谢途径速度和方向。例如糖异生与糖酵解是方向相反的两条代谢途径,其中 3 个限速步骤分别由不同的酶催化底物互变。通常细胞内两组酶活性不相同,因此代谢朝着酶活性强的一方进行。要进行有效的糖异生,就必须抑制糖酵解;反之亦然。而关键酶的活性通过别构效应和共价催化来改变。别构效应剂往往是底物、产物或中间产物。

三、 糖代谢紊乱

糖是人体重要的供能物质,糖代谢障碍会导致机体能量供给障碍,最终造成多方位的代谢紊乱,重者将危及生命。临床上重要的糖代谢紊乱也主要是血糖浓度过高(高血糖症)和过低(低血糖症)。

人体对摄入的葡萄糖具有很大耐受力的现象,称为葡萄糖耐量(glucose tolerance)或耐糖现象。

（一）低血糖

血糖浓度低于 2.8 mmol/L 时称为低血糖（hypoglycemia）。引起低血糖的主要原因有：①胰岛 β 细胞功能亢进导致胰岛素分泌增加；②肝功能障碍；③垂体功能低下、肾上腺皮质功能低下等导致糖皮质激素等分泌不足；④长期饥饿。脑细胞主要依赖葡萄糖氧化供能，因此血糖过低就会影响脑的正常功能，出现头晕、倦怠无力、心悸等，严重时发生昏迷，称为低血糖休克。如不及时补充葡萄糖，可导致死亡。

（二）高血糖

空腹血糖浓度高于 7.1 mmol/L 时称为高血糖（hyperglycemia）。如果血糖浓度高于肾糖阈则出现糖尿，引起糖尿的可能原因包括以下几方面。

1. 生理性高血糖 情绪激动引起交感神经兴奋、肾上腺素分泌增加，使肝糖原大量分解。临床上静脉滴注葡萄糖速度过快，使血糖迅速升高。

2. 病理性高血糖 特征为持续性高血糖和糖尿。如遗传性胰岛素受体缺陷；某些慢性肾炎、肾病综合征等使肾重吸收糖发生障碍，但血糖及糖耐量曲线均正常；病理性高血糖呈空腹血糖和糖耐量曲线高于正常范围的，临床上多见于糖尿病。

（三）糖尿病

糖尿病（diabetes mellitus）是一组以高血糖为特征的代谢性疾病。主要病因是部分或完全胰岛素缺失、胰岛素抵抗（细胞胰岛素受体减少或受体敏感性降低）等。临床上将糖尿病分为 4 型：胰岛素依赖型糖尿病（1 型）、非胰岛素依赖型糖尿病（2 型）、妊娠糖尿病（3 型）和特殊类型糖尿病（4 型）。1 型糖尿病多发生于青少年，因自身免疫而使胰岛 β 细胞功能缺陷，导致胰岛素分泌不足。2 型糖尿病也叫成人发病型糖尿病，多在 35～40 岁之后发病，占糖尿病患者 90％以上。2 型糖尿病患者体内产生胰岛素的能力并非完全丧失，有的患者体内胰岛素甚至产生过多，但胰岛素的作用效果较差，因此患者体内的胰岛素相对缺乏。2 型糖尿病与 1 型糖尿病一样有明显的家族史，某些致病基因已被确定。例如有个遗传性 2 型糖尿病的家系，该家系的每个成员都存在严重的胰岛素耐药性，并患有 2 型糖尿病，检测结果显示，患者体内有一种被称为 AKT2 基因簇发生了错义突变。导致 2 型糖尿病的主要诱因包括肥胖、体力活动过少以及应激。应激包括劳累、外伤、分娩、重大疾病，以及使用升血糖激素等。由于以上诱因，患者身体对胰岛素的敏感性逐渐降低，导致糖尿病。

（四）葡萄糖毒性

持续高血糖可直接损伤 β 细胞，加重体内胰岛素抵抗，称为葡萄糖毒性（glucotoxicity）。

高血糖对机体的毒性表现有以下几方面。

1. 胰岛 β 细胞功能衰竭 长期高血糖对胰岛 β 细胞不断刺激，使其功能衰竭，胰岛素分泌更少，导致胰岛功能衰竭。

2. 导致机体脱水及高渗性昏迷 高血糖致使大量葡萄糖随尿排泄，引起渗透性利尿，导致机体脱水及细胞内失水，脑细胞失水可引起脑功能紊乱直至昏迷，临床上称为“高渗性昏迷”。

3. 导致电解质紊乱及酸中毒 因为葡萄糖是固体物质，必须溶于水中才能经肾随尿排出体外，因此高血糖患者葡萄糖经肾排出时必然带走大量的水分及电解质，导致水、电解质代谢紊乱。

4. 糖尿病酮症酸中毒 高血糖患者存在糖利用障碍，转而通过分解脂肪产生能量，酮体生成增加，导致糖尿病酮症酸中毒。

5. 对血液循环系统的危害 血糖值一旦超过上限，就会因血液里含糖量过高引起血液的高凝状态，致血流不畅，甚至堵塞，导致大血管和微血管及神经血氧供应出现问题。血管变细变脆，管壁粗糙，弹性变弱，导致心脑血管疾病、糖尿病肾病、视网膜病变、周围神经病变。

（五）代谢综合征

代谢综合征（metabolic syndrome，MS）是指人体的蛋白质、脂肪、糖类等物质发生代谢紊乱的病理状态，是一组复杂的代谢紊乱症候群，是导致糖尿病、心脑血管疾病的危险因素。代谢综合征好发于现代文明社会，我国成年人随机抽样调查结果显示，大约 1/6 的人患有代谢综合征，其中超重及肥胖者代谢综合征的患病率分别为 21.6%及 29.6%。若按此推算，中国至少有 1 亿以上代谢综合征患者。现在认为他们发病的共同病理基础为胰岛素抵抗。胰岛素抵抗的定义：机体对胰岛素的生理作用的反应性降低或敏感性降低，组织细胞对胰岛素介导的葡萄糖利用的反应性降低，主要与长期运动量不足和饮食能量摄入过多有关。

（汤其群　王丽影）

主要参考文献

[1] 周春燕，药立波. 生物化学与分子生物学. 9 版. 北京：人民卫生出版社. 2018.
[2] 张建，华琦. 代谢综合征. 北京：人民卫生出版社，2003.
[3] 王德全，唐宽晓. 慢性高血糖的危害及处理. 山东医药，2002，4(5)：54－55.
[4] Nelson DL，Cox MM. Lehninger Principles of Biochemistry. 6th ed. New York：W. H. Freeman and Company，2013.

第四章　脂 质 代 谢

由脂肪酸(fatty acid)和醇作用生成的酯及其衍生物为脂质(lipid)。脂质是脂肪与类脂的总称，是机体内的一类有机大分子物质，其种类繁多且化学结构差异甚大，生理功能也各不相同，是动植物体内的重要组成成分。脂质分子不由基因编码，独立于从基因到蛋白质的遗传信息系统之外，决定了其在生命活动或疾病发生发展中的特殊重要性。

第一节　脂质分类与命名及其功能

脂质分为两大类，即脂肪(fat)和类脂(lipoid)。

一、脂肪

脂肪称为甘油三酯(triglyceride)，也称三酰甘油(triacylglycerol)，是由 1 分子甘油和 3 分子脂肪酸构成的酯。人体内脂肪酸种类很多，生成甘油三酯时可有不同的排列组合，因此，甘油三酯具有多种形式。贮存能量和供给能量是脂肪最重要的生理功能。1 g 脂肪在体内完全氧化时可释放出热量 38 kJ(9.3 kcal)，比 1 g 糖原或蛋白质所释放能量多 2 倍以上。人体内脂肪的含量受营养状况和活动量的影响而变动很大。脂肪组织还可起到保持体温、保护内脏器官的作用。脂肪组织是体内专门用于贮存脂肪的组织，当机体需要时，脂肪组织中贮存脂肪可动员出来分解供给机体能量。

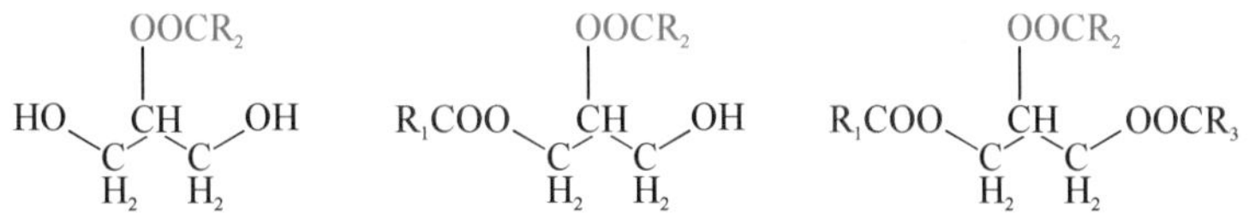

$HO-CH_2-CH(OOCR_2)-CH_2-OH$　　$R_1COO-CH_2-CH(OOCR_2)-CH_2-OH$　　$R_1COO-CH_2-CH(OOCR_2)-CH_2-OOCR_3$

甘油一酯　　甘油二酯　　甘油三酯

二、类脂

类脂包括磷脂(phospholipid)、糖脂(glycolipid)和胆固醇(cholesterol)及胆固醇酯(cholesterol ester)三大类。

（一）磷脂

磷脂是含有磷酸的脂质，包括由甘油构成的甘油磷脂(glycerophospholipid)和由鞘氨醇构成的鞘磷脂(sphingomyelin)。磷脂是生物膜的主要组成成分，构成疏水性的“屏障”

(barrier)，分隔细胞水溶性成分和细胞器，维持细胞正常结构与功能。甘油磷脂是机体含量最多的一类磷脂，它除了构成生物膜外，还是胆汁和膜表面活性物质等的成分之一，并参与细胞膜对蛋白质的识别和信号转导。甘油磷脂结构通式如下。因取代基团-X不同，形成不同的甘油磷脂(表4-1)。

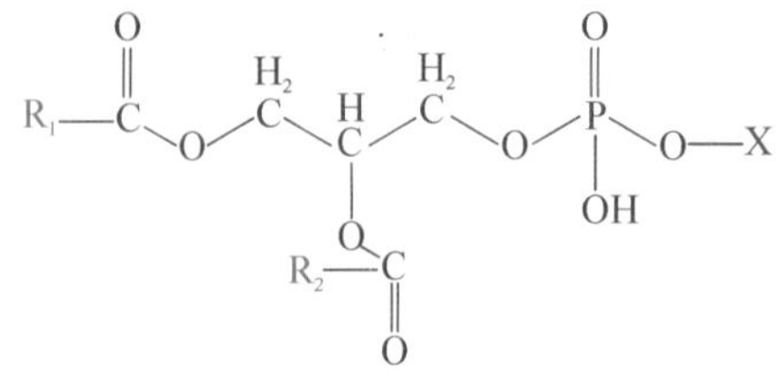

$$R_1-\overset{\overset{O}{\|}}{C}-O-\overset{H_2}{C}-\underset{\underset{R_2-\underset{\underset{O}{\|}}{C}}{|}O}{\overset{H}{C}}-\overset{H_2}{C}-O-\underset{\underset{OH}{|}}{\overset{\overset{O}{\|}}{P}}-O-X$$

甘油磷脂

表4-1 体内几种重要的甘油磷脂

X-OH	X-取代基	甘油磷脂的名称
水	$-H$	磷脂酸
胆碱	$-CH_2CH_2N^+(CH_3)_3$	磷脂酰胆碱(卵磷脂)
乙醇胺	$-CH_2CH_2NH_3^+$	磷脂酰乙醇胺(脑磷脂)
丝氨酸	$-CH_2CHNH_2COOH$	磷脂酰丝氨酸
甘油	$-CH_2CHOHCH_2OH$	磷脂酰甘油
磷脂酰甘油	$-CH_2CHOHCH_2O-\underset{\underset{OH}{\mid}}{\overset{\overset{O}{\|}}{P}}-O-CH_3$ (CH₃ 上接 $HCOCOR_2$、CH_2OCOR_1)	二磷脂酰甘油(心磷脂)
肌醇	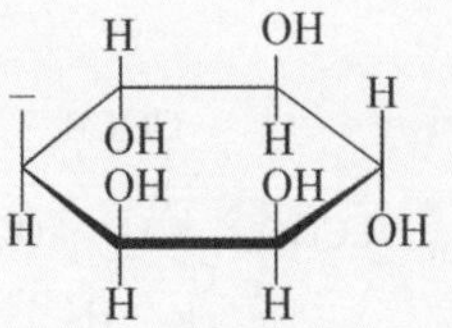 肌醇环(H, OH, H, OH, H, OH, OH, H, H, OH, H, H)	磷脂酰肌醇

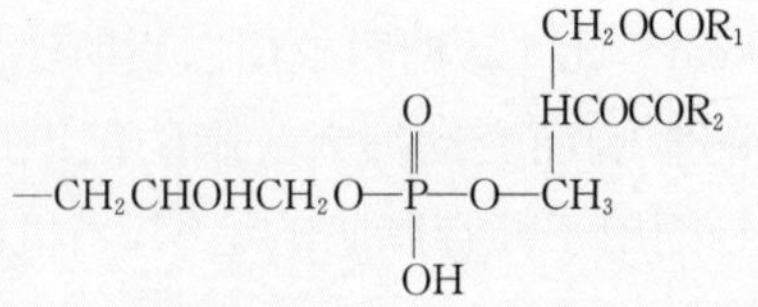

含鞘氨醇(sphingosine)或二氢鞘氨醇(dihydrosphinganine or sphinganine)的磷脂称为鞘磷脂。鞘氨醇的氨基以酰胺键与1分子脂肪酸结合成神经酰胺(ceramide)，为鞘脂的母体结构。鞘磷脂的取代基为磷酸胆碱或磷酸乙醇胺。鞘磷脂存在于大多数哺乳动物细胞的质膜内，是髓鞘的主要成分，高等动物组织中含量较丰富。鞘磷脂极性部分是磷脂酰胆碱或磷脂酰乙醇胺。

(二) 胆固醇

胆固醇既是生物膜及血浆脂蛋白的组成成分，也是脂肪酸盐和维生素D_3以及类固醇激素合成的原料，对于调节机体脂质分子的吸收，尤其是脂溶性维生素 A、D、E、K 的吸收以及钙磷代谢等均起着重要作用。胆固醇属固醇类（steroid）化合物，由环戊烷多氢菲（perhydrocylopentanophenanthrene）母体结构衍生形成。因 C3 羟基氢是否被取代或 C17 侧链（一般为 8～10 个碳原子）不同而衍生出不同的类固醇。动物体内最丰富的类固醇化合物是胆固醇，植物不含胆固醇而含植物固醇，以 β-谷固醇（β-sitosterol）最多，酵母含麦角固醇（ergosterol）。

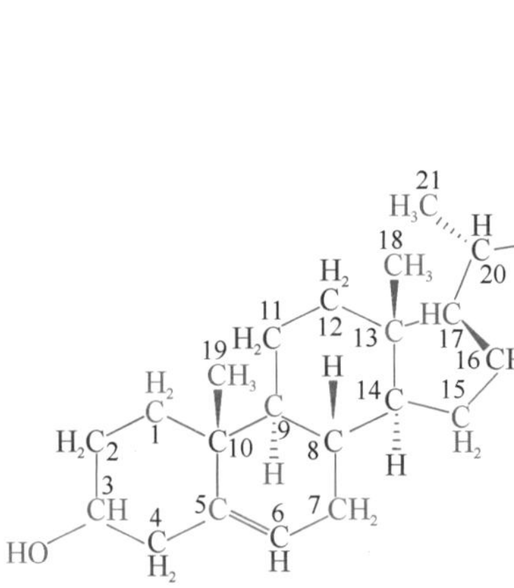

胆固醇

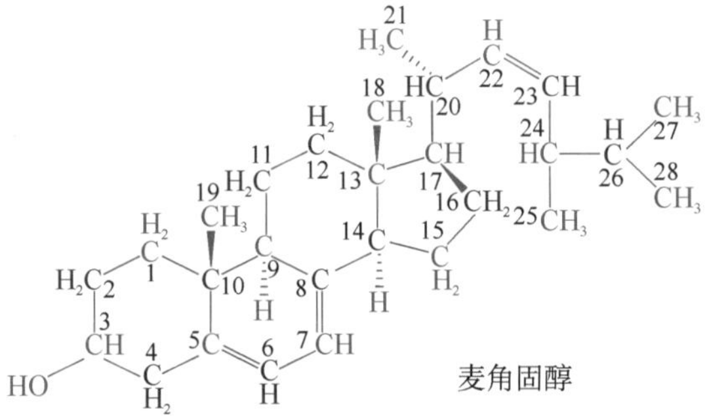

麦角固醇

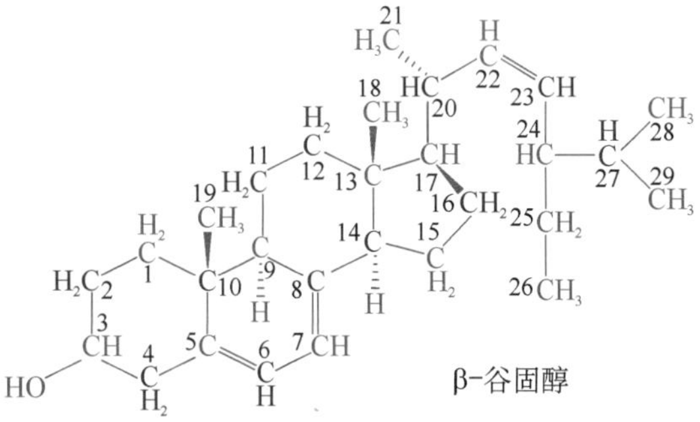

β-谷固醇

三、脂肪酸的分类及命名

脂肪酸作为各种脂质的组分是具有长烃链的羧酸，不分支且为偶数碳。

（一）脂肪酸的分类

脂肪酸根据其碳链长度分为短链、中链和长链脂肪酸。一般将碳链长度≤4 个碳原子的脂肪酸称为短链脂肪酸；将碳链长度≥20 的脂肪酸称为长链脂肪酸。

不含双键的脂肪酸为饱和脂肪酸（saturated fatty acid），不饱和脂肪酸（unsaturated fatty acid）含 1 个或以上双键。含 1 个双键的脂肪酸称为单不饱和脂肪酸（monounsaturated fatty acid）；含 2 个及以上双键的脂肪酸称为多不饱和脂肪酸（polyunsaturated fatty acid）。饱和脂肪酸之间的区别主要在于碳氢链的长度的不同；不饱和脂肪酸之间的区别主要在于碳氢链长度、双键的数目及双键位置的不同。根据双键位置，多不饱和脂肪酸分属于 ω-3、 ω－6、ω－7和ω－9四簇(表4－2)。高等动物体内的多不饱和脂肪酸由相应的母体脂肪酸衍生而来，但ω－3、ω－6和ω－9簇多不饱和脂肪酸不能在体内相互转化。

(二) 脂肪酸的命名

脂肪酸的命名用碳的数目、不饱和键的数目，以及不饱和键的位置来表示。

1. △编号系统 脂肪酸的碳原子编号定位：脂肪酸的碳原子从羧基功能团开始计数，羧基碳原子为碳原子1，依次编号为2、3、4……不饱和键的位置用△表示。如油酸(18:1，$\triangle^{9}$顺)表示含18个碳原子、1个不饱和键，在第9～10位碳原子之间有一个顺式双键；如α－亚麻酸(18:3，$\triangle^{9,12,15}$)，表示含18个碳原子，3个不饱和键，双键位置按碳原子编号依次为9、12、15。

2. n或ω编号系统 脂肪酸的碳原子编号定位：最远端的甲基碳也叫ω－碳原子，脂肪酸的碳原子从离羧基最远的碳原子即最远端的甲基碳原子ω开始计数，按字母编号依次为ω－1、ω－2、ω－3……不饱和键的位置用ω－来表示。如油酸(18:1，ω－9)，表示含18个碳原子，1个不饱和键，第1个双键从甲基端数起在第9碳与第10碳之间；如α－亚麻酸(18:3，ω－3)，表示含18个碳原子，3个不饱和键，第1个双键从甲基端数起在第3碳与第4碳之间。表4－2为ω编号系统的高等动植物脂肪酸。

表4－2 常见脂肪酸的名称和编号系统

碳原子数和双键数	系统名称	习惯命名	簇
4:0	丁酸	酪酸(butyric acid)	
6:0	己酸	己酸(caproic acid)	
8:0	辛酸	辛酸(caprylic acid)	
10:0	癸酸	癸酸(capric acid)	
12:0	十二酸	月桂酸(lauric acid)	
14:0	十四酸	肉豆蔻酸(myristic acid)	
16:0	十六酸	棕榈酸(palmtic acid)	
16:1	9－十六烯酸	棕榈油酸(palmitoleicacid)	ω－7
18:0	十八酸	硬脂酸(stearic acid)	
18:1(n－9)	9－十八烯酸	油酸(oleic acid)	ω－9
18:2(n－6)	9,12－十八烯酸	亚油酸(linoleic acid)	ω－6
18:3(n－3)	9,12,15－十八烯酸	α－亚麻酸(linolenic acid)	ω－3
18:3(n－6)	6,9,12－十八烯酸	γ－亚麻酸(linolenic acid)	ω－6
20:0	二十酸	花生酸(arachidic acid)	
20:3(n－6)	8,11,14－二十碳三烯酸	DH－γ－亚麻酸(linolenic acid)	ω－6
20:4(n－6)	5,8,11,14－二十碳四烯酸	花生四烯酸(arachidonic acid)	ω－6
20:5(n－3)	5,8,11,14,17－二十碳五烯酸	EPA(eciosapentanoic acid)	ω－3
22:1(n－9)	13－二十二烯酸	芥酸(erucic acid)	ω－3
22:5(n－3)	7,10,13,16,19－二十二碳五烯酸	DPA (clupanodonic acid)	ω－3
22:6(n－6)	4,7,10,13,16,19－二十二碳六烯酸	DHA(docosahexanoic acid)	ω－3

四、几种多不饱和脂肪酸衍生物

脂肪酸是甘油三酯、胆固醇酯和磷脂的重要组成成分。一些不饱和脂肪酸具有更多、更复杂的生理功能。

1. 必需脂肪酸 人体需要而自身又不能合成，且必须由食物提供的脂肪酸称为必需脂肪酸(essential fatty acid)。由于人体缺乏$\triangle^{9}$以上去饱和酶，不能合成亚油酸(18:2,$\triangle^{9,12}$)、α-亚麻酸(18:3,$\triangle^{9,12,15}$)，必须从含有$\triangle^{9}$以上去饱和酶的植物食物中获得，为必需脂肪酸。花生四烯酸(20:4,$\triangle^{5,8,11,14}$)虽能在人体以亚油酸为原料合成，但消耗必需脂肪酸，一般也归为必需脂肪酸。

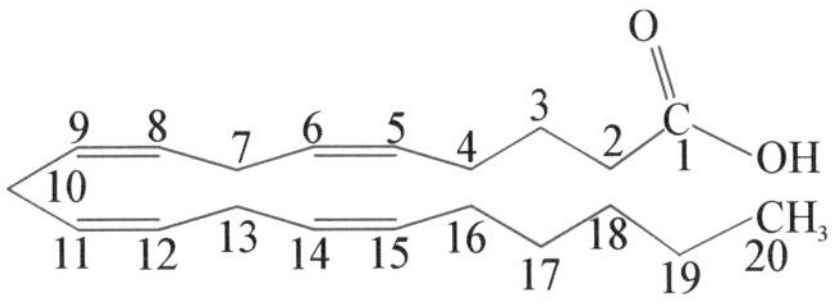

花生四烯酸(20:4$\triangle^{5,8,11,14}$)

2. 合成不饱和脂肪酸衍生物 前列腺素、血栓噁烷、白三烯3种物质是二十碳多不饱和脂肪酸衍生物。前列腺素(prostaglandin, PG)以前列腺酸(prostanoic acid)为基本骨架。

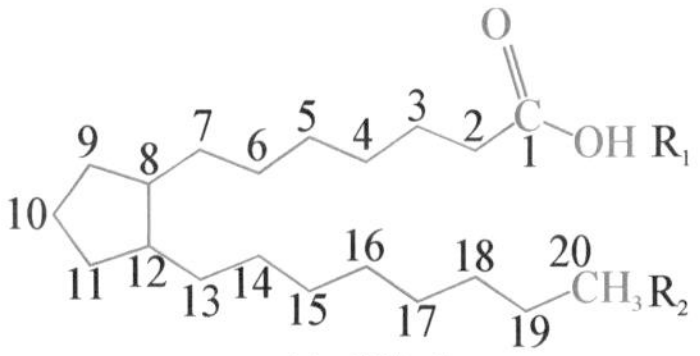

前列腺酸

前列腺素是具有一个五元环和两条侧链的20碳脂肪酸。根据五元环的结构分为PGE、PGF、PGA、PGB、PGC、PGD、PGG、PGH、PGI共9型。体内PGA、PGE及PGF较多。

前列腺素是存在于动物和人体中的具有多种生理作用的活性物质。全身许多组织细胞都能产生前列腺素，在体内由花生四烯酸合成。不同类型的前列腺素具有不同的功能，如PGE能舒张支气管平滑肌，降低通气阻力；而PGF的作用则相反。前列腺素对内分泌、生殖、消化、血液呼吸、心血管、泌尿及神经系统均有作用。

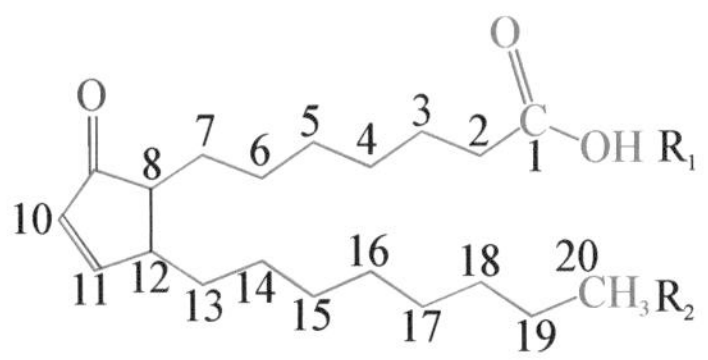

PGA

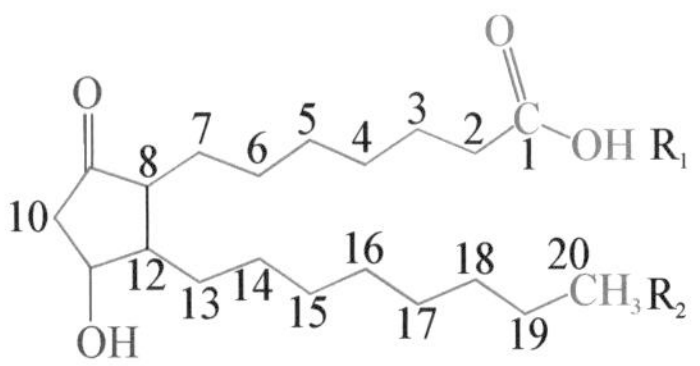

PGE

血栓噁烷(thromboxane A2, TXA2)又名血栓素A2，有前列腺酸样骨架但又不同，五碳环被含氧噁烷取代。

TXA2主要是由血小板微粒体合成并释放的一种具有强烈促进血管收缩和血小板聚集的生物活性物质。其生物半衰期约30 s，迅速代谢为无活性的TXB2。血管壁内皮细胞合成和释放另一种抗血小板聚集和舒张血管的生物活性物质，称为前列环素PGI2，生物半衰期约

3 min，迅速代谢生成 6 -酮-前列腺素 F1a。在正常生理状态下，血浆或组织中 TXA2 和 PGI2 平衡失调是造成血小板聚集、血管痉挛收缩或血栓形成的原因之一。

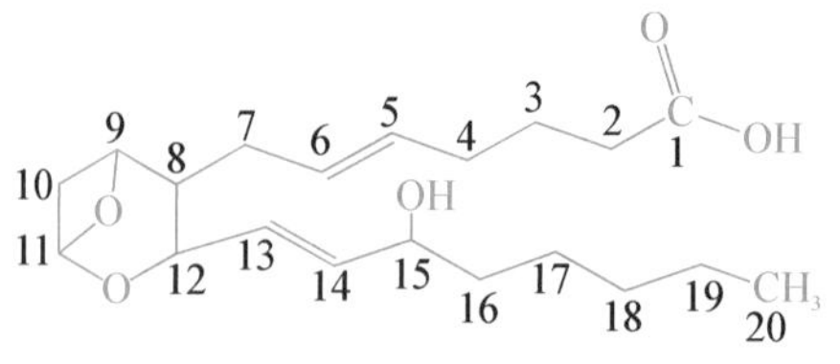

血栓噁烷 A2

白三烯(leukotriene，LT)是从花生四烯酸在白细胞中的代谢产物中分离得到的具有共轭三烯结构的 20 碳不饱和酸，含 4 个双键。白三烯合成的初级产物为 LTA4，在 5、6 位上有一氧环。如在 12 位加水引入羟基，并将 5、6 位环氧键断裂，则为 LTB4。如 LTA4 的 5、6 位环氧键打开，6 位与谷胱甘肽反应则可生成 LTC4、LTD4 及 LTE4 等衍生物。

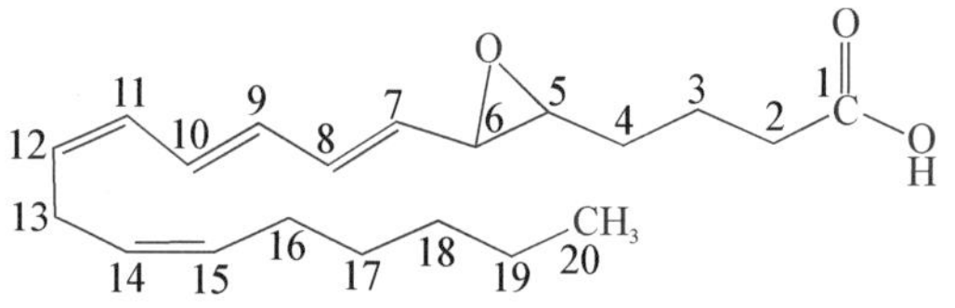

白三烯 A4(LTA4)

白三烯是一组炎性介质。体外实验表明，它对人体支气管平滑肌的收缩作用较组胺、血小板活化因子(PAF)强约 1 000 倍；它尚可刺激黏液分泌、增加血管通透性、促进黏膜水肿形成。白三烯还是中性粒细胞的强趋化剂与激活剂，可吸引嗜酸性粒细胞和中性粒细胞向肺内迁移聚集，增加中性粒细胞黏附到血管内皮、脱颗粒和释放溶酶体酶。白三烯在哮喘时的气道炎症反应过程中起着重要作用。

第二节　脂质的消化与吸收

一、脂质的消化

唾液中无消化脂肪的酶，胃液中虽有少量脂肪酶，但成人胃液的 pH 约为 1～2，脂肪酶几乎无作用。脂肪的消化主要在小肠中进行。胰液和胆汁经胰管和胆管分泌到十二指肠，胰液中含有胰脂肪酶，它能水解部分脂肪为甘油及游离脂肪酸，但大部分脂肪仅水解至甘油一酯，甘油一酯再由酯酶水解成甘油和脂肪酸。胆汁中胆汁酸盐是较强的乳化剂，将食物油团变成分散的细小脂肪微滴，增加脂肪酶与脂肪的接触面，以利于脂肪进一步水解。胆汁酸盐还能激活胰脂肪酶，促进脂肪水解。胰脂肪酶最初以酶原的形式从胰脏分泌出来，胰脂肪酶必须附着在乳化脂肪微团的水油界面上，才能作用于微团内部的脂肪。胰腺分泌的脂质消化酶包括胰脂酶(pancreatic lipase)、辅脂酶(colipase)、磷脂酶 A_2(phospholipase A_2，PLA_2)和胆固醇酯酶(cholesterol esterase)。辅脂酶是分子量约 10 000 的小分子蛋白质，本身无脂肪酶活性，但它具有与胰脂肪酶及脂肪结合的结构域。辅脂酶分别以氢键与疏水作用结合胰脂酶和脂肪，使胰脂酶定位于脂肪微滴的水油界面上，可防止胰脂酶在脂-水界面上变性、失活，促进脂肪水解。因此，辅脂酶是胰脂酶发挥脂肪消化作用必不可少的辅助因子。

胰磷脂酶 A_2 催化磷脂 2 位酯键水解，生成脂肪酸及溶血磷脂。胆固醇酯酶促进胆固醇酯水解生成游离胆固醇及脂肪酸。脂质的消化产物包括脂肪酸、甘油一酯、胆固醇及溶血磷脂，在胆汁酸盐的作用下乳化成更小的混合微团(mixed micelle)，这种混合微团极性更大，直径更小(约20 nm)，易穿过小肠黏膜细胞表面的水屏障被肠黏膜细胞吸收。

二、脂质的吸收

脂质及其消化产物主要在十二指肠下段及空肠上段吸收。食入含少量由中(6～10C)、短链(2～4C)脂肪酸构成的甘油三酯，它们经胆汁酸盐乳化后可直接被肠黏膜细胞摄取，继而在细胞内脂肪酶作用下，水解成脂肪酸及甘油，通过门静脉进入血循环。脂质消化产生的长链(12～26C)脂肪酸、2-甘油一酯、胆固醇和溶血磷脂等，以混合微团的形式进入小肠黏膜细胞。长链脂肪酸在小肠黏膜细胞内由 ATP 供能，首先被活化成脂酰 CoA(acyl CoA)，再在滑面内质网脂酰 CoA 转移酶(acyl CoA transferase)催化下，转移至 2-甘油一酯的羟基上，重新合成甘油三酯。小肠黏膜细胞以甘油一酯为起始物，与脂酰 CoA 共同在脂酰转移酶作用下酯化生成甘油三酯的过程称为甘油一酯途径。此反应可看成脂质的改造过程，即将食物中动、植物的脂质转变为人体的脂质。

$$RCOOH + CoASH + ATP \longrightarrow RCO\sim SCoA + AMP + PPi$$

甘油一酯 ($HOCH_2-CH(OOCR_2)-CH_2OH$) + RCO~SCoA —脂酰CoA转移酶→ 甘油二酯 ($R_1COOCH_2-CH(OOCR_2)-CH_2OH$) + CoASH

甘油二酯 + RCO~SCoA —脂酰CoA转移酶→ 甘油三酯 ($R_1COOCH_2-CH(OOCR_2)-CH_2OOCR_3$) + CoASH

甘油一酯途径

在小肠黏膜细胞中，生成的甘油三酯、磷脂、胆固醇酯及少量胆固醇，与细胞内合成的载脂蛋白(apolipoprotein, Apo)B48、C、AI、AIV 等共同组装成乳糜微粒(chylomicron, CM)，通过淋巴系统最终进入血液，被组织所利用。可见，食物中脂质的吸收与糖的吸收不同，大部分脂质通过淋巴系统直接进入体循环，而不通过肝。因此，食物中脂质主要被肝外组织利用，肝脏利用外源的脂质很少。

第三节　甘油三酯的代谢

人体的脂肪主要贮存于脂肪组织中，常分布于皮下结缔组织、腹腔大网膜和肠系膜及内脏周围等脂肪组织处。在细胞内主要以乳化状的微粒存在于细胞质中。脂肪的代谢包括脂质在小肠内消化、吸收，由淋巴系统进入血循环（通过脂蛋白转运），经肝转化，贮存于脂肪组织，需要时被组织利用（图 4－1）。

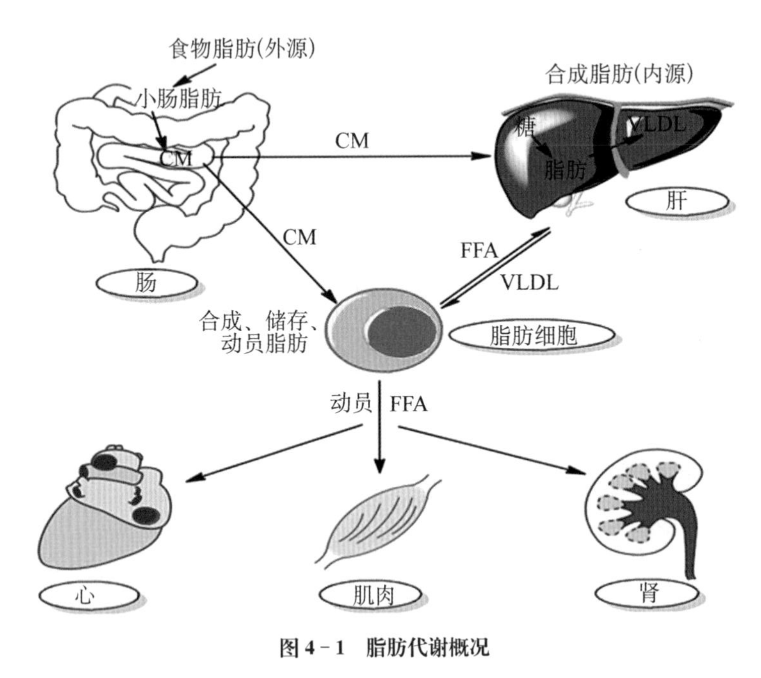

图 4－1　脂肪代谢概况

FFA：游离脂肪酸；CM：乳糜微粒；VLDL：极低密度脂蛋白

一、甘油三酯的分解代谢

（一）脂肪动员

储存在脂肪细胞中的脂肪，被脂肪酶逐步水解为游离脂肪酸（free fatty acid，FFA）及甘油，并从脂肪细胞释放，经血液运输到其他组织利用的过程称为脂肪动员（fat mobilization）（图 4－2）。激素启动脂肪动员。当禁食、饥饿或交感神经兴奋时，肾上腺素、去甲肾上腺素、胰高血糖素等分泌增加，作用于白色脂肪细胞膜受体，激活腺苷酸环化酶，使腺苷酸环化成 cAMP，激活 cAMP 依赖蛋白激酶，使细胞质内脂滴包被蛋白－1（perilipin－1）和激素敏感性甘油三酯脂肪酶（hormone-sensitive triglyceride lipase，HSL）磷酸化。磷酸化的 perilipin－1 一方面激活脂肪组织甘油三酯脂肪酶（adipose triglyceride lipase，ATGL），另一方面使因磷酸化而激活的 HSL 从细胞质转移至脂滴表面。脂肪在脂肪细胞内分解的第 1 步主要由 ATGL 催化，生成 1，3－甘油二酯和 2，3－甘油二酯和脂肪酸。第 2 步主要由 HSL 催化，主要

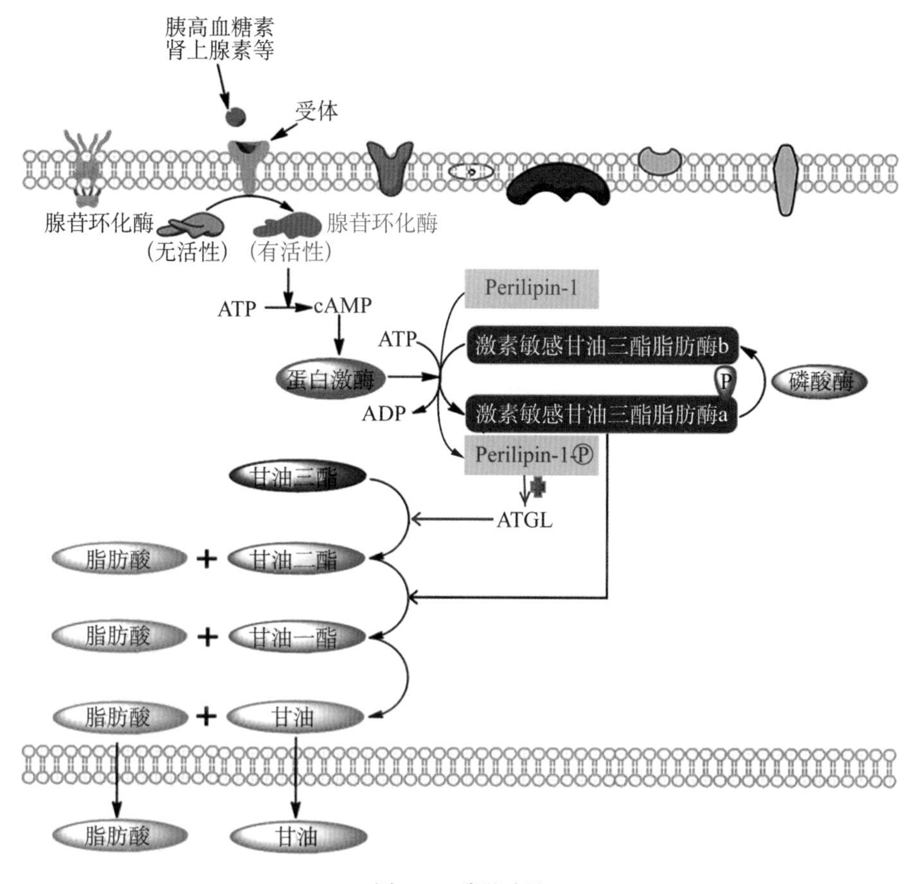

图 4-2 脂肪动员

水解甘油二酯 sn-3 位酯键，生成甘油一酯和脂肪酸。最后，在甘油一酯脂肪酶(monoacylglycerol lipase，MGL)的催化下，生成甘油和脂肪酸。所以，肾上腺素、去甲肾上腺素、胰高血糖素等能够启动脂肪动员、促进脂肪水解为游离脂肪酸和甘油，称为脂解激素。而胰岛素、前列腺素 E2 等能对抗脂解激素的作用，抑制脂肪动员，称为抗脂解激素。游离脂肪酸不溶于水，不能直接在血浆中运输。血浆清蛋白具有结合 FFA 的能力(每分子清蛋白可结合 10 分子 FFA)，能将脂肪酸运送至全身，主要由心、肝、骨骼肌等摄取利用。脂肪酸进入这些组织被氧化供能，或合成磷脂、胆固醇等。

（二）甘油的代谢

脂肪组织中甘油三酯动员时产生的甘油可直接经血液运输至肝、肾、肠等组织利用。可在甘油激酶(glycerokinase)及 ATP 的作用下生成 3-磷酸甘油(α-磷酸甘油)。3-磷酸甘油经 3-磷酸甘油脱氢酶催化转变为磷酸二羟丙酮。磷酸二羟丙酮是糖酵解过程的一个中间产物，它可沿酵解途径变成丙酮酸，再经氧化脱羧成为乙酰 CoA，进入三羧酸循环，最后被氧化成 CO_2 和 H_2O，同时放出能量。磷酸二羟丙酮也可沿糖异生途径生成 1-磷酸葡萄糖，用以合成糖原或葡萄糖。肝的甘油激酶活性最高，脂肪动员产生的甘油主要被肝摄取利用，而脂肪及骨骼肌因甘油激酶活性很低，对甘油的摄取利用很有限。

$$\text{甘油} \xrightarrow[\text{ATP} \to \text{ADP}]{\text{甘油激酶}} \text{3-磷酸甘油} \xrightarrow[\text{NAD}^+ \to \text{NADH+H}^+]{\text{磷酸甘油脱氢酶}} \text{磷酸二羟丙酮} \begin{cases}\text{氧化分解功能}\\ \text{糖异生}\end{cases}$$

(三) 饱和的偶数碳原子脂肪酸的氧化

1904 年德国生物学家 Franz Knoop 首先推断出脂肪酸的 β-氧化(β-oxidation)。他将末端甲基上连有苯环的脂肪酸喂狗,然后检测狗尿中的产物。结果发现,食用含偶数碳的脂肪酸的狗尿中有苯乙酸的衍生物苯乙尿酸,而食用含奇数碳的脂肪酸的狗尿中有苯甲酸的衍生物马尿酸。Knoop 由此推测无论脂肪酸链的长短,脂肪酸的降解总是每次水解下两个碳原子。据此提出 β 脂肪酸的氧化发生在 β-碳原子上,而后 Cα 与 Cβ 之间的键发生断裂,从而产生二碳单位,此二碳单位被推测是乙酸。此后实验进一步证明了 Knoop 推测,由此提出了脂肪酸的 β-氧化作用。

除脑外,大多数组织均能氧化脂肪酸,以肝、心肌、骨骼肌能力最强。脂肪酸的 β-氧化作用是在肝及其他组织的线粒体中进行的,已知 FFA 和脂酰 CoA 不能穿透线粒体内膜,线粒体外的脂肪酸要先活化成脂酰 CoA,再通过载体肉碱进入线粒体。

1. 脂肪酸活化为脂酰 CoA 脂肪酸被氧化前必须先活化,以提高反应自由能。由内质网、线粒体外膜上的脂酰 CoA 合成酶(acyl-CoA synthetase)催化脂肪酸生成脂酰 CoA,需 ATP、CoA 及 Mg^{2+} 参与。

$$\text{脂肪酸+CoA-SH} \xrightarrow[\text{ATP} \to \text{AMP}]{\text{脂酰CoA合成酶},\ Mg^{2+}} \text{脂酰CoA+PPi}$$

脂酰 CoA 含高能硫酯键,不仅可提高反应自由能,还可增加脂肪酸的水溶性,因而能提高脂肪酸代谢活性。活化反应生成的焦磷酸(PP_i)立即被细胞内焦磷酸酶水解,使反应向脂酰 CoA 的生成方向进行,故 1 分子脂肪酸活化实际上消耗 2 个高能磷酸键。

2. 脂酰 CoA 进入线粒体 催化脂肪酸氧化的酶系存在于线粒体基质,活化的脂酰 CoA 必须进入线粒体才能被氧化。由于线粒体内膜有严格的选择性,长链脂酰 CoA 不能直接透过线粒体内膜,需要肉碱(carnitine, 或称 *L*-β-羟-γ-三甲氨基丁酸)协助脂酰基转运。线粒体外膜存在的肉碱脂酰转移酶Ⅰ(carnitine acyl transferase Ⅰ)催化长链脂酰 CoA 与肉碱合成脂酰肉碱(acyl carnitine),后者在线粒体内膜肉碱-脂酰肉碱转位酶(carnitine-acylcarnitine translocase)作用下,通过内膜进入线粒体基质,同时将等分子肉碱转运出线粒体。进入线粒体的脂酰肉碱,在线粒体内膜内侧肉碱脂酰转移酶Ⅱ作用下,转变为脂酰 CoA 并释出肉碱(图 4-3)。

脂酰 CoA 进入线粒体是脂肪酸 β-氧化的限速步骤,肉碱脂酰转移酶Ⅰ是脂肪酸 β-氧化的限速酶。当饥饿、低糖高脂膳食或糖尿病时,机体没有充足的糖供应,或不能有效利用

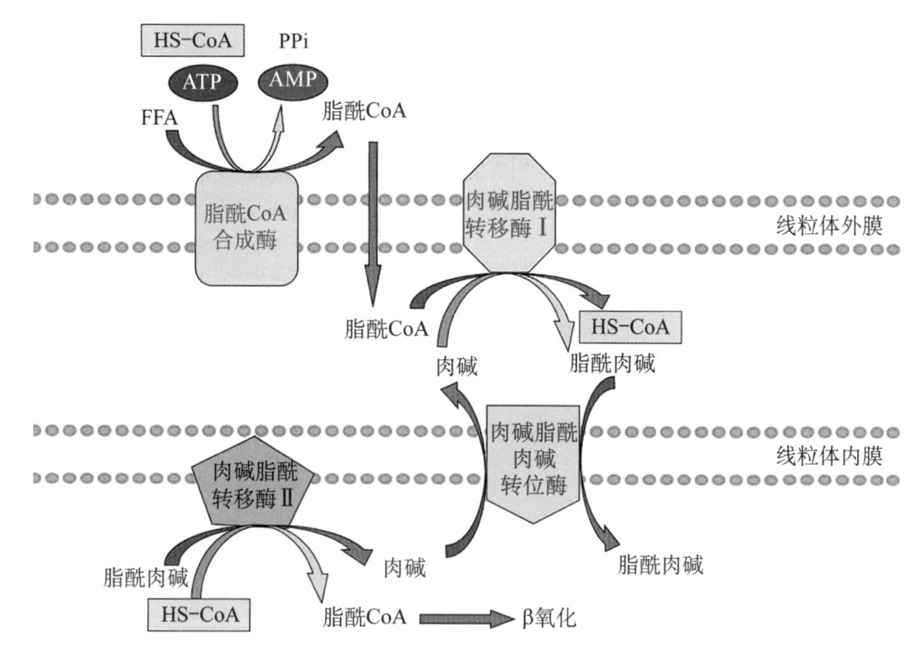

图 4-3 脂酰 CoA 进入线粒体的机制

糖，需脂肪酸供能，肉碱脂酰转移酶Ⅰ活性增加，脂肪酸氧化增强。相反，饱食后脂肪酸合成加强，脂肪酸合成原料丙二酸单酰 CoA 含量增加，抑制肉碱脂酰转移酶Ⅰ活性，使脂肪酸的氧化被抑制。

3. 脂酰 CoA 氧化分解 进入线粒体后的脂酰 CoA 的代谢途径只有 β-氧化。线粒体基质中存在由多个酶结合在一起形成的脂肪酸 β-氧化酶系，在该酶系多个酶顺序催化下，从脂酰基 β-碳原子开始，进行脱氢、加水、再脱氢及硫解 4 步反应，完成一次 β-氧化(图 4-4)。

(1) 脱氢反应：脂酰 CoA 在脂酰 CoA 脱氢酶(acyl CoA dehydrogenase)催化下，从 α、β 碳原子各脱下一个氢原子。此反应中的脱氢酶是以黄素腺嘌呤二核苷酸(FAD)为辅基，并作为受氢体，生成 $FADH_2$，经琥珀酸呼吸链传递氧化生成 H_2O，释放能量产生 1.5 分子 ATP。同时生成反$\triangle^2$ 烯脂酰 CoA。

(2) 加水反应：反$\triangle^2$ 烯脂酰 CoA 在烯酰 CoA 水化酶(enoyl CoA hydratase)催化下，加水生成 *L*(+)-β-羟脂酰 CoA。

(3) 再脱氢反应：*L*(+)-β-羟脂酰 CoA 在 *L*-β-羟脂酰 CoA 脱氢酶(*L*-3-hydroxyacyl CoA dehydrogenase)催化下，脱下的 2H 使辅酶 NAD^+ 还原为 $NADH+H^+$，后者经 NADH 呼吸链传递氧化生成 H_2O，释放能量产生 2.5 分子 ATP，同时生成 β-酮脂酰 CoA。

(4) 硫解反应：β-酮脂酰 CoA 在 β-酮硫解酶(β-ketothiolase)催化下，加 CoA-SH 使碳链在 α、β 位之间断裂，生成 1 分子乙酰 CoA 和少 2 个碳原子的脂酰 CoA。

综上所述，1 分子脂酰 CoA 通过脱氢、加水、再脱氢、硫解 4 个反应后，产生 1 分子乙酰 CoA 和少了 2 个碳原子的脂酰 CoA。新生成的脂酰 CoA 再重复上述一系列过程，直到含偶数碳的脂肪酸完全分解为乙酰 CoA 为止。例如含 18 碳的硬脂酸经 8 次 β-氧化可分裂为 9

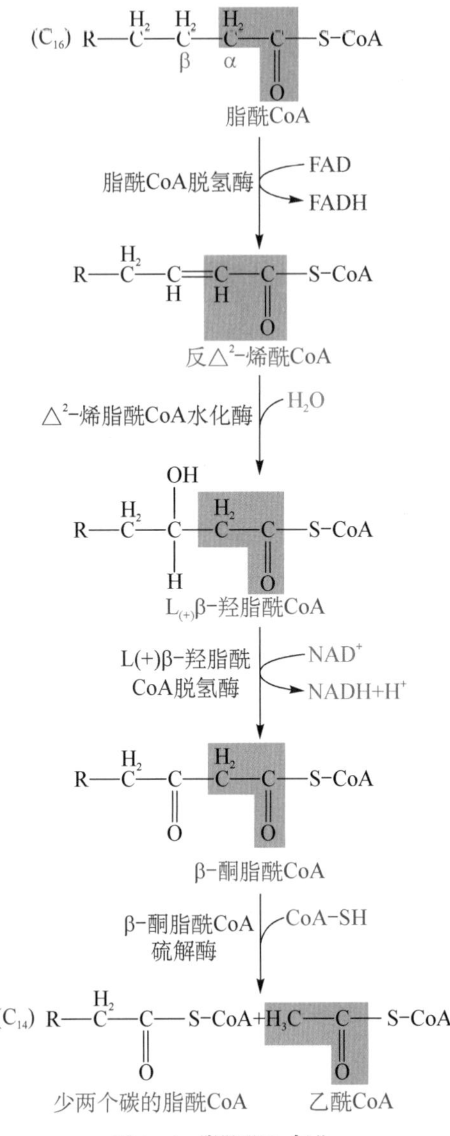

图 4-4 脂肪酸 β-氧化

分子乙酰 CoA。

4. 脂肪酸 β -氧化的能量释放 脂肪酸彻底氧化生成大量还原当量。以软脂酸为例，1 分子软脂酸彻底氧化需进行 7 次 β-氧化，生成 7 分子 $FADH_2$、7 分子 NADH 及 8 分子乙酰 CoA。每分子 $FADH_2$ 经电子传递链产生 1.5 分子 ATP，每分子 NADH 经电子传递链产生 2.5 分子 ATP；每分子乙酰 CoA 经三羧酸循环彻底氧化产生 10 分子 ATP。因此，1 分子软脂酸彻底氧化共生成 $(7\times1.5)+(7\times2.5)+(8\times10)=108$ 分子 ATP。因为脂肪酸活化消耗 2 个高能磷酸键，相当于 2 分子 ATP，所以 1 分子软脂酸彻底氧化净生成 106 分子 ATP。

（四）其他脂肪酸的氧化方式

1. 不饱和脂肪酸 β -氧化 不饱和脂肪酸 β-氧化也在线粒体进行，饱和脂肪酸 β-氧化产生的烯脂酰 CoA 是反式△² 烯脂酰 CoA，而天然不饱和脂肪酸中的双键为顺式。不饱和脂肪酸β-氧化产生的顺式$\triangle^3$烯脂酰 CoA 不能继续β-氧化。顺式$\triangle^3$烯脂酰 CoA 在线粒体特异$\triangle^3$顺→$\triangle^2$反烯脂酰 CoA 异构酶($\triangle^3$-*cis*→$\triangle^2$-*trans* enoyl-CoA isomerase)催化下转变为β-氧化酶系能识别的$\triangle^2$反式构型,继续β-氧化。顺式$\triangle^2$烯脂酰 CoA 虽然也能水化,但形成的 *D*(—)-β-羟脂酰 CoA 不能被线粒体β-氧化酶系识别。在 *D*(—)-β-羟脂酰 CoA 表异构酶(epimerase,又称差向异构酶)催化下,右旋异构体[D(—)型]转变为β-氧化酶系能识别的左旋异构体[*L*(+)型],在β-羟脂酰 CoA 脱氢酶的催化下继续进行β-氧化。

2. 超长碳链脂肪酸氧化 对于大于 18 个碳原子的脂酰 CoA 难以进入线粒体进行β氧化,超长碳链脂肪酸氧化需先在过氧化酶体氧化成较短碳链脂肪酸。过氧化酶体(peroxisome)存在脂肪酸β-氧化的同工酶系,能将超长碳链脂肪酸(如C_{20}、C_{22})氧化成较短碳链脂肪酸。动物组织中大约有 25%～50%的脂肪酸是在过氧化物酶体中氧化的。

3. 奇数碳原子脂肪酸氧化 人体含有极少量奇数碳原子脂肪酸,经β-氧化生成丙酰 CoA;支链氨基酸氧化分解亦可产生丙酰 CoA。丙酰 CoA 彻底氧化需经β-羧化酶及异构酶的作用,并转变为琥珀酰 CoA(succinyl CoA),进入三羧酸循环,继续进行代谢。

(五) 酮体的生成与利用

酮体(ketone bodies; acetone bodies)是脂肪酸在肝脏进行正常分解代谢所生成的特殊中间产物,包括有乙酰乙酸(acetoacetic acid,约占 30%)、β-羟丁酸(β-hydroxybutyric acid,约占 70%)和极少量的丙酮(acetone)。正常人血液中酮体含量极少,因为人和动物体所需要的能量主要由糖类氧化供给。只有当糖类代谢发生障碍,引起供能不足时才由脂肪和蛋白质来供能。在某些生理情况(饥饿、禁食)或病理情况下(如糖尿病),糖的来源或氧化供能障碍,脂肪动员增强,脂肪酸就成了人体的主要供能物质。若肝中合成酮体的量超过肝外组织利用酮体的能力,两者之间失去平衡,血中浓度就会过高,导致酮血症(acetonemia)和酮尿症(acetonuria)。乙酰乙酸和β-羟丁酸都是酸性物质,因此酮体在体内大量堆积还会引起酸中毒。

1. 酮体的生成 酮体在肝生成,以脂肪酸β-氧化生成的乙酰 CoA 为原料,在肝线粒体由酮体合成酶系催化完成(图 4-5)。

(1) 2 分子乙酰 CoA 缩合成乙酰乙酰 CoA:由乙酰乙酰 CoA 硫解酶催化,释放 1 分子 CoASH。

(2) 乙酰乙酰 CoA 与乙酰 CoA 缩合成 HMG-CoA:由羟基甲基戊二酸单酰 CoA 合成酶(HMG-CoA synthase)催化,生成羟基甲基戊二酸单酰 CoA(3-hydroxy-3-methyl glutaryl CoA, HMG-CoA),释放出 1 分子 CoA。HMG-CoA 合成酶是酮体合成关键酶。

(3) HMG-CoA 裂解产生乙酰乙酸:在 HMG-CoA 裂合酶(HMG-CoA lyase)作用下,HMG-CoA 生成乙酰乙酸和乙酰 CoA。

(4) 乙酰乙酸还原成β-羟丁酸:由 NADH 供氢,在β-羟丁酸脱氢酶(β-hydroxybutyrate dehydrogenase)催化下完成。少量乙酰乙酸脱羧成丙酮。

2. 酮体的利用 酮体在肝外组织氧化利用。肝中酮体不能进一步氧化,缺乏利用酮体的酶系。肝外许多组织具有活性很强的酮体利用酶,能将酮体重新裂解成乙酰 CoA,并通过三羧

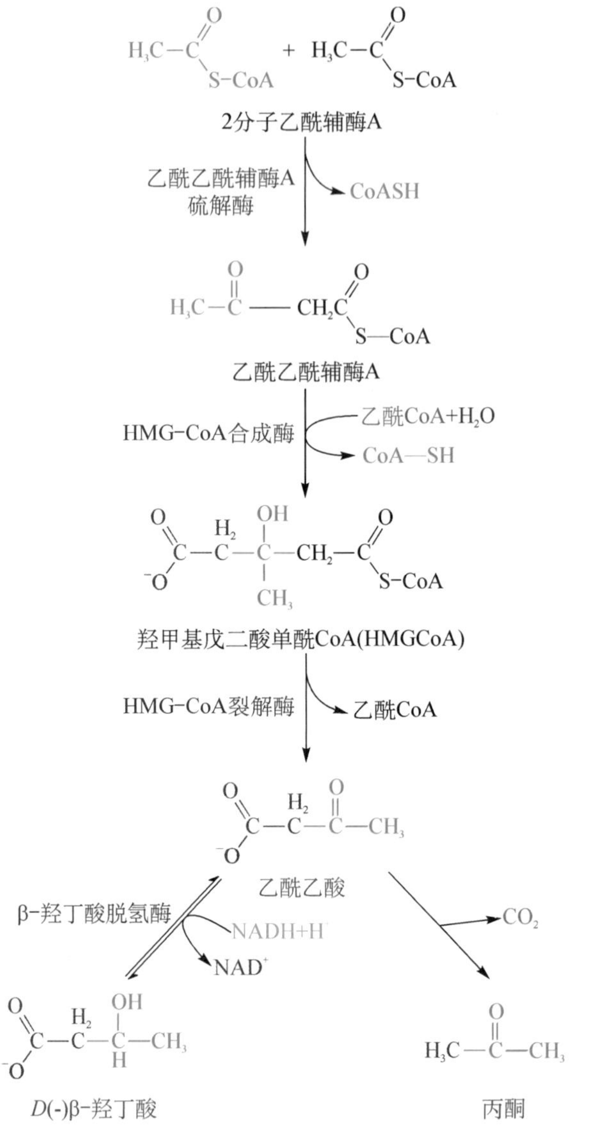

$$CH_3-C(=O)-S-CoA + CH_3-C(=O)-S-CoA$$

2分子乙酰辅酶A

↓ 乙酰乙酰辅酶A硫解酶 （→ CoASH）

$$CH_3-CO-CH_2-CO-S-CoA$$

乙酰乙酰辅酶A

↓ HMG-CoA合成酶 （乙酰CoA+H_2O → CoA—SH）

$$^{-}OOC-CH_2-C(OH)(CH_3)-CH_2-CO-S-CoA$$

羟甲基戊二酸单酰CoA(HMGCoA)

↓ HMG-CoA裂解酶 （→ 乙酰CoA）

$$^{-}OOC-CH_2-CO-CH_3$$

乙酰乙酸

⇌ β-羟丁酸脱氢酶 （NADH+H^+ → NAD^+）

$$^{-}OOC-CH_2-CH(OH)-CH_3$$

D(-)β-羟丁酸

→ （CO_2）

$$H_3C-CO-CH_3$$

丙酮

图 4-5　酮体的生成

酸循环彻底氧化。因此，肝内生成的酮体需经血液运输至肝外组织氧化利用(图 4-6)。

(1) 乙酰乙酸利用需先活化：乙酰乙酸活化有两条途径。在心、肾、脑及骨骼肌线粒体，由琥珀酰 CoA 转硫酶(succinyl CoA thiophorase)催化活化成乙酰乙酰 CoA。

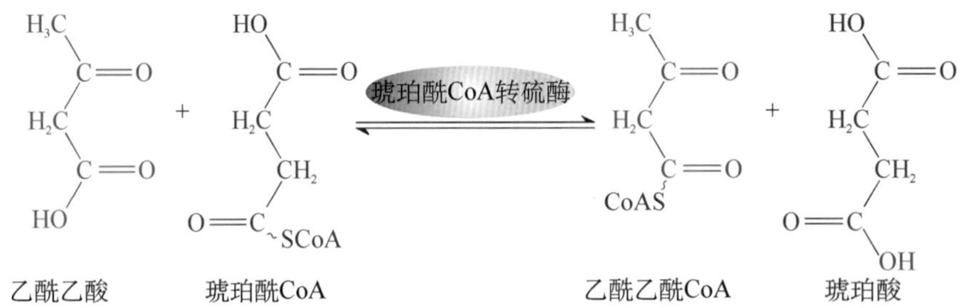

$$CH_3COCH_2COOH + HOOC-CH_2-CH_2-CO\sim SCoA \xrightleftharpoons{\text{琥珀酰CoA转硫酶}} CH_3COCH_2CO\sim SCoA + HOOC-CH_2-CH_2-COOH$$

乙酰乙酸　　琥珀酰CoA　　乙酰乙酰CoA　　琥珀酸

在肾、心和脑线粒体，由乙酰乙酸硫激酶(acetoacetate thiokinase)催化，直接活化生成乙酰乙酰 CoA。

(2) 乙酰乙酰 CoA 硫解生成乙酰 CoA：由乙酰乙酰 CoA 硫解酶(acetoacetyl CoA thiolase)催化，酮体在肝外组织又生成乙酰 CoA，继续氧化代谢。

$$CH_3COCH_2CoA{\sim}SCoA \xrightarrow[\text{CoASH}]{\text{乙酰乙酰CoA硫解酶}} 2CH_3CO{\sim}SCoA$$

β-羟丁酸先在β-羟丁酸脱氢酶催化下，脱氢生成乙酰乙酸，再转变成乙酰 CoA 被氧化。丙酮可在一系列酶作用下转变为丙酮酸或乳酸。

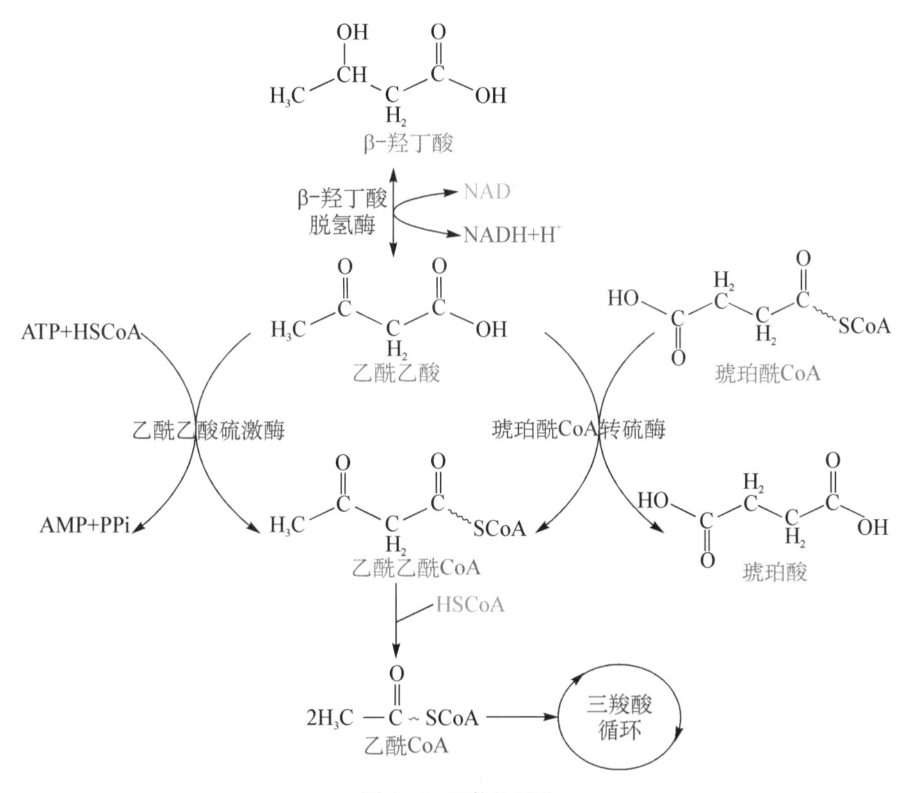

图 4-6 酮体的利用

3. 酮体生成的生理与病理意义 由于血脑屏障的存在，除葡萄糖和酮体外的物质无法进入脑为脑组织提供能量。酮体溶于水、分子小，还能通过血脑屏障、肌组织的毛细血管壁，很容易被运输到肝外组织。长链脂肪酸穿过线粒体内膜需要载体肉毒碱转运，脂肪酸在血中转运需要与白蛋白结合生成脂酸白蛋白，而酮体通过线粒体内膜以及在血中转运并不需要载体。脂肪酸活化后进入β-氧化，每经 4 步反应才能生成 1 分子乙酰 CoA，而乙酰乙酸活化后只需一步反应就可以生成 2 分子乙酰 CoA，β-羟丁酸的利用仅比乙酰乙酸多一步氧化反应。因此，酮体极易利用。当葡萄糖供应充足时，脑组织优先利用葡萄糖氧化供能；长期饥饿时，糖供应不足，酮体可以代替葡萄糖，饥饿时酮体可占脑能量来源的 25%～75%。

正常情况下，血中仅含少量酮体，为 0.03～0.5 mmol/L(0.3～5 mg/dl)。在饥饿或糖尿病时，由于脂肪动员加强，酮体生成增加。严重糖尿病患者血中酮体含量可高出正常人数十倍，导致酮症酸中毒(ketoacidosis)。血酮体超过肾阈值，便可随尿排出，引起酮尿(ketonuria)。此时，血丙酮含量也大大增加，通过呼吸道排出，产生特殊的“烂苹果气味”。

4. 酮体生成的调节

(1) 饱食与饥饿的影响：饱食后，胰岛素分泌增加，脂解作用抑制、脂肪动员减少，进入肝的脂肪酸减少，因而酮体生成减少；饥饿时，胰高血糖素等脂解激素分泌增多，脂肪酸动员加强，血中游离脂肪酸浓度升高而使肝摄取游离脂肪酸增多，有利于脂肪酸 β-氧化及酮体生成。

(2) 肝细胞糖原含量及代谢的影响：进入肝细胞的游离脂肪酸主要有两条去路，一是在胞液中酯化合成甘油三酯及磷脂；二是进入线粒体内进行 β-氧化，生成乙酰 CoA 及酮体。饱食及糖供给充足时，肝糖原丰富，糖代谢旺盛，此时进入肝细胞的脂肪酸主要酯化 3-磷酸甘油反应生成甘油三酯及磷脂。饥饿或糖供给不足时，糖代谢减少，3-磷酸甘油及 ATP 不足，脂肪酸酯化减少，主要进入线粒体进行 β-氧化，酮体生成增多。

(3) 丙二酰 CoA 抑制脂酰 CoA 进入线粒体：饱食后糖代谢正常进行时所生成的乙酰 CoA 及柠檬酸能变构激活乙酰 CoA 羧化酶，促进丙二酰 CoA 的合成。后者能竞争性抑制肉碱脂酰转移酶Ⅰ，从而阻止脂酰 CoA 进入线粒体内进行 β-氧化。

二、脂肪酸的合成代谢

脂肪组织和肝是体内合成甘油三酯的主要场所。其他组织如肾、脑、肺、乳腺等部位均能合成甘油三酯。

合成甘油三酯的原料是磷酸甘油和脂肪酸。

（一）脂肪酸生物合成的原料

脂肪酸合成的直接原料是乙酰 CoA，凡是在体内能分解成乙酰 CoA 的物质都能合成脂肪酸，葡萄糖就是乙酰 CoA 最主要的来源。软脂酸合成还需 ATP、NADPH、HCO_3^- 及 Mn^{2+} 等原料。NADPH 主要来自磷酸戊糖途径，在上述乙酰 CoA 转运过程中，细胞质苹果酸酶催化苹果酸氧化脱羧也可提供少量 NADPH。

（二）脂肪酸生物合成的部位

饱和脂肪酸的生物合成主要在细胞胞质中进行，乙酰 CoA 在胞质中脂肪酸合成酶系的催化下，合成 16 碳的软脂酸。而饱和脂肪酸碳链的延长(16C 以上)则在线粒体和微粒体中进行，每次可延长两个碳原子。乙酰 CoA 在线粒体内生成，它不能透过线粒体膜，穿出线粒体膜要通过柠檬酸-丙酮酸循环(citrate-pyruvate cycle)完成。在此循环中，乙酰 CoA 与草酰乙酸结合成柠檬酸，后者通过线粒体内膜的载体进入胞质中，乙酰基经胞质 ATP 柠檬酸裂解酶作用再从柠檬酸中释放出来，与胞质中的 CoA 结合，用以合成脂肪酸。柠檬酸脱去 2 个碳原子变成草酰乙酸，草酰乙酸可加氢变为苹果酸进入线粒体再氧化成草酰乙酸，后者又可与线粒体中的乙酰 CoA 缩合成柠檬酸，重复上述过程，使线粒体中乙酰 CoA 不断进入胞质进而合成脂肪酸(图 4-7)。

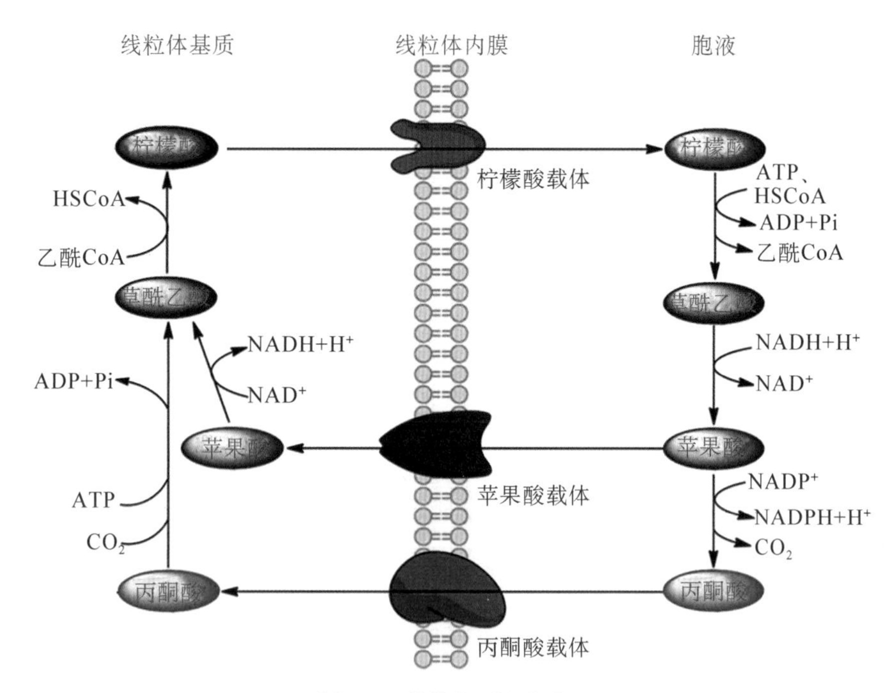

图 4-7 柠檬酸-丙酮酸循环

(三) 丙二酰 CoA 的合成

乙酰 CoA 首先由乙酰 CoA 羧化酶(acetyl CoA carboxylase)催化生成丙二酰 CoA,生物素是此酶的辅基。

$$ATP + HCO_3^- + 乙酰\ CoA \xrightarrow{乙酰\ CoA\ 羧化酶} 丙二酰\ CoA + ADP + H_3PO_4$$

由乙酰 CoA 羧化酶催化的反应为脂肪酸合成过程中的限速步骤。乙酰 CoA 羧化酶存在于胞液中,其辅基为生物素,在反应过程中起携带和转移羧基的作用。该反应机制类似于其他依赖生物素的羧化反应,如催化丙酮酸羧化成为草酰乙酸的反应等。乙酰 CoA 羧化酶为一别构酶,在变构效应剂的作用下,其无活性的单体与有活性的多聚体(有活性多聚体通常由 10～20 个单体线状排列构成)之间可以互变。柠檬酸与异柠檬酸可促进单体聚合成多聚体,增强酶活性;而长链脂肪酸可加速乙酰 CoA 羧化酶多聚体的解聚,从而抑制该酶活性。乙酰 CoA 羧化酶还可通过依赖 cAMP 的磷酸化及去磷酸化共价修饰来调节酶活性。此酶经磷酸化后活性丧失,如胰高血糖素及肾上腺素等能促进这种磷酸化作用,从而抑制脂肪酸合成;而胰岛素则能促进酶的去磷酸化作用,故可增强乙酰 CoA 羧化酶活性,加速脂肪酸合成。

同时乙酰 CoA 羧化酶也是诱导酶,长期高糖低脂饮食能诱导此酶生成,促进脂肪酸合成;反之,高脂低糖饮食能抑制此酶合成,从而降低脂肪酸的生成。

(四) 软脂酸生物合成过程

软脂酸(palmitic acid)是 16 碳的饱和脂肪酸,由 1 分子乙酰 CoA 和 7 分子丙二酰 CoA

在脂肪酸合成酶的催化下，由 $NADPH+H^+$ 为供氢体，经过缩合、还原、脱水、再还原等步骤，每次延长两个碳原子，最后合成软脂酸。哺乳动物脂肪酸合成酶具有7种酶活性：丙二酰单酰转移酶(E1)、β-酮脂酰合成酶(E2)、β-酮脂酰还原酶、β-羟脂酰基脱水酶、α，β-烯脂酰还原酶、脂酰转移酶和硫酯酶，这7种酶活性均在一条多肽链上，由一个基因编码，属多功能酶。酶单体无活性，两个完全相同的多肽链首尾相连组成的二聚体才具有酶活性。每个亚基均有一个酰基载体蛋白(ACP)结构域，其辅基为4′-磷酸泛酰氨基乙硫醇，作为脂肪酸合成中脂酰基的载体。

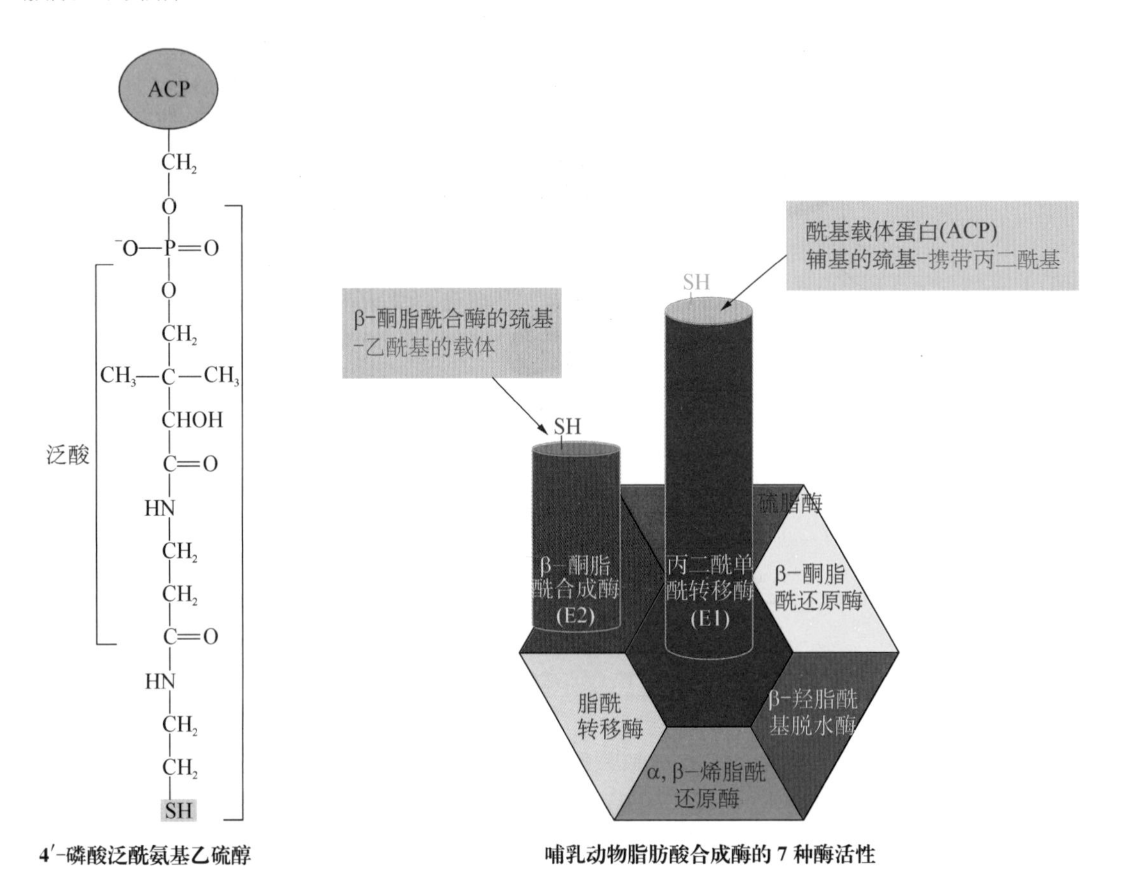

4′-磷酸泛酰氨基乙硫醇　　哺乳动物脂肪酸合成酶的7种酶活性

1. 酰基转移反应　乙酰CoA和丙二酰CoA分别从CoA转移到ACP，形成乙酰ACP和丙二酰ACP，然后乙酰基再从ACP转移到β-酮脂酰合成酶的半胱氨酸的巯基上。

$$乙酰\text{-}S\text{-}CoA + ACP\text{—}SH \longrightarrow 乙酰\text{-}S\text{-}ACP + CoA\text{—}SH$$
$$乙酰\text{-}S\text{-}ACP + 合成酶\text{—}SH \longrightarrow 乙酰\text{-}S\text{-}合成酶 + ACP\text{—}SH$$

2. 缩合反应　缩合反应是β-酮脂酰合成酶巯基上的乙酰基与丙二酰ACP缩合，生成β-酮脂酰ACP。

3. 第一次还原反应　β-酮脂酰ACP由β-酮脂酰还原酶催化，由 $NADPH+H^+$ 提供氢，还原成β-羟脂酰ACP。

4. 脱水反应　生成的β-羟脂酰ACP再由β-羟脂酰ACP脱水酶催化脱水，生成α，β-

烯脂酰 ACP。

5. 第 2 次还原反应 α,β-烯脂酰 ACP 由 α,β-烯脂酰 ACP 还原酶催化,由 $NADPH+H^+$ 提供氢,还原成饱和的脂酰 ACP。

丁酰 ACP 是脂肪酸合酶复合体催化合成的第 1 轮产物。通过这一轮反应,即酰基转移、缩合、还原、脱水、再还原等步骤,产物碳原子由 2 个增加至 4 个。然后,丁酰由 E_1-泛-SH(即 ACP 的—SH)转移至 E_2-半胱-SH,E_1-泛-SH 又可与另一丙二酸单酰基结合,进行缩合、还原、脱水、再还原等步骤的第 2 轮循环。经 7 次循环后,生成 16 碳软脂酰-E_2;由硫酯酶水解,软脂酸从脂肪酸合酶复合体释放(图 4-8)。

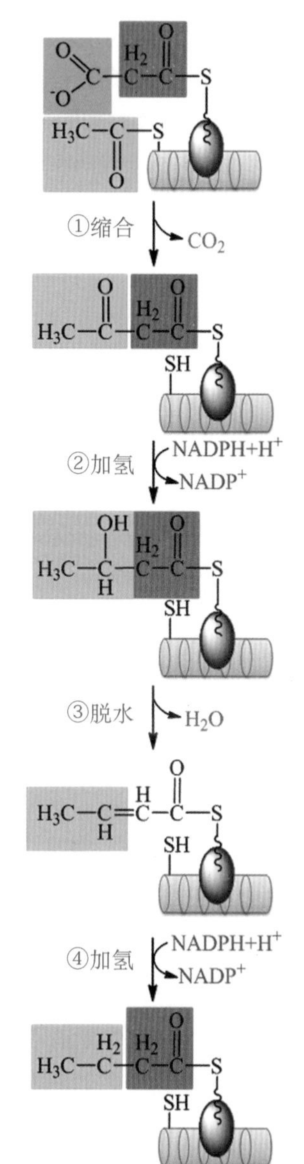

图 4-8 软脂酸生物合成

软脂酸合成的总反应式为:

$$CH_3COSCoA+7HOOCCH_2COSCoA+14NADPH+14H^+ \longrightarrow CH_3(CH_2)_{14}COOH+7CO_2+6H_2O+8HSCoA+14NADP^+$$

(五) 对软脂酸的加工和延长

脂肪酸合酶复合体催化合成软脂酸后根据机体的需要,更长碳链脂肪酸的合成通过对软脂酸加工、延长完成。

1. 内质网脂肪酸延长途径 以丙二酸单酰 CoA 为二碳单位供体,该途径由脂肪酸延长酶体系催化,NADPH 供氢,每通过缩合、加氢、脱水及再加氢等反应延长 2 个碳原子;反复进行可使碳链延长。过程与软脂酸合成相似,但脂酰基不是以 ACP 为载体,而是连接在 CoASH 上进行。该酶体系可将脂肪酸延长至 24C 或 26C,但以 18C 硬脂酸为主。

2. 线粒体脂肪酸延长途径 以乙酰 CoA 为二碳单位供体,该途径在脂肪酸延长酶体系作用下,软脂酰 CoA 与乙酰 CoA 缩合,生成 β-酮硬脂酰 CoA;再由 NADPH 供氢,还原为 β-羟硬脂酰 CoA;接着脱水生成 α,β-烯硬脂酰 CoA;最后,烯硬脂酰 CoA 由 NADPH 供氢,还原为硬脂酰 CoA。其过程与 β-氧化逆反应类似。每轮循环延长 2 个碳原子;一般可延长至 24C 或 26C,但仍以 18C 硬脂酸为最多。

(六) 不饱和脂肪酸的合成

体内脂肪酸合成途径合成的均为饱和脂肪酸(saturated fatty acid),人体含不饱和脂肪酸(unsaturated fatty acid),主要有软油酸(16:1,$\triangle^9$)、油酸(18:1,$\triangle^9$)、亚油酸(18:2,$\triangle^{9,12}$),α-亚麻酸(18:3,$\triangle^{9,12,15}$)及花生四烯酸(20:4,$\triangle^{5,8,11,14}$)等。由于体内只含$\triangle^4$、$\triangle^5$、$\triangle^8$ 及$\triangle^9$ 去饱和酶(desaturase),缺乏$\triangle^9$ 以上去饱和酶,人体只能合成软油酸和油酸等单不饱和脂肪酸(monounsaturated fatty acid),不能合成亚油酸、α-亚麻酸及花生四烯酸

等多不饱和脂肪酸(polyunsaturated fatty acid)。植物因含有$\triangle^{9}$、$\triangle^{12}$及$\triangle^{15}$去饱和酶,能合成$\triangle^{9}$以上多不饱和脂肪酸。人体所需多不饱和脂肪酸必须从食物(主要是从植物油脂)中摄取,称营养必需脂肪酸。

(七)脂肪酸合成的调节

乙酰CoA羧化酶催化的反应是脂肪酸合成的限速步骤,很多因素影响此酶活性,从而使脂肪酸合成速度改变。脂肪酸合成过程中其他酶,如脂肪酸合成酶、柠檬酸裂解酶等亦可被调节。

1. 代谢物的调节 在高脂膳食后,或因饥饿导致脂肪动员加强时,细胞内软脂酰CoA增多,可反馈抑制乙酰CoA羧化酶,从而抑制体内脂肪酸合成。而进食糖类,糖代谢加强时,由糖氧化及磷酸戊糖循环提供的乙酰CoA及NADPH增多,这些合成脂肪酸的原料增多有利于脂肪酸的合成。此外,糖氧化加强的结果,使细胞内ATP增多,进而抑制异柠檬酸脱氢酶,造成异柠檬酸及柠檬酸堆积。在线粒体内膜的相应载体协助下,由线粒体转入胞液,可以别构激活乙酰CoA羧化酶。同时本身也可裂解释放乙酰CoA,增加脂肪酸合成的原料,使脂肪酸合成增加。

2. 激素的调节 胰岛素、胰高血糖素、肾上腺素及生长素等均参与对脂肪酸合成的调节。胰岛素能诱导乙酰CoA羧化酶、脂肪酸合成酶及柠檬酸裂解酶的合成,从而促进脂肪酸的合成。此外,还可通过促进乙酰CoA羧化酶的去磷酸化而使酶活性增强,也使脂肪酸合成加速。胰高血糖素等可通过增加cAMP,致使乙酰CoA羧化酶磷酸化而降低活性,从而抑制脂肪酸的合成。此外,胰高血糖素也抑制甘油三酯合成,从而增加长链脂酰CoA对乙酰CoA羧化酶的反馈抑制,亦使脂肪酸合成被抑制。

三、甘油三酯的合成

(一)合成部位及原料

人体合成甘油三酯的场所,以肝、脂肪组织及小肠为主。其中肝和脂肪组织合成甘油三酯所需甘油及脂肪酸主要由糖代谢中间产物提供,也可利用从食物脂肪消化吸收的产物进行合成。

(二)合成过程

1. 甘油一酯途径 这是小肠黏膜细胞合成脂肪的途径,由甘油一酯和脂肪酸合成甘油三酯。小肠黏膜细胞主要利用脂肪消化吸收产物再合成甘油三酯。常把肝合成的甘油三酯称为内源性甘油三酯,而把小肠黏膜细胞合成的甘油三酯称为外源性甘油三酯。

2. 甘油二酯途径 这是存在于肝细胞和脂肪细胞中的合成途径。脂肪细胞缺乏甘油激酶因而不能利用游离甘油,只能利用葡萄糖代谢提供的3-磷酸甘油。甘油三酯是以α-磷酸甘油和脂酰CoA为原料,在细胞内质网的脂酰CoA转移酶的作用下,催化1分子α-磷酸甘油和2分子脂酰CoA合成磷脂酸。磷脂酸在磷脂酸磷酸酶的作用下脱去磷酸,生成甘油二酯;然后在脂酰CoA转移酶的作用下,甘油二酯再与1分子脂酰CoA合成甘油三酯。

α-磷酸甘油 $\xrightarrow[2RCO\sim SCoA \quad 2CoASH]{\text{脂酰CoA转移酶}}$ 磷脂酸 $\xrightarrow[Pi]{\text{磷脂酸磷酸酶}}$ 甘油二酯 $\xrightarrow[RCO\sim SCoA \quad CoASH]{\text{脂酰CoA转移酶}}$ 甘油三酯

甘油二酯途径

第四节 磷脂的代谢

一、甘油磷脂的代谢

（一）甘油磷脂合成的原料

甘油磷脂合成的基本原料包括甘油、脂肪酸、磷酸盐、胆碱(choline)、丝氨酸、肌醇(inositol)等。人体各组织细胞内质网均含有甘油磷脂合成酶系，以肝、肾及肠等活性最高。甘油和脂肪酸主要由糖代谢转化而来，甘油 2 位的多不饱和脂肪酸为必需脂肪酸，只能从食物(植物油)摄取。丝氨酸是合成磷脂酰丝氨酸的原料，脱羧后生成乙醇胺又是合成磷脂酰乙醇胺的原料。乙醇胺从 *S*-腺苷甲硫氨酸获得 3 个甲基生成胆碱。甘油磷脂合成还需 ATP、CTP。ATP 供能，CTP 在磷脂合成中很重要，参与乙醇胺、胆碱、甘油二酯活化，形成 CDP-乙醇胺、CDP-胆碱、CDP-甘油二酯等重要的活性中间产物。

丝氨酸 $\xrightarrow{-CO_2}$ 乙醇胺 $\xrightarrow{3\times S\text{-腺苷甲硫氨酸}}$ 胆碱

乙醇胺 $\xrightarrow[ATP \to ADP]{\text{乙醇胺激酶}}$ 磷酸乙醇胺 $\xrightarrow[CTP \to PPi]{\text{CTP:磷酸乙醇胺胞苷转移酶}}$ CDP-乙醇胺

胆碱 $\xrightarrow[ATP \to ADP]{\text{胆碱激酶}}$ 磷酸胆碱 $\xrightarrow[CTP \to PPi]{\text{CTP:磷酸胆碱胞苷转移酶}}$ CDP-胆碱

（二）甘油磷脂的合成

1. 甘油二酯途径 磷脂酰胆碱和磷脂酰乙醇胺通过甘油二酯途径合成。甘油二酯是该途径的重要中间物，胆碱和乙醇胺被活化成 CDP－胆碱和 CDP－乙醇胺后，分别与甘油二酯缩合，生成磷脂酰胆碱（phosphatidyl choline, PC）和磷脂酰乙醇胺（phosphatidyl ethanolamine, PE）。这两类磷脂在体内含量最多，占磷脂超过 75%。

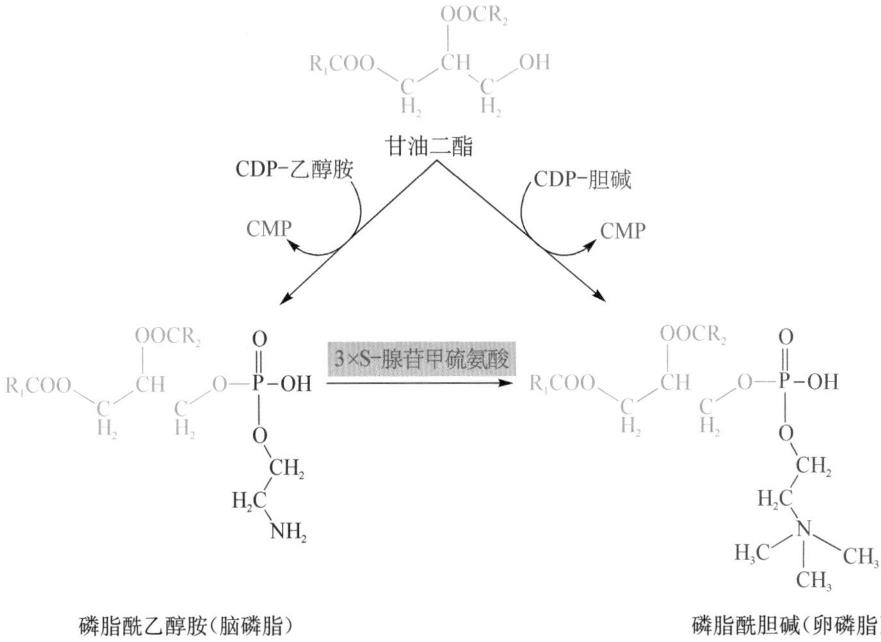

甘油二酯

CDP-乙醇胺　CMP　　CDP-胆碱　CMP

3×S-腺苷甲硫氨酸

磷脂酰乙醇胺（脑磷脂）　　磷脂酰胆碱（卵磷脂）

磷脂酰胆碱是真核生物细胞膜含量最丰富的磷脂。Ⅱ型肺泡上皮细胞可合成二软脂酰胆碱，其 1，2 位均为软脂酰基，是较强的乳化剂，能降低肺泡表面张力，有利于肺泡的伸张。

2. CDP-甘油二酯途径 磷脂酰肌醇、磷脂酰丝氨酸及心磷脂通过 CDP－甘油二酯途径合成。肌醇、丝氨酸无需活化，CDP－甘油二酯是该途径重要中间物，与丝氨酸、肌醇或磷脂酰甘油缩合，生成磷脂酰肌醇（phosphatidylinositol）、磷脂酰丝氨酸（phosphatidylserine）及心磷脂（cardiolipin）。

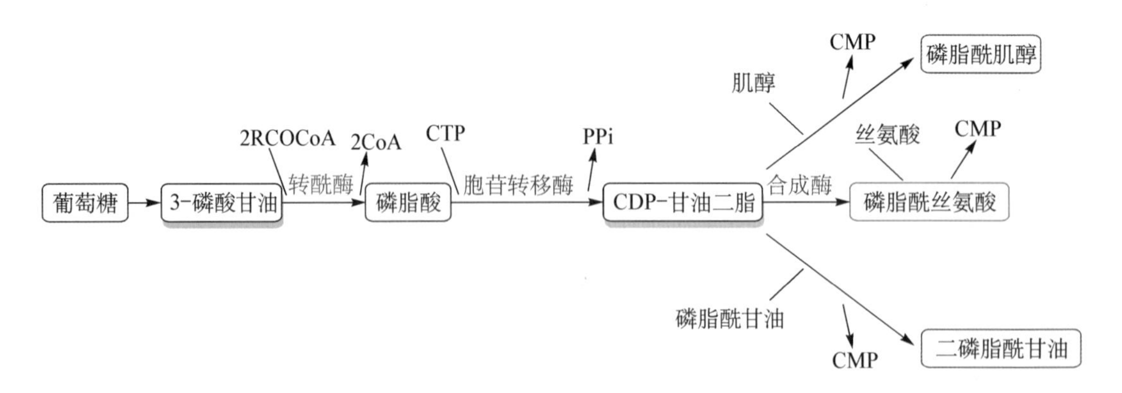

磷脂酰肌醇在细胞中对代谢调控、信号转导起着非常重要的作用。磷脂酰丝氨酸在大脑细胞中的功能主要是改善神经细胞功能，调节神经脉冲的传导，增加脑部供血的作用。心磷脂主要存在于动物细胞线粒体的内膜，特别在心肌占总磷脂的15%。

（三）甘油磷脂的水解

生物体内存在多种降解甘油磷脂的磷脂酶（phospholipase，PL），包括磷脂酶 A_1、A_2、B_1、B_2、C 及 D，它们分别作用于甘油磷脂分子中不同的酯键（图 4-9），水解甘油磷脂。

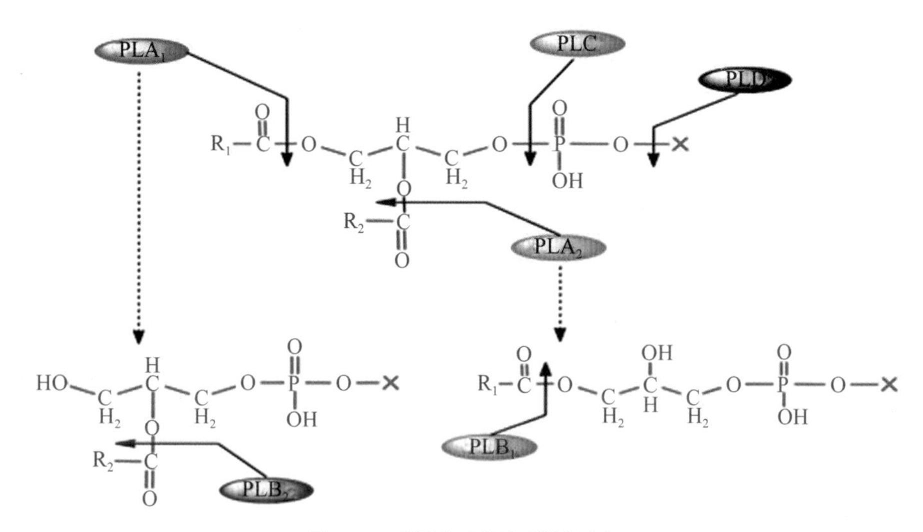

图 4-9 磷脂酶对甘油磷脂的水解

磷酸胆碱
鞘氨醇
脂肪酸

神经鞘磷脂

二、鞘磷脂的代谢

（一）鞘磷脂的合成代谢

鞘磷脂存在于大多数哺乳动物细胞的质膜内，是髓鞘的主要成分。人体含量最多的鞘磷脂是神经鞘磷脂，由鞘氨醇、脂肪酸及磷酸胆碱构成。人体各组织细胞内质网均存在合成鞘氨醇酶系，以脑组织活性最高。合成鞘氨醇的基本原料是软脂酰 CoA 和丝氨酸，还需磷酸吡哆醛、NADPH 及 FAD 等辅酶参加。在磷酸吡哆醛参与下，软脂酰 CoA 与 *L*-丝氨酸缩合并脱羧生成 3-酮基二氢鞘氨醇，再由 NADPH 供氢，还原酶催化，加氢生成二氢鞘氨醇，然后在脱氢酶催化下，脱氢生成鞘氨醇。

在脂酰转移酶催化下，鞘氨醇的氨基与脂酰 CoA 进行酰胺缩合，生成 *N*-脂酰鞘氨醇，最后由 CDP-胆碱提供磷酸胆碱，生成神经鞘磷脂。

（二）鞘磷脂的水解

神经鞘磷脂酶（sphingomyelinase）属磷脂酶C类，能使磷酸酯键水解，产生磷酸胆碱及 N-脂酰鞘氨醇。如先天性缺乏此酶，则鞘磷脂不能降解，并在单核巨噬细胞系统内积存，引起肝脾大及痴呆等鞘磷脂沉积病状。

第五节 胆固醇代谢

一、胆固醇的合成与调节

胆固醇是具有环戊烷多氢菲烃核及含一个羟基的醇，在人体内主要以游离胆固醇（free cholesterol，FC），亦称非酯化胆固醇（unesterified cholesterol），以及胆固醇酯（cholesterol ester，CE）两种形式存在。广泛分布于各组织，约1/4分布在脑及神经组织，约占脑组织20%。肾上腺、卵巢等类固醇激素分泌腺中胆固醇含量达1%～5%；肝、肾、肠等内脏及皮肤、脂肪组织，胆固醇含量约为每100 g组织200～500 mg，以肝最多。肌组织含量约为每100 g组织100～200 mg。人体胆固醇来源除从食物中摄取外，主要由体内合成。

（一）合成部位

肝是合成胆固醇的主要场所，占全身合成总量的3/4以上。肝不仅合成胆固醇的速度快，而且能快速地以脂蛋白形式输送到血液中。其他组织如肠壁组织、皮肤、肾上腺皮质、性腺甚至动脉管壁等均能合成少量胆固醇。人体每天合成胆固醇1 g左右。胆固醇合成酶系存在于细胞的胞液及内质网中，因此胆固醇合成主要在这两个部位进行。

（二）合成原料

乙酰CoA是合成胆固醇的直接原料。乙酰CoA来自线粒体糖的有氧氧化及脂肪酸的β-氧化，线粒体内的乙酰CoA通过柠檬酸-丙酮酸循环进入胞液。胆固醇合成还需供氢体 $NADPH+H^+$、供能物质ATP。实验证明，合成1分子胆固醇需要18分子乙酰CoA、36分子ATP及16分子 $NADPH+H^+$。

（三）合成基本过程

胆固醇合成过程复杂，有近30步酶促反应，大致可划分为3个阶段。

1. 甲羟戊酸（mevalonic acid, MVA）的合成 2分子乙酰CoA先缩合成乙酰乙酰CoA，再与另1分子乙酰CoA缩合成β-羟-β-甲基戊二酰CoA（HMG-CoA），再经HMG-CoA还原酶（HMG-CoA reductase）催化，由NADPH供氢还原为甲羟戊酸。HMG-CoA是胆固醇和酮体合成的重要中间产物，而HMG-CoA还原酶存在于胞液，是胆固醇合成的关键酶，所以胞液中的HMG-CoA用于合成胆固醇，而肝线粒体中的HMG-CoA用于合成酮体。

$$2CH_3COCoA \xrightarrow[\searrow HSCoA]{\text{硫解酶}} CH_3COCH_2COCoA \xrightarrow[CH_3COCoA \curvearrowright HSCoA]{\text{HMG-CoA 合酶}}$$

$$HOOC-CH_2-C(OH)(CH_3)-CH_2-COCoA \xrightarrow[2NADPH+2H^+ \rightarrow 2NADP^+,\ HSCoA]{\text{HMG-CoA 还原酶}} HOOC-CH_2-C(OH)(CH_3)-CH_2-CH_2OH$$

羟基甲基戊二酸单酰CoA　　　　甲羟戊酸(MVA)

2. 鲨烯的合成　甲羟戊酸(6C)首先由 ATP 供能,在胞液一系列酶的催化下脱羧及磷酸化生成活泼的异戊烯焦磷酸(5C)和二甲基丙烯焦磷酸(5C),然后这两种 5 碳中间化合物进一步缩合成 15C 的焦磷酸法尼酯。2 分子焦磷酸法尼酯在内质网鲨烯合酶的作用下,再缩合、还原成 30C 多烯烃-鲨烯(squalene)。

3. 胆固醇的生成　鲨烯为含 30 个碳原子的多烯烃,经内质网单加氧酶、环化酶等催化,环化成羊毛固醇,再经氧化、脱羧、还原等反应,脱去 3 个甲基,生成 27 碳胆固醇(图 4－10)。

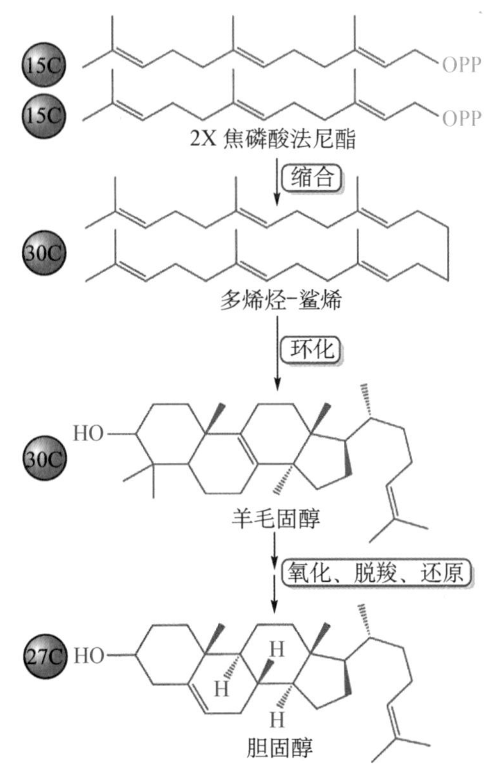

图 4－10　从焦磷酸法尼酯(15C)到胆固醇(27C)的合成过程

(四) 胆固醇合成的调节

1. HMG－CoA 还原酶活性的昼夜节律性　动物实验发现,大鼠肝胆固醇合成有昼夜节律性,午夜最高、中午最低。进一步研究发现,肝 HMG－CoA 还原酶活性也有昼夜节律性，午夜 12 点表现最大活性，中午最低。可见，胆固醇合成的周期节律性是 HMG－CoA 还原酶活性周期性改变的结果。

2. 饥饿与饱食 饥饿与禁食可抑制肝合成胆固醇。相反，进食高糖、高饱和脂肪膳食后，肝 HMG－CoA 还原酶活性增加，胆固醇的合成增加。

3. 细胞胆固醇含量的影响 肝细胞胆固醇可反馈抑制肝脏合成胆固醇，它主要抑制 HMG－CoA 还原酶的合成。此外胆固醇的代谢产物，如 7β－羟胆固醇和 25－羟胆固醇对 HMG－CoA 还原酶有较强的抑制作用

4. 激素调节 胰岛素和甲状腺素能诱导肝 HMG－CoA 还原酶的合成，从而增加胆固醇的合成。胰高血糖素和皮质醇能抑制并降低 HMG－CoA 还原酶的活性，从而减少胆固醇的合成。甲状腺素还可促进胆固醇在肝脏内转变成胆汁酸，因此甲状腺功能亢进时，患者血清胆固醇含量反见下降。

5. HMG－CoA 还原酶抑制剂 能够抑制胆固醇合成关键酶 HMG－CoA 还原酶的他汀类药物是一组新的降脂药，有洛伐他汀、美伐他汀、氟伐他汀及辛伐他汀等。此类药物作为 HMG－CoA 还原酶的抑制剂，能使酶活性降低，以减少内源性胆固醇合成。

二、胆固醇的转化

胆固醇的环戊烷多氢菲母核在体内不能氧化分解，只能在其侧链发生氧化，所以体内胆固醇不能彻底氧化分解成 CO_2 和 H_2O，只能转变成其他的生理活性物质，参与代谢及调节，或排出体外。

（一）转变为胆汁酸

胆固醇在肝中转变成胆汁酸(bile acid)是体内胆固醇的主要去路，每天约生成 0.4～0.6 g。胆固醇通过 7α－羟化酶催化而生成 7α－羟胆固醇，然后再经 3α－及 12α－羟化，最后经侧链裂解成 24C 的初级游离型胆汁酸(详见肝的生化一章)。7α－羟化酶为胆汁酸生成的限速酶。

（二）转变为类固醇激素

肾上腺皮质球状带、束状带及网状带细胞可以胆固醇为原料分别合成醛固酮、皮质醇及雄激素等。睾丸间质细胞可以胆固醇为原料合成睾丸酮，卵巢的卵泡内膜细胞可以胆固醇为原料合成雌二醇，卵巢的黄体及胎盘可利用胆固醇合成孕酮。

（三）转化为 7－脱氢胆固醇

在皮肤，胆固醇可被氧化为 7－脱氢胆固醇，后者经紫外线照射形成维生素 D_3。维生素 D_3 经肝细胞微粒体 25－羟化酶催化而形成 25－羟维生素 D_3。经过血浆转运，在肾中进一步羟化，形成具有生理活性的 1,25－二羟维生素 D_3，促进钙磷吸收及成骨作用。

（四）排泄

胆汁排出及肠黏膜细胞脱落而进入肠腔的胆固醇，随同食物胆固醇吸收。凡未被肠道吸收的大部分在肠道细菌的作用下，转变为粪固醇而排出体外。

第六节 血浆脂蛋白代谢

一、血脂与血浆脂蛋白

血浆脂质包括甘油三酯、磷脂、胆固醇及其酯以及游离脂肪酸等。磷脂主要有卵磷脂(约70%)、神经鞘磷脂(约20%)及脑磷脂(约10%)。血脂有两种来源:外源性脂质从食物摄取入血,内源性脂质由肝细胞、脂肪细胞及其他组织细胞合成后释放入血。血脂不如血糖恒定,受膳食成分、年龄、性别、职业以及体内代谢等影响,波动范围较大(表4-3)。

表4-3 正常成人12～14 h空腹血脂的组成及含量

名称	血浆含量(空腹)(mg/dl)(括号内为均值)	空腹时主要来源
总脂	400～700(500)	
甘油三酯	10～150(100)	肝
总胆固醇	100～250(200)	肝
胆固醇酯	70～200(145)	
游离胆固醇	40～70(55)	
总磷脂	150～250(200)	肝
神经磷脂	50～130(70)	肝
卵磷脂	50～200(100)	肝
脑磷脂	50～35(20)	肝
游离脂肪酸	5～20(15)	脂肪组织

血液中的脂质成分主要以脂蛋白(lipoprotein)的形式存在,血浆脂蛋白是血脂的运输及代谢形式。

不同的脂蛋白所含脂质和蛋白质有差异,其理化性质如密度、颗粒大小、表面电荷、电泳行为,以及免疫学性质和生理功能均有不同(表4-4),可用电泳法和超速离心法将脂蛋白分为不同种类。

表4-4 脂蛋白的分类、组成、合成部位和生理功能

密度法分类	电泳法分类	密度	颗粒直径(nm)	化学组成(%)				合成部位	功能
				蛋白质	甘油三酯	胆固醇	磷脂		
乳糜微粒	乳糜微粒	<0.96	80～500	0.5～2	80～95	1～5	5～7	小肠黏膜细胞	转运外源甘油三酯及胆固醇
极低密度脂蛋白	前β-脂蛋白	0.96～1.006	25～80	5～10	50～70	15	15	肝细胞	转运内源甘油三酯及胆固醇
低密度脂蛋白	β-脂蛋白	1.006～1.063	20～25	20～25	10	45～50	20	血浆	转运内源性胆固醇
高密度脂蛋白	α-脂蛋白	1.063～1.210	5～17	50	5	20	25	肝、肠、血浆	将残余胆固醇运回肝脏

1. 电泳分类法 各种脂蛋白中载脂蛋白在相同pH溶液中虽然都带负电荷,但因各种

脂蛋白中载脂蛋白的种类和含量不同,所带电荷不同,在电场中迁移率不同。根据迁移率从快到慢,依次为 α-脂蛋白(α-lipoprotein)(HDL)、前 β-脂蛋白(pre-β-lipoprotein)(VLDL)、β-脂蛋白 β-lipoprotein)(LDL),乳糜微粒在原点不动(图 4-11)。

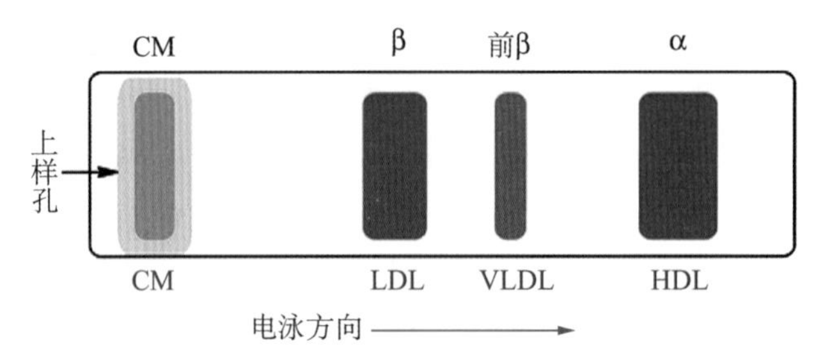

图 4-11　血浆脂蛋白的电泳法分类

2. 超速离心法　按密度对血浆脂蛋白分类,不同脂蛋白因含脂质和蛋白质种类和数量不同,密度不一样。将血浆在一定密度盐溶液中超速离心,脂蛋白会因密度不同而漂浮或沉降,通常用 Svedberg 漂浮率(S_f)表示脂蛋白上浮或下沉特性。在 26℃、密度为 1.063 的 NaCl 溶液、每秒每达因克离心力的力场中,上浮 10^{-13}cm 为 1 S_f 单位,即 1 $S_f=10^{-13}$cm/(s·dyn·g)。乳糜微粒含脂最多,含蛋白质最少,密度最小,易上浮;其余脂蛋白按密度由小到大依次为极低密度脂蛋白(very low density lipoprotein, VLDL)、低密度脂蛋白(low density lipoprotein, LDL)和高密度脂蛋白(high density lipoprotein, HDL);分别相当于电泳分类中的 CM、前β-脂蛋白、β-脂蛋白及 α-脂蛋白。因蛋白质及脂质含量不同,HDL 还可分成亚类,主要有 HDL_2 和 HDL_3。

人血浆还有中密度脂蛋白(intermediate desity lipoprotein, IDL)和脂蛋白(a)(lipoprotein (a), Lp(a))。IDL 是 VLDL 在血浆中向 LDL 转化的中间产物,组成和密度介于 VLDL 与 LDL 之间。Lp(a)的脂质成分与 LDL 类似,蛋白质成分中,除含 1 分子载脂蛋白 B100 外,还含 1 分子载脂蛋白(a)。Lp(a)是一类独立脂蛋白,由肝产生,不转化成其他脂蛋白。流行病学研究显示,Lp(a)是致动脉粥样硬化的独立危险因素。

血浆脂蛋白是脂质与蛋白质的复合体,其中的蛋白质称为载脂蛋白。迄今已从人血浆脂蛋白分离出 20 多种载脂蛋白(apolipoprotein, Apo),主要有 A、B、C、D 及 E 五大类(表 4-5)。载脂蛋白在不同脂蛋白的分布及含量不同,赋予脂质以可溶的形式。ApoB48 是 CM 特征载脂蛋白,LDL 几乎只含 ApoB100,HDL 主要含 ApoAⅠ及 ApoAⅡ。

表 4-5　常见的人血浆载脂蛋白分布及功能

载脂蛋白	分布	功能	载脂蛋白	分布	功能
AⅠ	HDL	识别 HDL 受体,激活 LCAT	CⅡ	CM, VLDL, HDL	激活 LPL
AⅡ	HDL	稳定 HDL,激活 HL	E	CM, VLDL, HDL	识别 LDL 受体
B48	CM	促进 CM 合成	(a)	LP(a)	转运胆固醇
B100	VLDL, LDL	识别 LDL 受体	CETP	HDL	运输胆固醇
CⅠ	CM, VLDL, HDL	激活 LCAT	PTP	HDL	运输磷脂

注:CETP:胆固醇酯转运蛋白;LPL:脂蛋白脂肪酶;PTP:磷脂转运蛋白;LCAT:卵磷脂-胆固醇脂酰转移酶;HL:肝脂肪酶

大多数载脂蛋白，如 Apo AⅠ、AⅡ、CⅠ、CⅡ、CⅢ及 E 等均具双性 α-螺旋（amphipathic α helix）结构，不带电荷的疏水氨基酸残基构成 α-螺旋非极性面，带电荷的亲水氨基酸残基构成 α-螺旋极性面。在脂蛋白表面，载脂蛋白极性面朝外，与血浆的水相接触。脂蛋白是以非极性的甘油三酯及胆固醇酯为内核，载脂蛋白、磷脂及游离胆固醇单分子层覆盖于表面的复合体，保证不溶于水的脂质能在水相的血浆中正常运输（图 4－12）。成熟的脂蛋白一般呈球状，CM 及 VLDL 主要以甘油三酯为内核，LDL 及 HDL 则主要以胆固醇酯为内核。

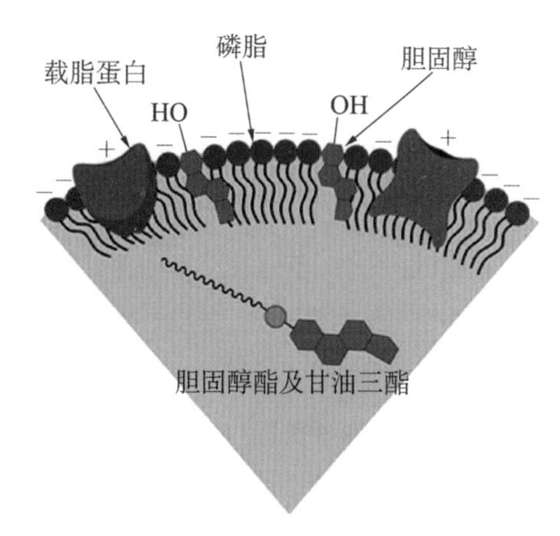

图 4－12　脂蛋白的结构示意图

二、血浆脂蛋白代谢

（一）乳糜微粒的代谢

乳糜微粒（M）由小肠黏膜细胞合成。脂肪消化吸收时，由小肠黏膜细胞再合成甘油三酯，连同合成及吸收的磷脂、胆固醇以及载脂蛋白形成新生的 CM。新生 CM 经淋巴系统进入血液，从 HDL 获得 ApoC 及 ApoE，并将部分 ApoAⅠ、ApoAⅡ、ApoAⅣ转移给 HDL，成为成熟的 CM。成熟 CM 中 ApoCⅡ能够激活毛细血管内皮细胞表面的脂蛋白脂肪酶（lipoprotein lipase，LPL），使 CM 中甘油三酯及磷脂逐步水解，产生甘油、脂肪酸及溶血磷脂。加入 ApoCⅡ后，LPL 活性可增加 10～50 倍。随着 CM 内核甘油三酯不断被水解，释出的大量脂肪酸被心肌、骨骼肌、脂肪组织及肝组织摄取利用，CM 颗粒逐步脱去甘油三酯变小，表面过多的 ApoAⅠ、ApoAⅡ、ApoAⅣ、ApoC、磷脂及胆固醇离开 CM 颗粒，形成新生 HDL。CM 最后转变成富含胆固醇酯、ApoB48 及 ApoE 的 CM 残粒（remnant），经胞吞作用进入肝细胞。正常人 CM 在血浆中代谢迅速，半寿期为 5～15 min，因此正常人空腹 12～14 h血浆中不含 CM。因此，乳糜微粒是运送外源性甘油三酯的主要形式（图 4－13）。

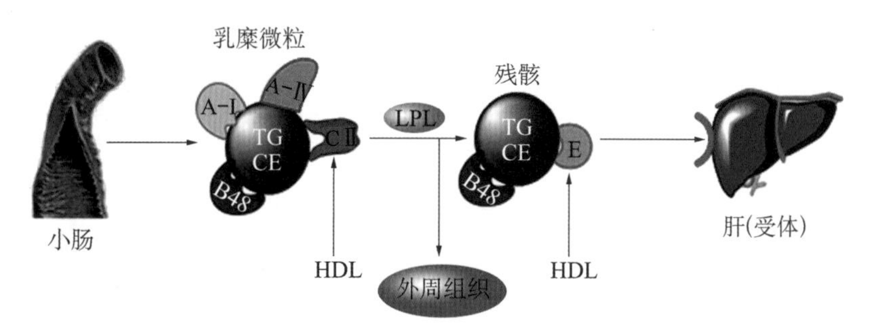

图 4－13　乳糜微粒的代谢途径

（二）极低密度脂蛋白的代谢

极低密度脂蛋白（VLDL）主要由肝细胞合成。肝细胞以葡萄糖生成的以及脂肪组织动员来的脂肪酸和甘油为原料，合成内源性甘油三酯，再加上 ApoB100、ApoE 以及磷脂、胆固醇等即形成 VLDL。直接分泌入血，从 HDL 获得 ApoC，其中 ApoCⅡ激活毛细血管内皮细胞表面的 LPL。VLDL 中的甘油三酯经 LPL 作用逐步水解，水解释出的脂肪酸和甘油供肝外组织利用。VLDL 颗粒逐渐减小，其组成也发生改变。VLDL 表面的 ApoC、磷脂及胆固醇向 HDL 转移，而 HDL 胆固醇酯又转移到 VLDL。该过程不断进行，VLDL 中甘油三酯不断减少，胆固醇酯逐渐增加，ApoB100 及 ApoE 相对增加，颗粒逐渐变小，密度逐渐增加，形成中间密度脂蛋白（IDL）。肝细胞膜上 LDL 受体相关蛋白（LDL receptor related protein，LRP）可识别和结合 IDL，因此部分 IDL 被肝细胞摄取、降解。未被肝细胞摄取的 IDL（在人约占总 IDL 的 50%，在大鼠约占 10%），其甘油三酯被 LPL 及肝脂肪酶（hepatic lipase，HL）进一步水解，表面 ApoE 转移至 HDL。这样，IDL 中剩下的脂质主要是胆固醇酯，剩下的载脂蛋白只有 ApoB100，转变为 LDL。VLDL 在血液中的半寿期为 6～12 h。VLDL 的生理功能是把内源性的甘油三酯转运到肝外组织（图 4－14）。

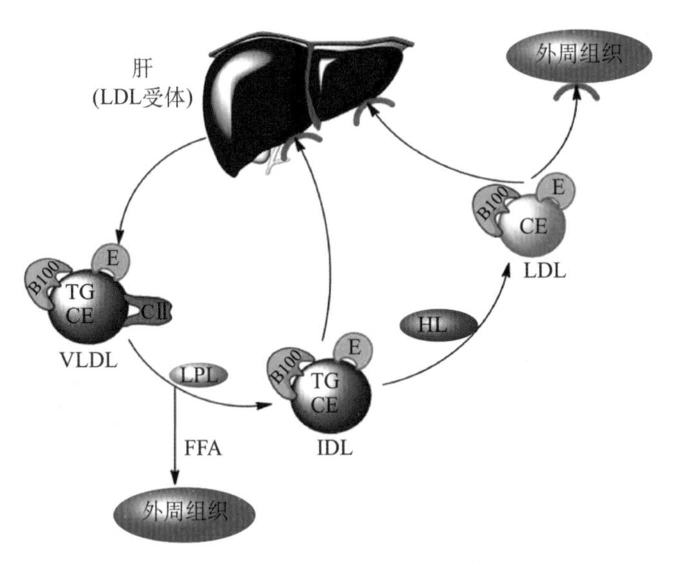

图 4－14　极低密度脂蛋白的代谢途径

（三）低密度脂蛋白的代谢

低密度脂蛋白（LDL）是由极 VLDL 在血浆中转变而来。LDL 是富含胆固醇的脂蛋白，正常人血浆中的胆固醇有 60%～70%由 LDL 运输，其中 2/3 为胆固醇酯。正常人血浆 LDL 每天约 45%被清除，其中 2/3 经 LDL 受体（LDL receptor）途径降解，1/3 经单核-吞噬细胞系统完成。血浆 LDL 半寿期为 2～4 d。LDL 受体广泛分布于肝、动脉壁细胞等全身各组织的细胞膜表面。1974 年，Brown 及 Goldstein 首先在人成纤维细胞膜表面发现了能特异结合 LDL 的 LDL 受体。他们纯化了该受体，证明它是 839 个氨基酸残基构成的糖蛋白，分子量 160 000。后来发现，LDL 受体广泛分布于全身，特别是肝、肾上腺皮质、卵巢、睾丸、动脉壁等组织的细胞膜表面，能特异识别、结合含 ApoB100 或 ApoE，故又称 ApoB/E 受体（ApoB/E receptor）。细胞膜表面的被覆陷窝是 LDL 受体存在部位，特异识别及结合含 ApoB100 或 ApoE。即 LDL 中的 ApoB100 被受体识别，将 LDL 结合到受体上陷窝内，其后再与膜分离形成内吞泡，在内吞泡内经膜 H^{+}-ATPase 作用，pH 降低变酸，LDL 与受体分离并与溶酶体融合后，再经酶水解产生胆固醇进入运输小泡体，可参与生物膜的构成，或者经内质网脂酰 CoA：胆固醇脂酰转移酶（acyl CoA：cholesterol acyl transferase，ACAT）作用再酯化而蓄积。游离胆固醇可以激活 ACAT；同时游离胆固醇还能抑制 LDL 受体的合成，以减少 LDL 的内吞（图 4-15）。LDL 的主要功能是将肝合成的胆固醇转运到肝外组织。

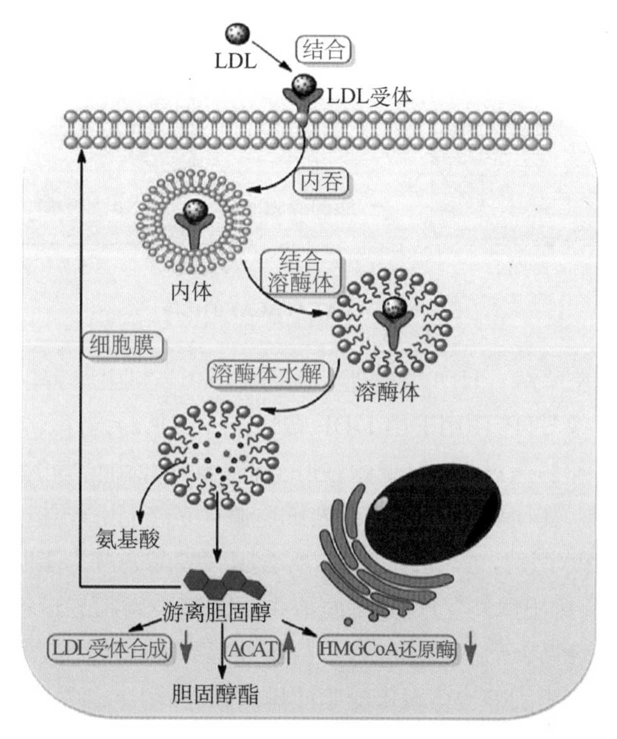

图 4-15 LDL 受体途径

血浆 LDL 还可被修饰成氧化型 LDL（oxidized LDL，Ox-LDL），被清除细胞即单核-吞噬细胞系统中的巨噬细胞及血管内皮细胞摄取。这两类细胞膜表面有清道夫受体（scavenger receptor，SR），可与修饰 LDL 结合，摄取了血浆修饰 LDL 的这两类细胞内脂质堆积，从而形成泡沫细胞。

（四）高密度脂蛋白的代谢

HDL 的代谢过程实际上就是胆固醇逆向转运（reverse cholesterol transport，RCT）过程。高密度脂蛋白主要由肝合成，小肠黏膜细胞也生成一小部分。RCT 第 1 步是胆固醇自肝外细胞包括动脉平滑肌细胞及巨噬细胞等部位移出，然后送至 HDL。巨噬细胞、脑、肾、肠及胎盘等组织细胞膜存在 ATP 结合盒转运蛋白 A1（ATP-binding cassette transporter A1，ABCA1），可介导细胞内胆固醇及磷脂转运至细胞外，在 RCT 中发挥重要作用。RCT 第 2 步是 HDL 所运载的胆固醇的酯化及胆固醇酯的转运。新生 HDL 从肝外细胞接受的游离胆固醇(FC),分布在HDL表面。HDL入血后从CM中获得ApoA,肝细胞分泌到血浆中的卵磷脂-胆固醇脂酰转移酶(lecithin cholesterol acyl transferase, LCAT)经HDL中的ApoAⅠ激活,可使HDL表面卵磷脂的2位脂酰基转移至胆固醇3位羟基,生成溶血卵磷脂及胆固醇酯(cholesterol ester, CE)。胆固醇酯在生成后即转入HDL内核,表面则可继续接受肝外细胞游离胆固醇,消耗的卵磷脂也可从肝外细胞补充。该过程反复进行,HDL内核胆固醇酯不断增加,双脂层盘状HDL逐步膨胀为单脂层球状并最终转变为成熟HDL。图4-16是两种酶LCAT与ACAT的比较。

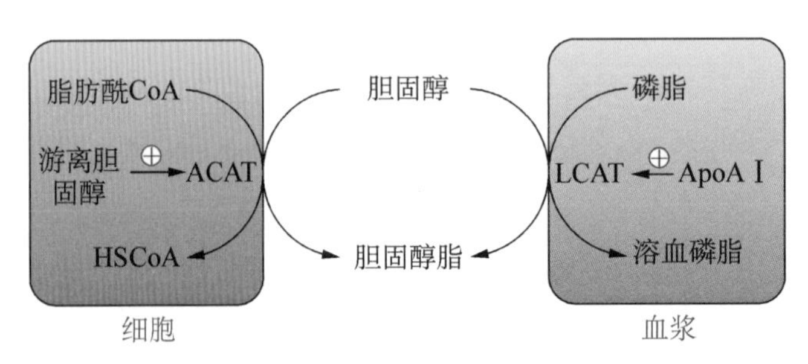

图4-16 LCAT与ACAT的比较

HDL主要由肝细胞降解。HDL中的胆固醇酯约70%在胆固醇酯转运蛋白(cholesteryl ester transfer protein, CETP)作用下由HDL转移至VLDL,后者再转变成LDL,通过LDL受体途径在肝被清除;20%通过HDL受体在肝被清除;10%由特异的ApoE受体在肝被清除。机体通过这种机制,还可将外周组织衰老细胞膜中的胆固醇转运至肝代谢并排出。成熟HDL可被肝细胞受体识别,进入肝细胞后,所含胆固醇酯分解为脂肪酸和胆固醇,后者转变为胆汁酸或通过胆汁排出体外。HDL是血液中胆固醇及磷脂的运输形式,其主要功能是将周围组织等处的胆固醇转运到肝脏降解,它将肝外组织细胞胆固醇通过血循环转运到肝,转化为胆汁酸排出,部分胆固醇也可直接随胆汁排入肠腔(图4-17)。

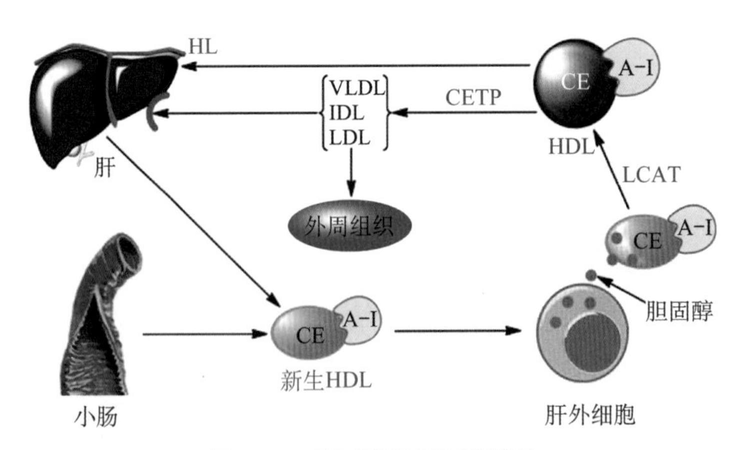

图4-17 高密度脂蛋白的代谢途径

第七节 脂质代谢紊乱及疾病

脂质代谢从消化吸收到分解合成都有可能出现异常而引起脂质代谢的紊乱，以下几种是脂质代谢紊乱所引起的病症。

一、酮血症

酮体是脂肪酸分解的正常中间产物。正常生理情况下，血中酮体含量极少，为 0.03～0.5 mmol/L(0.3～5 mg/dl)。在饥饿、高脂低糖膳食及糖尿病时，脂肪酸动员加强，酮体生成增加，超过肝外组织利用的能力，引起血中酮体升高，称为酮血症。酮体为酸性物质，可导致酮症酸中毒，并随尿排出，引起酮尿，称为酮尿症。

二、脂肪肝

肝是脂质代谢重要的器官。肝中合成的脂质是以脂蛋白的形式转运至肝外，磷脂是合成脂蛋白所必不可少的原料，当磷脂在肝中合成减少时，肝中脂肪不能顺利地运出，引起脂肪在肝中堆积，称为脂肪肝。脂肪肝患者的肝细胞中甘油三酯占了很大空间，从而影响肝细胞功能，甚至引起肝细胞坏死、结缔组织增生，造成肝硬化。形成脂肪肝的主要原因有：①肝中脂肪来源过多，如高脂及高糖饮食；②肝功能障碍，此时肝脏合成脂蛋白的能力降低；③磷脂合成障碍，以致极低密度脂蛋白 VLDL 合成不足，使肝内合成的脂肪输出困难。

三、高脂血症

高脂血症是指血脂水平高于正常范围的上限，由于血脂在血中是以脂蛋白形式运输，高脂血症实际上可认为是高脂蛋白血症(hyper lipoproteinemia)。在目前临床实践中，高脂血症指血浆胆固醇和(或)甘油三酯超过正常范围上限，一般以成人空腹 12～14 h 血浆甘油三酯超过 2.26 mmol/L(200 mg/dl)，胆固醇超过 6.21 mmol/L(240 mg/dl)，儿童胆固醇超过 4.14 mmol/L(160 mg/dl)为高脂血症诊断标准。

世界卫生组织对高脂蛋白血症的分型分为 5 型，其中Ⅱ型又分为两个亚型(表 4-6)。

表 4-6 高脂蛋白血症的分型

分型	名称	血浆脂蛋白改变	血脂变化	
Ⅰ型	高乳糜微粒血症	CM 升高	甘油三酯↑↑↑	胆固醇↑
Ⅱa 型	高 β-脂蛋白血症	LDL 升高		胆固醇↑↑
Ⅱb 型	高 β-脂蛋白血症	LDL 升高	甘油三酯↑↑	胆固醇↑↑
Ⅲ型	宽 β-型高脂蛋白血症	IDL 升高	甘油三酯↑↑	胆固醇↑↑
Ⅳ型	高前 β-脂蛋白血症	VLDL 升高	甘油三酯↑↑	
Ⅴ型	高前 β-脂蛋白及乳糜微粒血症	CM 和 VLDL 均升高	甘油三酯↑↑↑	胆固醇↑

四、血浆脂蛋白代谢紊乱与动脉粥样硬化

动脉粥样硬化(atherosclerosis, AS)是一种常见的、复杂的多因素引起的疾病。一般病变动脉内膜先有脂质和复合糖类积聚、出血和血栓形成、纤维组织增生及钙质沉着,并有动脉中层逐渐蜕变和钙化。由于在动脉内膜积聚的脂质外观呈黄色粥样,因此称为动脉粥样硬化。动脉粥样硬化一旦发展到足以阻塞动脉腔,则该动脉所供应的组织或器官将缺血或坏死。心血管动脉粥样硬化的症状可发生心绞痛、心肌梗死、心律失常,甚至猝死。脑血管动脉硬化可引起脑缺血、脑萎缩,或造成脑血管破裂出血。

动脉粥样硬化的形成过程极其复杂,其发病机制涉及炎性反应、脂质代谢失调及氧化应激等多种病理生理机制。其中,LDL 的氧化修饰被认为是关键启动因素。LDL 是富含胆固醇及其酯的脂蛋白,主要通过 LDL 受体途径降解。体内活性氧(reactive oxygen species, ROS)可对 LDL 进行不同层次的、连续的氧化,产生 ox-LDL。ox-LDL 对泡沫细胞形成起关键作用,能够上调巨噬细胞表面的清道夫受体数量并被过度摄取,导致胞内大量胆固醇聚集,进而形成泡沫细胞;大量泡沫细胞停留在血管壁内,使动脉粥样硬化斑块形成。

(汤其群　王丽影)

参考文献

[1] 周春燕,药立波. 生物化学与分子生物学. 9 版. 北京:人民卫生出版社. 2018.
[2] 杨丽丽. 氧化型低密度脂蛋白与动脉粥样硬化. 国外医学内科学分册,2000,27(2):58-60.
[3] Baynes JW, Dominiczak MH. Medical Biochemistry. Elsevier Mosby, 2005.
[4] Nelson DL, Cox MM. Lehninger Principles of Biochemistry. 6th ed. New York: W. H. Freeman and Company, 2013.

第五章　生 物 氧 化

在生物体内，糖、脂肪、蛋白质等营养物质与氧反应，最终分解生成 CO_2 和 H_2O，同时逐步释放能量，供生命活动所需。这种营养物质在生物体内进行的氧化称为生物氧化(biological oxidation)。在生物氧化进行过程中，细胞需要摄取 O_2，释放 CO_2，因此又称为细胞呼吸(cellular respiration)。生物氧化的意义在于通过该过程把营养物质的化学能转变为细胞可直接利用的能量形式(ATP 和热能)，供机体利用。ATP 是细胞可直接利用的主要能量形式，是机体能量生成、利用过程的核心，是本章介绍的重点。而热能可被机体用于维持体温。

第一节　体内能量的贮存与利用形式

生物体需要通过生物氧化过程将营养物质的化学能转变成细胞可以直接利用的能量形式，如 ATP 等高能磷酸化合物的化学能，当机体需要时，再由这些高能磷酸化合物直接为生理活动供能。

所谓高能磷酸化合物是指水解时释放自由能(ΔG)≥21 kJ/mol 的磷酸化合物，水解释放能量较多的磷酸酯键，称为高能磷酸键，用“～P”符号表示。此外，生物体内还包括其他高能磷酸化合物和含有 CoA 的高能硫酯化合物等(表 5－1)。

表 5－1　一些重要高能化合物水解释放的标准自由能

化合物	ΔG	
	kJ/mol	(kcal/mol)
磷酸烯醇式丙酮酸	－61.9	(－14.8)
氨基甲酰磷酸	－51.4	(－12.3)
1,3-二磷酸甘油酸	－49.3	(－11.8)
磷酸肌酸	－43.1	(－10.3)
ATP→ADP＋Pi	－30.5	(－7.3)
ADP→AMP＋Pi	－27.6	(－6.6)
焦磷酸	－27.6	(－6.6)
1-磷酸葡萄糖	－20.9	(－5.0)
琥珀酰辅酶 A	－33.5	(－8.0)
乙酰辅酶 A	－31.5	(－7.5)

一、ATP

（一）ATP是细胞可以直接利用的最主要能量形式

营养物质分解产生能量的大约40%被转化为ATP。ATP是最重要的高能磷酸化合物，是细胞可以直接利用的最主要能量形式。ATP的末端磷酸基团可被分解或转移生成ADP，或利用ATP两个高能磷酸酯键，生成AMP和PP_i。在细胞中，ATP和ADP为ATP^{4-}和ADP^{3-}的多电荷阴离子形式。在标准状态下，ATP水解释放的自由能为－30.5 kJ/mol（－7.3 kcal/mol）。在活细胞中，ATP、ADP和无机磷酸浓度比标准状态低得多，而pH比标准状态7.0高，因此ATP水解释放的自由能可达到－52.3 kJ/mol（－12.5 kcal/mol）。在体内能量代谢中，ATP末端的磷酸酯键水解释放的能量处于各种磷酸化合物磷酸酯键释放能量的中间位置，有利于ATP在能量转移时发挥重要作用。更高能化合物中的能量可以转移生成ATP，ATP水解反应释放大量自由能又可以驱动各种耗能生命过程（图5-1）。

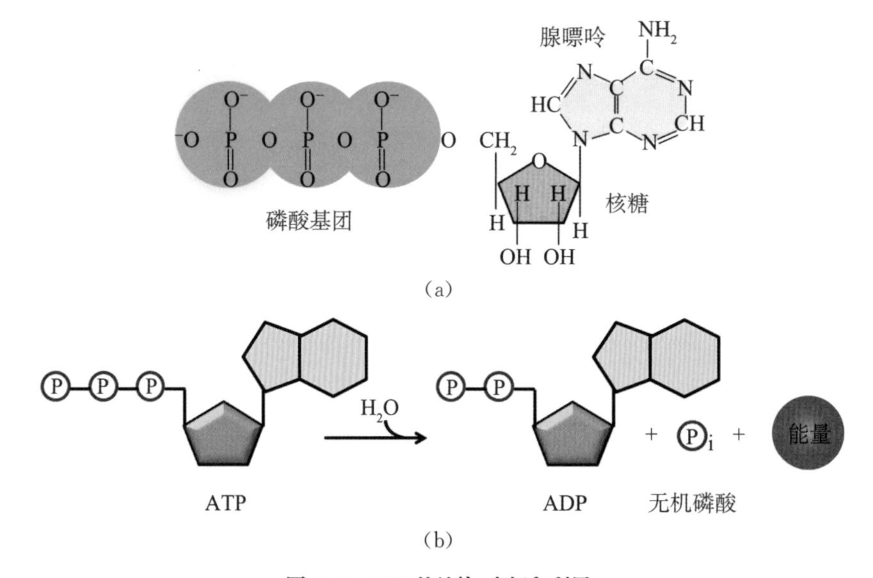

图5-1　ATP的结构、水解和利用

(a) ATP的结构　(b) ATP的水解

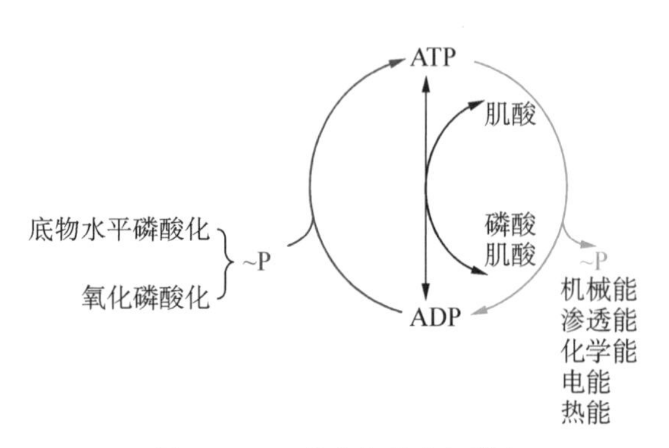

图5-2　ATP的生成、储存和利用

（二）ATP在体内能量捕获、转移和利用过程中处于中心位置

ATP通过不断进行ADP-ATP再循环，释放和获得自由能，完成能量的转换，因此称为“能量货币”。ATP作为能量载体分子将分解代谢与合成代谢紧密联系起来，在营养物质分解代谢中产生，又在合成代谢等耗能过程中水解释放自由能，以供机体各种生命活动直接利用。ATP也为主动跨膜转运、肌肉收缩、信号转导等生命过程提供能量（图5-2）。因此，

ATP 在体内能量捕获、转移和利用过程中处于中心位置。

（三）ATP 与磷酸核苷化合物之间的相互转变

ATP、ADP 和 AMP 间的相互转变由细胞内腺苷酸激酶（adenylate kinase）催化完成。当体内 ATP 消耗过多时，ADP 在腺苷酸激酶催化下转变成 ATP 被利用。当 ATP 需要量减少时，AMP 可从 ATP 中获得～P 生成 ADP。

$$\mathrm{ATP} + \mathrm{AMP} \rightarrow 2\mathrm{ADP}$$

分别为糖原、磷脂、蛋白质等合成提供能量的 UTP、CTP 和 GTP 可在核苷二磷酸激酶的催化下，从 ATP 中获得～P 而生成。具体反应如下：

$$\mathrm{ATP} + \mathrm{UDP} \rightarrow \mathrm{ADP} + \mathrm{UTP}$$
$$\mathrm{ATP} + \mathrm{CDP} \rightarrow \mathrm{ADP} + \mathrm{CTP}$$
$$\mathrm{ATP} + \mathrm{GDP} \rightarrow \mathrm{ADP} + \mathrm{GTP}$$

二、磷酸肌酸

磷酸肌酸（creatine phosphate，CP）储存于需能较多的骨骼肌、心肌和脑中，是高能键能量储存形式。当 ATP 充足时，通过将末端～P 转移给肌酸，生成磷酸肌酸；当 ATP 迅速消耗时，磷酸肌酸也可将～P 转移给 ADP 生成 ATP，补充 ATP（图 5－3）。

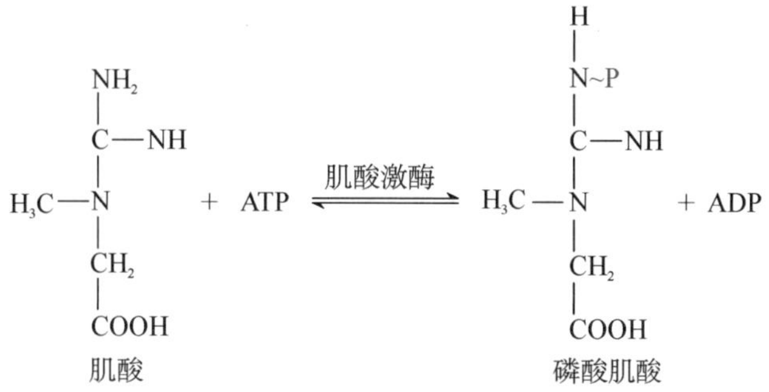

$$\underset{\text{肌酸}}{\mathrm{H_2N{-}C({=}NH){-}N(CH_3){-}CH_2{-}COOH}} + \mathrm{ATP} \xrightleftharpoons{\text{肌酸激酶}} \underset{\text{磷酸肌酸}}{\mathrm{P{\sim}NH{-}C({=}NH){-}N(CH_3){-}CH_2{-}COOH}} + \mathrm{ADP}$$

图 5－3 高能磷酸键在 ATP 与肌酸间的转移

三、氧化磷酸化是最主要的 ATP 生成方式

在体内，ATP 主要通过底物水平磷酸化和氧化磷酸化两种方式生成，后者是最主要的 ATP 生成方式。

（一）代谢物在体内氧化的 3 个阶段

在体内代谢物氧化分为 3 个阶段，首先是乙酰 CoA 的生成：糖、脂肪和蛋白质经过分解代谢生成乙酰 CoA；接着是乙酰 CoA 的氧化：乙酰 CoA 进入三羧酸循环脱羧生成 CO_2，同时 NAD^+ 和 FAD 分别被还原成 $NADH + H^+$ 和 $FADH_2$；第 3 阶段是电子传递和氧化磷酸化：$NADH + H^+$ 和 $FADH_2$ 经氧化呼吸链逐步将电子传递，最后递给 O_2 生成 H_2O，氧化过程中释放出来的能量用于 ATP 合成(图 5-4)。因此,生物氧化的实质是氧化磷酸化,是 NADH、$FADH_2$ 上的电子通过一系列的电子传递体传递给 O_2 生成 H_2O,并将释放的能量使 ADP 磷酸化形成 ATP 的过程。在上述体内物质氧化的 3 个阶段中,第 3 个阶段是体内能量生成的主要阶段。

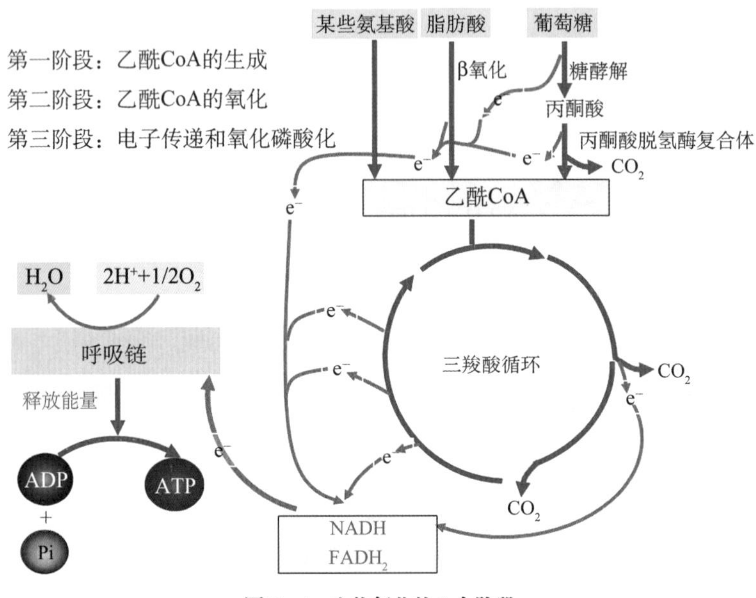

图 5-4　生物氧化的 3 个阶段

(二) 生物氧化遵循的规律

生物氧化遵循氧化还原反应的一般规律,最终产物(CO_2、H_2O)和释放能量与体外氧化相同。但生物氧化与体外氧化亦存在明显不同,生物氧化在细胞内温和的条件下进行(体温,pH 接近中性),在一系列酶催化下逐步释放能量,有利于能量捕获及提高 ATP 生成效率。生物氧化过程常通过加水脱氢反应使物质间接获得氧,以此增加脱氢及还原当量($NADH+H^+$、$FADH_2$)。此外,生物氧化中,代谢物脱下的氢与氧结合生成 H_2O,CO_2 则由有机酸脱羧产生。

第二节　电子传递链的组成及功能

$NADH+H^+$ 和 $FADH_2$ 经氧化呼吸链逐步进行电子传递,最后递给 O_2 生成 H_2O,氧化过程中释放出来的能量用于 ATP 合成。所谓氧化呼吸链(oxidative respiratory chain)是指线粒体内膜中按一定顺序排列的一系列具有电子传递功能的蛋白酶复合体(complex),这些蛋白酶复合体可将代谢物脱下的成对氢原子(2H)通过链锁的氧化还原反应最终传递给 O_2 生成 H_2O。这一系列酶和辅酶包括递氢体和电子传递体,因此氧化呼吸链又称电子传递链(electron transfer chain)。

一、氧化呼吸链的组成

线粒体内膜含有 4 种具有传递电子功能的蛋白酶复合体(表 5-2)。其中复合体Ⅰ、Ⅲ和Ⅳ完全镶嵌在线粒体内膜中,复合体Ⅱ镶嵌在内膜的内侧(图 5-5)。

表 5-2 人线粒体呼吸链复合体及功能

复合体	酶名称	功能	分子量×10^3	多肽链数	功能辅基
复合体Ⅰ	NADH-泛醌还原酶	将 NADH+H^+ 中的电子传递给 CoQ	850	45	FMN, Fe-S
复合体Ⅱ	琥珀酸-泛醌还原酶	将电子从琥珀酸传递到 CoQ	140	4	FAD, Fe-S
复合体Ⅲ	泛醌-细胞色素 c 还原酶	将电子从 QH_2 传递给细胞色素 c	250	11	血红素 b_L、b_H、c_1, Fe-S
复合体Ⅳ	细胞色素 c 氧化酶	将电子从 Cyt c 传递给氧	162	13	血红素 a,血红素 a_3, Cu_A, Cu_B

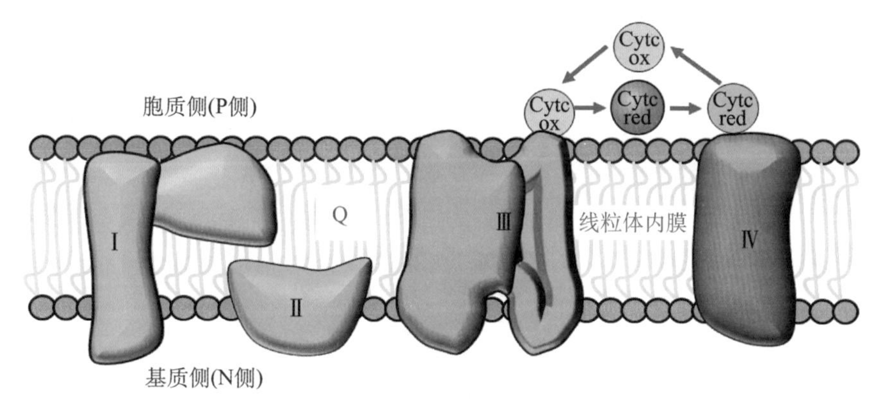

图 5-5 氧化呼吸链各复合体位置示意图

二、线粒体中重要的电子载体

氧化呼吸链含有一系列具有电子传递功能的组分,这些组分作为电子载体通过氧化和还原反应在氧化与还原状态之间转换,最终完成电子传递过程。

(一)NAD^+

NAD^+(烟酰胺腺嘌呤二核苷酸,nicotinamide adenine dinucleotide, NAD; coenzyme Ⅰ, Co Ⅰ)是烟酰胺脱氢酶类的辅酶,其结构式如图 5-6 所示,为含有烟酰胺、腺嘌呤的二核苷酸。$NADP^+$ 与 NAD^+ 在结构上的主要区别是 $NADP^+$ 在腺嘌呤核苷酸的核糖 2′位上多了一个磷酸基团。

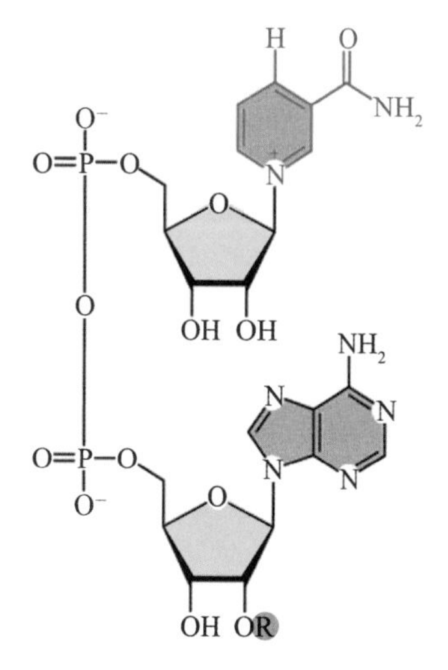

图 5-6 NAD^+和 $NADP^+$的结构式

(NAD^+:R=H;$NADP^+$:R=$-PO_3H_2$)

NAD 有 NAD^+(氧化态)和 NADH(还原态)两种状态,可以相互转换。NAD^+ 属于双电子传递体,发挥电子传递功能的结构是烟酰胺。NAD^+ 分子中烟酰胺的五价氮接受 2

个电子被还原成为三价氮，其对侧的碳原子可接受 1 个质子进行加氢反应，进而转变为 NADH，氧化时反应逆行。烟酰胺在加氢反应时只能接受 1 个质子(H^+)和 2 个电子，将另一个 H^+ 游离出来，因此将还原型的 NAD^+ 写成 $NADH+H^+$ (NADH)(图 5-7)。

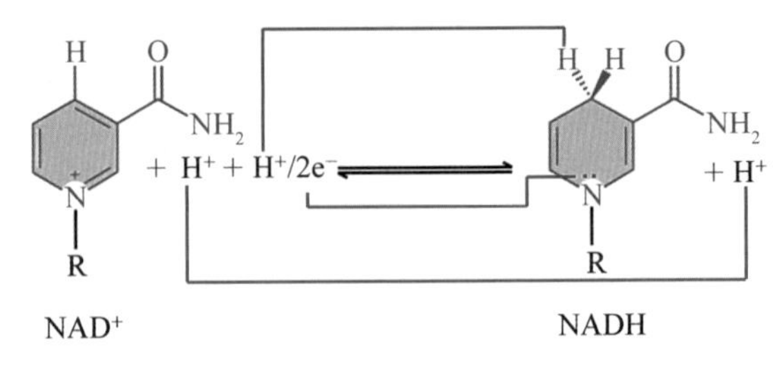

图 5-7　NAD^+ 的加氢和 NADH 的脱氢反应

（二）黄素蛋白

黄素单核苷酸(flavin mononucleotide, FMN)与黄素腺嘌呤二核苷酸(flavin adenine dinucleotide, FAD)分子中均含有核黄素(维生素 B_2)，因此以 FAD 或 FMN 作为辅基的蛋白也称为黄素蛋白(flavoprotein)，FAD 比 FMN 多一个 AMP，FAD 与 FMN 的结构式见图5-8。

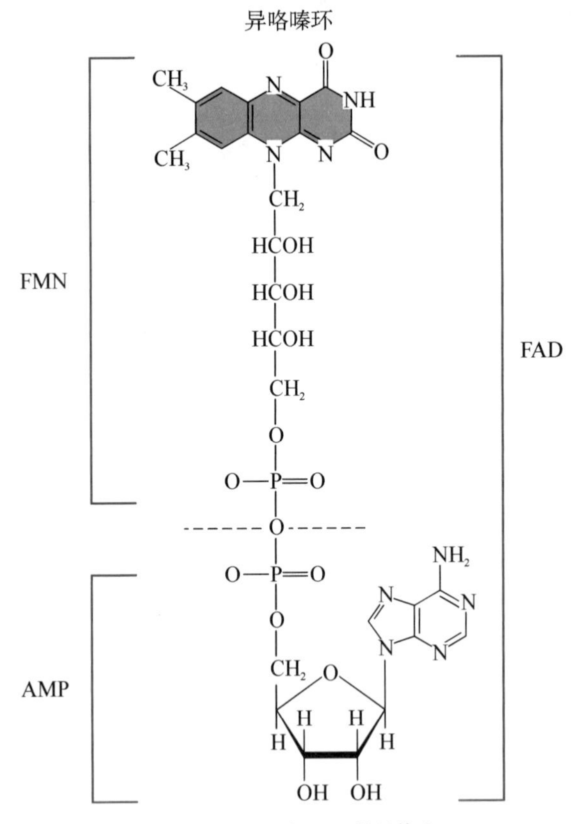

图 5-8　FMN 和 FAD 的结构式

FMN 和 FAD 发挥电子传递功能的结构是异咯嗪环，在可逆的氧化还原反应中显示 3

种分子状态，属于单、双电子传递体，可介导单、双电子传递体间的电子传递。氧化型 FMN 可接受 1 个质子和 1 个电子形成不稳定的 FMNH˙，再接受 1 个质子和 1 个电子转变为还原型 FMN($FMNH_2$)，氧化时反应逐步逆行(图 5－9)。FAD 上的异咯嗪环同样也可接受 2 个质子和 2 个电子转变为还原型 FAD($FADH_2$)。

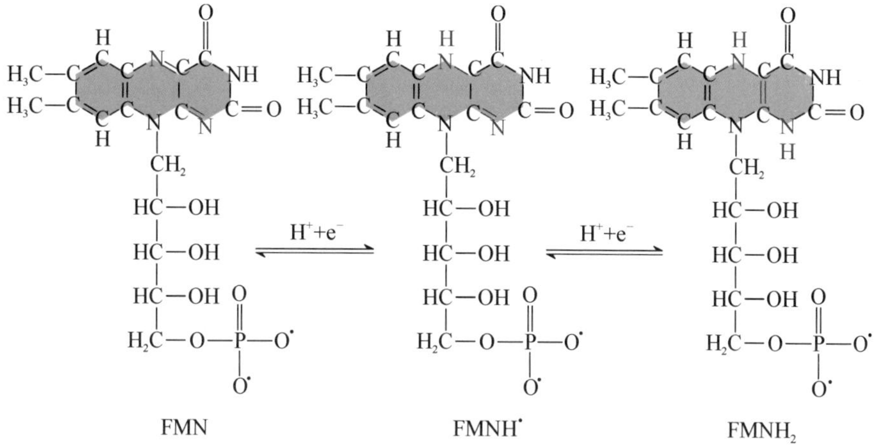

FMN　$\underset{}{\overset{H^+ + e^-}{\rightleftharpoons}}$　FMNH˙　$\underset{}{\overset{H^+ + e^-}{\rightleftharpoons}}$　$FMNH_2$

图 5－9　FMN 的加氢和 $FMNH_2$ 的脱氢反应

（三）铁硫蛋白

氧化呼吸链有多种铁硫蛋白(iron-sulfur protein)，其辅基为铁硫中心(iron-sulfur center，Fe-S)。Fe-S 是其中的铁原子与无机硫和(或)铁硫蛋白中蛋白部分的半胱氨酸残基相连接而形成的特殊结构。Fe-S 可有多种形式，如 Fe_2S_2、Fe_4S_4(图 5－10)。尽管 Fe-S 有多个铁原子的存在，但只有其中的 1 个铁原子可进行 $Fe^{2+} \rightleftharpoons Fe^{3+} + e^-$ 的可逆反应，每次传递 1 个电子，因此铁硫蛋白为单电子传递体。

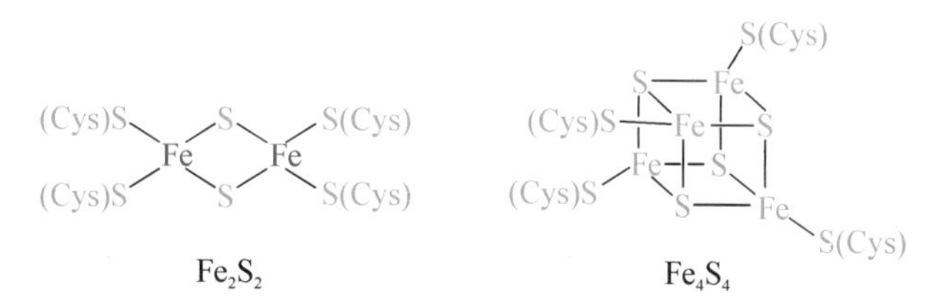

图 5－10　线粒体中铁硫中心 Fe_2S_2 和 Fe_4S_4 的结构

（四）泛醌

泛醌(ubiquinone)又称辅酶 Q(CoQ)，是一种小分子脂溶性醌类化合物。它含有多个异戊二烯(2－甲基丁烯)单位互相连接形成的侧链，人体的 CoQ 侧链由 10 个异戊二烯单位组成，用 CoQ10 表示。因侧链的强疏水作用，CoQ 能在线粒体内膜中自由扩散，发挥可移动电子载体的作用。CoQ 亦通过可逆的氧化还原反应传递电子，有 3 种氧化还原状态：氧化型泛醌(CoQ)接受 1 个电子和 1 个质子被还原成半醌型(QH˙，部分还原态)，再接受 1 个电子和 1 个质子形成二氢泛醌(QH_2，完全还原态)，QH_2 可逆向反应再被逐步氧化为 CoQ(图

5－11）。CoQ 作为内膜中可移动电子载体，可从复合体Ⅰ和Ⅱ募集还原当量和电子被还原成 QH_2，QH_2 在内膜中穿梭并将电子传递给复合体Ⅲ，使复合体Ⅲ被还原，而 QH_2 重新被氧化成 CoQ，进一步从复合体Ⅰ和Ⅱ募集新的还原当量和电子。由于 CoQ 可以同时传递氢和电子，因此在电子传递和质子移动的偶联中起着核心作用。

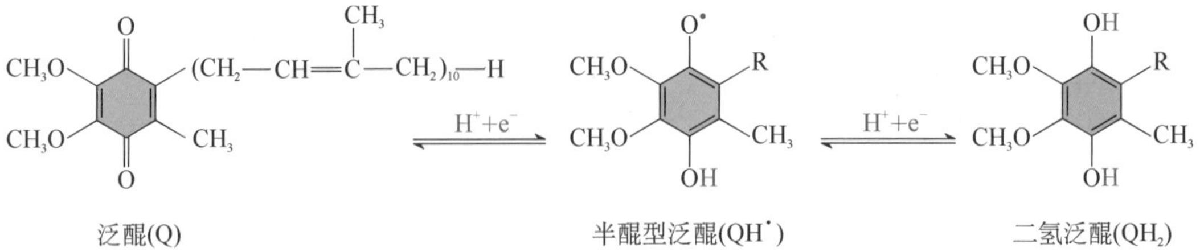

泛醌(Q)　　$\underset{}{\overset{H^+ + e^-}{\rightleftharpoons}}$　　半醌型泛醌($QH^{\bullet}$)　　$\overset{H^+ + e^-}{\rightleftharpoons}$　　二氢泛醌(QH_2)

图 5－11　泛醌的加氢和脱氢反应

（五）细胞色素

细胞色素（cytochrome，Cyt）是一类含血红素样辅基的电子传递蛋白，根据吸收光谱和最大吸收波长的不同，可将细胞色素分为 a、b、c 3 类。各种细胞色素主要差别在于铁卟啉辅基的侧链，以及铁卟啉与蛋白质部分的连接方式。Cyt b 的辅基是原血红素（铁-原卟啉Ⅸ），称为血红素 b，卟啉环上的侧链取代基为 4 个甲基、2 个乙烯基和 2 个丙酸基，与血红蛋白、肌红蛋白辅基的结构相同。Cyt a 辅基是血红素 a，它与原血红素的不同在于卟啉环的第 8 位上以甲酰基代替甲基，第 2 位上以羟代法尼烯基代替乙烯基。Cyt c 的辅基是血红素 c，其卟啉环上的乙烯侧链通过硫醚键与蛋白质分子中的半胱氨酸残基的巯基共价结合（图 5－12）。细胞色素通过其血红素辅基中 Fe^{2+} 与 Fe^{3+} 之间的可逆转换传递电子（$Fe^{2+} \rightleftharpoons Fe^{3+} + e^-$），为单电子传递体。氧化型细胞色素和还原型细胞色素吸收峰有明显改变，可作为分析细胞色素氧化还原状态的重要指标。

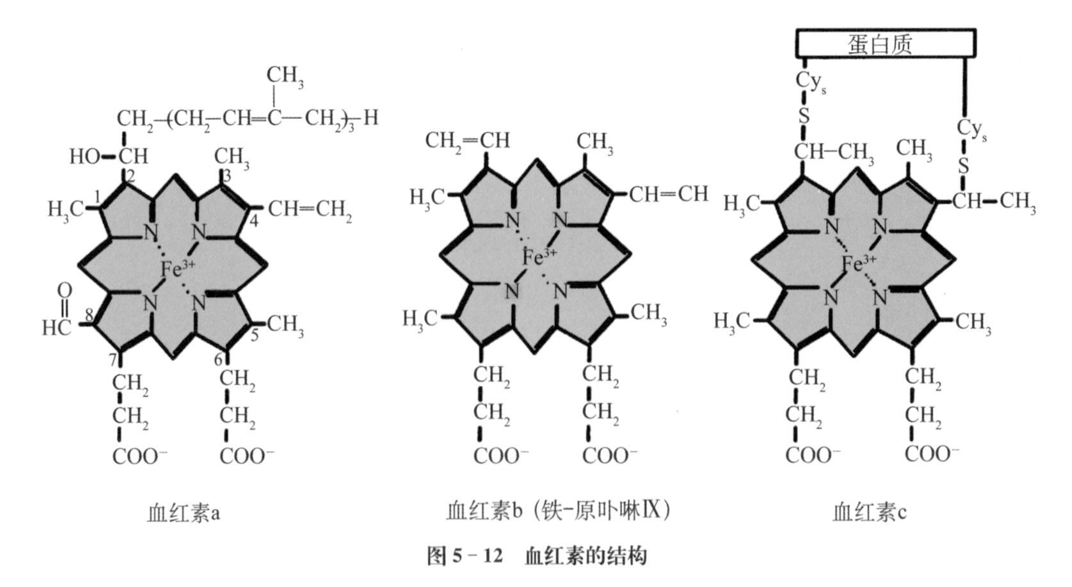

图 5－12　血红素的结构

三、电子传递链中各复合体的组成及功能

（一）复合体Ⅰ

在三羧酸循环和脂肪酸β-氧化等过程的脱氢酶催化的反应中，大部分代谢物脱下的2H由氧化型 NAD^+ 接受，形成还原型 $NADH+H^+$。$NADH+H^+$ 的电子进入复合体Ⅰ继续传递。复合体Ⅰ的作用是将 $NADH+H^+$ 中的电子传递给CoQ，因此又称为NADH-CoQ还原酶（NADH-CoQ reductase）或NADH脱氢酶（NADH dehydrogenase）。复合体Ⅰ呈“L”形，一臂突出，伸向线粒体基质，含有NADH的结合位点，横臂为疏水蛋白质部分，嵌于内膜。复合体Ⅰ的辅基包括FMN辅基及Fe-S辅基。复合体Ⅰ从线粒体基质接受NADH中的2个 H^+ 和2个电子传递给FMN，FMN再经一系列Fe-S辅基，将电子传递给CoQ。CoQ将电子通过疏水蛋白质中Fe-S再传递给内膜的CoQ，最终使CoQ还原生成 QH_2。每2个电子在复合体Ⅰ传递释放的能量可偶联将4个 H^+ 从线粒体内膜基质侧（显负电，N侧）泵到内膜胞质侧（显正电，P侧），因此，复合体Ⅰ有 H^+ 泵功能（图5-13）。

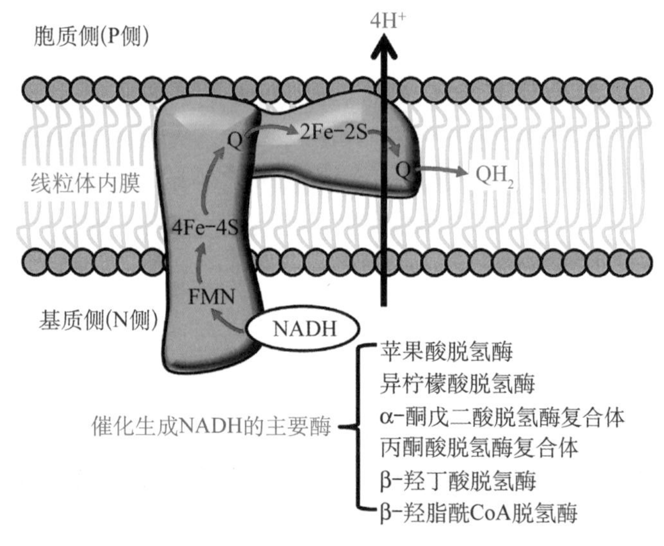

图5-13 复合体Ⅰ的结构示意图

（二）复合体Ⅱ

复合体Ⅱ即三羧酸循环中的琥珀酸脱氢酶，其功能是将电子从琥珀酸传递到CoQ，因此又称琥珀酸-CoQ还原酶（succinate-CoQ reductase）。人体内复合体Ⅱ由4个亚基组成，其中2个小疏水亚基，将复合体锚定于内膜；另外2个亚基位于基质侧，含琥珀酸的结合位点、Fe-S和FAD辅基。复合体Ⅱ的电子传递次序：琥珀酸脱氢而生成 $FADH_2$，$FADH_2$ 将电子经Fe-S传递给CoQ，使CoQ还原生成 QH_2。电子在复合体Ⅱ传递释放的自由能较小，不足以将 H^+ 泵出内膜，因此复合体Ⅱ没有 H^+ 泵的功能（图5-14）。

（三）复合体Ⅲ

复合体Ⅲ的功能是将电子从 QH_2 传递给Cyt c，因此又称CoQ-Cyt c还原酶（cytochrome c reductase）。CoQ从复合体Ⅰ、Ⅱ募集还原当量和电子被还原成 QH_2，复合

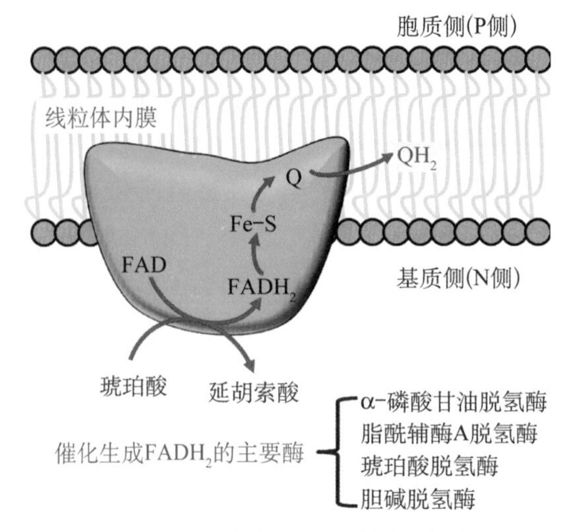

图 5-14　复合体Ⅱ的电子传递示意图

体Ⅲ接受来自 QH_2 的电子并传递给 Cyt c。人体内复合体Ⅲ为二聚体，每个单体含有 11 个多肽，呈梨形。人体内复合体Ⅲ含有 Cyt b、Cyt c_1 和一种可移动的铁硫蛋白（Rieske protein），因此又称为 Cyt b-c_1 复合体（cytochrome bc_1 complex）。Cyt b 亚基结合 2 个不同血红素辅基，一个近内膜胞质侧，还原电位较低，称为 Cyt b_L（Cyt b_{566}）；另一个近内膜基质侧，电位较高，称 Cyt b_H（Cyt b_{562}）。复合体Ⅲ含有 2 个 CoQ 结合位点，分别称为 Q_P（内膜胞质侧）和 Q_N（内膜基质侧）位点（图 5-15）。

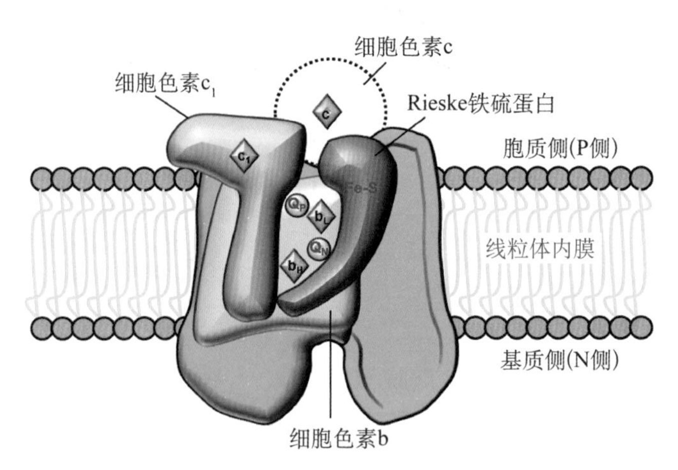

图 5-15　复合体Ⅲ的结构示意图

复合体Ⅲ的电子传递过程通过“Q 循环”（Q cycle）实现。Q 循环包括 2 步相似的半过程：第 1 步，结合在 Q_P 位的 QH_2 将 1 个电子经 Fe-S 传递给 Cyt c_1，再到 Cyt c，同时释放 2 个 H^+ 到胞质中；QH_2 再将另一电子依次传递给 Cyt b_L 和 Cyt b_H，再传递给结合于 Q_N 位点的 CoQ，使其还原为 $\cdot Q^-$，而 Q_P 位的 QH_2 则氧化为 CoQ。第 2 步，与第 1 步相似，结合到 Q_P 位点的另一分子 QH_2 氧化为 CoQ 时，1 个电子使 1 分子 Cyt c 还原，另一个电子使 Q_N 位点

的 Q^- 还原，并从基质获得 2 个 H^+，形成 1 分子 QH_2，同时向胞质释放 2 个 H^+（图 5－16）。复合体Ⅲ电子传递的净结果是 1 分子 QH_2 被氧化成 CoQ，2 分子 Cyt c 被还原，同时向内膜胞质侧释放 4 个 H^+，因此复合体Ⅲ也有 H^+ 泵作用。

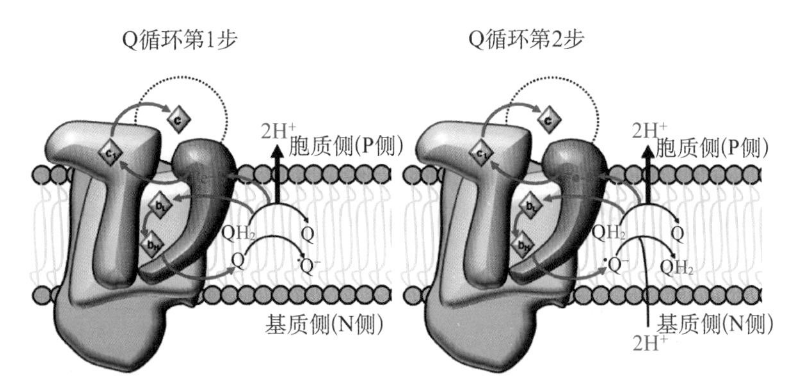

图 5－16　复合体Ⅲ的电子传递示意图

（四）复合体Ⅳ

复合体Ⅳ是氧化呼吸链最后一个复合体，其功能是将电子从还原型 Cyt c 传递给氧。人体内复合体Ⅳ又称 Cyt c 氧化酶（cytochrome c oxidase），包含 13 个亚基，含 4 个氧化还原中心：2 个血红素中心（Cyt a、Cyt a_3）和 2 个 Cu 位点（Cu_A、Cu_B），组成 Cyt a－Cu_A 和 Cyt a_3－Cu_B 两组传递电子功能单元。其中，蛋白质结合的 Cu 可发生 $Cu^+ \rightleftharpoons Cu^{2+} + e^-$ 的可逆反应，也属单电子传递体。Cu_B 和 Cyt a_3 的 Fe 定位接近，形成双核中心（binuclear center），在此部位 O_2 被还原成 H_2O。

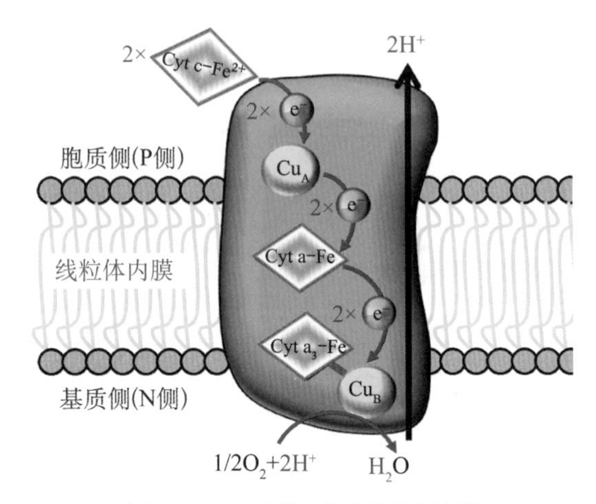

图 5－17　复合体Ⅳ的电子传递过程

复合体Ⅳ电子传递过程：还原型 Cyt c 将电子经 Cu_A 传递到 Cyt a，再到 Cu_B－Cyt a_3 双核中心。需要依次传递 4 个电子，并从线粒体基质获得 4 个 H^+，最终将 1 分子 O_2 还原成 2 分子 H_2O（图 5－17）。Cyt a 传递第 1 个、第 2 个电子到氧化态的双核中心（Cu^{2+} 和 Fe^{3+}），经 Cu_B 到 Cyt a_3，使双核中心的 Cu^{2+} 和 Fe^{3+} 被还原为 Cu^+ 和 Fe^{2+}，并结合 O_2，形成

过氧桥连接的 Cu_B 和 Cyt a_3，相当于 2 个电子传递给 O_2。中心再获得 2 个 H^+ 和第 3 个电子，O_2 分子键断开，Cyt a_3 出现 Fe^{4+} 中间态，再接受第 4 个电子，形成 Cu_B 和 Cyt a_3 的 Fe 各结合- OH 基团中间态。最后再获得 2 个 H^+，双核中心解离出 2 个 H_2O 分子后恢复初始氧化状态(图 5 - 18)。复合体Ⅳ也有 H^+ 泵功能，每传递 2 个电子使 2 个 H^+ 跨内膜向胞质侧转移。

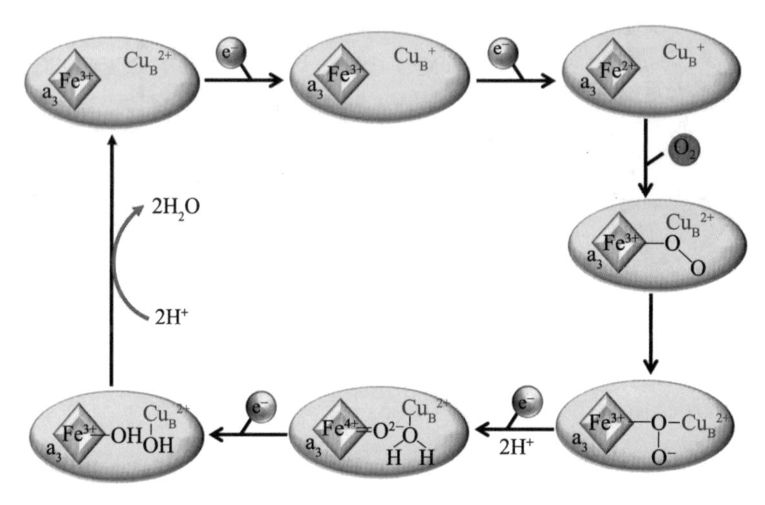

图 5 - 18 复合体Ⅳ双核中心 O_2 被还原成水的过程

四、电子传递链的电子供体

呼吸链各组分按标准氧化还原电位大小有序排列，电子按氧化还原电位从低向高传递，能量逐级释放。表 5 - 3 显示呼吸链中各种氧化还原对的标准氧化还原电位。

表 5 - 3 呼吸链中各种氧化还原对的标准氧化还原电位

氧化还原对	$E^{0'}$(V)	氧化还原对	$E^{0'}$(V)
$NAD^+/NADH+H^+$	−0.32	Cyt c_1 Fe^{3+}/Fe^{2+}	0.22
$FMN/FMNH_2$	−0.219	Cyt c Fe^{3+}/Fe^{2+}	0.254
$FAD/FADH_2$	−0.219	Cyt a Fe^{3+}/Fe^{2+}	0.29
Cyt $b_L(b_H)Fe^{3+}/Fe^{2+}$	0.05(0.10)	Cyt a_3 Fe^{3+}/Fe^{2+}	0.35
$Q_{10}/Q_{10}H_2$	0.06	$1/2O_2/H_2O$	0.816

代谢物在线粒体内的氧化过程中可使 NAD^+ 和 FAD 分别还原成 $NADH+H^+$ 和 $FADH_2$，$NADH+H^+$ 和 $FADH_2$ 则成为氧化呼吸链的电子供体，进入呼吸链的不同部位，最终在线粒体中被彻底氧化成水。实验证实氧化呼吸链分为两条途径：NADH 氧化呼吸链和琥珀酸氧化呼吸链。

（一）NADH 氧化呼吸链

NADH 氧化呼吸链催化 NADH 的脱氢氧化，由复合体Ⅰ、Ⅲ、Ⅳ组成，是体内最常见的一种呼吸链。复合体之间由可扩散性 CoQ 和 Cyt c 连接(图 5 - 19)。

NADH 氧化呼吸链电子传递顺序如下：NADH→复合体Ⅰ→CoQ→复合体Ⅲ→Cyt c→复合体Ⅳ→O_2

代谢物在相应酶催化下脱 2H($2H^+ + 2e^-$)，交给 NAD^+ 生成 NADH+H^+，NADH 通过复合体Ⅰ进入氧化呼吸链，在复合体Ⅰ作用下脱 2H 传递给 CoQ 形成 QH_2，QH_2 的 2H 解离成 $2H^+$ 和 $2e^-$，$2H^+$ 游离于介质中，$2e^-$ 则通过复合体Ⅲ传递给 Cyt c，最后在复合体Ⅳ传递给氧生成氧离子，后者与介质中的 $2H^+$ 生成 H_2O。

生物氧化中大多数脱氢酶都以 NAD^+ 为辅酶，如苹果酸脱氢酶、异柠檬酸脱氢酶、α-酮戊二酸脱氢酶复合体、丙酮酸脱氢酶复合体、β-羟丁酸脱氢酶、β-羟脂酰 CoA 脱氢酶等，这些酶催化生成的 NADH 最终都通过此呼吸链进行氧化(图 5-19)。而胞质中糖酵解途径由乳酸脱氢酶催化产生的 NADH 也可通过苹果酸-天冬氨酸穿梭(见第四节)进入到线粒体基质中形成 NADH+H^+，通过该呼吸链被氧化成水。1 对电子自 NADH 传递给氧释放的能量，可将 10 个 H^+ 从线粒体内膜基质侧转移至胞质侧。每 2H 通过此呼吸链氧化生成水时，所释放的能量可用于生成约 2.5 个 ATP。

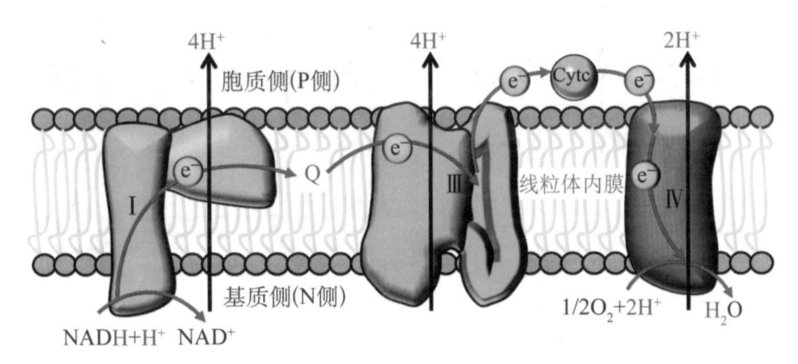

图 5-19 NADH 氧化呼吸链

(二) 琥珀酸氧化呼吸链

琥珀酸氧化呼吸链催化琥珀酸的脱氢氧化，由复合体Ⅱ、Ⅲ、Ⅳ组成，该呼吸链在体内不如 NADH 呼吸链普遍。琥珀酸脱氢后产生的 $FADH_2$ 通过复合体Ⅱ进入氧化呼吸链，并经 CoQ、复合体Ⅲ、Cyt c、复合体Ⅳ将电子传递给 O_2 生成 H_2O(图 5-20)。

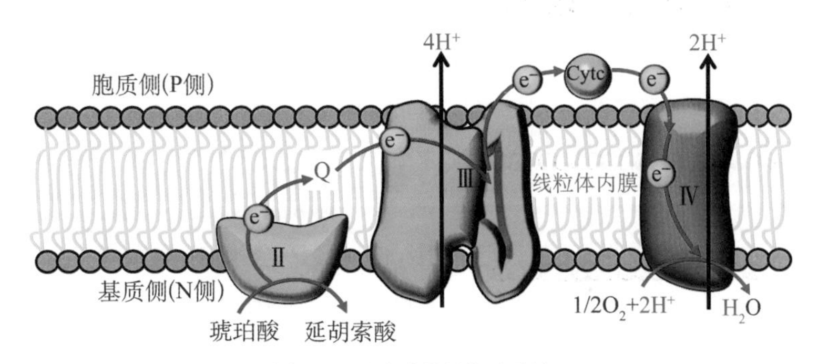

图 5-20 琥珀酸氧化呼吸链

琥珀酸氧化呼吸链电子传递顺序如下：琥珀酸→复合体Ⅱ→CoQ→复合体Ⅲ→Cyt c→复合体Ⅳ→O_2

代谢途径中，除了琥珀酸脱氢酶外，另外一些含 FAD 的脱氢酶，如脂酰 CoA 脱氢酶、α-磷酸甘油脱氢酶、胆碱脱氢酶也可以催化底物生成 $FADH_2$（图 5-14），直接进入该呼吸链进行氧化。而胞质中糖酵解途径产生的 NADH 也可通过 α-磷酸甘油穿梭（见第四节），在位于线粒体内膜近胞质侧的含 FAD 辅基的磷酸甘油脱氢酶催化下生成 $FADH_2$，进入该呼吸链氧化。1 对电子自 $FADH_2$ 传递至氧释放的能量，可将 6 个 H^+ 从基质侧转移至胞质侧。每 2H 经此呼吸链氧化生成约 1.5 分子 ATP。

五、电子传递链的功能

电子在氧化呼吸链进行传递可以产生两个重要的结果，即代谢物所脱下的氢通过电子传递与 O_2 结合生成 H_2O，并建立了跨线粒体内膜的质子电化学梯度（图 5-21）。

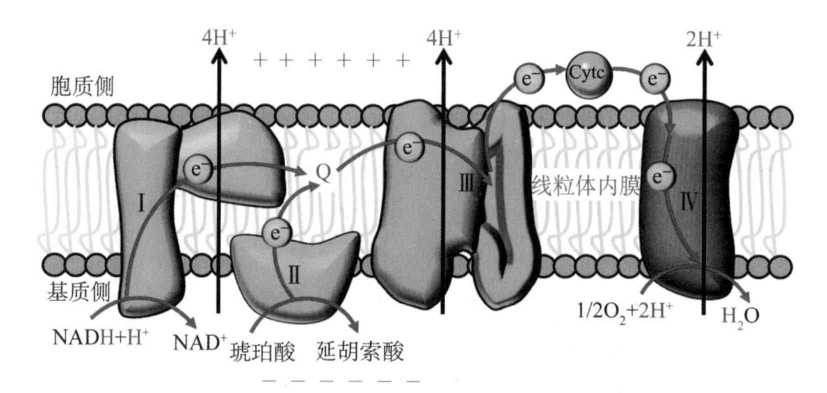

图 5-21　氧化呼吸链的功能

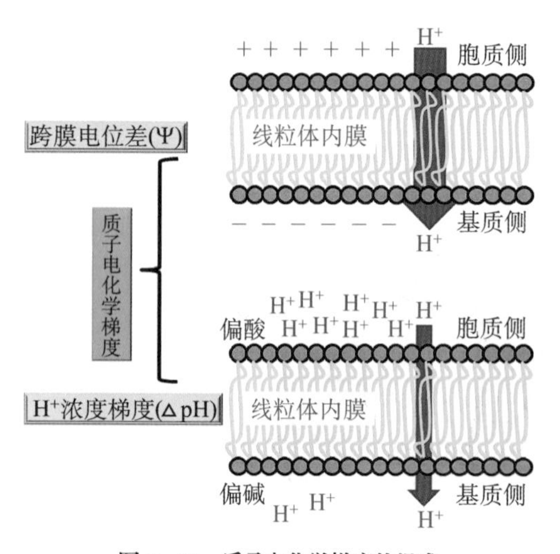

图 5-22　质子电化学梯度的组成

电子沿氧化呼吸链传递时是能量逐级释放的过程，在复合体Ⅰ、Ⅲ、Ⅳ所释放的能量可将质子从线粒体内膜基质侧泵至胞质侧。由于线粒体内膜对离子是高度不通透的，从而使膜间隙的质子浓度高于基质，在内膜的两侧形成 pH 梯度（ΔpH）及电位梯度（Ψ），两者共同构成电化学梯度（图 5-22）。质子电化学梯度贮存强大的势能，可以推动质子经 ATP 合酶顺浓度梯度回流，质子回流所释放的能量可以被 ATP 合酶利用，使 ATP 合酶的构象发生改变，催化底物 ADP 和 Pi 合成 ATP。

第三节 氧化磷酸化

一、氧化磷酸化偶联机制

ATP 作为“能量货币”，是体内主要供能化合物。细胞内 ADP 磷酸化生成 ATP 的方式有两种：一种是底物水平磷酸化，与脱氢反应偶联，直接将高能代谢物分子中的能量转移至 ADP(或 GDP)，生成 ATP(或 GTP)(见第四章糖代谢)。另一种是氧化磷酸化(oxidative phosphorylation)，由代谢物脱下的氢，经线粒体氧化呼吸链电子传递释放能量，偶联驱动 ADP 磷酸化生成 ATP，是 ATP 形成的主要方式。

电子传递的氧化过程和 ADP 磷酸化过程偶联的机制是产生跨线粒体内膜的质子梯度。1961 年，英国科学家 Peter Mitchell 提出化学渗透假说(chemiosmotic hypothesis)，以阐述氧化磷酸化偶联机制。该假说的基本要点是电子经氧化呼吸链传递时释放的能量，通过复合体的质子泵功能，驱动 H^+ 从线粒体内膜的基质侧转移到内膜胞质侧，形成跨线粒体内膜的 H^+ 电化学梯度(图 5-22)，以此储存电子传递释放的能量。当 H^+ 顺浓度梯度经 ATP 合酶回流到基质时驱动 ADP 与 P_i 生成 ATP(图 5-23)。Peter Mitchell 在 1978 年获得诺贝尔化学奖，以表彰他创建的化学渗透理论阐明了氧化磷酸化偶联机制。

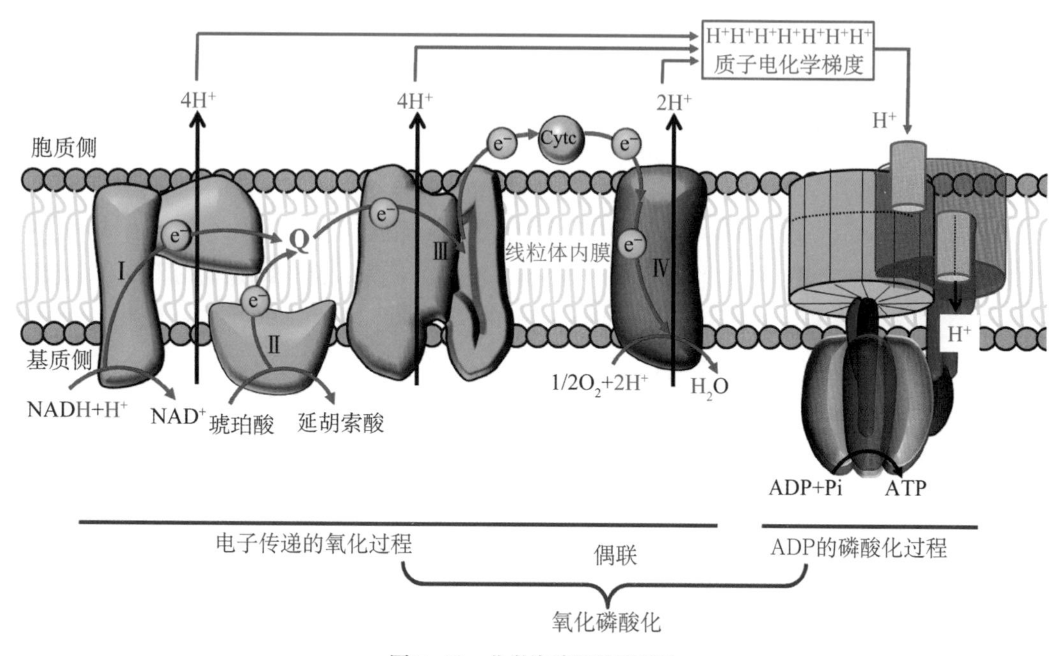

图 5-23 化学渗透假说示意图

二、ATP 合酶合成 ATP

ATP 合酶(ATP synthase)，即复合体Ⅴ，为多个亚基组成的蘑菇样结构，包括 F_1(亲水部分)和 F_0(疏水部分)两个部分。F_1 为线粒体内膜的基质侧颗粒状突起，具有催化 ATP 合成的活性。动物细胞线粒体 F_1 部分由 $\alpha_3\beta_3\gamma\delta\varepsilon$ 亚基复合体和寡霉素敏感蛋白(oligomycin sensitive conferring protein，OSCP)、IF_1 等亚基组成。$\alpha_3\beta_3$ 亚基围绕 γ 亚基间隔排列形成六聚体。α、β 亚基是同源蛋白，每个 β 亚基有 1 个催化中心，催化 ATP 合成，β 亚基必须与 α 亚基结合才有活性。F_0 镶嵌在线粒体内膜中，形成跨内膜质子通道，由疏水的 a、b_2、$c_{9\sim12}$ 亚基组成。动物细胞线粒体 F_0 还有其他辅助亚基。c 亚基为由短环连接的 2 个反向跨膜 α-螺旋组成，9～12 个 c 亚基围成环状结构，a 亚基紧贴 c 亚基环外侧，含 2 个不连通的亲水性质子半通道，分别开口于内膜基质侧和胞质侧，两个半通道分别与 1 个 c 亚基相对应(图 5-24)。

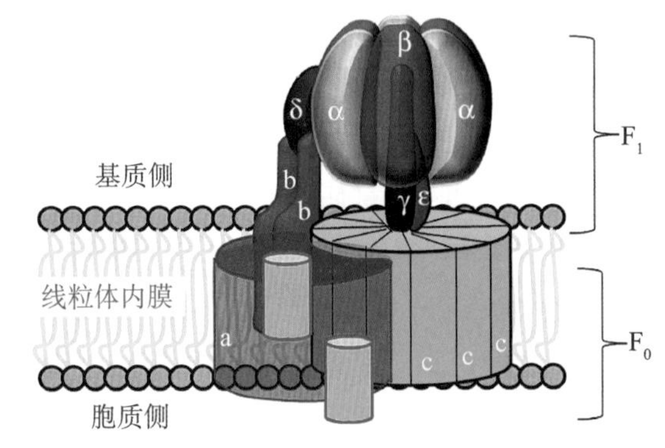

图 5-24　ATP 合酶结构模式图

ATP 合酶组成可旋转的发动机样结构，F_0 的 a、b_2 亚基以及 F_1 的 α_3、β_3 和 δ 亚基共同组成定子部分；而 F_0 的 c 亚基环组及 F_1 的 γ、ε 亚基成转子部分。

ATP 合酶组成可旋转的发动机样结构，完成质子回流并驱动 ATP 合成。亚基 a、b_2 和 $\alpha_3\beta_3$、δ 组成定子部分，F_0 的 2 个 b 亚基一端锚定 F_0 的 a 亚基，另一端通过 δ 和 $\alpha_3\beta_3$ 稳固结合。c 亚基环、γ 亚基和 ε 亚基组成转子部分，部分 γ 和 ε 亚基共同穿过 $\alpha_3\beta_3$ 六聚体中轴，γ 亚基还与 1 个 β 亚基疏松结合作用，下端与 c 亚基环紧密结合。当质子顺梯度经线粒体内膜向基质回流时释放能量，使转子部分相对定子部分旋转，ATP 合酶利用释放的能量合成 ATP。质子梯度强大势能驱动膜间隙质子进入 a 亚基胞质侧半通道，使对应的 1 个 c 亚基 Asp61 所带负电荷被 H^+ 中和后，c 亚基能与疏水内膜相互接触而发生转动，当其转到基质侧半通道相应 c 亚基位置时，Asp61 结合的 H^+ 从半通道顺梯度释放进入线粒体基质中(图 5-25)。同样，各 c 亚基可顺序进行上述循环，导致 c 亚基环和 γ 亚基、ε 亚基相对 $\alpha_3\beta_3$ 转动。在转动中，高度不规则的 γ 亚基和各 β 亚基间相互作用发生周期性变化，使每个 β 亚基活性中心构象循环改变。这种构象的变化可引起 β 亚基对 ADP 和 ATP 的亲和力变化。

美国科学家 P. Boyer 提出 ATP 合成的结合变构机制(binding change mechanism)，成功破解了 ATP 合酶的催化机制，为此获得 1997 年度诺贝尔化学奖。结合变构机制认为，β 亚基有 3 型构象：开放型(O)，与 ATP 亲和力低；疏松型(L)，与 ADP 和 P_i 底物疏松结合；紧

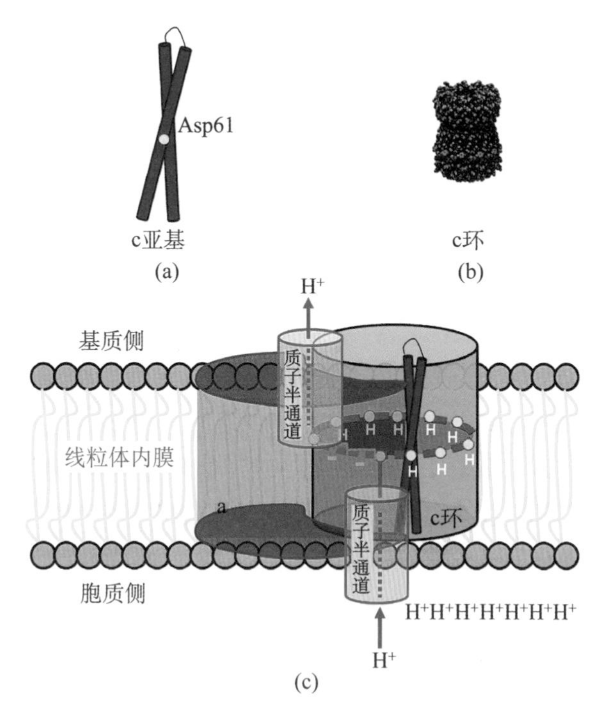

图 5-25 质子经 ATP 合酶回流

(a)c 亚基由短环连接的 2 个反向跨膜 α-螺旋组成;(b)9～12 个 c 亚基围成 c 亚基环;(c)F_0 的 a 亚基有 2 个质子半通道,分别开口于内膜胞质侧和基质侧,每个半通道对应与 1 个 c 亚基相互作用,质子顺梯度从胞质侧进入,与 c 亚基结合,旋转到另一半通道从基质侧排出。

密型(T),具有 ATP 合成活性,与配体具有高亲和力。当质子顺浓度梯度经内膜回流到基质时,c 亚基环旋转驱动形态高度不规则的 γ 亚基在 $\alpha_3\beta_3$ 六聚体内部发生转动,使 ATP 合酶 β 亚基的构象循环变化,ADP 和 P_i 底物结合于 L 型 β 亚基,质子回流释放的能量驱动该 β 亚基变构为 T 型,合成 ATP,再到 O 型,则 β 亚基释放 ATP(图 5-26)。3 个 β 亚基依次经上述三种构象改变,合成和释出 ATP。转子旋转一周生成约 3 分子 ATP,推测约需 3 个质子经线粒体内膜回流到基质能生成 1 分子 ATP。

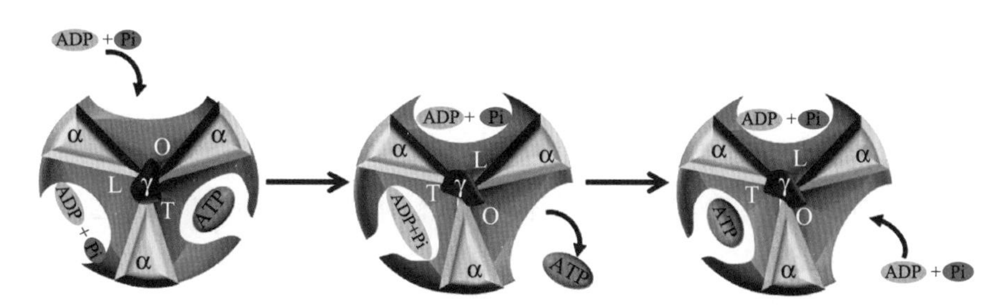

图 5-26 ATP 合成的结合变构机制

质子回流驱动 γ 亚基旋转及 β 亚基构象循环变化。O:开放型;L:疏松型;T:紧密型。

三、氧化磷酸化偶联部位

如前所述，氧化呼吸链电子传递过程复合体Ⅰ、Ⅲ和Ⅳ有质子泵功能，1对电子经这些复合体传递分别向内膜胞质侧泵出 $4H^+$、$4H^+$ 和 $2H^+$（图5-23），这些部位与ADP的磷酸化偶联在一起，为ADP的磷酸化提供能量，称为氧化磷酸化的偶联部位。可根据下述实验方法和数据确定理论推测的氧化呼吸链中偶联生成ATP的部位。

（一）P/O比值

P/O比值是指氧化磷酸化过程中，每消耗1/2 mol O_2 所生成ATP的摩尔数，也即1对电子通过氧化呼吸链传递给氧所生成ATP分子数。氧化磷酸化过程中，1对电子通过氧化呼吸链传递给1个氧原子生成1分子 H_2O，释放的能量使ADP磷酸化合成ATP，通过实验可以确定此过程消耗的氧与磷酸，进而确定氧化磷酸化的偶联部位。

实验证实，$NADH+H^+$ 通过NADH氧化呼吸链氧化，P/O比值接近3，说明NADH氧化呼吸链存在3个偶联ATP生成的部位。而琥珀酸脱氢时，P/O比值接近2，说明琥珀酸氧化呼吸链存在2个偶联ATP生成的部位。根据NADH、琥珀酸氧化呼吸链及P/O比值的差异，提示在NADH与CoQ之间存在一个偶联ATP生成部位（复合体Ⅰ）。而抗坏血酸底物通过Cyt c传递电子进行氧化，P/O比值接近1，提示Cyt c与 O_2 之间应存在偶联ATP生成部位（复合体Ⅳ），而另一偶联ATP生成的部位在CoQ与Cyt c之间（复合体Ⅲ）。近年实验证实，1对电子经NADH氧化呼吸链传递，P/O比值约为2.5，即生成2.5分子ATP；1对电子经琥珀酸氧化呼吸链传递，P/O比值约为1.5，即生成1.5分子ATP。

（二）自由能变化

氧化磷酸化的偶联部位也可通过计算自由能变化来确定。根据热力学公式，标准自由能变化（$\Delta G^{0'}$）与还原电位变化（$\Delta E^{0'}$）之间存在以下关系：$\Delta G^{0'}=-nF\Delta E^{0'}$，n为传递的电子数，F为法拉第常数（96.5 kJ/mol·V）。

从 NAD^+ 到CoQ、CoQ到Cyt c、Cyt a_3 到分子氧的电位差分别为0.36、0.19、0.58 V，根据上述标准自由能变化计算公式得到相应的 $\Delta G^{0'}$ 分别约为−69.5、−36.7、−112 kJ/mol，均大于生成每摩尔ATP所需能量（30.5 kJ或7.3 kcal）。因此，复合体Ⅰ、Ⅲ、Ⅳ内各偶联一个ATP生成部位，均能提供足够生成ATP所需的能量。

第四节　氧化磷酸化的影响因素

一、氧化磷酸化相关底物的影响及其转运

线粒体含内、外膜，将基质与胞质分隔开来。线粒体外膜对物质转运的选择性低，线粒体内膜需要相关的转运蛋白体系完成对各种物质进行选择性转运，以保证线粒体内物质代谢的顺利进行（表5-4）。

表 5-4 线粒体内膜的某些代谢物转运蛋白

转运蛋白	进入线粒体	出线粒体
磷酸盐转运蛋白	$H_2PO_4^- + H^+$	
ATP-ADP 转位酶	ADP^{3-}	ATP^{4-}
单羧酸转运蛋白	丙酮酸	OH^-
二羧酸转运蛋白	HPO_4^{2-}	苹果酸
三羧酸转运蛋白	苹果酸	柠檬酸
碱性氨基酸转运蛋白	鸟氨酸	瓜氨酸
肉碱转运蛋白	脂酰肉碱	肉碱
α-酮戊二酸转运蛋白	苹果酸	α-酮戊二酸
天冬氨酸-谷氨酸转运蛋白	谷氨酸	天冬氨酸

（一）胞质中 NADH 通过两种穿梭机制进入线粒体氧化呼吸链

线粒体内生成的 NADH 可直接进入氧化呼吸链，参加氧化磷酸化过程，但在胞质中生成的 NADH 须通过相应穿梭机制才能进入线粒体基质中，然后再进入呼吸链进行氧化，以保证糖酵解途径的顺利进行。胞质中生成的 NADH 可通过以下两种穿梭机制进入线粒体氧化。两种穿梭进入呼吸链方式不同，最终生成不同数量 ATP 分子。

1. α-磷酸甘油穿梭 α-磷酸甘油穿梭主要存在于脑和骨骼肌中，如图 5-27 所示，线粒体外的 $NADH+H^+$ 在胞质中磷酸甘油脱氢酶催化下，使磷酸二羟丙酮还原成 α-磷酸甘油，后者通过线粒体外膜，再经位于线粒体内膜近胞质侧的含 FAD 辅基的磷酸甘油脱氢酶催化下氧化，生成磷酸二羟丙酮和 $FADH_2$。$FADH_2$ 直接将 2H 传递给泛醌进入氧化呼吸链。1 分子胞质中 $NADH+H^+$ 经此穿梭能生成 1.5 分子 ATP。

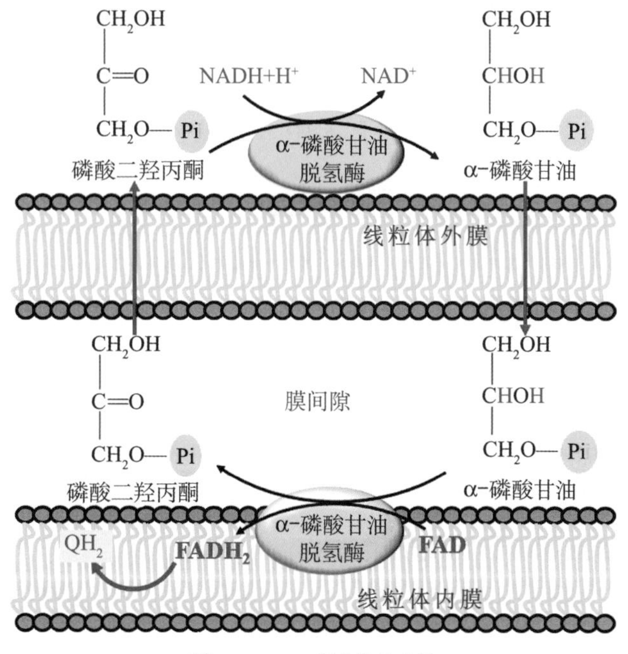

图 5-27 α-磷酸甘油穿梭

2. 苹果酸-天冬氨酸穿梭 此穿梭主要存在于肝和心肌中，涉及 2 种内膜转运蛋白和 4 种酶协同参与。胞质中的 $NADH+H^+$ 脱氢，使草酰乙酸还原成苹果酸，苹果酸进入线粒体后重新生成草酰乙酸和 $NADH+H^+$。$NADH+H^+$ 进入 NADH 氧化呼吸链(图 5 - 28)。1 分子胞质中 $NADH+H^+$ 经此穿梭能生成 2.5 分子 ATP。

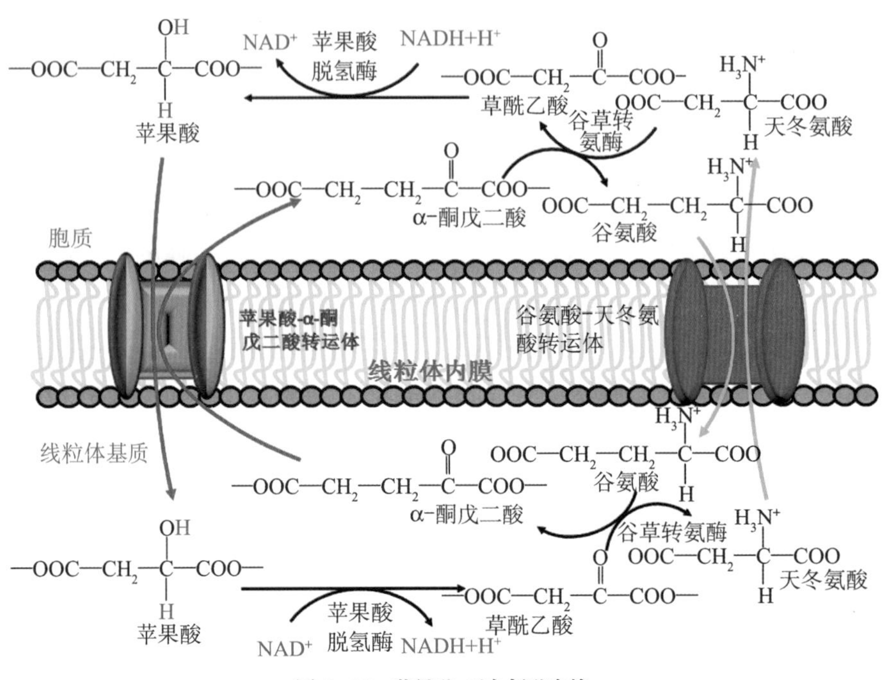

图 5 - 28　苹果酸-天冬氨酸穿梭

（二）ATP - ADP 转位酶促进 ADP 进入和 ATP 移出

线粒体内合成的 ATP 需被运到线粒体外用于耗能反应，而线粒体外的 ADP 和磷酸也需要不断运进线粒体基质中用于合成 ATP，其中 ADP 进入和 ATP 移出由 ATP - ADP 转位酶(ATP - ADP translocase)完成。

ATP - ADP 转位酶又称腺苷酸移位酶，为二聚体，由 2 个分子量为 30 000 的亚基组成，形成跨膜蛋白通道。ATP - ADP 转位酶具有逆向转运 ADP 和 ATP 的作用，可催化膜间隙的 ADP^{3-} 经内膜进入线粒体基质中，同时将基质中的 ATP^{4-} 经内膜运出，两者紧密偶联，以维持线粒体腺苷酸水平基本平衡。此时，胞质中的 $H_2PO_4^-$ 经磷酸盐转运蛋白与 H^+ 同向转运到线粒体内，用于 ADP 的磷酸化(图 5 - 29)。苍术苷(atractyloside)是 ATP - ADP 转位酶的抑制剂，因此能抑制氧化磷酸化过程。

二、体内能量供应状态影响氧化磷酸化

氧化磷酸化的底物是 NADH、$FADH_2$、O_2、ADP、磷酸等。正常情况下，机体很少缺乏 NADH、$FADH_2$、O_2、磷酸等底物，因此氧化磷酸化速率主要受 ADP 浓度调节。当机体 ATP 利用增加时，ATP 分解为 ADP 和 Pi 的速率增加，ADP 的浓度增加，ATP/ADP 比值下

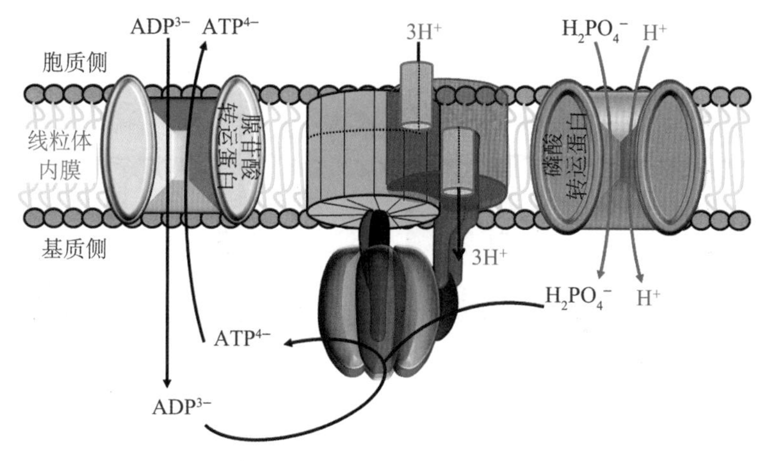

图 5-29 ATP、ADP、Pi 的转运

降，ADP 进入线粒体后迅速用于生成 ATP，使氧化磷酸化加速。相反，ADP 减少，氧化磷酸化速度减慢。

三、氧化磷酸化抑制剂

有 3 类氧化磷酸化抑制剂，分别抑制电子传递过程、破坏质子电化学梯度、抑制 ATP 合酶活性，最终抑制 ATP 的生成。

（一）呼吸链抑制剂阻断电子的传递过程

呼吸链抑制剂在特异部位阻断氧化呼吸链中电子传递，进而抑制质子电化学梯度的建立和 ATP 合成。此类抑制剂可使细胞内呼吸停止，引起机体迅速死亡。例如鱼藤酮、粉蝶霉素 A 及异戊巴比妥等是复合体Ⅰ的抑制剂，可阻断电子在复合体Ⅰ中从 Fe-S 到 CoQ 的传递。萎锈灵是复合体Ⅱ的抑制剂。抗霉素 A 阻断 Cyt b_H 到 CoQ(Q_N)间电子传递，粘噻唑菌醇则作用于 Q_P 位点，阻断电子由 QH_2 到 Fe-S 中心的传递，均是复合体Ⅲ抑制剂。CN^-、N_3^-、CO 均是复合体Ⅳ抑制剂，CN^- 和 N_3^- 与复合体Ⅳ中氧化型 Cyt a_3(Fe^{3+})紧密结合，阻断电子由 Cyt a 到 Cu_B - Cyt a_3 间传递；CO 与还原型 Cyt a_3(Fe^{2+})结合，阻断电子传递给 O_2（图 5-30）。

（二）解偶联剂破坏质子电化学梯度

解偶联剂(uncoupler)可使氧化与磷酸化的偶联相互分离，抑制 ATP 生成，但加速电子传递过程，细胞氧耗明显增加。

解偶联剂基本作用机制是质子不经过 ATP 合酶回流至基质以驱动 ATP 合成，而是经过其他途径进入基质，因此电子传递过程建立的跨内膜的质子电化学梯度被破坏，电化学梯度储存的能量以热能形式释放，ATP 的生成受到抑制。二硝基苯酚(dinitrophenol, DNP)是一种解偶联剂，DNP 为脂溶性物质，在线粒体内膜中可自由移动，携带可解离的 H^+。在胞质侧时，因该侧 H^+ 浓度相对较高，DNP 结合 H^+ 并携至基质侧；当 DNP 进入基质侧时，因该侧 H^+ 浓度相对较低，H^+ 被释放出来，从而破坏了质子电化学梯度（图 5-31）。

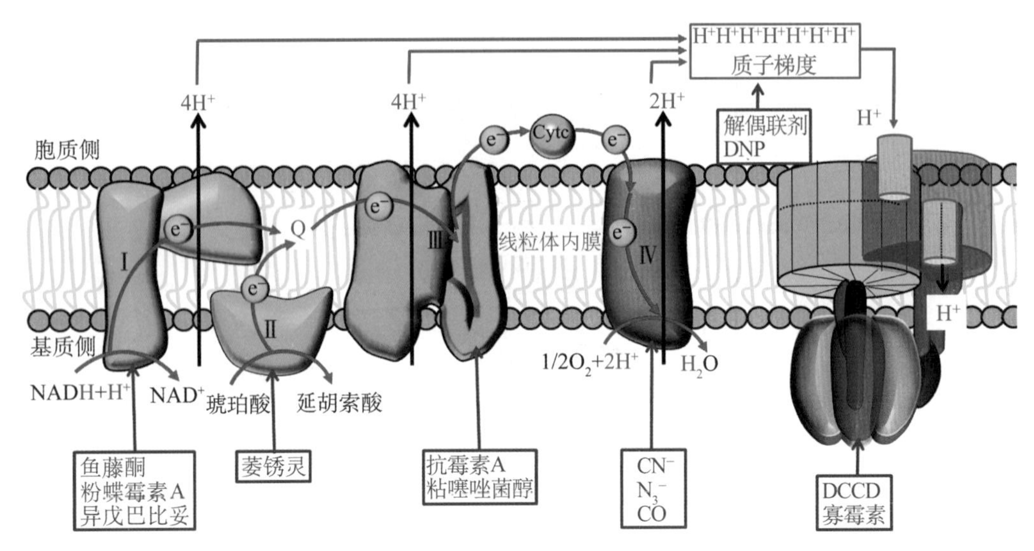

图 5－30　各种抑制剂对氧化磷酸化的影响

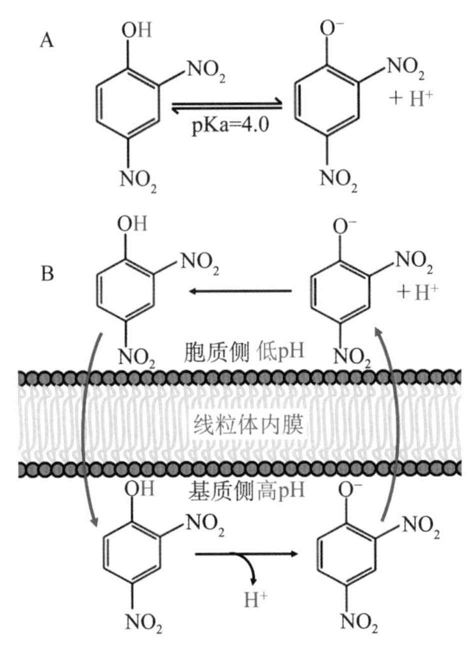

图 5－31　二硝基苯酚解偶联的机制

解偶联蛋白(uncoupling protein，UCP1)是内源性解偶联剂，位于啮齿类动物和人(主要是新生儿)的棕色脂肪组织的线粒体内膜中。UCP1 为二聚体，由 2 个分子量为 32 000 的亚基组成。UCP1 在内膜上形成易化质子通道，膜间隙的 H^+ 可经此通道返回线粒体基质中，质子电化学梯度储存的能量以热能形式释放出来，而不生成 ATP，使氧化磷酸化解偶联(图 5－32)，因此棕色脂肪组织是产热御寒组织。新生儿硬肿症是因为缺乏棕色脂肪组织，不能维持正常体温而使皮下脂肪凝固所致。体内游离脂肪酸可激活 UCP1，促进质子经 UCP1 回

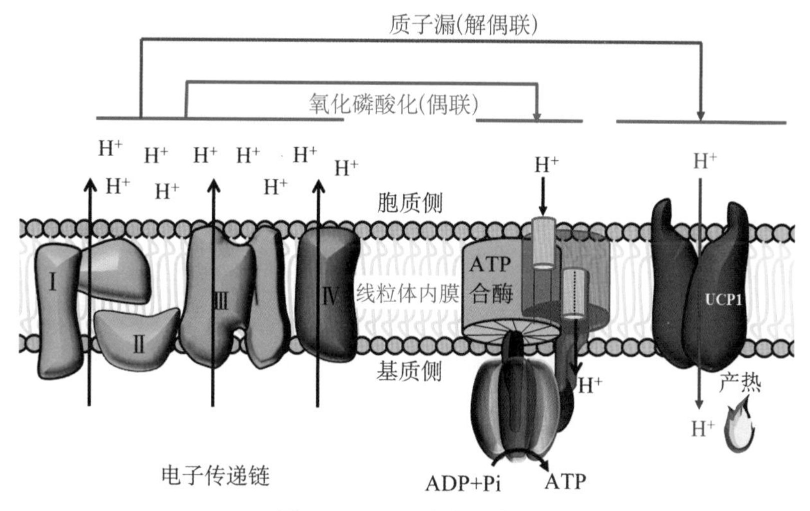

图 5-32　UCP1 解偶联作用

流至线粒体基质中；而嘌呤核苷酸(尤其是 GDP)则抑制 UCP1 的活性。在骨骼肌等组织的线粒体还存在 UCP1 的同源蛋白 UCP2、UCP3，在禁食条件下表达增加，可通过解偶联作用降低活性氧自由基生成。

（三）ATP 合酶抑制剂同时抑制电子传递和 ATP 生成

ATP 合酶抑制剂对电子传递及 ADP 磷酸化均有抑制作用。例如寡霉素和二环己基碳二亚胺(dicyclohexyl carbodiimide, DCCD)均能与 F_0 结合，阻断质子从 F_0 质子半通道回流，抑制 ATP 合酶活性。ATP 合酶抑制剂抑制质子回流，使线粒体内膜两侧质子电化学梯度增加，继而影响呼吸链质子泵功能和电子传递。各种抑制剂对离体线粒体耗氧和 ATP 生成的影响见图 5-33。

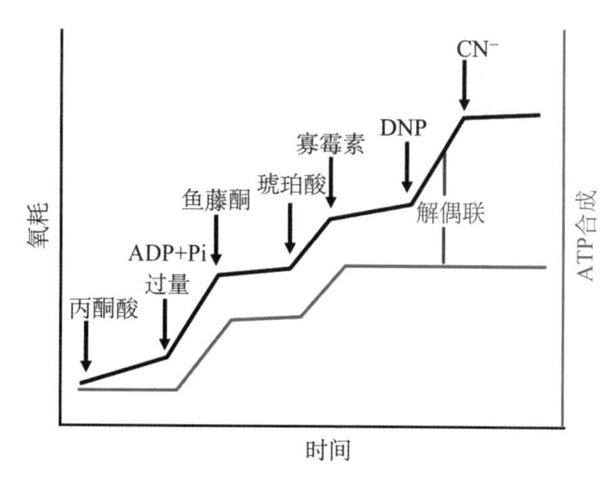

图 5-33　线粒体中电子传递和 ATP 合成的偶联及抑制剂和底物对线粒体氧耗的影响

四、甲状腺激素的调节作用

机体甲状腺激素(thyroid hormone, T3)一方面通过诱导细胞膜上 Na^+，K^+-ATP 酶的生成，使 ATP 加速分解为 ADP 和 P_i，促进氧化磷酸化；T3 还可诱导 UCP1 基因表达，引起产热增加，ATP 合成减少，所以甲状腺功能亢进症患者基础代谢率增高。

五、线粒体 DNA 突变的影响

线粒体 DNA(mitochondrial DNA, mtDNA)呈裸露的环状双螺旋结构。与核 DNA 相比，线粒体 DNA 突变率比细胞核 DNA 高 10～20 倍。线粒体 DNA 更容易发生突变的原因如下：首先，线粒体是细胞进行氧化磷酸化的场所，电子传递过程会持续产生活性氧，因此线粒体 DNA 易受到氧化损伤。其次，线粒体 DNA 缺少组蛋白和染色质结构的保护、缺少精确的损伤修复能力。最后，线粒体中的脂肪要比细胞核高出许多，具有嗜脂性的致癌物就会首先在线粒体 DNA 上聚集，使其发生突变。线粒体 DNA 可表达共 37 个基因，包括呼吸链复合体中 13 个亚基以及线粒体内 22 个 tRNA 和 2 个 rRNA(图 5-34)。因此，线粒体 DNA 突变可影响氧化磷酸化过程，使 ATP 生成减少而致病。线粒体 DNA 病出现的症状取决于线粒体 DNA 突变部位和程度及各器官对 ATP 的需求，功能障碍先出现于耗能较多的组织，如脑组织、肌肉组织等。

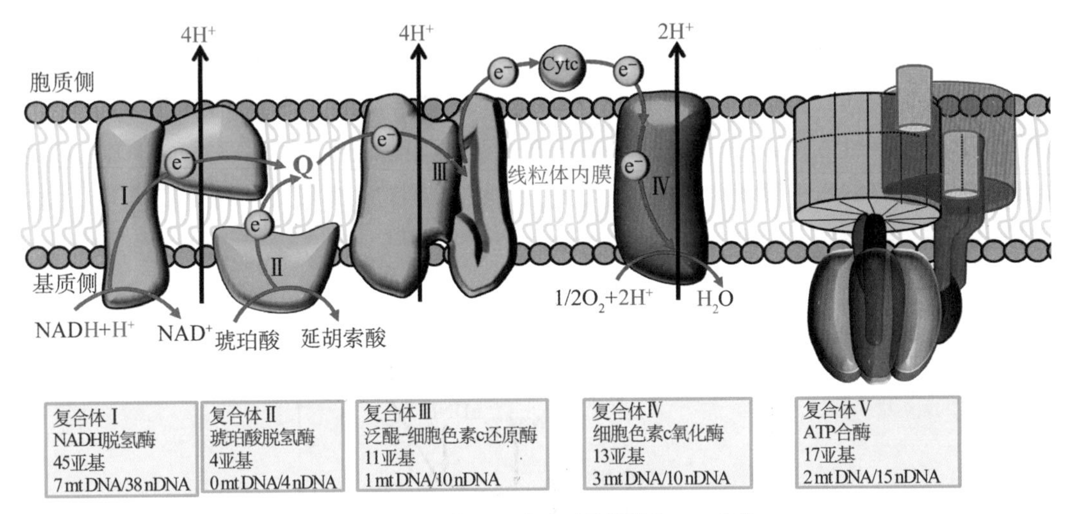

图 5-34 线粒体 DNA 与电子传递链和 ATP 合酶

第五节 非能量代谢的生物氧化反应

一、活性氧的概念

O_2 被还原成 H_2O 只能接受 1 个电子，因此会形成一些高度活跃的自由基。O_2 得到单个电子生成超氧阴离子 $O_2^{\bar{\cdot}}$，$O_2^{\bar{\cdot}}$ 部分还原生成过氧化氢 H_2O_2，H_2O_2 可再经还原反应生成羟自由基(・OH),这类强氧化成分合称反应活性氧类(reactive oxygen species, ROS)。不同ROS的活性、半衰期、丰度、生成等都明显不同。另外,有些ROS可作为重要的信号分子,而不是一概而论的损伤细胞的副产品组分。

$$O_2 \xrightarrow{e^-} O_2^{\overline{\cdot}} \xrightarrow{e^- + 2H^+} H_2O_2 \xrightarrow[H_2O]{e^- + H^+} \cdot OH \xrightarrow{e^- + H^+} H_2O$$

线粒体是细胞产生活性氧的主要部位,因此线粒体DNA容易受到自由基攻击而损伤或突变,引起相应疾病。$O_2^{\overline{\cdot}}/H_2O_2$ 过多与一系列疾病,如神经缺陷、心脏疾病和代谢性疾病如肥胖、2型糖尿病等有关。

二、体内抗氧化体系

线粒体一方面通过氧化磷酸化合成ATP,另一方面也会产生ROS而损伤自身和细胞。氧化应激(oxidative stress, OS)是指由于ROS过量生成而使细胞内抗氧化防御系统受损,导致ROS及其相关代谢产物过量积累,从而对细胞产生多种毒性作用的病理状态。

生物进化已使机体可通过抗氧化体系(各种抗氧化酶、小分子抗氧化剂)及时清除ROS,防止其累积造成有害影响。在正常情况下,生物体内的ROS被抗氧化体系维持在较低水平。超氧化物歧化酶、硫氧还蛋白过氧化物酶、谷胱甘肽过氧化物酶和过氧化氢酶等均统称抗氧化酶。一旦在体内形成过氧化物,它们即发挥作用,利用氧化还原作用将过氧化物转换为损伤较低或无害的物质。正常机体存在以下抗氧化酶体系(图5-35):

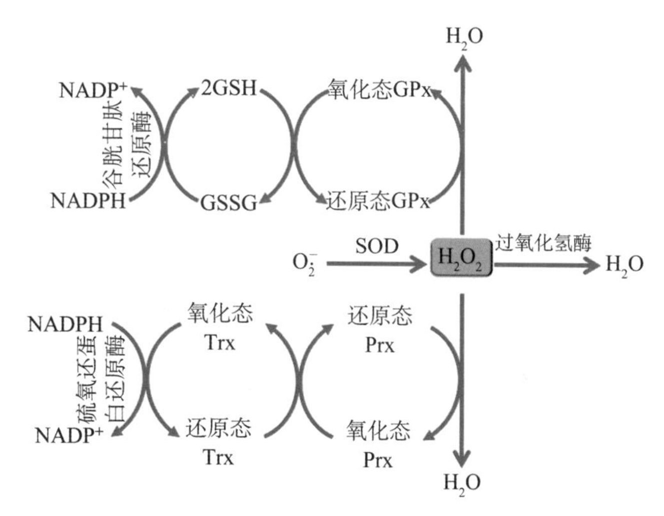

图5-35 体内重要的抗氧化酶体系

过氧化氢酶(catalase)主要存在于过氧化酶体、胞质及微粒体中,含有4个血红素辅基,催化 H_2O_2 分解为 H_2O 和 O_2,反应如下:

$$2H_2O_2 \longrightarrow 2H_2O + O_2$$

谷胱甘肽过氧化物酶(glutathione peroxidase, GPx)也是体内防止 ROS 损伤的主要酶，可去除有氧条件下正常细胞生长和代谢产生的 H_2O_2 和过氧化物(ROOH)。在线粒体、胞质、过氧化物酶体中，GPx 由 GSH 提供还原当量，将 H_2O_2 还原成 H_2O；或将 ROOH 转变成醇，而 GSH 则被氧化成 GSSG。GPx 催化的反应如下：

$$H_2O_2 + 2GSH \longrightarrow 2H_2O + GSSG$$
$$2GSH + ROOH \longrightarrow GSSG + H_2O + ROH$$

氧化型 GSSG 经谷胱甘肽还原酶催化，由 $NADPH + H^+$ 提供 2H，再转变成还原型 GSH。

超氧物歧化酶(superoxide dismutase, SOD)，因可催化 2 个相同的底物歧化产生了 2 个不同产物而得名。SOD 催化 1 分子 $O_2^{\bar{\cdot}}$ 氧化生成 O_2，另一分子 $O_2^{\bar{\cdot}}$ 还原生成 H_2O_2，生成的 H_2O_2 再被活性极强的过氧化氢酶分解，具体反应如下：

$$2O_2^{\bar{\cdot}} + 2H^+ \xrightarrow{SOD} H_2O_2 + O_2$$

过氧化物氧还蛋白(Peroxiredoxin, Prx)是另一类过氧化物酶，属于抗氧化蛋白超家族，广泛存在于原核和真核生物中。Prx 可被 H_2O_2 氧化，并随后反应形成分子间二硫化物，进一步在硫氧还蛋白过氧化物酶作用下，由硫氧还蛋白(thioredoxin, Trx)提供还原当量，使 Prx 还原，Trx 则被氧化。硫氧还蛋白还原酶(thioredoxin reductase, TrxR)是一种 NADPH 依赖的包含 FAD 结构域的二聚体硒酶，以氧化态 Trx 为底物和由 NADPH 提供还原当量，最终使氧化态 Trx 恢复成还原态。

(黄海艳)

参考文献

[1] 周春燕，药立波. 生物化学与分子生物学. 9 版. 北京：人民卫生出版社. 2018.

[2] Chen YR, Zweier JL. Cardiac mitochondria and reactive oxygen species generation. Circ Res, 2014, 114(3):524 - 537.

[3] Mimaki M, Wang X, McKenzie M, et al. Understanding mitochondrial complex I assembly in health and disease. Biochim Biophys Acta, 2012, 1817(6):851 - 862.

[4] Ackrell BA. Progress in understanding structure-function relationships in respiratory chain complex II. FEBS Lett, 2000, 466(1):1 - 5.

[5] Brändén G, Gennis RB, Brzezinski P. Transmembrane proton translocation by cytochrome c oxidase. Biochim Biophys Acta, 2006, 1757(8):1052 - 1063.

[6] Klingenberg M. The ADP and ATP transport in mitochondria and its carrier. Biochim Biophys Acta, 2008, 1778(10):1978 - 2021.

[7] Azzu V, Jastroch M, Divakaruni AS, et al. The regulation and turnover of mitochondrial uncoupling proteins. Biochim Biophys Acta, 2010, 1797(6 - 7):785 - 791.

第六章　氨基酸代谢

氨基酸是蛋白质的基本组成单位。在体内蛋白质首先分解成为氨基酸，之后氨基酸进一步代谢，因此氨基酸代谢是蛋白质分解代谢的中心内容。

第一节　蛋白质的营养作用

一、蛋白质的生理功能

（一）维持细胞组织的生长、更新和修补

参与构成各种细胞组织是蛋白质最重要的功能。维持细胞组织生长、更新和修复均需要蛋白质。处于生长发育时期的儿童必须摄食蛋白质丰富的膳食才能维持其生长和发育；成人也需要摄入足够量的蛋白质以满足组织的更新；而组织创伤或康复期患者更需要蛋白质作为组织细胞修复的原料。

（二）执行多种重要的生理功能

蛋白质是生命活动的物质基础。酶、多肽类激素、抗体和某些调节蛋白等均为特殊功能的蛋白质。肌肉的收缩、物质的运输、血液的凝固等也均由蛋白质来实现。此外，氨基酸代谢过程还可产生胺类、神经递质、嘌呤和嘧啶等重要的含氮化合物。

（三）氧化供能

蛋白质能够被氧化分解，是机体的能源物质之一。每克蛋白质在体内氧化分解可释放17.19 kJ(4.1 kcal)能量。一般来说，成人每日约18%的能量从蛋白质获得。蛋白质的供能功能可由糖和脂肪代替。

二、人体对蛋白质的需要量

蛋白质的含氮量约为16%，食物中的含氮物质绝大部分是蛋白质，而蛋白质分解产生的含氮物质主要由尿、粪排出，所以蛋白质的进食量和排泄量可以用氮来表示。

（一）氮平衡

氮平衡(nitrogen balance)是指每日氮的摄入量与排出量之间的关系，它反映了体内蛋白质的代谢状况。人体氮平衡有3种情况，即氮的总平衡、氮的正平衡及氮的负平衡。

1. 氮的总平衡　即摄入氮量=排出氮量。正常成人进食满足蛋白质需要量时，体内蛋白质的合成与分解处于动态平衡。

2. 氮的正平衡　即摄入氮量＞排出氮量。体内蛋白质的合成大于分解。儿童、孕妇及恢复期患者属于此种情况，因此需要摄入大量蛋白质。

3. 氮的负平衡　即摄入氮量＜排出氮量。体内蛋白质的合成小于分解。常见于饥饿、严重烧伤、出血及消耗性疾病患者。

（二）蛋白质的生理需要量

1. 每日最低分解量　成人禁食蛋白质约 8 天之后，每天排出的氮量逐渐趋于恒定，根据氮平衡实验计算，成人每日最低分解 20 g 蛋白质。

2. 最低生理需要量　一般情况下，食物蛋白质的氨基酸组成与人体需要有差异，不可能全部被利用。成人每日应至少摄入 30～50 g 蛋白质，以维持氮总平衡。根据我国营养学会推荐，要长期保持氮的总平衡，成人每日蛋白质需要量为 80 g。

三、蛋白质的营养价值

在营养方面，只注意膳食中蛋白质的量是不够的，还必须注意蛋白质的质。各种蛋白质所含氨基酸的种类和数量各不相同，有的蛋白质含有体内所需的所有氨基酸，且含量充足；有的蛋白质对机体所需的一种或数种氨基酸含量不足；还有的蛋白质缺乏机体所需的一种或数种氨基酸。氨基酸种类缺乏或含量不足，都可以降低膳食蛋白质的营养价值。

（一）营养必需氨基酸和非必需氨基酸

人体内蛋白质合成所需的氨基酸有 20 种，可分为两大类。

1. 营养必需氨基酸　机体需要而不能自身合成，必须由食物提供的氨基酸，称为营养必需氨基酸(nutritionally essential amino acid)。包括缬氨酸、异亮氨酸、亮氨酸、苯丙氨酸、甲硫氨酸、色氨酸、苏氨酸和赖氨酸 8 种。

2. 营养非必需氨基酸　体内可以合成，不必由食物供给的氨基酸，称为营养非必需氨基酸(nutritionally non-essential amino acid)。包括营养必需氨基酸以外的 12 种氨基酸。人体可合成少量精氨酸和组氨酸，若长期供应不足或需要量增加也能造成负氮平衡。因此，适当补充此两种氨基酸有益于氮平衡。有些氨基酸虽可自行合成，但需以必需氨基酸为原料，如酪氨酸和半胱氨酸分别由必需氨基酸苯丙氨酸和甲硫氨酸转变而来。食物中添加酪氨酸和半胱氨酸可减少对苯丙氨酸和甲硫氨酸的需要量，故称为半必需氨基酸。

（二）食物蛋白质的互补作用

蛋白质的营养价值(nutrition value)指食物蛋白质在体内的利用率。一般来说，营养必需氨基酸的种类、比例与人体需要相接近的蛋白质易于被机体利用，即营养价值高。动物性蛋白质所含必需氨基酸的种类和比例与人体需要相近，因此营养价值高。食物蛋白质的互补作用指混合食用营养价值较低的蛋白质，必需氨基酸可以互相补充，从而提高蛋白质的营养价值。例如谷类蛋白质所不足者是赖氨酸，而豆类蛋白质所不足者是色氨酸，谷类和豆类混合食用可以起互补作用。

第二节 蛋白质的消化、吸收与腐败

一、蛋白质的消化

食物蛋白质经消化后才易于被机体吸收，此外，消化过程还可消除食物蛋白质的抗原性，避免过敏、毒性反应。食物蛋白质的消化由胃开始，主要在小肠进行。

（一）胃中的消化

胃中消化蛋白质的酶是胃蛋白酶(pepsin)。胃蛋白酶以胃蛋白酶原(pepsinogen)的形式由胃黏膜主细胞分泌，在胃中被盐酸激活。此外，胃蛋白酶也能激活胃蛋白酶原转变成胃蛋白酶，称为自身激活作用(autocatalysis)。

胃蛋白酶的作用特点：

1. 最适pH为1.5～2.5 酸性的胃液可使蛋白质变性，有利于蛋白质的水解。pH 6.0时胃蛋白酶失活，但仍可复性，pH>8则破坏。

2. 属内肽酶（endopeptidase） 对肽键的特异性较差，主要水解蛋白质分子中由芳香族氨基酸、甲硫氨酸及亮氨酸残基等形成的肽键。在其作用下，食物蛋白质水解生成多肽及少量氨基酸。

3. 具有凝乳作用 可使乳汁中的酪蛋白(casein)与Ca^{2+}形成乳凝块，使乳汁在胃中的停留时间延长，有利于乳汁中蛋白质的消化。

（二）肠中的消化

食物在胃中的停留时间较短，对蛋白质的消化很不完全。蛋白质的消化主要在小肠进行。胰液和肠黏膜细胞分泌的多种蛋白酶及肽酶共同作用，将消化不完全的蛋白质进一步水解成寡肽和氨基酸。

1. 胰液蛋白酶的分类

(1) 内肽酶(endopeptidase)：特异水解蛋白质内部的肽键。

1) 胰蛋白酶(trypsin)：水解蛋白质分子中由碱性氨基酸的羧基组成的肽键。

2) 胰凝乳蛋白酶(chymotrypsin)：水解蛋白质分子中由芳香族氨基酸的羧基组成的肽键。

3) 弹性蛋白酶(elastase)：水解蛋白质分子中由脂肪族氨基酸的羧基组成的肽键。

(2) 外肽酶(exopeptidase)：特异水解蛋白质或多肽末端的肽键，也即自肽链氨基末端或羧基末端开始，每次水解脱去1个氨基酸(图6-1)。

1) 氨基肽酶：水解氨基末端肽键。

2) 羧基肽酶A(carboxypeptidase A)：水解除脯氨酸、精氨酸、赖氨酸以外的多种氨基酸组成的羧基末端肽键。

3) 羧基肽酶B(carboxypeptidase B)：水解由碱性氨基酸组成的羧基末端肽键。

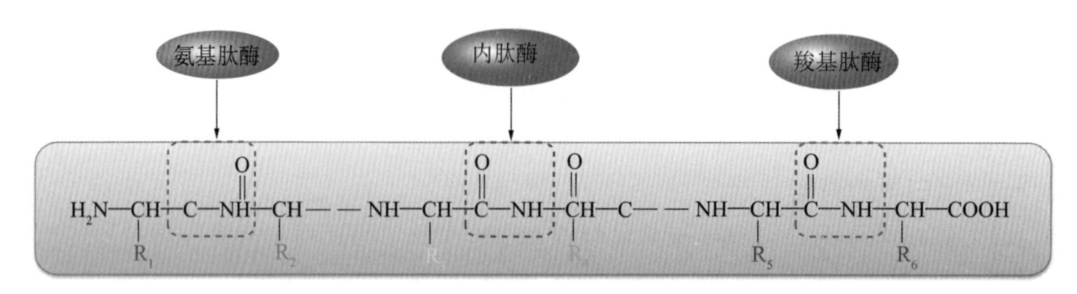

图 6-1　蛋白水解酶作用示意图

2. 胰液蛋白酶的激活　胰腺细胞分泌的各种蛋白酶(protease，proteinase)都是以酶原的形式由胰腺细胞分泌，进入十二指肠后被激活。

(1) 肠激酶(enterokinase)：肠激酶由十二指肠黏膜细胞分泌，是一种蛋白酶，受胆汁酸激活。

(2) 胰蛋白酶：肠激酶特异作用于胰蛋白酶原，从其氨基末端水解掉 1 个 6 肽，生成有活性的胰蛋白酶。胰蛋白酶也可以激活胰蛋白酶原，称为自身激活作用，但该自身激活作用较弱。

(3) 蛋白酶的连续激活：胰蛋白酶可激活糜蛋白酶原、弹性蛋白酶原和羧基肽酶原。

胰液中各种蛋白酶均以酶原的形式存在，同时胰液中又存在胰蛋白酶抑制剂，以保护胰腺组织免遭自身消化。

3. 肠黏膜细胞的消化作用　蛋白质经胰液蛋白酶的消化后，所得产物 1/3 为氨基酸，其余 2/3 为寡肽(oligopeptide)。氨基酸和寡肽通过细胞膜转运载体进入小肠黏膜细胞，寡肽由寡肽酶(oligopeptidase)催化水解。小肠黏膜细胞中存在两种寡肽酶：氨基肽酶(aminopeptidase)和二肽酶(dipeptidase)。氨基肽酶从氨基末端逐步水解寡肽生成二肽；二肽酶水解二肽。

二、氨基酸和寡肽的吸收

食物蛋白质被消化成氨基酸和寡肽后，主要在小肠通过主动转运机制被吸收。

(一) 氨基酸和小肽的主动吸收机制

肠黏膜细胞膜上载体蛋白(carrier protein)能与氨基酸或寡肽以及 Na^+ 形成三联体，将氨基酸或寡肽以及 Na^+ 转运入细胞，Na^+ 则通过钠泵排出细胞外。该过程消耗 ATP。

(二) 载体分类

氨基酸及寡肽的结构各异，主动转运的载体蛋白也不相同。已知体内至少有 7 种转运蛋白(transporter)，参与氨基酸和寡肽的吸收。

1. 中性氨基酸转运蛋白　是主要载体，侧链中不带电荷的氨基酸皆可藉此载体转运，包括芳香族氨基酸、脂肪族氨基酸、含硫氨基酸、组氨酸、谷氨酰胺、天冬酰胺、脯氨酸及羟脯氨酸。该载体转运作用强，但对各种氨基酸的亲和力不一，故吸收率不同。

2. **酸性氨基酸转运蛋白** 转运天冬氨酸及谷氨酸，速率很慢。

3. **碱性氨基酸转运蛋白** 转运精氨酸、赖氨酸、鸟氨酸，转运速度慢，为中性氨基酸载体的10%。

4. **亚氨基酸转运蛋白** 主要转运脯氨酸、羟脯氨酸，转运速度也很慢。

5. **β-氨基酸转运蛋白** 氨基结合在羧酸β位碳原子上的氨基酸称为β-氨基酸，由β-氨基酸转运蛋白转运。

6. **二肽及三肽转运蛋白** 转运蛋白质经消化后产生的寡肽。

寡肽的吸收作用在小肠近端较强，因此寡肽的吸收甚至先于游离氨基酸。被同一载体转运的不同氨基酸及寡肽之间往往有竞争抑制作用。氨基酸通过转运蛋白的吸收过程不仅存在于小肠黏膜细胞，也存在于肾小管细胞和肌细胞等细胞膜上。

（三）γ-谷氨酰基循环

γ-谷氨酰基循环(γ-glutamyl cycle)是吸收氨基酸的另外一种方式，存在于小肠黏膜细胞、肾小管细胞和脑组织。此循环由Meister提出，故又称Meister循环。在此循环中，谷胱甘肽分解，作为氨基酸的转运载体，氨基酸进入细胞后，谷胱甘肽再合成(图6-2)。γ-谷氨酰基转移酶(γ-glutamyl transferase)是该循环的关键酶，位于细胞膜上，其余各酶均存在于胞液中。

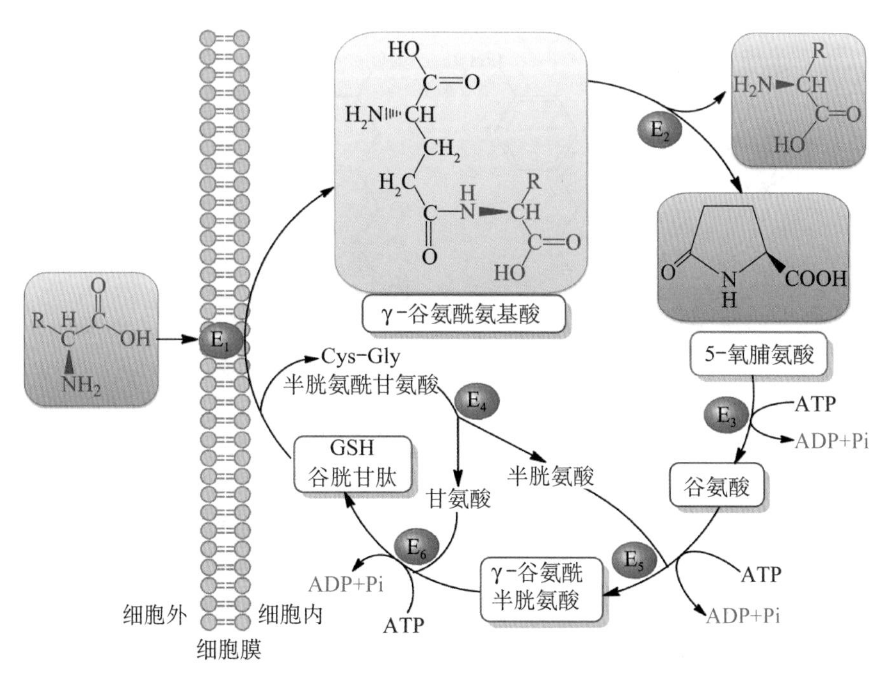

E_1:γ-谷氨酰基转移酶；E_2:γ-谷氨酰环化转移酶；E_3:5-氧脯氨酸酶；E_4:二肽酶；E_5:γ-谷氨酰半胱氨酸合成酶；E_6:谷胱甘肽合成酶

图6-2 γ-谷氨酰基循环

三、肠中的腐败作用

肠道细菌对蛋白质或其消化产物所起的作用，称为腐败作用(putrefaction)。腐败作用是肠道细菌本身的代谢过程，以无氧分解为主，发生在大肠下部。腐败产物有些对人体具有一定的营养作用，如维生素及脂肪酸等，而大多数产物对人体是有害的。

(一) 胺类的产生

肠道细菌蛋白酶催化未被消化的蛋白质生成氨基酸，氨基酸在细菌氨基酸脱羧酶的作用下，脱羧生成有毒的胺类。组氨酸脱羧产生组胺，赖氨酸脱羧产生尸胺，色氨酸脱羧产生色胺，酪氨酸脱羧产生酪胺，苯丙氨酸脱羧产生苯乙胺。这些腐败产物大多有毒性。

1. 组胺和尸胺 组胺和尸胺能够降低血压，而酪胺能够升高血压。这些有毒物质通常经肝代谢转化为无毒形式排出体外。

2. 酪胺和苯乙胺 若不能在肝内及时转化，则易进入脑组织，与肝昏迷的神经症状相关。在β-羟化酶作用，酪胺和苯乙胺分别转化为β-羟酪胺和苯乙醇胺，后两者结构类似于儿茶酚胺，称为假神经递质(false neurotransmitter)。假神经递质增多，可取代突触中的儿茶酚胺，但它们不能传递神经冲动，因此使大脑发生异常抑制，出现神志变化、神志昏迷。肝功能衰竭或门体侧支循环的患者如进食芳香族氨基酸含量较多的食物，或有上消化道出血，则容易引起肝昏迷。

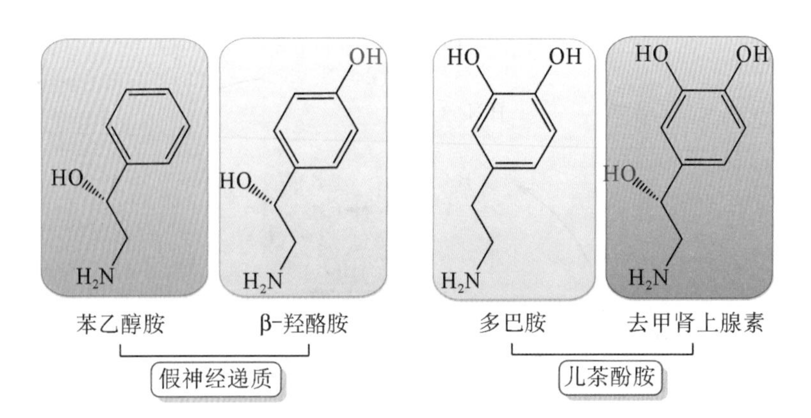

(二) 氨的产生

1. 未被吸收的氨基酸 在肠道细菌的作用下脱氨基生成氨及有机酸。

2. 血液中的尿素渗入肠道 在肠菌脲酶(urease)的作用下水解生成氨。

肠道中产生的氨可被吸收入血。肠道细菌产氨为体内血氨的主要来源。血氨升高是肝昏迷的重要发病因素之一。降低肠道的 pH 值，使氨转变为 NH_4^+，可减少氨的吸收。

(三) 其他有害物质的产生

1. 酪氨酸 经脱氨、氧化及脱羧等作用，产生苯酚、甲苯酚及甲烷等，其中有多种气体。

2. 色氨酸 分解产物有甲烷、吲哚、甲基吲哚等。吲哚和甲基吲哚有臭味，是粪便臭味的主要来源。

3. 半胱氨酸 分解产物有甲硫醇、乙硫醇、硫化氢及甲烷等。

正常情况下,腐败作用产生的有害物质大部分随粪便排出,只有小部分被吸收,经肝的代谢转变而解毒,故不会发生中毒现象。

第三节 氨基酸的一般代谢

一、蛋白质的分解

体内的蛋白质处于动态平衡:成人体内每天有1%～2%蛋白质被降解,而其降解所产生的氨基酸,有70%～80%又被重新利用合成新的蛋白质。

(一) 蛋白质的半寿期

半寿期(half-life, $t_{1/2}$)指蛋白质浓度减少至起始值的一半所需要的时间。半寿期表示蛋白质的降解速率。不同的蛋白质降解速率不同,随生理需要而变化。人血浆蛋白质的$t_{1/2}$约为10天,结缔组织中一些蛋白质的$t_{1/2}$可达180天以上。代谢关键酶的$t_{1/2}$通常都很短,例如胆固醇合成的关键酶HMG-CoA还原酶的$t_{1/2}$仅为0.5～2 h。

(二) 真核细胞的蛋白质降解途径

1. 溶酶体降解途径 溶酶体是细胞内的消化器官,含有多种蛋白酶,主要降解细胞外来的蛋白质、膜蛋白和胞内长寿蛋白质,降解过程不需要消耗ATP。

2. 蛋白酶体降解途径 该途径又称为泛素(ubiquitin)依赖的蛋白酶体(proteasome)降解途径,需泛素的参与。泛素是一种由76个氨基酸组成的小分子蛋白质,广泛存在于真核细胞。泛素介导的蛋白质降解过程是一个复杂的过程。首先,泛素特异性地与靶蛋白形成共价连接,标记靶蛋白并使之激活,然后蛋白酶体识别泛素标记的蛋白质并将其降解。泛素对蛋白质的特异性标记作用称为泛素化(ubiquitination),需3种酶(E1、E2、E3)参与3步反应,并消耗ATP(图6-3)。靶蛋白需多次泛素化反应,形成泛素链,然后进入蛋白酶体降解,产生一些约7～9个氨基酸残基组成的肽链,肽链进一步水解生成氨基酸。蛋白酶体存在于细胞核和胞质内,主要降解异常蛋白质和短寿蛋白质,降解过程需要消耗ATP。

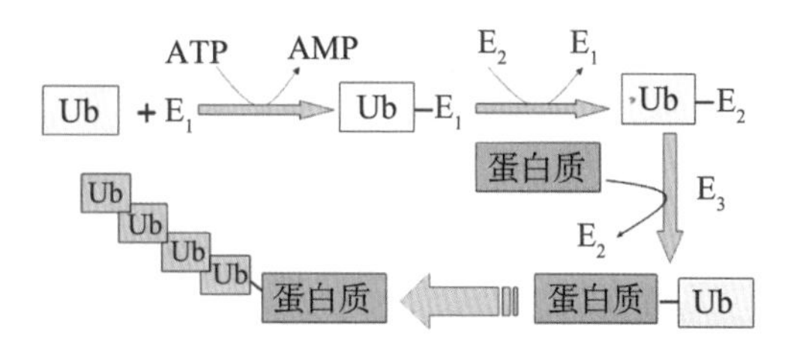

图6-3 蛋白质的泛素化

二、氨基酸代谢库

氨基酸代谢库(amino acid metabolic pool)指体内所有氨基酸的总和,包含食物蛋白质经消化吸收得到的氨基酸、体内组织蛋白质降解产生的氨基酸、体内合成的非必需氨基酸,这些氨基酸分散于体内各处,参与代谢。氨基酸代谢库通常以游离氨基酸总量计算。

氨基酸不能自由通过细胞膜，因此在体内的分布不均一。血浆占代谢库的1%～6%，肌肉占50%以上。肝、肾虽然体积小，但仍分别占氨基酸代谢库的10%和4%，表明肝、肾中游离氨基酸的含量很高，并进行着旺盛的氨基酸代谢。在不同的生理条件下，随着各组织氨基酸代谢的改变，血浆氨基酸在各组织的转运也会改变。

1. 氨基酸代谢库的来源

（1）食物蛋白质消化吸收的氨基酸进入血液及组织（外源性氨基酸）。

（2）组织蛋白质分解产物（内源性氨基酸）。

（3）机体自身合成的非必需氨基酸（内源性氨基酸）。

2. 氨基酸代谢库的去路

（1）合成组织蛋白质及多肽。

（2）脱氨基生成氨和α-酮酸。其中氨主要合成尿素，或转变为谷氨酰胺或其他含氮化合物。α-酮酸可转变成糖或酮体，或氧化供能，或合成非必需氨基酸。

（3）脱羧基生成胺，胺可进一步脱氨、氧化分解。

（4）转变成重要生理活性物质，如嘌呤、嘧啶、肾上腺素、甲状腺素等。

体内氨基酸代谢的概况见图6-4。

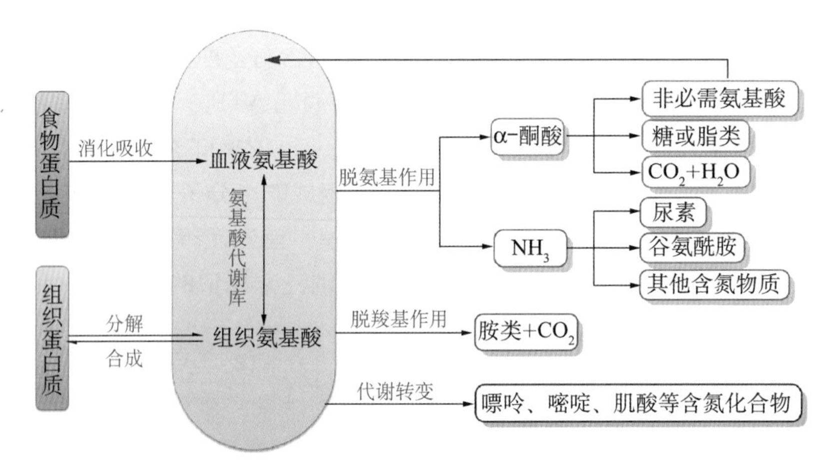

图6-4　体内氨基酸的代谢状况

三、氨基酸的脱氨基作用

（一）氧化脱氨基作用

1. *L*-谷氨酸脱氢酶（*L*-glutamate dehydrogenase）　在肝、肾、脑的线粒体内活性较强，仅催化*L*-谷氨酸脱氢，属不需氧脱氢酶，以NAD^+或$NADP^+$为辅酶。哺乳动物组织中，仅*L*-谷氨酸能高速氧化脱氨。在*L*-谷氨酸脱氢酶的催化下，*L*-谷氨酸氧化脱氨生成α-酮戊二酸和氨。

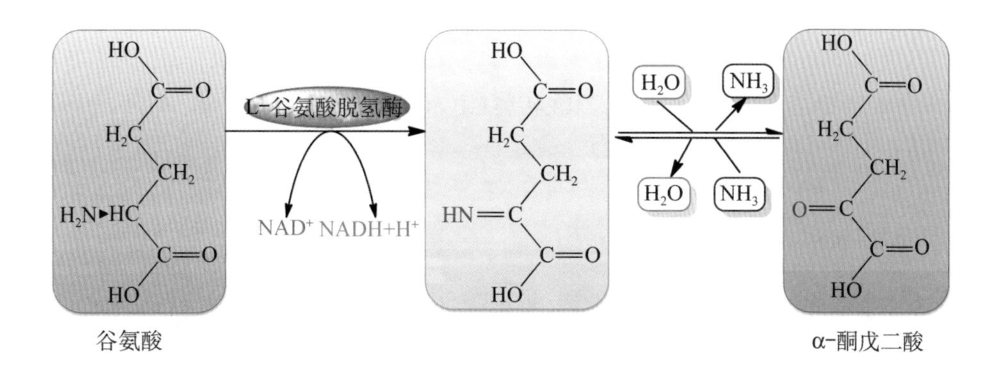

L-谷氨酸脱氢酶是一种别构酶，由 6 个相同的亚基聚合而成。ATP 与 GTP 是其别构抑制剂，而 ADP 和 GDP 是其别构激活剂。体内能量不足时能加速氨基酸的氧化，满足机体的能量需求。

2. *L*-氨基酸氧化酶 *L*-氨基酸氧化酶属黄素酶类，以 FMN 或 FAD 为辅基，存在于肝、肾。氨基酸经*L*-氨基酸氧化酶催化生成 α-亚氨基酸，接着再加水分解成相应的 α-酮酸，并释放铵离子。反应中分子氧直接氧化还原型黄素蛋白形成 H_2O_2，H_2O_2 被过氧化氢酶裂解成 O_2 和 H_2O，过氧化氢酶存在于大多数组织中，尤其是肝。

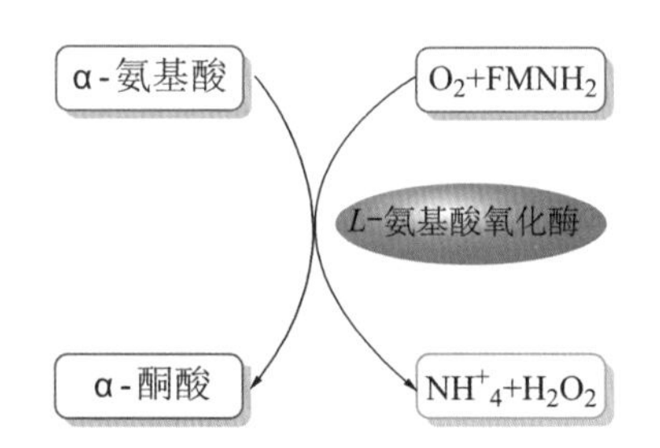

图 6-5 氨基酸氧化酶催化的脱氨基作用

（二）转氨基作用（tansamination）

1. 转氨基作用 α-氨基酸的氨基转移到 α-酮酸的羰基位置上，生成相应的氨基酸，原来的 α-酮酸则转变成另一种氨基酸。通过转氨基作用，氨基酸的种类发生了变化。转氨反应由转氨酶（transaminase）催化，平衡常数接近 1.0，属可逆反应。转氨基作用既是氨基酸的分解代谢过程，也是体内某些氨基酸合成的重要途径。

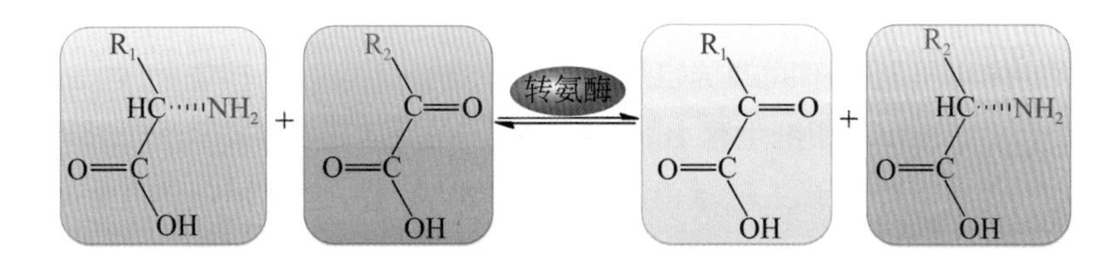

2. 转氨酶 体内大多数氨基酸可参与转氨基作用（除赖氨酸、苏氨酸、脯氨酸及羟脯氨酸）。除了 α-氨基外，氨基酸侧链末端的氨基，如鸟氨酸的 δ-氨基也可通过转氨基作用脱去

氨基。体内存在着多种转氨酶，不同的转氨酶特异性催化相应的转氨反应。转氨酶广泛分布于体内各组织中，其中以肝及心肌含量最丰富。在各种转氨酶中，以作用于底物 *L*-谷氨酸和 α-酮酸的转氨酶最为重要，如丙氨酸转氨酶(alanine transaminase, ALT)和天冬氨酸转氨酶(aspartate transaminase, AST)。

谷氨酸 + 丙酮酸 ⇌(ALT) α-酮戊二酸 + 丙氨酸

谷氨酸 + 草酰乙酸 ⇌(AST) α-酮戊二酸 + 天冬氨酸

ALT 和 AST 在体内广泛存在，但各组织中的含量不同(表 6-1)。ALT 在肝组织中的活性最高，AST 在心肌组织中的活性最高，但两者在血清中的活性都很低。当富含转氨酶的肝细胞和心肌细胞被破坏或细胞膜通透性增高时，转氨酶可大量释放入血，使血清中转氨酶活性明显升高。故血清转氨酶活性可反映肝细胞或心肌细胞损伤程度。例如急性肝炎患者血清 ALT 活性显著升高；心肌梗死患者血清 AST 明显上升。临床上可以此作为疾病诊断和预后的参考指标之一。

表 6-1　正常人各组织中 ALT 及 AST 活性(单位/克组织)

组织	肝	心	肾	骨骼肌	胰腺	脾	肺	血清
ALT	44 000	7 100	19 000	4 800	2 000	1 200	700	16
AST	142 000	156 000	91 000	99 000	28 000	14 000	10 000	20

3. 转氨酶的作用机制　不同的转氨酶具有相同的催化机制。转氨酶的辅酶都是磷酸吡哆醛(pyridoxal phosphate)，即维生素 B_6 的磷酸酯。在反应过程中，磷酸吡哆醛接受氨基转变为磷酸吡哆胺，磷酸吡哆胺脱去氨基再还原成磷酸吡哆醛，这种相互转变起着传递氨基的作用。

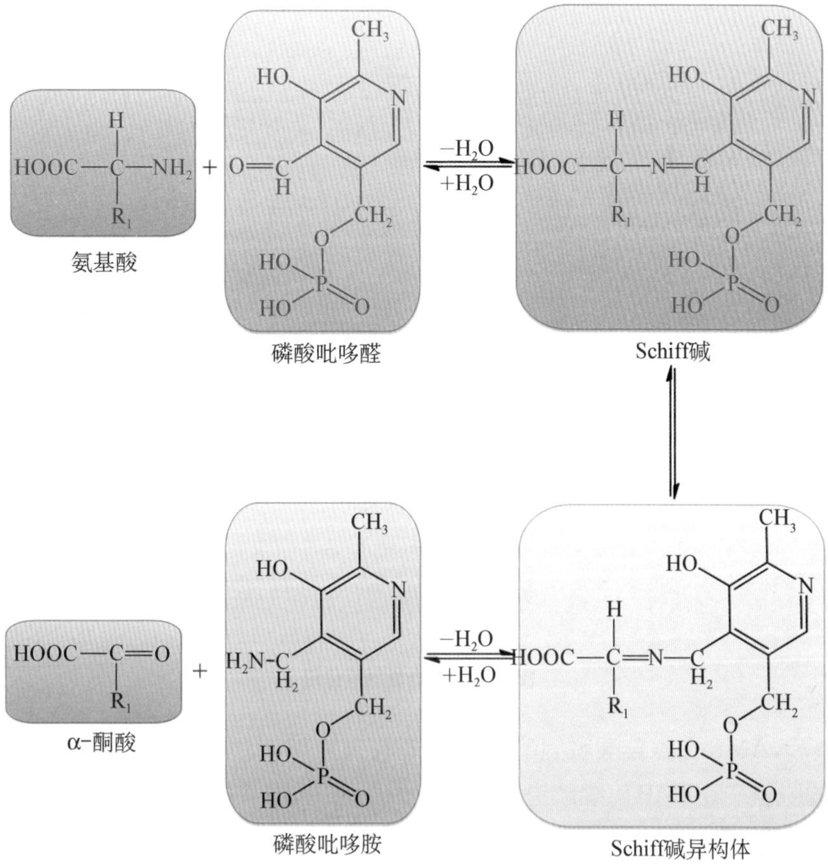

氨基酸　磷酸吡哆醛　Schiff碱

$-H_2O$ / $+H_2O$

α-酮酸　磷酸吡哆胺　Schiff碱异构体

（三）联合脱氨基作用

转氨基作用只是把氨基酸分子中的氨基进行转移，并没有达到脱氨基生成游离氨的目的，而 *L*-谷氨酸的氧化脱氨基作用仅能对一种氨基酸进行脱氨。两者均不能发挥高效的脱氨基作用。

当转氨基作用与谷氨酸的氧化脱氨基作用相偶联时，先通过广泛的转氨基作用将各种氨基酸的氨基集中到谷氨酸上，再通过高活性高特异性的 *L*-谷氨酸脱氢酶将谷氨酸的氨基脱去，这就使大多数氨基酸脱氨基，生成相应的 α-酮酸。这种协同作用称作转氨脱氨作用(transdeamination)，又称联合脱氨基作用(图 6-6)。肝、肾等组织中的氨基酸通过此方式氧化脱氨。

联合脱氨基作用完全可逆，故体内一些非必需氨基酸也通过此途径合成。

（四）嘌呤核苷酸循环

嘌呤核苷酸循环(purine nucleotide cycle)是心肌和骨骼肌中氨基酸脱氨基的主要方式。在心肌和骨骼肌中，*L*-谷氨酸脱氢酶的活性很弱，因此通过腺苷酸脱氨酶对氨基酸进行脱氨。

首先，通过连续的转氨基作用，将氨基酸的氨基转移给草酰乙酸，生成天冬氨酸。接着，天冬氨酸再通过连续反应，将氨基转移到次黄嘌呤核苷酸(IMP)上，生成腺嘌呤核苷酸

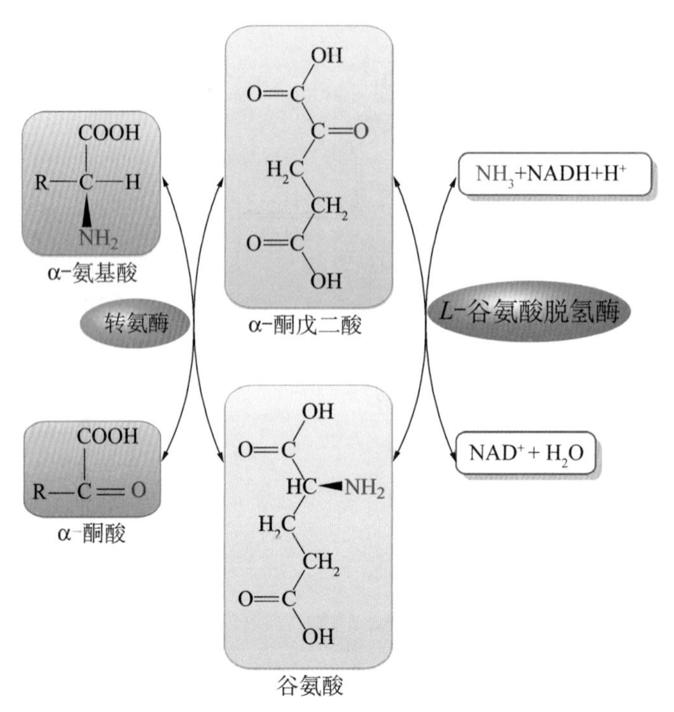

图 6 - 6　联合脱氨基作用

(AMP)。最后,AMP 在腺苷酸脱氨酶的催化下脱去氨基,完成氨基酸的脱氨基作用(图 6 - 7)。AMP 的脱氨产物 IMP 可继续进行循环。由此可见,嘌呤核苷酸循环也可视作另一种形式的联合脱氨基作用。

四、 α -酮酸的代谢

(一) 生成营养非必需氨基酸

α -酮酸还原氨基化可生成体内的一些营养非必需氨基酸。这些 α -酮酸不但来源于氨基酸的脱氨基产物,也可来自糖代谢产物。例如丙酮酸、草酰乙酸、α -酮戊二酸可分别转变成丙氨酸、天冬氨酸和谷氨酸。

(二) 彻底氧化分解并提供能量

α -酮酸在体内可转变为丙酮酸、酮体、乙酰 CoA 等,再进一步彻底氧化生成 CO_2 和 H_2O,同时释放能量以供机体生理活动的需要。因此,氨基酸也是一类能源物质。

(三) 转变成糖和脂类化合物

1. 生糖氨基酸　大多数氨基酸脱氨后生成的 α -酮酸,可以通过糖异生途径生成糖,此类氨基酸称为生糖氨基酸(glucogenic amino acid)。

2. 生酮氨基酸　亮氨酸及赖氨酸的相应 α -酮酸在分解过程中生成酮体,称为生酮氨基酸(ketogenic amino acid)。

3. 生糖兼生酮氨基酸　既能转变成糖又能转变成酮体的色氨酸、酪氨酸、苯丙氨酸及异亮氨酸称为生糖兼生酮氨基酸(glucogenic and ketogenic amino acid)。

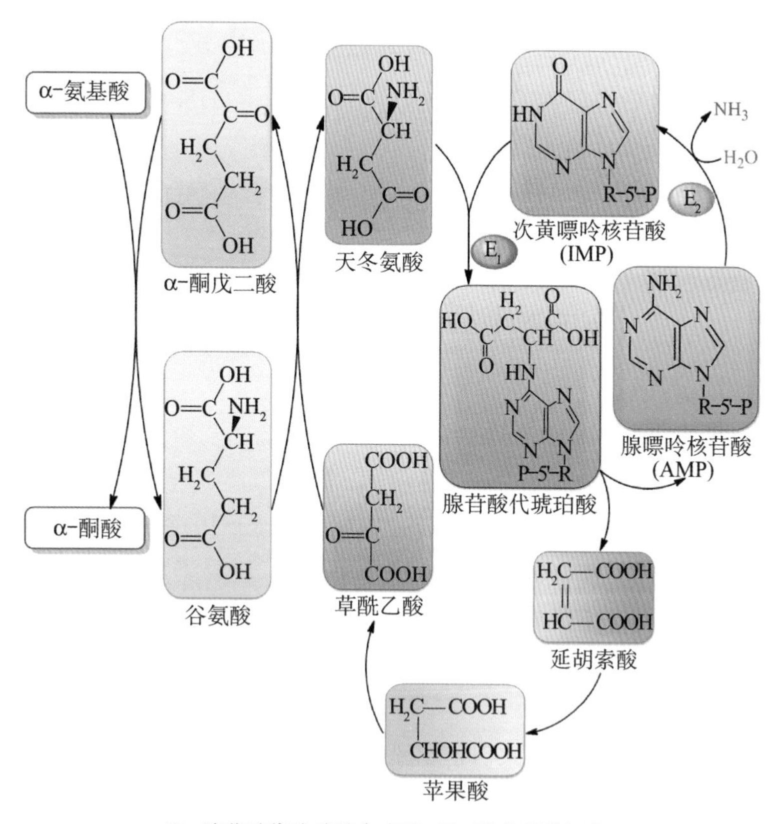

E_1:腺苷酸代琥珀酸合成酶;E_2:腺苷酸脱氨酶。

图 6-7 嘌呤核苷酸循环

表 6-2 氨基酸生糖及生酮性质的分类

类别	氨基酸
生糖氨基酸	Gly, Ser, Val, His, Arg, Cys, Pro, Ala, Glu, Gln, Asp, Asn, Met
生酮氨基酸	Leu, Lys
生糖兼生酮氨基酸	Ile, Phe, Tyr, Trp, Thr

氨基酸代谢与糖代谢、脂类代谢密切相关。氨基酸可转变成糖与脂肪;糖也可转变成脂肪和一些非必需氨基酸的碳架部分。通过柠檬酸循环,糖、脂肪酸及氨基酸彼此相互转变,并且能够完全氧化。可见,柠檬酸循环使各种物质代谢构成一个完整体系,是物质代谢的总枢纽。

第四节 氨的代谢

氨是毒性物质,正常生理情况下,血氨水平在 47～65 μmol/L。脑组织对氨极为敏感,其能量代谢受氨干扰。氨能降低高能磷酸化合物的浓度,引起脑功能紊乱,是肝昏迷的重要机制之一。

一、血氨的来源

（一）氨基酸及胺的分解

1. **氨基酸脱氨基作用** 氧化脱氨、联合脱氨、嘌呤核苷酸循环脱氨。

2. **胺类氧化脱氨**

$$RCH_2NH_2 \xrightarrow{\text{胺氧化酶}} RCHO + NH_3$$

（二）肠道细菌产氨

1. **蛋白质和氨基酸** 在肠道细菌作用下腐败产生氨。

2. **肠道尿素** 在细菌尿素酶作用下水解产生氨。

肠道产氨量较多，每天约 4 g，是体内氨的主要来源。肠道内蛋白质增多，细菌作用强，则产氨量增多。肠道内产生的氨主要在结肠吸收入血。NH_3 易于穿过细胞膜，比 NH_4^+ 易吸收。肠道环境偏碱时，NH_4^+ 转变成 NH_3 而增强吸收。高血氨患者禁用碱性肥皂水灌肠，采用弱酸性透析液做结肠透析，能减少氨的吸收。

（三）肾产氨

肾小管上皮细胞分泌的氨主要来自谷氨酰胺的分解。谷氨酰胺酶催化谷氨酰胺水解成谷氨酸和氨，氨分泌到肾小管管腔中，与尿中的 H^+ 结合成 NH_4^+，以铵盐的形式由尿排出体外。酸性尿有利于 NH_3 转变成 NH_4^+，则肾小管细胞中氨易扩散入尿；而碱性尿中 NH_3 浓度升高，妨碍肾小管细胞中 NH_3 的进一步排出，导致血氨升高。因此，临床上不宜对因肝硬化而产生腹腔积液的患者使用碱性利尿药，以免血氨升高。

二、氨的转运

机体各组织中产生的氨主要以丙氨酸及谷氨酰胺的无毒形式转运到肝或肾。

（一）丙氨酸-葡萄糖循环（alanine-glucose cycle）

1. **作用** 氨从骨骼肌运往肝。

2. **过程（图 6-8）**

（1）骨骼肌中的氨基酸经转氨基作用生成丙氨酸，丙氨酸经血液运往肝。

（2）在肝中，通过联合脱氨基作用，丙氨酸生成丙酮酸，并释放氨。

（3）在肝中，氨合成尿素，丙酮酸异生成葡萄糖。

（4）肝内葡萄糖由血液运往骨骼肌，在肌细胞内沿糖酵解途径转变成丙酮酸。

（5）在骨骼肌细胞中，丙酮酸经转氨基作用生成丙氨酸。

骨骼肌中的氨以无毒的丙氨酸形式运往肝；肝为骨骼肌提供了葡萄糖，葡萄糖既是骨骼肌的能源物质，也是生成丙酮酸的原料。

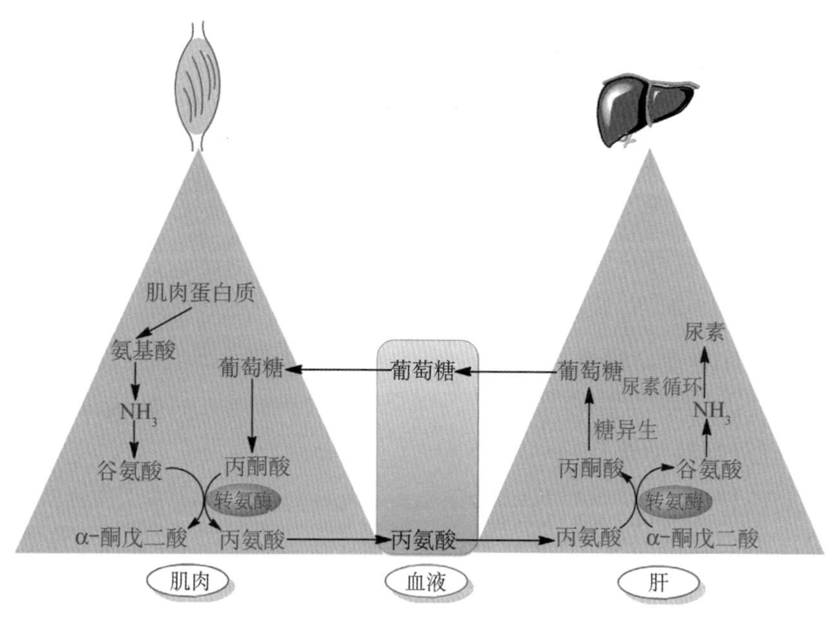

图 6-8 丙氨酸-葡萄糖循环

（二）谷氨酰胺运氨

1. 作用 氨从脑、肌肉等组织运往肝或肾。

2. 运氨机制 谷氨酰胺的合成与分解是由不同酶催化的不可逆反应。在脑和肌肉等组织，氨与谷氨酸在谷氨酰胺合成酶(glutamine synthetase)的催化下合成谷氨酰胺，并由血液运往肝或肾；在肝或肾中，谷氨酰胺在谷氨酰胺酶(glutaminase)作用下水解成谷氨酸及氨。谷氨酰胺的合成需消耗 ATP。

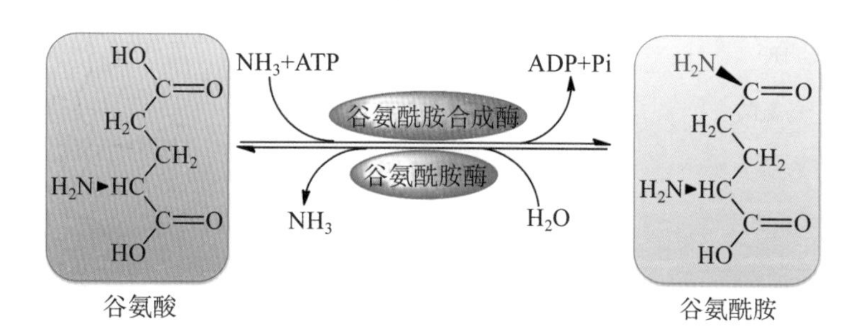

3. 临床意义 谷氨酰胺不但是氨的解毒产物，也可以看作氨的储存及运输形式。谷氨酰胺固定和转运氨的作用在脑组织中非常重要。临床上使用谷氨酸盐能降低氨中毒患者的血氨浓度。

正常细胞能利用谷氨酰胺为酰胺基供体，使天冬氨酸酰胺化，生成足量的天冬酰胺。但白血病细胞不能或很少能合成，必须依靠其他组织来源的天冬酰胺。因此，临床上应用天冬酰胺酶(asparaginase)水解天冬酰胺，从而减少血中天冬酰胺的含量，限制白血病细胞对天冬酰胺的摄取，从而达到治疗白血病的目的。

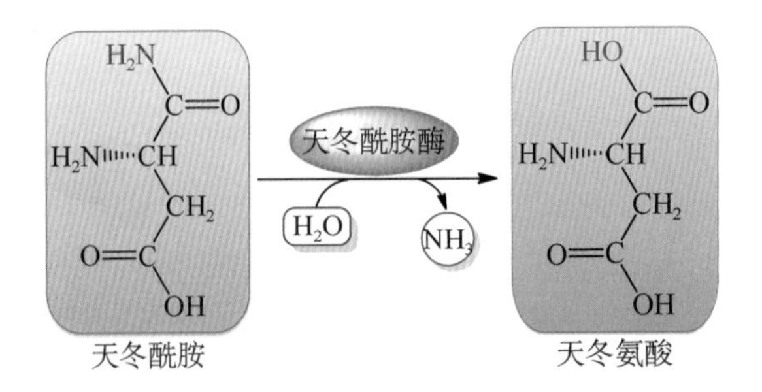

天冬酰胺　　　　天冬氨酸

三、氨的去路

体内不能大量积存有毒的氨，需及时转变成无毒性或毒性小的物质排出体外。通常人体中80%～90%的氨在肝中生成尿素并排出体外，只有少部分氨在肾以铵盐形式随尿排出。

（一）鸟氨酸循环学说

早在1932年，德国学者 Hans Krebs 和 Kurt Henseleit 用肝切片在体外实验，发现在供能条件下，NH_3 和 CO_2 能缩合成尿素。在保温介质中加入精氨酸、鸟氨酸(ornithine)或瓜氨酸(citrulline)可加速此反应，并进一步证明精氨酸是合成尿素的中间产物。在反应过程中，这3种氨基酸的含量不发生变化。根据这些实验结果，提出了鸟氨酸循环(ornithine cycle)学说，又称尿素循环(urea cycle)。

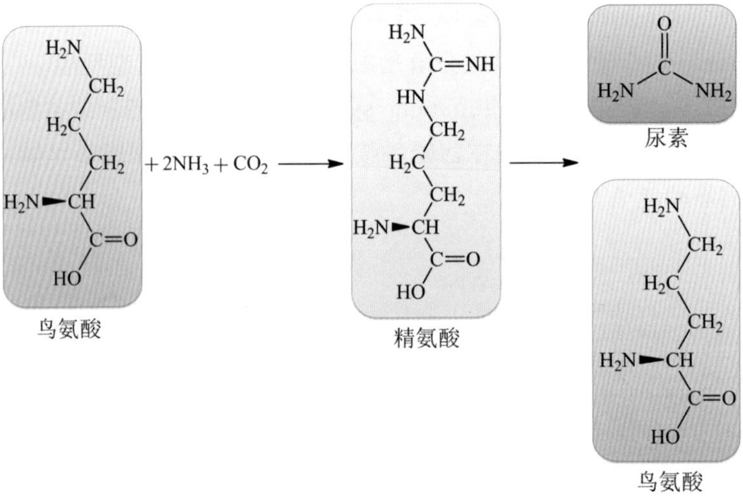

$$鸟氨酸 + 2NH_3 + CO_2 \longrightarrow 精氨酸 \longrightarrow 尿素 + 鸟氨酸$$

鸟氨酸　　　　精氨酸　　　　尿素　　　　鸟氨酸

（二）鸟氨酸循环的详细步骤

1. 氨基甲酰磷酸的合成 反应发生在肝线粒体中，游离的 NH_3 与 CO_2 缩合成氨基甲酰磷酸(carbamoyl phosphate)，消耗2分子 ATP。催化此反应的氨基甲酰磷酸合成酶Ⅰ(carbamoyl phosphate synthetase Ⅰ, CPS-Ⅰ)是鸟氨酸循环过程中的关键酶，主要存在于肝细胞线粒体中，含量很高。*N*-乙酰谷氨酸(*N*-acetyl glutamic acid, AGA)为 CPS-Ⅰ的别构激活剂，可诱导 CPS-Ⅰ的发生构象改变，进而增加酶对 ATP 的亲和力。AGA 由乙酰 CoA 和谷氨酸经 AGA 合成酶催化合成，精氨酸可促进 AGA 的生成。进食蛋白质后，AGA 合成酶活性增高，产生较多 AGA，可增强氨基甲酰磷酸的合成，从而调节肝中尿素的生成。

$$NH_3 + CO_2 + H_2O + 2ATP \xrightarrow[\text{N-乙酰谷氨酸}\ Mg^{2+}]{\text{氨基甲酰磷酸合成酶 I}} H2N-C-O\sim PO_3^{2-} + 2ADP+Pi$$

2. 瓜氨酸的合成 反应发生在肝线粒体中，不可逆。在鸟氨酸氨基甲酰转移酶(ornithine carbamoyl transferase，OCT)催化下，氨基甲酰磷酸上的氨基甲酰部分转移到鸟氨酸上，生成瓜氨酸和磷酸。

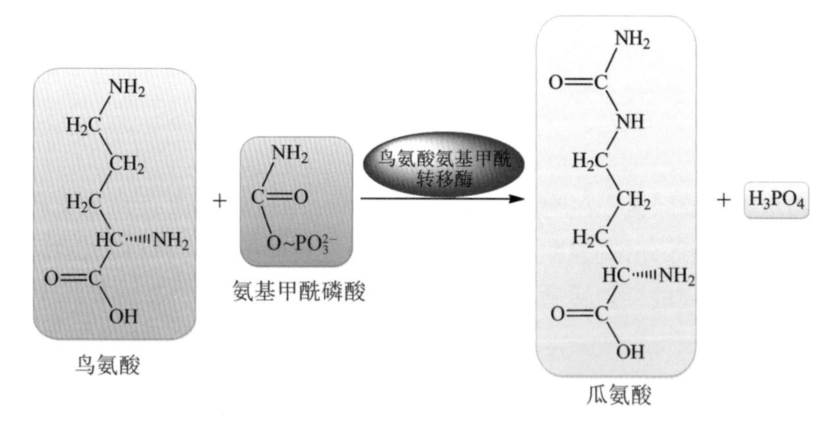

3. 精氨酸的合成 瓜氨酸在线粒体合成后，即被转运到线粒体外，在胞液中与天冬氨酸反应生成精氨酸代琥珀酸，后者再裂解生成精氨酸和延胡索酸。这两步反应分别由精氨酸代琥珀酸合成酶(argininosuccinate synthetase)和精氨酸代琥珀酸裂解酶催化。精氨酸代琥珀酸的合成反应需由 ATP 供能。反应产物精氨酸分子中保留了来自游离 NH_3 和天冬氨酸分子的氮，是尿素分子中两个氮原子的来源。天冬氨酸的氨基由其他氨基酸通过连续转氨基作用而来，因此尿素中的氮可来源于多种参与转氨基作用的氨基酸。

上述反应裂解生成的延胡索酸可经柠檬酸循环的中间步骤转变成草酰乙酸，后者与谷氨酸进行转氨基反应，又可重新生成天冬氨酸。

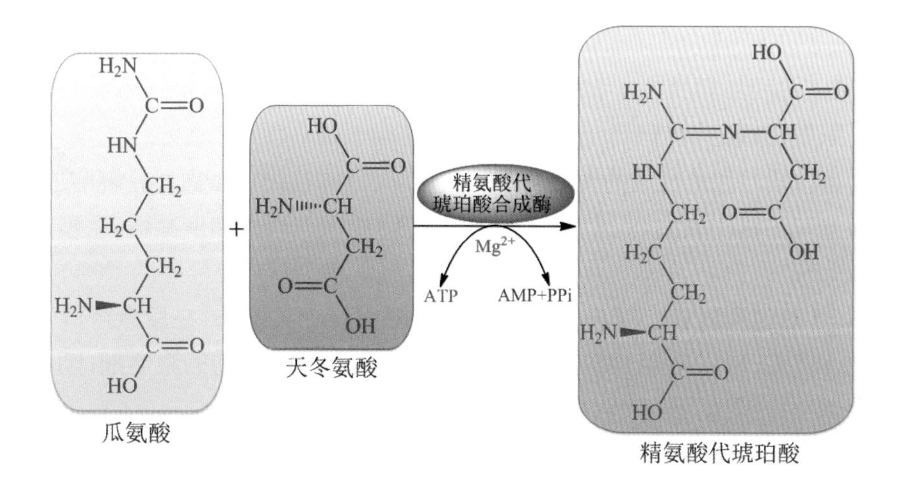

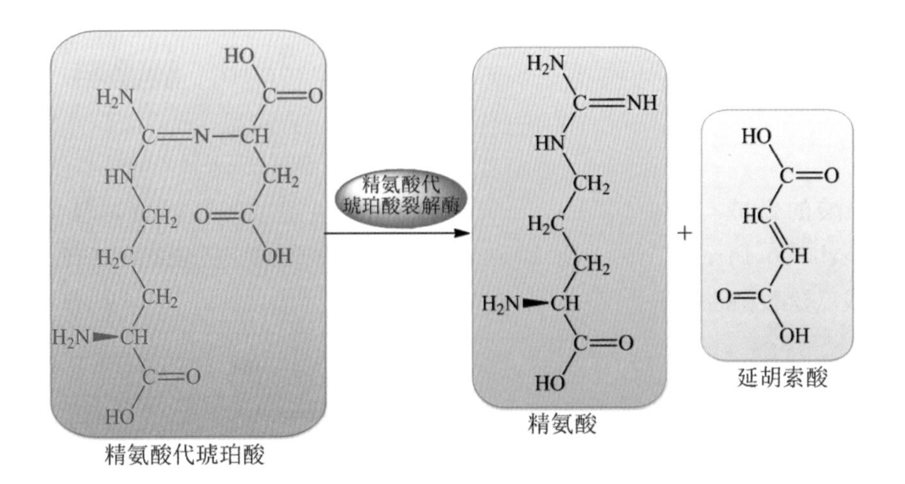

4. 精氨酸水解释放尿素　在胞液中，精氨酸酶催化精氨酸水解，生成尿素和鸟氨酸。尿素作为代谢终产物排出体外，鸟氨酸通过线粒体内膜上载体的转运再进入线粒体，参与瓜氨酸的合成。如此反复，完成鸟氨酸循环。

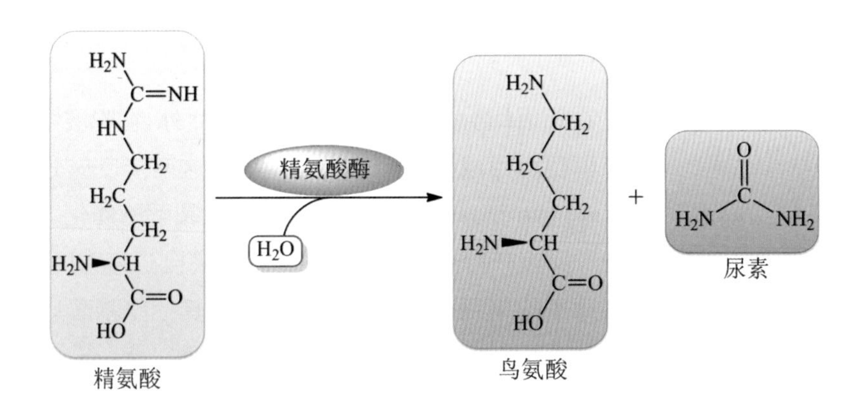

尿素合成的总反应为：

$$2NH_3 + CO_2 + 3ATP + 3H_2O \rightleftharpoons H_2N—CO—NH_2 + 2ADP + AMP + 4Pi$$

尿素合成的中间步骤及其在细胞中的定位总结于图 6－9。

（三）尿素合成的调节

1. 膳食蛋白质对尿素合成的调节　摄入大量蛋白质时，体内蛋白质分解增加，尿素合成速度加快，尿素可占排出氮的 90％；摄入少量蛋白质时，尿素合成速度减慢，尿素约占排出氮的 60％。

2. CPS－I 的别构调节　CPS－I 是启动鸟氨酸循环的关键酶，在尿素合成过程中起关键作用。AGA 是 CPS－I 的别构激活剂，而精氨酸是 AGA 合成酶的激活剂，因此精氨酸浓度增高时，尿素合成增加。

3. 精氨酸代琥珀酸合成酶的调节　精氨酸代琥珀酸合成酶是尿素循环中活性最低的

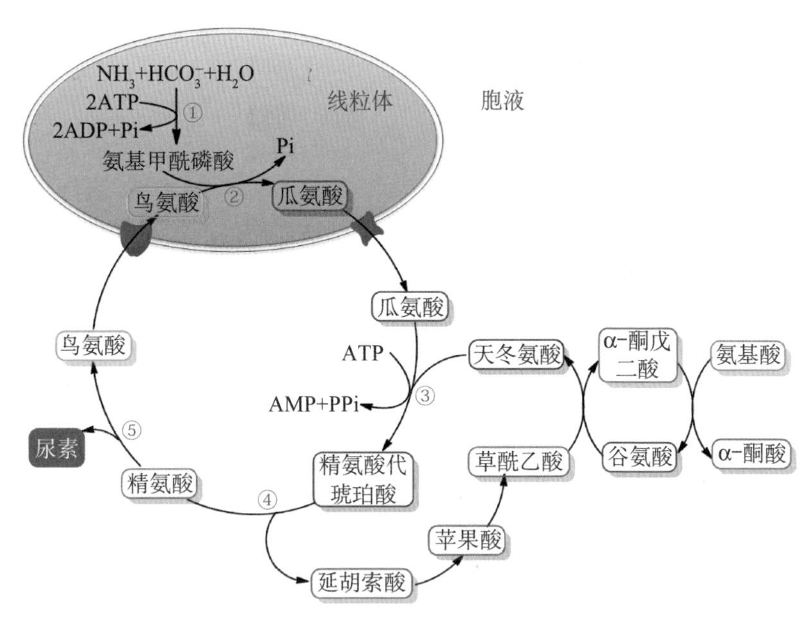

①氨基甲酰磷酸合成酶Ⅰ；②鸟氨酸氨基甲酰转移酶；③精氨酸代琥珀酸合成酶；④精氨酸代琥珀裂解酶；⑤精氨酸酶。

图 6－9　尿素循环

酶，是尿素合成的限速酶，可调节尿素的合成速度。

（四）高氨血症与氨中毒

氨在肝中合成尿素是维持正常血氨浓度的关键。肝功能严重损伤或尿素合成相关酶的遗传性缺陷时，可导致尿素合成发生障碍，使血氨浓度升高，称为高氨血症(hyperammonemia)。高血氨的毒性作用机制尚不完全清楚。一般认为，氨进入脑组织后与脑中的 α-酮戊二酸结合生成谷氨酸，并进一步生成谷氨酰胺。高血氨时，脑中过量的氨消耗大量 α-酮戊二酸，导致柠檬酸循环减弱，ATP 生成减少，引起大脑功能障碍，严重时可发生昏迷。另一种可能性是谷氨酸、谷氨酰胺增多，渗透压增大引起脑水肿。

第五节　个别氨基酸的代谢

不同的氨基酸有不同的侧链，因此具有特殊的代谢途径。个别氨基酸代谢的生理意义非常重要。

一、氨基酸的脱羧基作用

有些氨基酸可通过脱羧基作用(decarboxylation)生成相应的胺类。各种氨基酸脱羧酶(decarboxylase)均以磷酸吡哆醛为辅酶。

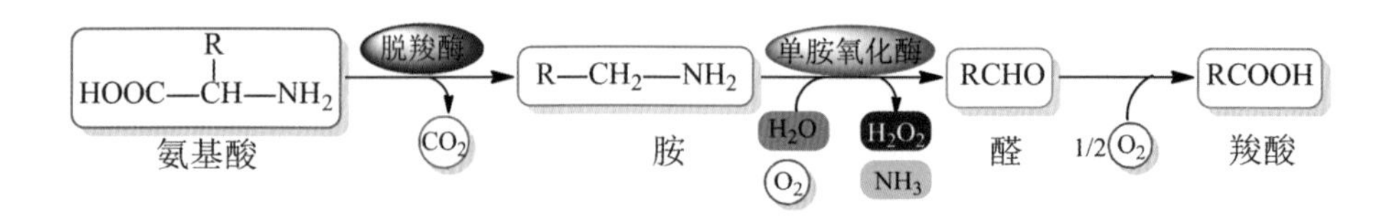

体内胺类具有显著的生物活性，如在体内堆积，可引起神经系统或心血管系统紊乱。胺氧化酶(amine oxidase)在体内广泛存在，属于黄素蛋白，在肝中活性最高，能将胺氧化成相应的醛、NH_3 和 H_2O_2。醛类可继续氧化成羧酸，羧酸再氧化成 CO_2 和 H_2O 或随尿排出，从而避免胺类的蓄积。

（一） γ -氨基丁酸

L -谷氨酸脱羧酶催化谷氨酸脱羧基生成 γ -氨基丁酸(γ-aminobutyric acid, GABA)。脑中谷氨酸含量高，此酶在脑活性也很强，因而 GABA 在脑组织中的浓度较高。GABA 为大脑及小脑皮质的抑制性神经递质，对中枢神经有抑制作用。维生素 B6 缺乏时，影响 *L* -谷氨酸脱羧酶活性，使 GABA 合成减少，故可能引起抽搐。

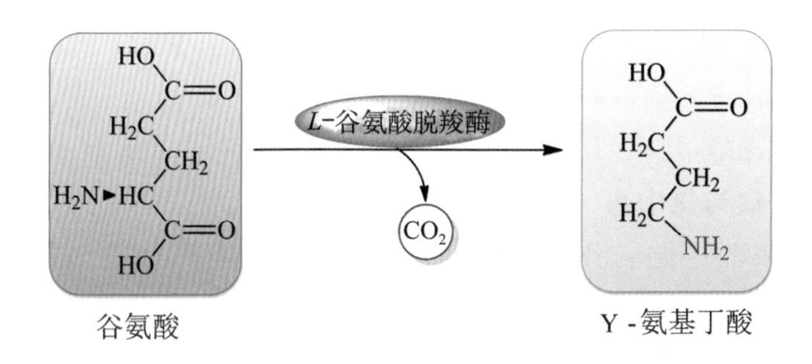

GABA 通过转氨基作用生成琥珀酸半醛，再脱氢还原成琥珀酸。琥珀酸可参与柠檬酸循环，进一步代谢。由于谷氨酸在脑内可由 α -酮戊二酸合成，形成 GABA 后，再重新回到琥珀酸，参与柠檬酸循环，因此该过程称为 GABA 旁路(GABA shunt)。

（二） 半胱氨酸可转变成牛磺酸

半胱氨酸首先氧化成磺基丙氨酸，再经磺基丙氨酸脱羧酶催化，脱去羧基生成牛磺酸。牛磺酸用于合成胆汁酸盐，是结合胆汁酸的组成成分之一。

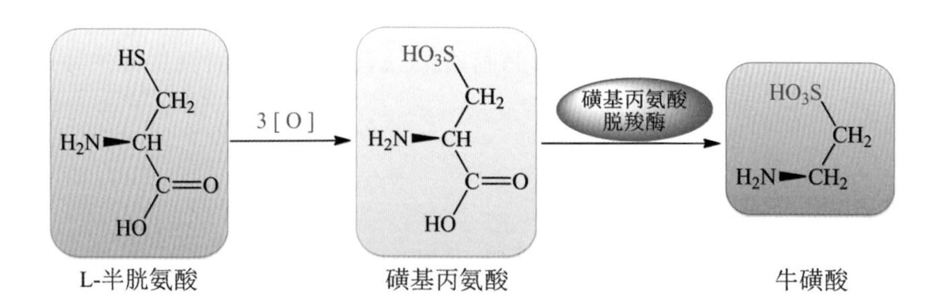

（三）组胺

组氨酸脱羧酶催化组氨酸脱羧基生成组胺(histamine)。组胺广泛分布于机体各组织，乳腺、肺、肝、肌及胃黏膜中含量较高，主要存在于肥大细胞中。

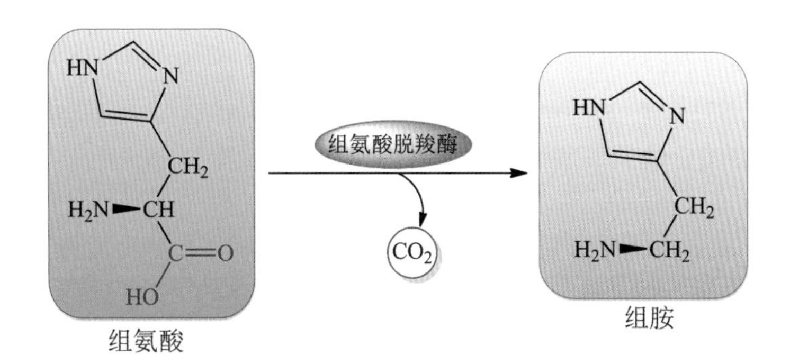

组胺有血管舒张作用，增加毛细血管的通透性，可引起荨麻疹等症状；可使平滑肌收缩，引起支气管痉挛导致哮喘；还能促进胃黏膜细胞分泌胃蛋白酶原及胃酸。组胺可在二胺氧化酶催化下转变成相应的酸，并释放出氨。未被氧化的组胺可从尿中以 *N*-乙酰化或甲基化的衍生物形式排出体外。

（四）5-羟色胺

色氨酸首先经色氨酸羟化酶催化生成5-羟色氨酸(5-hydroxytryptophan)，然后经5-羟色氨酸脱羧酶催化生成5-羟色胺(5-hydroxytryptamine，5-HT)。

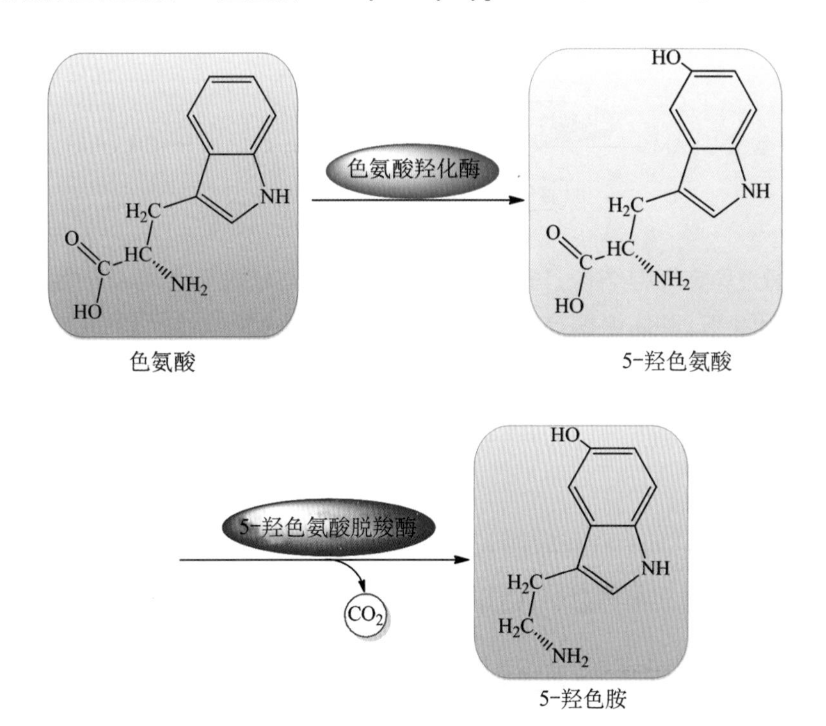

5-羟色胺在神经组织、胃肠、血小板及乳腺细胞中均可生成。脑组织中的5-羟色胺是

一种抑制性神经递质，减少时影响睡眠，过多时可升高体温。在外周组织，5-羟色胺具有强烈的血管收缩作用。5-羟色胺经单胺氧化酶催化生成5-羟色醛，进一步氧化生成5-羟吲哚乙酸随尿排出。

（五）多胺

多胺(polyamine)是指含有多个氨基的化合物。鸟氨酸脱羧后生成腐胺(putrescine)，然后腐胺又可转变成精脒(spermidine)及精胺(spermine)。鸟氨酸脱羧酶(orinithine decarboxylase)是多胺合成的限速酶。在体内多胺大部分与乙酰基结合随尿排出，小部分氧化成 CO_2 和 NH_3。

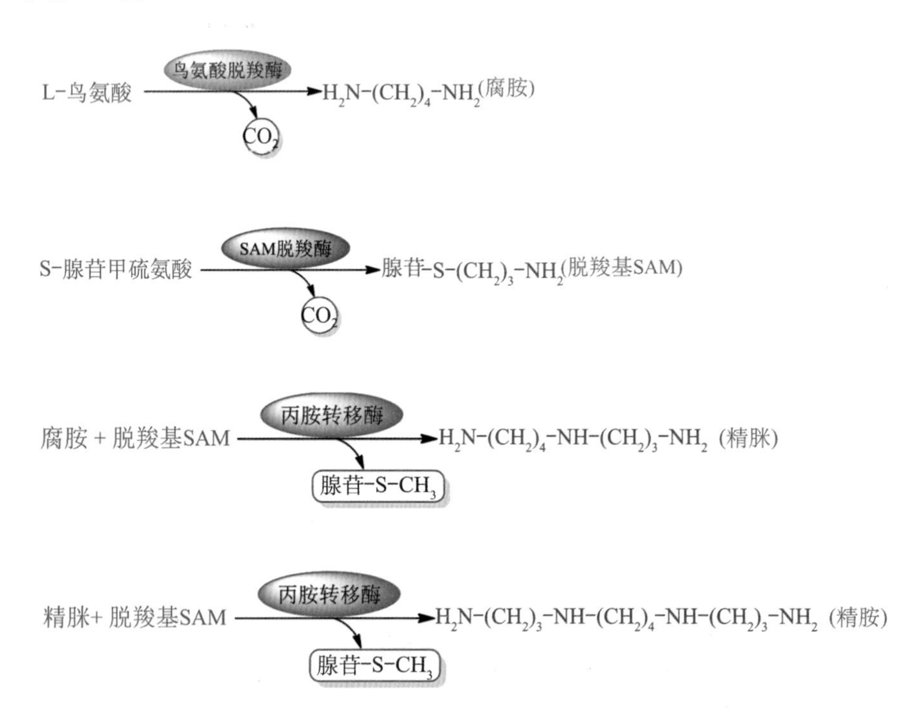

多胺可能通过稳定细胞结构、与核酸分子结合及促进核酸和蛋白质的生物合成调节细胞生长。胚胎、再生肝、肿瘤组织等生长旺盛的组织中，鸟氨酸脱羧酶的活性和多胺的含量都有所增加。临床上测定患者血或尿中的多胺水平，对肿瘤的诊断及病情发展的判断具有指导意义。

二、一碳单位代谢

某些氨基酸代谢过程中，可分解产生含有一个碳原子的基团，称为一碳单位(one carbon unit)，包括甲基($—CH_3$)、甲烯基($—CH_2—$)、甲炔基($—CH═$)、甲酰基(—CHO)及亚氨甲基(—CH═NH)等。

（一）四氢叶酸是一碳单位的载体

四氢叶酸(tetrahydrofolic acid, FH4)是一碳单位的载体，一碳单位常与 FH_4 结合之后参与代谢。叶酸属B族维生素，由蝶呤、对氨基苯甲酸及谷氨酸组成，在体内经二氢叶酸还原酶(dihydrofolate reductase)催化，分两步还原反应生成 FH_4。FH_4 分子上的 5 位和 10 位 N 原子是携带一碳单位的位置，分别以 N^5、N^{10} 表示。N^5 结合甲基或亚氨甲基，N^5 和 N^{10} 结合甲烯基或甲炔基，N^5 或 N^{10} 结合甲酰基。

5,6,7,8-四氢叶酸

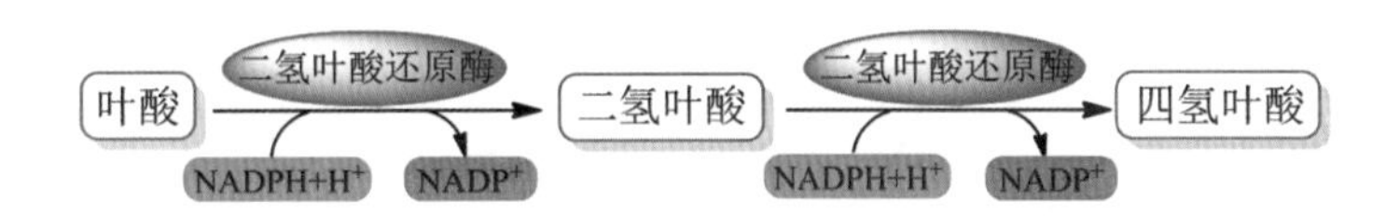

（二）一碳单位的产生及相互转变

一碳单位主要来自丝氨酸、甘氨酸、组氨酸及色氨酸的分解代谢。在这些氨基酸的分解代谢过程中，一碳单位一经生成就结合在 FH_4 的 N^5、N^{10} 位上。例如：

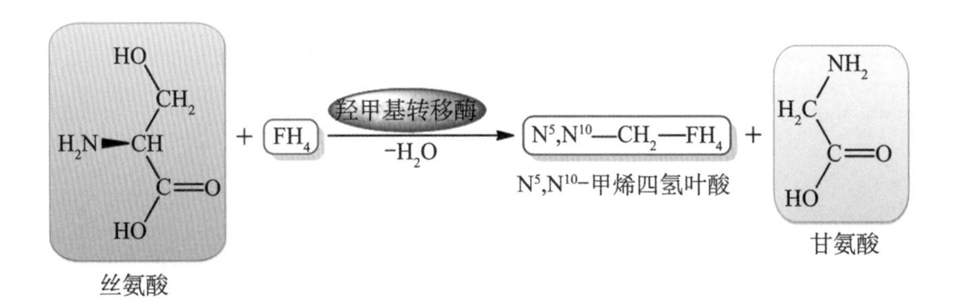

甘氨酸 + FH_4 →(甘氨酸裂解酶；$NADP^+$ → $NADPH+H^+$) N^5,N^{10}—CH_2—FH_4（N^5,N^{10}-甲烯四氢叶酸） + CO_2 + NH_3

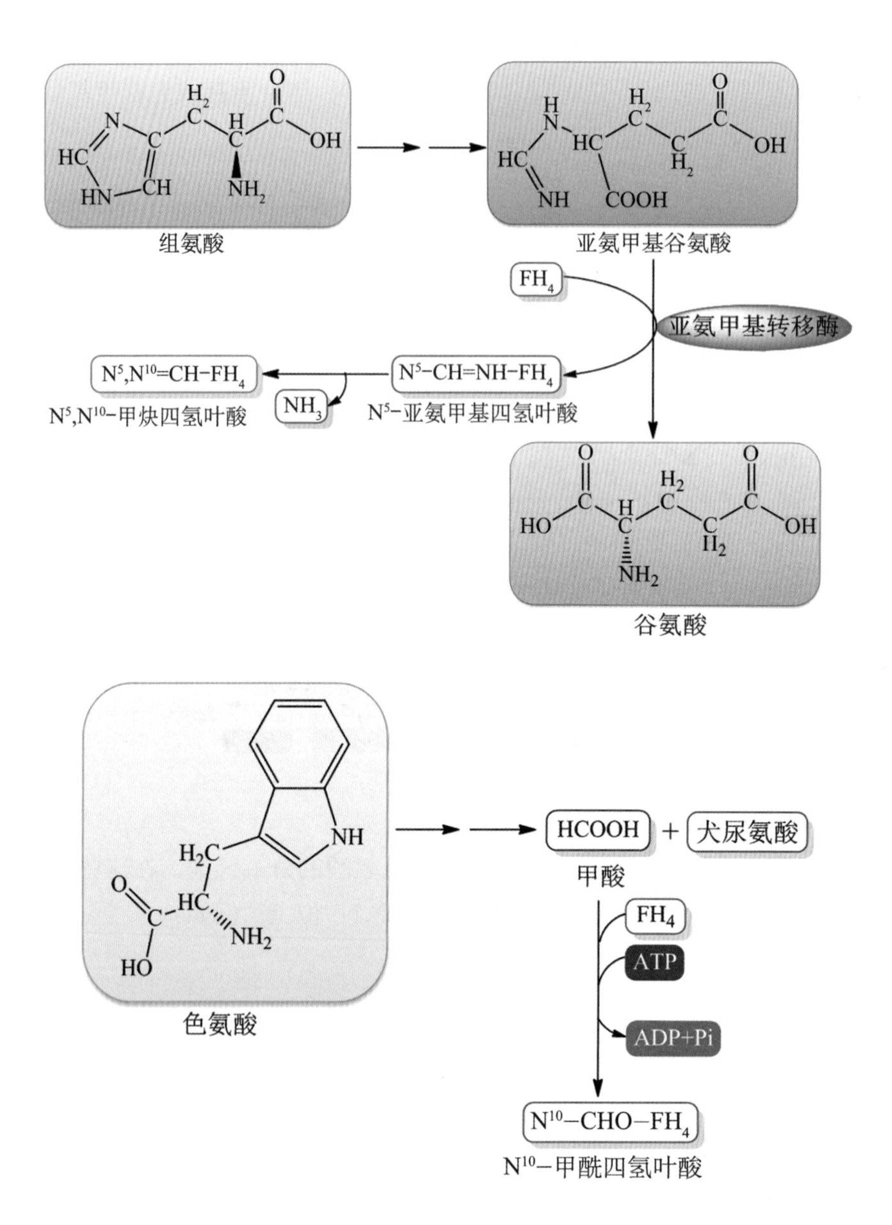

在适当条件下，一碳单位可以通过氧化还原反应而相互转变，但还原成 N^5—CH_3—FH_4 后，则不易再氧化，因此 N^5—CH_3—FH_4 的生成是不可逆的(图 6－10)。体内 N^5—CH_3—FH_4 的含量较多，是 FH_4 的储存形式。

（三）一碳单位的主要功能

1. 一碳单位是嘌呤和嘧啶的合成原料 一碳单位在核酸的生物合成中具有重要作用，例如，N^{10}—CHO—FH_4 与 N^5，N^{10}═CH—FH_4 分别为嘌呤合成提供 C_2 与 C_8，N^5，N^{10}－CH_2－FH_4 为胸腺嘧啶核苷酸合成提供甲基。氨基酸分解代谢产生的一碳单位是核酸合成代谢的原料，因此一碳单位将氨基酸代谢与核苷酸代谢密切联系起来。一碳单位代谢障碍或 FH_4 不足时，可引起巨幼红细胞性贫血等疾病。应用磺胺类药物可使细菌叶酸合成途径受阻，进而

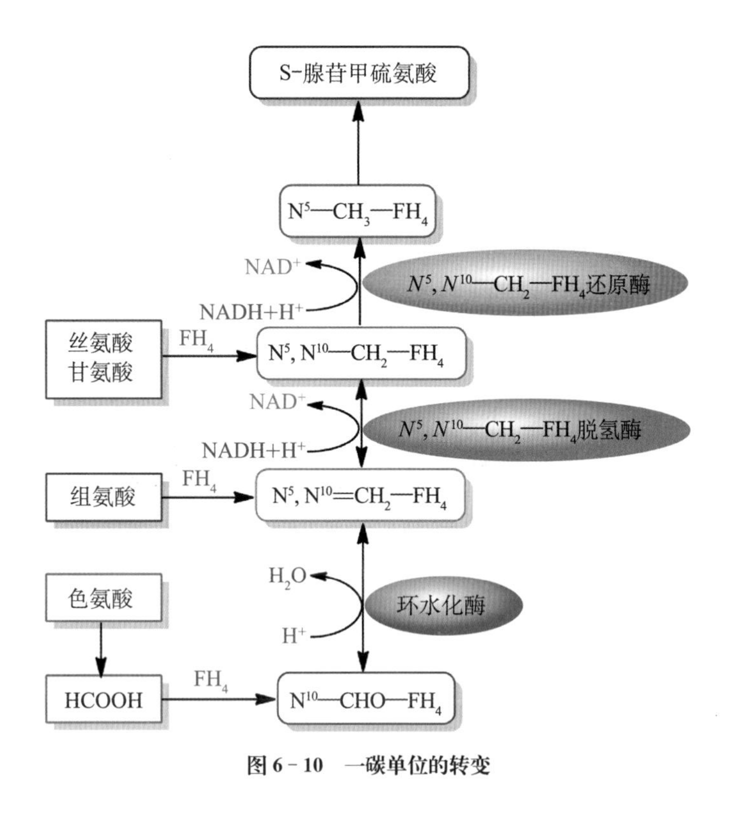

图 6－10　一碳单位的转变

抑制细菌生长。人体主要从体外摄取叶酸，因此不受磺胺类药物的影响。肿瘤治疗药物氨甲蝶呤是一种叶酸类似物，可抑制 FH_4 的生成，造成细胞核酸合成障碍，从而抑制细胞增殖。

2. 一碳单位是间接的甲基供体　N^5—CH_3—FH_4 提供甲基，使同型半胱氨酸生成甲硫氨酸，甲硫氨酸是体内合成各种甲基化合物，如肌酸、肉毒碱、胆碱、肾上腺素等的甲基供体，因此 N^5—CH_3—FH_4 是体内甲基的间接来源。

三、含硫氨基酸代谢

含硫氨基酸包括甲硫氨酸、半胱氨酸和胱氨酸，它们的代谢是相互联系的。甲硫氨酸是营养必需氨基酸，可以转变为半胱氨酸和胱氨酸，而且半胱氨酸和胱氨酸可以互相转变。

（一）甲硫氨酸代谢

1. 甲硫氨酸循环与转甲基作用　甲硫氨酸转甲基作用与甲硫氨酸循环（methionine cycle）有关（图 6－11）。甲硫氨酸循环的步骤如下。

（1）甲硫氨酸在腺苷转移酶（adenosyl transferase）的催化下与 ATP 反应，生成 *S*－腺苷甲硫氨酸（*S*-adenosyl methionine，SAM）。SAM 中的甲基称为活性甲基，SAM 称为活性甲硫氨酸，是体内甲基的直接供体。

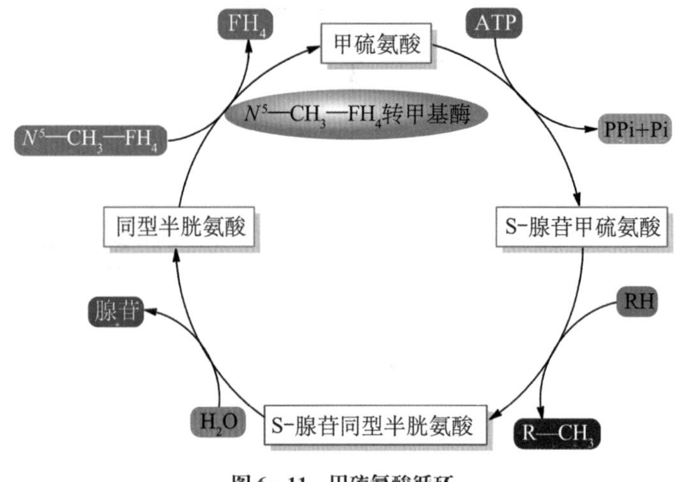

图 6-11　甲硫氨酸循环

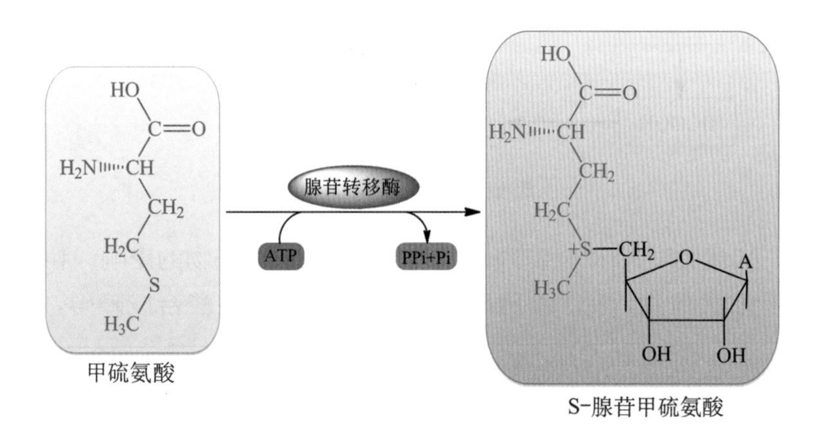

(2) SAM 经甲基转移酶(methyl transferase)催化，将甲基转移至另一种物质，使其甲基化(methylation)，而 SAM 去甲基后生成 *S*-腺苷同型半胱氨酸。

(3) *S*-腺苷同型半胱氨酸脱去腺苷生成同型半胱氨酸(homocysteine)。

(4) 在 N^5-甲基四氢叶酸转甲基酶的催化下，同型半胱氨酸接受 N^5—CH_3—FH_4 上的甲基，重新生成甲硫氨酸。

同型半胱氨酸接受 N^5—CH_3—FH_4 提供的甲基，生成甲硫氨酸。甲硫氨酸循环的中间产物 SAM 为体内广泛的甲基化反应提供甲基，因此 N^5—CH_3—FH_4 是体内甲基的间接供体。

N^5—CH_3—FH_4 不能转变为其他一碳单位，只能经 N^5-甲基四氢叶酸转甲基酶催化释放出 FH_4。维生素 B_{12} 是 N^5-甲基四氢叶酸转甲基酶的辅酶，是甲基的直接传递者。维生素 B_{12} 缺乏时，N^5—CH_3—FH_4 上的甲基不能转移给同型半胱氨酸。这不仅影响甲硫氨酸的合成，而且由于结合了甲基的 FH_4 不能游离出来，导致组织中 FH_4 含量下降。FH_4 不足使一碳单位转运受阻，核酸合成障碍，影响细胞分裂。因此，维生素 B_{12} 不足时可引起巨幼红细胞性贫血，同时同型半胱氨酸在血中浓度升高，可能是动脉粥样硬化和冠心病的危险因素。

2. 甲硫氨酸为肌酸合成提供甲基　肌酸的骨架为甘氨酸，脒基来源于精氨酸，甲基来源于 SAM。肝是合成肌酸的主要器官。肌酸（creatine）和磷酸肌酸是能量储存与利用的重要化合物。磷酸肌酸在心肌、骨骼肌及脑组织中含量丰富。ATP 充足时，在肌酸激酶（creatine kinase, CK）催化下将其末端磷酸转移给肌酸，生成磷酸肌酸。ATP 耗竭时，磷酸肌酸又能将高能磷酸基团转移给 ADP，补充 ATP 的不足。肌酸激酶有 3 种同工酶，分布于不同组织中，可作为临床辅助诊断的指标之一（见第三章　酶）。

肌酸和磷酸肌酸在肌肉中通过非酶促反应生成肌酐（creatinine）（图 6-12），并随尿排出。正常人每日尿中肌酐的排出量恒定。肾功能障碍时肌酐排出受阻，血浆肌酐浓度升高，因此测定血中肌酐浓度可辅助诊断肾功能不全。

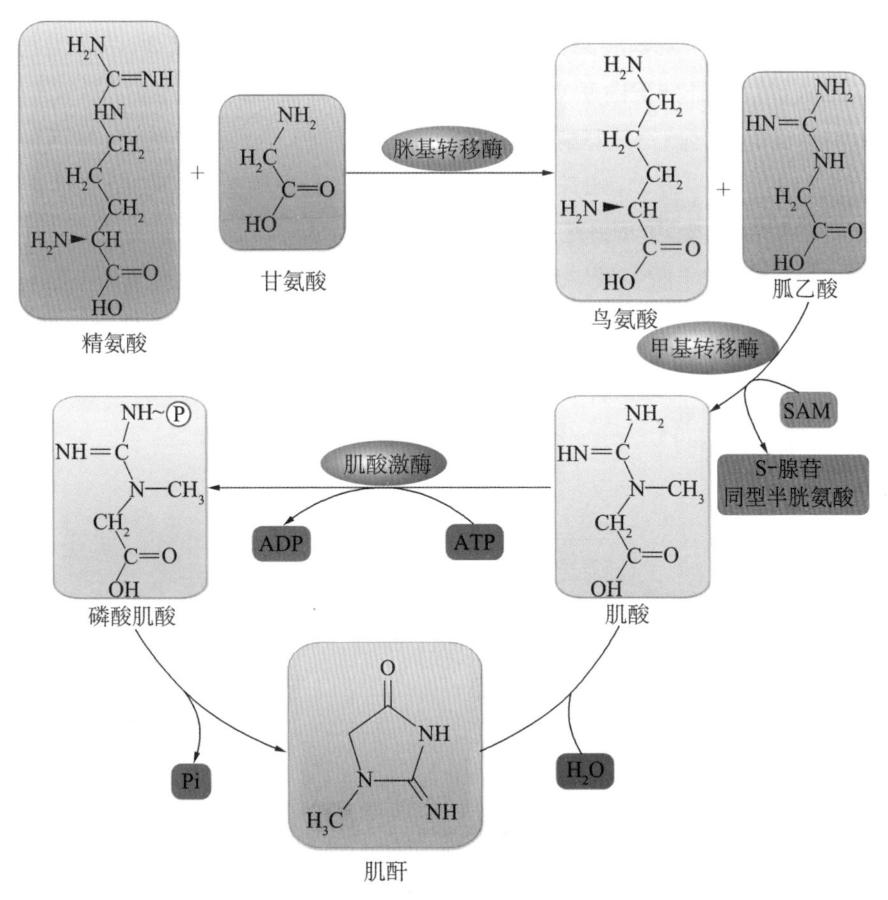

图 6-12　肌酸代谢

（二）半胱氨酸代谢

1. 半胱氨酸与胱氨酸可以互变

（1）半胱氨酸含有巯基（—SH），胱氨酸含有二硫键（—S—S—），两者可以相互转变。

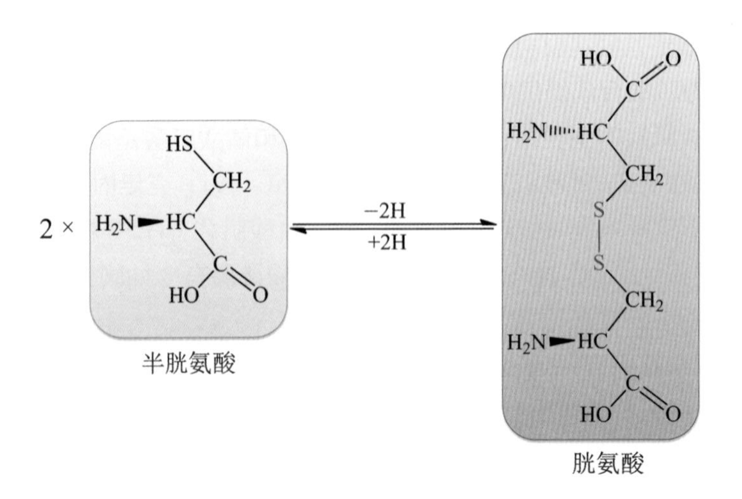

（2）有氧时，2 分子半胱氨酸易受 Fe^{2+} 、Cu^{2+} 氧化，脱氢形成二硫键，两个半胱氨酸残基间所形成的二硫键对于维持蛋白质空间构象的稳定性具有重要作用。

（3）体内许多重要的酶有巯基酶之称，如琥珀酸脱氢酶、乳酸脱氢酶等，其活性与半胱氨酸的巯基直接有关。有些毒物，如芥子气、重金属盐等，能与酶分子中的巯基结合而抑制酶活性。还原型谷胱甘肽能保护酶分子上的巯基。

2. 甲硫氨酸转变成半胱氨酸 甲硫氨酸经甲硫氨酸循环生成同型半胱氨酸，再与丝氨酸缩合形成胱硫醚（cystathionine），胱硫醚水解则释放出半胱氨酸，同时产生氨和 α-丁酮酸，α-丁酮酸可进一步氧化降解（图 6－13）。此反应不可逆，因此不能由半胱氨酸转变为同型半胱氨酸，乃至甲硫氨酸。

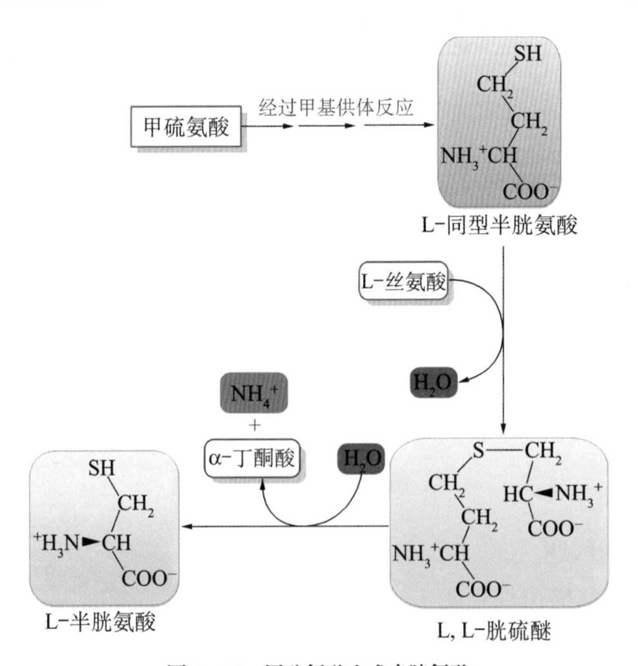

图 6－13　甲硫氨酸生成半胱氨酸

3. 半胱氨酸的分解代谢 半胱氨酸有多种分解途径。半胱氨酸的一种代谢产物是牛磺酸，通过脱羧作用生成。半胱氨酸的主要代谢途径是分子中的巯基氧化生成半胱亚磺酸，然后脱去氨基和亚磺酸基，最后生成丙酮酸和亚硫酸。亚硫酸可氧化生成硫酸。半胱氨酸也可直接脱去巯基和氨基，生成丙酮酸、氨和 H_2S，H_2S 再经氧化生成硫酸。

4. 半胱氨酸生成活性硫酸根 体内的硫酸根主要来源于半胱氨酸，其中一部分以无机盐的形式随尿排出；另一部分与 ATP 结合，生成活性硫酸根，即 3′-磷酸腺苷-5′-磷酸硫酸(3′-phospho-adenosine-5′-phospho-sulfate，PAPS)。

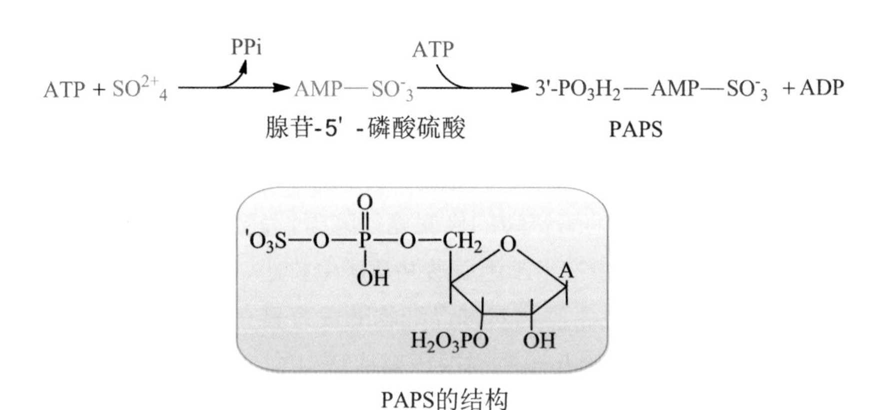

PAPS的结构

PAPS 化学性质活泼，可提供硫酸根使某些物质生成硫酸酯，在肝生物转化中具有重要作用。例如类固醇激素形成硫酸酯而被灭活，一些外源性酚类化合物形成硫酸酯而排出体外。此外，硫酸角质素及硫酸软骨素等分子中的硫酸基也需由 PAPS 提供。

四、芳香族氨基酸代谢

苯丙氨酸、酪氨酸和色氨酸属芳香族氨基酸。苯丙氨酸与色氨酸为营养必需氨基酸。酪氨酸可由苯丙氨酸羟化生成。

（一）苯丙氨酸和酪氨酸代谢

1. 苯丙氨酸羟化生成酪氨酸 苯丙氨酸在苯丙氨酸羟化酶(phenylalanine hydroxylase)催化下，经羟化作用生成酪氨酸。苯丙氨酸羟化酶属加单氧酶，主要存在于肝等组织，辅酶是四氢生物蝶呤，催化的反应不可逆，故酪氨酸不能转变为苯丙氨酸。四氢生物蝶呤在反应时被氧化为二氢生物蝶呤，后者须经二氢生物蝶呤还原酶作用，由 NADPH 供氢，再还原成四氢生物蝶呤。

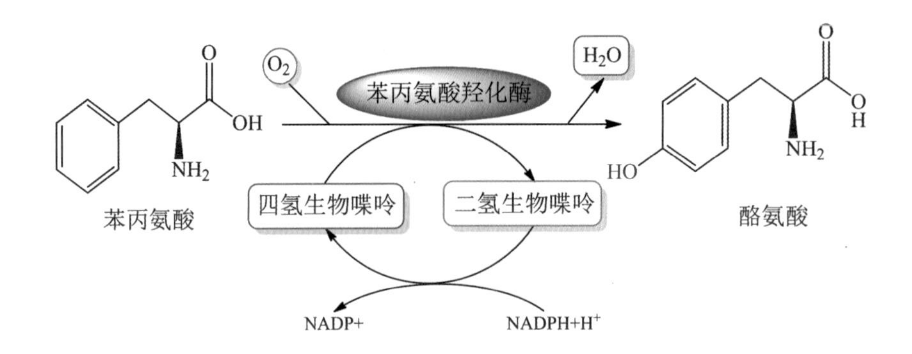

2. **苯丙酮酸的生成** 少量苯丙氨酸可经转氨基作用生成苯丙酮酸。这是次要的代谢途径，但在先天性苯丙氨酸羟化酶缺陷时，此代谢途径加强，苯丙氨酸大量生成苯丙酮酸，并由尿排出，称为苯丙酮酸尿症(phenylketonuria, PKU)。PKU是一种常见的氨基酸代谢病，在遗传性氨基酸代谢缺陷疾病中比较常见，其遗传方式为常染色体隐性遗传。先天性苯丙氨酸羟化酶缺陷，使苯丙氨酸转变为酪氨酸的代谢途径障碍，导致血中的苯丙氨酸异常升高，且苯丙氨酸转氨基作用增强，大量产生苯丙酮酸并从尿中排出，于是出现高苯丙氨酸血症及苯丙酮酸尿症。苯丙氨酸及其代谢产物对神经细胞的发育具有毒性作用，造成大脑的不可逆损害。PKU临床表现不均一，患儿出生时很少有症状，1年以后出现明显躯体、智力发育迟缓，癫痫样发作，多动或有攻击行为等症状，由于有脑萎缩而出现小头畸形。此外，苯丙氨酸的正常代谢产物酪氨酸减少，导致以酪氨酸为必要原料的黑色素合成障碍，因此患儿毛发、虹膜及皮肤色素减退。苯丙氨酸转氨代谢途径产生的苯乳酸和苯乙酸增多，从汗液和尿中排出，导致患儿有鼠样臭味。患儿诊断一旦明确，应尽早给予治疗。开始治疗的年龄越小，效果越好。目前对PKU的治疗仅限于饮食疗法，限制饮食中苯丙氨酸的摄入，使其仅仅满足人体所需苯丙氨酸的最小值。

3. **酪氨酸的代谢产物**

(1) 儿茶酚胺：在肾上腺髓质和神经组织，酪氨酸经酪氨酸羟化酶(tyrosine hydroxylase)催化生成3,4-二羟苯丙氨酸(3, 4-dihydroxyphenylalanine, DOPA,多巴)。多巴脱羧生成多巴胺(dopamine)；多巴胺羟化生成去甲肾上腺素(norepinephrine)；去甲肾上腺素甲基化生成肾上腺素(epinephrine)。多巴胺、去甲肾上腺素及肾上腺素统称为儿茶酚胺(catecholamine)。多巴胺生成减少是帕金森病(Parkinson's disease)的重要病因。酪氨酸羟化酶是以四氢生物蝶呤为辅酶的加单氧酶，为合成儿茶酚胺的限速酶，受终产物的反馈调节。

(2) 黑色素：黑色素细胞中的酪氨酸酶(tyrosinase)也能催化酪氨酸羟化生成多巴，多巴再经氧化、脱羧等反应转变成吲哚醌，最后吲哚醌聚合为黑色素(melanin)。白化病(albinism)患者皮肤毛发等发白，对阳光敏感，易患皮肤癌，其原因是先天性缺乏酪氨酸酶，细胞不能合成黑色素。

(3) 尿黑酸：酪氨酸在酪氨酸转氨酶的催化下，脱氨基生成对羟苯丙酮酸，进一步反应生成尿黑酸，尿黑酸可转变成延胡索酸和乙酰乙酸，然后两者分别进入糖和脂肪酸代谢途径。

因此,苯丙氨酸和酪氨酸是生糖兼生酮氨基酸。尿黑酸分解代谢酶缺陷是一种先天性疾病,患者体内尿黑酸的分解受阻,可出现尿黑酸尿症(alkaptonuria)。

苯丙氨酸和酪氨酸的代谢过程总结如下:

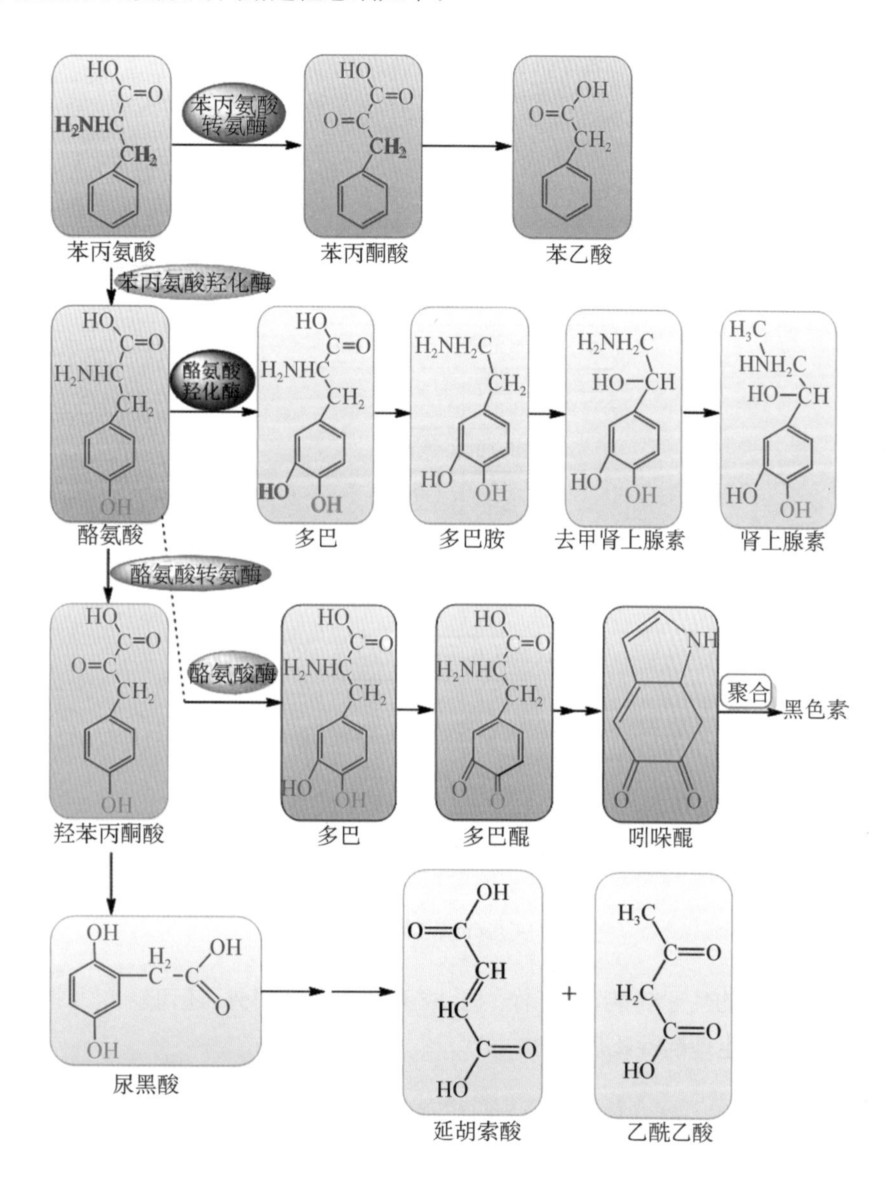

(二) 色氨酸分解代谢

在肝中,色氨酸在色氨酸加氧酶(tryptophan oxygenase)催化作用,打开吡咯环,进一步生成一碳单位和多种酸性中间代谢产物。色氨酸为生糖兼生酮氨基酸,因其分解可产生丙酮酸和乙酰乙酰 CoA。少部分色氨酸还可转变成尼克酸,这是体内合成维生素的实例,但合成量很少,不能满足机体的需要。

色氨酸加氧酶是色氨酸降解的主要调节酶,其活性随色氨酸增加而增强。肾上腺皮质激素及胰高血糖素皆有调节此酶合成的作用,从而加强色氨酸代谢。

五、支链氨基酸代谢

缬氨酸、亮氨酸和异亮氨酸属于支链氨基酸，它们都是营养必需氨基酸。支链氨基酸的分解代谢主要在骨骼肌中进行，有相似的代谢过程，大致分为 3 个阶段：

1. **转氨基** 生成相应的 α-酮酸。

2. **氧化脱羧** 生成相应的脂酰 CoA。

3. **通过脂肪酸 β-氧化过程，生成不同的中间产物。**

缬氨酸分解产生琥珀酰 CoA，亮氨酸分解产生乙酰 CoA 和乙酰乙酰 CoA，异亮氨酸分解产生琥珀酰 CoA 和乙酰 CoA。所以，这 3 种氨基酸分别是生糖氨基酸、生酮氨基酸和生糖兼生酮氨基酸（图 6-14）。

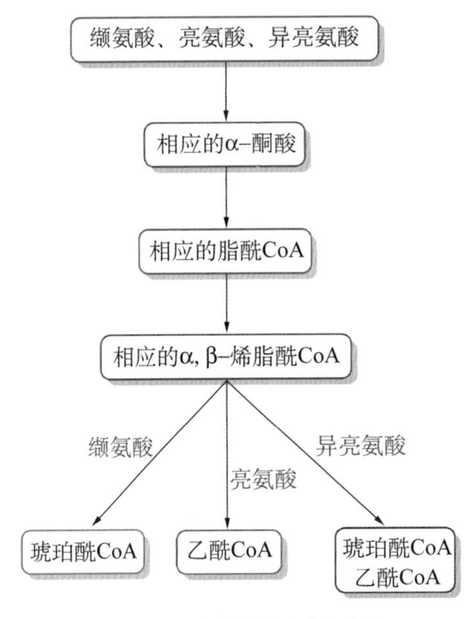

图 6-14 支链氨基酸分解代谢

氨基酸具有重要的生理功能，除了作为合成蛋白质的原料外，还可转变为神经递质，激素及其他重要的含氮生理活性物质（表 6-3）。

表 6-3 氨基酸衍生的重要含氮化合物

氨基酸	衍生的化合物	衍生化合物的功能
Asp, Gln, Gly	嘌呤碱	构成氮碱基、核酸
Met, ornithine	精脒、精胺	促进细胞增殖
Asp	嘧啶碱	构成氮碱基、核酸
His	组胺	舒张血管
Gly	卟啉化合物	构成细胞色素、血红素
Phe, Tyr	儿茶酚胺、甲状腺激素	神经递质、激素
Cys	牛磺酸	构成结合胆汁酸
Phe, Tyr	黑色素	皮肤色素
Gly, Arg, Met	肌酸、磷酸肌酸	储存能量

续 表

氨基酸	衍生的化合物	衍生化合物的功能
Trp	5-羟色胺、尼克酸	神经递质、维生素
Glu	γ-氨基丁酸	神经递质
Arg	一氧化氮	传递细胞信息

（雷群英 徐莺莺）

参考文献

[1] 周春燕，药立波. 生物化学与分子生物学. 9版. 北京：人民卫生出版社. 2018.

[2] Nelson DL, Cox MM. Lehninger Principles of Biochemistry. 5th ed. New York: W. H. Freeman and Company, 2008.

第七章　核酸的结构与功能

核酸(nucleic acid)是遗传信息的分子基础，分为脱氧核糖核酸(deoxyribonucleic acid，DNA)和核糖核酸(ribonucleic acid，RNA)两类。

第一节　核酸的基本组成单位——核苷酸

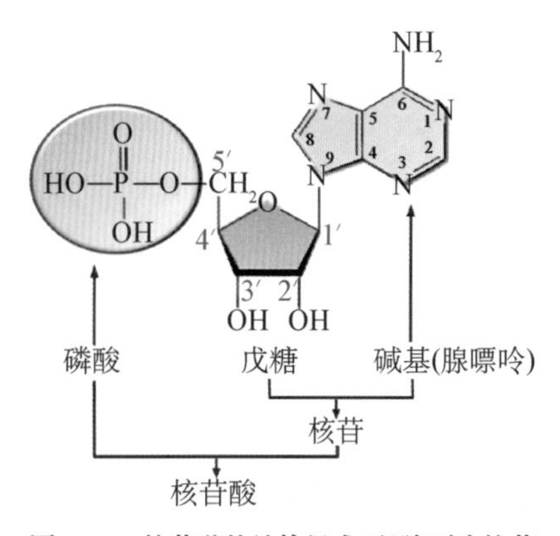

图 7-1　核苷酸的结构组成(以腺嘌呤核苷酸为例)

核酸是由多个核苷酸(nucleotide)通过 3′,5′-磷酸二酯键连接而成的多聚物，因此核苷酸是组成核酸的基本结构单位。核苷酸由 3 个基本成分以共价键连接构成：碱基(base)、戊糖(pentose)和磷酸(图 7-1)。

一、碱基

(一) 嘧啶碱和嘌呤碱

构成核苷酸的碱基包括嘧啶碱(pyrimidine)和嘌呤碱(purine)，它们是含氮的杂环化合物。

核酸中常见的嘧啶碱包括胞嘧啶(cytosine，C)、尿嘧啶(uracil，U)和胸腺嘧啶(thymine，T)，常见的嘌呤碱包括腺嘌呤(adenine，A)和鸟嘌呤(guanine，G)。其中 A、G、C、T 存在于 DNA 中，而 A、G、C、U 存在于 RNA 中(图 7-2)。

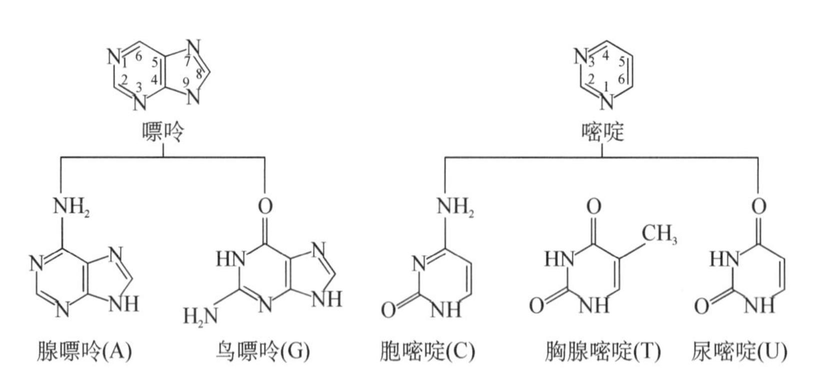

图 7-2　基本碱基的化学结构

核酸中还存在着一些稀有碱基(rare base)，种类繁多，大多数是碱基甲基化的衍生物。

部分稀有碱基的种类见表 7-1。

表 7-1　核酸中部分稀有碱基

	DNA	RNA
嘌呤	7-甲基鸟嘌呤(m^7G)	N^6,N^6-二甲基腺嘌呤(N^6,N^6-$2m^6A$)
	N^6-甲基腺嘌呤(N^6-m^6A)	N^6-甲基腺嘌呤(N^6-m^6A)
	N^2-甲基鸟嘌呤(N^2-m^2G)	7-甲基鸟嘌呤(m^7G)
		肌苷/次黄嘌呤核苷(I)
嘧啶	5-甲基胞嘧啶(m^5C)	二氢尿嘧啶(DHU)
	5-羟甲基胞嘧啶(hm^5C)	假尿嘧啶(Ψ)
		胸腺嘧啶(T)

注:括号内为稀有碱基的英文缩写

(二) 碱基的理化特性影响核酸的结构与功能

1. 紫外吸收　嘌呤与嘧啶分子中均存在共轭双键,使得所有核苷酸碱基具有紫外吸收性质,并且核酸对 260 nm 波长紫外光具有强吸收的特性(图 7-3)。这个特性被用于溶液中 RNA、DNA 或核苷酸的含量测定。

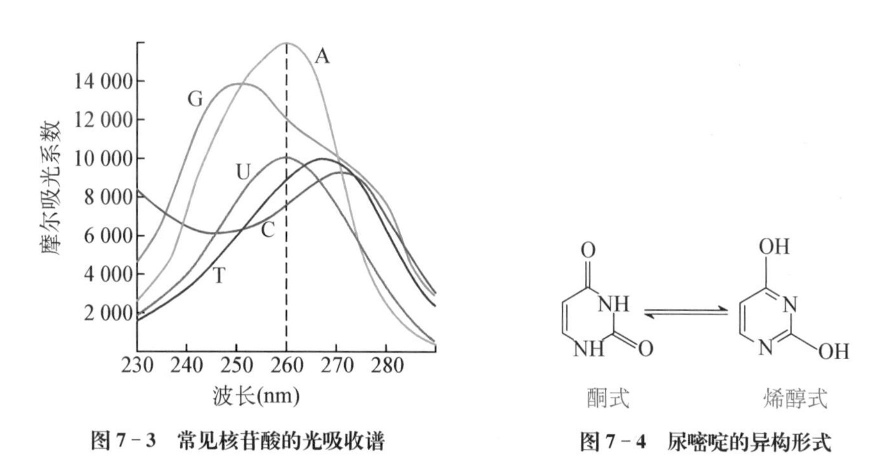

图 7-3　常见核苷酸的光吸收谱　　图 7-4　尿嘧啶的异构形式

2. 互变异构作用　游离的嘧啶和嘌呤可以两种甚至更多种异构体存在,异构体之间的互变取决于 pH 值。带有酮基的碱基能发生烯醇化转变,例如尿嘧啶能在酮式与烯醇式之间转变(图 7-4)。在体内生理 pH 条件下,核酸中碱基以酮式结构为主。与此类似,碱基(如腺嘌呤、胞嘧啶)上的氨基也可转化为亚氨基,在体内仍以氨基形式为主。

3. 碱基之间的堆积力与氢键　由于嘌呤和嘧啶是疏水的,两个或者多个碱基的环状平面之间会形成疏水堆积作用,这种作用力对于稳定核酸的三维结构是至关重要的。除此之外,嘌呤和嘧啶的氨基与羰基之间的氢键是维持核酸三维结构的另一个重要因素。双链 DNA 和 RNA 中主要的氢键形式是 A 与 T(或 U)以两对氢键特异配对,G 与 C 以三对氢键特异配对(详见第二节)。

二、戊糖

戊糖(又称为核糖),是构成核苷酸的另一个基本组分。为避免碱基杂环和核糖的原子编号发生混淆，在核糖的 C 原子编号位置标上“′”。参与组成核酸的核糖有 β－*D*－核糖（ribose）和 β－*D*－2′-脱氧核糖（deoxyribose）之分（图 7－5）。核糖存在于 RNA 中，而脱氧核糖存在于 DNA 中。两者相比，RNA 所含核糖的 C－2′有 1 个羟基，导致 RNA 分子的化学稳定性不如 DNA，这使得 DNA 成为遗传信息的载体，而 RNA 的结构形式与功能更为多样化。

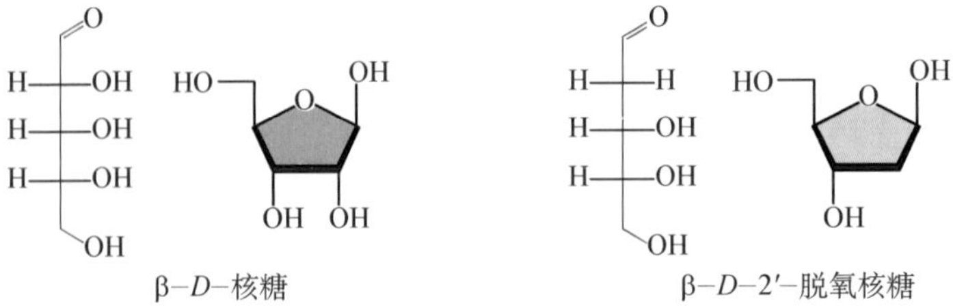

β–*D*–核糖　　β–*D*–2′–脱氧核糖

图 7－5　β－*D*－核糖和 β－*D*－2′-脱氧核糖的化学结构

三、核苷

碱基与核糖或脱氧核糖反应生成核苷（nucleoside）或脱氧核苷（deoxynucleoside），即由嘧啶的 N－1 或嘌呤的 N－9 位的氮原子与核糖的 C－1′脱水缩合相连生成 *N*－糖苷键（*N*-glycosidic bond）。核苷的命名是在其前面加上相应碱基的名称，例如腺嘌呤与核糖形成腺嘌呤核苷（简称腺苷），胸腺嘧啶与脱氧核糖形成胸腺嘧啶脱氧核苷（简称脱氧胸苷）。此外，核酸内还含有稀有碱基构成的核苷，例如 tRNA 中的假尿嘧啶核苷（pseudouridine，Ψ），其核糖与嘧啶环的C－5 相连接。

四、核苷酸

核苷或脱氧核苷中核糖 C－5′上的羟基被磷酸化，形成核苷酸（nucleotide）或脱氧核苷酸（deoxynucleotide）。构成 RNA 的基本核苷酸有 4 种：腺苷酸（AMP）、鸟苷酸（GMP）、胞苷酸（CMP）和尿苷酸（UMP）。构成 DNA 的基本脱氧核苷酸也有 4 种：脱氧腺苷酸（dAMP）、脱氧鸟苷酸（dGMP）、脱氧胞苷酸（dCMP）和脱氧胸苷酸（dTMP）。其化学结构见图 7－6，相应的中英文对照见表 7－2。

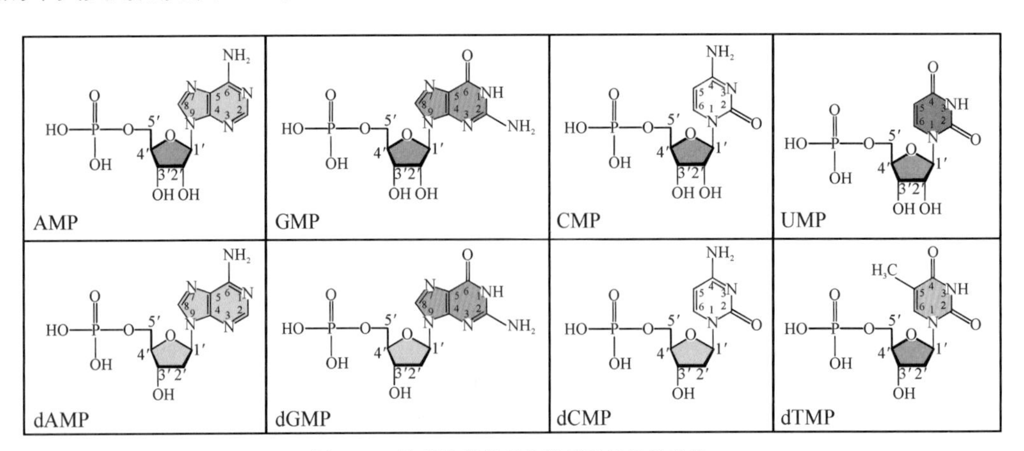

图 7－6　构成核酸的基本核苷酸的化学结构

表 7-2　构成核酸的主要碱基、核苷及相应核苷酸的中英文对照

RNA		
碱基 Base	核苷 Ribonucleoside	核苷酸 Ribonucleotide 或 Nucleoside Monophosphate (NMP)
腺嘌呤 Adenine (A)	腺苷 Adenosine	腺苷酸 Adenylate 或 Adenosine Monophosphate (AMP)
鸟嘌呤 Guanine (G)	鸟苷 Guanosine	鸟苷酸 Guanylate 或 Guanosine Monophosphate (GMP)
胞嘧啶 Cytosine (C)	胞苷 Cytidine	胞苷酸 Cytidylate 或 Cytidine Monophosphate (CMP)
尿嘧啶 Uracil (U)	尿苷 Uridine	尿苷酸 Uridylate 或 Uridine Monophosphate (UMP)
DNA		
碱基 Base	脱氧核苷 Deoxyribonucleoside	脱氧核苷酸 Deoxyribonucleotide 或 Deoxyribonucleoside Monophosphate (dNMP)
腺嘌呤 Adenine (A)	脱氧腺苷 Deoxyadenosine	脱氧腺苷酸 Deoxyadenylate 或 Deoxyadenosine Monophosphate (dAMP)
鸟嘌呤 Guanine (G)	脱氧鸟苷 Deoxyguanosine	脱氧鸟苷酸 Deoxyguanylate 或 Deoxyguanosine Monophosphate (dGMP)
胞嘧啶 Cytosine (C)	脱氧胞苷 Deoxycytidine	脱氧胞苷酸 Deoxycytidylate 或 Deoxycytidine Monophosphate (dCMP)
胸腺嘧啶 Thymine (T)	脱氧胸苷 Deoxythymidine	脱氧胸苷酸(Deoxy)thymidylate 或 Deoxy thymidine Monophosphate(dTMP)

细胞内还存在一些游离的多磷酸核苷酸，它们也具有重要的生理功能。根据连接的磷酸基团的数目不同，核苷酸可分为一磷酸核苷(nucleoside 5′-monophosphate, NMP, N代表任意一种碱基)、二磷酸核苷(nucleoside 5′-diphosphate, NDP)和三磷酸核苷(nucleoside 5′-triphosphate, NTP)。从接近核糖的位置开始，3 个磷酸基团分别以 α、β、γ 标记(图 7-7)。例如二磷酸腺苷(ADP)和三磷酸腺苷(ATP)，是体内最常见的能量储备和转换的载体。

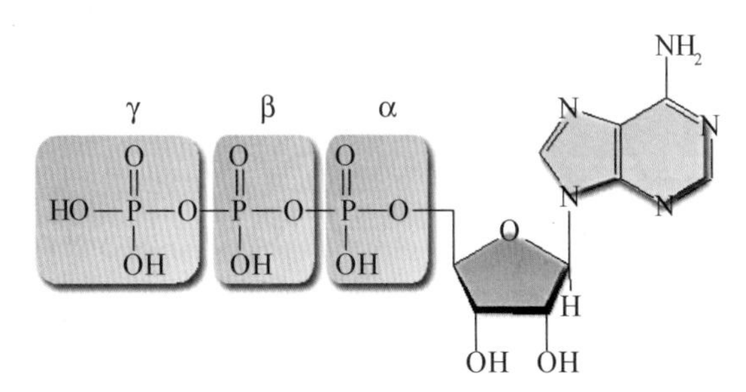

图 7-7　三磷酸腺苷(ATP)的化学结构

有些核苷酸还可环化生成 3′,5′-环腺苷酸(cAMP)或 3′,5′-环鸟苷酸(cGMP)等形式，可作为细胞信号转导过程中的第二信使，在生物体的信息传递中发挥重要作用(图 7-8)(详见第十四章)。此外，核苷酸还是某些重要辅酶的组成成分，例如生物氧化电子传递链中的辅酶 I(烟酰胺腺嘌呤二核苷酸，nicotinamide adenine dinucleotide, NAD^+)含有 AMP，在传递质子或电子的过程中发挥着重要的作用。

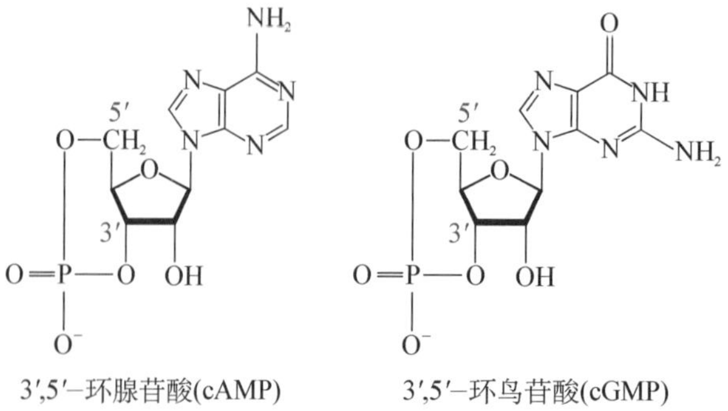

3′,5′-环腺苷酸(cAMP)　　3′,5′-环鸟苷酸(cGMP)

图 7-8　3′,5′-环腺苷酸(cAMP)和 3′,5′-环鸟苷酸(cGMP)的化学结构

五、核酸

核酸(DNA 和 RNA)是由数量众多的核苷酸通过 3′,5′-磷酸二酯键连接而成的无分支结构的生物大分子。所有磷酸二酯键的连接均沿着链的相同方向进行，使得多聚核苷酸具有方向性，其两个游离的末端分别称为 5′-端(磷酸基)和 3′-端(羟基)(图 7-9a)。

核酸的书写采用自左向右按碱基顺序排列的方式，左侧标为 5′-端，右侧标为 3′-端，或者更为简化仅写出自左向右的碱基顺序。核酸的几种常见书写方式见图 7-9b。

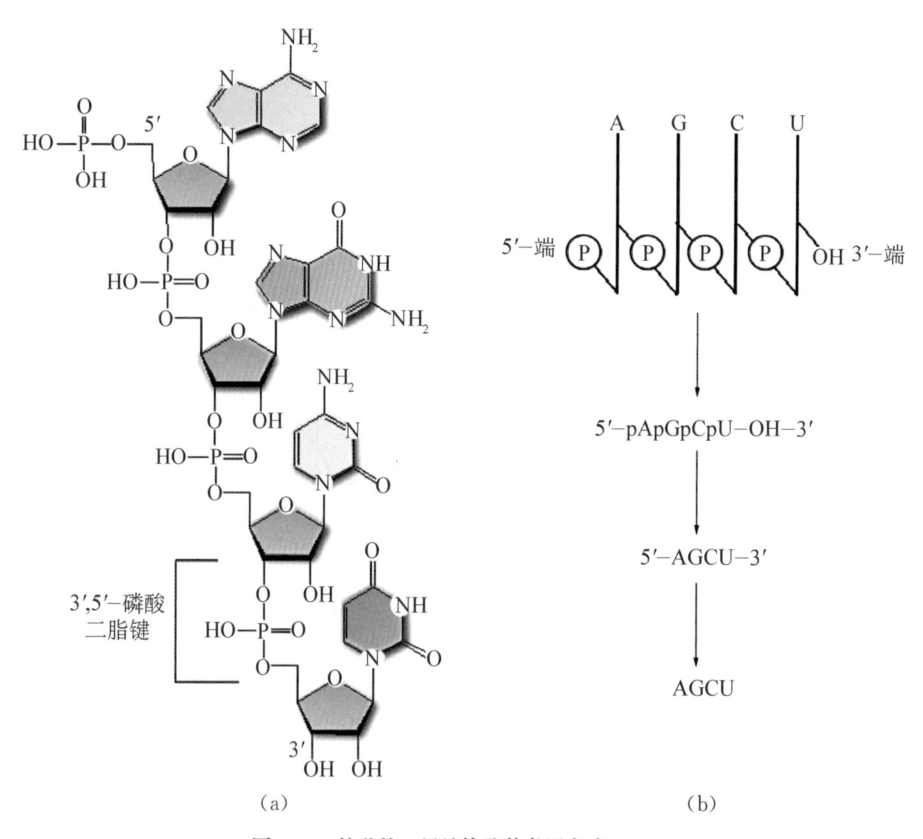

图 7-9　核酸的一级结构及其书写方式(a)(b)

第二节　DNA 的结构与功能

一、DNA 的一级结构

DNA 的基本结构单位是脱氧核糖核苷酸：dAMP、dGMP、dCMP、dTMP，这些核苷酸按照一定的顺序以 3′,5′-磷酸二酯键连接成无分支的多聚脱氧核糖核苷酸链，这就是 DNA 的一级结构。

20 世纪 50 年代，E. Chargaff 利用层析和紫外吸收光谱法对不同生物 DNA 的碱基组成进行了定量测定，总结出以下规律，称为 Chargaff 规则：①DNA 组成成分中，腺嘌呤和胸腺嘧啶的摩尔数相等，即 A＝T；鸟嘌呤和胞嘧啶的摩尔数也相等，即 G＝C。由此可推导出嘌呤的总数等于嘧啶的总数，即 A＋G＝C＋T。②不同生物种属的 DNA 碱基组成不同。③同一个体不同器官、不同组织的 DNA 具有相同的碱基组成，并且碱基组分不随年龄、营养状态和环境而变化。这一规则暗示了 DNA 的碱基之间存在着 A 与 T、G 与 C 的互补配对关系。

二、DNA 的二级结构

（一）DNA 双螺旋结构

1951 年 11 月，英国科学家 M. Wilkins 和 R. Franklin 获得了高质量的 DNA 分子 X 线衍射照片。在综合前人研究结果的基础上，J. Watson 和 F. Crick 提出了 DNA 分子双螺旋结构(double helix)的模型，于 1953 年发表于《Nature》杂志。这一发现揭示了生物界遗传性状得以世代相传的分子机制，它不仅解释了当时已知的 DNA 理化性质，还将 DNA 的功能与结构联系起来，奠定了现代生命科学的基础。

Watson 和 Crick 提出的 DNA 双螺旋结构具有下列特征(图 7－10)。

(1) DNA 由两条反向平行的多聚脱氧核苷酸链形成右手螺旋：一条链的 5′→3′方向是自上而下，而另一条链的 5′→3′方向是自下而上，称为反向平行(anti-parallel)，它们围绕着同一个螺旋轴旋转而形成右手螺旋(right-handed helix)。

(2) 由脱氧核糖和磷酸基团构成的亲水性骨架(backbone)位于双螺旋结构的外侧，而疏水的碱基位于内侧。

(3) 位于 DNA 双链内侧的碱基以氢键结合，形成了互补碱基对：一条链上的腺嘌呤(A)与另一条链上的胸腺嘧啶(T)形成了 2 个氢键；一条链上的鸟嘌呤(G)与另一条链上的胞嘧啶(C)形成了 3 个氢键(图 7－11)。这种碱基配对关系称为互补碱基对(complementary base pair)，DNA 的两条链则称为互补链(complementary strand)。

(4) 碱基对平面与双螺旋的螺旋轴垂直，每两个相邻的碱基对平面之间的垂直距离为 0.34 nm，每一个螺旋含有 10.5 个碱基对，螺距为 3.54 nm，DNA 双螺旋结构的直径为 2.37 nm。从外观上，DNA 双螺旋结构的表面存在一个大沟(major groove)和一个小沟(minor groove)，大沟是蛋白质识别 DNA 碱基序列发生相互作用的基础。

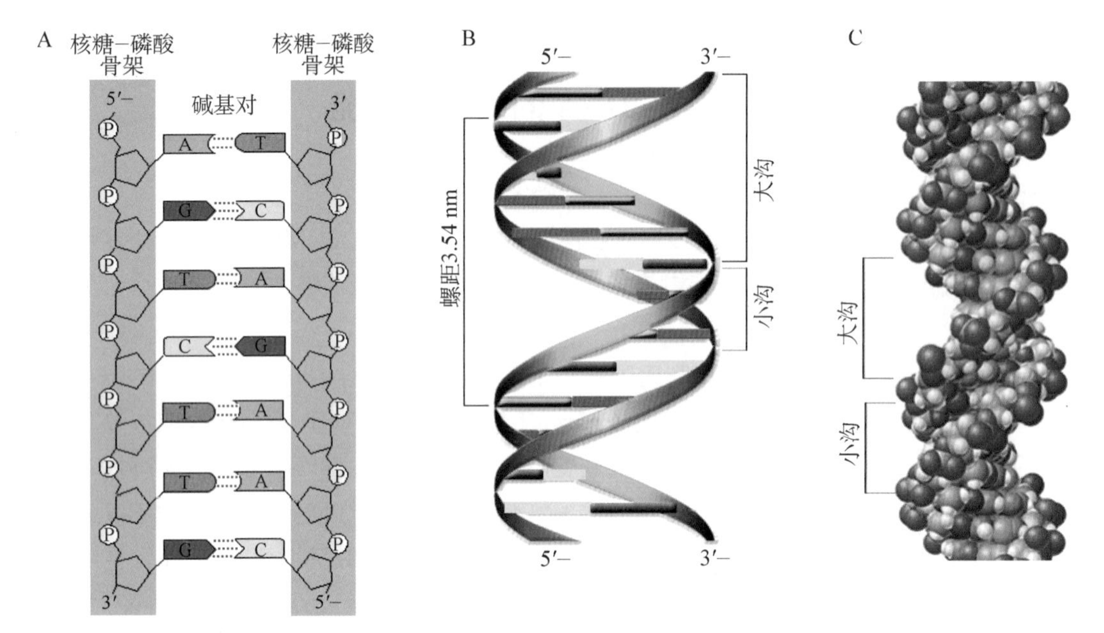

图 7-10　DNA 双螺旋结构

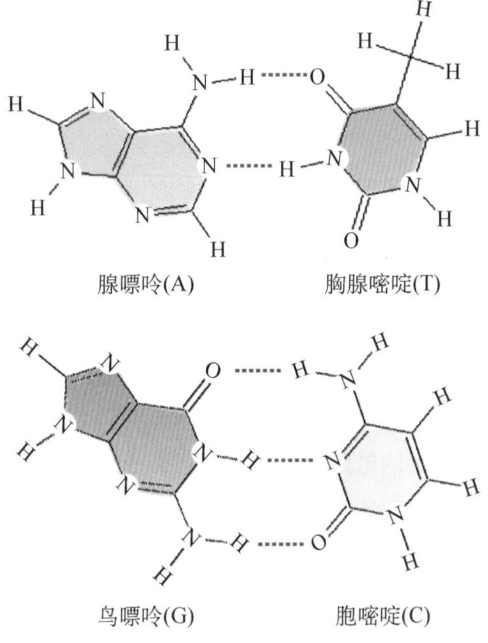

图 7-11　DNA 分子中的碱基配对模式

(5) DNA 双螺旋结构的稳定主要依靠碱基对之间的氢键和碱基平面的疏水堆积力共同维持。相邻的两个碱基对平面在旋进过程中会彼此重叠(overlapping),由此产生了疏水性的碱基堆积力(base stacking interaction)。这种碱基堆积力和互补链之间碱基对的氢键共同维系着 DNA 双螺旋结构的稳定,并且前者的作用更为重要。

（二）DNA 双螺旋结构的多样性

Watson 和 Crick 提出的 DNA 双螺旋结构模型被称为 B-DNA 或 B 型 DNA，是基于与细胞内相似的温度环境中进行 X 线衍射所得的分析结果。这是 DNA 在水性环境下和生理条件下最稳定和最普遍的结构形式。但这种结构不是一成不变的，溶液的离子强度或相对湿度的变化可以使 DNA 双螺旋结构的沟槽、螺距、旋转角度等发生变化。例如降低环境的相对湿度，B 型 DNA 会发生可逆性的构象改变，被称为 A 型 DNA。尽管两型都为右手螺旋，但 A 型 DNA 较粗，每两个相邻碱基对平面之间的距离为 0.26 nm，每圈螺旋结构含有 11 个碱基对，双螺旋结构的直径为 2.55 nm，而且比 B 型 DNA 的刚性强。1979 年，美国科学家 A. Rich 等在研究人工合成的 CGCGCG 晶体结构时，发现这种 DNA 具有左手螺旋(left-handed helix)的结构特征。后来证明这种结构在天然 DNA 分子中同样存在，并称为 Z 型 DNA(图 7-12)。不同结构的 DNA 在功能上可能有所差异，与基因表达的调节和控制相适应。

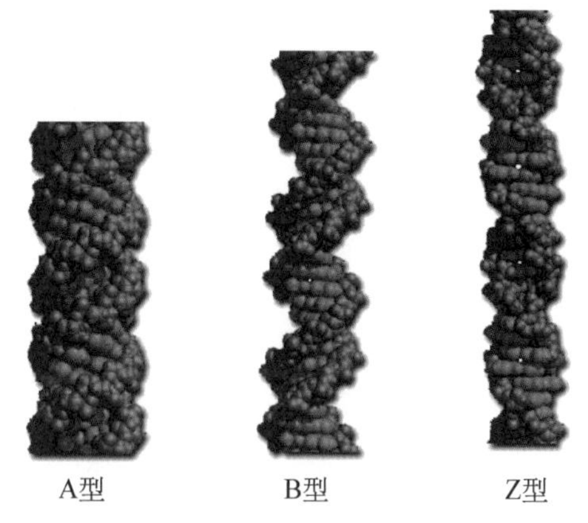

图 7-12 不同类型 DNA 双螺旋结构模型

（三）特殊的 DNA 空间结构

一些特定的 DNA 序列会导致 DNA 分子形成特殊的空间结构，继而影响 DNA 的功能和代谢。例如连续出现的 6 个腺苷酸会导致 DNA 发生约 18°的弯曲，这种弯曲可能在 DNA 与蛋白质的结合中具有一定功能。当一条单链 DNA 的序列出现了局部的反向互补时，该单链 DNA 可以回折构成发夹结构。当 DNA 分子的两条链上同时出现这种局部的反向互补序列时，可以形成"十"字形结构(图 7-13)。

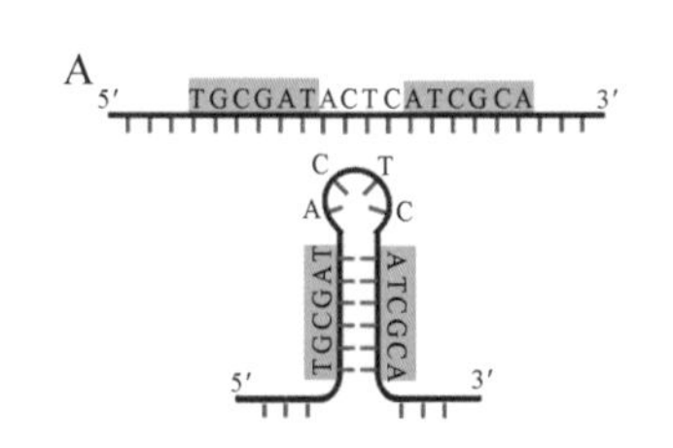

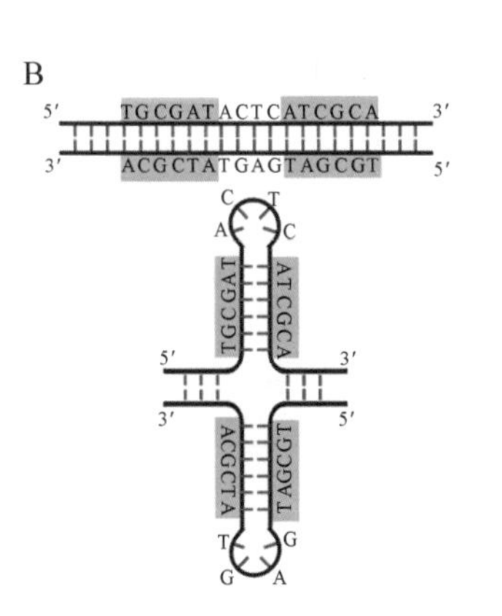

图 7-13 DNA 的发夹和"十"字形结构

某些特殊情况下，DNA 还能形成三链或者四链的结构。至今发现的三链 DNA 可分为两大类，即三股螺旋结构和我国科学家白春礼等 1990 年用扫描隧道电子显微镜技术观察到的三股发辫结构。三股螺旋结构是在 DNA 双螺旋结构的基础上形成的，区域内的 3 条链的碱基均为整段嘌呤或嘧啶，形成 Pu-Pu-Py 和 Py-Pu-Py 两型(Pu 代表嘌呤链，Py 代表嘧啶链)。其中最常见的是 Py-Pu-Py 型，它的 3 条链中有 2 条为正常的双螺旋，第 3 条嘧啶链位于双螺旋的大沟中，与嘌呤链的方向一致，并随双螺旋结构一起旋转。而第 3 条链既可来源于分子内，也可来源于分子间。例如在低 pH 值条件下，含(TC)n 或(AG)n 并形成镜像重复序列的双链 DNA 拆开后产生的多聚嘧啶链发生回折，并嵌入剩下的双链 DNA 大沟中形成分子内的三链 DNA(图 7－14)。三链中碱基配对的方式与双螺旋 DNA 相同，即其碱基仍以 A－T、G－C 配对，但第 3 链上的胞嘧啶的 N－3 必须发生质子化，与 C ≡G 中的鸟嘌呤的 N－7 形成新的氢键，同时胞嘧啶的 N－4 的氢原子可与鸟嘌呤中的 O－6 形成氢键，这样就形成了 C ≡G・C^+ 的三链结构(图 7－15)，其中 C ≡G 之间是 Watson-Crick 氢键，而 G・C^+ 被称为 Hoogsteen 氢键或者 Hoogsteen 配对。同理也可以形成 T═A・T 的三链结构。

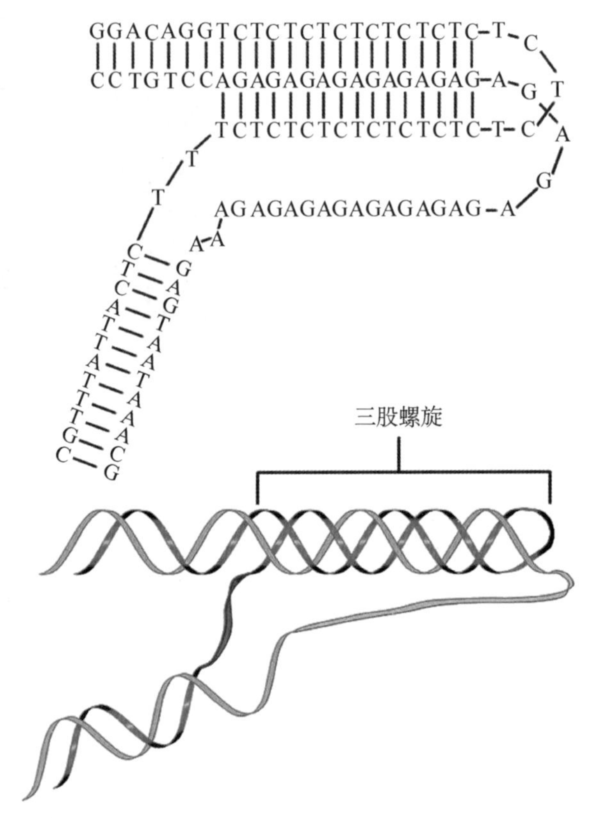

图 7－14　三股螺旋 DNA 结构

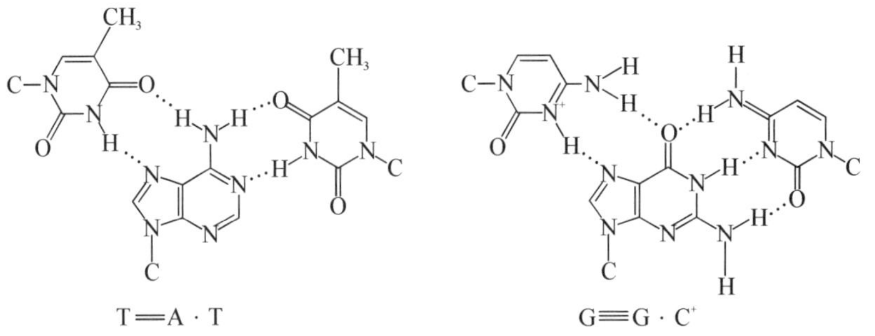

T═A · T　　G≡G · C^+

图 7－15　三链 DNA 的碱基配对模式

四链 DNA 的基本结构单位是 G－四联体(G tetraplex)，即由 4 个鸟嘌呤通过 8 个

Hoogsteen 氢键相互连接为一个四角形，再堆积形成分子内或分子间的右手螺旋（图 7－16）。四链中 DNA 链的方向可以为同向，也可以为反向。真核生物 DNA 线性分子 3′-末端富含 GT 序列的端粒可形成 G-四链体结构。

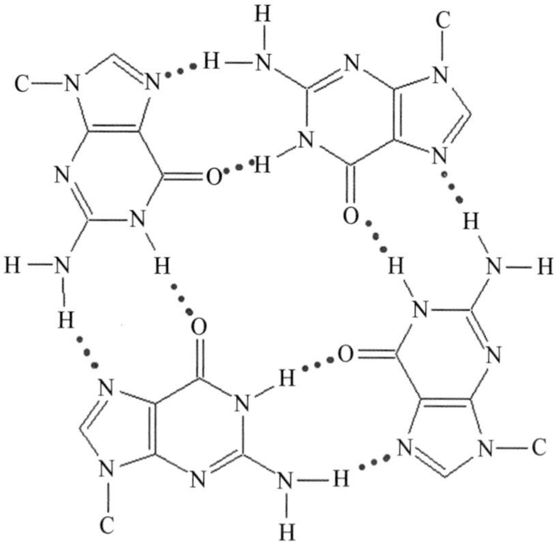

图 7－16　鸟苷四聚体

三、DNA 的高级结构

由于 DNA 是长度非常可观的线性分子，在双螺旋的基础上，还必须经过进一步的盘旋和高度压缩，形成致密的高级结构，才能组装在细胞核内。

（一）DNA 超螺旋结构

DNA 在双螺旋结构基础上通过扭曲、折叠所形成的特定空间结构称为三级结构，它具有多种形式，其中超螺旋（supercoil）最为常见。两端开放的 DNA 双螺旋分子在溶液中以能量最低的状态存在，称为松弛态 DNA（relaxed DNA）。但如果 DNA 分子形成环状，或者两端固定，当双螺旋缠绕过度（overwound）或缠绕不足（underwound）时，双螺旋由旋转产生的额外张力就会使 DNA 分子发生扭曲，以抵消张力，这种扭曲称为超螺旋。缠绕过度会自动形成额外的左手螺旋，称为正超螺旋（positive supercoil）；而缠绕不足会形成额外的右手螺旋，称为负超螺旋（negative supercoil）（图 7－17）。生物体内大多数 DNA 分子都处于负超螺旋结构。

（二）原核生物 DNA 的环状超螺旋结构

绝大部分原核生物的 DNA 是环状的双螺旋分子。例如大肠埃希菌的 DNA 有 4 639 kb，它在细胞内紧密盘绕形成致密小体，称为类核（nucleoid）。类核结构中 80%是 DNA，其余是结合的碱性蛋白质和少量 RNA。在细菌 DNA 中，超螺旋结构可以相互独立存在，形成超螺旋区，各区域间的 DNA 可以有不同程度的超螺旋结构。

（三）真核生物 DNA 在核内的组装

真核生物的 DNA 以非常有序的形式组装在细胞核内，在细胞周期的大部分时间里以松

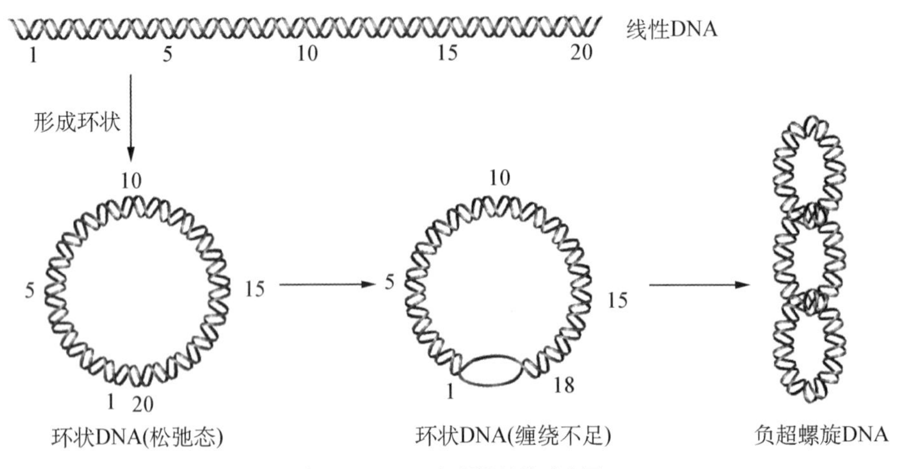

图 7-17　DNA 超螺旋结构示意图

散的染色质(chromatin)形式出现;而在细胞分裂期,则形成高度致密的染色体(chromosome)。染色质的基本组成单位是核小体(nucleosome),它是由 DNA 和 5 种组蛋白(histone, H)共同构成的。H2A、H2B、H3 和 H4 组蛋白各 2 分子形成一个八聚体的核心组蛋白,长度约 150 bp 的 DNA 双链在核心组蛋白八聚体上盘绕 1.75 圈形成核小体的核心颗粒(core particle)。核心颗粒之间再由 DNA 双链(约 60 bp)和 H1 组蛋白构成的连接区连接起来构成串珠状的核小体链,又称为染色质纤维,在电镜下观察犹如一串念珠(beads on a string)。这是 DNA 在核内形成致密结构的第一层次折叠,使 DNA 的长度压缩了 6～7 倍。

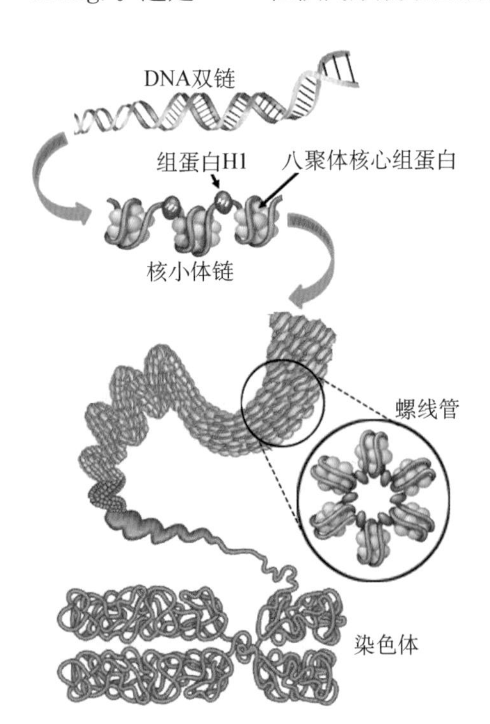

图 7-18　真核生物 DNA 组装示意图

核小体链进一步盘绕形成外径为 30 nm、内径为 10 nm 的中空状螺线管(solenoid)。每圈螺旋由 6 个核小体组成,H1 组蛋白位于螺旋管的内侧。螺线管的形成是 DNA 在细胞内的第二层次折叠,使 DNA 的长度又减少了约 6 倍。

螺线管的进一步卷曲和折叠形成了直径为 400 nm 的超螺线管,这一过程将染色体的长度又压缩了 40 倍。之后,染色质超螺线管进一步压缩成染色单体,在核内组装成染色体(图 7-18)。在分裂期形成染色体的过程中,DNA 被压缩了 8 000～10 000 倍,从而将近 2 m 长的 DNA 有效地组装在直径只有数微米的细胞核中。整个折叠和组装过程是在蛋白质参与的精确调控下实现的。

四、DNA 的功能

DNA 的基本功能是以基因的形式携带遗传信息,并作为复制和转录的模板。它是生命遗传的物质基础，也是个体生命活动的信息基础。

虽然早在20世纪30年代就已经知道了染色体是遗传物质，也知道了DNA是染色体的组成部分，但直接证明DNA是遗传物质的证据来自肺炎球菌转化实验和噬菌体感染实验。1944年，Avery利用致病肺炎球菌中提取的DNA使另一种非致病肺炎球菌的遗传性状发生改变而成为致病菌，由此证实了DNA是遗传的物质基础。1952年，Hershey和Chase用放射性^{35}S和^{32}P分别标记噬菌体T_2，再分别去感染大肠埃希菌，结果显示只有用^{32}P标记的噬菌体感染的大肠埃希菌内具有放射性，证实导致大肠埃希菌感染的是噬菌体内被^{32}P标记的DNA，而不是被^{35}S标记的蛋白质外壳。

基因是生命系统的基本信息单元。从生物化学的角度来说，基因(gene)是指携带特定遗传信息的DNA(某些时候为RNA)片段，能编码产生具有生物学功能多肽或RNA。DNA的核苷酸排列顺序决定了基因的功能，利用4种碱基的不同排列，即可以对生物体的所有遗传信息进行编码，通过复制遗传给子代，通过转录和翻译确保生命活动中所需的各种RNA和蛋白质在细胞内有序地合成。

基因组(genome)是指一个生物体的全部遗传信息。就原核生物和噬菌体而言，它们的基因组是单个环状染色体所含的全部基因；而真核生物的基因组，是指一个生物体的染色体所包含的全部DNA，又称为染色体基因组，是真核生物的主要遗传物质。此外，真核生物还有叶绿体DNA或线粒体DNA，属核外遗传物质。一般而言，进化程度越高的生物体，其基因组越大越复杂，简单生物的基因组仅含几千个碱基对，而人类基因组则约有3.0×10^9个碱基对。

作为生物遗传信息的载体，DNA的结构特点是具有高度复杂性和稳定性。但是DNA分子又绝非一成不变，它可以发生各种重组和突变，适应环境的变迁，为自然选择提供机会。

病例分析：

患儿，男，4岁5个月，因智力低下就诊。患儿出生时一般情况良好，无难产史。5个月时能抬头，1岁时能爬，但至今不能正常走路，吐字及表达不清，智力较同龄儿童明显低下，多动易怒。其母及一个姨母有轻度智力障碍，计算能力差，但能生活自理。患儿哥哥也有明显智力低下和运动障碍，于6岁时死亡。

体格检查：营养发育情况一般，精神良好。头大，前额突出，眼距不宽，大耳廓。四肢肌张力低下，肌力Ⅲ级，伸肌萎缩，持物不稳。未见通贯掌纹及小指内弯。睾丸体积明显大于同龄儿童。智力测试15分。

实验室检查：对患儿外周血淋巴细胞采用低叶酸培养基培养后，核型分析检出脆性X染色体占23%。

诊断：脆性X染色体综合征。

分析讨论：脆性X染色体综合征(fragile X syndrome, FraX)是一种发病率仅次于唐氏综合征(又称先天愚型)的低外显的X连锁显性遗传病，是遗传性智力障碍最常见的一种形式，也是家族性智力低下最常见的原因之一。

脆性X染色体是指在Xq27～Xq28带之间的染色体呈细丝样，导致其相连的末端呈随体样结构。由于这一细丝样部位易发生断裂，故称脆性部位(fragile site)。将Xq27处有脆性部位的X染色体称为脆性X染色体(fragile X chromosome)，简称fra(x)，其所导致的疾病称为脆性X染色体综合征(fragile X syndrome)。

该疾病发生的分子基础在于碱基的大量重复，使DNA结构变化，导致其功能变化，形成疾病。由于X染色体脆性部位的致病基因FMR-1含有(CGG)n三核苷酸重复序列，该重复序列在正常人中为8～50拷贝，而在正常男性传递者和女性携带者增多到50～200拷贝，同时相邻的CpG岛未被甲基化，称为前突变(premutation)。前突变者无或只有轻微症状。由于女性携带者的CGG区不稳定，在向后代传递过程中拷贝数逐代递增，以致在男性患者和脆性部位高表达的女性中，CGG重复数目高达200～1 000拷贝，相邻的CpG岛也被甲基化，称为全突变(full mutation)。突变导致患者FMR-1基因不能正常转录，体内缺乏FMR-1蛋白，从而出现临床症状。

由于女性有2条X染色体，因此女性携带者多无症状或仅有轻度智障，发病者多为男性。临床以智力低下、巨睾、特殊面容(头大、脸长、大耳、前额及下颌突出等)、语言和行为障碍为特征。该疾病早期给予叶酸治疗可缓解症状，因此早诊断、早治疗极为重要。临床上应注意与脑性瘫痪、先天愚型等疾病鉴别。

第三节　RNA的结构与功能

RNA分子一般比DNA小得多，由数十个至数千个核苷酸组成，也是由3′,5′-磷酸二酯键连接而成的多聚核苷酸链，其基本组成单位是AMP、GMP、CMP、UMP以及一些稀有碱基核苷酸，如假尿嘧啶核苷酸及带有甲基化碱基的核苷酸等。RNA通常是单链分子，但可以通过链内的碱基配对形成局部的双螺旋二级结构和高级结构。RNA与DNA的最大区别在于RNA核糖的C-2′位含有羟基，使得RNA的化学性质不如DNA稳定，易于被碱水解或产生更多的修饰组分，导致RNA的主链构象因羟基(或修饰基团)的立体效应而呈现出复杂多样的折叠结构，这是RNA能执行多种生物功能的结构基础。

一、参与蛋白质生物合成的3类RNA

在DNA遗传密码信息表达为蛋白质氨基酸排列顺序的过程中(详见第十章、第十一章)，RNA发挥了重要的功能。参与蛋白质生物合成的RNA主要有3类：信使RNA(messenger RNA, mRNA)、转运RNA(transfer RNA, tRNA)和核糖体RNA(ribosomal RNA, rRNA)。mRNA由DNA模板链转录而合成，携带遗传信息并作为模板指导氨基酸按一定顺序排列合成蛋白质；tRNA具有选择和运输氨基酸的功能；而rRNA与一些蛋白质结合构成核糖体，作为蛋白质合成的场所。

1. 信使 RNA 的结构和功能　1960 年，F. Jacob 和 J. Monod 等用放射性同位素示踪实验证实，一类大小不一的 RNA 才是细胞内合成蛋白质的真正模板。后来证明这类 RNA 是在核内以 DNA 为模板转录合成的，然后转移至细胞质作为翻译蛋白质的模板，由于这类 RNA 的功能很像一种信使作用，因而被命名为信使 RNA。

真核细胞在细胞核内最初合成出来的是非均一核 RNA（heterogeneous nuclear RNA，hnRNA），它是 mRNA 的初级产物，需要经过一系列剪接才能成为成熟的 mRNA，并依靠特殊机制转移到细胞质，为蛋白质的合成提供模板。在生物体内，mRNA 的含量只占细胞 RNA 总量的 2%～5%，但是其种类最多，约有 10^5 种之多；而且由于每一种多肽都有一种相对应的 mRNA，所以它们的大小也各不相同，呈现出不均一性。

（1）mRNA 5′-端的帽结构：大部分真核细胞 mRNA 的 5′-端以反式的 7-甲基鸟嘌呤-三磷酸核苷（m^7GpppN）为起始结构（图 7-19），称为 5′-帽结构（5′-cap structure）。5′-帽结构是在初始转录物长达 20～30 个核苷酸时，由鸟苷酸转移酶在其 5′-端加上一个甲基化鸟苷酸，与末端起始核苷酸以 5′，5′-焦磷酸键连接生成，同时与甲基化鸟苷酸相邻的第 1、2 个核

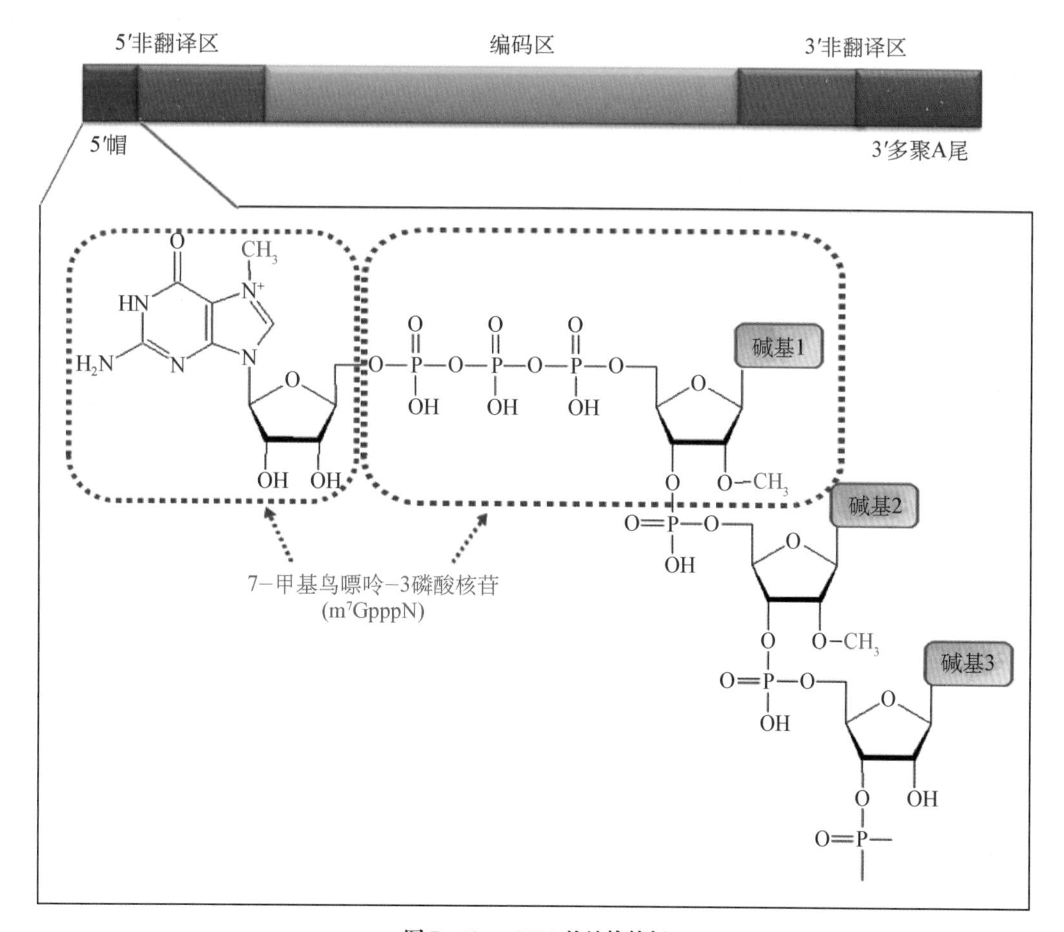

图 7-19　mRNA 的结构特征

苷酸戊糖的 C－2′通常也被甲基化。原核生物 mRNA 没有这种特殊的帽结构。

mRNA 的帽结构可以与一类称为帽结合蛋白(cap binding protein，CBP)的分子结合形成复合体。这种复合体有助于维持 mRNA 的稳定性，协同 mRNA 从细胞核向细胞质的转运，以及促进 mRNA 与核糖体和翻译起始因子的结合。

(2) mRNA 3′-端的多聚 A 尾：真核生物 mRNA 的 3′-端是一段 80～250 个腺苷酸连接而成的多聚腺苷酸结构，称为多聚腺苷酸尾或多聚 A 尾[poly (A) tail]。poly(A)尾结构是在 mRNA 转录完成以后额外加上去的，催化这一反应的是 poly(A)转移酶(详见第十章 RNA 的生物合成)。poly(A)尾在细胞内与 poly (A)结合蛋白[poly(A)-binding protein，PABP]结合，每 10～20 个腺苷酸结合 1 个 PABP 分子。这种 3′－poly(A)尾结构和 5′-帽结构共同负责 mRNA 从细胞核向细胞质的转运、维持 mRNA 的稳定性，以及翻译起始的调控。原核生物 mRNA 不具有 poly(A)尾这种特殊结构。

(3) mRNA 的功能：mRNA 的功能是接受核内 DNA 碱基序列中的遗传信息，并携带到细胞质，指导蛋白质合成中的氨基酸序列。成熟的 mRNA 包括 5′-非编码区、编码区和 3′-非编码区(图 7－19)。从编码区 5′-端的第 1 个 AUG 开始，每 3 个核苷酸定义为 1 个密码子(codon)或三联体密码(triplet code)；每一个密码子编码 1 个氨基酸。AUG 称为起始密码子；决定肽链终止的密码子称为终止密码子(TAG、TAA、TGA)。起始密码子与终止密码子之间的核苷酸序列称为开放阅读框(open reading frame，ORF)，ORF 内的核苷酸序列决定了多肽链的氨基酸序列(第十一章)。

2. 转运 RNA 的结构和功能 tRNA 占细胞总 RNA 的 15%，是细胞内相对分子质量较小的 RNA。细胞内 tRNA 种类很多，每一种氨基酸都有其对应的一种或几种 tRNA。已完成一级结构测定的 tRNA 有 100 多种，大多数由 74～95 个核苷酸组成。尽管每一种 tRNA 都有特定的碱基组成和空间结构，但是它们具有以下一些共性。

(1) tRNA 的稀有碱基：稀有碱基是指除 A、G、C、U 外的一些碱基，包括双氢尿嘧啶(DHU)、假尿嘧啶核苷和甲基化的嘌呤(m^7G、m^7A)等。正常的嘧啶是杂环的 N－1 原子与戊糖的 C－1′原子连接形成糖苷键，而假尿嘧啶核苷则是杂环的 C－5 原子与戊糖的 C－1′原子相连。tRNA 中的稀有碱基占所有碱基的 10%～20%，均是转录后修饰而成的。部分稀有碱基的分子结构见图 7－20。

(2) tRNA 的高级结构：tRNA 存在着一些能局部互补配对的核苷酸序列，形成局部的双螺旋结构，中间不能配对的序列则膨出形成环状或襻状结构，称为茎环(stem-loop)结构或发夹(hairpin)结构，呈现出酷似“三叶草”(cloverleaf)的形状(图 7－21)。因为位于两侧的发夹结构含有稀有碱基，分别称为 DHU 环和 TΨC 环，位于上下的发夹结构则分别是氨基酸臂(amino acid arm)和反密码子环(anticodon loop)。在 TΨC 环一侧，还有一个额外环(extra loop)，不同 tRNA 的额外环上的核苷酸数目可变，它是 tRNA 分类的重要标志。虽然 TΨC 环与 DHU 环在“三叶草”形的二级结构上各处一方，但是氢键的作用使得它们在空间上相距很近，使得 tRNA 具有倒“L”形的三级结构(图 7－22)。

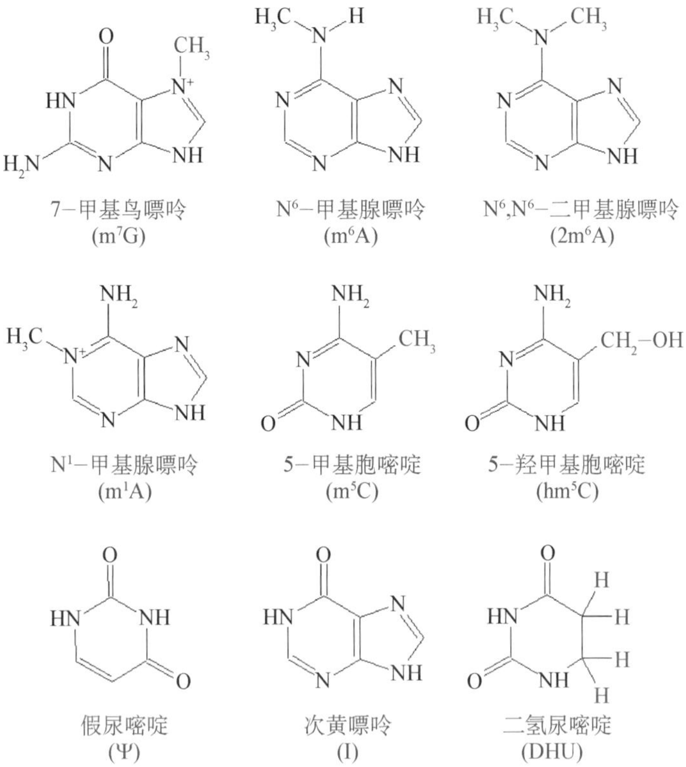

7-甲基鸟嘌呤
(m7G)
N6-甲基腺嘌呤
(m6A)
N6,N6-二甲基腺嘌呤
(2m6A)
N1-甲基腺嘌呤
(m1A)
5-甲基胞嘧啶
(m5C)
5-羟甲基胞嘧啶
(hm5C)
假尿嘧啶
(Ψ)
次黄嘌呤
(I)
二氢尿嘧啶
(DHU)

图 7-20　部分稀有碱基的分子结构

OH 3′
氨基酸
结合位点
氨基酸臂
5′
TΨC环
DHU环
额外环
反密码子环
反密码子

图 7-21　tRNA 的“三叶草”样二级结构

TΨC环
氨基酸
结合位点
5′
3′
DHU环
氨基酸臂
反密码子环
反密码子

图 7-22　tRNA 的倒“L”形三级结构

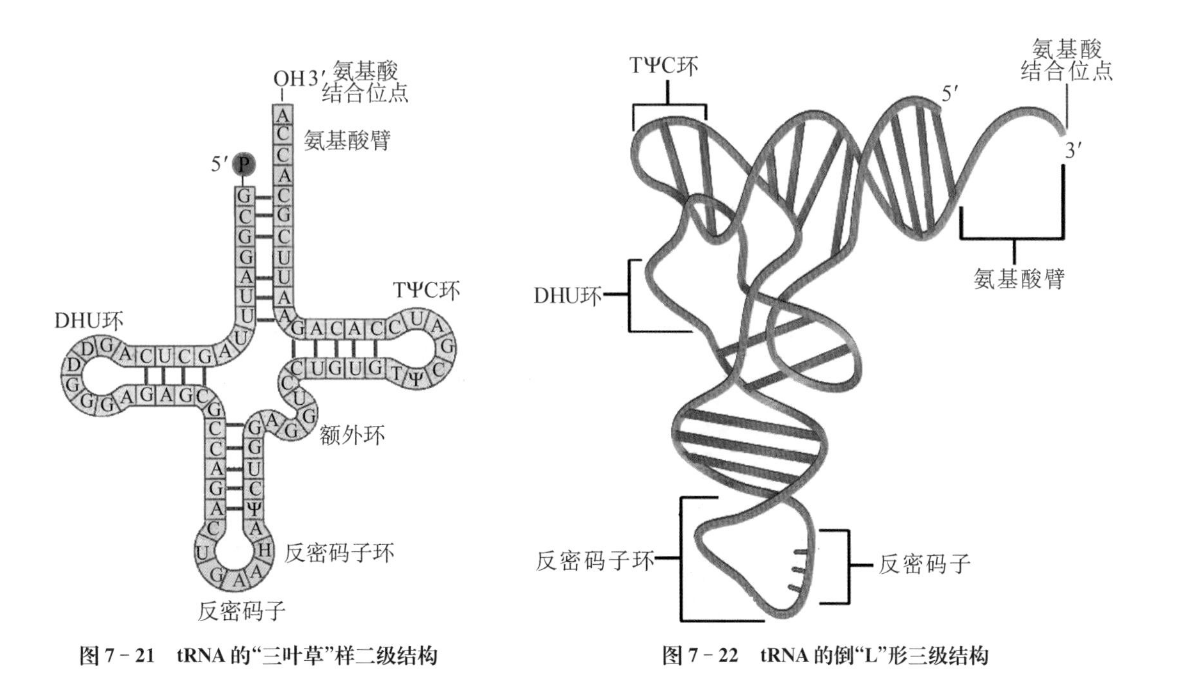

(3) tRNA 的功能:tRNA 分子中 5′-端的 7 个核苷酸与靠近 3′-端的互补序列配对,形成可接收氨基酸的氨基酸臂,又称为氨基酸接纳茎(amino acid acceptor stem)。氨基酸接纳茎的 3′-端是 CCA - OH,此羟基在氨基酰- tRNA 合成酶的催化下与活化的氨基酸以酯键连接,生成氨基酰- tRNA,使 tRNA 成为氨基酸的载体。有的氨基酸只有一种 tRNA 转运,而有的氨基酸则有几种 tRNA 作为载体,这是密码子的简并性原因。

(4) tRNA 的反密码子:tRNA 的反密码子环由 7～9 个核苷酸组成,居中的 3 个核苷酸构成了一个反密码子。这个反密码子可以通过碱基互补规则识别 mRNA 的密码子。例如携带酪氨酸的 tRNA 反密码子是 5′- GUA - 3′,可以与 mRNA 上编码酪氨酸的密码子 5′- UAC - 3′互补配对。次黄嘌呤核苷酸(hypoxanthylic acid, I)常出现在反密码子中,它与胞嘧啶核苷酸(C)、尿嘧啶核苷酸(U)或腺嘌呤核苷酸(A)均能配对,有利于 tRNA 最大限度阅读 mRNA 上的信息,降低突变引起的误差。在蛋白质生物合成中,氨基酰- tRNA 的反密码子依靠碱基互补的方式辨认 mRNA 的密码子,从而正确地运送氨基酸参与肽链合成。

3. 核糖体 RNA 的结构和功能 rRNA 与核糖体蛋白(ribosomal protein)共同构成核糖体。rRNA 是细胞内含量最多的 RNA,约占 RNA 总量的 80%以上。

原核生物有 3 种 rRNA,依照分子量的大小分为 5S、16S、23S(S 是大分子物质在超速离心沉降中的沉降系数)。其中 16S rRNA 与 20 多种蛋白质结合构成核糖体的小亚基(30S),5S 和 23S rRNA 与 30 多种蛋白质结合构成大亚基(50S)。真核生物有 4 种 rRNA,大小分别是 5S、5.8S、18S 和 28S。其中 18S rRNA 与 30 多种蛋白质结合构成核糖体的小亚基(40S),5S、5.8S、28S rRNA 与近 50 种蛋白质结合构成大亚基(60S)。

多种 rRNA 的核苷酸序列已经测定,并推测出空间结构,如大肠埃希菌 16S rRNA 的二级结构呈花状(图 7 - 23),众多的茎环结构为核糖体蛋白的结合和组装提供了结构基础。16S rRNA 空间结构的外形与核糖体 30S 小亚基相似,茎环结构与 20 余种核糖体蛋白质结合,共同构成 30S 小亚基(图 7 - 24)。

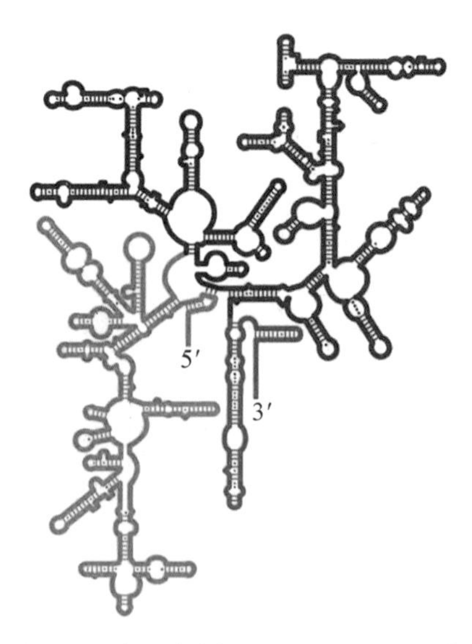

图 7 - 23 大肠埃希菌 16S rRNA 的二级结构

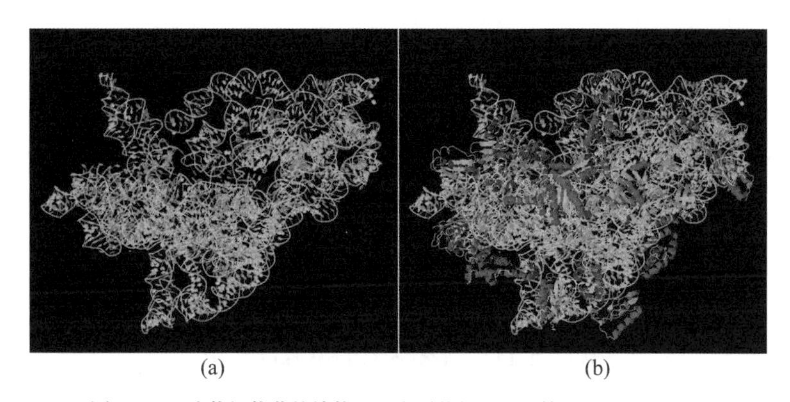

(a) (b)

图 7-24 嗜热栖热菌核糖体 30S 小亚基的三级结构(PDB ID:4BYD)

(a) 16S rRNA 的空间结构;(b) rRNA 的茎环结构与核糖体蛋白质结合,共同构成 30S 小亚基

rRNA 的主要功能是与多种蛋白质结合构成核糖体,为多肽链合成所需要的 mRNA、tRNA 以及多种蛋白因子提供了相互结合和相互作用的空间环境,在蛋白质生物合成中起着“装配工厂”的作用。

二、其他非编码 RNA 的结构与功能

除了上述的 3 种 RNA 外,真核细胞中还存在着其他非编码 RNA(non-coding RNA, ncRNA)。这是一类不编码蛋白质但具有生物学功能的 RNA 分子,分为长链非编码 RNA(long non-coding RNA, lncRNA)和短链非编码 RNA(small non-coding RNA, sncRNA)。它们参与 DNA 转录调控、RNA 的剪切和修饰、mRNA 的稳定和翻译、蛋白质的稳定和转运、染色体的形成和结构稳定,进而调控胚胎发育、组织分化、器官形成等基本的生命活动,以及某些疾病(如肿瘤、神经性疾病等)的致病过程。

通常认为 lncRNA 的长度≥200 nt,在结构上类似于 mRNA,但序列中不存在开放阅读框。许多已知的 lncRNA 由 RNA 聚合酶Ⅱ转录并经可变剪切形成,通常被多聚腺苷酸化。lncRNA 具有复杂的生物学功能,并与一些疾病的发病机制密切相关。某些 lncRNA 能使基因沉默。除去某些 lncRNA 后,生物体内的相邻基因的表达降低,说明某些基因表达的激活需要这种 RNA 的参与。

短链非编码 RNA 的长度一般<200 nt,主要有以下几种类型:

(1) 核小 RNA(small nuclear RNA, snRNA):位于细胞核内,许多 snRNA 参与真核细胞 hnRNA 的加工剪接过程。

(2) 核仁小 RNA(small nucleolar RNA, snoRNA):定位于核仁,主要参与 rRNA 的加工和修饰,如 rRNA 中核糖 C-2′的甲基化修饰。

(3) 胞质小 RNA(small cytoplasmic RNA, scRNA):存在于胞质中,参与形成蛋白质内质网定位合成的信号识别体。

(4) 催化性小 RNA:亦被称为核酶(ribozyme),是细胞内具有催化功能的一类小分子 RNA,具有催化特定的 RNA 降解的活性,在 RNA 的剪接修饰中具有重要作用。

(5) 干扰小 RNA(siRNA):是生物宿主对于外源侵入的基因所表达的双链 RNA 进行切割所产生的具有特定长度(21~23 bp)和特定序列的小片段 RNA。这些 siRNA 可以与外源基因表达的 mRNA 相结合,并诱导这些 mRNA 的降解。

(6) 微 RNA(microRNA, miRNA):是一类长度在 22 nt 左右的内源性 sncRNA。miRNA 主要是通过结合 mRNA 而选择性调控基因的表达。

第四节　核酸的理化性质

一、核酸的紫外吸收特性

嘌呤和嘧啶都含有共轭双键。因此,碱基、核苷、核苷酸和核酸在紫外波段有较强烈的吸收。在中性条件下,它们的最大吸收值在 260 nm 附近(见第一节),利用这一特性可以对核酸、核苷酸、核苷和碱基进行定性和定量分析。

根据 260 nm 处的吸光度(260 nm absorbance, A_{260}),可以确定出溶液中的 DNA 或 RNA 的含量。当 $A_{260}=1.0$ 时,相当于 50 μg/ml 双链 DNA,或 40 μg/ml 单链 DNA 或 RNA,或 20 μg/ml 寡核苷酸。利用 A_{260}/A_{280}的比值还可以判断核酸样品的纯度,纯 DNA 样品的 A_{260}/A_{280}应为 1.8,而纯 RNA 样品的 A_{260}/A_{280}应为 2.0。

二、核酸的变性、复性与分子杂交

核酸的变性(denaturtion)是指 DNA 双链之间的氢键断裂变成单链或 RNA 局部氢键断裂变成线性单链结构的过程,又称为熔解(melting)。变性不涉及核苷酸间共价键(磷酸二酯键)的断裂,可引起核酸变性的理化因素很多,如酸、碱、温度升高、有机溶剂以及尿素、离子强度等。如在聚丙烯酰胺凝胶电泳法测定 DNA 序列或分离 DNA 片断时,常用尿素作为变性剂。

在 DNA 解链过程中,由于有更多的共轭双键得以暴露,含有 DNA 溶液的 A_{260}随之增加,这种现象称为 DNA 的增色效应(hyperchromic effect)。它是监测 DNA 双链是否发生变性的一个最常用的指标。在缓慢加热 DNA 溶液的过程中,监测 A_{260}相对于温度的变化,所得曲线称为融解曲线(melting curve)(图 7-25)。当 A_{260}达到最大变化值的一半时所对应的温度定义为 DNA 的解链温度,或称熔解温度(melting temperature, T_m)。在此温度时,50%的 DNA 双链解离成为单链。每种 DNA 都有其特征性的 T_m 值,其大小与 DNA 长短、碱基的均一性和 GC 含量以及离子强度相关。GC 的含量越高,T_m 值越高。根据碱基百分组成来推算 DNA 的 T_m 值的经验公式是:$T_m=69.3+0.41(\%G+C)$,<20 bp 寡核苷酸片段的 T_m 值可用公式 $T_m=4(G+C)+2(A+T)$来估算。

当变性条件缓慢除去后,两条解离的互补链可重新互补配对,恢复原来的双链结构,这一现象称为复性(renatuation)。例如热变性的 DNA 经缓慢冷却后可以复性,这一过程也称为退火(annealing)。如果将热变性的 DNA 迅速冷却至 4℃以下,两条解离的互补链还来不

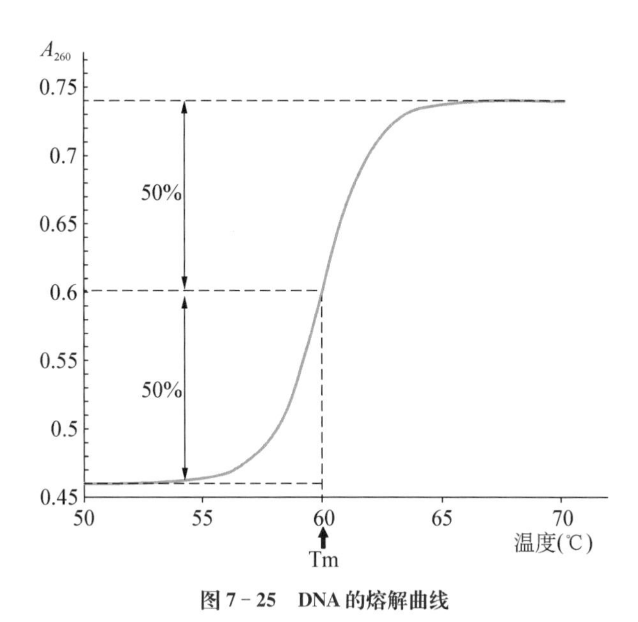

图 7－25　DNA 的熔解曲线

及形成双链，DNA 则不能复性，这一特性被用来保持 DNA 的变性状态。

如果将不同种类的 DNA 单链或 RNA 放在同一溶液中，只要两种核酸单链之间存在着一定程度的碱基配对关系，它们就有可能形成杂化双链(heteroduplex)。这种杂化双链可以在不同的 DNA 单链之间形成，可以在 RNA 单链之间形成，甚至还可以在 DNA 单链与 RNA 单链之间形成，这种现象称为核酸分子杂交(hybridization)。核酸分子杂交是一个分子生物学中非常有用的实验技术。这一原理可用来研究 DNA 片段在基因组中的定位、鉴定核酸分子间的序列相似性、检测靶基因在待检样品中存在与否等。Southern 印迹、Northern 印迹、斑点印迹、PCR 扩增、基因芯片等核酸检测手段都是利用了核酸分子杂交的原理。

核酸分子的变性、复性和杂交示意图见图 7－26。

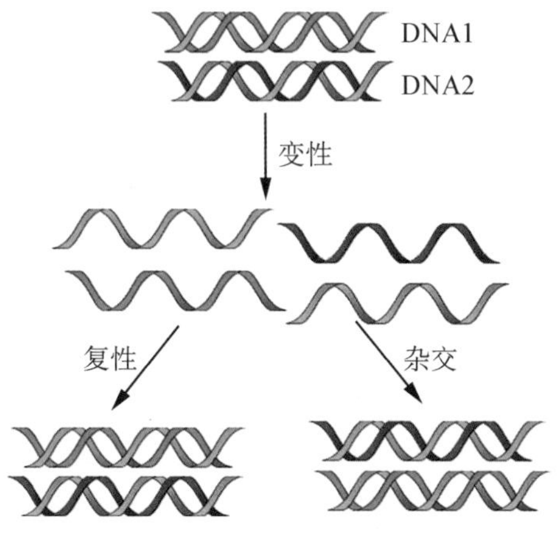

图 7－26　核酸的变性、复性与杂交示意图

三、核酸的分离与纯化

研究核酸的首要任务就是从细胞混合物中分离和纯化核酸,以及将基因组切割成可处理的片断,以便于特定的DNA序列的操作和分析。核酸分离纯化过程中特别需要注意的是防止核酸的降解和变性,要尽量保持其在生物体内的天然状态,因此必须采用温和的条件,避免过酸、过碱、剧烈搅拌等以防止核酸分子变性,还要注意抑制核酸酶的活性防止核酸被降解。核酸的提纯没有统一的方法,一般需根据实验目的和核酸的特性,选取合适的分离纯化程序。几种常用的纯化方法介绍如下。

1. 酚提取法 真核生物中的染色体DNA与碱性蛋白质结合成核蛋白(DNP)形式存在于核中。DNP能溶于水和浓盐溶液(如1 mol/L NaCl),但不溶于生理盐溶液(如0.14 mol/L NaCl)。利用这一性质,可将细胞破碎后用浓盐溶液提取,再用水稀释至生理盐浓度,使DNP沉淀出来。苯酚是很强的蛋白质变性剂,用水饱和的苯酚与DNP样品一起震荡后,DNA溶于上层水相,不溶性的和变性蛋白质残留物位于中间界面及酚相,经冷冻离心,得到水相中的DNA,再用适当浓度的盐和乙醇使DNA沉淀析出,得到纯的DNA。为了得到大分子的DNA,避免核酸酶和机械震荡对DNA的降解,常在细胞溶液中加入2倍体积含1%十二烷基硫酸钠(SDS)的缓冲液,并加入广谱蛋白酶(如蛋白酶K),经保温后使细胞蛋白质降解,再用苯酚抽提。DNA样品中的RNA可用纯的RNA酶(RNase)分解除去。

酚提取法同样可用于RNA的提取,但由于RNA不如DNA稳定,而且RNase又无处不在,因此分离更为困难。通常需要将用于制备RNA的器皿都预先进行去RNase处理(如高温烘烤、高压灭菌、0.1%焦碳酸二乙酯处理等方法),在破碎细胞时加入强的变性剂使RNase失活,在整个反应体系中都要加入RNase抑制剂(如Rnasin)等。一般采用酸性胍盐/苯酚/氯仿来抽提RNA,异硫氰酸胍是极强的蛋白变性剂,几乎可使所有蛋白质都变性。然后用苯酚和氯仿多次处理,以除尽蛋白质。

2. 超速离心法 溶液中的核酸在引力场中可以下沉而达到分离目的。在超速离心造成的极大离心力场中,不同分子量的核酸分子沉降速率不同;利用沉降和平衡原理,采用不同密度梯度的介质可将不同分子量的核酸分子分离。常用的有蔗糖梯度密度离心和氯化铯密度梯度离心。这种方法还可用于测定核酸的沉降常数和分子量,以及研究核酸的构象变化和动力学过程。

3. 凝胶电泳法 由于核酸是两性分子,通常显电负性,不同核酸分子量大小不一、构象不同,故可采用电泳法分离核酸。常用的凝胶介质有琼脂糖和聚丙烯酰胺凝胶,可以在水平或垂直的电泳槽中进行。凝胶电泳兼有分子筛和电泳双重效果,所以分离效率好,还具有简单、快速、灵敏、成本低等优点。

4. 层析分离法 利用被分离核酸与生物分子(配体)具有特殊亲和力,能可逆地结合与解离,可采用亲和层析分离法。配体是亲和层析的关键,其一端能与固相载体凝胶共价连接,另一端与被分离核酸能形成可逆的、专一的非共价结合,在适当条件下可被洗脱下来。常用的亲和层析介质有oligo-dT琼脂糖,用于分离含有poly(A)尾的mRNA。

核酸抽提完成以后,还需要对样品进行鉴定、保存与应用。常用的鉴定方法有紫外分光光度法、凝胶电泳法以及测序分析等。紫外分光光度法前已提及。凝胶电泳法是用溴化乙锭等荧光染料作为示踪剂，根据核酸电泳结果判定核酸的浓度、纯度及完整性。还可以将凝胶电泳条带进行切割回收，作进一步的测序分析。将 DNA 样品溶于 TE 缓冲液在－70℃可以储存数年，RNA 可溶于 0.3 mol/L 醋酸钠溶液或双蒸消毒水中，－70℃至－80℃保存。

四、核酸的序列分析

DNA 测序技术(DNA sequencing)始于 1975 年 Sanger 和 Coulson 发明的链终止法以及 1977 年由 Maxam 和 Gilbert 发明的化学法，经过 30 多年的发展，从第 1 代到第 3 代乃至第 4 代，测序技术获得了相当大的发展。

Sanger 法的核心原理是：由于 ddNTP 的 2′和 3′都不含羟基，其在 DNA 的合成过程中不能形成磷酸二酯键，因此可用来中断 DNA 合成反应，在 4 个 DNA 的合成反应体系中分别加入一定比例带有放射性同位素标记的 ddNTP(ddATP、ddCTP、ddGTP 和 ddTTP)，通过凝胶电泳和放射自显影后可以根据电泳带的位置确定待测分子的 DNA 序列(图 7－27)。

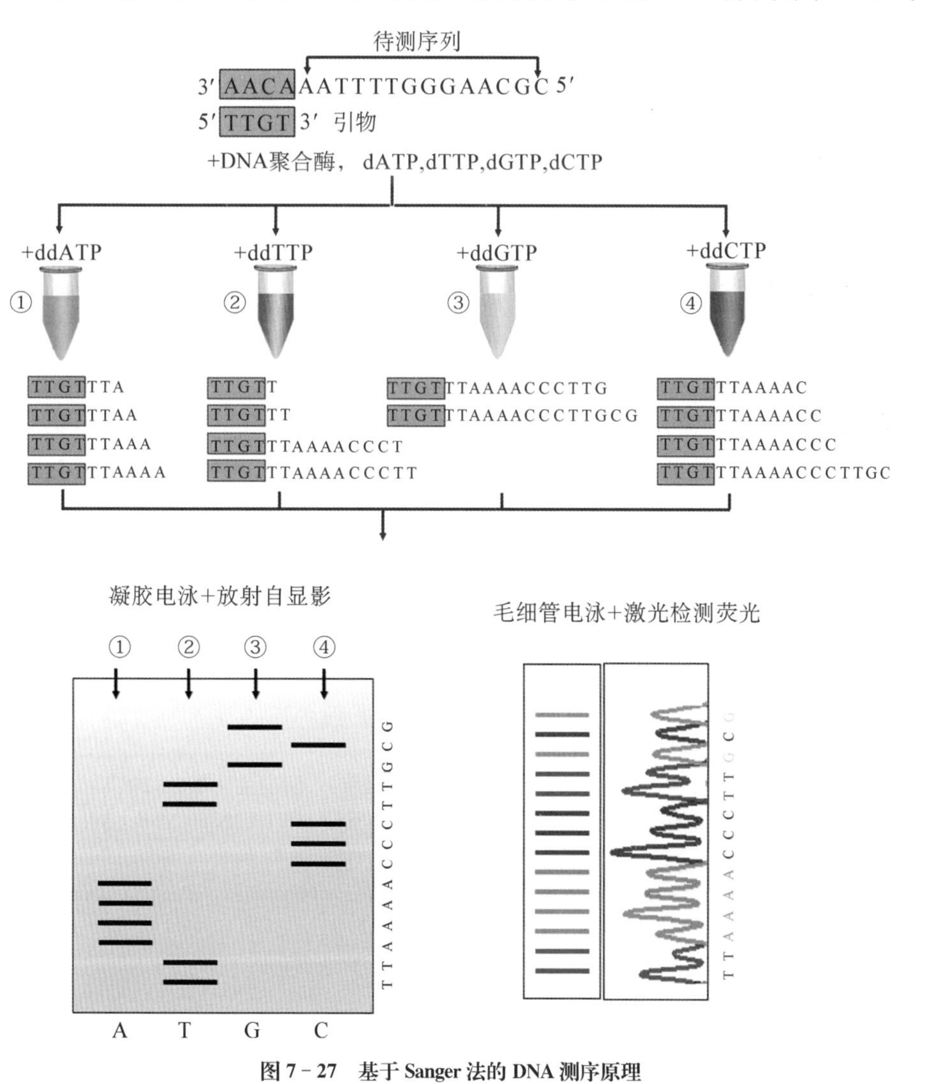

图 7－27　基于 Sanger 法的 DNA 测序原理

第1代自动化测序技术均以Sanger法为核心技术，将ddNTP用不同颜色的荧光标记，反应产物在毛细管中进行电泳，通过激光检测，获得待测DNA的序列信息，实现了自动化测序。第1代测序技术的主要特点是测序读长可达1 000 bp，准确率高达99.999%，但其有测序成本高、通量低等缺点，严重影响了其大规模应用。

第2代测序技术——大规模平行测序平台（massively parallel DNA sequencing platform）的出现令DNA测序费用降到了以前的1%，使以前局限于大型测序中心进行的基因组测序能够被众多研究人员分享。第2代测序法的基本原理是边合成边测序。在Sanger等测序方法的基础上，通过技术创新，用不同颜色的荧光标记4种不同的ddNTP，当DNA聚合酶合成互补链时，每添加一种ddNTP就会释放出不同的荧光，根据捕捉的荧光信号并经过特定的计算机软件处理，从而获得待测DNA的序列信息。第2代测序技术均需要经过文库制备（将目标DNA剪切成小片断）、锚定桥接（将单个DNA小分子结合到固相表面）、预扩增、单碱基延伸测序、数据分析多个步骤。与第1代技术相比，第2代测序技术不仅保持了高准确率，而且大大降低了测序成本并极大提高了测序速度。使用第2代SOLiD的测序技术，完成一个人的基因组测序现在只需要1周左右。由于第2代测序技术产生的测序结果长度较短，因此比较适合于对已知序列的基因组进行重新测序。在对全新的基因组进行测序时还需要结合第1代测序技术。

第3代测序技术正向着高通量、低成本、长读取长度的方向发展。第3代测序技术最大的特点为单分子测序，测序过程无需进行PCR扩增。以单分子实时DNA测序技术（single molecule real time, SMRT）为例，其原理仍然基于边合成边测序的思想，以SMRT芯片为载体进行测序反应。当DNA模板被聚合酶捕获后，4种不同荧光标记的dNTP通过布朗运动随机进入检测区域并与聚合酶结合，与模板匹配的碱基生成化学键的时间远远长于其他碱基停留的时间，因此统计荧光信号存在时间的长短可区分匹配的碱基与游离碱基。通过统计4种荧光信号与时间的关系图，即可测定DNA模板序列。SMRT技术具有超长读长、无需模板扩增、运行时间迅速、能直接检测表观修饰位点，以及进行RNA测序等优点，但较高的测序错误是第3代测序技术目前最大的发展障碍，因而尚需进一步完善。

（魏湲颜）

参考文献

[1] 贾弘禔，冯作化，屈伸等. 生物化学与分子生物学. 2版. 北京：人民卫生出版社，2010.

[2] Nelson DL, Cox MM. Lehninger Principles of Biochemistry. 5th ed. New York: W. H. Freeman and company, 2008.

[3] Gutell RR. Collection of small subunit (16S-and 16S-like) ribosomal RNA structures. Nucleic Acids Research, 1993, 21(13): 3051-3054.

第八章　核苷酸代谢

核苷酸(nucleotide)是核酸的基本组成单位，在生命体中分布广泛，具有多种生物学功能：①构成核酸(nucleic acid)的基本单位，这是核苷酸最主要的功能。②在物质代谢中作为能量的载体，如 ATP 是细胞的主要能量形式，GTP 等也可以提供能量。③参与代谢和生理调节。某些核苷酸或其衍生物是重要的调节分子，如 cAMP 和 cGMP 是多种细胞膜受体激素作用的第二信使。④组成辅酶，如腺苷酸可作为多种辅酶(NAD、FAD、CoA 等)的组成成分。⑤活化中间代谢物。核苷酸可以作为多种活化中间代谢物的载体，如 UDP-葡萄糖是合成糖原、糖蛋白的活性原料，CDP-二酰基甘油是合成磷脂的活性原料，*S*-腺苷甲硫氨酸是活性甲基的载体等。ATP 还可作为蛋白激酶反应中磷酸基团的供体等。

第一节　核酸的消化与吸收

人体内的核苷酸主要由机体细胞自身合成，因此与氨基酸不同，核苷酸不属于营养必需物质。食物中的核酸多以核蛋白的形式存在。核蛋白在胃中受胃酸的作用，分解成核酸与蛋白质。核酸进入小肠后，受胰液和肠液中各种水解酶的作用逐步水解(图 8-1)。核苷酸及其水解产物均可被细胞吸收，分解产生的磷酸和戊糖可被重新利用，嘌呤和嘧啶碱则主要被分解而排出体外。因此，食物来源的嘌呤和嘧啶碱很少被机体利用。

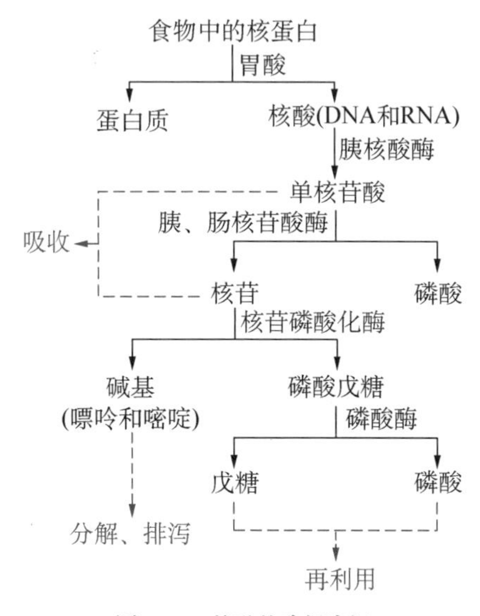

图 8-1　核酸的酶促降解

第二节 嘌呤核苷酸代谢

一、嘌呤核苷酸的合成代谢

体内嘌呤核苷酸的合成可分为从头合成和补救合成两个途径。以磷酸核糖、氨基酸、一碳单位及 CO_2 等为原料，经过一系列酶促反应，合成嘌呤核苷酸，称为从头合成途径（*de novo* synthesis）。利用体内游离的嘌呤或嘌呤核苷，经过简单的反应过程，合成嘌呤核苷酸，称为补救合成（或重新利用）途径（salvage pathway）。两者在不同组织中的重要性各不相同，如肝组织进行从头合成途径，而脑、骨髓等则进行补救合成。一般情况下，前者是主要合成途径。

（一）嘌呤核苷酸的从头合成途径

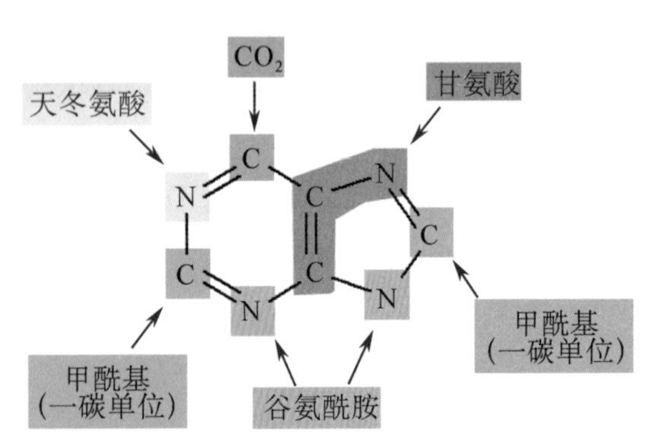

图 8-2 嘌呤环合成的原料来源

几乎所有生物体（某些细菌除外）都能合成嘌呤碱。1948 年，Buchanan 等采用同位素示踪实验证明，合成嘌呤碱的前身物质均为简单物质：氨基酸（甘氨酸、天冬氨酸和谷氨酰胺）、CO_2 和一碳单位（N^{10}-甲酰四氢叶酸）等（图 8-2）。

嘌呤核苷酸的从头合成在胞质中进行。反应步骤比较复杂，可分为两个阶段：首先合成次黄嘌呤核苷酸（inosine monophosphate，IMP），IMP 再转变成腺嘌呤核苷酸（adenosine monophosphate，AMP）与鸟嘌呤核苷酸（guanosine monophosphate，GMP）。

1. IMP 的合成 IMP 的合成经过 11 步反应完成：①5-磷酸核糖经过磷酸核糖焦磷酸激酶（phosphoribosyl pyrophosphokinase，PRPPK）作用，活化生成磷酸核糖焦磷酸（phosphoribosyl pyrophosphate，PRPP）。②获得嘌呤环的 N-9 原子：谷氨酰胺提供酰胺基取代 PRPP 上的焦磷酸，形成 5-磷酸核糖胺（PRA），由谷氨酰胺-PRPP-酰胺转移酶（glutamine-PRPP amidotransferase，GPAT）催化；PRA 极不稳定，半衰期为 30 s；此步反应是限速反应，GPAT 是限速酶，受产物的反馈抑制。③获得嘌呤环的 C-4、C-5 和 N-7 原子：甘氨酸与 PRA 加合，生成甘氨酰胺核苷酸（glycinamide ribonucleotide，GAR），由甘氨酰胺核苷酸合成酶（GAR synthetase）。④获得嘌呤环的 C-8 原子：N^5，N^{10}-甲炔四氢叶酸供给甲酰基，使 GAR 甲酰化，生成甲酰甘氨酰胺核苷酸（formylglycinamide ribonucleotide，FGAR）。⑤获得嘌呤环的 N-3 原子：第 2 个谷氨酰胺提供酰胺氮，使 FGAR 生成甲酰甘氨脒核苷酸（formylglycinamidine ribonucleotide，FGAM），此反应消耗 1 分子 ATP，由 FGAR 酰胺转移酶（FGAR amidotransferase）催化。⑥嘌呤咪唑环的形成：FGAM 脱水环化形成 5-氨基咪唑核苷酸（5-aminoimidazole ribonucleotide，AIR），此反应也需要 ATP 参与。⑦获得嘌呤环的 C-6 原子：由 CO_2 连接到咪唑环上提供，生成 5-氨基咪唑-4-羧酸核苷酸（carboxyamino-imidazole ribonucleotide，CAIR），由 AIR 羧化酶（AIR carboxylase）催化。⑧和⑨：获得 N-1 原子：天冬氨酸与 CAIR 缩合，生成 *N*-琥珀酰-5-氨基咪唑-4-甲酰胺核苷酸（*N*-succinyl-5-aminoimidazole-4-carboxamide ribonucleotide，SAICAR），再脱去 1 分子延胡索酸而裂解为 5－氨基咪唑－4－甲酰胺核苷酸（5-aminoimidazole-4-carboxamide ribonucleotide，AICAR）。⑩获得 C－2 原子：N^{10}－甲酰四氢叶酸提供一碳单位，使 AICAR 甲酰化，生成 5－甲酰胺基咪唑－4－甲酰胺核苷酸（5-formylaminoimidazole-4-carboxamide ribonucleotide，FAICAR）；⑪FAICAR 脱水环化，生成次黄嘌呤核苷酸（IMP）见图 8－3。

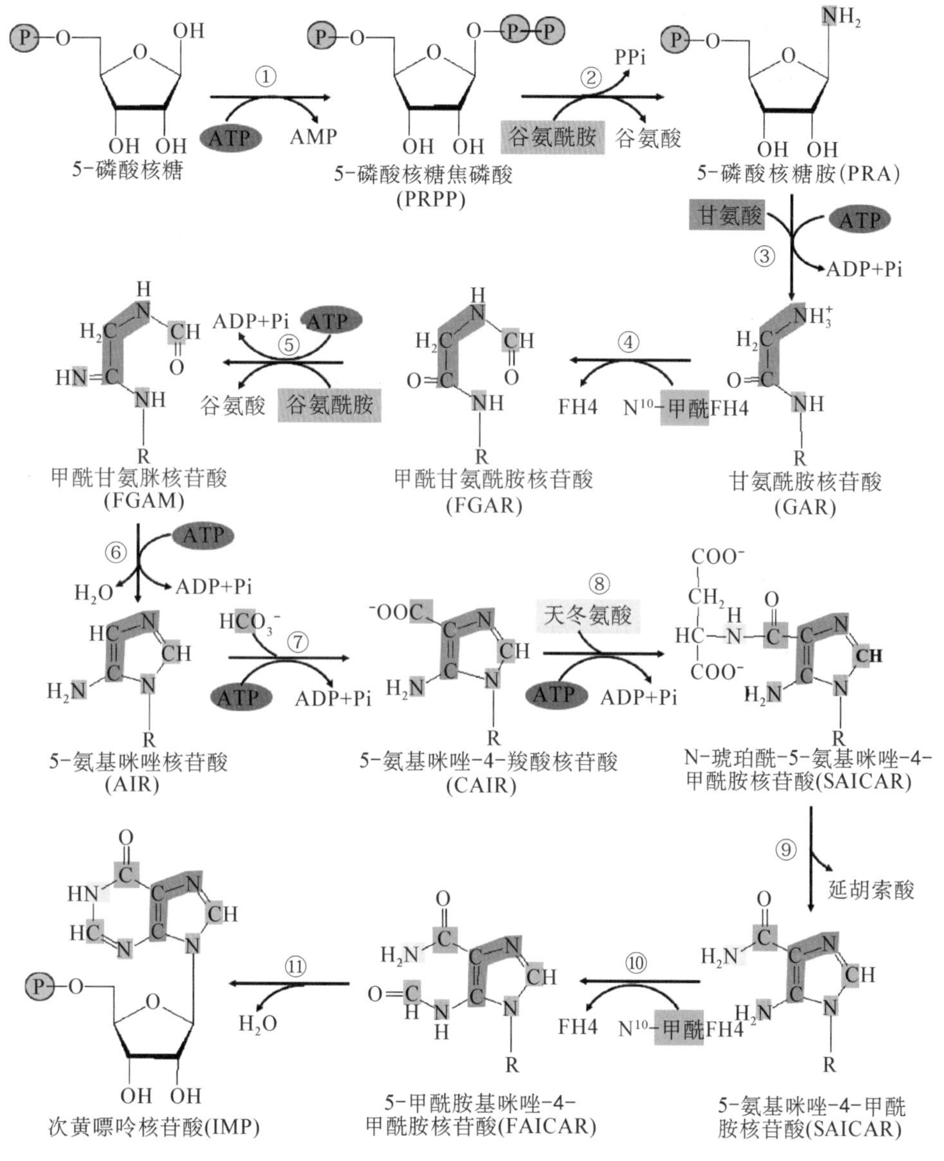

图 8－3 次黄嘌呤核苷酸的形成

①磷酸核糖焦磷酸激酶（phosphoribosyl pyrophosphokinase，PRPPK）；②谷氨酰胺－PRPP－酰胺转移酶（glutamine-PRPP amidotransferase，GPAT）；③甘氨酰胺核苷酸合成酶（GAR synthetase）；④甘氨酰胺核苷酸甲酰转移酶（GAR transformylase）；⑤ FGAR 酰胺转移酶（FGAR amidotransferase）；⑥FGAM 环化酶（FGAM cyclase），又称 AIR 合成酶（AIR synthetase）；⑦AIR 羧化酶（AIR carboxylase）；⑧SAICAR 合成酶（SAICAR synthetase）；⑨SAICAR 裂解酶（SAICAR lyase）；⑩AICAR 甲酰转移酶（AICAR transformylase）；⑪IMP 合酶（IMP synthase）

2. IMP 转化为 AMP 或 GMP 上述反应生成的 IMP 并不堆积在细胞内，而是迅速转变为 AMP 或 GMP(图 8-4)。

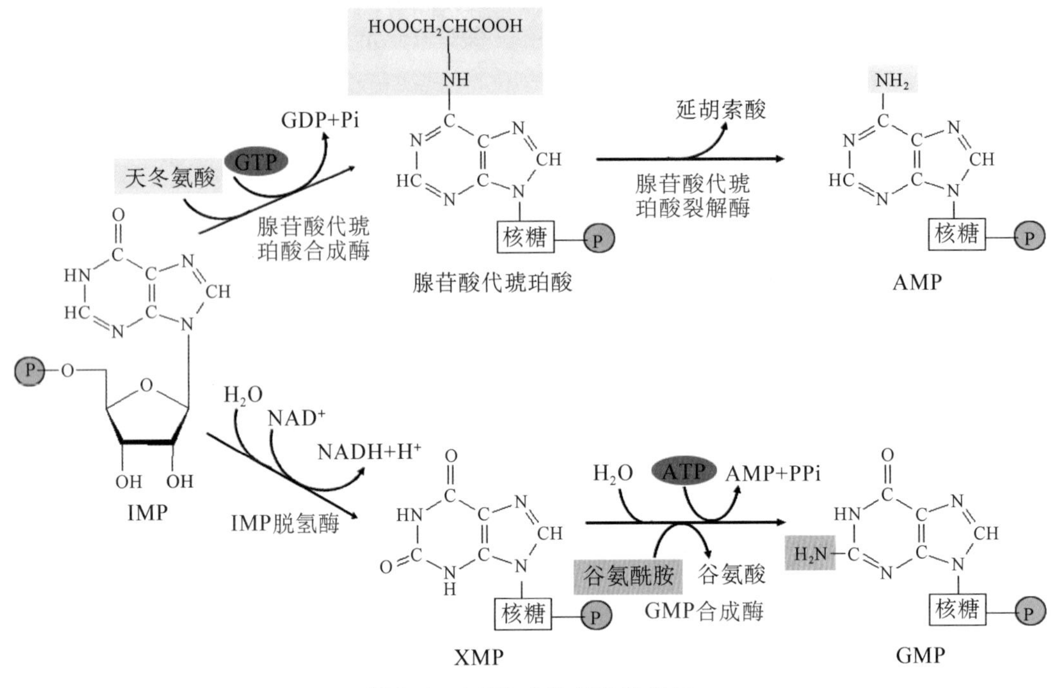

图 8-4 由 IMP 合成 AMP 和 GMP

(1) 由 IMP 生成 AMP 的反应分为两步：①天冬氨酸的氨基与 IMP 相连生成腺苷酸代琥珀酸(adenylosuccinate)，由腺苷酸代琥珀酸合成酶催化，GTP 水解供能；②在腺苷酸代琥珀酸裂解酶的作用下脱去延胡索酸，生成 AMP。

(2) 由 IMP 生成 GMP 的反应也分为两步：①IMP 氧化生成黄嘌呤核苷酸(xanthosine monophosphate，XMP)，由 IMP 脱氢酶催化，以 NAD^+ 为受氢体；②由谷氨酰胺提供酰胺基取代 XMP 中 C-2 上的氧生成 GMP，由 GMP 合成酶催化，ATP 水解供能。

AMP 和 GMP 在激酶的作用下，经过两步磷酸化反应，进一步分别生成 ATP 和 GTP，反应如下：

$$AMP + ATP \xrightarrow{\text{腺苷酸激酶}} 2ADP$$

$$GMP + ATP \xrightarrow{\text{鸟苷酸激酶}} GDP + ADP$$

$$GDP + ATP \xrightarrow{\text{鸟苷酸激酶}} GTP + ADP$$

由上述反应可以看出，嘌呤核苷酸是在磷酸核糖分子上逐步合成嘌呤环的，而不是首先单独合成嘌呤碱然后再与磷酸核糖结合。这是与嘧啶核苷酸合成过程的明显差别，也是嘌呤核苷酸从头合成的一个重要特点。

肝是体内从头合成嘌呤核苷酸的主要器官，其次是小肠黏膜及胸腺。现已证明，并不是所有的细胞都具有从头合成嘌呤核苷酸的能力。

体内嘌呤核苷酸可以相互转变，以保持彼此平衡。IMP 可以转变成 XMP、AMP 及 GMP，而 AMP 在腺苷酸脱氨酶的作用下可直接转变成 IMP，GMP 也可以转变成 IMP，因此 AMP 与 GMP 之间可相互转变。

（二）嘌呤核苷酸从头合成的调节

嘌呤核苷酸的从头合成是体内核苷酸的主要来源，但此过程需消耗氨基酸等原料及大量 ATP，因此机体对其合成速度有着精确的调节。细胞内嘌呤核苷酸从头合成的调节主要依靠各阶段产物在 3 个水平的调节来实现，以负反馈调节为主(图 8－5)。

(1) 第 1 个水平的负反馈调节发生在合成的前两步，即 PRPP 和 PRA 的生成。磷酸核糖焦磷酸激酶和谷氨酰胺－PRPP－酰胺转移酶均可被合成的产物 IMP、AMP 及 GMP 等抑制；反之，PRPP 增加可以促进 GPAT 活性，加速 PRA 生成。GPAT 是一类别构酶，其单体形式有活性，二聚体形式无活性。IMP、AMP 及 GMP 能使活性形式转变成无活性形式，PRPP 则相反。在嘌呤核苷酸合成调节中，PRPPK 可能比 GPAT 起着更大的作用。

(2) 第 2 个调节水平是在形成 AMP 和 GMP 过程中，过量的 AMP 控制 AMP 的生成，而不影响 GMP 的合成；同样，过量的 GMP 控制 GMP 的生成，而不影响 AMP 的合成。

(3) 第 3 个调节水平是：IMP 转变成 AMP 时需要 GTP，而 IMP 转变成 GMP 时需要 ATP。因此，GTP 可以促进 AMP 的生成，ATP 也可以促进 GMP 的生成。这种交叉调节作用对维持 ATP 与 GTP 浓度的平衡具有重要意义。

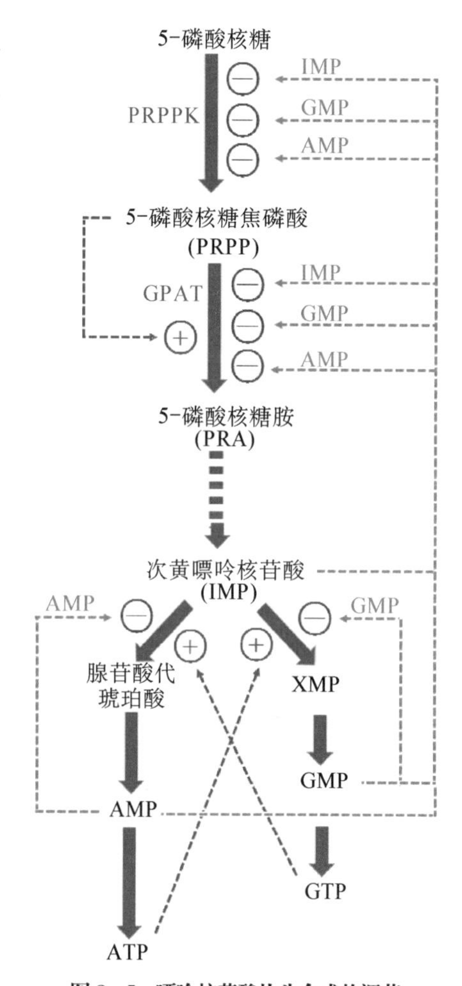

图 8－5　嘌呤核苷酸从头合成的调节

嘌呤核苷酸从头合成的调节部位见图 8－5。

（三）嘌呤核苷酸的补救合成途径

骨髓、脑、脾等组织不能进行嘌呤核苷酸的从头合成途径，必须依靠红细胞从肝运输而来的嘌呤碱或嘌呤核苷再合成嘌呤核苷酸，称为补救合成途径。补救合成途径比较简单，消耗的能量也少，可以节省从头合成所需的能量和一些氨基酸。补救合成途径有两种方式：一种是嘌呤碱与 PRPP 直接合成嘌呤核苷酸，有两种酶参与：腺嘌呤磷酸核糖转移酶(adenine phosphoribosyl transferase, APRT)和次黄嘌呤－鸟嘌呤磷酸核糖转移酶(hypoxanthine-guanine phosphoribosyl transferase, HGPRT)。由 PRPP 提供磷酸核糖，它们分别催化

AMP 和 IMP、GMP 的补救合成。APRT 受 AMP 的反馈抑制，HGPRT 受 IMP 与 GMP 的反馈抑制。反应式如下：

$$次黄嘌呤 + PRPP \xrightarrow{HGPRT} 次黄嘌呤核苷酸 + PPi$$

$$鸟嘌呤 + PRPP \xrightarrow{HGPRT} 鸟嘌呤核苷酸 + PPi$$

$$腺嘌呤核苷酸 + PRPP \xrightarrow{APRT} 腺嘌呤核苷酸 + PPi$$

另一种方式是通过腺苷激酶催化的磷酸化反应，使腺嘌呤核苷生成腺嘌呤核苷酸。反应式见图：

$$腺嘌呤核苷 + ATP \xrightarrow{腺苷激酶} 腺嘌呤核苷酸 + ADP$$

对于脑、骨髓等缺乏从头合成嘌呤核苷酸酶体系的组织器官来说，补救合成途径具有更重要的意义。如由于基因缺陷而导致 HGPRT 完全缺失的患儿，表现为自毁容貌征或称 Lesch-Nyhan 综合征，这是一种遗传代谢病。

（四）脱氧核糖核苷酸的合成

以上讨论的是嘌呤核苷酸的合成过程，而 DNA 由各种脱氧核苷酸组成。实验证明，体内脱氧核苷酸中所含的脱氧核糖并非先合成后再连接上碱基和磷酸，而是在相应的二磷酸核糖核苷酸（NDP）的水平上直接还原生成的，反应由核糖核苷酸还原酶（ribonucleotide reductase）催化。反应式见图 8－6。

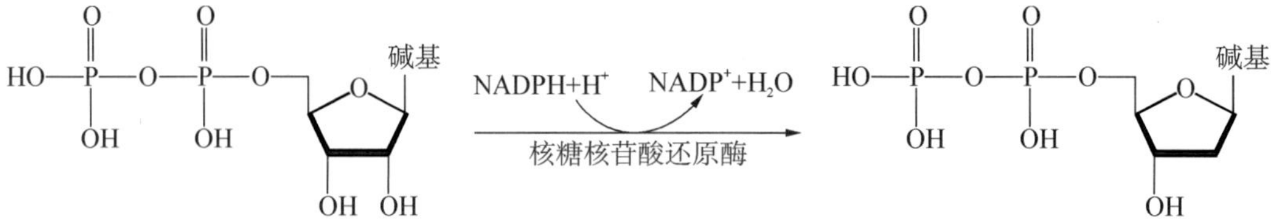

$NADPH+H^+$ → $NADP^+ + H_2O$，核糖核苷酸还原酶

图 8－6 脱氧核糖核苷酸的合成

嘌呤与嘧啶核苷酸均通过上述反应生成相应的脱氧核糖核苷酸（dADP、dGDP、dUDP、dCDP）。再经过激酶的作用，上述 dNDP 可被磷酸化生成三磷酸脱氧核苷。

二、嘌呤核苷酸的分解代谢

体内核苷酸的分解代谢类似于食物中核苷酸的消化过程。首先，细胞中的核苷酸在核苷酸酶的作用下水解成核苷。核苷经核苷磷酸化酶作用，磷酸解成自由的碱基及 1－磷酸核糖。嘌呤碱既可以参加核苷酸的补救合成，也可进一步水解。人体内，嘌呤碱最终分解生成尿酸（uric acid），随尿排出体外。反应过程简化如图 8－7。AMP 水解生成腺苷，然后在腺苷脱氨酶（adenosine deaminase，ADA）的作用下脱去氨基生成次黄嘌呤核苷，再生成次黄嘌呤，后者在黄嘌呤氧化酶（xanthine oxidase）作用下氧化成黄嘌呤，最后生成尿酸。GMP 生成鸟嘌呤，后者转变成黄嘌呤，最后也生成尿酸。嘌呤脱氧核苷也经过相同途径进行分解代

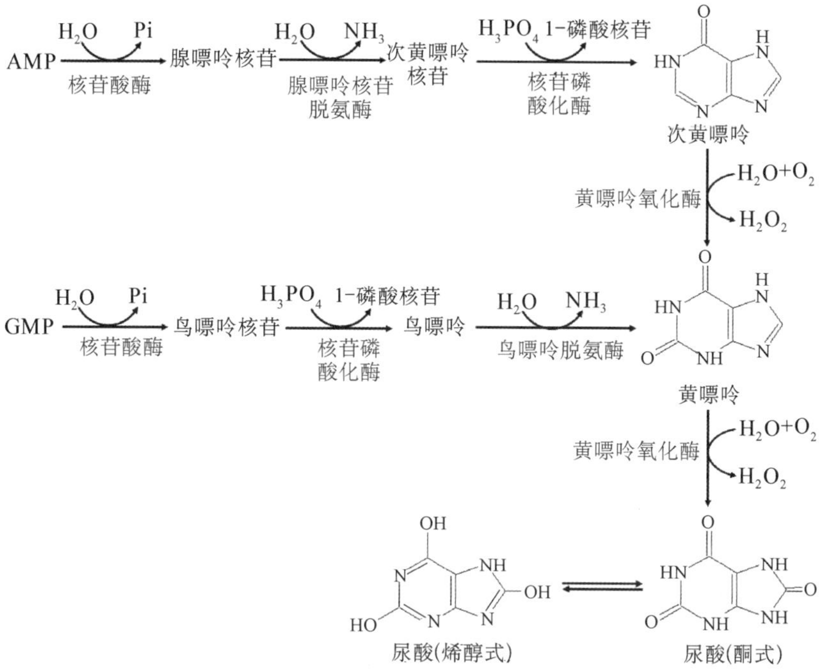

AMP →（H_2O → Pi，核苷酸酶）→ 腺嘌呤核苷 →（H_2O → NH_3，腺嘌呤核苷脱氨酶）→ 次黄嘌呤核苷 →（H_3PO_4 → 1-磷酸核苷，核苷磷酸化酶）→ 次黄嘌呤

次黄嘌呤 →（H_2O+O_2 → H_2O_2，黄嘌呤氧化酶）→ 黄嘌呤

GMP →（H_2O → Pi，核苷酸酶）→ 鸟嘌呤核苷 →（H_3PO_4 → 1-磷酸核苷，核苷磷酸化酶）→ 鸟嘌呤 →（H_2O → NH_3，鸟嘌呤脱氨酶）→ 黄嘌呤

黄嘌呤 →（H_2O+O_2 → H_2O_2，黄嘌呤氧化酶）→ 尿酸

尿酸(烯醇式) ⇌ 尿酸(酮式)

图 8－7 嘌呤核苷酸的分解代谢

谢。体内嘌呤核苷酸的分解代谢主要在肝、小肠及肾中进行，黄嘌呤氧化酶在这些脏器中活性较强。

三、嘌呤核苷酸代谢与疾病

（一）痛风症

尿酸是人体嘌呤分解代谢的终产物，水溶性较差。正常情况下，嘌呤合成与分解处于相对平衡状态，所以尿酸的生成与排泄也相对恒定。正常人血浆尿酸含量为 119～417 μmol/L（2～7 mg/dl），主要以尿酸及其钠盐的形式存在。当进食高嘌呤饮食、体内核酸大量分解（如白血病、恶性肿瘤等）或肾疾病而尿酸排泄障碍时，血中尿酸升高，尿酸盐过饱和而形成结晶，沉淀于关节、软组织、软骨及肾脏等处，导致关节炎、尿路结石及肾脏疾病，引起疼痛与功能障碍，称为痛风症（gout）。

痛风症男性多发，其发病机制尚未完全阐明，可能与嘌呤核苷酸代谢相关的酶缺陷相关。它可能涉及的基因主要有 HGPRT、PRPPK、GPAT、葡萄糖 6－磷酸酶和黄嘌呤氧化酶。此外，长期大量摄入过量富含嘌呤的食物、白血病和肿瘤导致的细胞中核苷酸过量分解，以及肾脏疾病引发的尿酸排泄障碍都是痛风的可能病因。

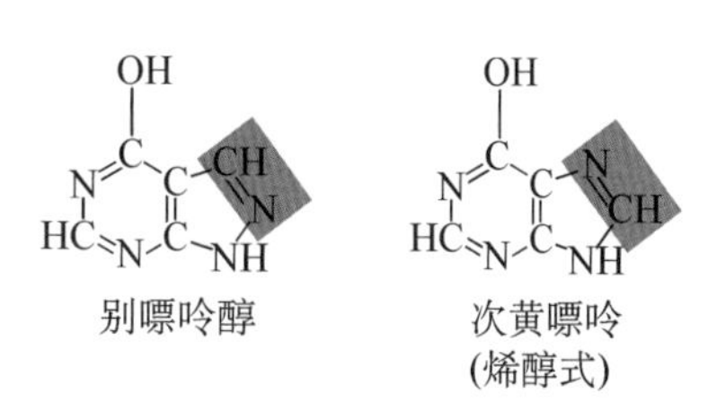

图 8－8 别嘌呤醇与次黄嘌呤

临床上常用别嘌呤醇（allopurinol）治疗痛风症。别嘌呤醇与次黄嘌呤结构类似（图 8－8），只是分子中 N－7 与 C－8 互换了位置，故可抑制黄嘌呤氧化酶，从而抑制

尿酸的生成。黄嘌呤、次黄嘌呤的水溶性较尿酸大得多,不会沉积形成结晶。同时,别嘌呤醇与 PRPP 反应生成别嘌呤核苷酸,这样一方面消耗 PRPP 而使其含量减少,另一方面别嘌呤核苷酸与 IMP 结构相似,又可反馈抑制嘌呤核苷酸的从头合成,最终减少尿酸的生成。

(二) 腺苷脱氨酶缺乏症

腺苷脱氨酶缺乏症(adenosine deaminase deficiency)是一种先天性代谢性异常疾病,由于腺苷脱氨酶(ADA)缺乏导致体内 dATP 的异常累积,严重抑制核糖核苷还原酶的活性,引起 T 细胞中其他 dNTP 缺乏,导致 T、B 细胞发育不全和功能障碍,表现为严重的细胞、体液免疫缺陷。患者由于缺乏正常的免疫系统,只能在特殊隔离的无菌环境中才能生存。

美国医学家 W·F·安德森等对腺苷脱氨酶缺乏症的基因治疗是世界上第 1 个基因治疗成功的范例。1990 年,安德森对 1 例患 ADA 缺乏症的 4 岁女孩进行基因治疗。他们将女孩自己的白细胞导入编码 ADA 的基因,再回输给患儿。经过治疗,女孩的免疫功能得到提高,能够走出隔离帐及正常生活。

(三) 抗嘌呤核苷酸代谢的药物

抗嘌呤核苷酸代谢的药物是一些嘌呤、氨基酸或叶酸等的类似物。它们主要以竞争性抑制等方式干扰或阻断嘌呤核苷酸的合成代谢,从而进一步阻止核酸以及蛋白质的生物合成。肿瘤细胞的核酸及蛋白质合成十分旺盛,因此这些抗代谢物具有抗肿瘤作用。

嘌呤类似物有 6-巯基嘌呤(6-mercaptopurine, 6-MP)、6-巯基鸟嘌呤(6-thioguanine)、8-氮杂鸟嘌呤等(8-azaguanine),其中以 6-MP 在临床上应用较多。6-MP 的结构与次黄嘌呤相似,可反馈抑制 PRPP 酰胺转移酶而干扰磷酸核糖胺的形成,阻断嘌呤核苷酸的从头合成。6-MP 还可在体内生成 6-MP 核苷酸,并以这种形式抑制 IMP 转变为 AMP 及 GMP 的反应。6-MP 还能直接通过竞争性抑制,影响次黄嘌呤-鸟嘌呤磷酸核糖转移酶,使 PRPP 分子中的磷酸核糖不能向鸟嘌呤及次黄嘌呤转移,阻止了补救合成途径,可用于治疗白血病和绒毛膜上皮癌。

氨基酸类似物有氮杂丝氨酸(azaserine)及 6-重氮-5-氧正亮氨酸(diazonorleucine)等。它们的结构与谷氨酰胺相似,可干扰谷氨酰胺在嘌呤核苷酸合成中的作用,从而抑制嘌呤核苷酸的合成。

嘌呤分子中的 C-8 及 C-2 均来自一碳单位,而叶酸类似物能竞争性抑制二氢叶酸还原酶,使叶酸不能还原成二氢叶酸及四氢叶酸,导致其不能供应一碳单位,从而抑制嘌呤核苷酸的合成。常见的叶酸类似物有氨蝶呤(aminopterin)及甲氨蝶呤(methotrexate, MTX),MTX 在临床上用于白血病等恶性肿瘤的治疗。

应该指出的是,上述药物缺乏对肿瘤细胞的特异性,故对增殖较旺盛的某些正常组织亦有杀伤性,因而有较大的毒副作用。

第三节 嘧啶核苷酸代谢

一、嘧啶核苷酸的合成代谢

与嘌呤核苷酸一样，体内嘧啶核苷酸的合成也有两条途径：从头合成与补救合成。

（一）嘧啶核苷酸的从头合成途径

同位素示踪实验证明，嘧啶核苷酸中嘧啶碱合成的原料来自谷氨酰胺、CO_2 和天冬氨酸等（图 8－9）。

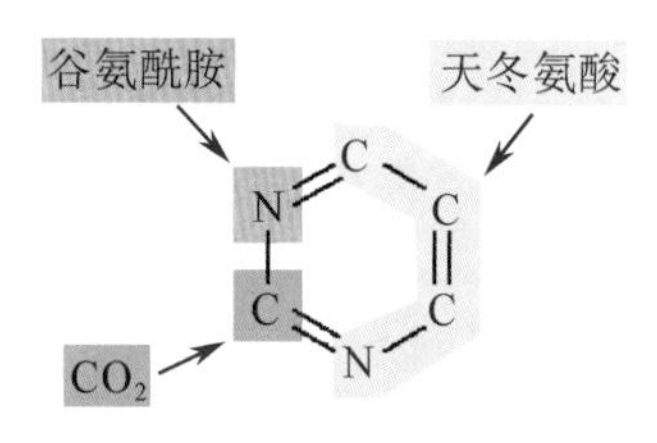

图 8－9 嘧啶环合成的原料来源

与嘌呤核苷酸的从头合成途径不同，嘧啶核苷酸是先合成含有嘧啶环的乳清酸（orotic acid，OA），再与 PRPP 结合成为乳清酸核苷酸（OMP），最后生成 UMP。UMP 可再转变为 CMP 和 dTMP。肝是合成嘧啶核苷酸的主要器官，反应过程在胞质和线粒体进行。嘧啶核苷酸合成的过程如下。

1. UMP 的从头合成途径 UMP 的从头合成分为 6 步反应（图 8－10）：①嘧啶环的合成开始于氨基甲酰磷酸（carbamoyl phophate，CP）的生成。CP 也是尿素合成的原料（第六章 氨基酸代谢）。但是，尿素合成中所需的 CP 是在肝线粒体中由氨基甲酰磷酸合成酶Ⅰ（carbamoyl phosphate synthetase Ⅰ，CPS－I）催化生成的，而嘧啶合成所用的 CP 则是在细胞质中用谷氨酰胺为氮源，由氨基甲酰磷酸合成酶Ⅱ（CPS－Ⅱ）催化生成的。这两种合成酶的性质不同。②在胞质中的天冬氨酸氨基甲酰转移酶（aspartate transcarbamoylase，ATCase）的催化下，CP 与天冬氨酸生成氨甲酰天冬氨酸（carbamoylaspartate）。③氨甲酰天冬氨酸经二氢乳清酸酶（dihydroorotase）催化脱水，形成具有嘧啶环的二氢乳清酸（dihydroorotate，DHOA）。④DHOA 脱氢成为乳清酸（orotic acid，OA）。⑤OA 在乳清酸磷酸核糖转移酶（orotate phosphoribosyltransferase，OPRT）催化下与 PRPP 结合，生成乳清酸核苷酸（orotidine-5′-monohosphate，OMP）。⑥OMP 由乳清酸核苷酸脱羧酶（orotidylate decarboxylase，OMPD）催化脱去羧基，即生成尿嘧啶核苷酸（uridine monophosphate，UMP）。真核生物内催化反应的前 3 个酶：CPS－Ⅱ、ATCase 和 DHOA 是位于同一多肽链的多功能酶（缩写为 CAD）；而反应的后 2 个酶：OPRT 和 OMPD 也是位于同一多肽链的多功能酶，这种方式有利于中间产物以均匀的速度参与嘧啶核苷酸的合成，也便于调节。

2. CTP 和 dTMP 的合成 UMP 通过尿苷酸激酶和二磷酸核苷激酶的连续作用，生成三磷酸尿苷（UTP），并在 CTP 合成酶催化下，消耗 1 分子 ATP，从谷氨酰胺接受氨基而成为三磷酸胞苷（CTP）。dTMP 是由脱氧尿嘧啶核苷酸（dUMP）经甲基化而生成的（图 8－10）。

（二）嘧啶核苷酸从头合成的调节

嘧啶核苷酸从头合成的调节主要是通过产物对关键酶的负反馈调节来实现的。其一是 UMP 对 CPS－Ⅱ的抑制作用；其二是 CTP 和 UMP 对 ATCase 的抑制作用；其三是各种嘧啶

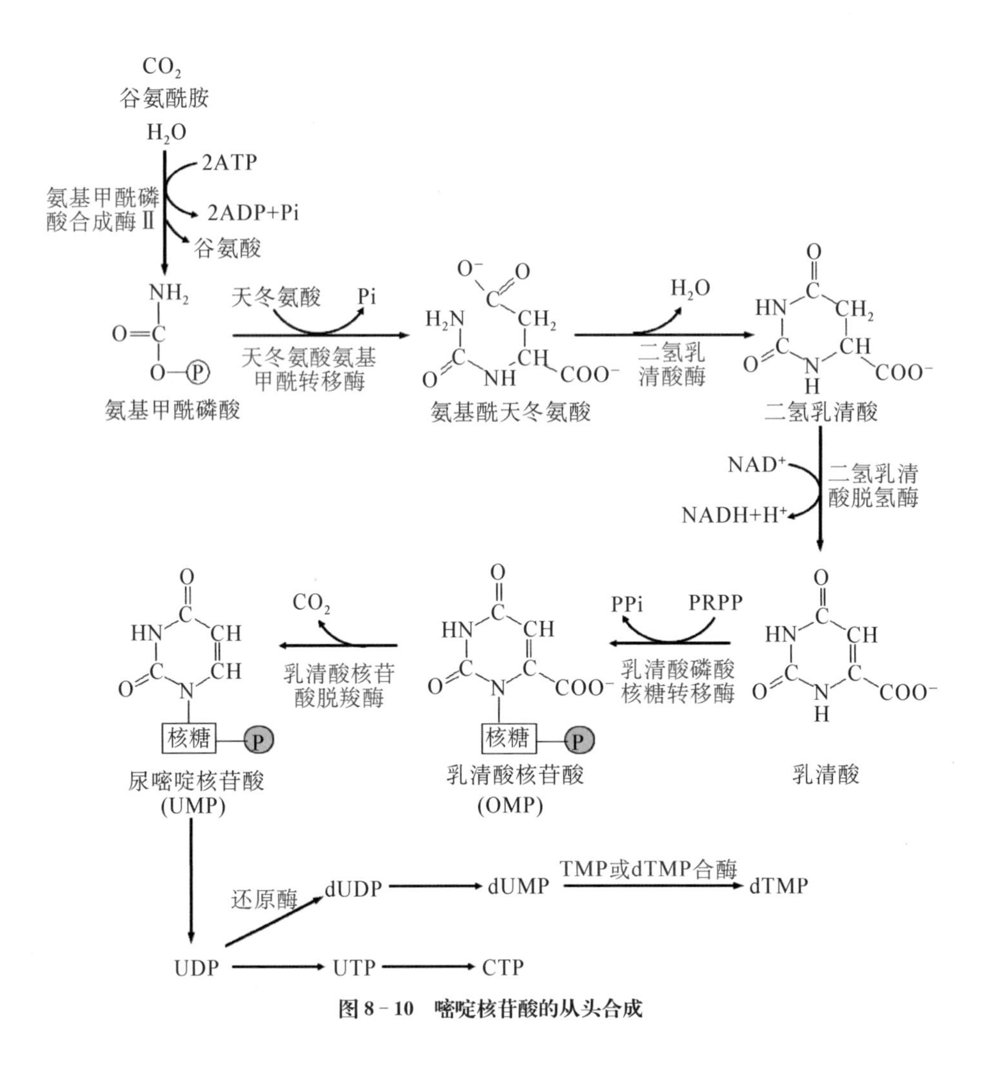

图 8－10　嘧啶核苷酸的从头合成

核苷酸和嘌呤核苷酸对 PRPPK 的抑制作用。此外 UMP 对 OMPD 也有反馈作用，OMP 的生成还受 PRPP 的影响，CTP 反馈抑制 CTP 合成酶。在细菌中，ATCase 是嘧啶核苷酸从头合成的主要调节酶，而在哺乳类动物细胞中，嘧啶核苷酸合成的调节酶则主要是 CPS－Ⅱ，ATP 和 PRPP 为其激活剂。

此外，哺乳类动物细胞中 UMP 合成起始和终末的两种多功能酶还受底物的去阻遏（激活）调节。如 ATP 可激活 CPS－Ⅱ基因表达、PRPP 能激活 OPRT 基因表达，它们均可促进嘧啶核苷酸的合成。

同位素掺入实验表明，嘧啶与嘌呤的合成有着协调控制关系，两者的合成速度通常是平行的。由于 PRPP 合成酶是嘧啶与嘌呤两类核苷酸合成过程中共同需要的酶，所以它可同时接受嘧啶核苷酸及嘌呤核苷酸的反馈抑制。

嘧啶核苷酸合成的调节部位见图 8－11。

（三）嘧啶核苷酸的补救合成途径

嘧啶核苷酸的补救合成途径与嘌呤核苷酸类似，也有两种方式。

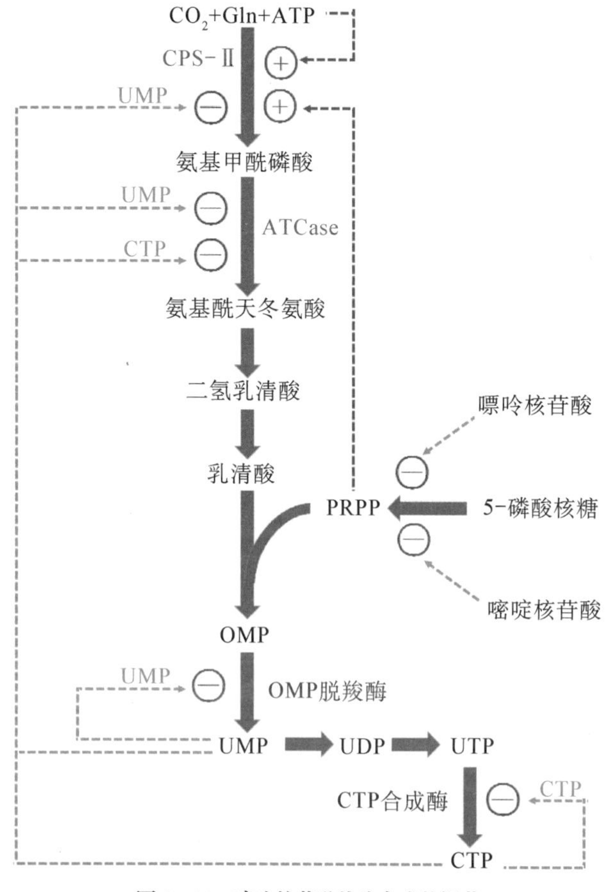

图 8-11　嘧啶核苷酸从头合成的调节

一种是利用尿嘧啶、胸腺嘧啶及乳清酸作为底物，在嘧啶磷酸核糖转移酶的催化下，与PRPP 生成相应的嘧啶核苷酸，但对胞嘧啶不起作用。反应式如下：

$$\text{嘧啶} + \text{PRPP} \xrightarrow{\text{嘧啶磷酸核糖转移酶}} \text{嘧啶核苷酸} + \text{PPi}$$

另一种方式是各种嘧啶核苷在相应的核苷激酶催化下，与 ATP 作用生成嘧啶核苷酸和ADP。如胸苷激酶(thymidine kinase)催化脱氧胸苷生成 dTMP，反应式如下：

$$\text{脱氧胸腺嘧啶核苷} + \text{ATP} \xrightarrow{\text{胸苷激酶}} \text{dTMP} + \text{ADP}$$

胸苷激酶在正常肝中活性很低，再生肝中活性很高；在恶性肿瘤中也明显升高，并与肿瘤的恶性程度有关。

二、嘧啶核苷酸的分解代谢

嘧啶核苷酸首先通过核苷酸酶及核苷磷酸化酶的作用，除去磷酸及核糖，产生的嘧啶碱再进一步分解。胞嘧啶脱氨基转变成尿嘧啶。尿嘧啶还原成二氢尿嘧啶，并水解开环，最终

生成 NH_3、CO_2 及 β-丙氨酸(β-alanine)。胸腺嘧啶降解成 β-氨基异丁酸(β-aminoisobutyric acid)(图 8-12),其可直接随尿排出或进一步分解。食入含 DNA 丰富的食物、经放射治疗或化学治疗的癌症患者,因细胞及核酸破裂,嘧啶核苷酸分解增加,导致尿中 β-氨基异丁酸排出量增多。与嘌呤碱分解产生的尿酸不同,嘧啶碱的降解产物均易溶于水。嘧啶碱的降解代谢主要在肝进行。

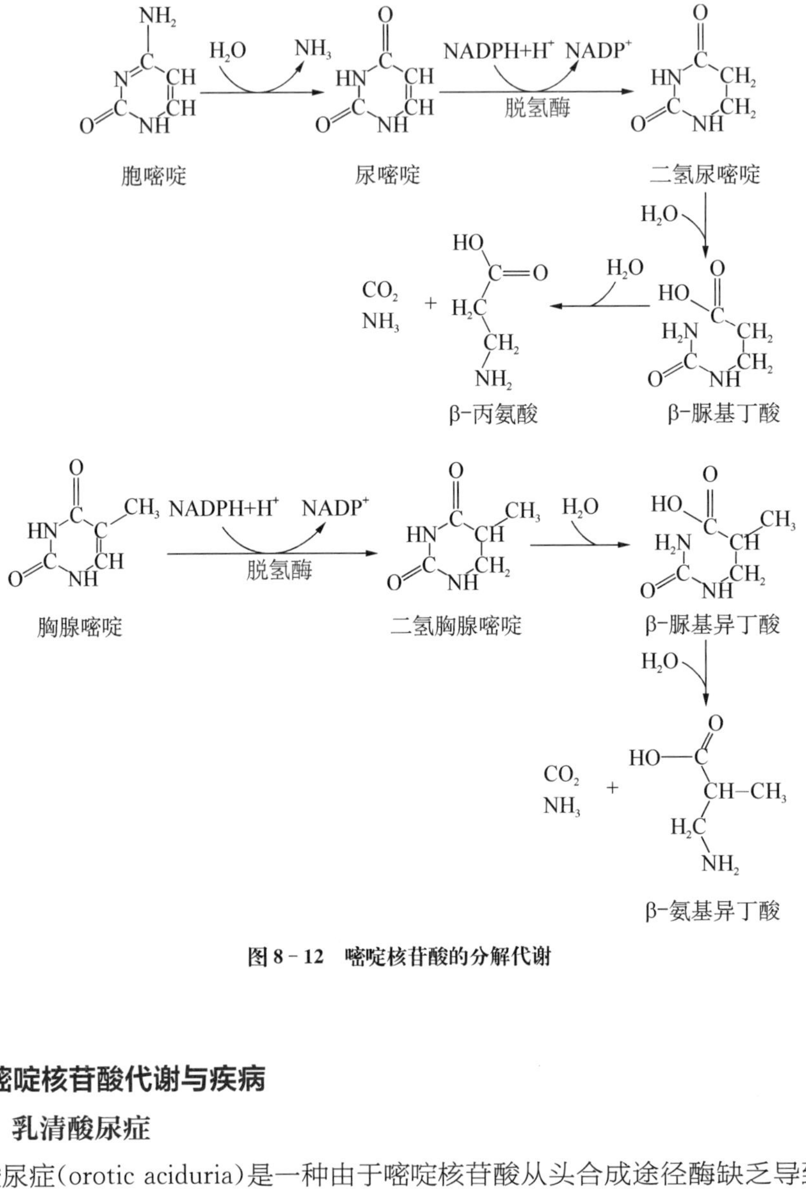

图 8-12 嘧啶核苷酸的分解代谢

三、嘧啶核苷酸代谢与疾病

(一)乳清酸尿症

乳清酸尿症(orotic aciduria)是一种由于嘧啶核苷酸从头合成途径酶缺乏导致的原发性遗传病。该病有两种类型:Ⅰ型乳清酸尿症是缺乏 OPRT 和 OMPD,导致乳清酸代谢障碍,嘧啶核苷酸合成减少,RNA 和 DNA 合成均不足,血中乳清酸堆积,尿中排出大量乳清酸,患者表现为发育生长迟缓和严重的巨幼红细胞贫血。Ⅱ型乳清酸尿症仅缺乏 OMPD,症状较轻。

临床上用尿苷和胞苷进行治疗。在核苷激酶的催化下，通过补救合成尿嘧啶核苷酸和胞嘧啶核苷酸，进而反馈抑制乳清酸的合成以达到治疗目的。

（二）抗嘧啶核苷酸代谢的药物

抗嘧啶核苷酸代谢的药物也是一些嘧啶、氨基酸或叶酸等的类似物。它们对代谢的影响及抗肿瘤作用与抗嘌呤核苷酸代谢物相似。

嘧啶类似物主要有 5－氟尿嘧啶（5-fluorouracil，5－FU），它的结构与胸腺嘧啶相似（图8－13）。5－FU 本身并无生物学活性，必须在体内转变成一磷酸脱氧核糖氟尿嘧啶核苷（FdUMP）及三磷酸氟尿嘧啶核苷（FUTP）后，才能发挥作用。FdUMP 是胸苷酸合酶的抑制剂，使 dTMP 合成受到阻断。FUTP 可以 FUMP 的形式掺入 RNA 分子，异常核苷酸的掺入破坏了 RNA 的结构与功能。

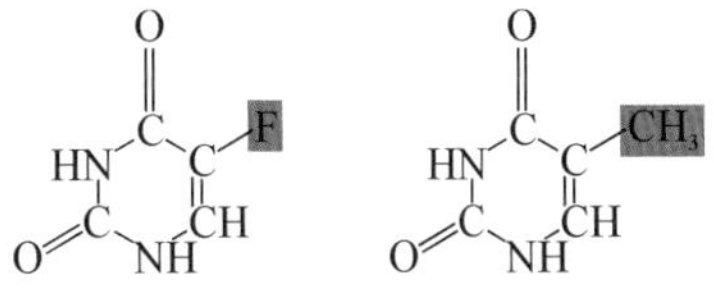

5－氟尿嘧啶　　胸腺嘧啶

图 8－13　5－氟尿嘧啶与胸腺嘧啶

阿糖胞苷（cytarabine）和环胞苷（cyclocytidine）是改变了核糖结构的嘧啶核苷类似物。阿糖胞苷能抑制 CDP 还原成 dCDP，也能影响 DNA 的合成，是重要的抗肿瘤药物。

氨基酸类似物、叶酸类似物已在嘌呤抗代谢物中介绍。如由于氮杂丝氨酸类似谷氨酰胺，可以抑制 CTP 的生成；甲氨蝶呤干扰叶酸代谢，使 dUMP 不能利用一碳单位甲基化而生成 dTMP，进而影响 DNA 合成。

（魏湲颜）

参考文献

[1] 贾弘禔，冯作化，屈伸等. 生物化学与分子生物学. 2 版. 北京：人民卫生出版社，2010.
[2] Nelson DL，Cox MM. Lehninger Principles of Biochemistry. 5th ed. New York：W. H. Freeman and company，2008.
[3] Ferrier DR. Biochemistry. 6th ed. Philadelphia：Lippincott Williams & Wilkins，2013.

第九章　DNA 的生物合成

DNA 可以稳定地储存遗传信息，并且忠实地将遗传信息传递给下一代。本章讨论的 DNA 生物合成主要包括 DNA 指导的 DNA 合成(即 DNA 复制)、DNA 修复合成(DNA 损伤修复)以及 RNA 指导的 DNA 合成(即逆转录)等。

DNA 指导的 DNA 合成又称为 DNA 复制(replication)，是指以亲代 DNA 作为模板，按照碱基配对原则合成子代 DNA 分子。碱基配对规律和 DNA 双螺旋结构是复制的分子基础，而复制过程中的各种酶和蛋白质因子是 DNA 复制能够迅速且准确完成的保证。遗传信息之所以可以忠实地传递到子代，是因为体内还存在酶促修复系统以校正 DNA 复制中可能出现的错误。除此之外，细胞还存在庞大的 DNA 损伤修复系统。

第一节　DNA 复制的基本规律

一、DNA 的半保留复制(semiconservative replication)

DNA 复制时，母链 DNA 解开为两股单链，每股单链都可以各自作为模板(template)按碱基配对规律，合成与模板互补的子链，从而产生两个新的 DNA 分子。复制出的子代双链 DNA 有 3 种可能情况，即全保留式、半保留式或混合式(图 9-1)。

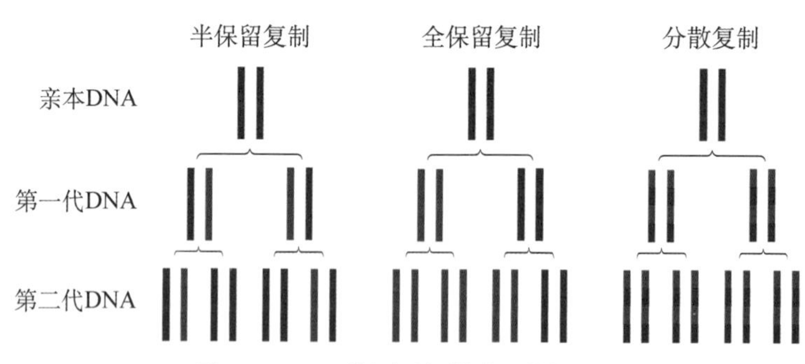

图 9-1　DNA 进行复制可能的 3 种方式

1958 年，M. Meselson 和 F. W. Stahl 利用细菌能够以 NH_4Cl 为氮源合成 DNA 的特性，首先将细菌放在含 $^{15}NH_4Cl$ 的培养液中培养若干代，使细菌 DNA 全部含 ^{15}N 的“重” DNA，再将培养液换为 $^{14}NH_4Cl$，新合成的 DNA 则有 ^{14}N 的参入。提取不同培养代数的细菌 DNA 做密度梯度离心分析，因 ^{15}N - DNA 和 ^{14}N - DNA 的密度不同，因此形成不同的致密带。结果显示第0代细菌只含有^{15}N-DNA，是一条高密度带；转入$^{14}NH_4Cl$培养基培养1代时得到一条中密度带，提示其为^{15}N-DNA链与^{14}N-DNA链的杂交分子(这就排除了全保留复制的可能)；在第2代时可见中密度和低密度两条带(这就排除了混合式复制的可能)，表明它们分别为^{15}N-DNA链/^{14}N-DNA链、^{14}N-DNA链/^{14}N-DNA链组成的分子(图9-2)。随着在轻培养基中培养代数的增加，低密度带增强，而中密度带保持不变。这一实验结果验证了半保留复制方式。

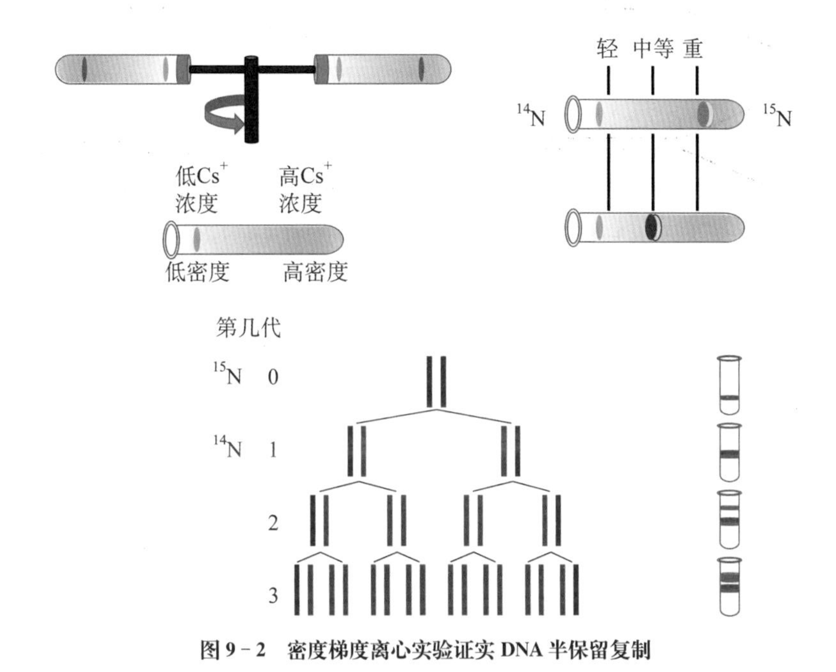

图9-2　密度梯度离心实验证实DNA半保留复制

半保留复制对物种的延续性有重大意义。由于DNA复制遵循碱基互补的原则，按半保留复制的方式，子代可以准确保留亲代DNA的全部遗传信息，体现在代与代之间DNA碱基序列的一致性上。遗传信息准确地从亲代传递到子代是物种稳定性的分子基础，但并不意味着同一物种个体之间没有区别。在强调遗传恒定性的同时，不应忽视其变异性。例如除了同卵双胎之外，两个个体之间不可能有完全相同的DNA碱基序列。

二、DNA的半不连续复制

DNA双螺旋的两股单链是反向平行的。当DNA复制时，解链形成复制叉上的两股母链呈相反走向，一条链为5′→3′方向，其互补链是3′→5′方向。那么DNA复制方式有3种可能：第1种可能是新合成的子链都是连续合成，其中一条子链从5′→3′合成，另一条从3′→5′合成；第2种可能是新合成的子链都是从5′→3′合成，其中一条以连续的方式合成，而另一条以不连续的方式合成；第3种方式是新合成的子链都是从5′→3′合成，均以不连续的方式合成。从效率来说，最好的是第1种方式，但至今为止自然界没有发现可以从3′→5′合成的DNA复制酶，所以DNA合成只能是第2种或第3种方式，自然界选择了效率更高的第2种半不连续的方式合成DNA(图9-3)。

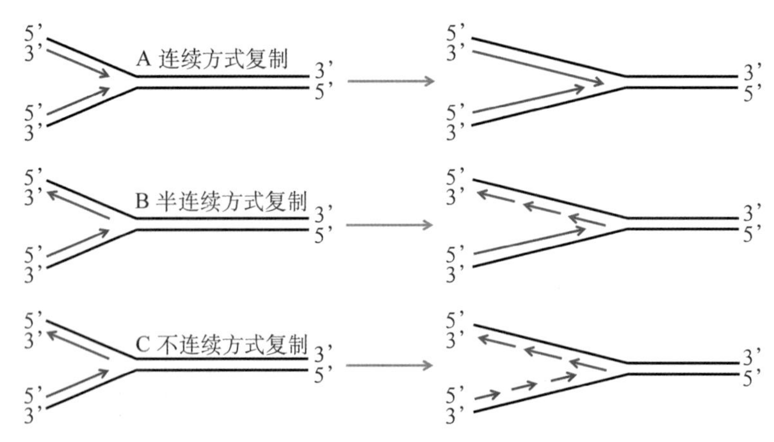

图9-3 复制时DNA链延伸方式可能有3种方式

DNA复制时，首先会将母链的双螺旋解开，顺着解链方向生成的子链，复制是连续进行的，这股链称为前导链(leading strand)。因为另一股链复制的方向与解链方向相反，在延长过程中不能沿解链方向连续合成，所以需要等待解链释放出足够长度的模板，才能合成一段DNA子链，并且不停重复此过程，这股不连续复制的链称为后随链(lagging strand)。前导链连续复制而后随链不连续复制，这种DNA复制方式称为半不连续复制。在引物生成和子链延长上，后随链都比前导链迟一些，因此两条互补链的合成是不对称的。

1968年日本科学家冈崎用电子显微镜及放射自显影技术观察到这种半不连续复制现象，因而不连续片段被命名为冈崎片段(Okazaki fragment)。已合成的不连续片段，经去除引物并填补引物留下的空隙，连成完整的DNA链。

三、DNA的双向复制

DNA复制时通常从一个复制起始点(origin)向两个方向解链，形成两个延伸方向相反的复制叉(replication fork)，称为双向复制。

复制叉指的是DNA双链解开分成两股，各自作为模板，子链沿模板延长所形成的"Y"形结构。

复制子(replicon)是含有一个复制起始点的独立完成复制的功能单位，每个起始点产生两个移动方向相反的复制叉，复制完成时，复制叉相遇并汇合连接。从一个DNA复制起始点起始的DNA复制区域称为复制子(图9-4)。原核生物多为环形DNA，只有一个复制起始点和一个复制终止点，整个环形DNA为一个复制子。真核生物基因组庞大而复杂，由多个染色体组成，全部染色体均需复制，每个染色体又有多个起始点，是多复制子的复制。

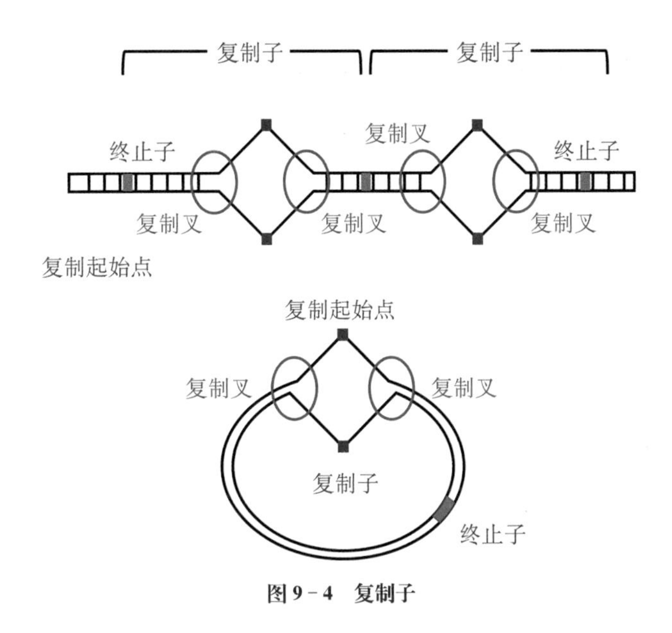

图9-4 复制子

第二节 原核生物DNA复制

DNA复制是在酶催化下的核苷酸聚合过程,解开成单链的DNA母链作为模板,遵照碱基互补规律指引合成子链,反应底物为dATP、dGTP、dCTP和dTTP,总称dNTP(N代表4种碱基的任一种)。由于新链的延长只可沿5′→3′方向进行,新添加底物的5′-P是加合到延长中的子链(或引物)3′-OH基上生成磷酸二酯键。复制的基本化学反应可简示为:$(dNMP)_n + dNTP \rightarrow (dNMP)_{n+1} + PPi$。

原核生物染色体DNA和质粒等都是环状闭合的DNA分子,相对真核生物来说复制的过程更简单,现以大肠埃希菌DNA复制为例介绍原核生物DNA复制的过程和特点。

一、原核生物复制的起始

起始是复制中较复杂的环节,包含了母链DNA解链形成复制叉,进而形成引发体及合成引物。

(一)DNA解链

复制的起始通常是有固定的复制起始点,大肠埃希菌上有一个固定的复制起始点,称为oriC。oriC跨度为245 bp,碱基序列分析发现这段DNA上有3组串联重复序列和2对反向重复序列(图9-5)。上游的串联重复序列以A、T为主,称为富含AT区;下游的反向重复序列称为识别区。DNA双链中,AT配对多的部位容易解链,因为AT配对只有2个氢键维系,而GC配对有3个氢键。

猿猴空泡病毒40(simian vacuolating virus 40, SV40)是迄今为止研究得最为详尽的乳

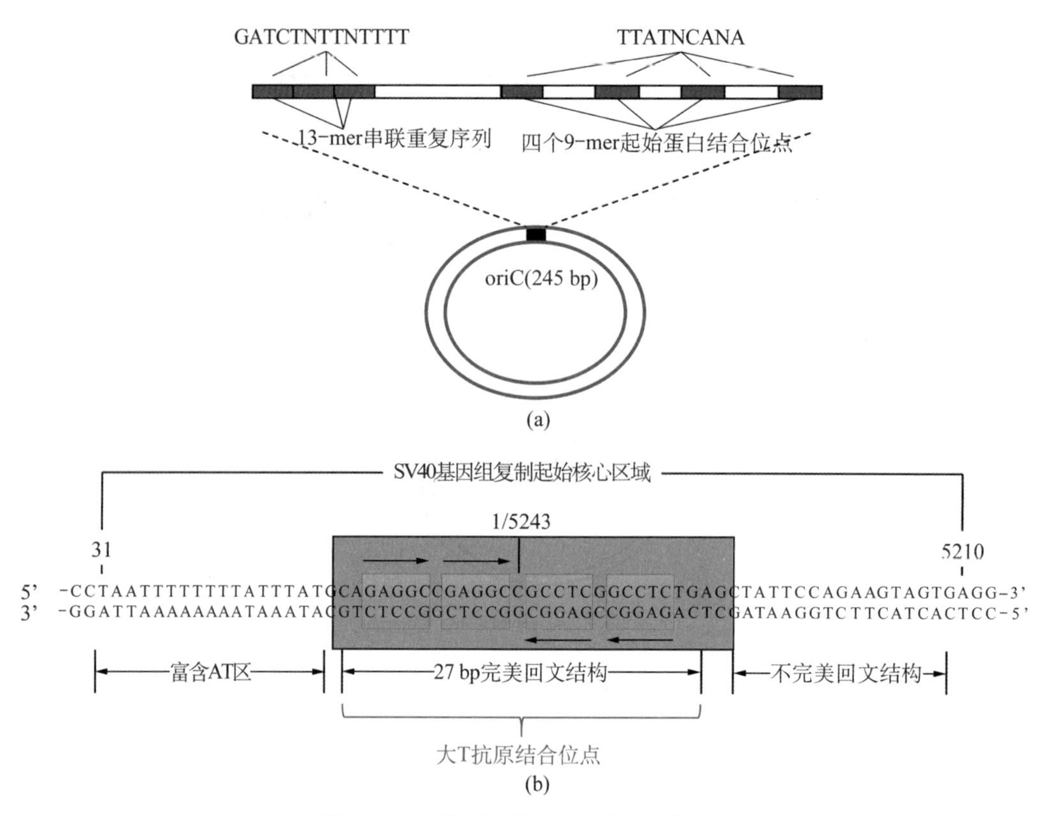

图 9-5　复制起始点特征(a)大肠埃希菌;(b)SV40

多空病毒(papova virus)之一。SV40 的基因组是一种环形双链的 DNA,其复制起始点也同样具有两组反向回文序列,以及富含 AT 区。

复制起始时,需多种酶和辅助的蛋白质因子,共同解开、理顺 DNA 链,并维持 DNA 分子在一段时间内处于单链状态(表 9-1)。

表 9-1　原核生物复制起始的相关蛋白质

蛋白质(基因)	通用名	功能
DnaA(*dnaA*)		识别复制起始点
DnaB(*dnaB*)	解旋酶	解开 DNA 双链
DnaC(*dnaC*)		运送和协同 DnaB 结合到起始点
DnaG(*dnaG*)	引物酶	催化 RNA 引物生成
SSB	单链结合蛋白	稳定已解开的单链 DNA
拓扑异构酶Ⅱ	促旋酶	解开 DNA 超螺旋

大肠埃希菌 DNA 复制起始的解链是由 DnaA、DnaB、DnaC 共同参与的。复制起始时,DnaA 辨认并结合于串联重复序列(AT 区)上。然后,几个 DnaA 互相靠近,形成 DNA 蛋白质复合体,可促使 AT 区的 DNA 进行解链。DnaB 为解旋酶(helicase),利用 ATP 供能解开 DNA 双链(图 9-6a)。在 DnaC 的协同下,DnaB 结合并沿解链的方向移动,使双链解开足够用于复制的长度,并且逐步置换出 DnaA。此时,复制叉初步形成,单链结合蛋白(SSB)也结合到解开的单链上,在一定时间内使复制叉保持适当的长度,有利于核苷酸依据模板参入

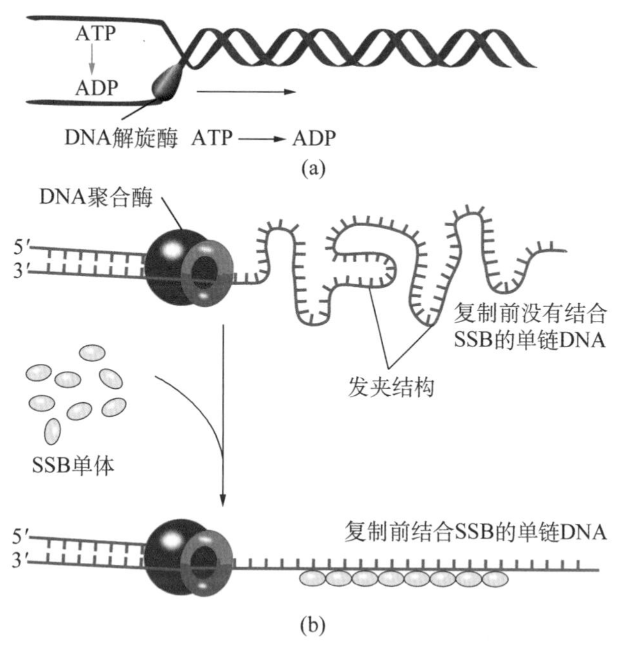

图9-6 多种蛋白和酶参与DNA解链和稳定单链

(a)解旋酶;(b)单链结合蛋白

(图9-6b)。

解链是一种高速的反向旋转,其下游势必发生打结现象。此时由DNA拓扑异构酶(DNA topoisomerase),可能主要是Ⅱ型酶作用,在将要打结或已打结处作切口,下游的DNA穿越切口并作一定程度旋转,把结打开或解松,然后旋转复位连结。这样解链就不会因打结的阻绊而继续下去。即使不出现打结现象,双链的局部打开,也会导致DNA超螺旋的其他部分过度拧转,形成正超螺旋(图9-7)。

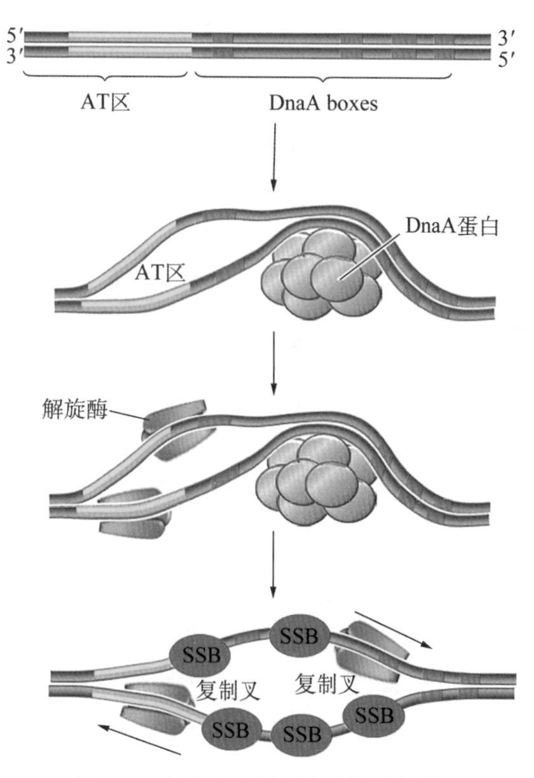

图9-7 大肠埃希菌复制起始部位的解链

DNA双螺旋沿轴旋绕,复制解链也沿同一轴反向旋转,高速复制导致旋转达100次/s,造成DNA分子打结、缠绕、连环现象。闭环DNA按一定方向扭转会形成超螺旋,如同一橡皮圈沿相同方向拧转。通常DNA分子的拧转是适度的,而盘绕过分称为正超螺旋,盘绕不足为负超螺旋。复制时,部分DNA要呈松弛状态,就好像已拧转的橡皮圈中打开中间一段就会引起其余部分过度拧紧而变为正超螺旋。复制中的DNA分子也会遇到这种正、负超螺旋及局部松弛等过渡状态。上述这些，均需拓扑异构酶作用，以改变DNA分子的拓扑构象，理顺DNA链来配合复制进程。

拓扑异构酶对DNA分子的作用是既能水解，又能形成磷酸二酯键。拓扑酶异构Ⅰ的催化反应不需ATP，它可以切断DNA双链中的一股，使DNA解链旋转中不致打结，适当时候又把切口封闭，使DNA变为松弛状态。拓扑异构酶Ⅱ在无ATP时，切断处于正超螺旋状态的DNA分子双链某一部位，断端通过切口使超螺旋松弛；在利用ATP供能情况下，松弛状态的DNA又进入负超螺旋状态，断端在同一酶催化下连接恢复。这些作用均使复制中的DNA能解结、连环或解连环，达到适度盘绕。此外，母链DNA与新合成链也会互相缠绕，形成打结或连环，也需拓扑异构酶Ⅱ的作用。

DNA拓扑异构酶（图9-8）广泛存在于原核及真核生物，分为Ⅰ型和Ⅱ型两种，最近还发现了拓扑异构酶Ⅲ。原核生物拓扑异构酶Ⅱ又叫促旋酶（gyrase），真核生物的拓扑异构酶Ⅱ还可分为几种亚型。拓扑异构酶通过切断、旋转和再连结的作用，把正超螺旋变为负超螺旋，实验证明负超螺旋比正超螺旋有更好的模板作用，这可能是因为扭得不那么紧的超螺旋比过度扭紧的更容易解开成单链。

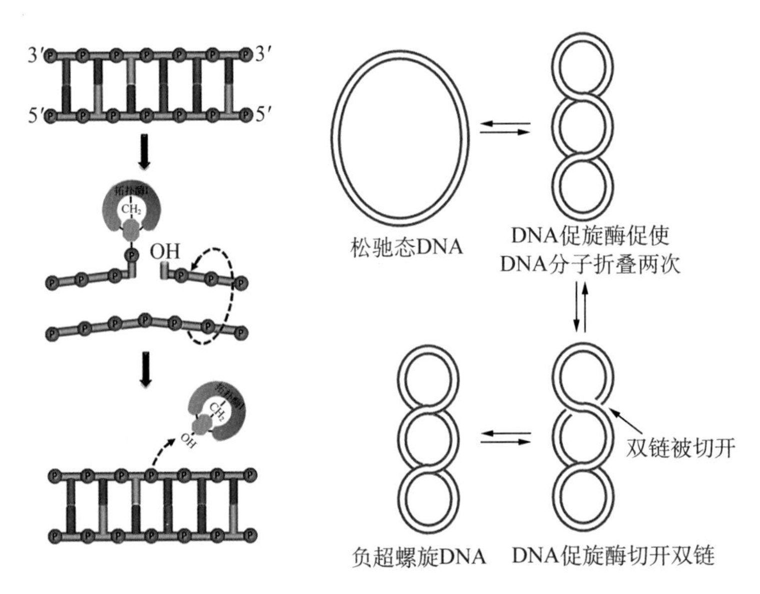

图9-8 DNA拓扑异构酶

（二）引发体和引物

由于已经发现的DNA复制酶都不能从头合成，即不具备催化两个游离dNTP之间形成磷酸二酯键的能力，只能催化核酸片段3′-OH末端与dNTP之间的聚合，所以复制过程需要引物（primer）。引物是由引物酶催化合成的短链RNA分子。当在DNA复制起始点已经完成解链，此时引物酶进入，形成含有解旋酶（DnaB）、DnaC、引物酶（即DnaG）和DNA的起始复制区域的复合结构，称为引发体。

引发体的蛋白质组分在DNA链上移动，需由ATP供给能量。在适当位置上，引物酶依据模板的碱基序列，从5′→3′方向催化NTP(不是dNTP)的聚合，生成短链的RNA引物。引物长度约为十几个至几十个核苷酸不等。引物合成的方向也是自5′→3′，已合成的引物必然留有3′-OH末端，为DNA复制酶提供3′-OH，新链每次反应后亦留有3′-OH，复制就可进行下去。

二、原核生物复制的延长

复制的延长是在DNA聚合酶催化下完成的，遵照碱基互补原则，以解开的母链为模板，dNTP逐个加入引物或延长中的子链上，其化学本质是磷酸二酯键的不断生成。

DNA聚合酶全称是依赖DNA的DNA聚合酶(DNA-dependent DNA polymerase，DNA pol)。大肠埃希菌有5种DNA pol，都有5′→3′延长脱氧核苷酸链的聚合酶活性，其中主要的3种DNA pol的特点见表9-2。DNA pol Ⅳ和DNA pol Ⅴ于1999年被鉴定，主要参与非常规的DNA修复。

表9-2 原核生物的DNA pol

	DNA pol Ⅰ	DNA pol Ⅱ	DNA pol Ⅲ
组成亚基种类数	1	7	≥10
分子数/细胞	400	?	20
3′→5′核酸外切酶活性	有	有	有
5′→3′核酸外切酶活性	有	无	无
聚合速率(核苷酸/秒)	10～20	40	250～1 000

DNA pol Ⅲ的比活性远高于pol Ⅰ，每分钟可催化多至10^5次聚合反应。DNA pol Ⅲ是原核生物复制延长中真正起催化作用的酶，而DNA pol Ⅰ的主要功能是对复制中的错误进行校对，对复制和修复中的空隙进行填补。DNA pol Ⅰ可被水解为2个片段，小片段共323个氨基酸残基，有5′→3′核酸外切酶活性；大片段共604个氨基酸残基，又称Klenow片段，具有DNA聚合酶活性和3′→5′核酸外切酶活性，常用于实验室合成DNA和标记探针等。DNA pol Ⅱ对模板的特异性不高，即使在已发生损伤的DNA模板上，也能催化核苷酸聚合，它主要参与DNA损伤的应急修复。

DNA pol Ⅲ是由10种亚基组成的不对称异源二聚体(图9-9)。α、ε、θ组成核心酶，兼有5′→3′聚合酶活性和3′→5′外切酶活性。ε亚基为复制保真性所必需(图9-10)。两边的β亚基像一个夹子使核心酶固定在模板链，并使酶沿模板滑动。其余的亚基统称γ-复合物，有促进全酶组装至模板上及增强核心酶活性的作用。

原核生物催化延长反应的酶是DNA pol Ⅲ，分别催化前导链和后随链延长。底物dNTP的α-磷酸与引物或延长中的子链上3′-OH反应后，dNMP的3′-OH又成为链的末端，使下一个底物可以参入。复制沿5′→3′延长，指的是子链合成的方向，不论前导链还是后随链的子链均沿着5′→3′方向延长。

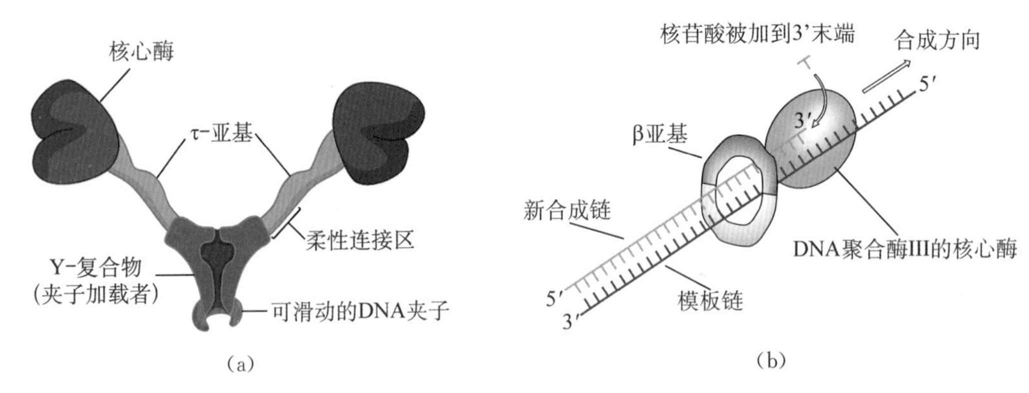

图 9-9 (a)大肠埃希菌 DNA pol Ⅲ全酶分子结构;(b)DNA pol Ⅲ结合在 DNA 上

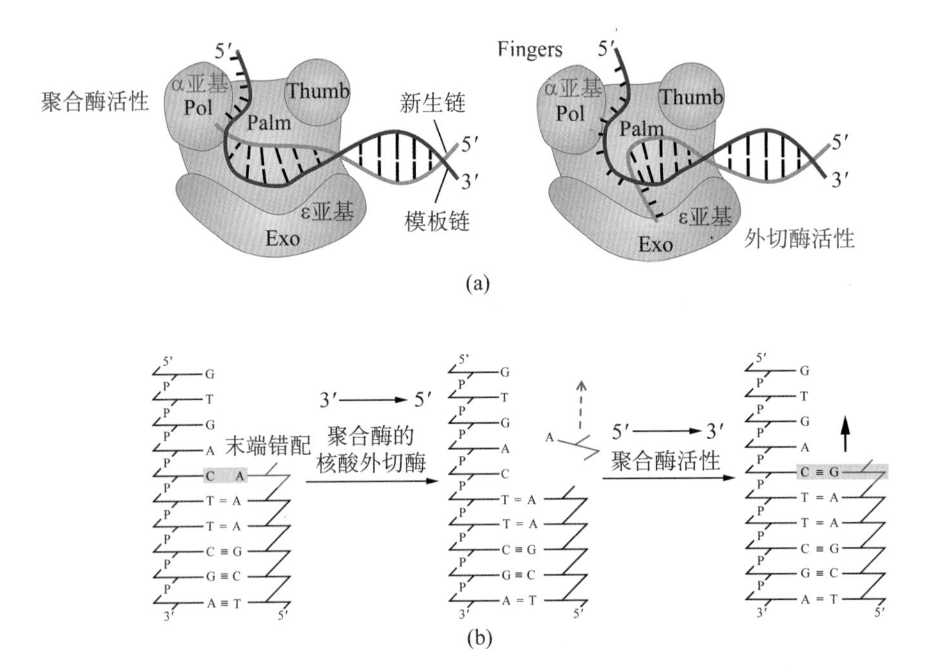

图 9-10 (a)DNA pol Ⅲ校对时分子结构变化;(b)校对时发生的化学反应

在同一个复制叉上,前导链的复制先于后随链,但两链的 DNA pol Ⅲ均是沿着母链解链的方向移动。这是因为后随链的模板 DNA 可以折叠或绕成环状,由于后随链做 360°的绕转,前导链和后随链的生长点都处在 DNA pol Ⅲ核心酶的催化位点上(图 9-11)。解链方向就是酶的前进方向,亦即复制叉从已解开向待解开片段伸展的方向。复制叉上解开的模板单链走向相反,后随链出现不连续复制的冈崎片段。

前导链的延长是连续的,而后随链在延长的过程中产生了许多冈崎片段。每个冈崎片段上的引物是 RNA 而不是 DNA。要完成后随链的合成还必须去除 RNA 引物并填补引物留下空隙,最后把 DNA 片段连接成完整的子链(图 9-12)。此过程由 DNA pol Ⅰ和 DNA 连接酶完成。DNA pol Ⅰ具有的 5′→3′核酸外切酶活性去除掉 5′-端的 RNA 引物,并利用相邻冈崎片段的 3′-OH 继续合成 DNA 填补 RNA 引物切除后的空缺,延伸到一定长度后还是留

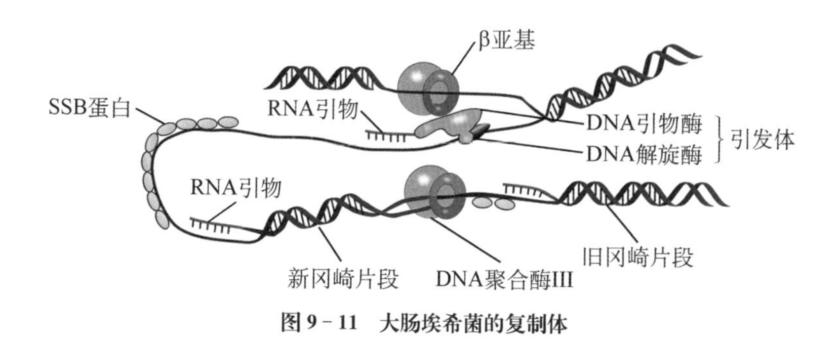

图 9-11 大肠埃希菌的复制体

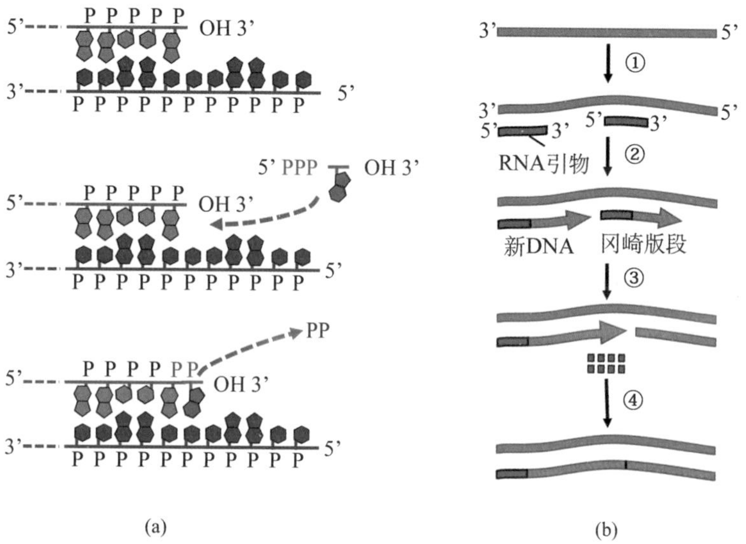

(a)

(b)

① 根据DNA合成RNA引物；
② DNA聚合酶III在RNA 引物末端延长新的DNA；
③ DNA聚合酶I切除临近片段5'的RNA引物，并填补缺口；
④ DNA连接酶连接片段。

图 9-12 (a)前导链的延长；(b)后随链的合成

下相邻的 3′- OH 和 5′- P 的缺口(nick)，最后由 DNA 连接酶完成缺口的连接。按照这种方式，所有的冈崎片段在环状 DNA 上连接成完整的 DNA 子链。前导链也有引物水解后的空隙，在环状 DNA 最后复制的 3′- OH 末端继续延长，即可填补该空隙及连接。

DNA 复制延长速度相当快。以大肠埃希菌为例，营养充足、生长条件适宜时，细菌 20 min 即可繁殖一代。大肠埃希菌基因组 DNA 全长约 3 000 kb，依此计算，每秒钟能参入的核苷酸达 2 500 个。

三、原核生物复制的终止

原核生物基因是环状 DNA，从起始点开始双向复制，同时在终止点上汇合。但也有些生物两个方向复制是不等速的，起始点和终止点不一定把基因组 DNA 分为两个等份。

大肠埃希菌的复制终止点称为 ter 部位，在复制叉汇合点两侧约 100 bp 处各有一个终止区(ter E/D/A 和 ter C/B)，分别来自一个方向的复制叉的特异终止位点(TER site)(图 9-13)。终止点部位被 Tus 识别，Tus 具有反解旋酶(contra-helicase)，阻止 DnaB 的解链作用，从而抑制复制叉前进。Tus 除了使复制叉停止运动外，还可能造成复制体解体。

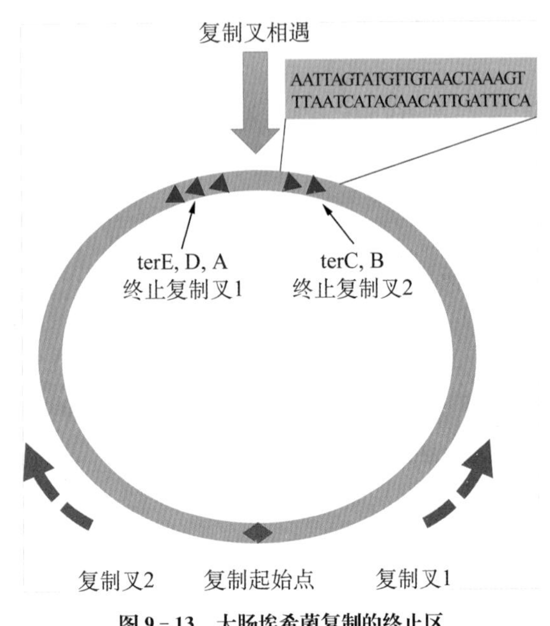

图 9-13　大肠埃希菌复制的终止区

第三节　真核生物 DNA 生物合成过程

真核生物的 DNA 合成过程与原核生物类似，但所涉及的聚合酶的功能各不相同。真核细胞常见的 DNA 聚合酶有 5 种(表 9-3)。

表 9-3　真核生物的 DNA 聚合酶

DNA pol	α	β	γ	δ	ε
分子量(×10^3)	16.5	4.0	14.0	12.5	25.5
5′→3′聚合酶活性	中	?	高	高	高
3′→5′外切酶活性	无	无	有	有	有
功能	起始引发，引物酶活性	低保真度复制	线粒体 DNA 复制	子链延长的主要酶，解旋酶活性	填补空隙，切除修复，重组

复制延长中起催化作用的主要是 DNA pol δ，相当于原核生物的 DNA pol Ⅲ，它还兼具解旋酶的活性。目前仍不能确定高等生物中是否还有独立的解旋酶和引物酶。但是，在病毒感染培养细胞(HeLa/SV40)的复制体系中，发现 SV40 的 T 抗原有解旋酶活性。DNA pol α 虽然催化新链延长的长度有限，但它还能催化 RNA 链的合成，因此认为其兼具引物酶

活性。DNA pol β 复制的保真度低，可能是参与应急修复复制的酶。DNA pol ε 与原核生物的 DNA pol Ⅰ 相类似，在复制中起校对修复和填补引物去除后缺口的作用。DNA pol γ 是线粒体 DNA 复制的酶。

一、真核生物复制的起始

真核生物复制的起始与原核生物基本相似，也是打开双链形成复制叉，形成引发体和合成 RNA 引物，但详细机制尚未完全明了。由于真核生物 DNA 分布在许多染色体上各自进行复制，每个染色体有上千个复制子，复制的起始点很多。真核生物复制起始点比大肠埃希菌的 ori C 短。例如酵母 DNA 复制起始点含 11 bp 富含 AT 的核心序列 A(T)TTTATA(G)TTTA(T)，称为自主复制序列(autonomous replication sequence, ARS)。

真核生物复制的起始需要 DNA pol α 和 pol δ 参与，前者有引物酶活性而后者有解旋酶活性(表 9-3)。此外还需拓扑异构酶和复制因子(replication factor, RF)如 RFA、RFC。RFA 相当于原核生物中的单链结合蛋白(SSB)，激活 DNA 聚合酶，使解旋酶容易结合到 DNA。增殖细胞核抗原(proliferation cell nuclear antigen, PCNA)在复制起始和延长中起关键作用。PCNA 为同源三聚体，具有与大肠埃希菌 DNA 聚合酶Ⅲ的 β 亚基相同的功能和相似的构象，即形成闭合环形的可滑动 DNA 夹子，而 RFC 相当于原核生物中的 γ 复合物，在 RFC 的作用下 PCNA 结合于引物-模板链；并且 PCNA 使 pol δ 获得持续合成的能力(图 9-14)。PCNA 还具有促进核小体生成的作用。PCNA 水平也是检验细胞增殖的重要指标。

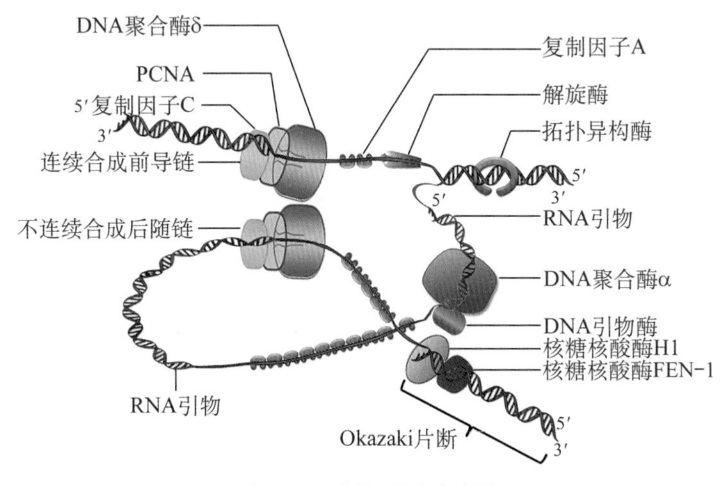

图 9-14 真核生物的复制体

二、真核生物复制的延长

DNA pol δ 和 pol α 分别兼有解旋酶和引物酶活性，前者延长核酸链长度的能力远比后者大，对模板链的亲和力也是 pol δ 较高。在复制叉及引物生成后，DNA pol δ 通过 PCNA

的协同作用,逐步取代 pol α,在 RNA 引物的 3′- OH 基础上连续合成前导链。后随链引物也由 pol α 催化合成,然后由 PCNA 协同,pol δ 置换 pol α,继续合成 DNA 子链(图 9-15)。

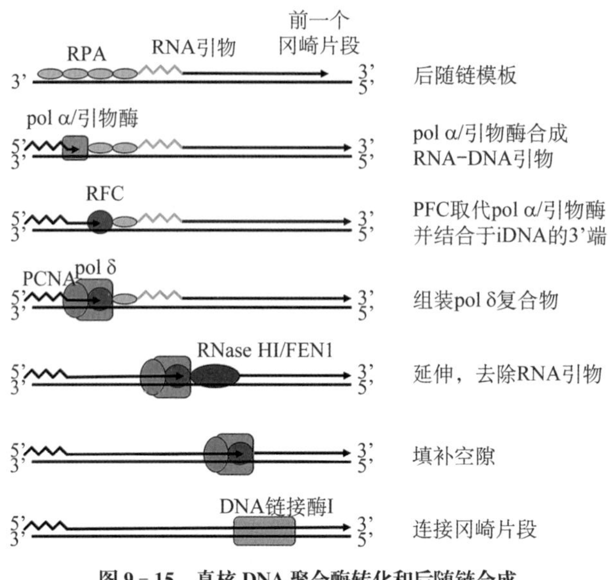

图 9-15 真核 DNA 聚合酶转化和后随链合成

注:iDNA(initiator DNA),起始 DNA

复制子复制完成后,也需除去引物。真核生物有两种机制(图 9-16),都需要 FEN1(flap endonuclease 1)。FEN1 具有核酸内切酶和 5′→3′核酸外切酶活性,可特异去除冈崎片段 5′-端的 RNA 引物。在 Dna2/FEN1 机制中,Dna2 将引物 RNA 和模板 DNA 解链,FEN1 发挥核酸内切酶的活性直接切除 RNA 与 DNA 之间的连接。在 RNase HⅠ/FEN1 机制中,RNase HⅠ是核酸内切酶,参与冈崎片段成熟时切除 5′-端的 RNA 引物,但是其只能切割 RNA 之间的连接,切割后 DNA 链的 5′-端残留一个核糖核苷酸,这个核苷酸再被 FEN1 切除。

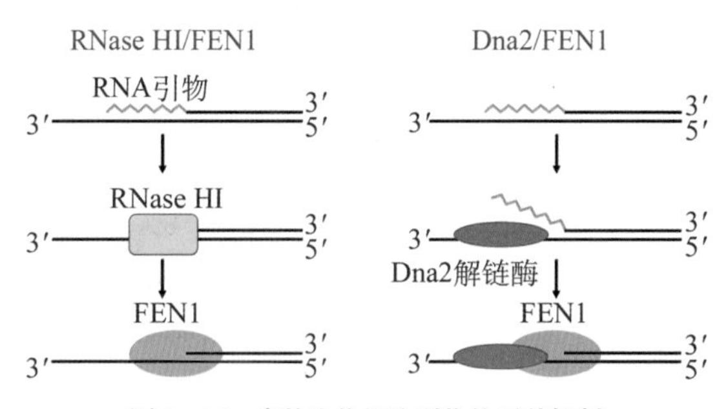

图 9-16 真核生物切除引物的两种机制

真核生物以复制子为单位各自进行复制,所以引物和后随链的冈崎片段都比原核生物的短。实验证明,真核生物的冈崎片段长度大致与一个核小体(nucleosome)所含 DNA 碱基数(135 bp)或其若干倍相等。当后随链的合成到核小体单位的末端时,DNA pol δ 脱落,

DNA pol α 再引发下游引物合成，所以在后随链合成过程中 pol α 与 pol δ 之间的转换频率大，PCNA 在全过程也要多次发挥作用。

真核生物 DNA 合成，就酶的催化速率而言，远比原核生物慢，估算为 50 dNTP/s。但真核生物是多复制子复制，总体速度并不慢。原核生物复制速度与环境（营养）条件有关。真核生物在不同器官组织、不同发育时期和不同生理状况下，复制速度大不一样。

三、真核生物复制的终止以及端粒酶 DNA 的合成

真核生物染色体 DNA 是线性结构。复制中冈崎片段的连接、复制子之间的连接易于理解，因为都可在线性 DNA 的内部完成。染色体两端 DNA 子链上最后复制的 RNA 引物，去除后留下空隙（图 9－17）。剩下的 DNA 单链母链如果不填补成双链，就会被核内 DNase 酶解。某些低等生物作为少数特例，染色体经多次复制会变得越来越短。然而，染色体在正常生理状况下复制，是可以保持其应有长度的。

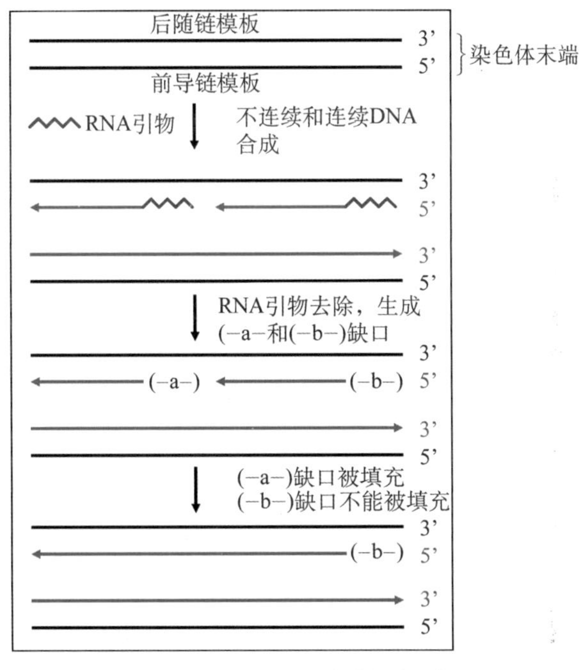

图 9－17　线性 DNA 复制的末端问题

端粒（telomere）是真核生物染色体线性 DNA 分子末端的结构。形态学上，染色体 DNA 末端膨大成粒状，这是因为 DNA 及其结合蛋白紧密结合，像两顶帽子那样盖在染色体两端，因而得名。端粒在维持染色体的稳定性和 DNA 复制的完整性中有着重要的作用。DNA 测序发现端粒结构的共同特点是富含 T－G 短序列的多次重复。例如仓鼠和人类端粒 DNA 都有（Tn Gn）x 的重复序列，重复达数十至上百次，并能反折成二级结构。不同种类细胞的端粒重复单位不同，大多数长 5～8 bp，由这些重复单位组成的端粒，突出于其互补链 12～16 个核苷酸内。人类端粒由 5′－TTAGGG－3′的重复单位构成，长度为 5～15 kb。

20 世纪 80 年代中期发现了端粒酶(telomerase),其兼有提供 RNA 模板和催化逆转录的功能,是由一条 RNA 和多种蛋白质构成的核糖核蛋白复合体,蛋白质部分有逆转录酶活性,能以自身携带的 RNA 为模板逆转录合成端粒 DNA。1997 年,人类端粒酶基因被克隆成功并鉴定了酶由 3 部分组成:人端粒酶 RNA(human telomerase RNA, hTR,约 150 nt)、人端粒酶协同蛋白 1(human telomerase associated protein 1, hTP1)和端粒酶逆转录酶(human telomerase reverse transcriptase, hTRT)。

线性 DNA 复制终止时,染色体端粒区域的 DNA 确有可能缩短或断裂。端粒酶通过一种称为爬行模型(inchworm model)(图 9-18)的机制维持染色体的完整。端粒酶辨认、结合母链 3′-末端,以自身 RNA 的 AAUCCC 序列为模板,以逆转录方式在母链 3′- OH 末端加 TTAGGG。复制一段后,端粒酶爬行移位至新合成的母链 3′-末端,再以逆转录的方式复制延伸母链(爬行模型);延伸至足够长度后,端粒酶脱离母链,随后 RNA 引物酶以母链为模板合成引物,招募 DNA pol,以母链为模板,在 DNA pol 催化下填充子链,最后引物被去除。端粒酶通过爬行模型的机制维持染色体的完整。

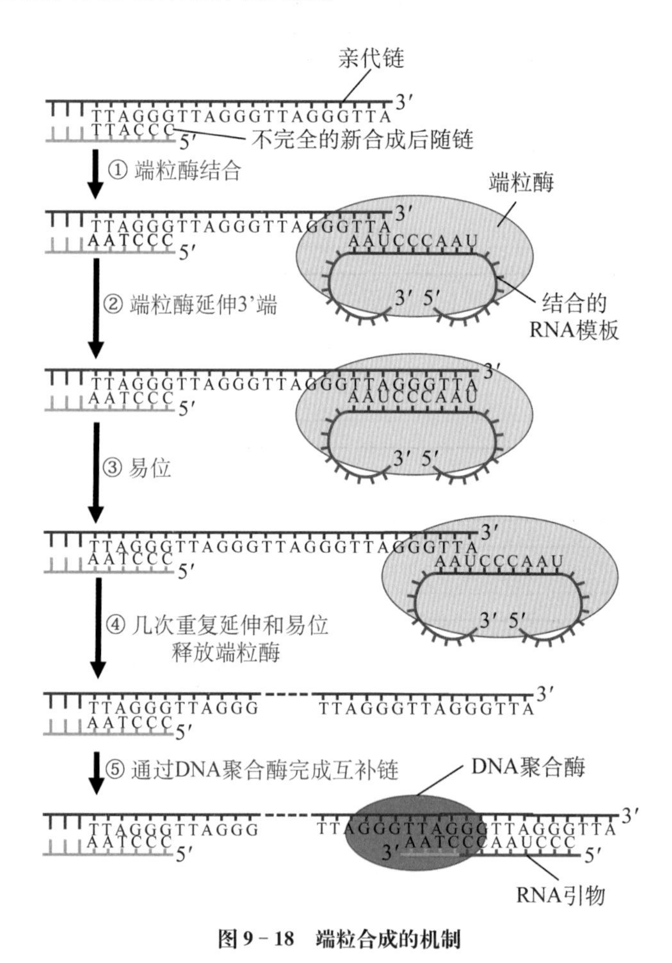

图 9-18 端粒合成的机制

研究发现,培养的人成纤维细胞随着体外传代次数增加,端粒长度逐渐缩短。生殖细胞端粒长于体细胞，成年人细胞端粒比胚胎细胞端粒短。据此至少可以推论在细胞水平，老化是与端粒酶活性下降有关的。

在正常哺乳动物的体细胞中检测不到端粒酶的活性，但在胚胎细胞、生殖细胞以及某些增殖旺盛的细胞中存在较弱的活性。在绝大多数恶性肿瘤细胞中均能检测到明显的端粒酶活性，而良性肿瘤中检测不到。有报道称肿瘤的分化程度与端粒酶活性相关，而肿瘤的组织类型和临床分期与端粒酶活性无明显相关性。端粒酶活性的调节机制错综复杂，且说法不一。胚胎早期端粒酶的活性随着胚胎的发育而逐渐消失（生殖细胞例外），而细胞获得不死性及肿瘤的发生又与端粒酶的再次激活密切相关，其机制目前还不清楚。在临床研究中也发现某些肿瘤细胞的端粒比正常同类细胞显著缩短。可见，端粒酶活性不一定与端粒的长度成正比。端粒和端粒酶的研究，已成为肿瘤学发病机制、寻找治疗靶点重要领域。

四、真核生物复制的调控机制

真核细胞周期有 G1、S、G2、M4 期，各期的转变均受某些基因产物的调节，其中包括细胞周期蛋白（cyclin）家族、细胞周期依赖的蛋白激酶家族（cyclin-dependent protein kinase，Cdk）和其他一些蛋白质。真核生物复制调控主要发生在 G1 - S、G2 - M，涉及细胞周期蛋白和 Cdk 的作用。

真核染色体 DNA 复制的一个重要特征是在同一个细胞周期中，只在 S 期有且仅有一次 DNA 复制。染色体的任何一部分的不完全复制，均可能导致子代染色体分离时发生断裂和丢失。不适当的 DNA 复制也可能产生严重后果，如增加基因组中基因调控区的拷贝数，从而可能在基因表达、细胞分裂与对环境信号的应答等方面产生灾难性缺陷。

真核细胞 DNA 复制的起始是其重要的调控点，分两步进行，包括复制基因的选择和复制起点的激活，这两步分别出现于细胞周期的特定阶段。复制基因（replicator）是指 DNA 复制起始所必需的全部 DNA 序列。复制基因的选择出现于 G1 期，在这一阶段，基因组的每个复制基因位点均组装前复制复合物（pre-replicative complex，pre - RC）（图 9 - 19）。这个过程包括了起始点识别复合物（origin recognition complex ORC）结合到复制基因位点，并且招募解旋酶装载蛋白（helicase loading protein）Cdc6 和 Cdt1，进而招募解旋酶 Mcm2 - 7 组装成前复制复合物。

复制起始点的激活仅出现于细胞进入 S 期以后，这一阶段将激活 pre - RC，募集若干复制基因结合蛋白和 DNA 聚合酶形成起始复合物，并起始 DNA 解旋。Pre - RC 的激活依赖于蛋白激酶家族 Cdk 和 Dbf4 依赖的激酶（Dbf4-dependent kinase，Ddk）。Cdk 负责磷酸化 Cdc6、Cdt1，磷酸化的 Cdc6 进而被降解，这一过程被认为是细胞进入 S 期所必需的。Ddk 主要是磷酸化 Mcm，并且促进其获得解旋活性。Cdk 的活性对于 DNA 在同一个细胞周期中有且仅有一次复制非常重要，这是因为 Cdk 的活性在 G1 期是很低的，但在 S 期、G2 期和 M 期都处于高活性状态，这就保证了真核细胞的 DNA 复制起始仅发生在 S 期。

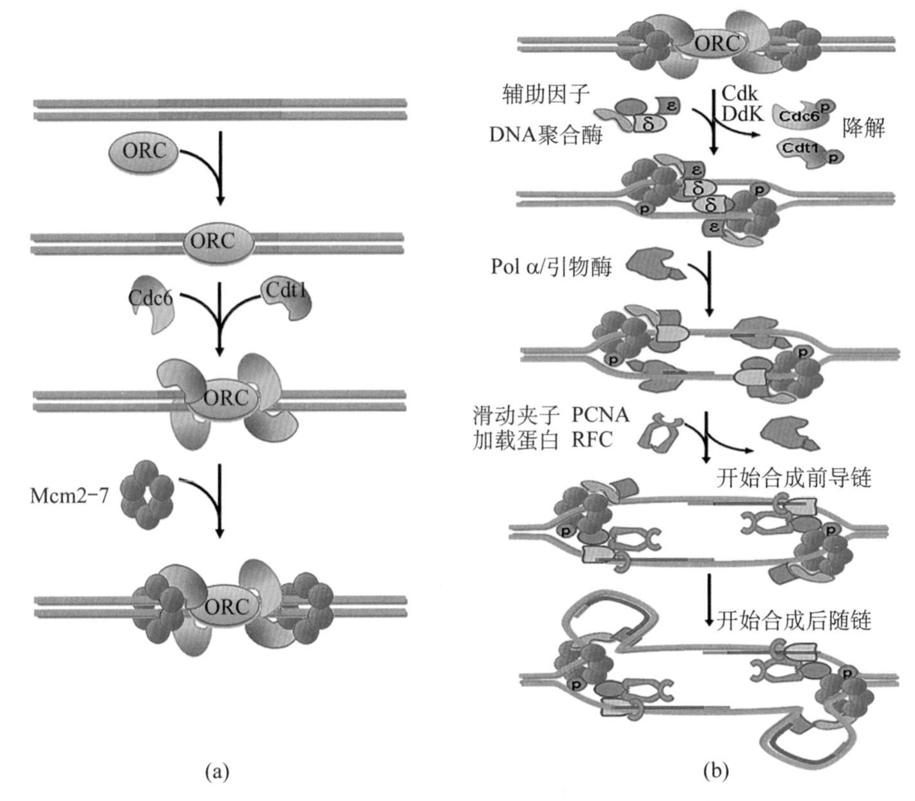

图 9－19　前复制复合物的组装(A)和激活(B)

第四节　逆转录和其他复制方式

一、逆转录机制复制

逆转录(reverse transcription)是以 RNA 为模板合成 DNA 的过程，即 RNA 指导下的 DNA 合成。逆转录的信息流动方向(RNA→DNA)与转录过程(DNA→RNA)相反，故称为逆转录。逆转录是 RNA 病毒的复制形式之一，需逆转录酶(reverse transcriptase)的催化，因此 RNA 病毒也称为逆转录病毒(retrovirus)。艾滋病病毒(HIV)就是典型的逆转录病毒。

逆转录酶通常具有多种活性：RNA 指导的 DNA 聚合酶活性、DNA 指导的 DNA 聚合酶活性和 RNase H 活性，有些逆转录酶还有 DNA 内切酶活性，这可能与病毒基因整合到宿主细胞染色体 DNA 中有关。RNA 指导的 DNA 合成需要 RNA 为引物，多为赖氨酸的 tRNA，也有报道病毒自身的 tRNA 可用作复制引物。逆转录酶中不具有 $3'\rightarrow5'$外切酶活性，因此没有校正功能，所以由逆转录酶催化合成的 DNA 出错率比较高。

从单链 RNA 到双链 DNA 的生成可分为 3 步：首先是逆转录酶以病毒基因组 RNA 为模

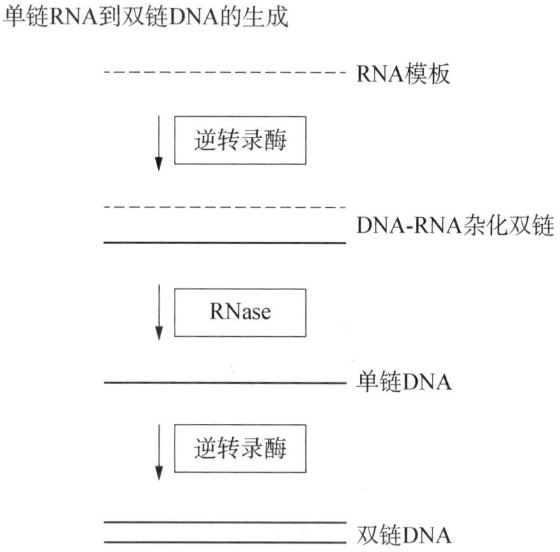

单链RNA到双链DNA的生成

RNA模板

逆转录酶

DNA-RNA杂化双链

RNase

单链DNA

逆转录酶

双链DNA

图 9－20　逆转录酶催化的复制

板，催化 dNTP 聚合生成 DNA 互补链，产物是 RNA/DNA 杂化双链（duplex）。然后，杂化双链中的 RNA 被逆转录酶中有 RNase 活性的组分水解，感染细胞内的 RNase H（H：Hybrid）也可水解 RNA 链。RNA 分解后剩下的单链 DNA 再用作模板，由逆转录酶催化合成第 2 条 DNA 互补链（图 9－20）。

按上述方式，RNA 病毒在细胞内复制成双链 DNA 的前病毒（provirus）。前病毒保留了 RNA 病毒全部遗传信息，并可在细胞内独立繁殖。在某些情况下，前病毒基因组通过基因重组的方式整合至细胞基因组内，并随宿主基因一起复制和表达。前病毒独立繁殖或整合，都可成为致病的原因。对逆转录病毒的研究，拓宽了 20 世纪初已注意到的病毒致癌理论。鸡肉瘤病毒是 1911 年发现可使动物致癌的病毒。

逆转录酶和逆转录现象的发现是分子生物学发展中的重要事件，发展了中心法则。在传统的中心法则中，DNA 兼有遗传信息的传代和表达功能，因此 DNA 处于遗传信息流动的中心位置，而逆转录现象说明至少在某些生物，RNA 同样兼有遗传信息传代与表达功能。

分子生物学研究还应用逆转录酶作为获取基因工程目的基因的重要方法之一，即 cDNA 法。取得 RNA 后，用逆转录酶催化 dNTP 在 RNA 模板指引下的聚合，生成 RNA/DNA 杂化双链；用酶或碱把杂化双链上的 RNA 除去，剩下的 DNA 单链再作第 2 链合成的模板；利用 Klenow 片段催化 dNTP 聚合，第 2 次合成的双链 DNA 称为 cDNA。现在已利用该方法建立了多种不同种属和细胞来源的含所有表达基因的 cDNA 文库，方便人们从中获取目的基因。

二、D-环复制机制

D-环复制(D-loop replication)是线粒体 DNA(mitochondrial DNA, mtDNA)的复制形式。mtDNA 为闭合环状双链结构,复制时需合成引物,第 1 个引物以内环为模板延伸;当复制又移动至第 2 个复制起始点时,又合成另一个反向引物,以外环为模板进行反向的延伸;最后完成两个双链环状 DNA 的复制(图 9-21)。复制中呈字母"D"形而得名。D-环复制的特点是复制起始点不在双链 DNA 同一位点,内、外环复制有时序差别。

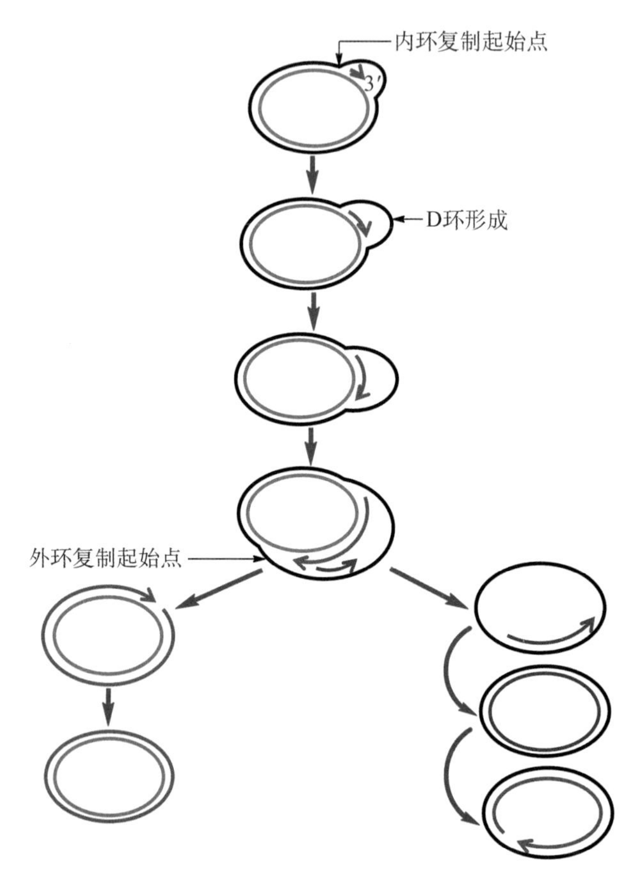

图 9-21 线粒体 DNA 的 D-环复制方式

真核生物的 DNA pol γ 是线粒体催化 DNA 进行复制的 DNA 聚合酶。人类的 mtDNA 已知有 37 个基因。线粒体的功能是进行生物氧化和氧化磷酸化,其中 13 个 mtDNA 基因就是编码 ATP 合成有关的蛋白质和酶。

mtDNA 容易发生突变,损伤后的修复又较困难。mtDNA 的突变和衰老与一些疾病的发生有关,所以 mtDNA 的突变与修复成为医学研究中引起广泛兴趣的问题。mtDNA 翻译时,使用的遗传密码与通用密码有差别。

三、滚环复制机制

滚环复制(rolling circle replication)是某些低等生物的复制形式。例如 φX174 是单链

DNA病毒，它的感染型DNA是单链的（正链）。在入侵细胞后，病毒在胞内的繁殖方式是首先合成其互补的负链，形成共价闭合的双链DNA超螺旋，然后进行滚环复制合成大量正链DNA。环状双链DNA受有核酸内切酶活性的蛋白A（protein A）作用，在复制起始点打开一个缺口，形成有3′-OH和5′-P的开环单链。复制不需引物而在开链的3′-OH延伸，保持闭环的对应单链为模板，一边滚动一边进行连续的复制。滚动的同时，外环5′-端逐渐离环向外伸出（图9-22）。完成一次复制后，蛋白A把母链和子链切断，外环母链再重新滚动一次，3′-端沿母链延长，最后合成两个子双环。

用于DNA序列测定的M13噬菌体，感染型是DNA单链，感染大肠埃希菌后M13在细胞内复制也是滚环复制。

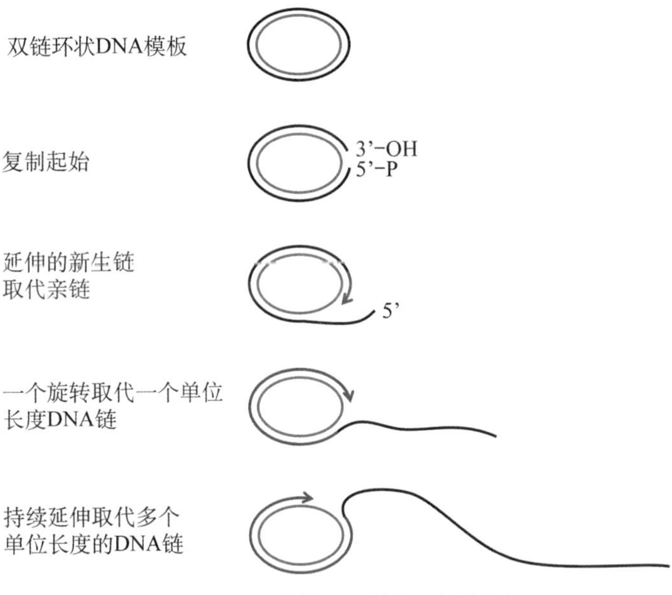

图9-22　噬菌体DNA的滚环复制方式

第五节　DNA损伤与修复

突变是由遗传物质结构改变引起遗传信息的改变，DNA突变具体指个别dNMP残基以至片段DNA在结构、复制或表型功能的异常变化，也称为DNA损伤（DNA damage）。

一、DNA损伤类型

虽然DNA聚合酶的校对功能有利于遗传信息的忠实传递，但仍然有极少的错配被保留下来，DNA复制的错配率约为10^{-10}。此外，DNA自身的不稳定性也是自发突变的最重要因素。

导致突变的外界因素主要有物理和化学因素。物理因素主要是指紫外线和各种辐射，其中又以紫外线照射研究得较多。紫外线（ultra violet，UV）可引起DNA链上相邻的两个嘧啶碱基发生共价结合，生成嘧啶二聚体（图 9－24），或称环丁基环（cyclobutane ring）。

化学诱变剂指能够引起突变的化学物质。已知的有烷化剂、碱基类似物（base analog）、羟胺（hydroxylamine）、吖啶色素等。典型的列于表 9－4。

表 9－4 常见的化学诱变剂

类别	化合物举例
稠环芳香烃	苯并芘、二甲苯并蒽
硝基胺和芳香胺	二甲硝基胺、*N*－甲基－4－氨基偶氮苯
某些药物	烷化剂如芥子气、环磷酰胺、环氧乙烷
变质食物	黄曲霉素 B、色素添加剂、某些防腐剂
无机物	亚硝酸盐 NO_2^-、叠氮钠、砷、石棉

从 DNA 结构来看，DNA 分子损伤改变可分为错配（mismatch）、缺失（deletion）、插入（insertion）和重排（rearrangement）等类型。

（一）错配

DNA 分子上的碱基错配又称为点突变（point mutation），自发突变和不少化学诱变都能引起 DNA 上某一碱基的置换。例如亚硝酸盐可使 C→U，原有的 C－G 配对变为 U－G，DNA 上没有 U，经复制后，C－G 最后变为 A－T 配对。点突变发生在基因的编码区，可导致氨基酸的改变。

（二）缺失和插入

化学诱变剂中的烷化剂可使鸟嘌呤的 N－7 位甲基化及其核苷酸脱落而缺失。缺失或插入都可导致框移突变。框移突变是指三联体密码的阅读方式改变，造成蛋白质氨基酸排列顺序发生改变，其后果是翻译出的蛋白质可能完全不同。3 个或 3n 个的核苷酸插入或缺失，不一定引起框移突变。

（三）重组或重排

DNA 分子内较大片段的交换，称为重组或重排。移位的 DNA 可以在新位点上颠倒方向反置（倒位），也可以在染色体之间发生交换重组。

例如由于血红蛋白 β 链和 δ 链两种类型的基因重排而引起地中海贫血。染色体上大片段，如某一区带（zone）的缺失、插入或重排，是可以用细胞生物学方法从形态学上检测出的。这已成为遗传病等疾病诊断和研究的重要方法之一。

DNA 损伤（突变）可能造成两种结果：其一是导致复制或转录障碍（如胸腺嘧啶二聚体，DNA 产生切口或断裂）；其二是导致复制后基因突变（如胞嘧啶自发脱氨基转变为尿嘧啶），使 DNA 序列发生永久性改变。

自发突变的概率为 10^{-6}，但真正的突变概率为 10^{-9}，所以细胞中一定存在着灵敏的机制，可以识别和修复这些损伤。

二、DNA 修复方式

（一）错配修复

DNA 复制的保真性至少依赖 3 种机制：①遵守严格的碱基配对规律；②在复制延长中聚合酶具有选择碱基的功能；③复制出错时有即时的校对功能。DNA 复制按照碱基配对规律进行，是遗传信息能准确传代的基本原理；此外，生物体还需酶学的机制来保证复制的保真性。其中原核生物的 DNA pol Ⅰ和真核生物的 DNA pol δ 的 3′→5′核酸外切酶（exonuclease）活性都很强，可以在复制中辨认并从 3′-端切除错配碱基加以校正。

错配修复（mismatch repair）不仅负责 DNA 复制和重组中的碱基错配，还对碱基受损所引起的错配、碱基插入和缺失进行修复。大肠埃希菌中的 MutS 负责识别因为错配造成的 DNA 形变，进而招募 MutH 和 MutL。其中 MutH 行使核酸内切酶的活性在错配碱基附近切割出一个缺口，核酸外切酶水解一小段 DNA 子链，DNA 聚合酶复制合成填补缺口，DNA 连接酶封闭缺口完成修复（图 9－23a）。那么在错配修复的过程中，大肠埃希菌是如何识别哪一条是母链，应该水解哪一条 DNA 单链呢？DNA 中 GATC 的 A 会被甲基化，而新合成的 DNA 子链处于低甲基化的状态，这就为错配修复系统提供了识别的依据（图 9－23b）。

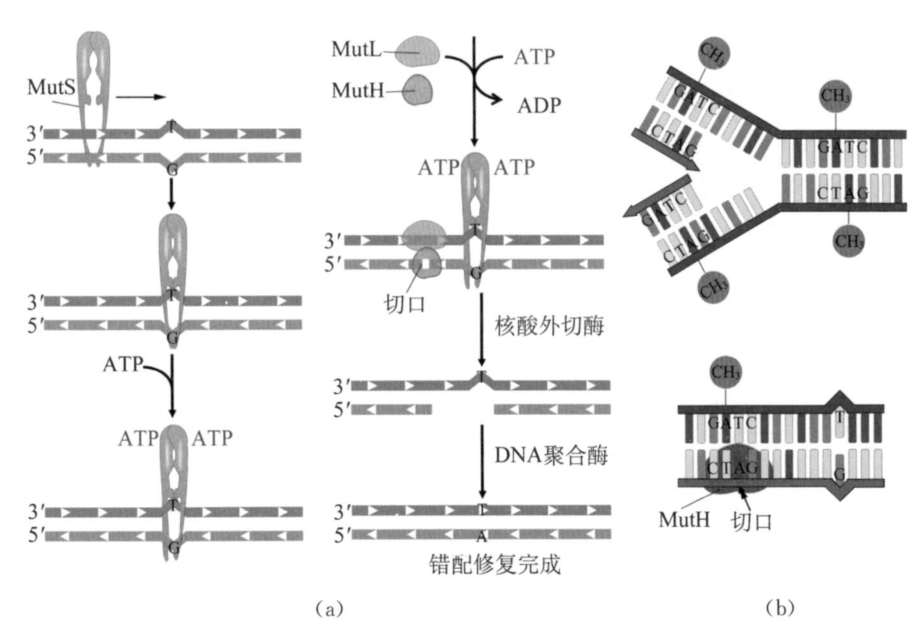

图 9－23　大肠埃希菌中的错配修复

（a）错配修复的过程　（b）复制叉 DNA 中的半甲基化为错配修复系统提供识别依据

（二）直接修复

直接修复是最简单且消耗最小的一种 DNA 损伤修复方式，包括以下几种。

1. 光修复系统 光修复过程是通过光修复酶(photolyase)催化完成的,仅需 300～600 nm 波长照射即可活化,普遍存在于各种生物,人体细胞中也有发现。通过此酶作用,可使嘧啶二聚体分解为原来的非聚合状态,DNA 恢复正常(图 9－24)。

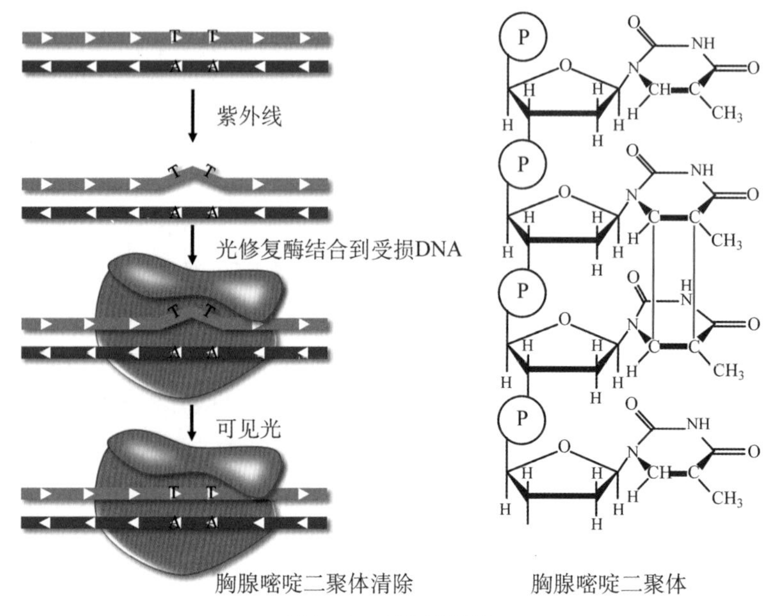

图 9－24 光复活修复

2. 烷化碱基的修复 催化此过程的是烷基转移酶,可以将烷基从受损核苷酸转移到自身肽链上,修复的同时酶也发生不可逆失活。

3. 无嘌呤位点的修复 DNA 链上的嘌呤碱基受损时,会被 DNA *N*－糖苷酶(DNA *N*-glycosylase)水解脱落,生成无嘌呤位点。DNA 嘌呤插入酶能够直接修复这种损伤,可以使游离嘌呤碱基与无嘌呤位点重新生成糖苷键。

4. 单链断裂的修复 电离辐射可能造成 DNA 单链的断裂,在单链断裂缺口 DNA 连接酶可以直接催化生成磷酸二酯键,从而修复这种损伤。

(三) 切除修复

切除修复是细胞内最重要和有效的修复方式,根据机制不同分为碱基切除修复和核苷酸切除修复。

1. 碱基切除修复(base excision repair) 其过程包括去除损伤的 DNA,填补空隙和连接。损伤部位的去除依赖于一类特异的 DNA *N*－糖苷酶识别 DNA 链中已受损的碱基并水解去除,产生一个无嘌呤/嘧啶核苷酸(apurinic/apyrimidinic acid, AP);无碱基位点会被核酸内切酶识别,并将 DNA 链的磷酸二酯键切开,去除剩余的磷酸核糖部分;产生的缺口由 DNA 聚合酶以另一条链为模板合成填补,最后由 DNA 连接酶催化而完成修复。此过程还需要有解旋酶(helicase)的协助(图 9－25)。

2. 核苷酸切除修复(nucleotide excision repair) 识别的不是具体的损伤,而是损

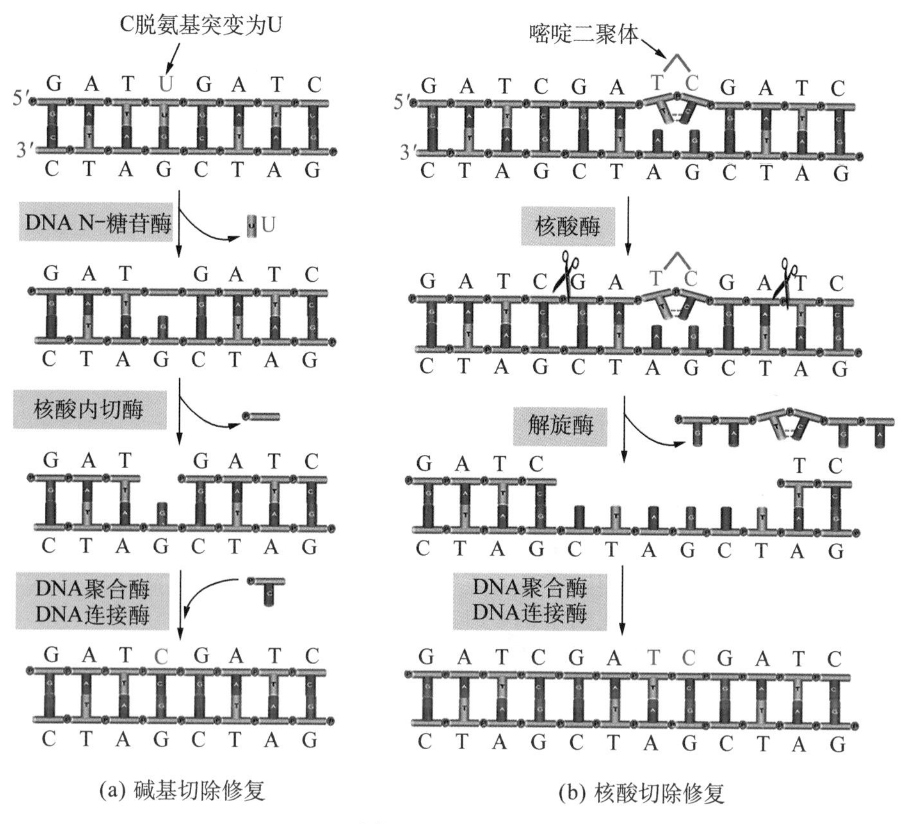

(a) 碱基切除修复　　(b) 核酸切除修复

图 9-25　切除修复

伤造成的 DNA 双螺旋结构的扭曲。其修复的过程与碱基切除修复类似，由一个酶系统识别损伤部位；核酸酶在损伤两侧各切开一个切口，在解旋酶的帮助下去除两个切口间的一段受损 DNA 单链；产生的缺口仍然由 DNA 聚合酶填补，DNA 连接酶封闭(图 9-25)。

核苷酸切除修复还参与转录偶联修复(transcription-coupled repair)，拯救因转录模板链损伤而暂停的转录。此过程中，参与切除修复的蛋白质被募集于暂停的 RNA 聚合酶，将修复酶集中于正在转录的 DNA，使该区域的损伤尽快得以修复。RNA 聚合酶起到损伤传感蛋白的作用。

人类有一种隐性遗传病称为着色性干皮病(xeroderma pigmentosis, XP)，患者皮肤对阳光极度敏感，可在幼年罹患皮肤癌并伴有智力发育迟缓等症状，其发病机制与紫外线造成的皮肤细胞 DNA 损伤的切除修复缺陷相关。

（四）重组修复

损伤发生于 DNA 双螺旋中的一条链时基本上都能够精确修复，因为另一条链仍然贮存着正确的遗传信息。但对于 DNA 双链断裂这样的严重损伤，通常需要重组修复。

1. 跨损伤重组修复　以大肠埃希菌为例，当 DNA 损伤严重不能在复制中作为模板时，DNA 聚合酶在损伤部位停止移动并从模板脱离，然后在损伤部位下游重新启动复制，从而在子链上产生一个缺口。重组蛋白 RecA 的核酸酶活性将另一股正常母链与缺口部分进行交换，以填补缺口。所谓正常母链，是指同一细胞内已完成复制的链，是来自亲代的一股 DNA 链。而交换后的缺口，由于互补链的合成已经完成，此时可以作为模板，在 DNA 聚合酶和连接酶的作用下修复。跨损伤重组修复并没有真正修复损伤，但是克服了受损 DNA 不能作为复制模板的困难，可以等待后续的其他修复或者在不断复制后其损伤比例越来越低，把损伤链“稀释”掉(图 9－26)。

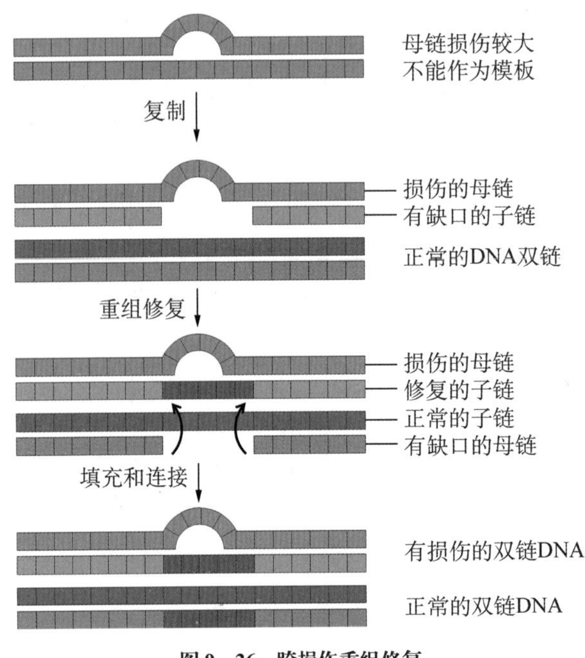

图 9－26　跨损伤重组修复

2. 非同源末端连接的重组修复（non-homologous end joining recombination repair）　此过程是哺乳动物细胞 DNA 双链断裂后修复的一种方式，即断裂的两个 DNA 分子末端不需要同源性就可以连接起来。在此过程中起重要作用的是 DNA 依赖的蛋白激酶(DNA-dependent protein kinase，DNA－PK)，可促进双链断裂的重接。这样重接的 DNA 存在一定的错误，但如果发生在非必需基因上，仍能维持受损细胞的存活，这也是细胞生存的权宜之计。当然非同源末端连接也是一种生理性基因重组策略，将原未连接的基因或片段连接产生新的组合，如免疫球蛋白基因的构建与重排(见第十三章)。

3. 同源重组修复（homologous recombination repair）　参加重组的两段双链 DNA 具有同源性，即有相当长的序列(≥200 bp)相同，这样重组修复后生成的新序列可以保证正确。以大肠埃希菌为例(图 9－27)，双链断裂的 DNA 分子末端首先被重组蛋白 RecBCD 识别并解旋，RecBCD 还同时发挥着 3′→5′DNA 外切酶的活性，水解其中的一条 DNA 单链；当 RecBCD 遇到 *chi* 位点(5′－GCTGGTGG－3′)就暂停下来，核酸内切酶切割短的那条单链，RecD 从 RecBCD 复合物解离；RecBC 继续沿着 DNA 滑动而行使解旋酶的活性。这样游离出来的 DNA 单链区可以被 RecA 结合，同时 RecA 可识别一段与受损 DNA 序列相同的姐妹链，引导游离单链侵入姐妹 DNA 的双链中，并分别以结构正常的两条 DNA 链作为模板修复损伤链，最后在其他酶的作用下，解开交叉互补，完成重组修复，这样合成的新片段具有很高的忠实性。

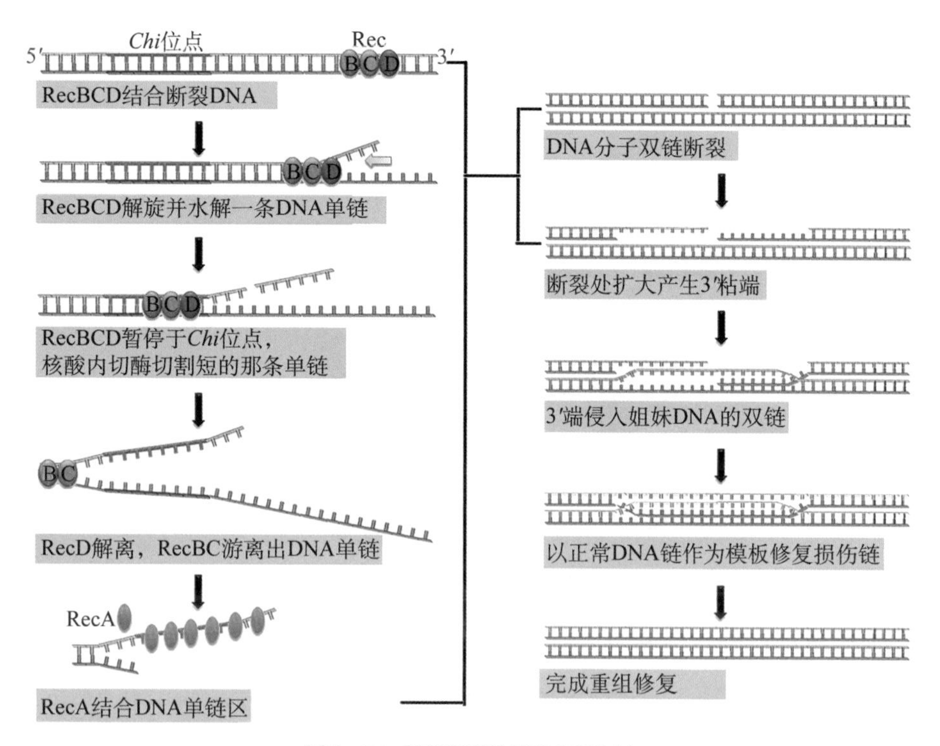

图 9－27　双链断裂的同源重组修复

（五）SOS 修复

当 DNA 损伤广泛以至于难以继续复制时，细胞可开启紧急修复系统，诱发出的一系列复杂反应，用国际海难信号命名为 SOS 修复。其中 DNA 的跨损伤合成（图 9－28）是大肠埃希菌 SOS 修复中的一部分，即当 DNA 聚合酶Ⅲ停留在损伤位点不能继续复制时，细胞诱导产生 DNA 聚合酶Ⅳ或Ⅴ替换掉 DNA 聚合酶Ⅲ，在子链随机插入核苷酸使复制继续，越过损伤部位后再由 DNA 聚合酶Ⅲ继续复制。通过 SOS 修复，复制如能继续，细胞是可存活的。然而，应急产生的 DNA 聚合酶活性低，一般无校对功能，所以修复后出错率大大升高，DNA 保留的错误较多，导致较长期广泛的突变。

在原核生物中，SOS 修复系统的开启与否由 RecA 和调控蛋白 LexA 相互作用决定。SOS 修复系统包括了近 30 个 *sos* 相关基因的网络式调控系统，RecA 与这些基因上游都有一段共同的序列可以被阻遏蛋白 LexA 识别。一般情况下，SOS 网络不表达或者产生少量相关蛋白；只在紧急状态下，当 DNA 受损严重、RecA 被激活、促发 LexA 的自水解，其阻遏作用被解除才整体动员。

有些致癌剂能诱发 SOS 修复系统。哺乳类动物也有 SOS 修复过程，其具体组成及作用细节，以及与突变、癌变有何关系，是肿瘤学研究的热点课题之一。

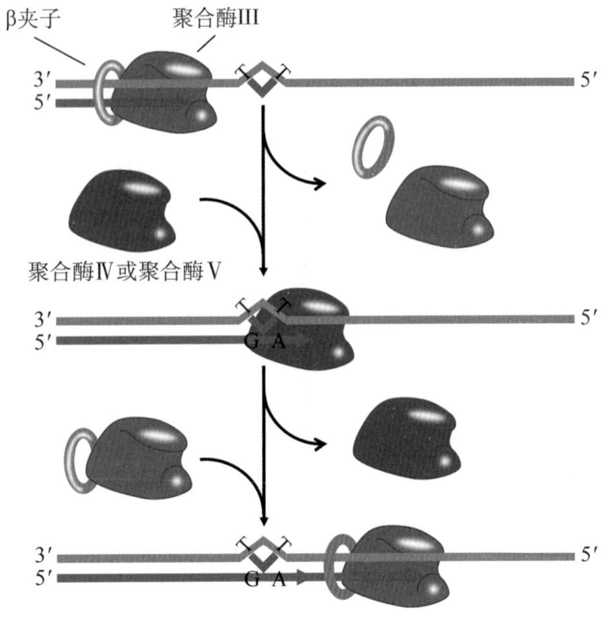

图 9-28 DNA 的跨损伤合成

三、损伤与修复的生理意义

1. 突变是进化的基础 已知地球绕日公转已经有46亿年,曾经经过了多次大的环境变化,如果生物的遗传信息是绝对保守的,则不可能适应新的环境。DNA 复制的保真性可以维持物种相对稳定,与此同时也有变异的存在,这样才可能产生新的形状和新的物种。DNA 损伤的积极意义就在于可以产生突变(mutation),而突变是生物进化的基础,也是 DNA 的一大功能,突变与遗传保守性是相对立而又相互统一的。就一个短暂历史时期而言,我们不能看到某一物种的自然演变过程,而只见到长时期突变积累的结果;就同一物种而言,个体差别总是存在的。

有些突变并没有产生可察觉的表型改变,如在简并密码子上第3位碱基的改变、蛋白质非功能区段上编码序列的改变等。我们用 DNA 多态性(polymorphism)来描述个体之间的基因型差别现象。利用核酸杂交原理,可以识别个体差异和种、株间差异,并用于疾病预防及诊断。例如法医学上的个体识别、亲子鉴定、器官移植配型、个体对某些疾病的易感性分析,都需应用 DNA 多态性分析技术。

2. DNA 损伤与多种疾病的发生相关 DNA 损伤的消极意义是如果突变发生在对生命过程至关重要的基因上,可导致个体、细胞的死亡,人类常利用这些特性消灭有害的病原体。同时,DNA 突变还是某些遗传性疾病的发病基础,如血友病是凝血因子基因的突变、地中海贫血是血红蛋白基因突变等。

另外,有遗传倾向的疾病,包括常见的高血压病、糖尿病、溃疡病、肿瘤等,可以肯定与生活环境有关,但也与某些基因发生变异相关,而且是众多基因与生活环境因素共同作用的后果。人类基因组计划(HGP)(见第十三章)已完成核苷酸的测序后,疾病相关基因的检出和研究，是后基因组学的重要内容。

（李　希）

参考文献

[1] 周春燕，药立波. 生物化学与分子生物学. 9版. 北京：人民卫生出版社. 2018.
[2] 全国科学技术名词审定委员会. 生物化学与分子生物学名词. 北京：科学出版社，2008.
[3] Krebs J，Goldstein E，Kilpatrick S. Levin's Genes Ⅹ. Boston：Jones & Bartlett Publishers，2011.
[4] Nelson DL，Cox MM. Lehninger Principles of Biochemistry. 6th ed. New York：W. H. Freeman and Company，2013.

第十章　RNA 的生物合成

RNA 的生物合成是指将单核苷酸聚合成核糖核酸链的过程，也称为转录(transcription)，从而将 DNA 的碱基序列转抄成 RNA 序列。新合成 RNA 可进一步参与、指导蛋白质合成的过程，使生物体的遗传信息从基因的储存状态转变为工作状态，即基因表达(gene expression)，故基因表达也包含 RNA 生物合成。

第一节　RNA 合成概述

RNA 的生物合成是基因表达的第 1 步，也为后续步骤提供了功能分子，mRNA 是翻译的模板，而 tRNA 和 rRNA 则全程参与翻译过程。

一、RNA 合成方式

RNA 的生物合成按合成模板不同可分为两种方式。一种是常见的转录，即以 DNA 为模板，按碱基配对规律，由 DNA 依赖的 RNA 聚合酶(DNA-dependent RNA polymerase，简称 RNA 聚合酶或 RNA pol)催化 4 种核糖核苷三磷酸(ATP、GTP、UTP 和 CTP)聚合生成大分子 RNA，此为生物体内的主要合成方式，也是本章介绍的主要内容。

另一种常见于某些 RNA 病毒，在宿主细胞中以病毒的单链 RNA 为模板合成 RNA，也称为 RNA 复制(RNA replication)，由 RNA 依赖的 RNA 聚合酶(RNA-dependent RNA polymerase)催化，此方式本章不予深入讨论。

二、转录模板与聚合酶

转录需要 DNA 作为模板，由 RNA pol 催化单核苷酸聚合为大分子 RNA。

(一) 转录模板

转录的模板是基因组 DNA。

在某个基因的 DNA 双链中，只有一股链可作为模板指导转录，称为模板链(template strand)，而另一股链不转录，即非模板链(nontemplate strand)，转录产物可有 mRNA、tRNA、rRNA 等，其中 mRNA 可作为翻译模板，按遗传密码决定氨基酸的序列。图 10 - 1 中模板链既与非模板链互补，又与 mRNA 互补，mRNA 的碱基序列除了用 U 代替 T 外，与非模板链是一致的，故非模板链也可称为编码链(coding strand)。为方便起见，在书写 DNA

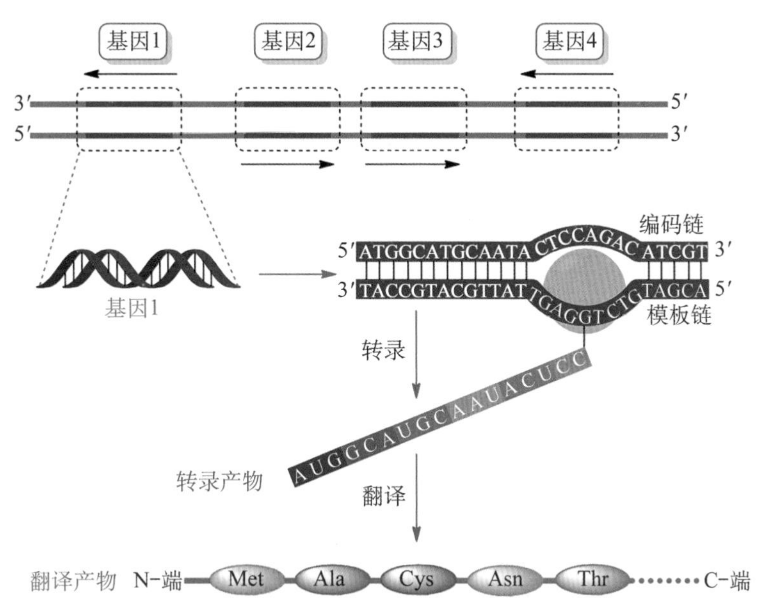

图 10-1　转录模板及其转录过程

序列时，一般只写出编码链。

在不同基因转录时，模板链并非都在同一单链上。如图 10-1 所示，基因 1 中模板链所在的单链在基因 2、3 中却是编码链。转录按照 5′→3′方向合成产物，不在同一单链的模板，其转录方向相反，见图中黑色箭头所示方向。因此，转录是以不对称转录(asymmetric transcription)的方式完成的，所谓不对称转录的含义有两方面：一是某个基因的 DNA 双链中，只有一股链可作为模板；二是基因组 DNA 双链均可作为模板，并不只限于某一条链。

(二) RNA pol

RNA pol 催化核苷酸聚合成为 RNA 链的反应还需要 Mg^{2+} 和 Zn^{2+}。聚合反应在核苷酸或新生 RNA 的 3′-OH 端加入核苷酸而延长产物 RNA 分子，此反应中 3′-OH 对核苷三磷酸的 α-磷酸进行亲核攻击并形成新的磷酸二酯键(图 10-2)，同时释放出焦磷酸，总反应可以表示为：

$$\underset{\text{RNA}}{(\text{NMP})_n} + \text{NTP} \longrightarrow \underset{\text{延长的 RNA}}{(\text{NMP})_{n+1}} + \text{PPi}$$

RNA pol 与双链 DNA 结合时活性最高，新加入的核苷酸以 Watson-Crick 碱基配对原则和 DNA 模板链的碱基互补。

原核生物与真核生物的 RNA pol 有较大区别，以下用 RNA pol 表示原核生物 RNA 聚合酶，用 RNA Pol 表示真核生物 RNA 聚合酶。

1. 原核生物 RNA pol　不同原核生物的 RNA pol 在结构、组成和功能上较为相似，此处仅以大肠埃希菌(*E. coli*)为例加以介绍。大肠埃希菌的 RNA pol 是一个分子量高达 480 000，由 5 种亚基 α2(2 个 α)、β、β′、ω 和 σ 组成的六聚体蛋白质。各亚基及功能见表 10-1。

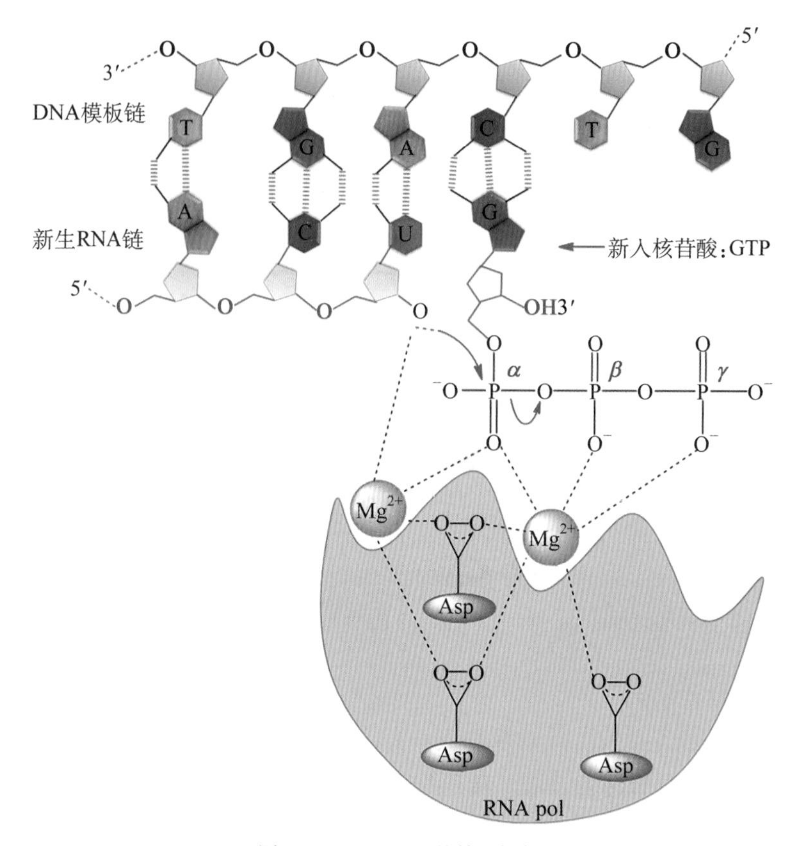

图 10-2 RNA pol的催化机制

表 10-1 大肠埃希菌 RNA pol 组分

亚基	分子量	亚基数目	功能
α	36 512	2	决定基因是否转录
β	150 618	1	具有催化作用
β′	155 613	1	与 DNA 模板结合
σ	70 263	1	识别并结合于起始位点
ω	?	1	不甚明了

$\alpha 2\beta\beta'(\omega)$亚基组成的五聚体可称为核心酶(core enzyme),在体外能催化 NTP 按模板的指引合成 RNA,但合成的 RNA 没有固定的起始位点。核心酶加上 σ 亚基称为全酶(holoenzyme),全酶能与特定的起始位点结合并启动转录,即转录起始(图 10-3)。细胞内的转录起始需要全酶,一旦完成转录起始,σ 亚基会脱落,转录延长阶段只需核心酶参与。也有人认为 σ 亚基是由另一个蛋白质因子 NusA 取代,直至转录终止时才脱落。

α 亚基决定转录哪些类型和种类的基因,但它不像 σ 亚基那样在转录延长时脱落。

β 亚基具有催化核苷酸聚合的作用,故参与转录全过程。

β′亚基参与 RNA pol 与 DNA 模板相结合,也参与转录全过程。

已发现大肠埃希菌中有多种分子量大小不一的 σ 亚基,常标注分子量以示区别,最常见

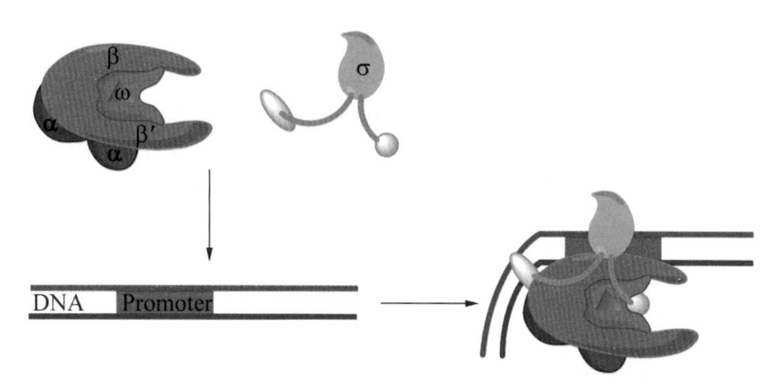

图 10－3　大肠埃希菌 RNA pol 全酶与 DNA 转录起始位点的结合

的是 σ70(分子量 70 000)，它是辨认典型转录起始点的蛋白质因子，大肠埃希菌基因中的绝大多数启动子可被含有 σ70 因子的全酶识别并激活。核心酶与不同 σ 亚基组合即可形成多种 RNA pol，可以合成不同种类的 RNA，以满足特定条件下的基因表达。如 σ32(分子量 32 000)所组成的 RNA pol 可以在环境温度较高(>42℃)大部分基因表达停止时，继续转录并翻译出一组 17 种蛋白质——热休克蛋白(heat shock protein, Hsp)，以应对环境的变化，维持生存。

2. 真核生物 RNA Pol　真核生物的 RNA Pol 有 3 种，各自合成不同的 RNA 分子。

RNA PolⅠ位于细胞核的核仁(nucleolus)，催化合成的产物是 rRNA 前体，此前体经过加工可生成 28S、5.8S 及 18S 的 3 种 rRNA；RNA PolⅡ位于细胞核内，转录产物是核不均一 RNA(heterogeneous RNA, hnRNA)，经加工转变成 mRNA，从核中运送至胞质，即可作为蛋白质合成体系中的模板。此外，RNA PolⅡ也合成一些非编码 RNA，如长链非编码 RNA(long noncoding RNA, lncRNA)、微 RNA(microRNA, miRNA)和 piRNA(与 Piwi 蛋白相作用的 RNA)。RNA Pol Ⅲ 位于核仁外，催化合成 tRNA、5S rRNA 和一些核小 RNA(small nuclear RNA, snRNA)的合成。这 3 种 RNA Pol 对一种毒蘑菇含有的毒素——α-鹅膏蕈碱(α-amanitine)的敏感性也有所不同(表 10－2)，可作为区分不同类型 RNA Pol 的依据。

表 10－2　真核生物 RNA Pol 分类及特点

种类	Ⅰ	Ⅱ	Ⅲ
转录产物	rRNA (45S)	hnRNA(mRNA), lncRNA, piRNA, miRNA	tRNA, 5S rRNA, snRNA
对鹅膏蕈碱的反应	耐受	敏感	高浓度时敏感
细胞定位	核仁	核内	核内

3 种真核生物的 RNA Pol 都是超过 500 000 的大分子蛋白质，大约由 12 个亚基组成，其中有 2 个大亚基和若干小亚基。酶分子中某些亚基与大肠埃希菌 RNA pol 核心亚基的序列有同源性，如酵母 RNA PolⅡ 2 个大亚基与大肠埃希菌 RNA pol 的 β′和 β 亚基相似，另有 2 个相同的亚基与大肠埃希菌 RNA pol 的 α 亚基有一定同源性；RNA Pol Ⅰ和 Ⅲ 则分别有 2 个不同的亚基与大肠埃希菌 RNA pol 的 α 亚基存在同源性。此外，3 种真核生物 RNA Pol

都具有 5 个共同小亚基，其中两个是相同的(图 10-4)。

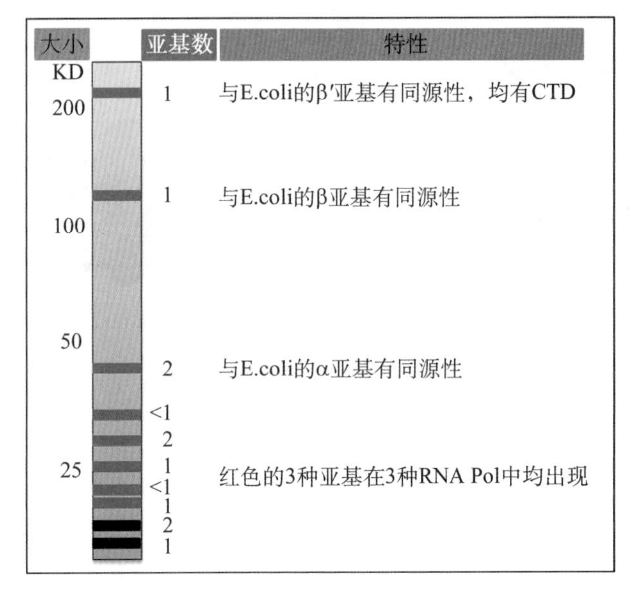

图 10-4　真核生物 RNA Pol 的亚基组成

mRNA 的半寿期比 rRNA、tRNA 要短得多，代谢速度较快，因此 RNA PolⅡ是真核生物中最活跃的 RNA Pol。RNA PolⅡ最大亚基中有一个羧基末端结构域(carboxyl-terminal domain，CTD)，而 RNA PolⅠ和 Ⅲ 没有此结构。CTD 由 Tyr-Ser-Pro-Thr-Ser-Pro-Ser 7 肽共有序列重复形成，所有真核生物的 RNA PolⅡ都含有 CTD，只是 7 肽共有序列的重复程度不同，如酵母 RNA PolⅡ的 CTD 重复 27 次，哺乳动物为 52 次。在转录的不同阶段，CTD 的 Ser 和 Thr 可进行磷酸化和脱磷酸化反应，转录起始完成后 CTD 被磷酸化，转录起始及转录完成后 CTD 则被脱磷酸化，RNA PolⅡ可循环进入第 2 次转录过程。

第二节　原核生物的转录过程

原核生物的转录过程可人为地分成起始、延长、终止 3 个阶段。

一、原核生物转录的起始

(一) 启动子

RNA pol 结合到 DNA 的启动子上启动转录。原核生物的基因组是以操纵子(operon)的形式各自进行转录的。操纵子是一个相对独立的转录区段，含有若干个基因的编码区及其调控序列，这些基因的编码产物往往是相关途径中的酶或蛋白质因子，调控序列则决定转录活性。

操纵子的调控序列中有一段特定的序列可被 RNA pol 识别并结合，称为启动子

(promoter)。顾名思义，原核生物以RNA pol结合到DNA的启动子上而启动转录，首先由σ亚基辨认启动子，引导全酶与DNA结合并在此启动转录。

启动子结构的研究方法采用RNA pol保护法，此方法利用RNA pol能特异性识别并结合于特定的DNA序列，将分离所得某个基因与提纯的RNA pol混合，保温一段时间后再加核酸外切酶，将未与RNA pol结合的DNA链水解，生成游离核苷酸，再分离纯化保留下来的DNA片段，发现有一段40～60 bp的片段是完整的，表明这段DNA因与RNA pol结合而未被核酸外切酶作用，再分析此DNA片段的序列，发现它位于转录起始点的上游，因此推测这个DNA区段就是被RNA Pol辨认和结合的区域(图10-5)。

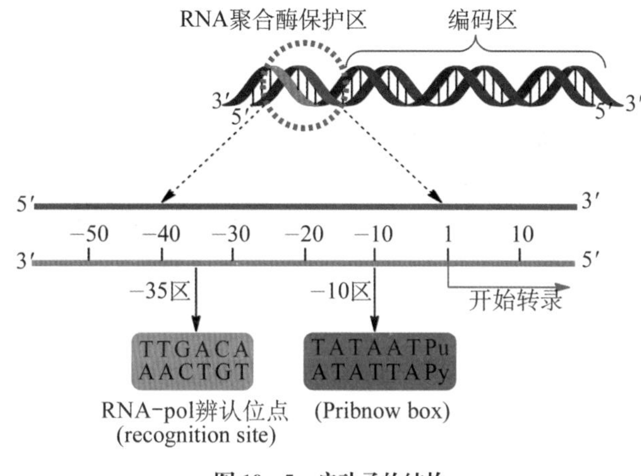

图10-5 启动子的结构

以开始转录的5′-端第1位核苷酸位置为+1，用负数表示上游的核苷酸数，发现−35和−10区富含A-T配对，由于A-T配对只有两个氢键维系，A-T配对较多的区段其双链DNA容易解链，满足转录起始解链的要求。研究发现，原核生物基因各操纵子转录上游区段的序列有一致性，或称为共有序列(consensus sequence)，−35区的共有序列是TTGACA，−10区的共有序列为TATAAT，此序列由D. Pribnow于1975年发现并命名为Pribnow盒(Pribnow box)。

进一步研究RNA pol与操纵子转录上游不同区段结合的状态，证实了−35区是转录起始的识别序列(recognition sequence)，一旦RNA pol识别并与此序列结合后即向下游移动至Pribnow盒，形成相对稳定的酶-DNA复合物而开始转录。

（二）转录起始

如上所述，转录起始是指RNA pol识别并结合到DNA模板上，然后DNA双链局部解开，再加入第1个NTP形成转录起始复合物的过程。

转录起始复合物的形成可分为两个阶段，首先形成闭合转录前起始复合物(closed transcription complex)，RNA pol全酶依赖σ因子识别并结合于启动子−35区的TTGACA序列，此时DNA还未解链，此复合体中酶与模板的结合松弛，酶可移向−10区的TATAAT序列并覆盖转录起始点(图10-6)。第2阶段，闭合转录复合体转变成

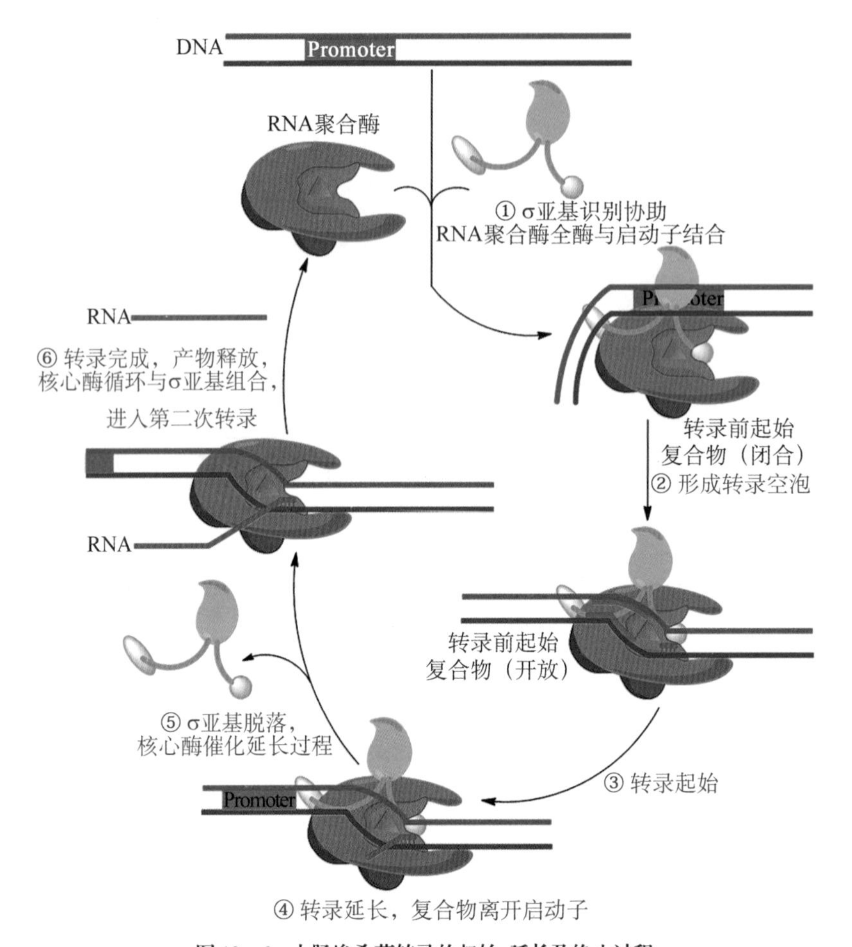

图 10－6　大肠埃希菌转录的起始、延长及终止过程

开放转录前起始复合物(open transcription complex)，此时－10 区域邻近的部分双螺旋解开，导致转录复合物的构象发生改变，RNA pol 继续向转录起始点移动，第 1 个 NTP 进入复合体后，RNA pol 再向前移动，并催化第 2 个 NTP 进入与第 1 个 NTP 生成首个磷酸二酯键，至此，起始过程完成。

转录起始新生 RNA 的第 1 位，即 5′-端大多数是 GTP，偶尔会是 ATP，当 5′- GTP(5′- pppG－OH)与第 2 位 NTP 聚合生成磷酸二酯键后，仍保留其 5′-端 3 个磷酸，形成特殊的 5′- pppGpN－OH－3′，它的 3′-端游离羟基可以加入 NTP 开始转录的延长过程，此新生 RNA 链的 5′-端结构会一直保留至转录完成。

转录全过程，DNA 模板解链范围都在 20 个 bp 以下，通常是 17±1，这比复制时生成的复制叉小得多。

与复制不同的是，转录起始无需引物，2 个与模板匹配的相邻核苷酸，在 RNA pol 催化下直接生成磷酸二酯键，这是 DNA pol 与 RNA pol 功能上的显著差异。

二、原核生物转录的延长

延长过程是指起始过程完成后，σ 亚基离开转录起始复合物，只剩下核心酶连同 5′-pppGpN-OH-3′继续结合于 DNA 模板上，并持续向下游移动催化后续所有 NTP 聚合生成新生 RNA 链的过程。

实验发现 σ 亚基若不脱落，RNA pol 则停留在起始位置而不进入延长阶段。测定原核细胞中 RNA pol 各亚基比例，发现 σ 亚基的含量比核心酶少，各亚基的比例为 α∶β∶β′∶σ=4 000∶2 000∶2 000∶600。体外 RNA 合成实验也证实 RNA 的生成量与核心酶的加入量成正比，说明一旦转录开始后，产物量与 σ 亚基的量无关。而脱落后的 σ 亚基可循环使用，与其他核心酶再形成另一全酶，开始另一次转录起始过程。

延长过程中，核心酶沿着 DNA 模板向下游移动，在起始复合物上形成的二核苷酸 3′-OH 上按模板的指引加入第 3 个 NTP，由酶催化生成第 2 个磷酸二酯键，并脱下 1 分子焦磷酸，然后在三核苷酸 3′-OH 上加入第 4 个 NTP，此过程不断重复，直至完成整条 RNA 链的合成，进入终止阶段。因此，RNA 的合成方向是 5′→3′。

RNA pol 分子较大，可覆盖 40 bp 以上的 DNA 片段，但转录解链范围约 17 bp。在此范围内，产物 RNA 和模板链配对形成长约 8 bp 的 RNA/DNA 杂化双链(hybrid duplex)。延长过程中，已完成转录的 DNA 模板解开杂化双链，与自身的编码链重新形成双链，下游则不断解开双链。因此，在 RNA pol 的前方 DNA 形成正超螺旋，而后方则形成负超螺旋，外观上就像一个空泡在 DNA 模板上移动，而 RNA pol-DNA-RNA 形成的转录复合物也被称为转录空泡(transcription bubble)(图 10-7)。

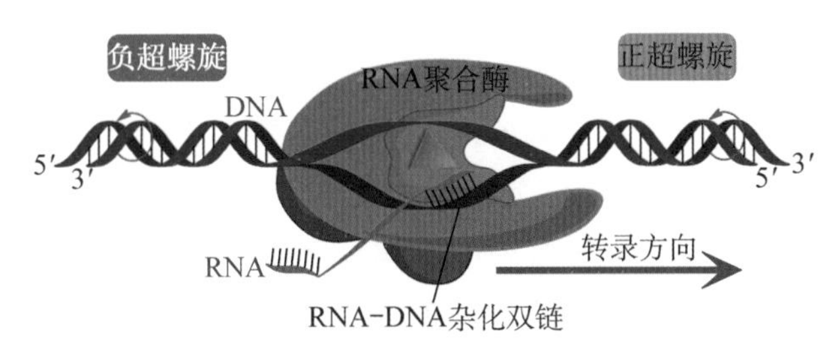

图 10-7 RNA-pol-DNA-RNA 转录复合物(转录空泡)

转录空泡上，转录产物 3′-端的一小段结合在模板链上，随着 RNA 链不断生长，5′-端离开模板链向空泡外伸展。

转录中的碱基配对与复制有所不同，G 和 C 配对，但与模板上的 A 配对的是 U 而不是 T。核酸的碱基之间有 3 种配对方式，其稳定性是：G ≡ C>A ═ T>A ═ U。

GC 配对有 3 个氢键，是最稳定的。AT 配对只在 DNA 双链形成。AU 配对可在 RNA 分子或 DNA/RNA 杂化双链上形成，是 3 种配对中稳定性最低的。因此，化学结构上 DNA/DNA 双链的结构，比 DNA/RNA 形成的杂化双链更稳定，一般已转录完毕的局部 DNA 编码链会取代 RNA 链复性成双螺旋，而 RNA 链则被排除出空泡。

在电子显微镜下观察原核生物的转录，可看到羽毛状的图形(图 10-8)。这是因为在同

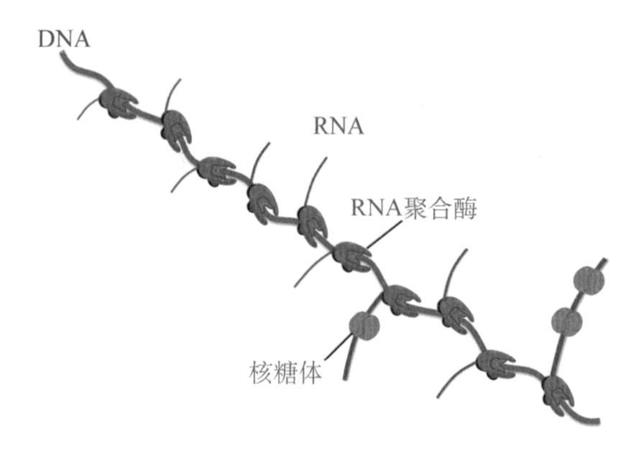

图 10-8　原核生物转录过程中的共翻译现象

一DNA 模板上，有多个转录同时在进行，而先合成的 RNA 链上已经开始翻译合成蛋白质了。在 RNA 链上观察到的小黑点是多核糖体(polysome)，即一条 mRNA 链上结合了多个核糖体，正在进行下一步的翻译工序，可见转录与翻译可以同时进行，所以原核生物的基因表达是高效率的。

三、原核生物转录的终止

转录终止是指 RNA pol 在 DNA 模板的特定位点停下，转录产物 RNA 链离开转录复合物，随即 RNA pol 与 DNA 分开的过程。依据是否需要蛋白质因子的参与，原核生物转录终止分为依赖 ρ(Rho)因子与不依赖 ρ 因子两种，在大肠埃希菌中此两种方式约各占一半。

（一）不依赖 ρ 因子的转录终止

此种转录终止方式无需外加因子参与，核心酶能在特定位点上停止转录，这些位点被称为内源性终止子(intrinsic terminator)，它们通常有两个明显的结构特征。其一是在 DNA 模板上靠近转录终止处有着特殊的碱基序列，以一段 15～20 bp 的序列为中心的两侧是互补的顺序，也称为回文结构(palindrome structure)，此互补的部分序列能形成特殊的茎环结构(stem-loop)或称为发夹结构(hairpin)，且富含 GC 配对；其二，DNA 模板转录终止点处有高度保守的 3A 重复序列，导致其转录产物的 3′-端常有 6 个以上连续的 U，与上述的发夹结构相隔不远(图 10-9a)。这种特殊的二级结构具有阻止转录继续进行的功能，发夹结构可使核心酶暂停转录，而后方连续的 U 则确定转录终止。研究发现，在转录延长过程中，转录产物所形成的发夹结构均可使核心酶暂停，如果暂停位点没有此连续的 U，酶又会继续进行转录。其机制可能为：酶的暂停只提供了一次转录终止的机会，是否真正停止，则由后续的 U 区决定，这是因为 rU:dA 之间的配对是最弱的，此时的转录复合物(酶-DNA-RNA)上形成的局部 RNA/DNA 杂化双链极易随着单链 DNA 复性为双链而解开，从而完成转录终止，实验发现真正的终止常见于 U 区前后的位点。

（二）依赖 ρ 因子的转录终止

ρ 因子是一个终止蛋白，由 6 个相同的亚基组成，分子量为 275 000。每个亚基都有

RNA 结合域，这 6 个结合域正好形成一个通道供转录产物 RNA 链通过，另有一个 ATP 水解域和 ATP 依赖性 RNA－DNA 解旋酶(helicase)的活性。

ρ 因子能结合 RNA，但对不同碱基序列的亲和力有所不同，对 poly C 的结合力最强，对 DNA 中的 poly dC/dG 则结合力较弱。

在依赖 ρ 因子终止的转录中，模板链在靠近转录终止位点的上游会出现富含 G 的序列——*rut* 元件(rho utilization element)，产物 RNA 也相应会出现 *rut* 位点，ρ 因子能识别此位点并与之结合，此时转录产物位于 ρ 因子的中心通道内，ρ 因子则沿着转录产物向 3′-端移动，直至到达转录空泡中将转录产物水解下来。在此过程中，ρ 因子发挥 ATP 酶活性及 ATP 依赖性 RNA－DNA 解旋酶(helicase)的活性，前者水解 ATP 供能，后者解开 DNA/RNA 杂化双链(图 10－9b)。ρ 因子促进释放转录产物的详细机制还未被阐明。

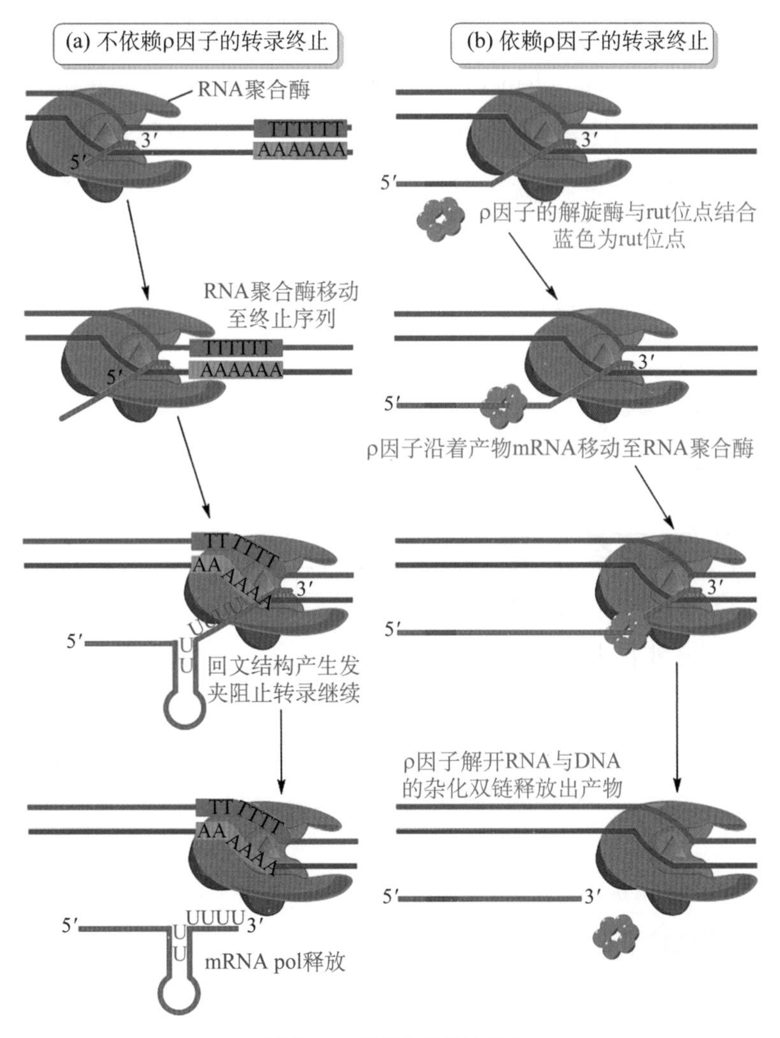

图 10－9　原核生物转录终止

第三节　真核生物 RNA 的生物合成

真核生物的转录过程比原核生物复杂得多。首先，真核生物 RNA Pol 不能直接与模板 DNA 结合，需要辅助因子协助才能与模板结合；其二，真核生物 DNA 模板位于核内，转录产物必须转运出核外才能作为翻译模板；第三，真核生物转录产物属于初级转录产物，有一个转录后加工过程才能成熟成为有功能的产物。

一、真核生物转录的起始

真核生物转录起始点的上游启动序列比原核生物复杂，不同物种、不同细胞或不同的基因，转录起始点上游具有不同的 DNA 序列，如启动子、启动子上游元件（upstream promoter element, or promoter-proximal element）等近端调控元件和增强子（enhancer）等远隔序列，这些序列可统称为顺式作用元件（*cis*-acting element）。典型的真核生物基因上游序列如图 10－10 所示。其中，TATA 盒常位于－25，它的共有序列是 TATAAAA，富含 AT 序列，它与原核生物启动子中的－10 区域几乎相同，与转录起始点序列也称为起始子（initiator Inr）一起形成核心启动子。有些基因起始点上游没有 TATA 盒，这部分基因的转录起始过程更为复杂。不同基因的转录起始点序列没有很大同源性，但 mRNA 的第 1 位核苷酸基本上都是 A，它的两侧均为嘧啶。

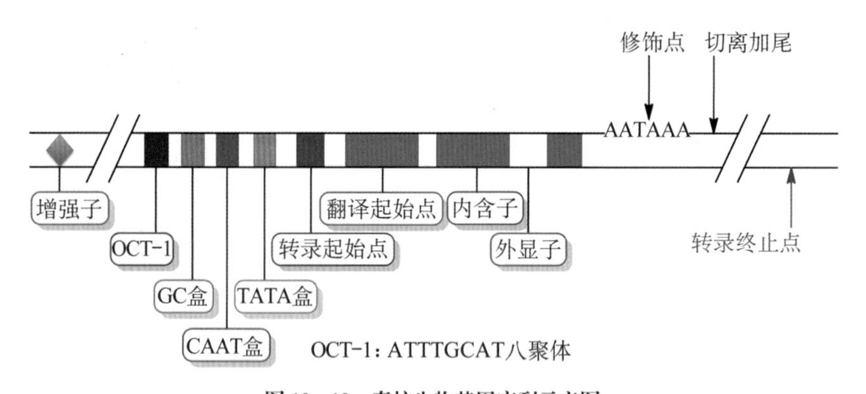

图 10－10　真核生物基因序列示意图

真核生物转录起始也需要 RNA Pol 对起始区上游 DNA 序列进行辨认和结合，生成起始复合物，此过程需要转录因子协助完成。

（一）转录因子

转录因子（transcriptional factor, TF）是参与或调控真核生物转录起始过程的蛋白质。TF 能直接或间接识别和结合启动子顺式作用元件，以形成具有活性的转录复合体，故也称为反式作用因子（*trans*-acting factor）。其中，直接或间接与 RNA Pol 结合的，又称为通用转录因子(general transcription factor)或基本转录因子(basal transcription factor)。相应于 RNA Pol Ⅰ、Ⅱ、Ⅲ的 TF,分别称为 TFⅠ、TFⅡ、TFⅢ,这些 TF 绝大多数是不同 RNA Pol 所特有的,只有个别基本转录因子如 TFIID 是通用的。

表 10-3 列出了 RNA Pol Ⅱ催化转录所必需的转录因子Ⅱ,它们在真核生物进化中高度保守。

表 10-3 参与 RNA Pol Ⅱ转录起始的 TFⅡ

转录因子	亚基数	各亚基分子量(×10³)	功 能
TFⅡD	TAF	8~12	辅助 TBP 与 DNA 结合
TBP	1	38	特异性识别 TATA 盒
TFⅡA	3	12, 19, 35	稳定 TFⅡB、TBP 与启动子的结合
TFⅡB	1	35	结合 TBP 加至 TFⅡF-RNA PolⅡ复合物
TFⅡE	2	57, 34	募集 TFⅡH,并有 ATPase 和解旋酶活力
TFⅡF	2	30, 74	分别与 RNA PolⅡ、TFⅡB 结合,并防止 RNA PolⅡ与非特异性 DNA 序列结合
TFⅡH	12	35~89	解旋酶,蛋白激酶,使 CTD 磷酸化

注:(1)TAF:TBP associated factor,TBP 辅因子,种类甚多;(2)TBP:TATA binding protein, TATA 盒结合蛋白;(3)CTD:carboxyl terminal domain, RNA PolⅡ大亚基羧基末端结构域

除了通用转录因子外,真核基因的转录起始还有一些与启动子上游元件如 GC 盒、CAAT 盒等顺式作用元件结合的蛋白质,称为上游因子(upstream factor),与远隔调控序列如增强子等结合的反式作用因子,以及在某些特殊生理或病理情况下被诱导产生的可诱导因子(inducible factor)的参与。

(二) 转录起始

RNA Pol Ⅱ催化的转录首先合成转录前起始复合物。

第 1 步,由 TATA 结合蛋白(TATA-binding protein, TBP)识别并结合至启动子,TBP 可结合 10 bp 长度 DNA 片段,刚好覆盖 TATA 盒。TFⅡA 有时也可参与此过程,以稳定 TBP 与 TATA 盒的结合。对于缺乏 TATA 盒的启动子,TBP 则可作为 TFIID 的一个成分,与 TAF 形成复合物共同完成与启动子的结合。

第 2 步,TFⅡB 与 TBP 结合,也同时与 DNA 结合形成 DNA-TFⅡB-TBP 复合体,而 TFⅡA 则协助 TFⅡB 稳定复合体。

第 3 步,上述复合体再与由 RNA Pol Ⅱ和 TFⅡF 组成的复合体结合,TFⅡF 能防止 RNA Pol Ⅱ与 DNA 非特异性序列的结合,协助 RNA Pol Ⅱ靶向性结合启动子。

第 4 步,TFⅡE 与 TFⅡH 一起加入上述复合体,此时,DNA 双螺旋还未解开,可称为闭合转录复合体。TFⅡH 具有的解旋酶活性,可解开转录起始点附近的 DNA 双螺旋,使之成为开放转录复合体,其蛋白激酶活性则使 RNA Pol Ⅱ的 CTD 磷酸化,导致转录复合体变构而启动转录,同样也有转录空泡结构出现。在合成 60~70 bp 的 RNA 后,TFⅡE 和 TFⅡH 释放,进入转录延长阶段。此后,大多数的 TF 都会脱落,同时延长因子加入复合体(图 10-11)。催化 CTD 磷酸化的还有周期蛋白依赖性激酶 9(cyclin-dependent kinase 9, CDK9),它

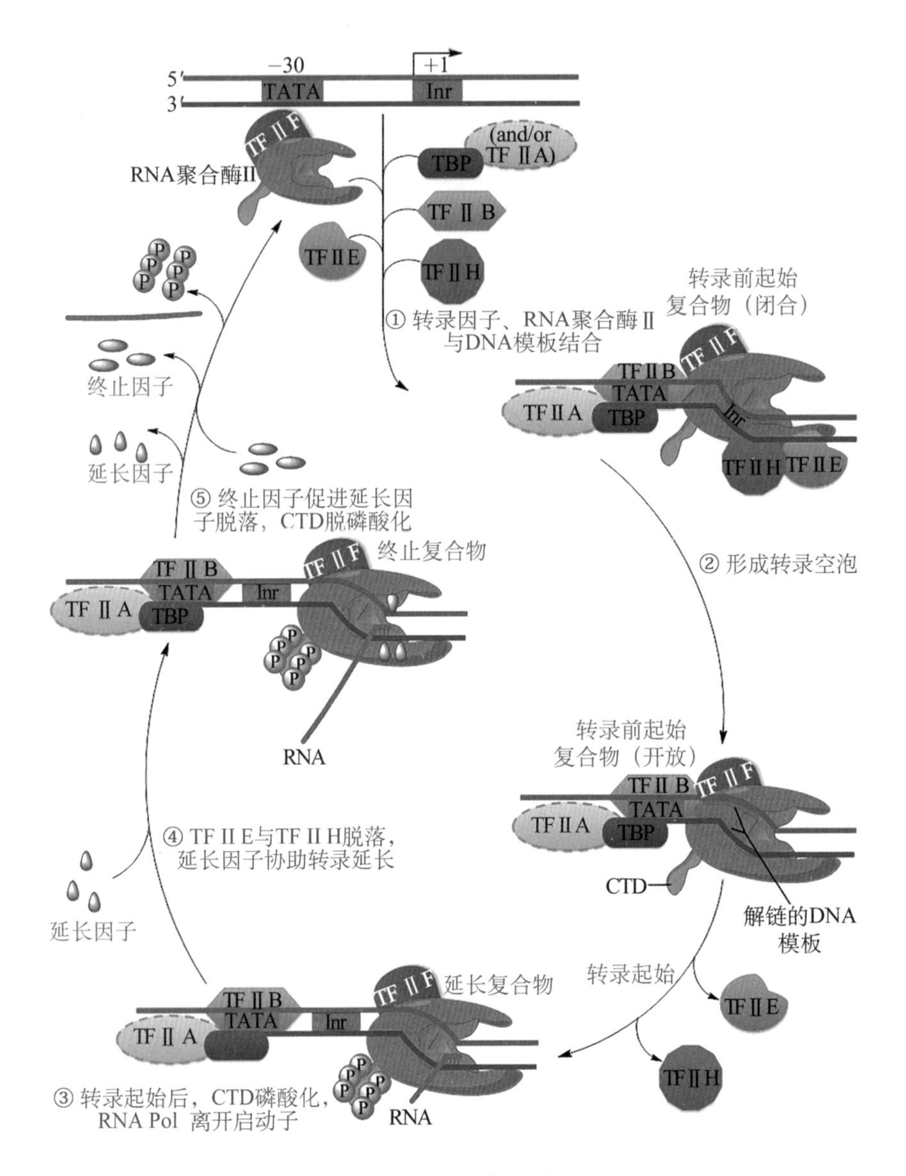

图 10－11　RNA Pol Ⅱ催化的转录过程

是延长因子 pTEFb(positive transcription elongation factor b)的组成部分。

RNA PolⅠ、Ⅲ的转录起始与上述过程大致相似。

二、真核生物转录的延长

真核生物的转录延长过程与原核生物基本一致，但需要延长因子(elongation factor，EF)协助，开放转录复合体形成后，RNA Pol 即开始按模板链的碱基序列，从 5′→3′逐一加入 NTP，生成转录产物。此外，转录和翻译两个过程在不同的亚细胞器完成，不存在同步现象。最大的不同点在于真核生物的 DNA 具有核小体结构，RNA Pol 在延长过程中可置换核小体，使得转录下游的 DNA 解开对核心组蛋白的缠绕并向上游 DNA 回转，而上游已完成转录的 DNA 则将转录前方的核心组蛋白重新缠绕，RNA Pol 向下游移动直至碰到下一个核小体再次进行置换。在体外转录实验过程中可观察到核小体移位和解聚现象（图 10-12）。

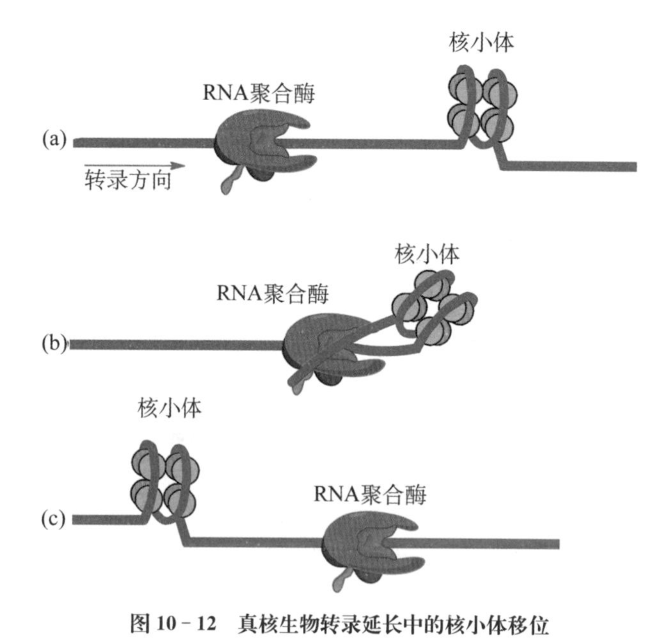

图 10-12 真核生物转录延长中的核小体移位

(a) RNA Pol 在核小体处遇阻；
(b) RNA Pol 置换核小体；
(c) 核小体移位，RNA Pol 继续前行

三、真核生物转录的终止

真核生物的转录终止由终止因子参与，并与转录后修饰密切相关。

真核生物 mRNA 的 poly(A)尾巴结构，是转录后才添加的，因为模板链没有相应的 poly(dT)。转录并非在 poly(A)的起始位点处终止，而是超出几百个至上千个核苷酸后才停止。在编码框架的下游，常有一组共同序列 AATAAA，稍远处下游还有相当多的 GT 序列，这些序列称为转录终止的修饰点（图 10-13），转录产物则相应出现 AAUAAA-GU 序列。

转录越过修饰点后会继续转录，但 mRNA 在 AAUAAA-GU 序列之间的断裂点被核酸内切酶切断，随即加入 poly(A)尾巴，GU 序列及其下游的转录产物很快被 RNA 酶降解。

RNA Pol 没有校对(proofreading)功能的 $3'\rightarrow5'$ 核酸外切酶活性，因此转录产物中发生的差错比复制要多。由于一个基因可转录出多个 RNA，且转录产物有一定的半寿期，最终会被清除，故转录产生的差错对细胞的影响比复制也要少得多。

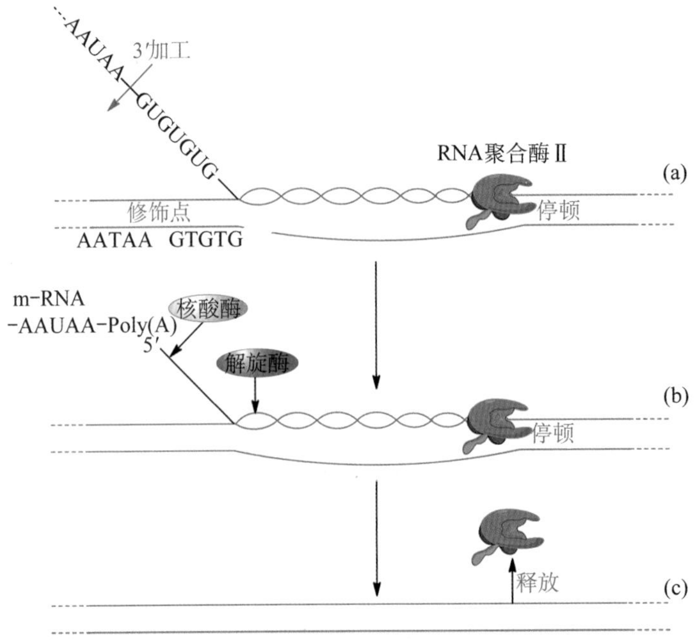

图 10－13 真核生物的转录终止及加尾修饰

(a) 转录越过修饰点继续转录一段序列，转录产物在断裂点处被切断；
(b) 断裂点后的序列被水解；
(c) 转录完成，RNA Pol 释放

第四节 真核生物的转录后加工

真核生物转录生成的 RNA 分子是初级 RNA 转录产物(primary RNA transcript)，几乎所有的初级 RNA 转录产物都要经过加工(processing)，加工过程主要在细胞核中进行。

一、mRNA 的转录后加工

真核生物 mRNA 的初级转录产物也称为非均一核 RNA(heterogeneous nuclear RNA，hnRNA)，必须进行 5′-端和 3′-端的修饰以及剪接(splicing)，才能成为成熟的 mRNA，并被转运到核糖体，指导蛋白质合成。

(一) 5′-端的修饰

大多数真核 mRNA 的 5′-端有 7－甲基鸟嘌呤的帽结构。RNA PolⅡ催化合成的新生 RNA 长度达 25～30 个核苷酸时，其 5′-端的核苷酸就与 7－甲基鸟嘌呤核苷通过不常见的 5′,5′-三磷酸连接键相连(图 10－14a、c)。5′-帽合成酶是一个由鸟苷酸转移酶(guanylytransferase)和甲基转移酶(methyltransferase)形成的复合体，与 RNA Pol 的 CTD 末端相结合。首先，新生 RNA 的 5′-端核苷酸的 γ－磷酸被水解，在鸟苷酸转移酶的作用下与另一个 GTP 分子的 5′-端结合，形成 5′,5′-三磷酸结构。帽结构中首位鸟嘌呤的 N－7 位和后续核苷酸的核糖 2′－O 位还能进一步甲基化，催化的酶分别为鸟嘌呤－7－甲基转移酶和 2′－*O*－甲基转移酶，甲基均由 *S*－腺苷甲硫氨酸（*S*-adenosyl menthionine，SAM）提供（图 10－14b）。帽结构形成后通过帽结合蛋白（cap-binding protein，CBP）一直停留在 RNA Pol 的 CTD 末端处，直至转录终止才离开（图 10－14c），帽结构可保护 mRNA 免遭核酸酶的水解，在蛋白质合成过程中也有特殊作用。

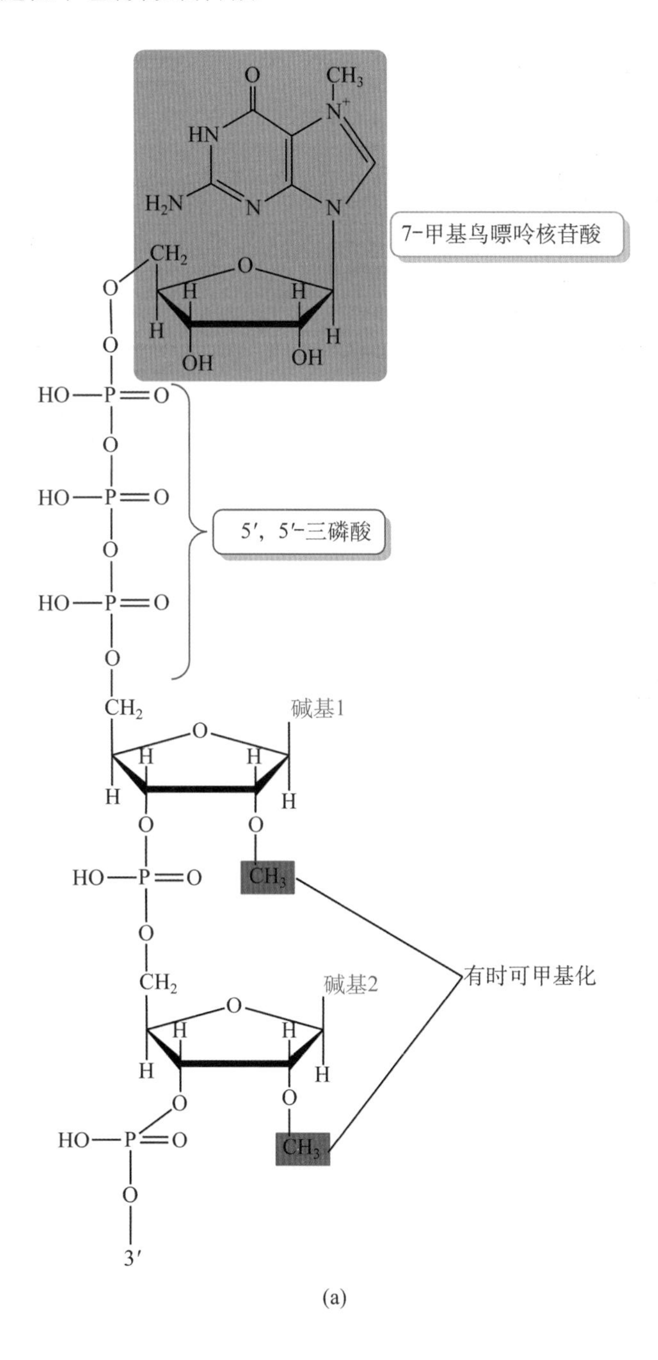

(a)

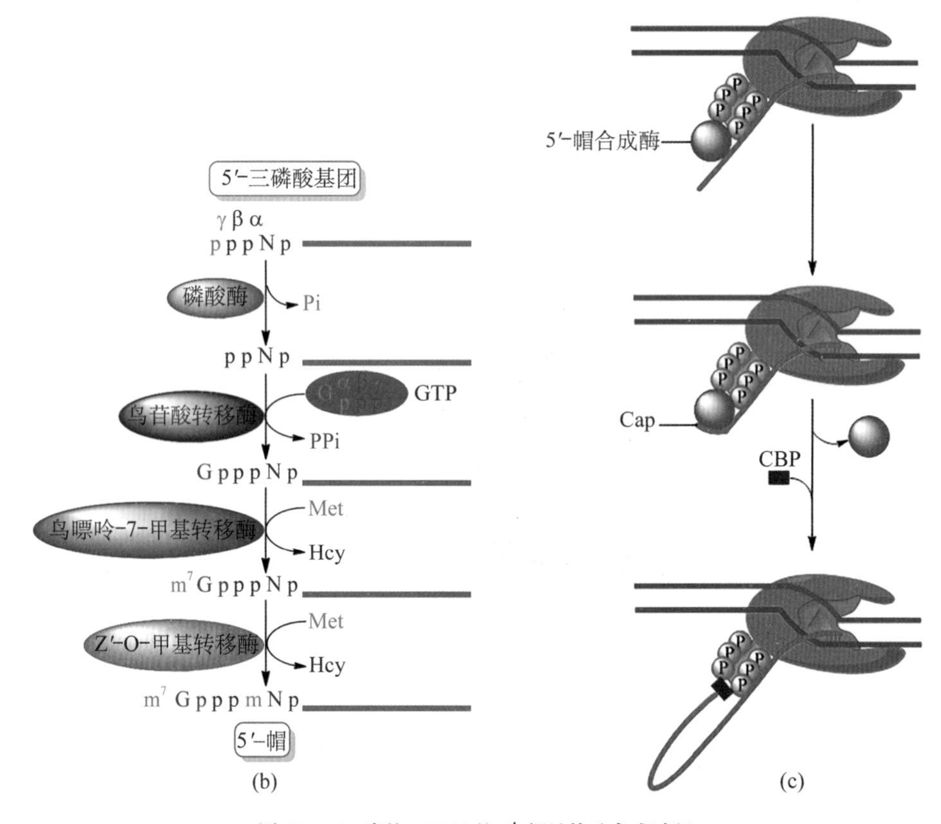

图 10-14 真核 mRNA 的 5′-帽结构及合成过程

(a) 5′-帽结构;
(b) 5′-帽结构的合成;
(c) 5′-帽结构在 CTD 末端合成

(二) 3′-poly(A)的添加

绝大多数真核 mRNA 的 3′-端都有 poly(A)尾巴,长度为 80～250 个腺苷酸。前体 mRNA 上的断裂点也是聚腺苷酸化(polyadenylation)的起始点,断裂点的上游 10～30 bp 有 AAUAAA 信号序列,断裂点的下游 20～40 bp 有富含 GU 的序列。聚腺苷酸化过程在核内完成,因为尾部修饰是和转录终止同时进行的过程。

poly(A)的长度随 mRNA 的寿命而缩短,因此通过提纯测到的结果很难准确反映体内 poly(A)的实际长度。poly(A)长度与该模板翻译活性相关,poly(A)的有无与长短是维持 mRNA 作为翻译模板的活性以及增加 mRNA 本身稳定性的因素之一。一般真核生物在胞质内出现的 mRNA,其 poly(A)长度为 100～200 个核苷酸,也有少数例外,例如组蛋白基因的转录产物,无论是初级的或成熟的,都没有 poly(A)尾结构。

前体 mRNA 分子的断裂和 poly(A)的形成是多因子参与的复杂过程(图 10-15)。首先,聚腺苷酸化特异性因子(cleavage and polyadenylation specificity factor, CPSF)与 AAUAAA 信号序列形成不稳定的复合体;然后加入断裂激动因子(cleavage stimulatory factor, CStF)、断裂因子Ⅰ(cleavage factor Ⅰ, CFⅠ)、断裂因子Ⅱ(CF Ⅱ),其中 CStF 与断裂点下游富含 GU 的序列相互作用而稳定该复合体;此后再加入多聚腺苷酸聚合酶[poly(A) polymerase, PAP]。上述各因子协同作用使前体 mRNA 分子在断裂点断裂,并立即在断裂点游离 3′-OH 进行多聚腺苷酸化。多聚腺苷酸化有两个阶段:慢速期完成大约前 12 个腺苷酸的添加,此时速度较慢;而后,复合体中加入多聚腺苷酸结合蛋白Ⅱ(poly(A) binding protein Ⅱ, PAB Ⅱ),它可与慢速期合成的多聚腺苷酸链结合,引导聚合反应进入快速期,当 poly(A)尾结构达到足够长时,PAB Ⅱ还能使 PAP 停止多聚腺苷酸化。

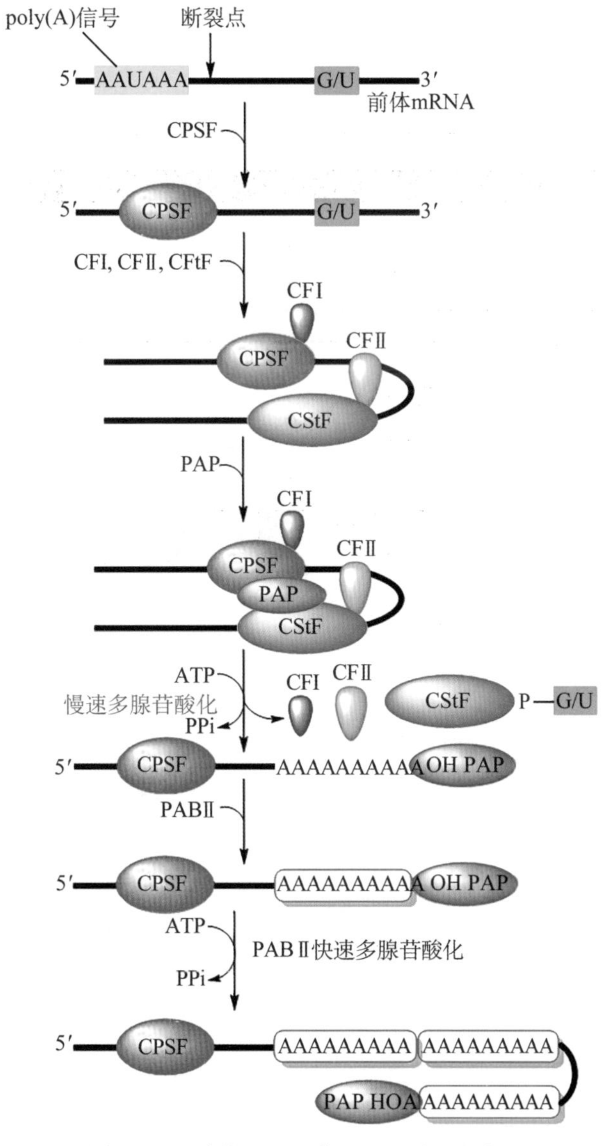

图 10-15 真核 mRNA 3′-poly(A)的生成过程

(三) mRNA 的剪接与剪切

细胞核内的 hnRNA 分子量往往比在胞质内出现的成熟 mRNA 大几倍,甚至数十倍。

核酸序列分析证明，mRNA 来自 hnRNA，而 hnRNA 和 DNA 模板链可以完全配对。已知绝大多数高级真核生物的结构基因均为断裂基因（split gene），即由若干个外显子（exon）和内含子（intron）相互间隔连接而成，其转录产物去除内含子再连接后，可转变为成熟 mRNA，后者才能作为翻译模板，此过程即为 mRNA 剪接（mRNA splicing）。外显子是指在初级转录产物及成熟 mRNA 中均出现的核酸序列，内含子是指隔断基因的线性表达而在转录后的剪接过程中被除去的核酸序列。

图 10－16 显示了鸡的卵清蛋白基因及其 hnRNA 进行的 mRNA 剪接。卵清蛋白基因全长为 7.7 kb，有 8 个外显子和 7 个内含子。hnRNA 与其基因等长，内含子尚未除去。成熟的 mRNA 分子仅为 1.8 kb，其所含阅读框为 386 个氨基酸编码。

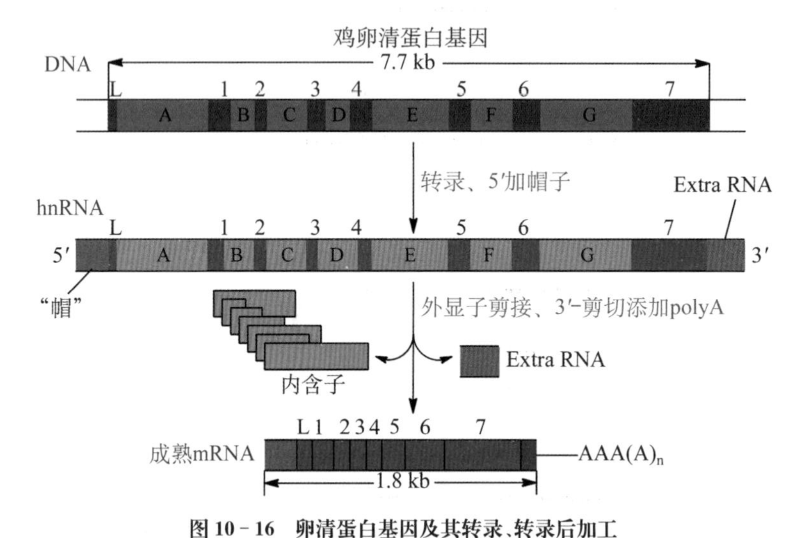

图 10－16　卵清蛋白基因及其转录、转录后加工

图中 DNA 序列中红褐色并用数字表示的部分是外显子，其中 L 是前导序列；用字母表示的黄绿色部分是内含子

mRNA 剪接过程较为复杂，首先是内含子弯曲形成套索 RNA（lariat RNA），使相邻的两个外显子互相靠近而利于剪接，此步骤还包含了内含子 3′-端的嘌呤甲基化。

大多数内含子都以 GU 为 5′-端的起始，而其末端则为 AG－OH－3′。5′－GU……AG－OH－3′称为剪接接口或边界序列。剪接完成后，GU 或 AG 不一定被剪除。剪接过程的化学反应称为二次转酯反应（twice transesterification）（图 10－17）。

外显子 E1 与 E2 之间的内含子 I 因与剪接体结合而弯曲，5′-端与 3′-端互相靠近。内含子可因小部分碱基与外显子互补而互相依附。第 1 次转酯反应需要细胞核内的含鸟苷酸 pG、ppG 或 pppG 的辅酶，以 3′－OH 基对 E1/I 之间的磷酸二酯键进行亲电子攻击，使 E1/I 之间的共价键断开。pG 取代 E1 成为 5′-端，E1 的 3′－OH 游离出来，所以称为转酯反应。第 2 次转酯反应由 E1 的 3′－OH 对 I/E2 之间的磷酸二酯键进行亲电子攻击，使 I 与 E2 断开，由 E1 取代了 I。这样，两个外显子被连接起来而内含子被切除掉。在这两步反应中磷酸酯键的数目并没有改变，因此也没有能量的消耗。

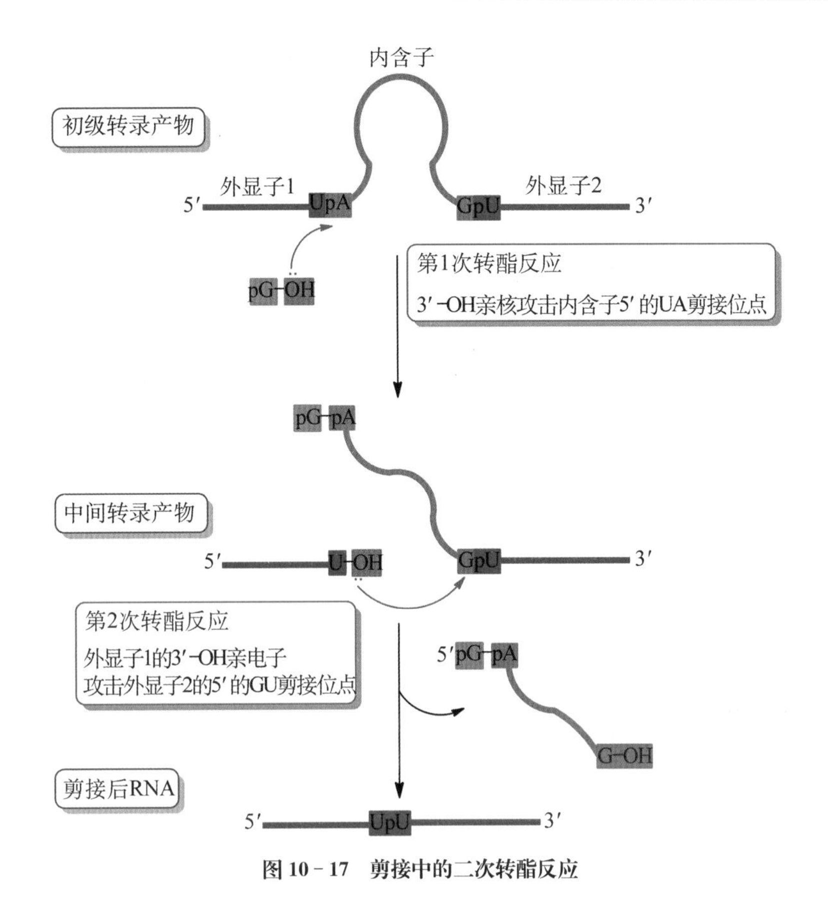

图 10－17　剪接中的二次转酯反应

mRNA 剪接是在剪接体(spliceosome)上进行的,剪接体是一种核内特异的 RNA－蛋白质复合体,称为核小核糖核蛋白颗粒(small nuclear ribonucleoprotein particle, snRNP)。它可与 hnRNA 结合,使内含子形成套索并拉近上、下游外显子。每一种 snRNP 含有一种核小 RNA (small nuclear RNA, snRNA)。snRNA 有 5 种:U1、U2、U4、U5 和 U6,长度 100～300 个核苷酸,分子中碱基以尿嘧啶含量最丰富,因而以 U 命名。真核生物从酵母到人类,snRNP 中的 RNA 和蛋白质都高度保守。剪接体是一种超大分子(supramolecule)复合体,主要由上述 5 种 snRNA 和大约 50 种蛋白质装配而成,剪接体装配需要 ATP 提供能量。

如图 10－18 所示,首先,内含子 5′-端和 3′-端的边界序列分别与 U1、U2 的 snRNA 配对,使 snRNP 结合在内含子的两端;而后,U4、U5 和 U6 加入,形成完整的剪接体,此时内含子发生弯曲而形成套索状,使上、下游的外显子 E1 和 E2 靠近;最后,结构调整,释放 U1、U4 和 U5,而 U2 和 U6 则形成催化中心,发生转酯反应。

真核生物 hnRNA 的加工除上述的剪接方式外,还有其他 2 种方式:一种是剪切(cleavage)模式,此方式在剪去某些内含子后,不与下游的外显子连接,直接在上游的外显子 3′-端进行多聚腺苷酸化;另一种为可变剪接(alternative splicing)模式,或称选择性剪接,即在加工时选择性剪切掉某个外显子再相互连接。此 2 种方式可以单独进行,也可两者均有。大多数真核生物 hnRNA 经过加工只能产生一种成熟的 mRNA,翻译成相应的一种多肽。但也有少数真核生物 hnRNA 能以此 2 种方式生成不同的 mRNA,已发现这些真核生物

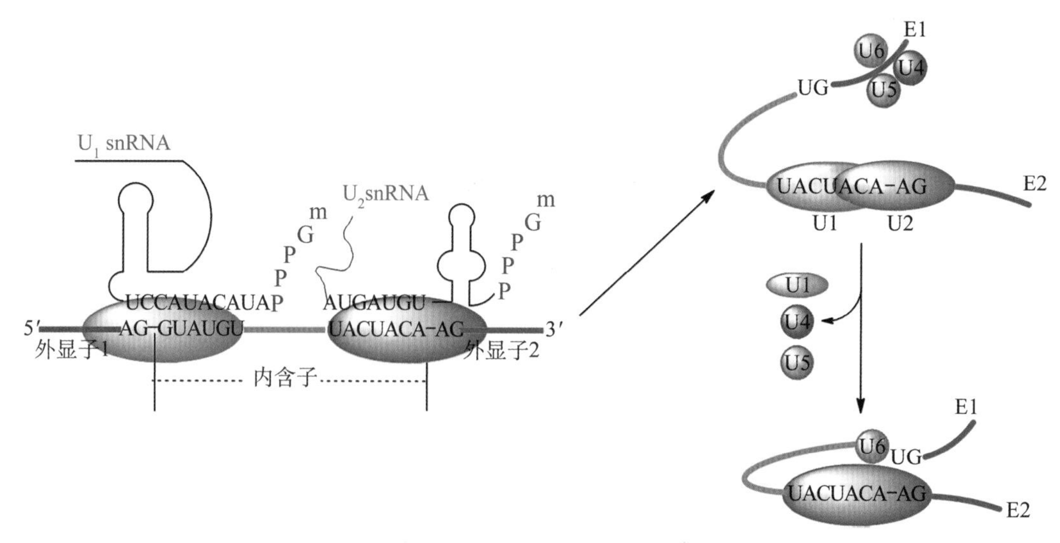

图 10－18 剪接体的生成与剪接过程

hnRNA 分子中具有多个多聚腺苷酸化的位点。如图 10－19 所示，免疫球蛋白重链基因的前体 mRNA 分子就是通过选择不同多聚腺苷酸位点，经剪切形成免疫球蛋白重链的多样性；果蝇肌球蛋白重链的 hnRNA 分子在不同的发育阶段通过选择性剪接，可产生 3 种不同形式的 mRNA，从而生成 3 种不同的肌球蛋白重链。降钙素(calcitonin)基因表达出一种 hnRNA 分子，此 hnRNA 在大鼠甲状腺剪切后再成熟，最后产生降钙素；而在大鼠脑细胞，剪切和选择性剪接这 2 种机制同时参与，最后生成降钙素-基因相关肽(calcitonin-gene related peptide，CGRP)，详见图 10－20。

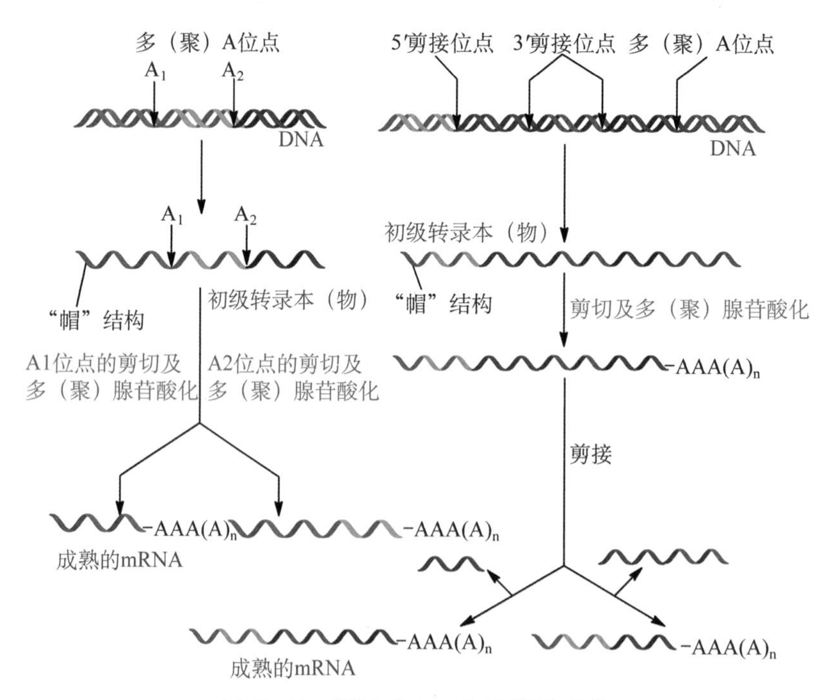

图 10－19 真核生物 hnRNA 的剪切与剪接

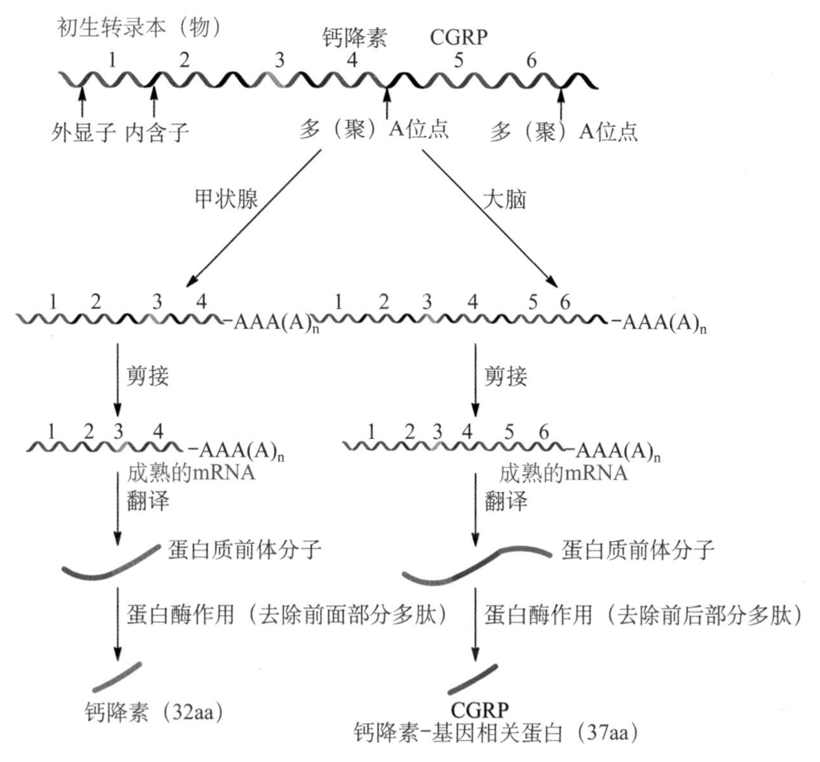

图 10-20　大鼠降钙素基因 hnRNA 的剪切与剪接

（四）mRNA 的编辑

mRNA 编辑(mRNA editing)是指成熟 mRNA 的某些序列经特定方式可发生改变，从而产生不同的翻译产物。人类有 2 种载脂蛋白 B，分别为 apoB100（分子量 513000）和 apoB48（分子量 250 000），前者由肝细胞合成，后者则存在于小肠黏膜细胞。但研究发现人类基因组上只有 apoB100 一个基因，可见转录后发生了一些变化。已证实这 2 种 apoB 均由 apoB100 基因的转录产物——mRNA 编码。apoB48 的生成是由于肠黏膜细胞存在胞嘧啶核苷脱氨酶(cytosine deaminase)，可对 apoB100 基因产生的 mRNA 进行编辑。此酶与 mRNA 第 2153 位氨基酸的密码子(CAA，编码 Gln)结合，使其中的 C 脱氨转变为 U，由此 CAA 转变成了终止密码 UAA，使翻译终止于第 2 153 位，所以 apoB48 实际上缺失了 apoB100 第 2 153 位至 C-端的肽链（图 10-20）。同样的例子可见于脑细胞谷氨酸受体(GluR)，它是一种离子通道，GluR-mRNA 发生脱氨基使 A 转变为 G，导致一个关键位点上的谷氨酰胺密码子 CAG 变为精氨酸密码子 CGG。被编辑过的 GluR-mRNA 其翻译产物含精氨酸，此种 GluR 对 Ca^{2+} 不通透，表现出不同功能的脑细胞具有不同的受体，对离子的通透性具有了选择性。RNA 编辑的存在提示，基因的编码序列经过转录后加工可有多种产物。

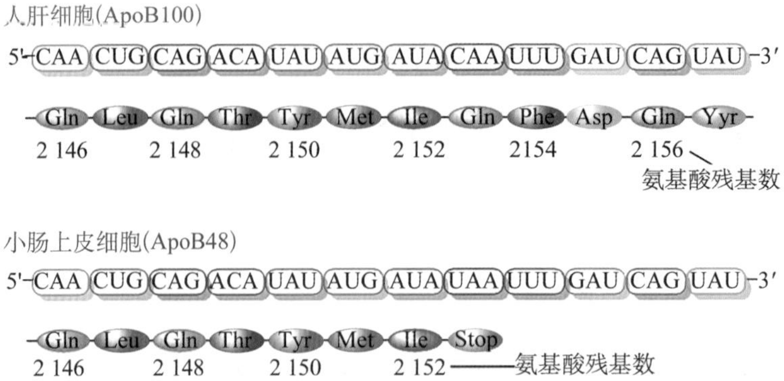

人肝细胞(ApoB100)
5'-CAA CUG CAG ACA UAU AUG AUA CAA UUU GAU CAG UAU-3'
-Gln-Leu-Gln-Thr-Tyr-Met-Ile-Gln-Phe-Asp-Gln-Yyr-
2 146 2 148 2 150 2 152 2154 2 156
氨基酸残基数
小肠上皮细胞(ApoB48)
5'-CAA CUG CAG ACA UAU AUG AUA UAA UUU GAU CAG UAU-3'
-Gln-Leu-Gln-Thr-Tyr-Met-Ile-Stop
2 146 2 148 2 150 2 152
氨基酸残基数

图 10 - 21　肝细胞、小肠黏膜细胞 apoB100 基因的 mRNA 编辑

二、rRNA 的转录后加工

真核生物细胞核内都存在一种 45S 的转录产物，它是 3 种 rRNA 的前体。

45S rRNA 通过自剪接(self-splicing)的方式产生成熟的 18S、5.8S 及 28S 3 种 rRNA，在核仁小 RNA(small nucleolar RNA，snoRNA)以及多种蛋白质分子组成的核仁小核糖核蛋白(small nucleolar ribonucleoprotein，snoRNP)的参与下，通过逐步剪切完成(图 10 - 22)。自剪接方式是 1982 年美国科学家 T. Cech 等在研究四膜虫 rRNA 前体的成熟过程时所发现，在没有任何蛋白质的情况下，提纯的 rRNA 前体也能准确地剪接去除内含子。

内含子
基因间隔
rDNA
18S
5.8S
28S
45S rRNA
剪切
18S rRNA
5.8S+28S rRNA
剪切
18S rRNA
5.8S rRNA
28S rRNA

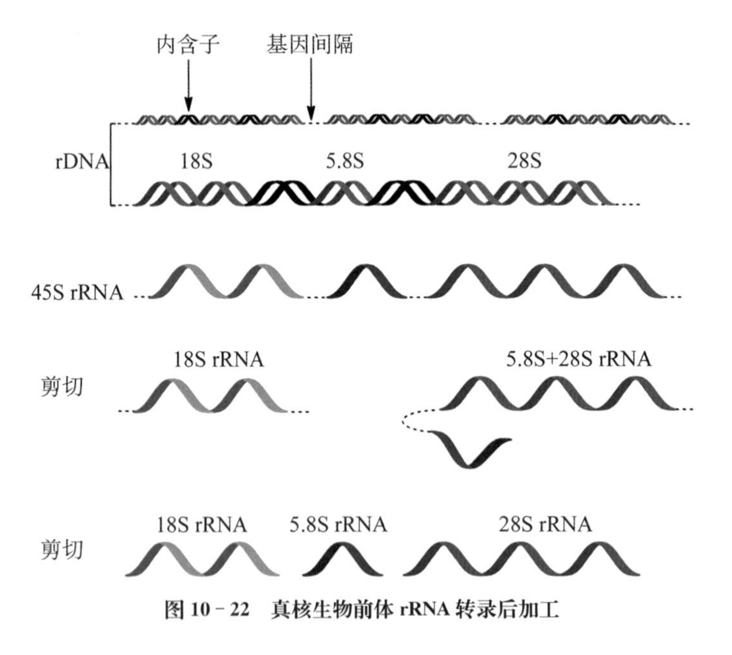

图 10 - 22　真核生物前体 rRNA 转录后加工

前体 rRNA 的加工除自剪接外，通常还涉及碱基的修饰，如核糖 2′- OH 的甲基化修饰，在成熟 rRNA 分子中已发现有 30 种不同的碱基修饰。rRNA 成熟后在核仁上与数十种核糖体蛋白质装配成核糖体，输送到胞质。

rRNA 的半寿期与细胞周期有关，生长中细胞的其 rRNA 较稳定，静止态细胞的 rRNA

寿命较短。

原核生物的 rRNA 也同样以此方式转录并剪接加工，使得 30S 的初级转录产物经过剪接生成 16S、5S 及 23S 3 种 rRNA。

三、tRNA 的转录后加工

真核生物 tRNA 基因大多数为多拷贝基因(multiple copy gene)，即一种 tRNA 存在着多个基因位点可供转录。大多数细胞都有 40～50 种不同的 tRNA 分子以对应 20 种氨基酸的编码，每种成熟的 tRNA 分子其空间结构极为相似(详见第七章)。前体 tRNA 的成熟过程有多种酶分子参与，如核酸酶、核苷酸转移酶等，都是蛋白质分子；也有核酸分子的自剪接过程。酵母前体 $tRNA^{Tyr}$(特异性携带酪氨酸的 tRNA)分子加工为成熟 tRNA 的过程如图 10－23 所示。

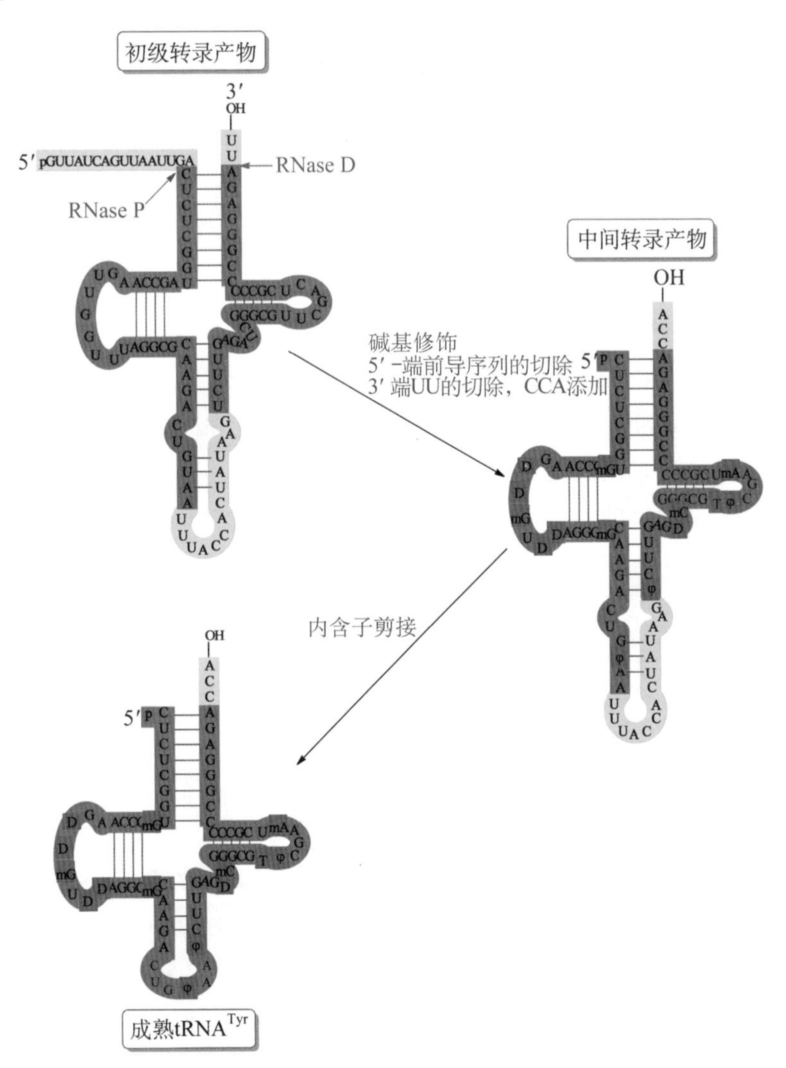

图 10－23　真核生物前体 tRNA 的转录后加工

首先是前导序列的切除，核酸内切酶 RNase P 切除酵母前体 $tRNA^{Tyr}$分子 5′-端的 16 个核苷酸长度的前导序列，真核生物 RNase P 是一个核蛋白，分子中的核酸对于内切酶活性是必需的；其次是 3′-端 CCA 的添加，此反应由相应的核苷酸转移酶催化，在添加之前还必须由核酸外切酶 RNase D 切除 3′-端的两个尿嘧啶核苷酸；然后是碱基的修饰，茎-环结构中的一些特定位点的核苷酸碱基可进行化学修饰，成为稀有碱基(rare base)，如嘌呤甲基化生成的甲基嘌呤、尿嘧啶还原为二氢尿嘧啶(DHU)、尿嘧啶核苷转位与戊糖结合成为假尿嘧啶核苷(φ)、腺苷酸脱氨成为次黄嘌呤核苷酸(I)等；最后是内含子的去除，此过程通过自剪接除去茎-环结构中部 14 个核苷酸的内含子。前体 tRNA 分子必须折叠成特殊的二级结构，剪接反应才能发生，内含子一般都位于前体 tRNA 分子的反密码子环。

原核生物的 tRNA 也同样有此转录后加工的方式。

第五节　微 RNA 的生物合成

RNA 转录后被切除的内含子、基因间隔序列等被称为非编码 RNA(non-coding RNA, ncRNA)，微 RNA 即是其中之一。ncRNA 在很多生命活动中，尤其在基因表达调控中具有重要作用。

一、微 RNA 的结构特点与功能

微 RNA(microRNA, miRNA)是一类特殊的非编码 RNA，大小为 22 个核苷酸左右。它们的序列与 mRNA 的特殊位点，通常是 3′-端非编码区域(3′-untranslated region, 3′-UTR)序列互补而结合，从而调控 mRNA 的表达活性。

许多 miRNA 仅在合成过程中短暂存在，发挥作用后立刻被分解，故也称为 stRNA (small temporal RNA)。从蠕虫、果蝇、植物到哺乳动物，miRNA 广泛存在于多细胞生物，在高等生物中已发现 1 000 多种 miRNA，人类基因中编码 miRNA 的 DNA 约占 DNA 总数的 1%，约 1/3 的 mRNA 受到 miRNA 的调控。

1993 年发现了第 1 个 miRNA，来自线虫 lin－4 基因的表达产物，这种单链 RNA 的表达具有阶段性，通过碱基配对的方式结合到靶 mRNA lin－14 的 3′－UTR，从而抑制 lin－14 的翻译，但并不影响其转录。基因 lin－4 是一个调节基因，基因 lin－14 是一个结构基因，其表达产物与幼虫发育有关，故 lin－4 的表达是抑制幼虫发育的。2000 年，另一个促进线虫幼虫向成虫转变的基因 let－7 被发现，它的转录产物为 21 个核苷酸的 RNA 分子，也具有明显的阶段表达特异性，对线虫的发育具有重要的调控作用。miRNA 具有一些鲜明的特点：①其长度一般为 20～25 个碱基，个别也有 20 个碱基以下的报道。②它广泛存在于多种生物体，且种类繁多。③其序列在不同生物中具有一定的保守性，但是尚未发现动植物之间具有完全一致的 miRNA 序列。④具有明显的表达阶段特异性和组织特异性(详见第十二章)。⑤miRNA 基因以单拷贝、多拷贝或基因簇等多种形式存在于基因组中，而且绝大部分位于

基因间隔区。

二、微RNA的生物合成

miRNA的编码基因往往以多拷贝或基因簇的形式存在于某些基因的内含子编码序列中，随同这些宿主基因由RNA PolⅡ催化一起合成。miRNA的初级转录产物是一个较大的RNA分子，长度约为70～80个核苷酸，称为pri-miRNA，分子内有局部配对的碱基而形成发夹结构类似物，它必须进行转录后加工才能成熟而具有其特殊的调节功能。

如图10－24所示，pri-miRNA的加工是一个多步骤的过程，有2种核酸内切酶参与，分别为Drosha和Dicer，均属于RNaseⅢ家族。首先，在核内Drosha和一种特殊蛋白质

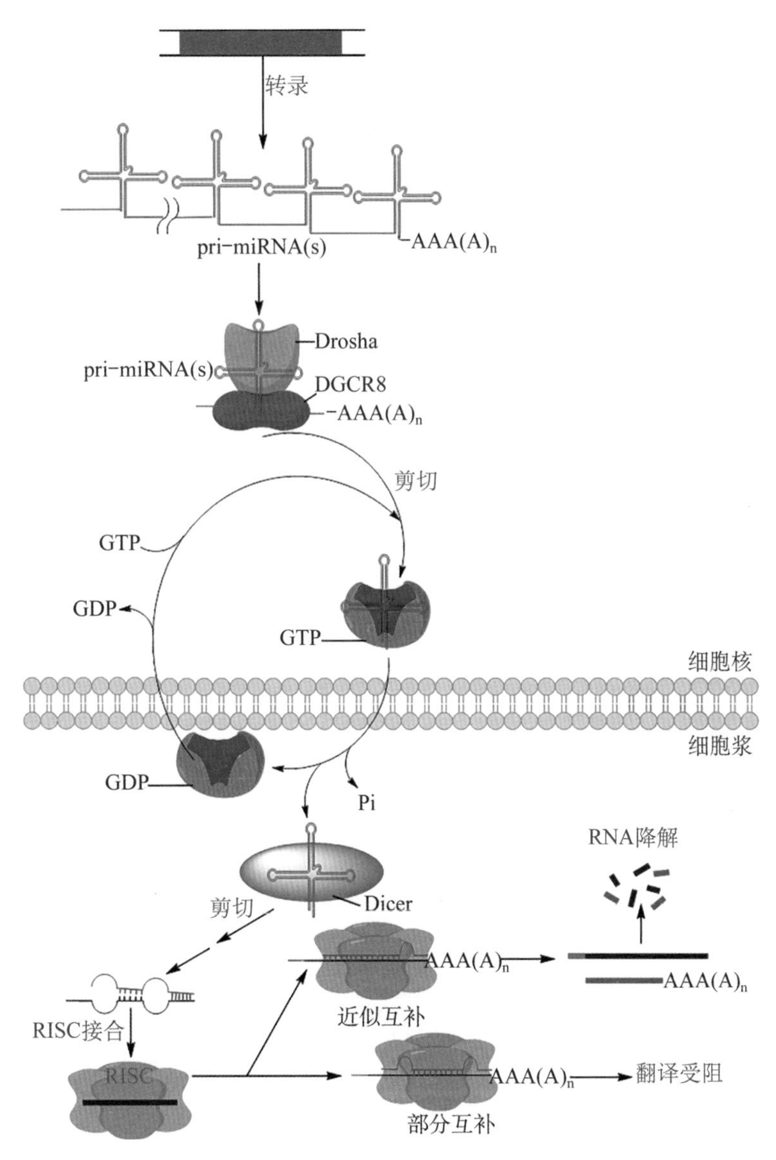

图10－24　miRNA的合成及加工

DGCR8(DiGeorge syndrome critical region gene 8)形成复合体，并与 pri-miRNA 结合。DGCR8 含有 RNA 结合域，可稳定此复合物，保证 Drosha 对 pri-miRNA 的切割以除去 5′-端和 3′-端的部分序列。切割产物与另一个由 Ran GTP 酶和转运蛋白 5 形成的复合体结合，转运至胞质中，GTP 水解供能释放出切割产物交给 Dicer，Ran GTP 酶和转运蛋白 5 复合体再回至核中。Dicer 是一种双链 RNA 酶，其 N -端具有 RNA 解旋酶活性。Dicer 在胞质中进一步切割 pri-miRNA，形成近似成熟 miRNA，此时成熟的 miRNA 与一段保留的短链 RNA 成双链结构。最后，RNA 解旋酶催化此双链结构解开，释放出成熟的 miRNA 组装成 RISC (RNA-induced silencing complex)，后者靶向结合于 mRNA 3′- UTR，发挥调节作用。根据 miRNA 与目标 mRNA 互补程度，mRNA 或者被水解，或者使翻译受阻。

（张　英）

参考文献

[1] 周春燕，药立波. 生物化学与分子生物学. 9 版. 北京：人民卫生出版社. 2018.

[2] 本杰明 · 卢因. 余龙等译. 基因Ⅷ. 北京：科学出版社，2005.

[3] Nelson DL, Cox MM. Lehninger Principles of Biochemistry. 6th ed. New York: W. H. Freeman and Company, 2013.

[4] Berg JM, Tymoczko JL, Stryer L. Biochemistry. 6th ed. New York: W. H. Freeman and Company, 2007.

第十一章　蛋白质的生物合成

蛋白质的生物合成与核酸密切相关。蛋白质分子中的氨基酸排列顺序，归根结底是由DNA上的基因所决定。mRNA为蛋白质合成的直接模板。mRNA分子中来自DNA基因编码的核苷酸序列信息转换为蛋白质中的氨基酸序列，故称为翻译(translation)。翻译是指在多种因子辅助下，由tRNA携带并转运相应氨基酸，识别mRNA分子中的三联体密码子，在核糖体上合成具有特定序列多肽链的过程。生物体蛋白质历经肽链合成的起始、延长与终止及翻译后加工和靶向输送后发挥生物学功能。

第一节　蛋白质生物合成体系

蛋白质生物合成是一个高度复杂而精确的翻译体系。参与细胞内蛋白质生物合成的物质除原料氨基酸外，还需要携带遗传物质的mRNA作为模板、tRNA结合并运载特异的氨基酸、核糖体作为蛋白质合成的装配场所、有关的酶与蛋白质因子参与反应和ATP或GTP提供能量。

一、遗传密码的“携带者”——mRNA

(一) 模板

以DNA为模板，按碱基互补规律合成mRNA，从而转录了DNA分子中的遗传信息。以这些mRNA为模板，合成的蛋白质的结构和功能也就多种多样。

(二) 遗传密码

发现DNA的双螺旋结构之后，分子生物学如雨后春笋般蓬勃发展。许多科学家的研究，使人们基本了解了遗传信息的流动方向：DNA→mRNA→蛋白质。也就是说蛋白质由mRNA指导合成，遗传密码应该在mRNA上。1954年，物理学家George Gamov根据在DNA中存在4种核苷酸，在蛋白质中存在20种氨基酸的对应关系，作出如下数学推理：如果每一个核苷酸为一个氨基酸编码，只能决定4种氨基酸($4^1=4$)；如果每2个核苷酸为一个氨基酸编码，可决定16种氨基酸($4^2=16$)。上述2种情况编码的氨基酸数<20种氨基酸，显然是不可能的。那么如果3个核苷酸为一个氨基酸编码，可编码64种氨基酸($4^3=64$)。Gamov认为只有$4^3=64$这种关系是理想的，因为在有4种核苷酸条件下，64是能满足20种氨基酸编码的最小数，且符合生物体在亿万年进化过程中形成的和遵循的经济原则，因此认

为 4 个以上核苷酸决定一个氨基酸也是不可能的。1961 年，Brenner 和 Grick 根据 DNA 模板上的脱氧核糖核苷酸序列、mRNA 上的核糖核苷酸序列，以及蛋白质上的氨基酸序列，发现三者是一一对应的关系，肯定了 3 个核苷酸决定一个氨基酸的推理。随后的实验研究证明上述假想是正确的，即 mRNA 传递遗传信息是通过 mRNA 分子中碱基排列顺序而实现的，mRNA 分子中的遗传密码(genetic code)决定蛋白质分子中氨基酸的排列顺序。在 mRNA 的开放阅读框架区，从 5′→3′的方向，以每 3 个相邻的碱基为一组，编码一种氨基酸。串联排列的 3 个碱基被称为一个三联体密码子(codon)。4 种碱基所组成的 64 种密码子(表 11 - 1)，其中 61 个编码 20 种直接在蛋白质合成中使用的氨基酸，如 AUG 代表甲硫氨酸和肽链合成起始密码子；另有 3 个 UAA、UAG、UGA 不编码任何氨基酸，而作为肽链合成的终止密码子(terminator codon)。

表 11 - 1　遗传密码表

第一碱基(5′端)	第二碱基 U	第二碱基 C	第二碱基 A	第二碱基 G	第三碱基(3′端)
U	UUU 苯丙氨酸	UCU 丝氨酸	UAU 酪氨酸	UGU 半胱氨酸	U
	UUC	UCC	UAC	UGC	C
	UUA 亮氨酸	UCA	UAA 终止	UGA 终止	A
	UUG	UCG	UAG	UGG 色氨酸	G
C	CUU 亮氨酸	CCU 脯氨酸	CAU 组氨酸	CGU 精氨酸	U
	CUC	CCC	CAC	CGC	C
	CUA	CCA	CAA 谷氨酰胺	CGA	A
	CUG	CCG	CAG	CGG	G
A	AUU 异亮氨酸	ACU 苏氨酸	AAU 天冬酰胺	AGU 丝氨酸	U
	AUC	ACC	AAC	AGC	C
	AUA	ACA	AAA 赖氨酸	AGA 精氨酸	A
	AUG 甲硫氨酸*	ACG	AAG	AGG	G
G	GUU 缬氨酸	GCU 丙氨酸	GAU 天冬氨酸	GGU 甘氨酸	U
	GUC	GCC	GAC	GGC	C
	GUA	GCA	GAA 谷氨酸	GGA	A
	GUG	GCG	GAG	GGG	G

* 位于 mRNA 起始部位的 AUG 又为肽链合成的起始密码子

遗传密码的基本特点如下。

1. 密码的方向性　组成密码子的各碱基在 mRNA 序列中的排列具有方向性。翻译时的阅读方向只能从 5′→3′，即从 mRNA 的起始密码子 AUG 开始，按 5′→3′的方向逐一阅读，直至终止密码子。mRNA 阅读框架中从 5′-端到 3′-端排列的核苷酸顺序决定了肽链中从 N-端到 C-端的氨基酸排列顺序。密码子 AUG 具有特殊性，不仅代表甲硫氨酸，如果位于 mRNA 起始部位，它还代表肽链合成的起始密码子(initiator codon)(图 11 - 1)。

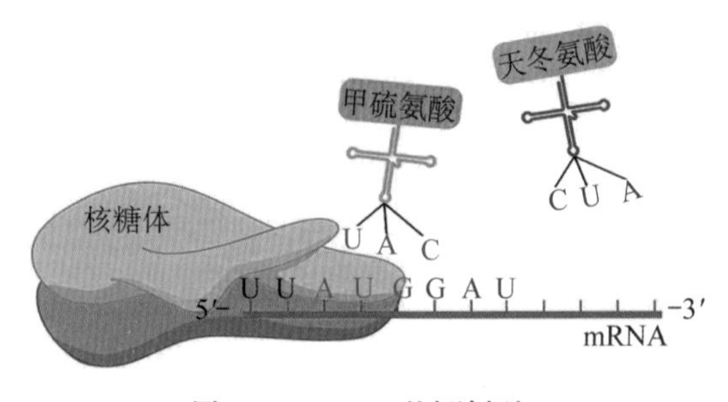

图 11 - 1　mRNA 的阅读框架

2. 密码的连续性 翻译时从起始密码子开始，沿着 mRNA 的 5′→3′方向，不重叠地连续阅读氨基酸密码子，一直进行到终止密码子停止，结果从 N-端到 C-端生成一条具有特定顺序的肽链。两个密码子之间没有任何核苷酸加以隔开。因此要正确地阅读密码，必须从起始密码子开始，此后连续不断地一个密码子接一个密码子被连续阅读，直至终止密码子出现。由于密码子的连续性，在开放阅读框中发生插入或缺失 1 个或 2 个碱基的基因突变，都会引起这一点以后的读码发生错误，这种错误称为阅读框移位（frame shift）。由于移码引起的突变叫做移码突变，使后续的氨基酸序列大部分被改变（图 11-2），其编码的蛋白质彻底丧失功能。如同时连续插入或缺失 3 个碱基，则只会在蛋白产物中增加 1 个或缺失 1 个氨基酸，但不会导致阅读框移位，对蛋白质功能的影响相对较小。

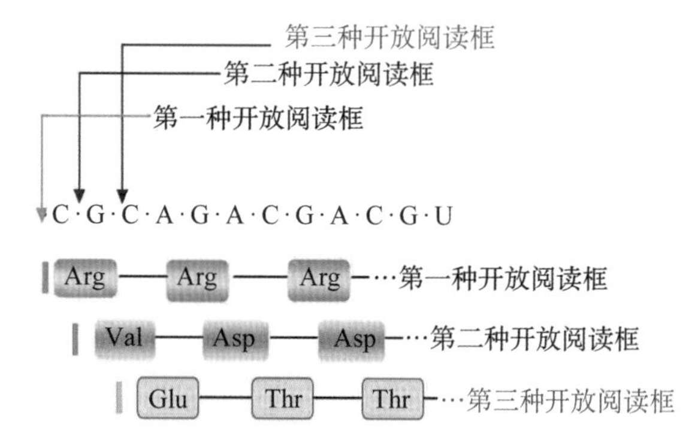

图 11-2 不同的开放阅读框会产生完全不同的多肽链

3. 密码的简并性与摆动性 密码子的翻译通过与 tRNA 的反密码子配对反应而实现。只有色氨酸及甲硫氨酸仅有一个密码子。多数氨基酸可由多个密码子编码，这种现象被称为简并性（degeneracy）。如 UUA、UUG、CUU、CUC、CUA 及 CUG 均是亮氨酸的密码子。为同一种氨基酸编码的各密码子称为简并性密码子，也称同义密码子。此种简并性主要是由于密码的第 3 位碱基呈摆动（wobble）而形成的（表 11-2），即密码子的专一性主要由前 2 个碱基决定，第 3 位碱基发生突变往往并不改变其密码子编码的氨基酸，从而使合成的蛋白质分子中氨基酸序列不变。同义的密码子越多，生物遗传的稳定性越大。因为当 DNA 分子上的碱基发生变化时，突变后所形成的三联体密码可能与原来的三联体密码翻译成同样的氨基酸，在多肽链上就不会表现任何变异。因而简并现象对生物遗传的稳定性具有重要意义。

表 11-2 第 3 位密码子与第 1 位反密码子的摇摆配对

5′-反密码子碱基	3′-密码子碱基
C	G
A	U
U	A 或 G
G	U 或 C
I	U、C 或 A

4. 密码的通用性 病毒、细菌、植物、动物到人类都使用着同一套遗传密码。遗传密码的通用性中仍有个别例外，在哺乳动物线粒体内有些密码子编码方式不同于通用遗传密码，如 AUA、AUG、AUU 都为起始密码子，AUA 也可作为甲硫氨酸密码子，UAG 为色氨酸密码子，AGA、AGG 为终止密码子。

二、氨基酸的“搬运工具”——tRNA

（一）tRNA 的种类

一种 tRNA 只能携带一种氨基酸，细胞内有 60～70 种 tRNA，因此每种氨基酸可能由 2～6种特异的 tRNA 携带。tRNA 分子中有核糖体识别位点，以及特异的反密码子与 mRNA 上密码子碱基互补，借此带着相应氨基酸的 tRNA 通过其特有的反密码子识别，准确地在核糖体上与 mRNA 上相应的密码子对号入座，使氨基酸按照 mRNA 分子中的遗传密码排列成一定的顺序。tRNA 实际上起着接应器的作用。不同 tRNA 的表述方式，采用右上标的不同氨基酸的三字母代号，如 $tRNA^{Ser}$ 表示这是一个专门转运丝氨酸的 tRNA。

（二）tRNA 的结构

tRNA 的结构特征之一是含有较多的修饰成分。tRNA 分子二级结构可排布成三叶草模型（图 11－3a）。它有 3 个环，即 D 环（因该处二氢尿嘧啶核苷酸（D）含量高）、反密码环（该环中部为反密码子）和 TΨC 环（因绝大多数 tRNA 在该处含胸苷酸（T）、假尿苷酸（Ψ）、胞苷酸（C）顺序），还含有氨基酸臂，其 3′-端均含 CCA 序列，是连接氨基酸所不可缺少的。位于反密码环与 TΨC 环之间还有可变环，不同 tRNA 的可变环大小不一，核苷酸数从二至十几不等。除可变环和 D 环外，其他各个部位的核苷酸数目和碱基对基本上是恒定的。反密码环中部的反密码子（anticodon）由 3 个核苷酸组成。蛋白质合成中使用的 20 种氨基酸各由其特定的 tRNA 负责转运至核糖体。tRNA 上有两个重要的功能部位：一个是氨基酸结合部位，另一个是 mRNA 结合部位。与氨基酸结合的部位是 tRNA 氨基酸臂的- CCA 末端的腺苷酸 3′- OH；与 mRNA 结合的部位是 tRNA 反密码环中的反密码子。氨基酸由 tRNA 运载至核糖体，通过其反密码子与 mRNA 序列中对应的密码子互补结合，从而按照 mRNA 的密码子顺序依次加入氨基酸残基。1974 年用 X 线晶体衍射法测出第 1 个 tRNA——酵母苯丙

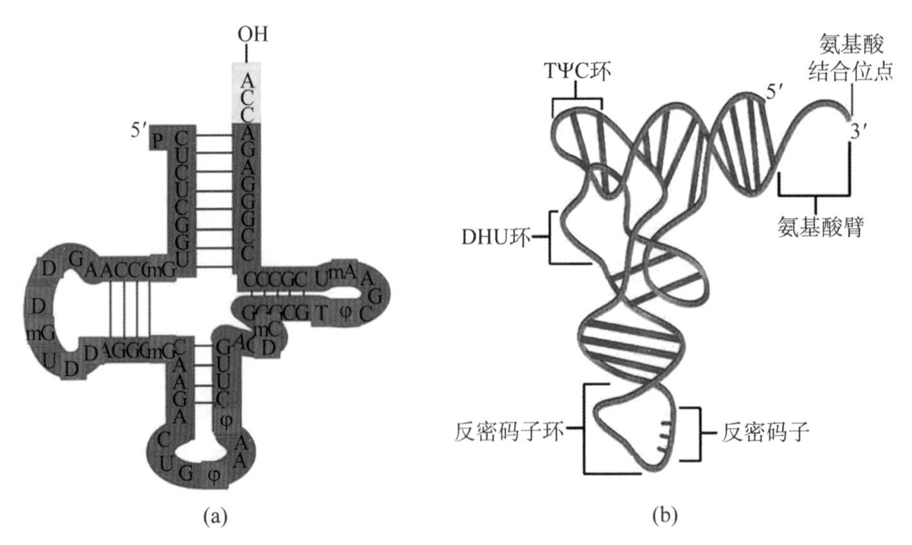

图 11－3　tRNA 的二级结构和三级结构

（a）tRNA 分子二级结构；（b）tRNA 三级结构

氨酸 tRNA 晶体的三维结构，分子全貌像倒写的英文字母“L”，呈扁平状，长 60 Å，厚 20 Å（图 11－3b）。tRNA 三级结构由核苷酸之间的氢键维系。

三、肽链的“装配机”——核糖体

核糖体类似于一个移动的蛋白质“装配机”，蛋白质合成体系中各组分最终在核糖体上按正确的空间排布进行高度特异的相互作用，按照 mRNA 分子中遗传信息的排布，使各特定的氨基酸之间形成肽键。

原核生物的核糖体上有 P 位、A 位和 E 位 3 个重要的结合位点（图 11－4）。在蛋白质合成中，分别作为肽酰－tRNA 结合的位置，称 P 位或肽酰位（peptidyl site）；氨基酰－tRNA 进入的位置，称 A 位或氨基酰位（aminoacyl site）；E 位为 tRNA 排出部位（exit site），已经卸载了氨基酸的 tRNA 由此位释放。

真核生物的核糖体上没有 E 位，空载的 tRNA 直接从 P 位脱落。

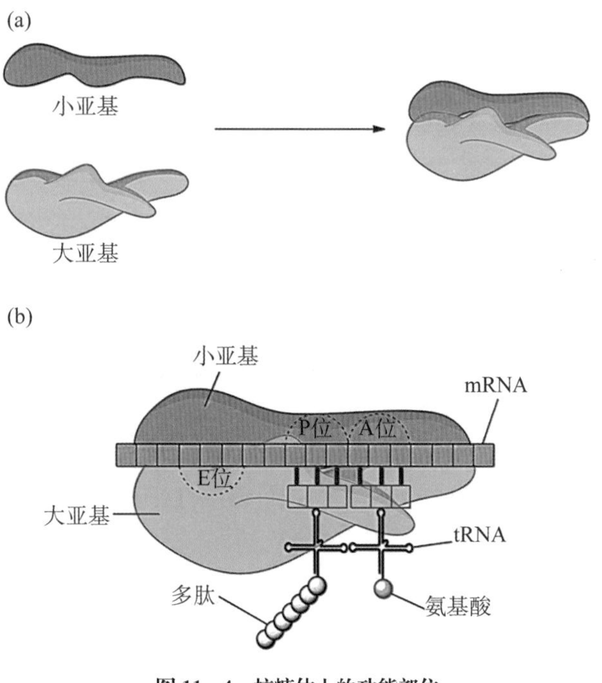

图 11－4　核糖体上的功能部位

（a）核糖体大小亚基结合后形成的间隙为 mRNA 结合部位；
（b）翻译过程中的核蛋白体结合模式

四、肽链生物合成需要的酶类和蛋白质因子

蛋白质生物合成需要由 ATP 或 GTP 提供能量，需要 Mg^{2+}、转肽酶、氨基酸－tRNA 合成酶等多种酶参与反应，从起始、延长到终止的各阶段还需要多种其他核糖体外的蛋白质因子（表 11－3）。真核生物蛋白质合成过程类似于原核细胞的蛋白质生物合成过程，最大的区

别在于翻译起始复合物形成，以及各阶段所使用的蛋白质因子的种类和数量有所不同。真核生物的肽链合成过程反应更复杂，涉及的蛋白质因子更多。这些因子有：①起始因子(initiation factor, IF)，原核生物(prokaryote)和真核生物(eukaryote)的起始因子分别用IF和eIF表示；②延长因子(elongation factor, EF)，原核生物与真核生物的延长因子分别用EF和eEF表示；③释放因子(release factor, RF)又称终止因子(termination factor)，原核生物与真核生物的释放因子分别用RF和eRF表示。

表11-3 大肠埃希菌中蛋白质合成所需要的蛋白质因子

蛋白质因子	生物学功能
起始因子	
IF-1	起始阶段首先由IF-1促使无活性的70S核糖体解离形成30S和50S两个亚基
IF-2	促进fMet-tRNA^{fMet}与小亚基结合
IF-3	IF-3的作用在于保持大小亚基彼此分离状态，以及有助于mRNA结合
延长因子	
EF-Tu	结合氨基酰-tRNA和GTP
EF-Ts	从EF-Tu中置换GDP
EF-G	EF-G有移位酶的活性，可结合并水解1分子GTP，促进核糖体向mRNA的3′-端移动
释放因子	
RF-1	识别UAA和UAG，触发核糖体构象改变，诱导肽酰基转移酶活性转变成酯酶活性
RF-2	识别UAA和UGA，触发核糖体构象改变，诱导肽酰基转移酶活性转变成酯酶活性
RF-3	不识别终止密码子，只起辅助因子的作用，能激活另外两个因子

第二节 蛋白质的生物合成过程

蛋白质的生物合成过程包括氨基酸活化、蛋白质合成的起始(initiation)、延长(elongation)和终止(termination)4个阶段。下面着重介绍原核生物蛋白质合成的过程，并指出真核生物与其不同之处。

一、氨基酸的活化与搬运

氨基酸与tRNA连接的准确性是正确合成蛋白质的关键步骤。已发现的tRNA达数十种，但是一种tRNA只能转运一种特定的氨基酸。在氨基酰tRNA合成酶(aminoacyl-tRNA synthetase)的催化下，利用ATP供能，在氨基酸的羧基上进行活化。氨基酸与tRNA连接的专一性由氨基酰tRNA合成酶保证。氨基酰-tRNA合成酶对底物氨基酸和tRNA都有高度特异性，既能识别特异的氨基酸，又能辨认应该结合该种氨基酸的tRNA分子，这是遗传信息准确反应的条件之一。该酶通过分子中相分隔的活性部位分别识别并结合ATP、特异氨基酸及tRNA。氨基酸与特异的tRNA结合形成氨基酰-tRNA的过程称为氨基酸的活化。

每个氨基酸活化需消耗2个来自ATP的高能磷酸键。总反应式如下：

$$\text{氨基酸} + \text{tRNA} + \text{ATP} \xrightarrow{\text{氨基酰-tRNA 合成酶}} \text{氨基酰-tRNA} + \text{AMP} + \text{PPi}$$

氨基酰-tRNA 合成的主要反应步骤包括：①氨基酰 tRNA 合成酶催化 ATP 分解为焦磷酸与 AMP；②AMP、酶、氨基酸三者结合为中间复合体（氨基酰-AMP-E），其中氨基酸的羧基与磷酸腺苷的磷酸以酐键相联，成为活化的氨基酸；③活化氨基酸与 tRNA 分子的 3′-CCA 末端（氨基酸臂）上腺苷酸的核糖 3′位的游离羟基以酯键结合，形成相应的氨基酰-tRNA（图 11-5）。

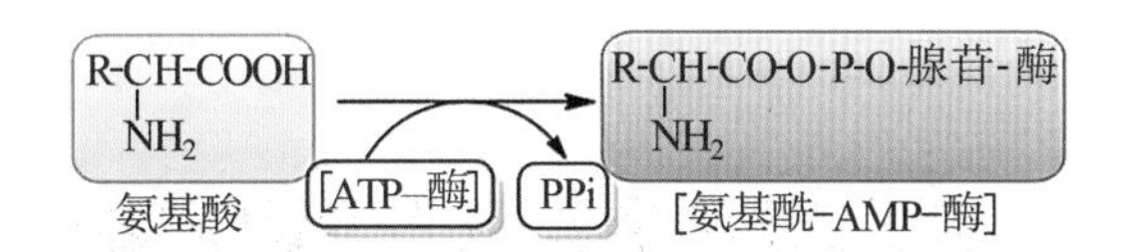

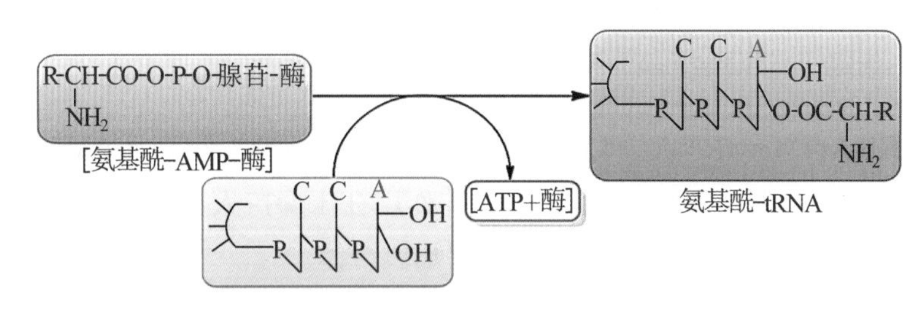

图 11-5　氨基酰-tRNA 的形成

已经结合了不同氨基酸的氨基酰-tRNA 用前缀氨基酸三字母代号表示，如 Ser-tRNA^{Ser} 表示 tRNA^{Ser}的氨基酸接纳臂上已经结合丝氨酸。氨基酰-tRNA 合成酶还有校对活性（proof reading activity），能将错误结合的氨基酸水解释放，再换上与密码子相对应的氨基酸。

尽管都携带着 Met，但结合在起始密码子处的 Met-tRNA 与结合阅读框内部 Met 密码子的 Met-tRNA 在结构上是有差别的，是两种不同的 tRNA。在原核细胞中，作为起始 $\text{tRNA}^{\text{fMet}}$，在结合上 Met 后，再由 N^{10}-甲酰四氢叶酸提供甲酰基，生成甲酰甲硫氨酸-$\text{tRNA}^{\text{fMet}}$，参加肽链合成的起始过程。在真核生物，具有起始功能的是 $\text{tRNAi}^{\text{Met}}$（initiator-tRNA），它与 Met 结合后，可以在 mRNA 的起始密码子 AUG 处就位，参与形成翻译起始复合物。

二、肽链合成的起始

翻译的起始是指 mRNA、起始氨基酰-tRNA 分别与核糖体结合而形成翻译起始复合物（translation initiation complex）的过程。

（一）原核生物蛋白质合成的起始

（1）70S 核糖体在 IF-1 影响下解离形成 30S 和 50S 两个亚基是起始的基本条件。

（2）IF-3 与游离的 30S 亚基结合，以阻止在与 mRNA 结合前 30S 亚基与大亚基结合，防止无活性核糖体的形成。

(3) IF-1结合在30S亚基上,靠近IF-3。核糖体小亚基结合于mRNA的5′-端形成复合物。小亚基与mRNA结合时,可准确识别阅读框的起始密码子AUG。各种mRNA的起始AUG上游约8～13个核苷酸处,存在一段由4～9个核苷酸组成的共有序列-AGGAGG-,可被核糖体小亚基的16S rRNA通过碱基互补而精确识别。这段序列被称为核糖体结合位点(ribosomal binding site, RBS)。该序列1974年由J. Shine和L. Dalgarno发现,也称为Shine-Dalgarno序列,简称为S-D序列(图11-6)。此外,mRNA上紧接SD序列后的小核苷酸序列,可被核糖体小亚基蛋白rpS-1识别并结合。通过上述RNA-RNA、RNA-蛋白质相互作用,小亚基可以准确定位mRNA上的起始AUG。

图11-6　原核生物mRNA的起始AUG上游的S-D序列及rpS-1识别序列

(4) 起始tRNA($fMet\text{-}tRNA^{fMet}$)通过其反密码子与mRNA分子上AUG密码子的碱基配对与上述复合体结合,IF-3被释放。IF-3的作用在于保持大小亚基彼此分离状态,以及有助于mRNA结合。此时的复合体称为30S起始复合体。

(5) 50S亚基与上述复合体结合,替换出IF-1和IF-2,而GTP在此耗能过程中被水解。起始后期形成该复合体,被称为70S起始复合体(图11-7)。

(二) 真核生物蛋白质合成的起始

真核生物蛋白质合成起始复合物的形成较原核细胞为复杂。真核生物翻译起始复合物的装配所需要的起始因子(eIF)种类多达12种,其中eIF-2又分出eIF-2A、2B,eIF-4有A、B、C、D 4种。

真核蛋白质合成起始装配从游离的40S亚基和具有5′-帽子结构的mRNA分子开始,装配顺序如下。

(1) 真核细胞的起始氨基酸也是甲硫氨酸,但不必甲酰化。$Met\text{-}tRNAi^{Met}$在eIF-2参与下与GTP结合后,再与带有eIF-3的小亚基(40S)相结合。

(2) 在上述复合体与mRNA结合前,mRNA先与eIF4B和eIF4F发生作用。利用来自ATP的能量解旋去除高级结构。

(3) 在40S亚基复合体上,通过5′-帽结构与mRNA复合体结合后,在mRNA链上滑动寻找AUG起始密码子。

(4) 由eIF-5替换eIF2和eIF3后,60S亚基才能与40S亚基结合,并水解GTP。

(5) eIF4C帮助60S亚基结合形成完整的80S起始复合体后被释放。

(6) 释放后eIF2-GDP复合体在eIF2B的作用下进入下一轮。起始循环的速率受到eIF2的α亚基磷酸化调控。

真核细胞的起始阶段,tRNA先于mRNA结合在小亚基上,与原核生物的装配顺序不同。

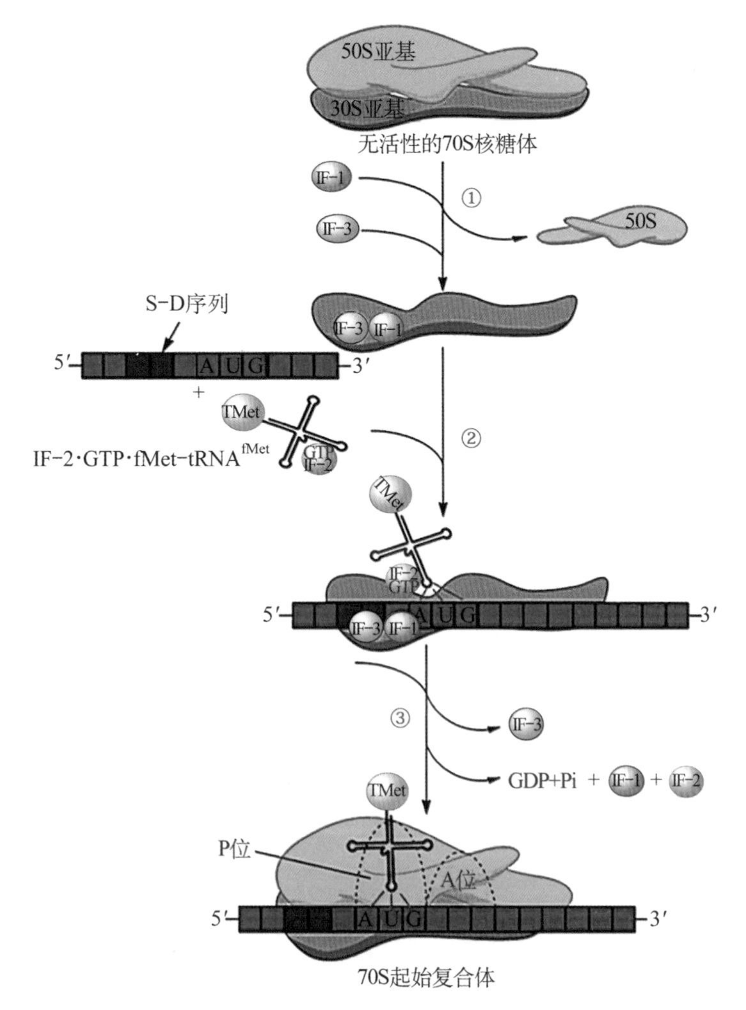

图 11-7　原核生物蛋白质合成的起始过程

①起始阶段首先由 IF-1 促使无活性的 70S 核糖体解离形成 30S 和 50S 两个亚基；②核糖体小亚基结合于 mRNA 的 5′-端形成复合物，起始 tRNA（fMet-tRNAf^{Met}）通过其反密码子与 mRNA 分子上 AUG 密码子的碱基配对加入复合体；③50S 亚基与②中形成的复合体结合，起始后期完成 70S 起始复合体的形成。

三、肽链合成的延长

肽链合成的延伸指第 2 个和以后的密码子编码的氨基酸进入核糖体，并形成肽键的过程。这个过程步骤：①进位反应，是氨基酰-tRNA 的反密码子与 mRNA 密码在核糖体内的识别；②转肽反应，包括转位反应和肽键形成；③移位反应，是 tRNA 和 mRNA 密码在核糖体移动。这 3 个步骤构成一个循环，称为核糖体循环（ribosomal cycle）。

（一）原核生物蛋白质合成的延长

组装完的核糖体 70S 起始复合体有两个 tRNA 结合位点。A 位点是氨酰-tRNA 结合位点，P 位点是肽链延伸的位点。这两个位点均位于小亚基的凹槽处，包括正在翻译的相邻密码子。

1. 进位　原核生物中，fMet-$tRNA^{fMet}$占据在肽酰位（P位），而A位空闲着。进位（entrance）又称注册（registration），是指一个氨基酰-tRNA按照mRNA模板的指令进入并结合到核糖体A位的过程。延长因子T（elongation factor T，EF-T）有两个亚基，分别为Tu及Ts，当EF-T与GTP结合时释出Ts，Tu与结合有氨基酰-tRNA和GTP的核糖体形成延伸四元复合物，并输送氨基酰-tRNA结合到A位与mRNA第2个密码子结合。然后GTP分解，释放出Tu-GDP及Pi。Tu-GDP在GTP供能下，由Ts催化，则又生成Tu-GTP。

2. 成肽　成肽即形成肽键的反应，这个过程是在延伸因子从核糖体上解离下来的同时进行的。催化这一过程的酶称为肽酰基转移酶（transpeptidase），催化P位上甲硫氨酰-tRNA的甲硫氨酰基与A位上新进入氨基酰-tRNA的α-氨基间形成肽键。第1个肽键形成后，二肽酰-tRNA占据着核糖体A位，而卸载了氨基酸的tRNA仍在P位（图11-8）。催化的本质是使一个酯键转变成一个肽键，由新加入的氨基酰-tRNA上氨基酸的氨基对肽酰-tRNA酯键的羰基进行亲核攻击而成。值得注意的是，肽酰转移酶的化学本质不是蛋白质，肽酰转移酶属于一种核酶，本质是RNA，在原核生物为23S rRNA，在真核生物为28S rRNA。

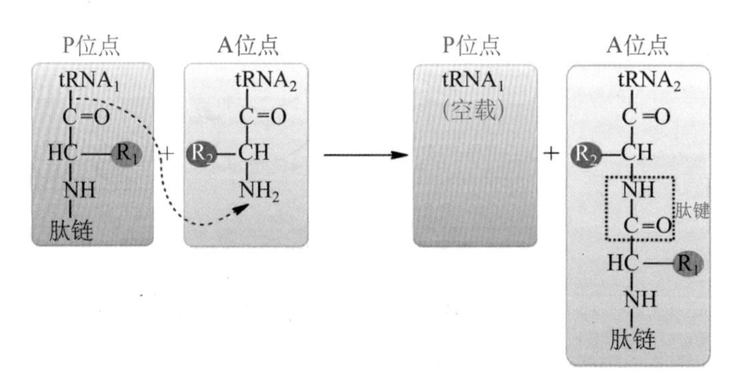

图11-8　成肽反应：P位肽酰基与A位氨基酰基之间形成肽键

3. 移位　延伸反应第3个步骤称移位。原核细胞在延长因子G（elongation factor G，EF-G）的作用下，催化GTP分解供能，成肽反应后核糖体沿着mRNA的3′-端移动一个密码子的距离，空载的tRNA从E位点解离，从核糖体脱落；成肽后位于A位的带有合成中的肽链的tRNA（肽酰-tRNA）转到P位上，A位得以空出，且准确定位在mRNA的下一个密码子，以接受一个新的对应氨基酰-tRNA进位。

每一轮的核糖体循环都要连续进行进位、成肽、转位的循环过程。核糖体从5′→3′阅读mRNA中的密码子，每次循环向肽链C-端添加一个氨基酸，使肽链从N-端向C-端延长。

GTP的水解在翻译过程中有重要作用，在每掺入一个氨基酸的延伸过程中，都有2个GTP分子发生水解。在肽链延长阶段中，每生成1个肽键，都需要直接从2分子GTP（进位与转位各1分子）获得能量。加上合成氨基酰-tRNA时已消耗了2个高能磷酸键，所以在蛋白质合成过程中，每生成1个肽键平均需消耗4个高能磷酸键。GTP结合和水解与EF-Tu

和 EF－G 作用有关。随着 GTP 水解成 GDP，这些因子构象发生了很大变化，与核糖体分离。GTP 及 GDP 与这些因子的结合与否成为调节它们与核糖体结合的开关。

原核生物蛋白质合成的延伸阶段见图 11－9 所示。

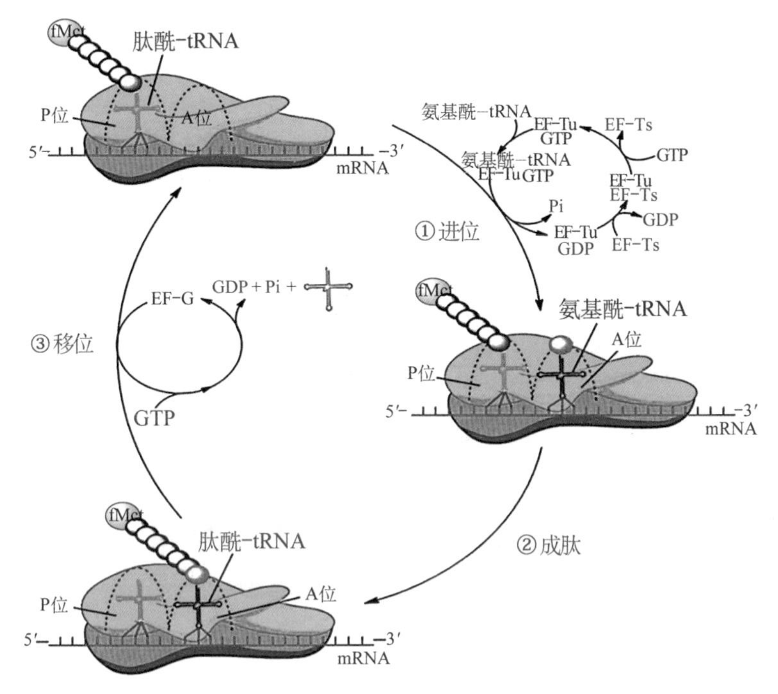

图 11－9　原核生物蛋白质合成的延伸阶段——核糖体循环

①进位：当 EF－T 与 GTP 结合时释出 Ts，Tu 与结合有氨基酰- tRNA 和 GTP 的核糖体形成延伸四元复合物，并输送氨基酰- tRNA 结合到 A 位与 mRNA 第 2 个密码子结合；②成肽：P 位上的甲硫氨酰- tRNA 的甲硫氨酰基与 A 位上新进入氨基酰- tRNA 的 α－氨基之间形成肽键；③移位：成肽后位于 A 位的肽酰- tRNA 转到了 P 位上，A 位得以空出，空载的 tRNA 从核糖体脱落。

（二）真核生物蛋白质合成的延长

真核生物蛋白质合成的延长过程类似于原核细胞。

1. 进位　真核细胞进位阶段有两个延长因子 eEF－1α 和 eEF－1β。氨基酰- tRNA 进位时需要 eEF－1α 与 GTP、氨基酰- tRNA 形成复合物，促使氨酰- tRNA 进入核糖体。eEF－1β 催化 GDP 与 GTP 交换，利于 eEF－1α 循环利用。

2. 成肽　与原核生物的成肽过程类似。

3. 移位　真核生物的移位过程需要的是延长因子只有一种 eEF－2。相当于原核生物的 EF－G，它催化 GTP 水解和驱动氨基酰- tRNA 从 A 位移到 P 位。

四、肽链合成的终止

（一）原核生物蛋白质合成的终止

1. 终止密码子进入核糖体的 A 位点　无相应的氨基酰- tRNA 或非酰基化的 tRNA 与

之结合，而释放因子(releasing factor, RF)在 GTP 存在识别终止密码子，结合于 A 位点。

2. 细菌中存在 3 类释放因子 RF-1 识别 UAA 和 UAG；RF-2 识别 UAA 和 UGA；RF-3 不识别终止密码子，只起辅助因子的作用，能激活另外两个因子。当释放因子识别在 A 位点的终止密码子后，可触发核糖体构象改变，导致存在于大亚基上的肽酰基转移酶的活性转变成酯酶的活性，催化 P 位点上的 tRNA 与肽链之间的酯键水解，使肽基与水分子结合，随后新合成的肽链从核糖体上脱落。

3. RF-3 是一种依赖于核糖体的 GTPase RF-3 结合 GTP，帮助其他两种释放因子结合于核糖体。RF-1 和 RF-2 类似于 tRNA 的结构和大小，与 tRNA 竞争结合核糖体和识别终止密码子。

4. mRNA、tRNA 及 RF 从核糖体脱离 mRNA 模板和各种蛋白质因子、其他组分都可被循环利用(图 11-10)。

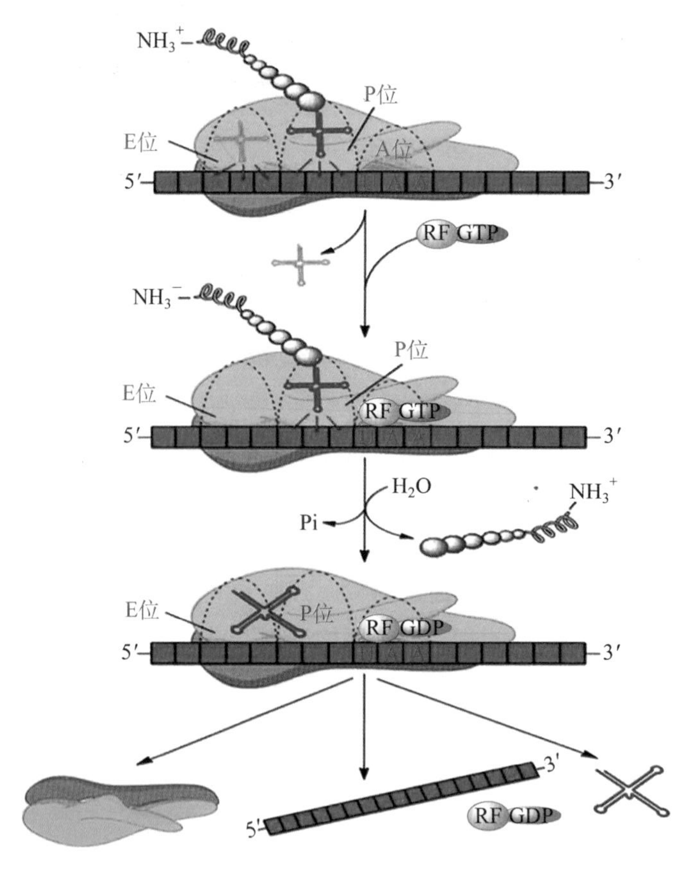

图 11-10 原核生物蛋白质合成的终止

(二) 真核生物蛋白质合成的终止

真核生物仅有一种释放因子，即 eRF。所有 3 种终止密码子均可被 eRF 识别。真核生物中肽链合成完成后的水解释放过程尚未完全解析。

表 11－4 原核细胞与真核生物蛋白质合成过程的不同点

	原核生物	真核生物
翻译与转录的时空关系	转录和翻译是在同一场所进行的，转录完成后经简单的修饰就立即进入翻译状态，翻译与转录是偶联的	真核生物要将细胞核内转录生成的 mRNA 前体经过加工转运到细胞质，才能进行蛋白质合成
肽链合成的起始	原核生物肽链的合成是从甲酰甲硫氨酰－tRNA 开始的	真核生物的肽链合成是从甲硫氨酰－tRNA 开始的
保证多肽链翻译的准确性	原核生物肽链合成的起始依赖于 S－D 序列－AGGAGG－	真核生物肽链合成的起始依赖于帽子结构 m7GpppNp
起始复合物的结合顺序	原核生物的 mRNA 与核糖体小亚基的结合先于起始 tRNA 与小亚基的结合	真核生物的起始 tRNA 与核糖体小亚基的结合先于 mRNA 与小亚基的结合
核糖体组成	原核生物由 30S 小亚基和 50S 大亚基组成的 70S 核糖体，含 rRNA 与蛋白质较少	真核生物的 80S 核糖体由 40S 小亚基和 60S 大亚基构成，含 rRNA 与蛋白质较多
起始因子与释放因子	参与原核生物蛋白质合成的起始因子有 3 种，释放因子有 3 种	参与真核生物蛋白质合成的起始因子有 12 种，释放因子只有 1 种
密码子的偏爱性	如原核生物脯氨酸密码子偏爱 CCG	如真核生物脯氨酸密码子偏爱 CCC

五、多核糖体

20 世纪 60 年代，有几个实验室先后发现了多核糖体（polyribosome 或 polysome）。他们将蛋白质合成旺盛的细胞与放射性物质进行短暂培养，以标记新合成的蛋白质，然后温和地破碎细胞，在上清液中含有核糖体，利用移动区带离心，发现除了 80S 核糖体之外，还有放射性标记的 170S 核糖体。因此推断在蛋白质合成时核糖体可能是成串存在的。经电子显微镜观察证实 80S 核糖体是单个存在的，而 170S 核糖体是由 4～6 个核糖体组成的多核糖体。

无论真核生物还是原核生物，在 mRNA 的起始密码子部位，核糖体亚基装配成完整的起始复合物，然后向 mRNA 的 3′-端移动。当第 1 个核糖体离开起始密码子后，空出的起始密码子的位置足够与另一个核糖体结合时，第 2 个核糖体的小亚基就会结合上来，并装配成完整的起始复合物，开始蛋白质的合成。多核糖体中，每个核糖体间相隔约 80 个核苷酸（图 11－11）。多核糖体的形成可以使 mRNA 保持高速、高效的翻译水平。

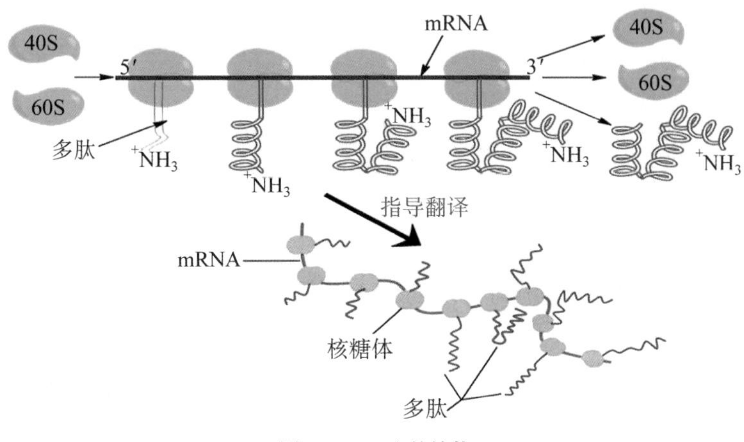

图 11－11 多核糖体

第三节　蛋白质的成熟——多肽链的折叠、翻译后修饰、靶向输送

从核糖体上最终释放出的多肽链,大多数还不是具有生物活性的成熟蛋白质,它们往往在分子伴侣的帮助下获得正确的空间构象,从而具有生物学功能。许多蛋白质在翻译后还需经蛋白酶水解作用切除一些肽段或氨基酸,或对某些氨基酸残基的侧链基团进行化学修饰等处理后才能成为有活性的成熟蛋白质。这一过程称为翻译后修饰(post-translational modification, PTM)。蛋白质合成后还需要被输送到合适的亚细胞部位才能行使各自的生物学功能。其中,有的蛋白质驻留于细胞液,有的被运输到细胞器或镶嵌入细胞膜,还有的被分泌到细胞外。蛋白质合成后在细胞内被定向输送到其发挥作用部位的过程称为蛋白质的靶向输送(protein targeting)或蛋白质分拣(protein sorting)。

一、多肽链的折叠

细胞中大多数天然蛋白质折叠都不是自发完成的,其折叠过程需要分子伴侣(molecular chaperone)的辅助。分子伴侣是细胞中一大类蛋白质,是由不相关的蛋白质组成的一个家系,广泛存在于原核与真核生物细胞中,凡具有帮助蛋白质折叠功能的蛋白,都称为分子伴侣。分子伴侣是完全不同的蛋白质,介导其他蛋白质的正确装配,但自己不成为最后功能结构中的组分。分子伴侣主要功能是:①封闭待折叠肽链暴露的疏水区段,阻止新生肽链的不正常聚集;②创建一个隔离的环境,可以使肽链的折叠互不干扰;③遇到应激刺激,使已折叠的蛋白质去折叠,使不正常聚集的蛋白质分子解散。

目前认为许多热休克蛋白具有分子伴侣活性。热休克蛋白(heat shock proteins, HSP)是从细菌到哺乳动物中广泛存在的一类热应急蛋白质。当有机体暴露于高温的时候,就会由热激发合成此种蛋白,以保护有机体。按照分子量的大小,热休克蛋白共分为5类,分别为HSP100、HSP90、HSP70、HSP60以及小分子热休克蛋白(sHSP)。热休克蛋白HSP70是最主要的分子伴侣之一。大肠埃希菌中HSP70由基因*DnaK*编码,故HSP70又称为DnaK蛋白。它有两个功能域:一个是N-端的ATP酶结构域,能结合和水解ATP;另一个是C-端的肽链结合结构域。但是HSP70不能独自起作用,还需要HSP40(DnaJ)和HSP20(GrpE)的辅助。它们一起被称为HSP70反应系统。HSP70反应系统促进肽链折叠的过程叫作HSP70反应系统循环。具体步骤如图11-12。首先,DanJ与未折叠肽链结合,再与DanK-ATP复合物结合,使ATP水解,形成DanJ—DanK—ADP—肽链复合物。然后,在GrpE作用下,ATP与ADP交换,释放被部分折叠的肽链。蛋白质的折叠是经过几轮的结合与解离完成的。当蛋白质的链延长时,DnaK可能从一个结合位点上解离,接着又重新结合到其他位点,使底物蛋白质的一部分有序地正确折叠。随后,HSP70系统将部分正确折叠蛋白传递到HSP60家族分子伴侣GroEL上继续折叠。

HSP60 本身(在大肠埃希菌中称为 GroEL)形成具有 14 个亚基的结构,以相反的方向互相堆叠成两个七聚体环;也即这两个环的顶部及底部的表面是完全相同的。中心的空洞贯穿这两个环,所以这个结构像是一个中空的圆柱体。两个 GroEL 环一个是近端环(与 GroES 结合),另一个是远端环(未与 GroES 结合)。GroES 是由 7 个相同亚基组成的圆顶状复合物,可作为 GroEL 桶的盖子。需要折叠的肽链进入 GroEL 的桶状空腔后,GroES 可作为"盖子"瞬时封闭 GroEL 出口。封闭后的桶状空腔提供了能完成该肽链折叠的微环境,消耗大量 ATP,帮助肽链在密闭的 GroEL 空腔内折叠。折叠完成后,形成了天然空间构象的蛋白质被释放,GroEL - GroES 复合物被再利用,尚未被完全折叠的肽链可进入下一轮循环,重复以上过程,直到形成天然空间构象(图 11 - 12)。

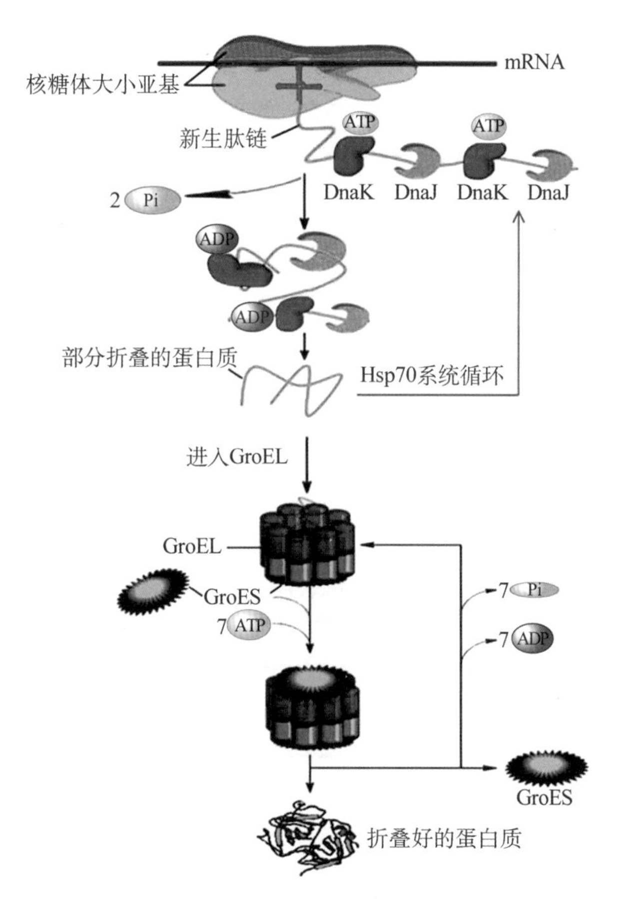

图 11 - 12　分子伴侣帮助肽链折叠

HSP70 系统帮助一个新生蛋白质折叠,经几次循环,随后将部分正确折叠的蛋白质传递到 GroEL - GroES 系统中继续折叠,直到形成天然空间构象

二、 蛋白质的翻译后修饰

前体蛋白质常无活性,须经一系列的翻译后加工,才能成为具有功能的成熟蛋白。翻译后修饰是指蛋白质在翻译后的化学修饰。对于大部分的蛋白质来说,这是蛋白质生物合成

的较后步骤。加工的类型是多种多样的，一般分为：多肽链的有限水解，包括 N-端 fMet 或 Met 的切除及肽链中肽键水解；氨基酸侧链化学修饰；二硫键形成等。这些翻译后修饰具有重要的意义，蛋白质的功能因此大大被改变。

（一）多肽链的有限水解

多肽链的有限水解是一种最常见的翻译后加工形式，绝大多数成熟的多肽链都要经过这种形式的加工。有许多参与机体不同生理过程的蛋白质，其初始形式都是不具有活性的前体，通过有限的蛋白水解作用去除某些肽段后，成为有活性的蛋白质分子或功能肽。

1. 切除 N-端的甲酰基或甲硫氨酸 原核细胞中约半数成熟蛋白质的 N-端经脱甲酰基酶切除 N-甲酰基而保留甲硫氨酸，另一部分被氨基肽酶(aminopeptidase)水解而去除 N-甲酰甲硫氨酸。

真核细胞分泌性蛋白和跨膜蛋白前体的 N-端都有一 13～36 个氨基酸残基(以疏水氨基酸残基为主)的肽段——信号肽(signal peptide)，这些信号肽在蛋白质成熟过程中需要被切除。

2. 肽链中肽键水解 有的多肽链经水解可以产生数种小分子活性肽。如垂体合成的促黑皮素原(pro-opiomelanocortin, POMC)，它是一种大的多肽前体，经翻译后修饰，水解生成多种不同的肽类激素。促黑皮素原经水解可生成促肾上腺皮质激素(adrenocorticotropic hormone, ACTH)、β-促脂解素、α-促黑激素(melanocyte-stimulating hormone, MSH)、促皮质素样中叶肽(corticotropin-like intermediate peptide, CLIP)、γ-促脂解素、β-内啡肽、β-促黑激素、γ-内啡肽及 α-内啡肽 9 种活性物质(图 11-13)。上述激素并非全部同时产生，不同的细胞有不同的水解模式，从而产生不同的激素。

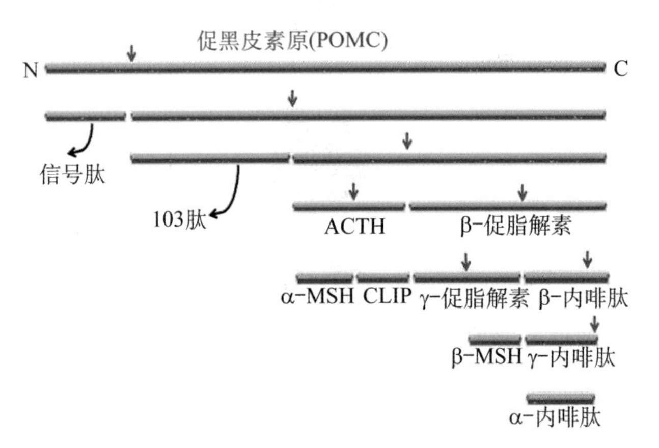

图 11-13 促黑皮素原的水解修饰

（二）氨基酸残基侧链的化学修饰

对蛋白质结构的细节了解得越多，对蛋白质翻译后修饰的分类范围了解得也就越广。蛋白质修饰包括糖类、脂类、核酸、磷酸、硫酸、羧基、甲基、乙酰基、羟基等功能基团以共价键与蛋白质的连接。蛋白质经过修饰，在结合、催化、调节及物理性质等方面都被赋予了新的功能。蛋白质中常见的化学修饰见表 11－5。

表 11－5　体内常见的蛋白质翻译后的化学修饰

发生修饰的部位或氨基酸残基	常见的化学修饰种类
多肽链氨基端	甲酰化，乙酰化，氨酰化，豆蔻酰化，糖基化
多肽链羧基端	甲基化，ADP 核糖基化
丝氨酸	磷酸化，糖基化，乙酰化
苏氨酸	磷酸化，糖基化，甲酰化
酪氨酸	磷酸化，碘化，腺苷酸化，磺酰化
精氨酸	*N*－甲基化，ADP 核糖基化
天冬酰胺	*N*－糖基化，*N*－甲基化，脱酰胺基作用
天冬氨酸	甲基化，磷酸化，羟基化作用
谷氨酰胺	脱酰胺基作用，交联
组氨酸	甲基化，ADP 核糖基化，磷酸化
赖氨酸	*N*－乙酰化，*N*－甲基化，氧化，羟基化作用，交联，泛素化，生物素化
甲硫氨酸	亚砜化
脯氨酸	羟基化作用，糖基化

1. 蛋白质糖基化　蛋白质糖基化(glycosylation)是在肽链生物合成的同时或合成后，在酶的催化下糖链被连接到肽链上的特定糖基化位点的过程。

糖链的合成与核酸、蛋白质不同，没有特定的模板，只是在糖基转移酶的作用下糖链不断延伸。糖链的合成是由糖基转移酶(glycosyltransferase)、糖苷酶(glycoside hydrolase)、糖基供体、糖基接受体这 4 类分子协调完成的，其中以糖基转移酶占主导地位。这些糖基转移酶是基因编码的产物，糖链的生物合成是糖基转移酶的直接作用结果，是基因的间接产物。

糖蛋白按照蛋白质与糖链连接方式可分为 *N*－连接型糖蛋白和 *O*－连接型糖蛋白。*N*－连接型糖蛋白的糖链与蛋白部分的 Asn－X－Ser/Thr(Asn：天冬酰胺；Ser/Thr：丝/苏氨酸；X 是除 Pro 以外的任意氨基酸)序列的天冬酰胺氮以共价键连接。*N*－连接型寡糖中 Asn－X－Ser/Thr 3 个氨基酸残基的序列子称为糖基化位点。*O*－连接型糖蛋白的糖链与蛋白部分的丝/苏氨酸或羟赖氨酸的羟基相连。

(1) *N*－连接型糖蛋白：糖蛋白中 *N*－聚糖的合成是一个共翻译过程，即在粗面内质网的核糖体上合成糖蛋白的肽链时，一旦形成 NXS/T 序列，即有可能开始糖基化。*N*－聚糖可被位于网腔膜结构上的加工酶修剪加工成高甘露糖型，再进入高尔基体。*N*－连接寡糖是在内质网上以长萜醇作为糖链载体，先合成含 14 糖基寡糖链，然后转移至肽链的糖基化位点，进一步在内质网和高尔基复合体进行加工而成。*N*－聚糖加工是由高甘露糖型转化为杂合型再到两天线至四天线复杂型 *N*－聚糖(图 11－14)。

(2) *O*－连接型糖蛋白：糖基或糖链的还原端与蛋白质肽链中的丝氨酸(Ser)、苏氨酸(Thr)或羟赖氨酸(Hyl)羟基中的氧原子相连称为 *O*－连接糖链。肽链中可以糖基化的主要是丝氨酸和苏氨酸，此外还有酪氨酸、羟赖氨酸、羟脯氨酸等，连接位点是这些残链上的羟基氧原子，后者可与很多单糖生成糖苷键。其中以通过 *N*－乙酰半乳糖胺(GalNAc)和丝氨酸或苏氨酸残基相连的 *O*－糖链(*O*－GalNAc)分布最广，研究最多。

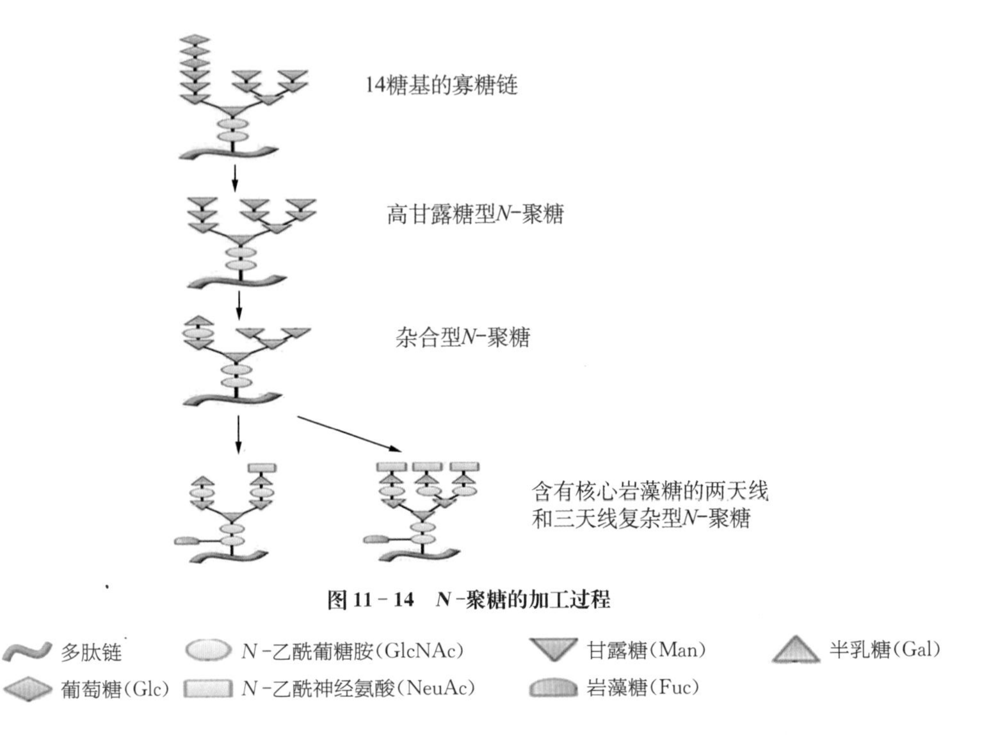

图 11-14 N-聚糖的加工过程

O-GlcNAc 糖基化修饰的蛋白质非常广泛，包括核孔蛋白、RNA 聚合酶、转录因子、染色体蛋白等。这类新的糖蛋白有两大特点：一是与 Ser/Thr 侧链的羟基连接的只有单糖基的 *O*-GlcNAc；二是这种糖基化修饰方式存在于细胞质和细胞核中。*O*-GlcNAc 虽然简单，但生物学功能多样，其中肯定的是对某些细胞的生物学行为起到调节作用，而且这种糖基化是可逆的动态调节，可以与磷酸化发生置换。有研究成果提示，*O*-GlcNAc 糖基化具有与蛋白质磷酸化相似的生物学意义。由于它们修饰同一蛋白质的相同或邻近丝氨酸和苏氨酸羟基，所以磷酸化和糖基化修饰可能存在着竞争性调节。

蛋白质糖基化是蛋白质翻译后的一种重要的加工过程。糖链的存在对肽链的折叠、糖蛋白的进一步成熟、亚基聚合、分拣、投送及糖蛋白的降解起着关键作用。

2. 磷酸化 蛋白质磷酸化是蛋白质翻译后修饰的重要形式，在酶和其他重要功能分子活性的发挥、第二信使传递和酶的级联作用中起重要作用。蛋白质磷酸化是调节和控制蛋白质活性和功能的最基本、最普遍，也是最重要的机制。蛋白质磷酸化主要发生在两种氨基酸上：一种是丝氨酸(包括苏氨酸)，另一种是酪氨酸。催化这两种磷酸化反应的酶不一样，功能也不一样；但有少数双功能酶可同时作用于这两类氨基酸，如促丝裂原活化蛋白激酶(mitogen-activated protein kinase kinase，MEK)。

蛋白质磷酸化对于许多生物现象的引发是很必要的，包括细胞生长、增殖、泛素介导的蛋白降解等过程。特别是酪氨酸磷酸化，作为细胞信号转导和酶活性调控的一种主要方式，通常通过引发蛋白质之间的相互作用进而介导信号通路。因此，酪氨酸磷酸化和多蛋白复合体的形成构成了细胞信号转导的基本机制，几乎所有的多肽细胞生长因子都是通过此途径来激活细胞，刺激细胞生长。然而，酪氨酸磷酸化在细胞的所有磷酸化修饰中所占比例非常低。与大量的细胞中丝氨酸和苏氨酸磷酸化水平相比，酪氨酸磷酸化的水平估计要低2 000倍。正是由于细胞中酪氨酸磷酸化的水平相当低，才能保证细胞在内外信号的刺激下作出灵敏的反应。因此，研究酪氨酸的磷酸化对于细胞信号的调控和许多重要生物现象的研究具有极为重要的意义。

蛋白质磷酸化与去磷酸化对细胞的调控发挥着重要作用，因此被生动形象地描述为细胞生理活动的分子开关（图 11－15）。蛋白质在蛋白激酶作用下发生磷酸化，在磷酸酶催化下去磷酸化。当细胞中的蛋白激酶或磷酸酶的活性受到抑制或过表达，就会引起细胞内磷酸化水平的紊乱从而诱发疾病。如阿尔茨海默症（Alzheimer's disease，AD）是一种常见的老年性精神紊乱，是一种以记忆减退、认识障碍、人格改变为主要特征的神经退行性疾病。AD的特征性病理改变主要包括β-淀粉样蛋白（amyloid β－protein，Aβ）沉积导致的老年斑、微管相关蛋白-Tau蛋白异常聚集形成纤维缠结及神经元缺失和胶质细胞增生。研究发现，AD患者脑中的Tau蛋白在病理条件下产生异常磷酸化修饰，每分子Tau蛋白含有5～9个磷酸基团，约是正常者的4～5倍。在AD患者脑中过度磷酸化的Tau蛋白还存在异常糖基化修饰。AD患者脑中Tau蛋白的异常翻译后修饰，最终导致神经元纤维缠结，从而丧失生物学功能。

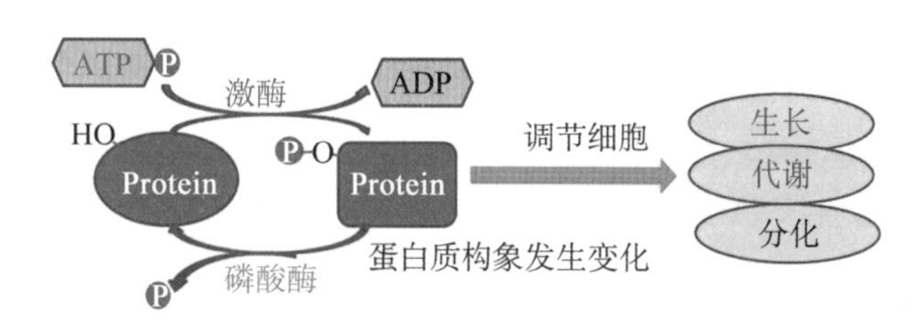

图 11－15　蛋白质的磷酸化与去磷酸化修饰

3. 乙酰化　乙酰化是指将乙酰基转移到氨基酸侧链基团的氮、氧、碳原子上的过程。乙酰化修饰作为一种重要的翻译后修饰被广泛研究，但是以前的研究几乎都集中于组蛋白和核内蛋白质上，核外蛋白质的乙酰化研究进展很慢。近年来的研究发现了很多蛋白质均可以被乙酰化修饰。这些蛋白质几乎涵盖了细胞代谢循环中的所有代谢酶，包括糖酵解途

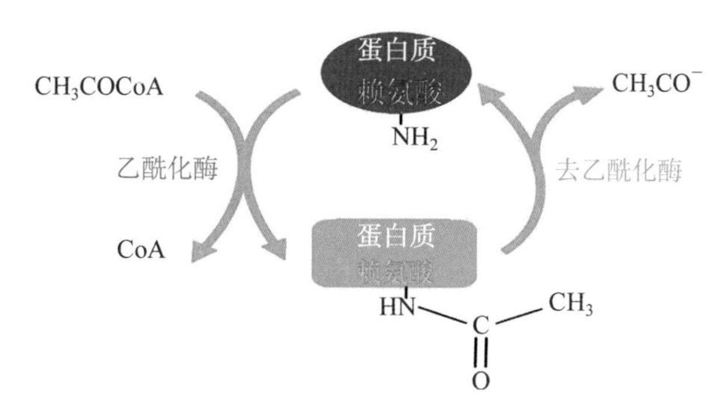

图 11－16　蛋白质的乙酰化与去乙酰化修饰

径、糖异生途径、三羧酸循环、脂肪酸代谢通路、糖原代谢通路、尿素循环等。乙酰化的调控作用在生命体新陈代谢过程中普遍存在，从低等的原核细胞到包括人在内的高等哺乳动物，都存在乙酰化修饰现象。乙酰化普遍修饰代谢酶，并且可以调节代谢通路及代谢酶的活性。有望通过蛋白质乙酰化修饰的后续研究为代谢相关疾病的治疗提供潜在的药物靶点。

4. 甲基化 甲基化是指将活性甲基化合物(如 *S*-腺苷基甲硫氨酸)的甲基催化转移到其他化合物的过程。蛋白质甲基化一般指蛋白质序列中精氨酸或赖氨酸被甲基化修饰。精氨酸可以被甲基化 1～2 次。赖氨酸经赖氨酸转移酶的催化可以甲基化 1～3 次。蛋白质甲基化是翻译后修饰的一种形式。最常见的甲基化修饰是组蛋白甲基化。组蛋白甲基化是指由组蛋白甲基转移酶催化，*S*-腺苷甲硫氨酸的甲基加在 H3 和 H4 组蛋白 N-端 Arg 或 Lys 残基上。某些组蛋白残基通过甲基化可以抑制或激活基因表达，调节基因的表达和关闭。组蛋白甲基化的功能主要体现在异染色质形成、基因印记、X 染色体失活和转录调控方面，与癌症、衰老、老年痴呆等许多疾病密切相关，是表观遗传学的重要研究内容之一。

三、蛋白质合成后的靶向输送

蛋白质合成后，定向地被输送到其执行功能的场所称为靶向输送。作为蛋白质合成场所的核糖体，也可以与内质网结合存在，可以游离存在，结果导致蛋白质的靶向输送有两个途径：共翻译易位输送和蛋白质翻译后的靶向输送。

(一) 共翻译易位输送

在核糖体合成的新生多肽的 N-端都含一段保守性很强的序列，有 13～36 个的氨基酸残基，称为信号肽(signal peptide)。信号肽具有以下共性：①N-端有带正电荷的碱性氨基酸残基；②中段为疏水核心区，主要含疏水的中性氨基酸；③C-端由一些极性相对较大、侧链较短的氨基酸残基组成。信号肽被信号识别颗粒(signal recognition particle, SRP)识别。SRP 是由 7SL-RNA 和 6 种不同的多肽链组成的 RNA-蛋白质复合体。SRP 与携带新生多肽链的核糖体相互作用，使翻译暂时终止。新生肽链在合成过程中(即共翻译)插入到与核糖体结合的内质网膜上的特殊通道，然后转移入其内腔。信号肽由内质网内的信号肽酶切除掉。蛋白质在内质网内进行有效的加工与修饰后，蛋白质进入高尔基复合体，然后被分别运送至不同的目的地，如溶酶体、质膜或分泌出细胞外。

1. 分泌型蛋白质的加工 细胞分泌型蛋白质的合成与转运同时发生。它们的N-端都有信号肽结构。分泌型蛋白质的定向输送，就是靠信号肽与胞质中的 SRP 识别并特异结合，然后通过 SRP 与膜上的 SRP 受体识别并结合后，将所携带的蛋白质送出细胞。含有信号肽的多肽翻译转运如图 11-17。

2. 质膜蛋白质的靶向输送 定位于细胞质膜的蛋白质靶向跨膜机制与分泌型蛋白质相似。不过，质膜蛋白质的肽链并不完全进入内质网腔，而是锚定在内质网膜上，通过内质网膜“出芽”而形成囊泡。随后，跨膜蛋白质随囊泡转移到高尔基复合体加工，再随囊泡转运至细胞膜，最终与细胞膜融合而构成新的质膜(图 11-18)。

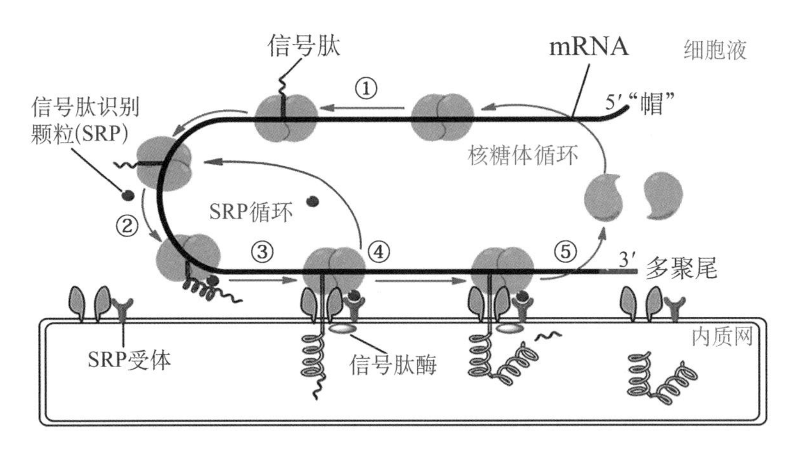

图 11－17 分泌型蛋白质的加工与转运

①蛋白质在核糖体上合成时，信号肽部分位于 N－端首先被合成；②信号肽被 SRP 所捕捉，SRP 随即结合到核糖体上；③SRP 引导核糖体结合粗面内质网膜；④SRP 识别、结合内质网膜上的 SRP 受体，信号肽引导延长多肽进入内质网腔后，经信号肽酶切除；⑤水解 GTP 使 SRP 分离，分泌蛋白在高尔基复合体包装成分泌颗粒出胞。

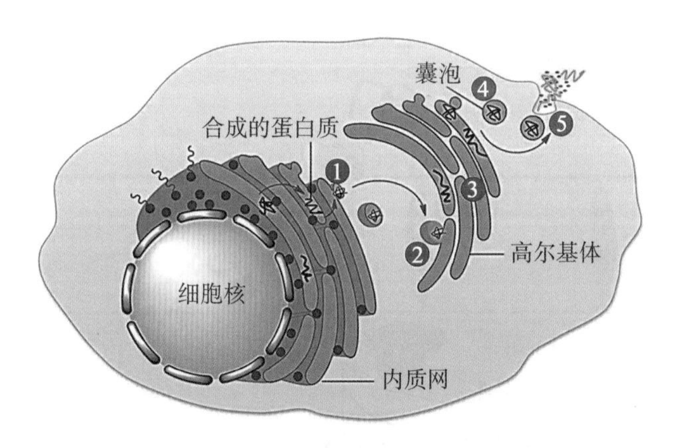

图 11－18 质膜蛋白质由囊泡靶向转运至细胞膜

①锚定在内质网膜上的质膜蛋白质形成粗面内质网出芽的小泡成分；②从穿梭小泡把质膜蛋白质运输到高尔基复合体；③囊泡在高尔基复合体中间膜囊加工和运输；④质膜蛋白质随高尔基复合体外侧膜囊形成的分泌小泡离开高尔基复合体；⑤随囊泡转运至细胞膜并与细胞膜融合而构成新的质膜

（二）蛋白质翻译后的靶向输送

细胞器如线粒体、叶绿体、细胞核、过氧物酶体的许多组成蛋白质是由游离核糖体合成的，并作为前体释放到细胞质中，随后为细胞器接受。与跨内质网转运不同，跨细胞器膜的蛋白质是在肽链合成后转运的，因此又称为翻译后转运。

1. 线粒体蛋白质的靶向输送 蛋白质前体首先在线粒体外膜上与受体蛋白结合，通过跨膜通道进入线粒体。跨膜通道由膜的整合蛋白组成，具有亲水性。此过程中，ATP 水解释能和跨膜电化学梯度为肽链进入线粒体提供了动力。

2. 细胞核蛋白质的靶向输送 需要转运入核的蛋白质主要是参与基因复制、转录的蛋白质因子和各种酶。在细胞核的核膜上有核孔，是细胞核与细胞质交换大分子的通道。大分子蛋白质进入细胞核是一个主动过程，而且要求有信号指引和 GTP 供能。

所有被靶向输送的细胞核蛋白质其肽链内都含有特异的核定位序列（nuclear localization signal，NLS）。NLS 一般含有 4～8 个氨基酸，作用是帮助亲核蛋白进入细胞核。入核信号是蛋白质的永久性部分，在引导入核过程中并不被切除，可以反复使用，有利于细胞分裂后核蛋白重新入核。

蛋白质的核定位是通过多个蛋白的共同作用来实现的。细胞核蛋白质的靶向输送需要核输入因子（nuclear importin）αβ 异二聚体和低分子量 G 蛋白 RAN。核输入因子 αβ 异二聚体可作为细胞核蛋白质的受体，识别并结合 NLS 序列。NLS 蛋白- Importin 复合物停留在核孔上，并在 Ran - GTPase 的作用下通过核孔。Ran 水解 GTP 释能，细胞核蛋白质-核输入因子复合物通过耗能机制经核孔进入细胞核基质。核输入因子 β 和 α 先后从上述复合物中解离，移出核孔而被再利用。细胞核蛋白质定位于细胞核内过程见图 11 - 19。

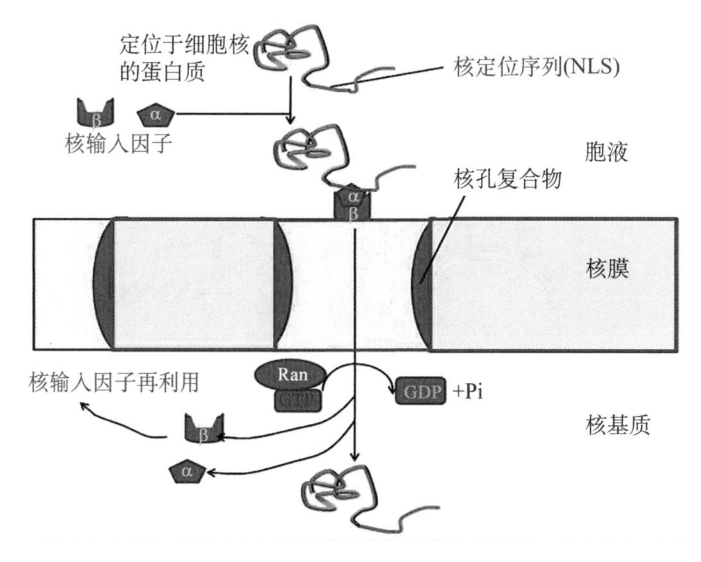

图 11 - 19 细胞核蛋白质的靶向输送

第四节 蛋白质生物合成的干扰与抑制

蛋白质生物合成可受各种药物和生物活性物质的干扰和抑制。许多抗生素就是通过抑制蛋白质生物合成而发挥其抑菌、杀菌作用的。抗生素（antibiotic）是能够杀灭或抑制细菌的一类药物。真核生物与原核生物的翻译过程既相似又有差别，这些差别在临床医学中有重要应用价值。可以通过药物或毒素阻断真核或原核生物蛋白质合成体系中某组分的功能，从而干扰和抑制蛋白质生物合成过程。

一、抗生素类阻断剂

抗生素是一种具有杀灭或抑制细菌生长的药物。天然抗生素是微生物的代谢产物，其中有一些是肽。抗生素是细菌、真菌等微生物在生长过程中为了生存竞争需要而产生的化学物质，这种物质可保证其自身生存，同时还可杀灭或抑制其他细菌。许多抗生素都是以直接抑制细菌细胞内蛋白质合成而对人体不良反应最小为目的而被广泛应用。它们可作用于蛋白质合成的各个环节，包括抑制起始因子、延长因子及核糖核蛋白体的作用等。仅仅作用于原核细胞蛋白质合成的抗生素可作为抗菌药；作用于真核细胞蛋白质合成的抗生素可以作为抗肿瘤药。抗生素分为天然品和人工合成品，前者由微生物产生，后者是对天然抗生素进行结构改造获得的部分合成产品。常用的抗生素及其作用见表 11－6。

表 11－6　某些常用的蛋白质合成抑制剂

名称	作用对象	阻断过程	影响效果	作用的细胞类型
氯霉素	50S	延伸	肽键形成	原核生物
放线菌酮	60S	起始，延伸	结合起始 tRNA 转位（tRNA 从 P 位释放）	真核生物
白喉毒素	eEF－2	延伸	转位	真核生物
红霉素	50S	起始	起始复合物形成	原核生物
梭链孢酸	EF－G/eFE－2	延伸	转位	原核/真核生物
嘌呤霉素	50S/60S	延伸	肽键形成	原核/真核生物
壮观霉素	30S	延伸	转位	原核生物
链霉素	30S	起始，延伸	起始 tRNA 结合氨酰 tRNA 结合（诱发错读）	原核生物
四环素	30S	延伸，终止	氨酰 tRNA 的结合 RF－1 和 RF－2 的结合	原核生物

二、干扰蛋白质生物合成的生物活性物质

1. 白喉毒素　由白喉杆菌所产生的白喉毒素是真核细胞蛋白质合成抑制剂，对真核生物有剧毒，其本质是修饰酶。白喉毒素实际上是寄生于白喉杆菌内的溶源性噬菌体 β 基因编码的，由白喉杆菌转运分泌出来，进入组织细胞内。它对真核生物的延长因子－2（EF－2）起共价修饰作用，生成 EF－2 的腺苷二磷酸核糖衍生物，从而使 EF－2 失活。它的催化效率很高，只需微量就能有效地抑制细胞整个蛋白质合成，导致细胞死亡。

2. 干扰素　干扰素（interferon）是病毒感染后的细胞合成和分泌的一种具有很高生物活性的小分子糖蛋白。从白细胞中得到 α－干扰素，从成纤维细胞中得到 β－干扰素，在免疫细胞中得到 γ－干扰素。干扰素结合到未感染病毒的细胞膜上，诱导这些细胞产生寡核苷酸合成酶、核酸内切酶和蛋白激酶。在细胞未被感染时，不合成这 3 种酶；一旦被病毒感染，有干扰素或双链 RNA 存在时，这些酶被激活，并以不同的方式阻断病毒蛋白质的合成。干扰素和双链 RNA 激活蛋白激酶，蛋白激酶使蛋白质合成的起始因子磷酸化，使它失活；另一种方式是 mRNA 的降解，干扰素和双链 RNA 激活 2′，5′-腺嘌呤寡核苷酸合成酶的合成，2′，5′-腺嘌呤寡核苷酸激活核酸内切酶，核酸内切酶水解 mRNA。

由于干扰素是一种广谱抗病毒物质，因此在医学上有重大的实用价值，但组织中含量很少，难于从生物组织中大量分离干扰素。现在已可用基因工程合成干扰素，以满足研究与临

床应用。

（王丽影）

参考文献

[1] 周春燕，药立波. 生物化学与分子生物学. 9版. 北京：人民卫生出版社. 2018.
[2] 张玉秀，柴团耀. HSP70分子伴侣系统研究进展. 生物化学与生物物理进展，1999，26(6)：554－558.
[3] 张倩，杨振，安学丽等. 蛋白质的磷酸化修饰及其研究方法. 首都师范大学学报自然科学版，2006，27(6)：44－49.
[4] 刘静，杨遥，徐江涛. Tau蛋白过度磷酸化与阿尔茨海默病. 医学综述，2013，19(3)：423－425.
[5] Baynes JW, Dominiczak MH. Medical Biochemistry. Elsevier Mosby, 2005.

第十二章　基因表达调控

生物体所处的内外环境在不断变化，而生物体则对内外环境的变化作出适当反应，以保持正常的生理功能而维持生命。生物体这种适应环境的机制与某种或某些蛋白质分子的功能有关，细胞内这些功能性蛋白质分子质和量的变化则由编码这些蛋白质分子的基因表达与否、表达水平高低等状况决定，即生物体通过一定的程序调控基因的表达，可使生物体自身更好地适应环境，维持其生存。生物体调节基因表达、适应环境的功能是普遍存在的。

第一节　基因表达与基因表达调控

除 RNA 病毒以外的生物体其绝大部分遗传信息均储存于 DNA 分子中，这些遗传信息以各种生命现象表现出来的过程就是基因表达（gene expression），它包括 DNA 转录成 RNA，以及 RNA 继而参与、指导合成蛋白质过程。不同生物体具有不同的生物表型，即使同种生物在不同的发育阶段、不同的生活环境也有不同的基因表达方式及表达速率，这皆由基因所包含的信息给予精密调控。细胞或生物体在接受内外环境信号刺激或适应环境变化的过程中，基因表达水平的改变方式及其过程就是基因表达调控（regulation of gene expression）。

原核生物与真核生物的基因组结构及细胞结构有很大差异，因而它们的基因表达方式也有很大差异，但是两类生物在基因表达调控中也存在某些共同规律。

一、基因表达及其特点

所有生物的基因表达都具有严格的规律性，生物物种愈高级，基因表达规律愈复杂、愈精细，这是生物进化的需要。

（一）基因表达的时间特异性

不同生物的基因组含有的基因各不相同，细菌基因组约含 4 000 个基因；多细胞生物则要多几倍，如人类基因组约含 2.5 万个基因。所有的基因只在某一特定时期或特定生长阶段表达其中相关的一部分，其他大部分基因则处于关闭状态。基因表达的时间特异性（temporal specificity）指的就是这种按一定的时间顺序表达特定基因的现象。

宿主被微生物感染后，病原体以及宿主的基因表达随着感染的进行性发展而改变，以满足病原体在宿主体内繁殖的需求。霍乱曾是一种多次暴发世界性大流行的烈性传染病，死亡率极高，引发霍乱的病原体即为霍乱弧菌(*V. cholera*)。霍乱弧菌通过食物或水源进入人体肠道，并在肠黏膜细胞表面迅速繁殖，经过短暂的潜伏期后便急骤发病，呈现高度传染状态，此时可发现感染者体内44种基因的表达上调，193种基因表达受阻。

人类编码甲胎蛋白(alpha fetal protein, AFP)的基因在胎儿肝细胞中能够表达，胎儿血浆中可检测到AFP，出生后此基因逐渐关闭，正常成年人血浆中几乎检测不到AFP。但是，肝癌细胞中AFP基因又重新被激活，血浆中再次出现AFP。因此，血浆中AFP的水平常被作为肝癌早期诊断的一个重要指标。

在多细胞生物从受精卵发育成为成熟个体的过程中，每个不同的发育阶段，基因组会按照特定的时间顺序选择性开启相关基因，而关闭某些基因，这种多细胞生物基因表达的时间特异性又称阶段特异性(stage specificity)。

(二) 基因表达的空间特异性

基因表达的空间特异性(spatial specificity)是指多细胞生物个体在特定的生长、发育阶段，同一基因在不同的组织器官表达状态有所不同，即同一基因产物在不同的组织器官表达水平有可能不同。

胰岛素基因只在胰岛的β-细胞中表达，进而生成胰岛素，而在其他组织器官中均不表达；肌浆蛋白基因在成纤维细胞(fibroblast)和成肌细胞(myoblast)中表达甚少，主要在肌原纤维(myofiber)中表达。基因表达水平表现在生物体不同空间的差异，是由细胞在不同器官、组织中的不同分化状态所决定的，因此基因表达的空间特异性又称细胞特异性(cell specificity)或组织特异性(tissue specificity)。

(三) 基因表达的持续性

除了上述基因表达的时间、空间特异性，也有些基因能在所有细胞、所有阶段内持续表达，这些基因产物对生命全过程都是必不可少的。这种在一个生物个体的几乎所有细胞中持续表达、不易受环境条件影响的基因，通常被称为管家基因(house-keeping gene)。管家基因的表达状态由该基因的启动序列或启动子与RNA Pol之间的结合状态决定，基本不受其他机制调节。当然，管家基因的表达水平在特定的条件下有时也会有一定的改变，只能说在正常生理条件下基本不变，这类基因表达称为组成性基因表达(constitutive gene expression)。例如三羧酸循环是所有生物体内的中枢性代谢途径，该途径的酶系会被持续合成，受环境因素影响较小，它们的编码基因就是管家基因，其表达方式属于组成性基因表达。但在病理条件或特殊膳食条件下，这些基因的表达还是会有所改变的(详见糖代谢一章)。

(四) 基因表达的可诱导性

体内有很多基因的表达极易受环境变化的影响，在某些环境信号发生改变时，这些基因表达产物会迅速出现升高或降低的现象，说明这些基因的表达是可诱导或可阻遏的，分别称为诱导基因(inducible gene)和阻遏基因(repressible gene)。在特定环境信号刺激下，相应的基因被激活，基因表达产物增加的过程称为诱导(induction)，例如发生DNA损伤时，细菌体内的修复酶基因会被激活，即诱导修复酶基因而使其高表达，开始修复过程。将应答环境信号时降低其基因表达的过程称为阻遏(repression),例如培养基含有足量的色氨酸时,可使细菌体内与色氨酸合成有关的酶编码基因表达被抑制。诱导和阻遏是调控基因的两种主要形式,在生物界普遍存在,也是生物体对环境改变作出的应答。可诱导或可阻遏基因的调控序列通常含有针对特异作用因子的反应元件,此作用因子可与相应的序列结合而调节基因的表达水平。

二、基因表达调控

(一) 基因表达调控的多层次

在高等真核生物体内,基因表达调控是一个多层次、多阶段和多方式的复杂过程。在基因表达的全过程中均存在基因表达调控,也即转录和翻译两个阶段均受相应的调节,其中任何一个环节的调控均会引起基因表达产物水平的改变。

图 12-1 是真核生物基因表达调控的概况,图中共有 7 个位点可受到调控。细胞内某个蛋白质的浓度是体内该蛋白质合成全过程中多层次、多类型调节机制的平衡结果。首先是DNA 水平的调节,遗传信息以基因的形式贮存于 DNA 分子中,基因拷贝数越多,其表达产物也会越多,因此基因组 DNA 的部分扩增(amplification)可影响基因表达。为适应某种特

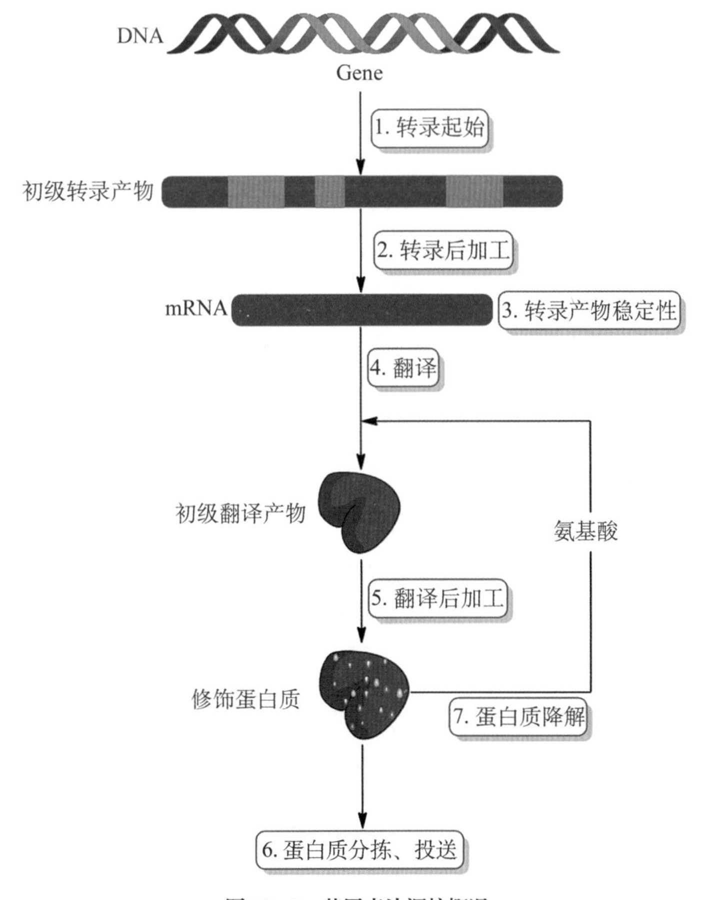

图 12-1 基因表达调控概况

定需要而进行的DNA重排(rearrangement),以及DNA甲基化(methylation)等均可在遗传信息水平上影响基因表达。其二,遗传信息由DNA通过转录流向RNA的过程是基因表达调控最重要、最复杂的一个层次。其三,真核细胞中初始转录产物需经转录后加工修饰才能成为有功能的成熟RNA,并由细胞核转运至细胞质。另外,mRNA的降解速率等对这些转录后加工、修饰、转运以及代谢过程的控制也是调节某些基因表达的重要方式,如对mRNA的选择性剪接、RNA编辑等。近年来,以微RNA(miRNA)为代表的非编码RNA(non-coding RNA)对基因表达调控的作用也日益受到重视。其四,蛋白质生物合成是基因表达的最后一步,影响蛋白质合成的因素直接影响蛋白质的量。此外,翻译后加工乃至投送、蛋白质的降解等步骤均可影响该蛋白质基因表达的最终结果。由此可见,基因表达调控是一个多层次、多位点进行的过程。

(二) 基因表达调控的协调性

细胞内某个代谢途径的多个反应除了由相应的酶系催化,还需要一些转运蛋白参与协助底物、产物等在各亚细胞器之间的转运。这些酶及转运蛋白的编码基因往往被统一调节,使参与同一代谢途径的所有蛋白质(包括酶)分子比例适当,以确保代谢途径有条不紊地进行。在特定机制调控下,功能上相关的一组基因协调性共同表达,这种调节称为协同调节(coordinate regulation)。基因的协调表达体现在多细胞生物体的生长发育全过程。

(三) 基因表达调控的主要方式

尽管基因表达调控可发生在遗传信息传递过程的任何环节,但发生在转录水平,尤其是转录起始水平的调节,对基因表达起着至关重要的作用,即转录起始是基因表达的基本控制点。

真核生物转录起始的调节通常是由顺式作用元件和反式作用因子相互作用而起调节作用的。生物体基因组中除了可转录的结构基因,还有能够影响结构基因表达的调节序列,这些序列被称为顺式作用元件(*cis*-acting element)。另外,还有一些调节序列(基因)远离被调控的结构基因,本身可转录并翻译出特定的蛋白质分子,与被调节的DNA调节序列相互作用而发挥作用,这些蛋白质分子称为反式作用因子(*trans*-acting factor)。这些调节基因产物不仅能对处于同一条DNA链上的结构基因的表达进行调控,还能对不在一条DNA链上的结构基因的表达起同样的作用。这些反式作用因子以特定的方式识别和结合在顺式作用元件上,控制转录起始过程,实施基因表达调控。

有些反式作用因子具有特殊的DNA结合结构域(DNA - binding domain),能特异性识别某些DNA序列并与顺式作用元件相互作用,如DNA双螺旋结构的大沟是最常见的调节蛋白与DNA序列发生相互作用的部位;还有些反式作用因子不能够直接与DNA相互作用,而是首先形成蛋白质-蛋白质复合物,然后再与DNA结合参与基因表达的调控。蛋白质-DNA以及蛋白质-蛋白质的相互作用是基因表达调控的分子基础。

(四) 基因表达调控的生理意义

生物体对自身基因表达进行调节是为了适应环境、维持生长和细胞增殖。当培养基中含有足量的葡萄糖时,细菌中所有与葡萄糖代谢相关酶的基因体现高表达,而其他糖类代谢有关的酶基因则关闭；当培养基中缺乏葡萄糖只含有乳糖时，与乳糖代谢相关的酶基因则被诱导体现高表达，使细菌可利用乳糖供能，维持生命。高等生物也普遍存在适应性表达方式。常饮酒者其酒量会越来越大，就是由于体内乙醇代谢相关的醇氧化酶基因表达被诱导，使得该酶活性较高，表现出酒量变大。

对于多细胞生物而言，基因表达调控维持了细胞的正常分化与个体发育。真核生物基因表达的空间特异性就是基因表达调控的结果，使得细胞中的蛋白质分子种类和含量适合个体生长、发育的不同阶段，维持正常的细胞表型和发育。例如果蝇的发育主要分 3 个阶段：卵、幼虫（蛹）和成体果蝇。从受精卵发育成胚胎的最早期只有一组"母体基因"表达，其表达产物构成的位置信息网络决定受精卵发生头尾轴和背腹轴固定，母体基因中的 dorsal 等基因突变将导致胚胎背部化，即产生具有背部结构而没有腹部结构的胚胎；胚胎形成的后阶段又有 3 组"分节基因"按序表达，以控制蛹的"分节"发育过程，最后这些"节"分别发育为成虫的头、胸、翅膀、肢体、腹及尾等。高等哺乳类动物的各种组织和器官的发育、细胞的分化等步骤也均由特定的基因表达调控体系调控完成，当调控体系出现异常就会导致某些基因表达异常，可能会导致相应组织或器官的分化、发育异常。

第二节　原核基因表达调控

原核生物没有细胞核，遗传信息的转录和翻译发生在同一空间，在转录起始过程完成后，mRNA 就可以指导蛋白质的生物合成。因此，原核基因表达调控的关键点是转录起始过程。

一、原核基因转录调节特点

原核生物基因组是具有超螺旋结构的闭合环状 DNA 分子，若干个相关基因以操纵子（operon）的形式成为原核基因转录调控的基本单位一起完成转录，并以转录起始为主要调控点。

操纵子由结构基因与调控序列组成。结构基因通常包括数个功能上有关联的基因，它们串联排列，共同构成编码区。这些结构基因共用一个启动子和 1 个转录终止信号序列，因此转录合成时仅产生一条 mRNA 长链，为几种不同的蛋白质编码。这样的 mRNA 分子携带了几个多肽链的编码信息，被称为多顺反子（polycistron）mRNA，而调控序列则包括启动子（promoter）、操纵元件（operator）以及一定距离外的调节基因。

启动子是 RNA pol 和各种调控蛋白作用的部位，是决定基因表达效率的关键元件。在各种原核基因启动序列特定区域内，通常在转录起始点上游 −10 及 −35 区域存在一些共有序列，大肠埃希菌（*E. coli*）及一些细菌启动序列的共有序列在 −10 区域是 TATAAT，又称 Pribnow box，在 −35 区域为 TTGACA。大肠埃希菌的 RNA pol 由 σ 亚基和核心酶构成，其中 σ 亚基的作用是识别和结合在 DNA 模板上的启动序列，启动转录过程。上述 −10 及 −35 区域中的任一碱基的突变都会影响 σ 亚基与启动序列的结合及转录起始。因此，共有序列可决定启动序列的转录活性大小。

操纵元件是一段能被特异的阻遏蛋白(repressor)识别和结合的DNA序列。操纵序列与启动序列毗邻或接近,其DNA序列常与启动序列交错、重叠,它是原核阻遏蛋白的结合位点。当操纵序列结合阻遏蛋白时或阻碍RNA pol与启动序列的结合,或使RNA pol不能沿DNA向前移动,阻遏转录,介导负性调节(negative regulation)。原核操纵子调节序列中还有一种特异DNA序列可结合激活蛋白(activator),结合后RNA pol活性增强而激活转录,介导正性调节(positive regulation)。

调节基因(regulatory gene)编码能够与操纵序列结合的调控蛋白,可以分为3类:特异因子、阻遏蛋白和激活蛋白,均为DNA结合蛋白。其中特异因子决定RNA pol对一个或一套启动序列的特异性识别和结合能力;阻遏蛋白可以识别、结合特异操纵序列,抑制基因转录,所以阻遏蛋白介导负性调节,阻遏蛋白介导的负性调节机制在原核生物中普遍存在;激活蛋白可结合启动序列邻近的DNA序列,提高RNA pol与启动序列的结合能力,从而增强RNA pol的转录活性,是一种正调控。分解(代谢)物基因激活蛋白(catabolite gene activator protein, CAP)就是一种典型的激活蛋白。有些基因在没有激活蛋白存在时,RNA pol很少或根本不能结合启动序列,基因处于关闭状态。

操纵子是原核生物大多数基因簇的调控方式,主要以代谢酶类作为受调控对象,且大多以负调控的方式为主,由诱导物解除阻遏。凡是能够诱导基因表达的分子称为诱导剂,凡是能够阻遏基因表达的分子称为阻遏剂,诱导和阻遏是原核生物转录调控的基本方式。

二、 乳糖操纵子调节机制

乳糖操纵子(lac operon)是最早发现的原核生物转录调控模式,属于典型的诱导型调控。乳糖代谢酶基因的表达特点是:在环境中没有乳糖时,这些基因处于关闭状态;只有当环境中有乳糖时,这些基因才被诱导开放,合成乳糖代谢所需要的酶。

(一) 乳糖操纵子的结构

大肠埃希菌的乳糖操纵子含Z、Y及A 3个结构基因,分别编码β-半乳糖苷酶(β-galactosidase)、通透酶(permease)和乙酰基转移酶(transacetylase)。此外还有3个操纵序列(operator, O)、1个启动序列(promoter, P)及1个调节基因I(图12-2a)。

操纵序列O_1是主要的调节位点,邻近转录起始位点,阻遏蛋白可与它所含反向重复序列稳定结合;O_2和O_3则为第2级调节位点,前者位于Z基因之后,后者位于I基因之后,两者与阻遏蛋白的亲和力较低。O_1可与O_2或O_3配对形成局部DNA环状结构并与阻遏蛋白结合(图12-2b),无论哪种配对均可实施基因的阻遏。

I基因具有独立的启动序列(P_I),编码一种阻遏蛋白,后者与O序列结合,使操纵子受阻遏而处于关闭状态。别乳糖(allolactose)或其类似物异丙基硫代半乳糖苷(isopropylthiogalactoside, IPTG)等可与阻遏蛋白结合,使其构象变化而去阻遏。

在启动序列P上游还有一个CAP结合位点。由P序列、O序列和CAP结合位点共同构成乳糖操纵子的调控区,调控3个酶的编码基因的开关,实现基因产物的协调表达(图12-2)。

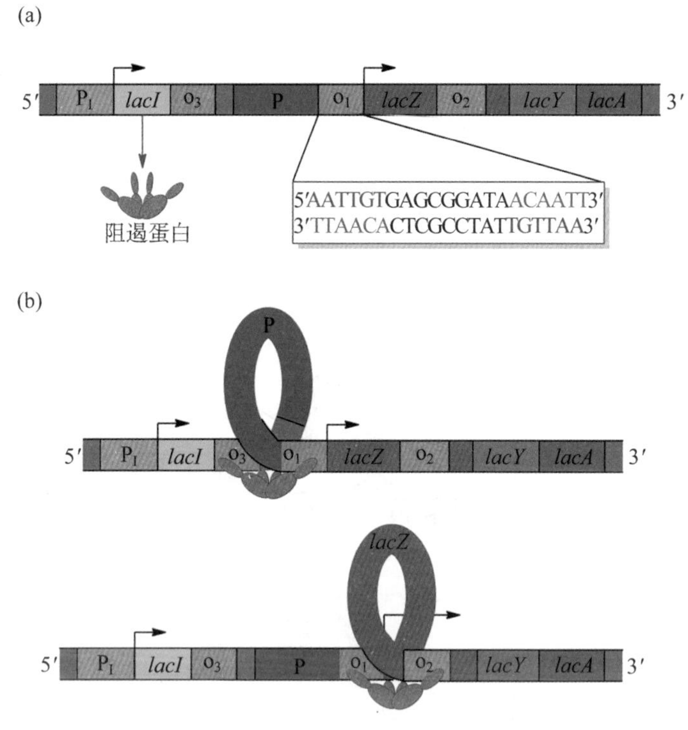

图 12-2　lac 操纵子结构及其负性调节

（二）乳糖操纵子的调节

1. 阻遏蛋白的负调节　没有乳糖时，乳糖操纵子阻遏蛋白与 O 序列结合，阻碍 RNA pol 与 P 序列结合，乳糖操纵子处于关闭状态。阻遏蛋白的阻遏作用并非绝对，偶有阻遏蛋白与 O 序列解聚。因此，每个细胞中可能会有寥寥数个分子的 β-半乳糖苷酶、通透酶生成，这种低水平的基因表达是乳糖操纵子实施调控的基础(图 12-3a)。

有乳糖时，乳糖经通透酶催化转运进入细胞，再经细胞中的少数 β-半乳糖苷酶催化，转变为别乳糖。后者作为一种诱导剂可与阻遏蛋白结合而使其变构，导致阻遏蛋白与 O 序列解离，RNA pol 可顺利与 P 序列结合，完成转录起始过程，乳糖代谢酶的表达最高可增加 1 000 倍(图 12-3d)。

IPTG 对乳糖操纵子而言是一种作用极强的诱导剂，不被细菌代谢而十分稳定，因此在实验室广泛应用。

2. CAP 的正性调节　CAP 是同二聚体，在其分子内有 DNA 结合区及 cAMP 结合位点。当没有葡萄糖及 cAMP 浓度较高时，cAMP 与 CAP 结合，这时 CAP 结合在乳糖操纵子启动序列附近的 CAP 位点，可提高 RNA 转录活性约 50 倍；当有葡萄糖存在时，cAMP 浓度降低，cAMP 与 CAP 结合受阻，lac 操纵子的表达下降。

3. 协同调节　乳糖操纵子阻遏蛋白的负调节与 CAP 的正调节在乳糖操纵子的表达过程中呈现协调作用。乳糖操纵子启动子是一个弱启动子，当乳糖操纵子阻遏蛋白阻止转录时，CAP 对该系统不能发挥作用(图 12-3a、b)；但如果没有 CAP 来加强转录活性，即使阻遏蛋白从操纵序列上解聚，转录活性依然很低(图 12－3c)。由于这两种机制相辅相成、互相协调、相互制约，对乳糖操纵子而言，最强的诱导作用发生在乳糖存在而葡萄糖匮乏的情况下。

乳糖操纵子的负调节阐明了细菌在单纯乳糖存在时，通过去阻遏提高乳糖代谢酶的表达，从而利用乳糖作为碳源。但在有葡萄糖或葡萄糖/乳糖共存时，细菌会优先利用葡萄糖。这是因为有葡萄糖时，cAMP 浓度会降低，阻碍 cAMP 与 CAP 结合而降低乳糖操纵子的转录活性，使细菌只能利用葡萄糖。葡萄糖对乳糖操纵子的阻遏作用称分解代谢阻遏(catabolic repression)。乳糖操纵子协同调节机制如图 12－3 所示。

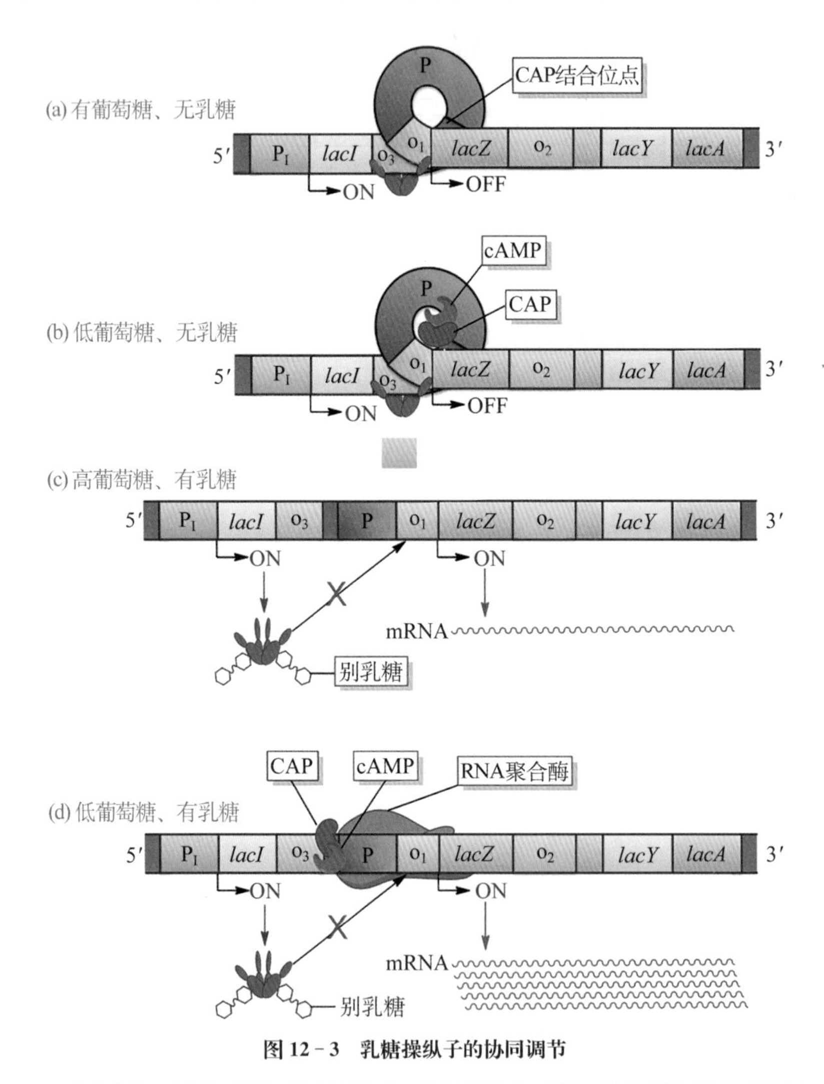

图 12－3　乳糖操纵子的协同调节

(a) 有葡萄糖、无乳糖，阻遏蛋白封闭转录，cAMP 低浓度，CAP 不能发挥作用，基因关闭；
(b) 低葡萄糖、无乳糖，阻遏蛋白封闭转录，cAMP 高浓度，CAP 能发挥作用，基因依然关闭；
(c) 高葡萄糖、有乳糖，去阻遏，但因有葡萄糖存在，cAMP 低浓度，CAP 不能发挥作用，基因低水平表达，催化乳糖转化为别乳糖，解除阻遏；
(d) 无葡萄糖、有乳糖，既去阻遏，又因 cAMP 高浓度，CAP 发挥作用，基因高水平表达

三、其他转录调节机制

除了上述对转录起始过程的控制外，原核生物的基因表达调控还可发生于转录过程中的其他调节点。例如大肠埃希菌在转录终止阶段有两种调控终止的方式：一种为转录衰减(attenuation)，另一种为抗终止。前者是指RNA链在转录过程中翻译产生的特殊蛋白质与自身基因的调节序列结合而导致转录提前终止，后者则阻止前者的发生，使下游基因得以表达。

大肠埃希菌色氨酸操纵子(trp operon)就是通过转录衰减的方式进行基因表达的调控。色氨酸操纵子的结构基因有trpE、trpD、trpC、trpB和trpA，分别编码合成色氨酸所需的5种酶。上游的调控序列由启动子和操纵元件组成。调节基因trpR则是编码阻遏蛋白。在色氨酸操纵子的结构基因与调控序列之间，还有一个前导序列基因trpL。色氨酸操纵子是一个阻遏操纵子，在细胞内无色氨酸时，阻遏蛋白不能与操纵序列结合，因此色氨酸操纵子处于开放状态，结构基因得以表达，细菌能合成色氨酸以满足自身需求。当细胞内色氨酸的浓度较高时，色氨酸作为辅阻遏物与阻遏蛋白形成复合物并结合到操纵序列上，关闭色氨酸操纵子，停止表达用于合成色氨酸的各种酶(图12-4a)。

此外，根据培养基中色氨酸的浓度不同，色氨酸操纵子还能以转录衰减的方式促使已开始转录的mRNA合成终止，直接有效关闭色氨酸操纵子。转录衰减的机制是由于原核生物转录与翻译过程偶联进行，转录中途可先翻译出一段前导肽，此前导肽与前导序列L可形成的发夹结构共同作用而终止转录。前导序列L的结构特点及其发挥衰减作用的机制如图12-4c所示。前导序列L是一段长度为162 bp、内含4个特殊短序列的前导mRNA，其中序列1有独立的起始和终止密码子，可先翻译出一个有14个氨基酸残基的前导肽，其中第10、11位是2个连续的色氨酸；序列1与2、序列2与3、序列3与4之间均存在一些互补序列而各自形成发夹结构，形成发夹结构的能力依次是1/2发夹＞2/3发夹＞3/4发夹；序列4的下游有一个连续的U序列，是一个不依赖于ρ因子的转录终止信号。

色氨酸的浓度较低时，前导肽序列1的合成因色氨酸量的不足而停滞在第10、11位，核糖体结合在序列1上，因此前导mRNA可能形成2/3发夹结构，转录继续进行；色氨酸的浓度较高时，前导肽的翻译顺利完成，核糖体可以前行至序列2，此时形成3/4发夹结构，其下游的多聚U协同使转录终止，即转录衰减。

前导序列L具有随着色氨酸浓度升高而使转录衰减的作用，也称为衰减子(attenuator)。在色氨酸操纵子中，阻遏蛋白受色氨酸影响决定结构基因转录与否，而衰减子则根据色氨酸浓度决定转录的量，起精细调控的作用。前导肽中含有两个相连的色氨酸残基造成转录终止与色氨酸浓度密切相关，这种转录与翻译的偶联调节提高了基因表达调控的有效性。

细菌中其他氨基酸合成系统的操纵子(如phe、his、leu、thr等)中也有类似的衰减调控机制。原核生物这种在氨基酸低浓度时通过阻遏作用和转录衰减机制共同关闭基因表达的方式，保证了营养物质和能量的合理利用。

除了转录的调节，原核基因表达在翻译水平各环节也受到精细调控。翻译一般在起始

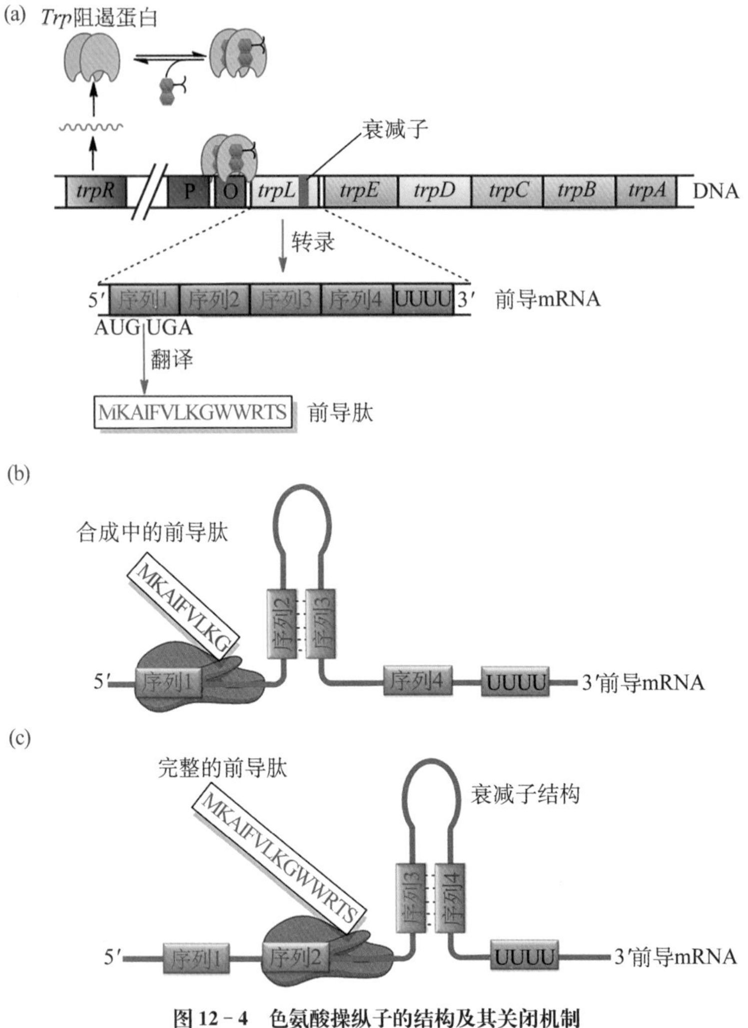

图 12-4　色氨酸操纵子的结构及其关闭机制

(a) 色氨酸操纵子的基本结构及前导序列转录产物结构；
(b) 低 Trp，前导肽的合成停滞在序列 1 上，形成 2/3 发夹，不影响转录；
(c) 高 Trp，完整的前导肽与 3/4 发夹结构作用，合并后续多聚 U 序列使得转录提前终止

和终止阶段受到调节，尤其是起始阶段。翻译起始的调节依赖众多的调节分子，调节分子可以是蛋白质，也可以是 RNA。调节分子可直接或间接决定翻译起始位点能否与核糖体结合生成翻译起始复合物。

第三节　真核基因表达调控

真核细胞结构及基因组结构的复杂性决定了其基因表达调控机制要比原核更复杂。真核基因表达调控主要发生在染色质活化、基因转录起始、转录后加工、翻译及翻译后加工等各层次。此外，还涉及复杂的细胞间信号转导网络及分子间的相互作用与联系。

一、真核基因的结构特点

哺乳类基因组极为庞大，由约 3×10^9 bp 的核苷酸组成。其中只有 10%的序列编码蛋白质、rRNA、tRNA 等，其余 90%的序列，包括大量的重复序列，约占人基因组的 50%以上。重复序列长短不一，短的在 10 个核苷酸以下，长的达数百乃至上千。重复频率也不尽相同。根据重复频率可将重复序列区分为高度重复序列（重复次数高达 10^6 次）、中度重复序列（重复次数 10^3～10^4 次）及单拷贝序列。高度、中度重复序列统称多拷贝序列；单拷贝序列在整个基因组中只出现一次或很少的几次。还有一种重复序列是由两个互补序列、在同一 DNA 链上反向排列而成，称为反向重复序列（inverted repeat）。重复序列有种属特异性，基因组愈大、重复序列含量愈丰富。已发现有些重复序列可能参与调控，但详情知之甚少。

真核生物 DNA 在细胞核内与多种蛋白质结合，并以染色质的形式储存遗传信息，这种复杂的结构直接影响基因表达。真核细胞 DNA 位于细胞核内，使转录和翻译在时间和空间上被分割开，还存在着复杂的转录后加工和翻译后加工过程及不同细胞器之间的转运过程，这些过程均可受到调节。

真核基因转录产物为单顺反子（monocistron），即一个编码基因转录生成一个 mRNA 分子、经翻译生成一条多肽链。很多真核生物蛋白质是多亚基分子，由几条不同的多肽链组成，因此真核细胞必须协调表达多个相关联的基因。

真核生物结构基因两侧存在着不被转录的非编码序列，往往是基因表达的调控区。在编码基因内部尚有内含子（intron）和外显子（exon）之分，内含子在转录后经一定规律的剪接（splicing）机制从初级转录产物中去除，形成成熟的 mRNA（见第十章）。不同剪接方式也是真核基因表达调控的一个重要环节。

除此之外，真核生物的遗传信息不仅存在于核 DNA 上，还存在于线粒体 DNA 上，核内基因与线粒体基因的表达调控既相互独立又存在协调。

二、染色质的活化

真核基因表达首先涉及染色质的活化。当基因被激活时，可观察到染色质相应区域发生某些结构和性质变化，这些具有转录活性的染色质被称为活性染色质（active chromatin）。染色质活化后，常出现一些对核酸酶（如 DNase Ⅰ）高度敏感的位点，称为超敏位点（hypersensitive site）。超敏位点通常位于一些调节元件处，如启动子、增强子，一般在被活化基因的 5′-侧翼区 1 000 bp 内，但有时也会出现在更远的 5′-侧翼区或 3′-侧翼区。这些转录活化区域是缺乏或没有核小体结合的“裸露”DNA 链。

（一）组蛋白修饰与染色质重塑

具有转录活性的染色质其组蛋白有一些改变，主要表现为：①富含赖氨酸的 H1 组蛋白含量降低；②H2A - H2B 组蛋白二聚体的不稳定性增加，使它们容易从核小体核心中被置换出来；③核心组蛋白 H3、H4 可以被特异性修饰。此时核小体的结构变得松弛而不稳定，对 DNA 的亲和力也降低，易于基因转录。

由 4 种组蛋白（H2A、H2B、H3 和 H4 各 2 个分子）组成的八聚体是核小体的核心区

(core particle),外面盘绕着 DNA 双螺旋链。这些组蛋白的氨基端会伸出核小体外形成组蛋白尾巴(图 12 - 5a),这些尾巴既是各核小体间相互作用的纽带,也是发生组蛋白修饰的位点。

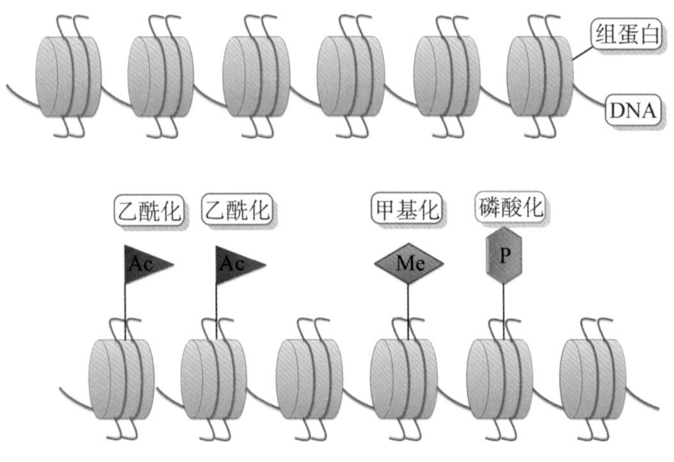

图 12 - 5 组蛋白结构及其化学修饰

组蛋白的乙酰化修饰能够中和组蛋白尾巴上碱性氨基酸残基的正电荷,减弱组蛋白与带有负电荷的 DNA 之间的结合,选择性地使某些染色质区域的结构从紧密变得松散,有利于转录因子与 DNA 的结合,从而开放某些基因的转录,提高其表达水平。而组蛋白的甲基化则可增加其碱性度和疏水性,从而增强与 DNA 的亲和力。乙酰化修饰和甲基化修饰都是通过改变组蛋白尾巴与 DNA 之间的相互作用发挥基因表达调控的功能,但两者互相抑制。组蛋白的磷酸化修饰在细胞有丝分裂和减数分裂期间染色体浓缩以及基因转录激活过程中发挥着重要的调节作用。

组蛋白修饰引起局部染色质结构改变并进而影响转录活性的过程称为染色质重塑(chromatin remodeling),这是一个由基因活化蛋白、染色质重塑复合体参与,并由 ATP 水解供能的复杂过程,其功能是改变待转录基因启动子处核小体的结构形式。这种改变可以是组蛋白的转移,也可以是组蛋白的滑动,结果均使 DNA 能顺利与转录因子、RNA Pol 接近,组装成转录起始复合物。染色质重塑复合体是一类多蛋白体,以各自的 ATP 酶亚基为中心,且根据 ATP 酶亚基的不同分为几种,如酵母含有 SWI/SNF、RSC、ISW1、ISW2 等复合体,人类所含种类更多一些,如 hSWI/SNF、RSF、hACF、WCFR、hCHRAC、NuRD 等。它们能与特定基因的染色质结合,所具有的 ATP 酶活力可水解 ATP 供能,同时协助染色质结构改变及其与转录因子的结合。图 12 - 6 是染色质重塑的示意图。

表 12 - 1 总结了组蛋白乙酰化、磷酸化和甲基化修饰对染色质结构和功能的影响。实际上,组蛋白修饰还包括泛素化和 ADP -核糖基化修饰。各种不同的修饰以及各种修饰之间的组合及其相互作用,可作为一种染色质活化类型的标签,称为组蛋白密码(histone code),在基因表达调控和表观遗传调控的研究中具有深远的意义。

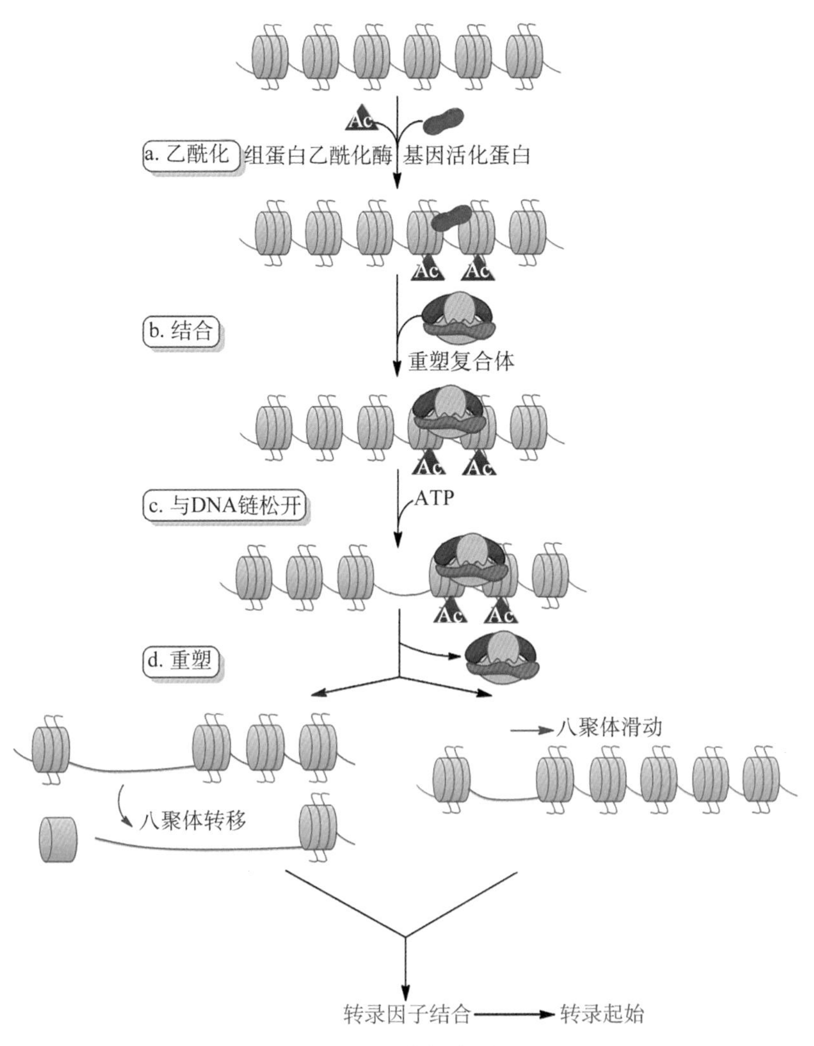

图 12－6　染色质重塑

表 12－1　组蛋白修饰对染色质结构与功能的影响

组蛋白	氨基酸残基位点	修饰类型	功能
H3	Lys－4	甲基化	激活
H3	Lys－9	甲基化	染色质浓缩
H3	Lys－9	甲基化	DNA 甲基化必需
H3	Lys－9	乙酰化	激活
H3	Ser－10	磷酸化	激活
H3	Lys－14	乙酰化	防止 Lys－9 的甲基化
H3	Lys－79	甲基化	端粒沉默
H4	Arg－3	甲基化	
H4	Lys－5	乙酰化	核小体装配
H4	Lys－12	乙酰化	核小体装配
H4	Lys－16	乙酰化	核小体装配
H4	Lys－16	乙酰化	Fly X 激活

Lys＝赖氨酸；Ser＝丝氨酸；Arg＝精氨酸。译自：Gene IX，by Benjamin Lewin

催化组蛋白修饰的酶是成对的，各自发挥不同的调控作用。如组蛋白乙酰基转移酶(histone acetyltransferase，HAT)和组蛋白去乙酰基酶(histone deacetylase，HDAC)，在DNA水平的基因表达调控中具有重要作用。HAT使组蛋白发生乙酰化，促使染色质结构松弛，有利于基因的转录，称为转录辅激活因子(co-activator)；而HDAC促进组蛋白的去乙酰化，抑制基因的转录，称为转录辅抑制因子(co-repressor)。

（二）DNA甲基化

DNA甲基化(DNA methylation)是真核生物在染色质水平控制基因转录的机制之一。真核基因组中胞嘧啶第5位碳原子可以在DNA甲基转移酶(DNA methyltransferase)的作用下被甲基化修饰为5-甲基胞嘧啶，并且以序列CG中的胞嘧啶甲基化更加常见。基因组中可见到成簇的非甲基化CG存在于某个区段，一般将这些CG含量最高达60%，长度为300～3 000 bp的区段称作CpG岛(CpG island)。CpG岛常位于基因的启动子和第1外显子区域，约60%以上基因的启动子含有CpG岛。处于转录活跃状态的染色质中，可发现CpG岛的甲基化程度下降，例如管家基因的CpG岛中胞嘧啶甲基化水平较低。推测CpG岛的高甲基化有利于染色质形成致密结构而抑制基因表达。

染色质结构对基因表达的影响可遗传给子代细胞，其机制是细胞内存在着具有维持甲基化作用的DNA甲基转移酶，可以在DNA复制后，依照亲本DNA链的甲基化位置催化子链DNA在相同位置上发生甲基化。这种以染色质结构的改变而非基因序列导致的遗传现象被称为表观遗传(epigenetic inheritance)。表观遗传对基因表达的调控不仅体现在DNA甲基化上，组蛋白的乙酰化、甲基化以及非编码小RNA的调控等都属于表观遗传调控的范畴。

三、转录起始的调控

转录起始同样是真核生物基因表达调控的关键，但是真核生物的RNA Pol需要多个转录因子相互作用才能形成转录起始复合物，因此真核生物的转录起始涉及的影响因素更多。

（一）顺式作用元件

如前所述，顺式作用元件是指可影响自身基因表达活性的DNA序列，大多数真核基因调控机制均涉及此序列。图12-7中，A、B分别代表同一DNA分子中的两段特异DNA序列。B序列通过一定机制影响A序列，并通过A序列控制该基因转录起始的准确性及频率。A、B序列就是调节这个基因转录活性的顺式作用元件。不同基因具有各自特异的顺式作用元件。

参与真核生物基因转录激活调节的顺式作用元件，根据其在基因中的位置、转录激活作用的性质及发挥作用的方式，可分为启动子、增强子及沉默子等。

真核生物启动子包括转录起始点及其上游的100～200 bp序列，其中有若干个具有独立功能的DNA序列元件，每个元件长7～30 bp。启动子包括至少1个转录起始点(transcription start site，initiation site)以及1个以上的功能组件。在这些功能组件中最具典型意义的就是TATA盒(见第十章)。TATA盒通常位于转录起始点上游－25～－30 bp

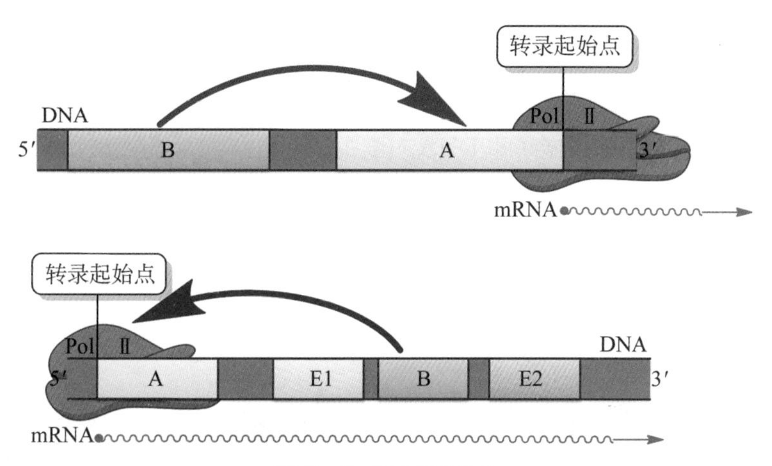

图 12-7　顺式作用元件

区域，控制转录起始的准确性及频率。GC 盒(GGGCGG)和 CAAT 盒(GCCAAT)也是很多基因中常见的功能组件，它们通常位于转录起始点上游－30～－110 bp 区域。此外，还发现很多其他类型的功能组件。由 TATA 盒及转录起始点即可构成最简单的启动子，也称为核心启动子。典型的启动子常由 TATA 盒及上游的 CAAT 盒和(或)GC 盒组成，这类启动子通常具有一个转录起始点及较高的转录活性。

还有很多启动子不含 TATA 盒，这类启动子分为两类：一类为富含 GC 的启动子，最初发现于一些管家基因，这类启动子一般含数个分离的转录起始点，并有数个转录因子 SP1 结合位点，对基本转录活化有重要作用；另一类启动子既不含 TATA 盒，也没有 GC 富含区，这类启动子可有一个或多个转录起始点，大多转录活性很低或根本没有转录活性，而是在胚胎发育、组织分化，或再生过程中受调节。

真核生物有 3 种 RNA Pol，它们分别结合在 3 类不同的启动子上负责转录不同的 RNA。

增强子是一种能够提高转录效率的顺式调控元件，通常位于被调控基因的同一条 DNA 链上，其长度约 200 bp，可使旁侧的基因转录效率提高 100 倍。增强子的基本核心组件常为 8～12 bp，可以单拷贝或多拷贝串联的形式存在；增强子也可由若干功能组件组成，这些功能组件是特异转录因子结合 DNA 的核心序列，增强子和启动子常交错覆盖或连续。酵母中有一种上游激活序列(upstream activator sequence, UAS)，类似于高等真核生物增强子，也可提高转录活性。

增强子是组织特异性转录因子的结合部位，一旦与特异转录因子结合即可发挥其调控作用；增强子既可近距离调节旁侧上游或下游的基因的表达，也可远距离(1～4 kb)实施调节作用，个别情况下甚至可以调控 30 kb 以外的基因。与启动子不同的是，增强子的作用与序列方向性无关，将增强子的方向倒置后依然能起作用。增强子需要有启动子才能发挥作用，但对启动子没有严格的专一性，同一增强子可以影响不同类型启动子的转录。

与增强子相反，沉默子是一类负调控元件，能够抑制基因的转录。当沉默子与特异的蛋白因子结合时，发挥阻遏作用。沉默子与增强子类似，其作用亦不受序列方向的影响，也能远距离发挥作用，并可对异源基因的表达起作用。

（二）转录因子

转录因子是由特定的基因编码、表达的蛋白质分子，它是转录调控的关键分子。它通过与特异的顺式作用元件识别、结合（即 DNA -蛋白质相互作用），反式激活另一基因的转录，故称反式作用因子（*trans*-acting factor）。也有些基因产物可特异识别、结合自身基因的调节序列，调节自身基因的开启或关闭，这就是所谓的顺式调节作用，具有这种调节方式的调节蛋白称为顺式作用因子（图 12－8）。

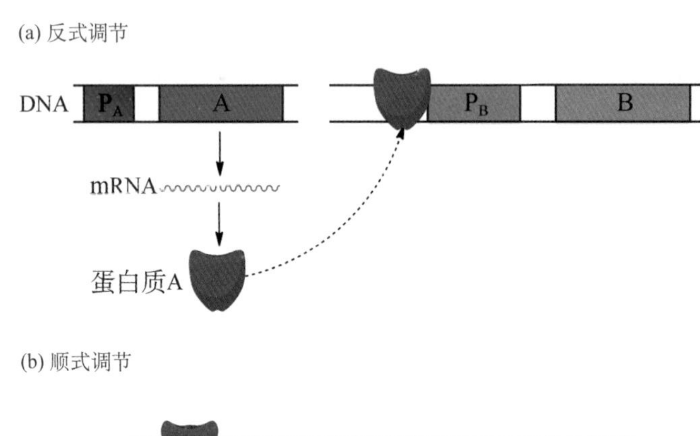

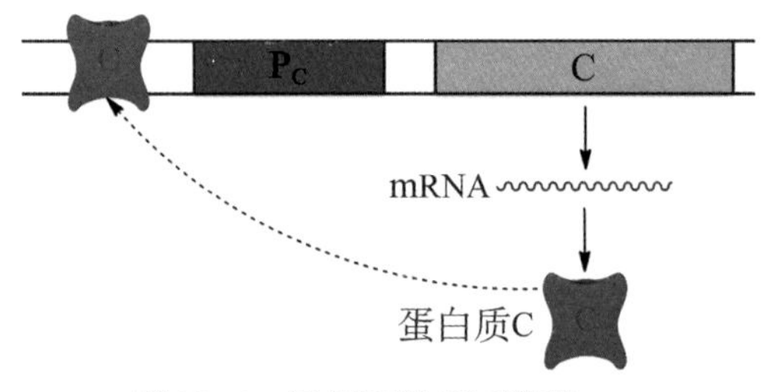

图 12－8　反式调节与顺式调节

（a）反式调节：基因 A 的表达产物蛋白质 A 调节基因 B 的表达，蛋白质 A 为反式作用因子；

（b）顺式调节：基因 C 的表达产物蛋白质 C 调节自身基因的表达，蛋白质 C 为顺式作用因子；

P_A P_B P_C：基因 A、B、C 的启动子

转录因子可分为两类：

1. 通用转录因子（general transcription factor）　是基因转录时所必需的一类辅助蛋白质，帮助 RNA Pol 与启动子结合并起始转录，对所有基因都是必需的，也称为基本转录因子。第十章提到通用转录因子 TFⅡD 是由 TBP 和 TAF 组成的复合物，其中 TBP 支持基础转录但不支持诱导所致的增强转录。而 TFⅡD 中的 TAF 对诱导引起的增强转录是必要的，因此又将 TAF 称为辅激活因子（co-activator）。人类细胞中至少有 12 种 TAF，TFⅡD 复合物中不同 TAF 与 TBP 的结合可能结合不同启动子，这可以解释这些因子在各种启动子中的选择性活化作用以及对特定启动子存在不同的亲和力。中介子（mediator）也是在反式作用因子与 RNA Pol 之间的蛋白质复合体，它与某些反式作用因子相互作用，同时能够促进 TFⅡH 对 RNA Pol 羧基端结构域的磷酸化。有时将中介子也归类于辅激活因子。对 3 种

RNA Pol来说，除个别基本转录因子成分是通用的外，如TFⅡD；大多数成分是不同RNA Pol所特有的，例如TFⅡA、TFⅡB、TFⅡE、TFⅡF及TFⅡH为RNA PolⅡ催化所有mRNA转录所必需。通用转录因子的存在没有组织特异性，因而对于基因表达的时空性并不重要。

2. 特异性转录因子（special transcription factor）　为个别基因转录所必需，决定该基因的时间、空间特异性表达，故称特异转录因子。此类特异因子又可分为转录激活因子(transcription activator)和转录抑制因子(transcription inhibitor)。前者通常是一些增强子结合蛋白(enhancer binding protein，EBP)，后者大多是沉默子结合蛋白，但也有些抑制因子通过蛋白质-蛋白质相互作用，与转录激活因子或TFⅡ D结合，降低它们在细胞内的有效浓度而抑制基因转录。不同的组织或细胞中各种特异转录因子分布不同，所以基因表达状态、方式也不同，由此决定了细胞内基因的时间、空间特异性表达。特异性转录因子自身的含量、活性和细胞内定位均受细胞所处环境的影响，是生物体适应环境变化而改变基因表达水平的关键。

此外，转录起始过程还有上游因子(upstream factor)和可诱导因子(inducible factor)的参与。前者与启动子上游元件如GC盒、CAAT盒等顺式作用元件结合的蛋白质，如SP1结合到GC盒上，C/EBP结合到CAAT盒上。这些反式作用因子调节通用转录因子与TATA盒的结合、RNA Pol与启动子的结合及起始复合物的形成，以协助调节基因转录效率。可诱导因子也是与增强子等远端调控序列结合的转录因子，它们能结合应答元件，只在某些特殊生理或病理情况下才被诱导产生，如MyoD在肌肉细胞中高表达、HIF-1在缺氧时高表达。与上游因子不同，可诱导因子只在特定的时间和组织中表达而影响转录。

RNA PolⅡ与启动子的结合、启动转录需要多种蛋白质因子的协同作用。这通常包括：可诱导因子或上游因子与增强子或启动子上游元件的结合；通用转录因子在启动子处的组装；辅激活因子和(或)中介子在通用转录因子或RNA PolⅡ复合物与可诱导因子、上游因子之间的辅助和中介作用。因子与因子之间互相辨认、结合，以准确控制基因是否转录、何时转录。上游因子和可诱导因子属于广义的转录因子，但一般不冠以TF的词头而各有自己特殊的名称。

大多数转录因子是DNA结合蛋白，通常具有DNA结合域(DNA binding domain)和转录激活域(activation domain)；还有些转录因子会有一个介导蛋白质-蛋白质相互作用的结构域，最常见的是二聚化结构域。

（三）顺式作用元件与转录因子的结合

顺式作用元件与转录因子的结合主要依赖于转录因子DNA结合域中的特殊蛋白质模体(motif)，常见的有以下3种：

1. 锌指（zinc finger）结构　顾名思义，这是一类含锌离子又形似手指的模体结构，每个“指”状结构约含23个氨基酸残基，形成1个α-螺旋和2个反向平行的β-折叠的二级结构，每个β-折叠上有1个半胱氨酸(Cys)残基，而α-螺旋上有2个组氨酸(His)或半胱氨酸(Cys)残基。这4个氨基酸残基与二价锌离子之间形成配位键(图12-9)。一个蛋白质分子可有多个这样的锌指重复单位。每一个单位可将其指部伸入DNA双螺旋的大沟内，

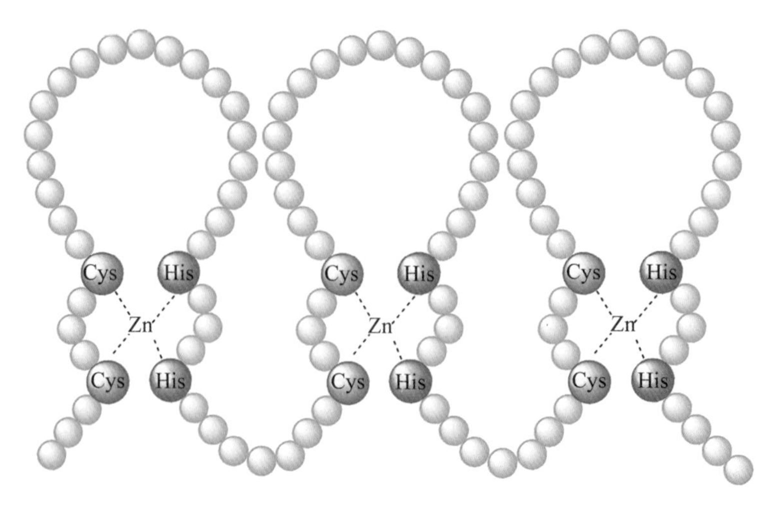

图 12-9 锌指结构

接触 5 个核苷酸。例如与 GC 盒结合的人成纤维细胞转录因子 SP1 中就有 3 个锌指重复结构。

2. 碱性螺旋-环-螺旋（basic helix-loop-helix, bHLH）结构 这类结构由 40～50 个氨基酸构成,可有 2～3 个两性 α-螺旋通过短肽段形成的环相连接,其中一个 α-螺旋的 N-端富含碱性氨基酸残基,是与 DNA 结合的结合域(图 12-10)。已发现酵母的 MAT 基因和果蝇 en、Ant p 基因的表达产物具有此结构,尤其是与 DNA 结合的螺旋区较为保守。bHLH 模体通常以二聚体形式存在,其 DNA 结合域的碱性区可嵌入 DNA 双螺旋的大沟内。

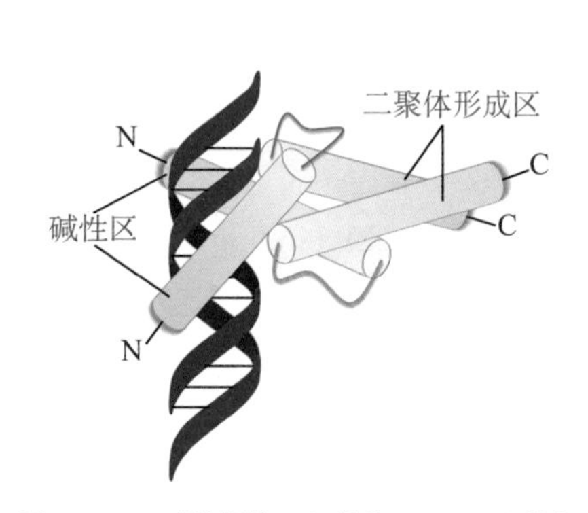

图 12-10 碱性螺旋-环-螺旋(bHLH)结构与 DNA 的结合

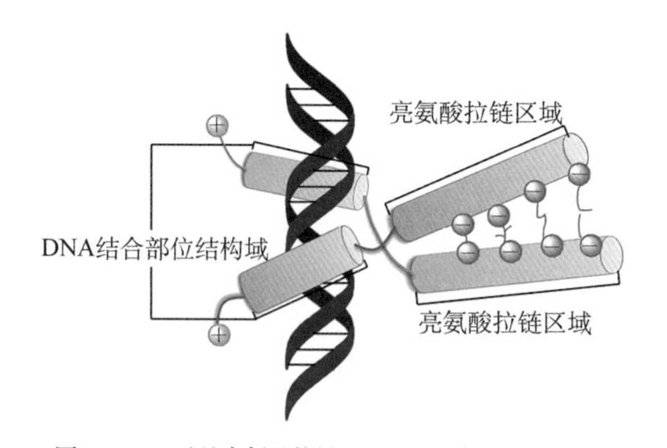

图 12-11 碱性亮氨酸拉链(bZIP)结构与 DNA 的结合

3. 碱性亮氨酸拉链（basic leucine zipper, bZIP）结构 该结构的特点是在蛋白质 C-端的氨基酸序列中,每隔 6 个氨基酸会有 1 个亮氨酸残基,此肽段形成的 α-螺旋结构中隔 1 圈就会有 1 个亮氨酸残基,且均位于 α-螺旋的同一侧。此种特殊的 α-螺旋结构能借助亮氨酸的疏水作用形成二聚体,貌似拉链一样(图 12-11)。这种二聚体的 N-端往往富含碱性氨基酸残基，其所含正电荷可与 DNA 骨架上的磷酸基团以离子键结合。

（四）转录起始复合物的生成

顺式作用元件与转录因子对转录调控最终是由 RNA Pol 的活性来体现的，转录起始复合物的生成是基因表达的关键点。

RNA Pol 的活性与启动序列或启动子的核苷酸序列有关，更与所存在的转录因子有关。真核启动子也是由转录起始点、RNA Pol 结合位点及控制转录活性的调节元件组成，其中启动序列会影响其与 RNA Pol 的亲和力。如第十章所述，真核 RNA Pol Ⅱ不能单独识别、结合启动子，而是先由基本转录因子 TFⅡD 的组成成分 TBP 识别 TATA 盒或其它启动元件(initiator, Inr)，有时会有 TAF 协助结合，继而在其他基本转录因子的参与下，形成一个功能性的转录前起始复合物(pre-initiation complex, PIC)。在几种基本转录因子中，TFⅡD 是唯一具有位点特异的 DNA 结合因子，在上述有序的组装过程中起关键性指导作用。这样形成的前起始复合物尚不稳定，也不能有效启动 mRNA 转录。在迂回折叠的 DNA 构象中，与增强子结合的转录激活因子 EBP 可与前起始复合物中的 TBP 接近，或通过特异的 TAF 与 TBP 联系，形成稳定的转录起始复合物(图 12－12)。此时，RNA PolⅡ才能真正启动 mRNA 转录。TAF 是细胞特异的，与 EBP 共同决定组织特异性转录。

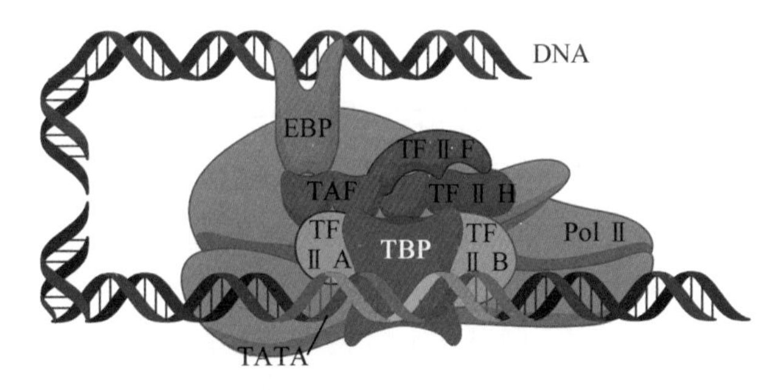

图 12－12　转录起始复合物

TBP 识别 TATA 盒或启动元件，在 TAF、TFⅡ A～F 等参与下，与 RNA PolⅡ一起形成转录起始复合物

以上基本转录因子和特异性转录因子决定了 RNA Pol Ⅱ的活性，这些调节蛋白的浓度与分布将直接影响相关基因的表达。如前所述，特异性转录因子的表达具有时间或空间特异性，因此由它们所参与组成的转录起始复合物也将呈现一种动态变化。

四、其他水平的调控

除了以上所述的调控机制，真核生物的基因表达调控还体现在对转录后的调控、翻译及翻译后的调控。此外，小分子 RNA 对基因表达的调节机制也十分复杂。

（一）转录后的调控

真核生物基因初级转录产物的剪接、修饰等成熟加工过程的不同，以及 RNA 产物被运送至细胞质中去进行翻译时其稳定性及其降解过程均会影响基因表达的实际水平。转录后的调控主要通过 mRNA 的结构来改变其功能，并进而影响该基因的最终表达水平。

1. mRNA 的稳定性 作为蛋白质生物合成的模板，mRNA 的稳定性将直接影响基因表达最终环节，是转录后对基因表达进行调控的一个重要因素。真核生物 mRNA 分子的半寿期差别极大，长的可达数十小时以上，而短的仅有几十分钟或更短。通常调节蛋白 mRNA 的半寿期较短，所以这些蛋白质的水平可以随着环境的变化灵活调整，以便准确调控其他基因的表达。mRNA 在细胞内的稳定性受很多因素的影响，其本身的 5′-端的帽结构和 3′-端的 poly(A)尾巴均各有作用。前者增加 mRNA 的稳定性，免遭 5′→3′核酸外切酶的降解作用，由此延长 mRNA 的半衰期；帽结构还可与相应的帽子结合蛋白结合而提高翻译的效率，并参与 mRNA 从细胞核向细胞质的转运。poly(A)尾巴则可防止 3′→5′核酸外切酶降解 mRNA，也增加了 mRNA 的稳定性。如果 3′-端 poly(A)被去除，mRNA 分子将很快降解。此外，3′-端 poly(A)尾巴还参与了翻译的起始过程。组蛋白 mRNA 没有 3′-端 poly(A)尾巴，但其 3′-端会形成一种发夹结构，使其免受核酸酶的攻击。除了 3′-端 poly(A)尾巴的存在与否可改变 mRNA 的稳定性，还有一种蛋白质因子——ARE 结合蛋白可与某些 mRNA 的 3′- UTR 的富含 AU 序列(AU-rich sequence, ARE)结合，促使 poly(A)核酸酶切除 poly(A)尾，使 mRNA 降解，所以含有 ARE 序列的 mRNA 的半寿期一般较短。

体内 RNA 通常都是与特定蛋白质结合形成核糖核蛋白(ribonucleoprotein, RNP)复合物，在核内进行后加工或者由胞核运至胞质发挥其功能。因此，核糖核蛋白复合物中的相关蛋白质含量可直接影响 mRNA 的运输及在胞质内的稳定性。

mRNA 的稳定性有时还与其自身结构有关，如铁转运蛋白受体(transferrin receptor, TfR)mRNA 的 3′- UTR 有一个特殊的重复序列，称为铁反应元件(iron response element, IRE)。每个 IRE 大约 30 bp 长，可形成茎环结构，环上有 5 个特异的核苷酸，并富含 AU 序列。细胞内铁含量足够时，此序列可促进 TfR mRNA 降解，机制未明；当铁缺乏时，细胞内的 IRE 结合蛋白(IRE - binding protein, IRE - BP)可被活化，IRE - BP 能识别 IRE 的茎环结构并与之结合，一旦 IRE - BP 与 IRE 结合就可使上述的未知机制对 TfR mRNA 的促降解作用失效，从而延长 TfR mRNA 的半寿期。

2. mRNA 前体的选择性剪接 大多数真核生物基因所转录出的 mRNA 前体经过剔除内含子序列后只能有一个成熟的 mRNA，并被翻译成为一条相应的多肽链。但是，有些基因的 mRNA 通过选择性剪接(详见第十章)的方式由一种 mRNA 前体产生了不同的成熟 mRNA，并由此产生不同的蛋白质。这些蛋白质的功能可以相近，也可以完全不同，显示了基因调控对生物多样性的决定作用。真核 mRNA 前体中含有选择性剪接的加工信号。此外，还发现不同细胞、组织存在着多种 RNA 结合蛋白，它们的特异性决定了一种 mRNA 前体选择何种剪接方式以产生不同的成熟 mRNA，并由此产生不同的蛋白质。因此，剪接方式也是基因表达调控的一个位点。

(二) 翻译及翻译后的调控

蛋白质生物合成过程涉及众多成分，对这些参与成分的调节可使基因表达在翻译水平以及翻译后阶段得到控制。翻译水平的调节点主要在起始阶段和延长阶段，尤其是起始阶段。如对翻译起始因子活性的调节、Met - tRNA^{met}与小亚基结合的调节、mRNA 与小亚基结合的调节等。近年来，非编码 RNA 对基因表达调控的影响日益受到重视。

1. 对翻译起始因子活性的调节 蛋白质合成速率在很大程度上取决于起始水平，通过磷酸化调节翻译起始因子 eIF 的活性对起始阶段有重要的控制作用。

eIF - 2 参与起始 Met - tRNAi 的进位，其 α 亚基可磷酸化（cAMP 依赖性蛋白激酶所催化）而失活，导致蛋白质翻译受阻。血红素能抑制 cAMP 依赖性蛋白激酶的活化，避免或减少了 eIF - 2 的磷酸化，从而促进珠蛋白的合成。细胞在病毒感染时的某种抗病毒机制也是由宿主细胞产生双链 RNA（double-stranded RNA，dsRNA）激活蛋白激酶，使 eIF - 2α 磷酸化，从而抑制病毒蛋白质的合成。

相反的是，eIF - 4E 及其结合蛋白的磷酸化则激活翻译起始，eIF - 4E 的磷酸化修饰及与抑制性蛋白的结合均可调节其与 mRNA 帽结构的结合活性，磷酸化的 eIF - 4E 与帽结构的亲和力 4 倍于非磷酸化的 eIF - 4E，由此提高蛋白质合成速率。胰岛素及其他一些生长因子均可使 eIF - 4E 磷酸化而加速蛋白质合成，以促进细胞生长。同时，胰岛素还可以使一些与 eIF - 4E 结合的抑制性蛋白磷酸化而失去与 eIF - 4E 的结合活性，从而解除对 eIF - 4E 的抑制，进一步加速翻译起始。

2. RNA 结合蛋白的调节 RNA 结合蛋白（RNA binding protein，RBP）是指能够与 RNA 特异序列结合的蛋白质。基因表达的众多环节包括转录终止、RNA 剪接、RNA 转运、RNA 胞质内稳定性控制以及翻译起始等均与 RBP 有关。

已知 IRE - BP 作为特异 RNA 结合蛋白，在调节铁转运蛋白受体（TfR）mRNA 稳定性方面起重要作用。此外，它还参与调节铁蛋白和 δ-氨基-γ-酮戊酸（δ - aminolevulinic acid，ALA）合酶这 2 个与铁代谢有关的蛋白质的合成。铁蛋白是体内铁的贮存形式，ALA 合酶是血红素合成的限速酶。与 TfR mRNA 不同，IRE 位于铁蛋白及 ALA 合酶 mRNA 的 5′-UTR，而且无 AU 富含区，故不会引起 mRNA 的降解。细胞内铁缺乏时，IRE - BP 处于活化状态，结合 IRE 而阻碍 40S 小亚基与 mRNA 5′-端起始部位结合，抑制翻译起始；铁浓度偏高时，IRE - BP 失活，解除对翻译起始的抑制，铁蛋白及 ALA 合酶可顺利合成。

3. 翻译产物的调节 新生蛋白质的半寿期与其生物学功能密切相关，因此新生肽链的水解和运输可以控制蛋白质在特定的组织、细胞或亚细胞器中的浓度。此外，蛋白质的翻译后修饰，如可逆的磷酸化、甲基化、酰基化修饰，均可快速调节蛋白质活性，这也是一种基因表达的调控。

（三）小分子 RNA 对基因表达的调控

某些小分子 RNA 也可调节真核基因表达，这些 RNA 均属于非编码 RNA（non-coding RNA，ncRNA）。小分子 RNA 对基因表达的调节十分复杂，目前受到广泛关注的 ncRNA 有：微 RNA（microRNA，miRNA）和干扰小 RNA（small interfering RNA，siRNA）等。

miRNA 是一大家族小分子非编码单链 RNA，长度约 22 个碱基，由一段具有发夹环结构，长度为 70～90 个碱基的单链 RNA 前体（pre-miRNA）经 Dicer 酶剪切后形成。这些成熟的 miRNA 与其他蛋白质一起组装成 RNA 诱导的沉默复合体（RNA-induced silencing complex, RISC),通过与其靶 mRNA 分子的 3′- UTR 互补结合而抑制该 mRNA 分子的翻译,但机制未明。研究发现 miRNA 作为一类新型的调控转录后基因表达水平的小分子 RNA,在不同肿瘤中既可高表达,又可低表达,很有希望成为肿瘤的诊断和判断预后的分子标记,也是抗肿瘤研究中的潜在靶点。

干扰小 RNA(siRNA)是细胞内一类具有特定长度(21～23 个碱基)和特定序列的小片段 RNA,也可参与 RISC 组成,与特异的靶 mRNA 互补结合而使其降解,遏制蛋白质合成。这种由 siRNA 介导的基因表达抑制作用称为 RNA 干扰(RNA interference, RNAi)(图 12 - 13)。RNAi 是通过降解特异 mRNA 在转录后水平发生的一种基因表达调节机制,它能识别、清除外源 dsRNA 或同源单链 RNA,是生物体本身固有的一种对抗外源基因侵害的自我保护现象。外源性 dsRNA 导入细胞后还能使内源性的同源 mRNA 降解,进而抑制相关基因的表达。人为导入特定 siRNA 可特异性抑制某个基因表达而不影响其基因结构,因此 RNAi 可作为研究基因功能、基因治疗及制药方面的一种新技术。

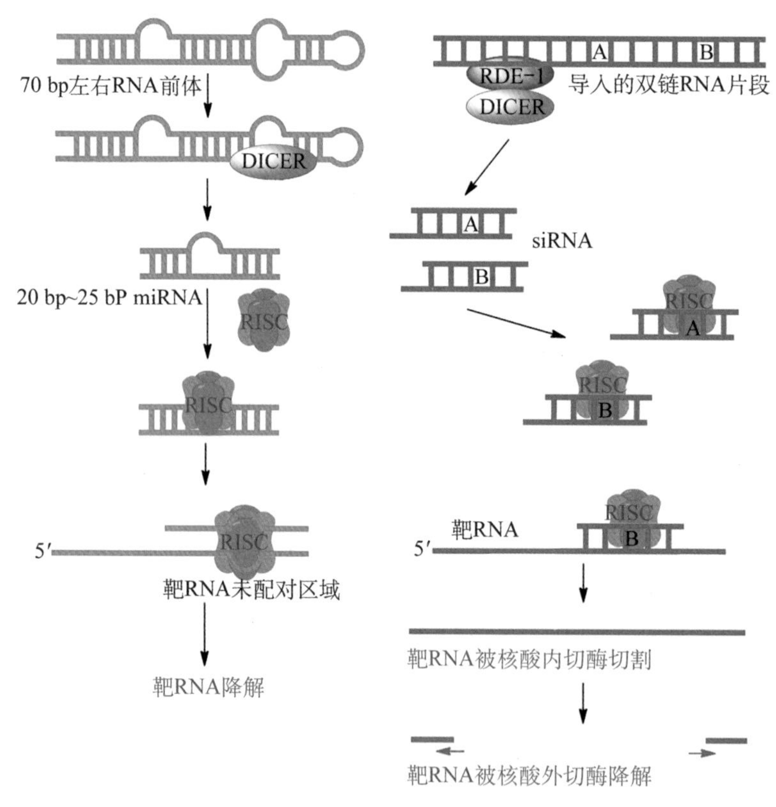

图 12 - 13 RNA 干扰作用

siRNA 和 miRNA 具有一些共同的特点:均由 Dicer 切割产生;长度都在 22 个碱基左右;都与 RISC 形成复合体,与 mRNA 作用而引起基因沉默。但它们之间也存在一些差异,见表 12 - 2。

表 12-2　siRNA 与 miRNA 的区别

	siRNA	miRNA
前体	内源或外源长双链 RNA 诱导产生	内源发夹环结构的转录产物
结构	双链分子	单链分子
功能	降解 mRNA	阻遏其翻译
靶 mRNA 结合	需完全互补	不需完全互补
生物学效应	抑制转座子活性和病毒感染	发育过程的调节

除了上述 siRNA 和 miRNA 可调控基因表达外，还发现长链非编码 RNA（long noncoding RNA，lncRNA）也可在表观遗传水平、转录水平和转录后水平调控基因的表达。lncRNA 是一类转录本长度超过 200 个核苷酸的 RNA 分子，不直接参与基因编码和蛋白质合成，但被发现在很多生命活动中发挥了举足轻重的作用，与机体的生理和病理过程均有密切的关系。因此，对 lncRNA 的研究已成为当今分子生物学最热门的前沿研究领域之一。

综上所述，真核生物的基因表达调控极为复杂，且有很多尚未明了的领域。但随着研究的深入，特别是 RNA 组学（RNomics）的研究日渐深入，人类必将会进一步阐明基因表达调控的作用机制，尤其是 ncRNA 的作用机制。

（张　英）

参考文献

[1] 周春燕，药立波. 生物化学与分子生物学. 9 版. 北京：人民卫生出版社. 2018.
[2] 本杰明・卢因. 余龙等译. 基因Ⅷ. 北京：科学出版社，2005.
[3] Nelson DL，Cox MM. Lehninger Principles of Biochemistry. 6th ed. New York：W. H. Freeman and Company，2013.
[4] Berg JM，Tymoczko JL，Stryer L. Biochemistry. 6th ed. New York：W. H. Freeman and Company，2007.

第十三章　DNA 重组与重组 DNA 技术

DNA 重组(DNA recombination)是指不同 DNA 分子间通过断裂和连接产生片段的交换重新形成新的 DNA 分子的过程。无论是原核生物还是真核生物,细胞在增殖、分裂、分化过程中经常发生基因重组或重排(rearrangement)。例如噬菌体或病毒感染宿主细胞时,外源 DNA 与宿主 DNA 通常会发生重组或整合(integration)。

第一节　自然界 DNA 重组的方式

自然界不同物种或个体之间的 DNA 重组和基因转移是普遍发生的,这是基因变异和物种演变、生物进化的基础。自然界的 DNA 重组不仅增加了群体的遗传多样性,还参与了 DNA 损伤后的修复等重要生物学过程(见第九章)。DNA 重组包括同源重组(homologous recombination)、位点特异性重组(site specific recombination)和转座重组(transpositional recombination)等类型。

一、同源重组

同源重组是最基本的 DNA 重组方式,是指发生在同源序列间的重组,通过链的断裂和再连接,在两个 DNA 分子同源序列间进行单链或双链片段的交换。

同源重组不需要特异 DNA 序列,而是依赖两分子之间序列的相同或类似性。Robin Holliday 于 1964 年提出一个 Holliday 模型,主要包括 4 个关键步骤:①两个同源染色体 DNA 排列整齐;②其中一条 DNA 的单链断裂,侵入另一 DNA 双链并与对应的链连接,形成 Holliday 中间体(intermediate);③通过分支移动(branch migration)产生异源双链(heteroduplex)DNA;④Holliday 中间体切开并修复,形成两个双链重组体 DNA。根据切开方式的不同得到不同的重组产物,如果切开的链与原来断裂的是同一条链(图 13-1),重组体含有一段异源双链区,其两侧来自同一亲本 DNA,称为片段重组体(patch recombinant)。但如切开的链并非原来断裂的链(图 13-1),重组体异源双链区的两侧来自不同亲本 DNA,称为拼接重组体(splice recombinant)。

以大肠埃希菌(*E. coli*)的同源重组为例,参与的酶有数十种,其中许多酶与 DNA 复制和修复共用,最关键的是 RecA、Rec BCD 复合物和 RuvC。首先是 Rec BCD 复合物使 DNA 产生单链切口;RecA 催化单链 DNA 对另一双链 DNA 的侵入,并与其中的一条链交叉,交叉分支移动,待相交的另一链经 Rec BCD 内切酶活性催化而断裂,由 DNA 连接酶交换连接缺

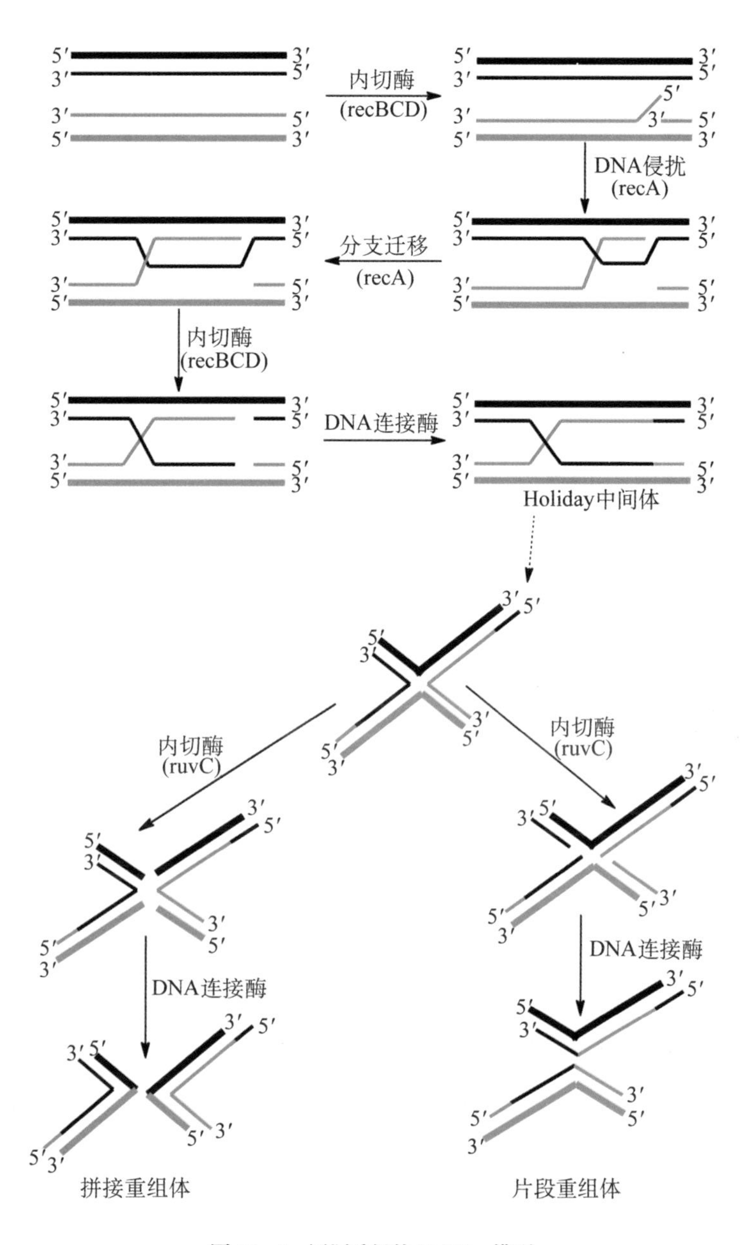

图 13-1 同源重组的 Holliday 模型

失的远末端，形成 Holliday 中间体；此中间体再经内切酶 RuvC 切割、DNA 连接酶的作用完成重组。

二、位点特异性重组

位点特异性重组是由整合酶催化，在两个 DNA 序列的特异位点之间发生的整合。例如 λ 噬菌体 DNA 的整合、细菌的特异位点重组、免疫球蛋白基因的重排等。位点特异性重组广泛存在，参与某些基因表达的调节、发育过程中程序性 DNA 重排，以及有些病毒和质粒

DNA 复制循环过程中发生的整合与切除等。

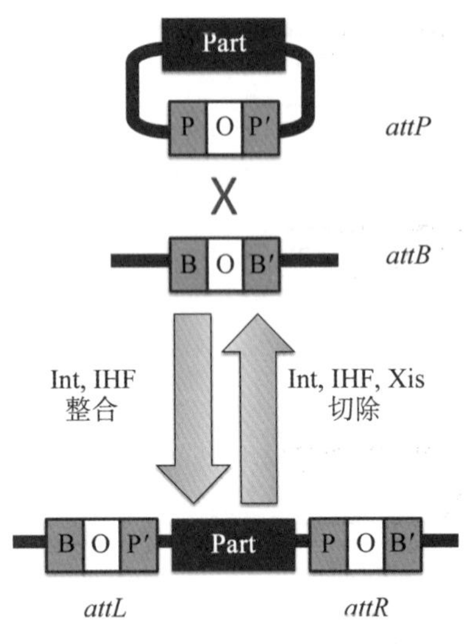

图 13－2　λ 噬菌体 DNA 的整合

（一）λ 噬菌体 DNA 的整合

λ 噬菌体的整合酶(integrase, Int)识别噬菌体 DNA 的重组位点 att P 与宿主大肠埃希菌的重组位点 att B 之间的特异靶位点(有 15 bp 核心序列相同)，而后在整合酶、整合宿主因子(integration host factor, IHF)作用下发生选择性整合；Xis 蛋白参与切除过程(图 13－2)。与 λ 噬菌体的整合类似，反转录病毒整合酶也可特异地识别、整合反转录病毒 cDNA 的长末端重复序列(long terminal repeat, LTR)。通常，这种由整合酶催化的 DNA 整合是十分特异而有效的。

（二）细菌的特异位点重组

鼠伤寒沙门杆菌的鞭毛蛋白根据 H 抗原不同，可分为 H1 和 H2 两种。H 片段上有两个启动子(P)，分别驱动 hin 基因表达和 H2、rH1 基因表达。当启动子方向驱动 H2 时，H2 基因表达，rH1 表达产物为 H1 阻遏蛋白，使 H1 基因被阻遏，表现为 H2 鞭毛。hin 基因编码特异的重组酶，即倒位酶(invertase)Hin，可结合在 14 bp 特异重组位点 hix 上，并由辅助因子 Fis 促使 DNA 弯曲而将两 hix 位点连接在一起，DNA 片段经断裂和再连接而发生倒位。倒位后 H2 和 rH1 基因不表达，阻遏 H1 基因表达的因素被解除，H1 才得以表达，表现为 H1 鞭毛(图 13－3)。

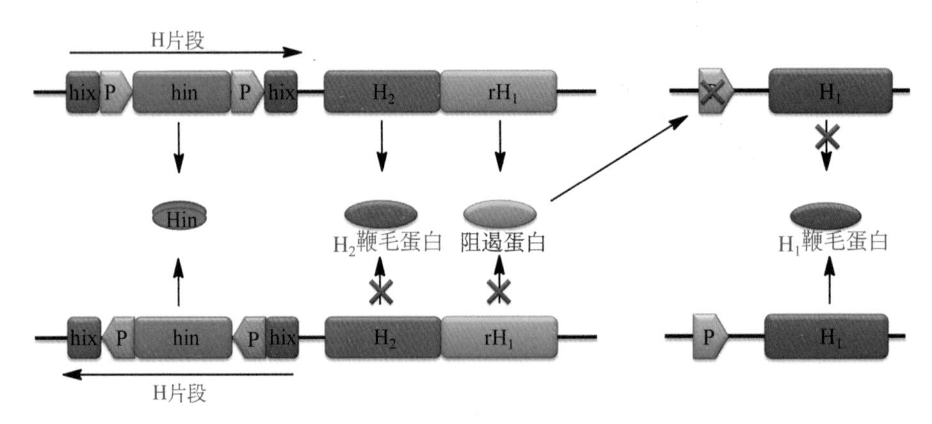

图 13－3　沙门菌 H 片段倒位决定鞭毛相转变

（三）免疫球蛋白基因的重排

免疫球蛋白(Ig)由两条轻链(L 链)和两条重链(H 链)组成，它们分别由 3 个独立的基因簇编码，2 个编码轻链(κ 和 λ)，1 个编码重链。编码轻链的基因簇上分别有 L、V、J、C 4 类基因片段，L 代表前导片段(leader segment)，V 代表可变片段(variable segment)，J 代表连接片段(joining segment),C 代表恒定片段(constant segment)。决定重链的基因簇上共有 L、V、D、J、C 5 类基因片段,其中 D 代表多样性片段(diversity segment)。

参与重链(IgH)基因 V－D－J 重排和轻链(IgL)基因 V－J 重排的重组酶基因 rag (recombination activating gene)共有两个,分别产生蛋白质 RAG1 和 RAG2,且此重排均发生在特异位点上。在 V 片段的下游、J 片段的上游以及 D 片段的两侧均存在保守的重组信号序列(recombination signal sequence, RSS)。该信号序列包含 1 个切割位点(七核苷酸的回文序列 CACAGTG)和 1 个重组酶的识别位点(富含 A 的九核苷酸序列 ACAAAAACC),中间为固定长度的间隔序列。RAG1 识别重组信号序列,进而与 RAG2 形成复合物,对切割位点进行切割,并完成重排。具体抗体基因片段的重排过程如图 13－4 所示。

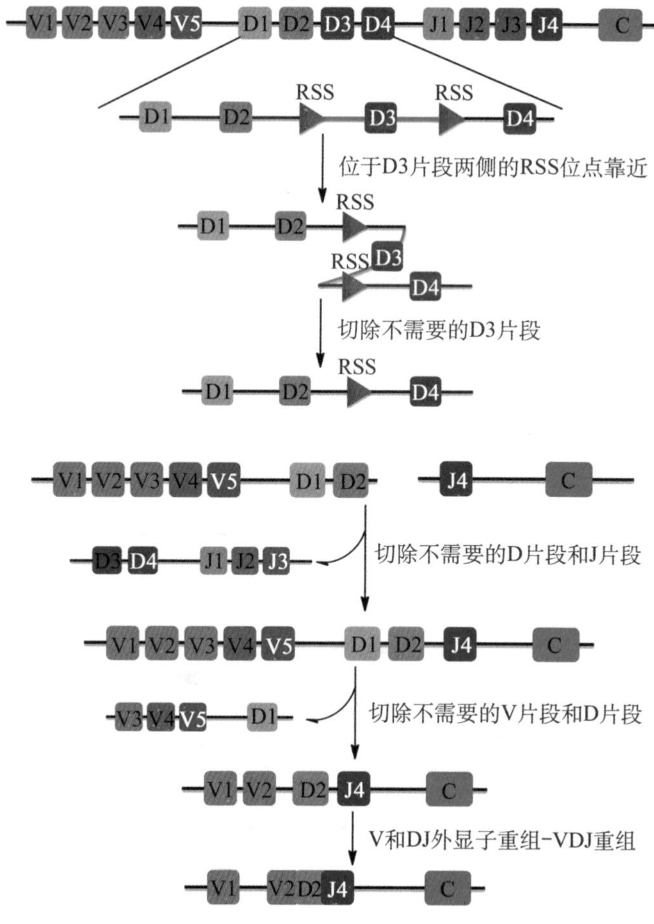

图 13－4　免疫球蛋白基因 V－D－J 重排过程

T 细胞有两类受体:一类是 αβ 受体,出现于成熟的 T 细胞,是主要的 T 细胞受体;另一类是 γδ 受体,只存在于缺失 α、β 链的 T 细胞和发育早期的 T 细胞。T 细胞受体的基因重排与抗体基因重排十分类似,也存在 β 链与 γ 链的 V－D－J 连接、α 链与 δ 链的 V－J 连接。这种 V(D)J 重排可以产生多种重排结果,从而使脊椎动物可以针对不同抗原产生相对应的免疫球蛋白和T细胞受体。

三、转座重组

大多数基因在基因组内的位置是固定的，但有些DNA元件可以从一个位置移动到另一位置，这些可移动的DNA序列包括插入序列(insertion sequence, IS)和转座子(transposon, Tn)。由插入序列和转座子介导的基因移位或重排称为转座(transposition)。

(一) 插入序列转座

典型的插入序列是长750～1 500 bp的DNA片段，包含两个位于两端由9～41 bp构成的反向重复序列(inverted repeat, IR)及一个位于IR之间的转座酶(transposase)编码基因，转座由转座酶催化完成。反向重复序列的侧翼连接有短的(4～12 bp)、不同的插入序列所特有的正向重复序列。插入序列发生的转座有3种形式(图13-5)：保守性转座(conservative transposition)，是插入序列从原位迁至新位；复制性转座(duplicative transposition)，是插入序列复制后，其中的一个复制本迁移至新位，另一个仍保留在原位(图13-6)；非复制性转座，是插入序列从原位迁移到新位，原来所在位置留下一个缺口。

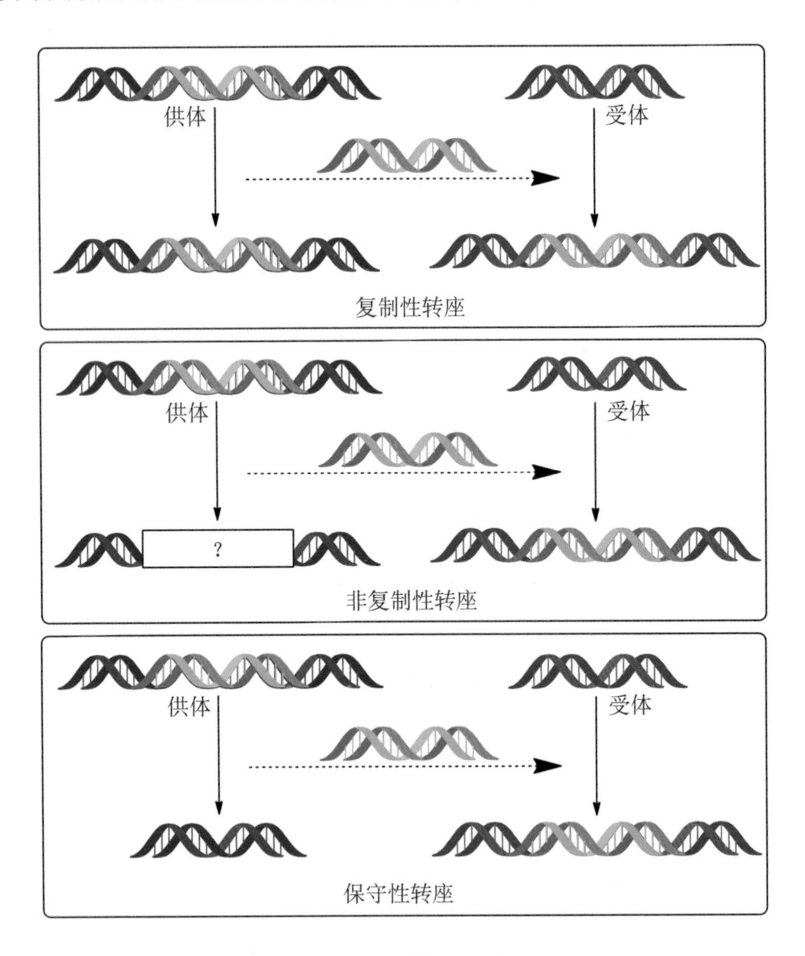

图13-5　转座的3种形式

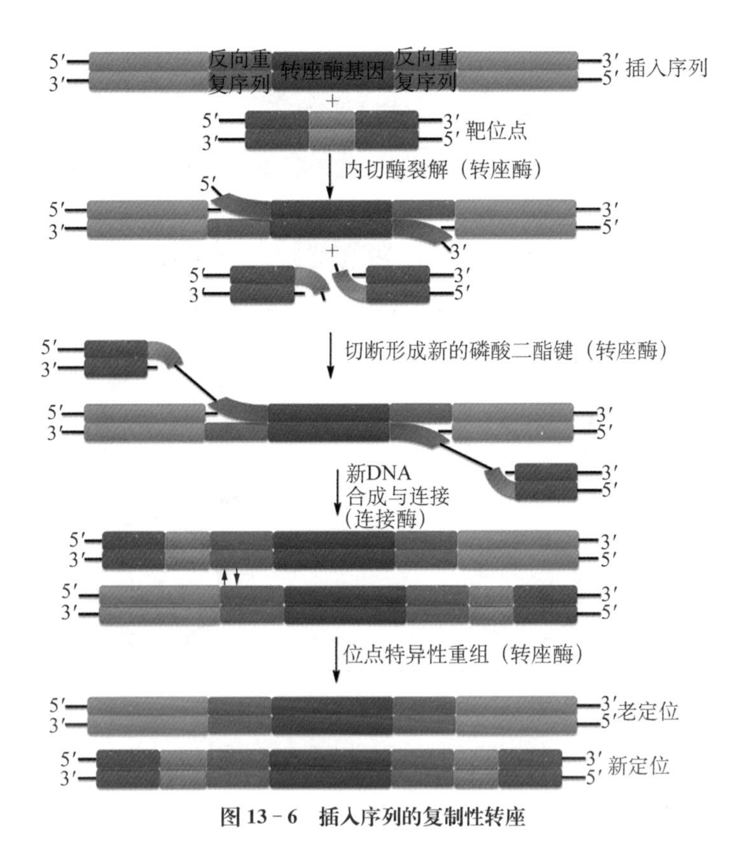

图 13－6　插入序列的复制性转座

（二）转座子转座

与插入序列类似，转座子也是以两个反向重复序列为侧翼序列，并含有转座酶基因；与插入序列不同的是，转座子含有抗生素抗性等有用的基因。在很多转座子中，它的侧翼序列本身就是插入序列(图 13－7)。如图 13－7D，转座子可利用复制性转座，将有用的氨苄青霉素抗性基因从 A 质粒(见本章第二节)转移到 B 质粒，使其获得新的性状。

四、原核细胞的多种基因转移方式

为适应随时改变的环境，原核生物可以通过接合、转化、转导等多种方式进行基因转移，实现在不同 DNA 分子间发生共价连接。

（一）接合作用

接合作用(conjugation)就是细胞或细菌通过菌毛相互接触，质粒 DNA 从一个细胞(细菌)转移至另一细胞(细菌)的过程。例如 F 因子含细菌性鞭毛蛋白编码基因，决定细菌表面性鞭毛的形成。当含有 F 因子的细菌(F^+细胞)与没有 F 因子的细菌(F^-细胞)相遇时，性鞭毛连接就会在两细胞间形成，接着质粒双链 DNA 中的一条链就会被酶切割，产生单链切口，有切口的单链 DNA 通过鞭毛连接桥向 F^-细胞转移。随后，在两细胞内分别以单链 DNA 为模板合成互补链。

（二）转化作用

转化作用(transformation)就是通过自动获取或人为供给外源 DNA，使宿主细胞获得新

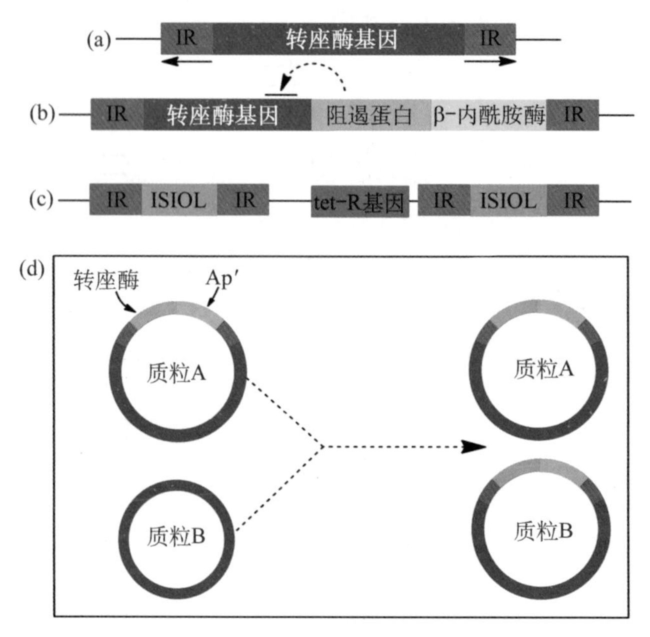

图 13－7　细菌的可移动性元件及应用

(a) 插入序列：转座酶编码基因两侧连接反向末端重复序列(箭头所示)；
(b) 转座子 Tn3：含有转座酶、β-内酰胺酶及阻遏蛋白编码基因；
(c) 转座子 Tn10：含有四环素抗性基因及两个相同的插入序列 ISIOL；
(d) 利用转座将质粒 A 中的氨苄西林抗性基因转移到质粒 B 中

的遗传表型的过程。例如当溶菌时释放的裂解 DNA 片段作为外源 DNA 被另一细菌摄取，并通过重组将外源 DNA 整合进基因组，使受体菌获得新的遗传性状，这就是自然界发生的转化作用。由于较大的外源 DNA 不易透过细胞膜，因此自然界发生的转化作用效率并不高，染色体整合概率则更低。实验室通常应用物理或化学方法使受体菌通透性增加成为感受态细菌，从而大大提高转化效率。

（三）转导作用

当病毒从被感染的细胞(供体)释放出来，再次感染另一细胞(受体)时，发生在供体细胞与受体细胞之间的 DNA 转移及基因重组即为转导作用(transduction)。自然界常见的例子就是由噬菌体感染宿主时伴随发生的基因转移，包括普遍性转导(generalized transduction)和特异性转导(specialized transduction)。

1. 普遍性转导　当噬菌体在供体菌中包装时，供体菌自身的 DNA 片段被包装入噬菌体颗粒；当细菌溶解，释放出的噬菌体通过感染受体菌而将所携带的供体菌的 DNA 片段转移到受体菌中，并重组于受体菌的 DNA 上。

2. 特异性转导　噬菌体感染供体菌后，被位点特异性整合到供体菌 DNA 上；供体菌溶菌时，整合的噬菌体从供体菌 DNA 上切离，可携带位于整合位点侧翼的 DNA 片段；释放出的噬菌体感染受体菌，就可以将位于整合位点侧翼的供体菌 DNA 片段重组到受体菌 DNA 的特异性位点上。

第二节 重组DNA技术

重组DNA技术是对携带遗传信息的分子进行设计和改造的分子工程，包括基因重组、克隆和表达。1996年，以重组DNA技术生产的促红细胞生成素产值逾十亿美元，所有这一切都说明重组DNA技术对人类生活和健康的影响是巨大的。

一、基本概念和原理

（一）DNA克隆

所谓克隆（clone）就是来自同一始祖的相同副本或拷贝（copy）的集合；获取同一拷贝的过程称为克隆化（cloning），也就是无性繁殖。在分子遗传学领域所谓的分子克隆（molecular clone）专指DNA克隆。DNA克隆（DNA cloning）又称重组DNA（recombinant DNA），就是应用酶学的方法，在体外将各种来源的遗传物质——同源的或异源的、原核的或真核的、天然的或人工的DNA与载体DNA结合成一具有自我复制能力的DNA分子——复制子（replicon），继而通过转化或转染宿主细胞，筛选出含有目的基因的转化子细胞，再进行扩增，提取获得大量同一DNA分子，即DNA克隆。

（二）重组DNA技术

实现DNA克隆所采用的方法及相关的工作统称重组DNA技术或重组DNA工艺学（recombinant DNA technology），又称基因工程（genetic engineering）。基因工程与当前发展的蛋白质工程、酶工程和细胞工程共同构成了新兴的学科领域——生物技术工程。生物技术工程的兴起为现代科学技术发展和工农业、医药卫生事业的进步提供了巨大潜力。

（三）目的基因

应用重组DNA技术的目的是为了分离并获得某一感兴趣的基因或DNA序列，或是为获得感兴趣基因的表达产物——蛋白质。这些感兴趣的基因或DNA序列就是目的基因，又称目的DNA（target DNA）。目的DNA分为cDNA和基因组DNA，cDNA（complementary DNA）是指经反转录合成的、与RNA（通常指mRNA或病毒RNA）互补的单链DNA，以单链cDNA为模板，经聚合反应可合成双链cDNA；基因组DNA（genomic DNA）是指来源于一个细胞或生物体染色体或线粒体的DNA序列。

二、常用工具酶

在重组DNA技术中，常需要一些工具酶进行基因操作。现将某些常用工具酶概括于表13-1。

表 13-1 重组 DNA 技术中常用的工具酶

工具酶	功　能
限制性内切核酸酶	识别特异序列，准确切割 DNA
DNA 连接酶	催化 DNA 中相邻核苷酸之间形成磷酸二酯键，封闭 DNA 切口或连接两个 DNA 分子
DNA 聚合酶Ⅰ	①合成双链 cDNA 分子或片段连接；②缺口平移制作高比活探针；③DNA 序列分析；④填补 3′-末端
Klenow 片段	DNA 聚合酶Ⅰ的大片段，具有 5′→3′聚合、3′→5′外切活性，而无 5′→3′外切活性。常用于 cDNA 第 2 链合成，双链 DNA3′-端标记等
逆转录酶	①合成 cDNA 第 1 链；②替代 DNA 聚合酶Ⅰ进行填补、标记，以及 DNA 序列分析
多聚核苷酸激酶	催化多聚核苷酸 5′-羟基端磷酸化，或标记探针
末端转移酶	在 3′-羟基端进行同质多聚物加尾
碱性磷酸酶	切除末端磷酸基

限制性内切核酸酶(restriction endonuclease)：可以识别 DNA 的特异序列，并在识别位点或其周围切割双链 DNA 的一类内切酶。绝大多数限制性内切核酸酶原本存在于细菌体内，与相伴存在的甲基化酶(methylase)共同构成细菌的限制-修饰体系(restriction modification system)，限制外源 DNA，保护自身 DNA，对细菌遗传性状的稳定遗传具有重要意义。

目前发现的限制性内切核酸酶有 1 800 种以上，可分为 3 类，其中Ⅰ和Ⅲ型由于特异性不强，故在重组 DNA 技术中应用价值不大。常用的限制性内切核酸酶为Ⅱ型，可以识别 DNA 位点的核苷酸序列呈二元旋转对称，俗称回文结构(palindrome)，即配对的两条链从 5′→3′的核苷酸序列是完全一致的。下述序列即为 *Eco*RⅠ识别序列，其中箭头所指便是 *Eco*RⅠ的切割位点：

5′-G▲A　A　T　T　C-3′

3′-C　T　T　A　A▲G-5′

限制酶的命名通常由 3 个斜体字母的略语来表示。第 1 个大写字母取自细菌属名的第 1 个字母，第 2、3 个小写字母取自微生物种名的头 2 个字母。遇有株名，再于其后加一大写。如果同一株名发现几种限制酶，则根据其被发现和分离的先后顺序，用罗马数字表示。例如从淀粉液化芽胞杆菌(Bacillus amyloliguefaciens)H 株中发现分离出的第Ⅰ种限制酶，被称为 *Bam*HⅠ。

限制性内切核酸酶切割 DNA 均产生含 5′-磷酸基和 3′-羟基基团的末端，其中有些酶切割后产生突黏性末端(cohesive end 或 sticky end)；而另一些酶切割 DNA 后产生平头或钝性末端(blunt end)。

有些限制性内切核酸酶虽然识别序列不完全相同，但切割 DNA 后产生相同类型的黏性末端，这样的酶彼此称为同尾酶(isocaudarner)，所产生的黏性末端称配伍末端(compatible end)，可进行相互连接；产生平端的酶切割 DNA 后，也可彼此连接。

三、常用载体

载体(vector)是为"携带"感兴趣的外源 DNA，实现外源 DNA 的无性繁殖或表达有意义的蛋白质所采用的一些 DNA 分子，可按功能分为克隆载体(cloning vector)和表达载体

(expression vector)。克隆载体用于外源DNA片段的克隆和在受体细胞中的扩增；表达载体用于外源基因的表达。

（一）克隆载体

克隆载体至少有一个复制起点使载体在宿主细胞可自主复制，并能使克隆的外源DNA片段同步扩增；至少有个筛选标志可用于区分是否含有载体，如抗生素抗性基因等；含有多个限制性内切酶作用切点，即多克隆位点(multiple cloning site, MCS)，可供外源DNA片段插入时使用。可充当克隆载体的DNA分子有质粒DNA、噬菌体DNA和病毒DNA，它们经适当改造后仍具有自我复制能力，或兼有表达外源基因的能力。

1. 质粒(plasmid)　是存在于细菌染色体外的小型环状双链DNA分子，大小从2～3 kb到数百kb。质粒本身能在宿主细胞中独立自主地进行复制，并在细胞分裂时保持恒定地传给子代细胞。质粒带有某些遗传信息，会赋予宿主细胞一些遗传性状，如对青霉素或重金属的抗性等，可用于筛选转化子细菌。质粒DNA的自我复制功能及所携带的遗传信息在重组DNA操作，如扩增、筛选过程中都是极为有用的。

2. 噬菌体DNA　常用的有λ噬菌体和M13噬菌体。经λ噬菌体DNA改造成的载体系统有λgt系列(插入型载体，适用于cDNA克隆)和EMBL系列(置换型载体，适用于基因组DNA克隆)。经改造的M13载体有M13mp系列及pUC系列，它们是在M13基因间隔区插入大肠埃希菌的一段调节基因及lacZ的N-端146个氨基酸残基编码基因，其编码产物即为β-半乳糖苷酶的α片段。突变型大肠埃希菌可表达该酶的ω片段(酶的C-端)。单独存在的α及ω片段均无β-半乳糖苷酶活性，只有宿主细胞与克隆载体同时共表达两个片段时，宿主细胞内才有β-半乳糖苷酶活性，使特异性作用物变为蓝色化合物，这就是所谓的α互补(alpha complementation)。由M13改造的载体含不同位置的克隆位点，可接受不同限制性内切酶的酶切片段。如果插入的外源基因是在lacZ基因内，则会干扰lacZ的表达，利用突变型大肠埃希菌为转染或感染细胞，在含X-gal的培养基上生长时会出现白色菌落；如果在lacZ基因内无外源基因插入，则有lacZ表达，转化菌在同样条件下呈蓝色菌落(图13-12)。再结合插入片段的序列测定可筛选、鉴定重组体与非重组体载体。

此外，为增加克隆载体插入外源基因的容量，还设计有柯斯质粒载体(cosmid vector)和酵母人工染色体载体(yeast artificial chromosome vector, YAC)。

（二）表达载体

大肠埃希菌是当前采用最多的原核表达体系。运用大肠埃希菌表达有用蛋白质的表达载体由克隆载体发展而来，除了具有克隆载体的一般特点外，还能调控转录、产生大量mRNA的强启动子，如lac、tac启动子或其他启动子序列；含适当的翻译控制序列，如核蛋白体结合位点(ribosome binding site)即SD序列(Shine-Dalgarno sequence)和翻译起始点等。

真核表达载体通常含有选择标记、启动子、转录翻译终止信号、mRNA加poly(A)信号或染色体整合位点等(图13-8)。真核表达体系大多是穿梭载体，有两套复制原点及选择标记，分别在E. coli和真核细胞中作用。

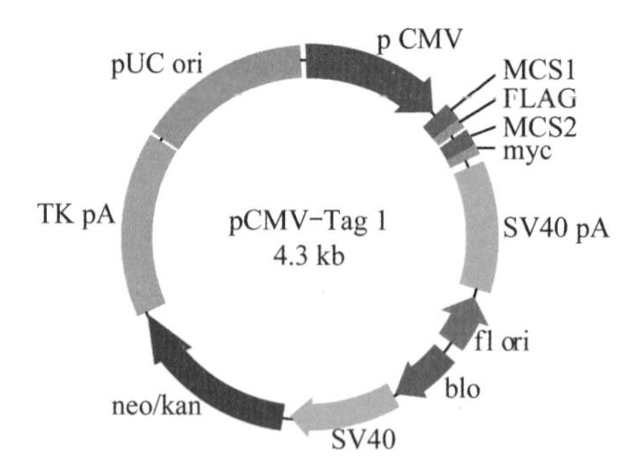

pCMV Tag 1多克隆位点序列：

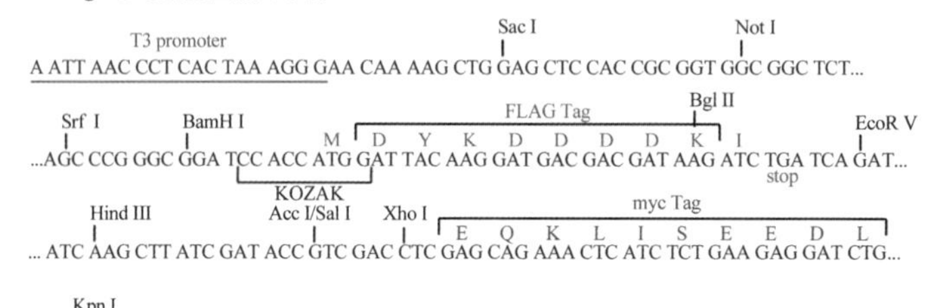

图 13-8 真核表达载体 pCMV 的图谱

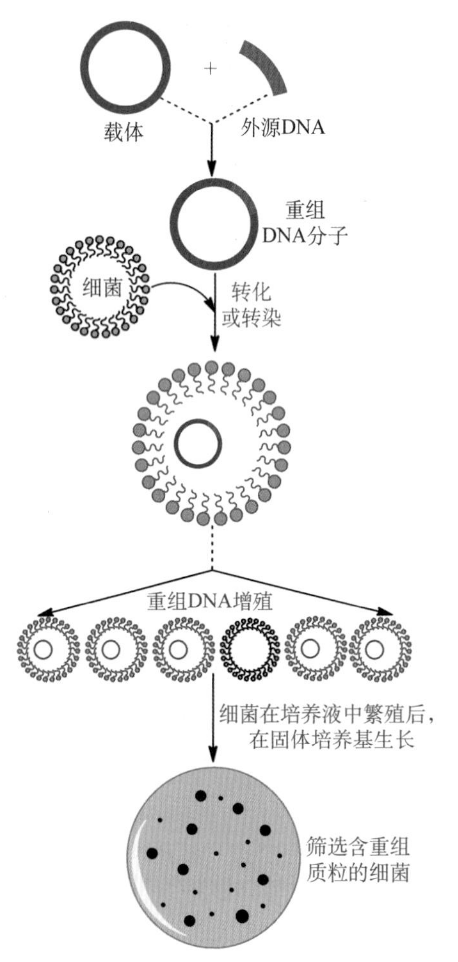

图 13-9 以质粒为载体的 DNA 克隆过程

四、重组 DNA 的构建和筛选

基本的重组 DNA 技术操作过程，也可形象地归纳为“分、切、接、转、筛”，即分离目的基因、限制酶切目的基因与载体、拼接重组体、转入宿主细胞、筛选重组体。图 13-9 是以质粒为载体进行 DNA 克隆的模式图。

（一）目的基因的获取——分

获取目的基因大致有如下几种途径或来源。

1. 化学合成法 如果已知某种基因的核苷酸序列，或根据某种基因产物的氨基酸序列推导出编码该多肽链的核苷酸序列，可利用 DNA 合成仪通过化学合成法合成目的基因。一般用于小分子活性多肽基因的合成。

2. 基因组 DNA 文库 分离组织或细胞染色体 DNA，利用限制性内切核酸酶（如 *Sau* 3A Ⅰ或 *Mbo* Ⅰ）将染色体 DNA 切割成基因水平的许多片段，与适当的克隆载体拼接成重组 DNA 分子，继而转入受体菌扩增，使每个细菌内都携带一种重组 DNA 分子的多个拷贝。不同细菌所包含的重组

DNA 分子内可能存在不同的染色体 DNA 片段，这样生长的全部细菌所携带的各种染色体片段就代表了整个基因组。存在于转化细菌内、由克隆载体所携带的所有基因组 DNA 的集合称基因组 DNA 文库(genomic DNA library)。从基因组 DNA 文库中获得目的基因，需结合适当筛选方法从众多转化子菌落中选出含有某一基因的菌落，再行扩增，将重组 DNA 分离、回收，获得目的基因的无性繁殖系——克隆。

3. cDNA 文库　以细胞 mRNA 为模板，获得双链 cDNA 片段后，与适当载体连接后转入受体菌，即获得 cDNA 文库(cDNA library)。与上述基因组 DNA 文库类似，需要采用适当方法从 cDNA 文库中筛选出目的 cDNA。

4. 聚合酶链反应（polymerase chain reaction, PCR）　目前最常用的获取目的 DNA 的方法。PCR 是一种在体外利用酶促反应获得特异序列的基因组 DNA 或 cDNA 的专门技术。要获得目的基因，除 PCR 技术的通用条件外，还必须知道目的基因 5′-端、3′-端的各一段核苷酸序列及其他相关条件，以设计出合适的引物。

（二）载体的选择和构建——选

根据目的不同选择载体，如果为了获得目的 DNA 片段则选用克隆载体，如果为了获得目的基因编码的蛋白质则选择表达载体。除此之外，还需考虑目的 DNA 的大小要与载体的容量相匹配、载体多克隆位点中所含限制性内切酶是否适用于目的基因等。在重组 DNA 技术中，可以根据目的不同、操作基因的性质不同选择不同的载体和改建方法。

（三）目的 DNA 与载体连接——接

将目的 DNA 片段与载体连接在一起，即 DNA 的体外重组，这种人工 DNA 重组是由 DNA 连接酶完成的。根据目的 DNA 片段与载体的末端不同，有如下连接策略。

1. 黏性末端连接　包括以下几种连接方式。

(1) 同一限制酶切位点连接：目的 DNA 片段和载体的两端由同一限制性内切核酸酶切割生成具有完全相同的末端。这样连接时会产生 3 种结果：载体自连、目的 DNA 片段自连、载体与目的 DNA 连接(正向和反向插入)。这种策略并不能很高效地获得正确的重组体。

(2) 不同限制性内切核酸酶位点连接：由两种不同的限制性内切核酸酶分别切割目的 DNA 片段和载体的两端，这样可在两端产生不同的黏性末端，从而使目的 DNA 片段可以定向插入载体。这种克隆方法称为定向克隆(directed cloning)，可有效避免载体自连以及目的 DNA 片段的反向插入和多拷贝现象。当然定向克隆也可通过一端为平端，另一端为黏性末端的连接方式实现。

(3) 用其他方法获得黏性末端进行连接：由于平端连接的效率不高，常用别的方法为平端制造出黏性末端，具体有如下方法。

1) 人工接头法：平端 DNA 片段或载体 DNA，可在连接前将含有限制性内切核酸酶位点的人工合成接头(linker)或适当分子连到平末端，再用相应的限制性内切核酸酶切除接头的远端，产生黏性末端进行连接。

2) 同聚物加尾法：在末端转移酶(terminal transferase)作用下，在目的 DNA 片段末端加上同聚物序列(如 dA)，同时在载体对应的末端加上互补的同聚物序列(如 dT)，互补的同聚

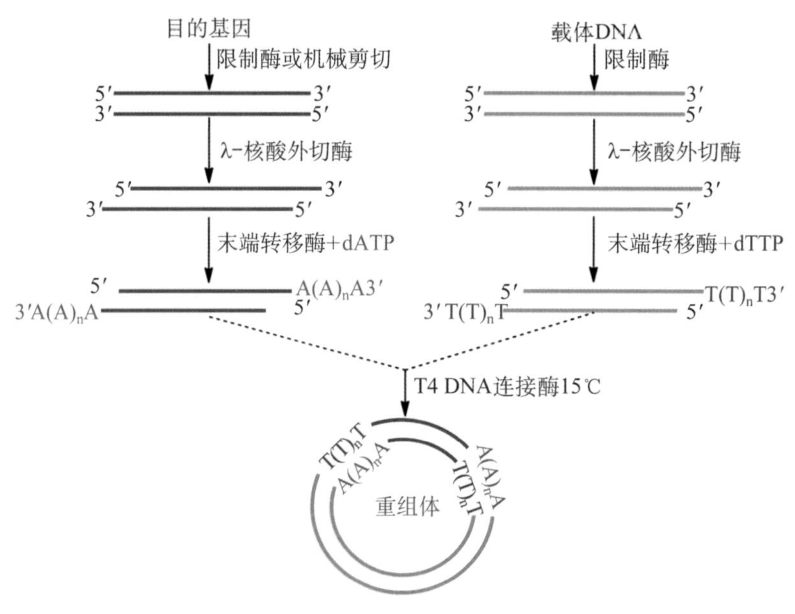

图 13-10　同聚物加尾法连接

物尾为黏性末端，可高效连接，是属于黏性末端连接的一种特殊形式（图 13-10）。

3）PCR 法：针对目的 DNA 设计一对引物，分别包含了不同的限制性内切酶位点，PCR 扩增后可获得带有引物序列的目的 DNA，应用对应的限制性内切酶切割产生相应的黏性末端，即可与带有相同黏性末端的线性化载体有效连接。由于 PCR 中常用的 *Taq* DNA 聚合酶反应后的产物 3′-端可加上一个单独的腺苷酸（A），这样的产物可直接与带有 3′-T 的线性 T 载体在 *T*4 DNA 连接酶作用下直接连接，此即 T-A 克隆。在此基础上又发展了 Topo T-A 克隆法，其原理与 T-A 克隆类似，不同的是使用的连接酶为 DNA 拓扑异构酶，由于此酶的连接效率很高，整个连接反应通常只需 5 min。

2. 平端连接　若目的 DNA 和载体的两端均为平端，也可在 DNA 连接酶催化下连接。平端连接的效率较低，可通过提高连接酶用量、延长反应时间、降低反应温度、增加 DNA 片段与载体摩尔比等措施来提高效率。平端连接也存在载体自身环化、目的 DNA 双向插入、目的 DNA 自连接以及多拷贝等缺点。

3. 黏-平连接　目的 DNA 和载体之间通过一端黏性连接、另一端平端连接。目的 DNA 可定向插入载体，其效率介于黏性末端连接与平端连接之间，可采用提高平端连接效率的措施来提高连接效率。

（四）重组 DNA 导入受体细胞——转

连接完成的重组 DNA 分子需将其导入宿主细胞才能实现扩增。基因工程中使用的宿主细胞通常为 DNA/蛋白质降解系统缺陷株和（或）重组酶缺陷株，对外源 DNA 有较强的接纳能力，可保证外源 DNA 长期稳定地遗传或表达，这样的宿主细胞称为工程细胞。重组 DNA 进入宿主细胞有如下常用方法。

1. 转化（transformation）　重组 DNA 直接导入细菌和酵母等宿主细胞的方法，通常是比较小的质粒和黏粒会选用这种方法。根据目的选用合适的宿主细胞后,用适当的理化方法处理宿主细胞,使其细胞膜通透性增加,处于最适摄取和容忍重组体的状态,即成感受态细胞(competent cell)。实现转化的方法包括化学诱导法(如氯化钙法)、电穿孔(electroporation)等。

2. 转染(transfection) 重组DNA直接导入真核细胞(酵母除外)的过程称为转染,是常用的化学方法(磷酸钙共沉淀法、脂质体融合法等)和物理方法(显微注射法、电穿孔法等)。

3. 感染(infection) 以噬菌体载体或黏粒载体构建的重组DNA分子,可包装成病毒颗粒,以感染的方式将重组DNA转入受体菌。用逆转录病毒、腺病毒等为载体构建的重组DNA,可经包装细胞包装成病毒颗粒,以感染的方式将DNA导入真核细胞(通常是哺乳类细胞)。

(五) 重组体的筛选——筛

重组DNA分子被导入受体细胞后,需要设法将众多的转化菌落或菌斑区分开来,并鉴定得到目的基因的克隆,这一过程即为筛选(screening)。根据载体体系、宿主细胞特性及外源基因在受体细胞表达情况不同,可采取遗传标志筛选、序列特异性筛选与亲和筛选等方法。

1. 遗传标志筛选

(1) 抗生素标志筛选:如果克隆载体携带有某种抗生素标志基因,如氨苄西林抗性基因ampr或卡纳抗性基因kanr,将转化后的宿主细胞放在含该抗生素的培养板上培养,含有载体的宿主细胞就可以生长,反之不能。

如图13-11,如果载体上有2个抗生素标志基因,可先用氨苄西林平板筛选出含有载体的克隆,如果重组DNA时外源DNA片段插入标志基因(四环素抗性基因)内,标志基因失活,通过有与无抗生素(四环素)培养基对比培养,还可区分单纯载体或重组载体(含外源基因)的转化菌落。

(2) 标志补救(marker rescue):若重组DNA上有基因能够在宿主菌表达,且表达产物与宿主细胞的相应缺陷互补,使得宿主细胞能在相应的选择性培养基中存活进行筛选,这就是标志补救。

利用α互补筛选携带重组质粒的细菌就是一种标志补救选择方法。关于α互补原理在本章第二节已有介绍,这里以质粒pUC18作载体为例,概括说明将外源基因插入载体lacZ基因N-端序列时是如何进行筛选的(图13-12)。

2. 序列特异性筛选

(1) 限制性内切核酸酶酶切法:针对初筛为阳性的克隆,提取重组DNA,用合适的限制性内切核酸酶消化,根据琼脂糖电泳可判断是否有目的DNA片段的插入;根据插入片段内部不对称的限制性内切核酸酶位点,可用相应的酶处理后,根据酶切片段的大小判断插入DNA的方向是否正确。

(2) PCR法:利用序列特异性引物,通过PCR扩增后,可鉴定出是否含有目的DNA片段,结合序列分析,便能可靠地获得插入DNA片段的方向、序列和阅读框的信息。

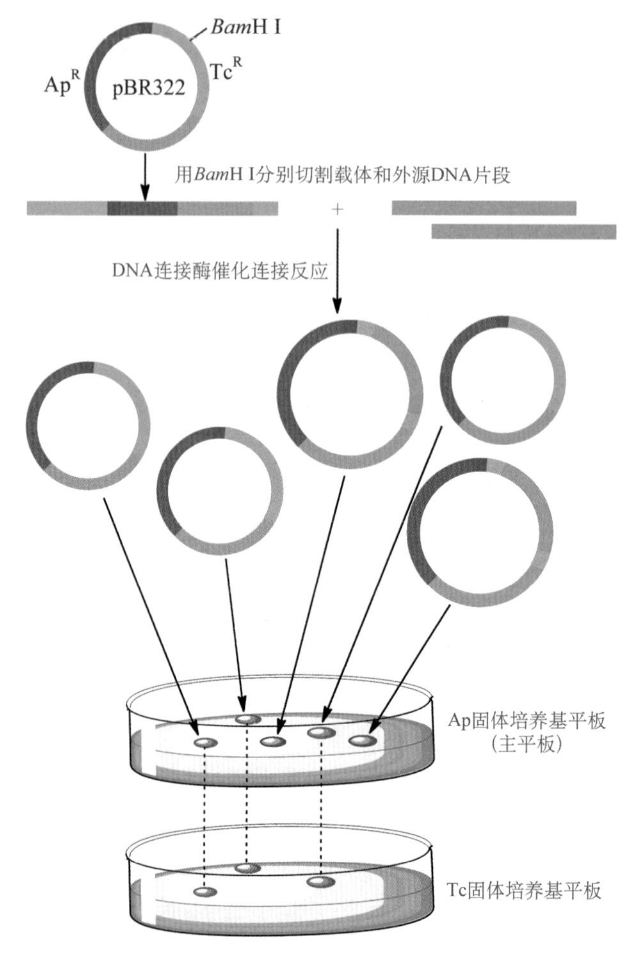

图 13-11　利用插入失活(选择性抗性)筛选带有重组载体的克隆

(3) 核酸杂交法:利用带标记的 DNA 探针与转移至硝酸纤维素膜上克隆的 DNA 片段进行分子杂交,直接选择并鉴定目的基因。

3. 亲和筛选　如果重组 DNA 进入宿主细胞后能表达其编码产物,可利用抗原-抗体反应或配体-受体反应来筛选。与核酸杂交方法类似,区别在于将吸附在硝酸纤维素膜上的 DNA 换成了蛋白质,检测探针换为带标记的抗体/抗原或配体/受体。

(六) 克隆基因的表达

重组 DNA 技术不仅用于获得大量的目的 DNA 片段,还可进行目的基因的表达,实现生命科学研究、医药或商业目的,亦即基因工程的最终目标。克隆的目的基因正确而大量表达有特殊意义的蛋白质已成为重组 DNA 技术中一个专门的领域,包括表达载体的构建、受体细胞的建立及表达产物的分离纯化等技术和策略。基因工程的表达系统包括原核和真核表达体系。

1. 原核表达体系　大肠埃希菌是当前采用最多的原核表达体系,其优点是培养方法简单、迅速、经济而又适合大规模生产工艺。适合大肠埃希菌的表达载体应具有:①大肠埃希

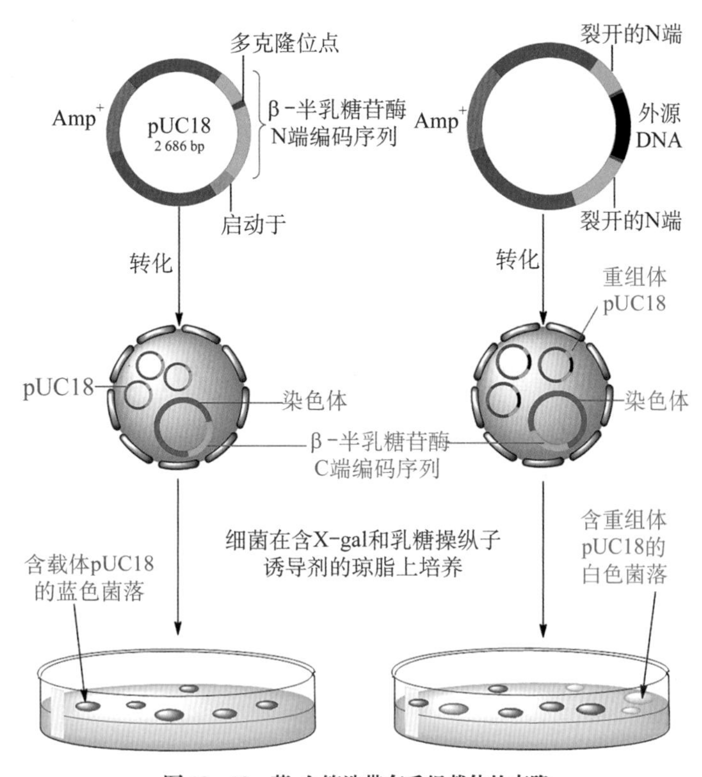

图 13-12　蓝-白筛选带有重组载体的克隆

菌适宜的选择标志；②能调控转录、产生大量 mRNA 的强启动子，如 lac、tac 启动子或其他启动子序列；③适当的翻译控制序列，如核糖体结合位点（ribosome binding site）和翻译起始点等；④含有合理设计的多接头克隆位点（polylinker cloning site），以确保目的基因按一定方向与载体正确衔接。

通常表达蛋白在产量高的同时，还要求表达产物易于分离、纯化。较常用的策略是在目的基因前连上一个编码标签肽的序列，即表达融合蛋白。在这种情况下表达的蛋白质多为不溶性的包涵体（inclusion body），极易与菌体蛋白分离。某些标签肽还有针对性的亲和层析柱用于表达产物的分离、纯化。如果在设计融合基因时，在目的基因与附加序列之间加入适当的裂解位点，则很容易从表达的杂合分子中去除附加序列。如果表达的蛋白质是考虑蛋白质的功能或生物学活性，用于生物化学、细胞生物学研究或临床应用，除分离、纯化方便，表达可溶性蛋白质往往是必需的；如果表达的是包涵体形式，还需在分离后进行复性或折叠。

大肠埃希菌表达体系在实际应用中尚有一些不足之处：①由于缺乏转录后加工机制，大肠埃希菌表达体系只能表达克隆的 cDNA，不宜表达真核基因组 DNA；②由于缺乏适当的翻译后加工机制，大肠埃希菌表达体系表达的真核蛋白质不能形成适当的折叠或进行糖基化修饰；③表达的蛋白质常常形成不溶性的包涵体，欲使其具有活性尚需进行复杂的复性处理；④很难在大肠埃希菌表达体系表达大量的可溶性蛋白。

2. 真核表达体系 除了与原核表达体系有相似之处外，真核表达载体通常含有选择标记、启动子、转录翻译终止信号、mRNA 加 poly(A)信号或染色体整合位点等。真核表达体系的缺点是操作技术难、费时、费钱。

真核表达系统包括酵母、昆虫及哺乳类动物细胞 3 类表达体系。例如哺乳类动物细胞不仅可表达克隆的 cDNA，还可表达真核基因组 DNA；哺乳类细胞表达的蛋白质通常总是被适当修饰，而且表达的蛋白质会恰当地分布在细胞内一定区域并积累。

第三节 重组 DNA 技术在医学中的应用

一、基因工程药物及疫苗的研制

自 20 世纪 70 年代初基因工程问世以来，基因工程药物的研究与开发一直是发展最快和最活跃的领域。1965 年，中国首次完整人工合成了牛胰岛素，这是当时人工合成的具有生物活性的最大的天然有机高分子化合物，使中国成为第 1 个合成蛋白质的国家。美国 Eli Lilly 公司于 1982 年首先利用重组 DNA 技术合成人胰岛素并投放市场，标志着生物工程药物时代的开始。

利用基因工程生产有药用价值的蛋白质、多肽产品已成为当今世界一项重大产业，并有望成为 21 世纪的支柱产业。2000 年我国基因工程药物和疫苗年销售额已达近 20 亿元。重组蛋白质药物生产是在功能研究、基因克隆基础上，构建适当的表达体系以表达有生物活性的蛋白质、多肽；再经过科学的动物实验、严格的临床试验和药物审查，发展为新药物。迄今为止，已有 50 多种基因工程药物上市，近千种处于研发状态，形成一个巨大的高新技术产业，产生了不可估量的社会效益和经济效益。

二、基因诊断

基因诊断又称 DNA 诊断，目前已发展成为一门独具特色的诊断学科。DNA 诊断是利用分子生物学及分子遗传学的技术和原理，在 DNA 水平分析、鉴定遗传性疾病所涉及基因的置换、缺失或插入等突变。目前用于 DNA 诊断的方法很多，但其基本过程相似——首先分离、扩增待测的 DNA 片段，然后利用适当分析手段，区分或鉴定 DNA 的异常。按现代遗传病诊断标准，一种可靠的 DNA 诊断学方法必须符合：①能正确扩增靶基因；②能准确区分单个碱基的差别；③本底或噪声低，不干扰 DNA 的鉴定；④便于完全自动化操作，适合大面积、大人群普查。随着人类基因组计划的完成和重要微生物病原体等基因组测序工作的相继完成，为我们提供了更多可供检测的基因，将促进基因诊断向临床应用的快速发展。

1. 产前诊断 通过胎儿组织活检、羊膜腔穿刺、羊膜绒毛样品及母体血循环中的胎儿细胞进行。尽管可进行染色体组型分析，发现染色体异常，但利用 PCR 技术结合 DNA 诊断学方法分析特异基因缺陷更宜推广。由于有少量胎儿细胞通过血行到母体血循环中，使有可能利用细胞表面标记和荧光活化细胞分离器(fluorescence activated cell sorter, FACS)分离母体血中的胎儿细胞;随后利用这些少量细胞进行PCR扩增,这样就不必破坏或干扰妊娠而进行产前诊断。这是近年产前诊断一大发展。

2. 携带者测试　基因测试常用于检出隐性遗传病携带者,包括隐性遗传病受累个体家庭的其他成员和有特殊遗传病死亡家庭中的危险人群。如果能建立可行的携带者测试方法,并能检出其绝大多数携带者,这对指导婚姻和生育是很有价值的。

3. 症候前诊断　对于某些单基因紊乱所引起的综合征,仅至晚年才会有明显表现,如成年多囊性肾病和Huntington病。由于对某些成年发病有关基因已有所掌握,故可在综合征发生前作出预测,协助患者进行生活方式的调节、工作调整及生育的选择等。

4. 遗传病易感性　很多遗传病并非限于单基因缺陷,而是由多基因受累或者是由遗传和环境因素综合引起。发病个体的结局也依赖于基因缺陷和环境因素、生活习惯的影响。根据DNA诊断,做好疾病的早期预防并注意环境卫生和个人生活方式,可以达到预防的目的。

三、基因治疗

基因治疗(gene therapy)是指将外源基因导入体内相应功能缺陷细胞或其他细胞,以纠正基因缺陷或补偿其基因功能,从而达到治疗的目的。广义地讲,基因治疗包括从DNA水平治疗某些疾病的措施和技术。基因治疗包括体细胞基因治疗和生殖细胞基因治疗。针对体细胞进行基因改良的基因治疗称体细胞基因治疗(somatic cell gene therapy),这类基因治疗仅单独治疗受累组织,类似于器官移植。生殖细胞基因治疗(germ line gene therapy)因对后代遗传性状有影响,目前仅限于动物实验(转基因动物),用于测试各种重组DNA在矫正遗传病方面是否有效。

选择具有分裂能力且寿命长的细胞作为基因治疗的靶细胞,可以使被转入的基因能有效地、长期地发挥“治疗”作用。因此,干细胞、前体细胞都是理想的基因治疗靶细胞,其中骨髓细胞已经被广泛应用于基因治疗,不仅一些涉及血液系统的疾病如珠蛋白生成障碍性贫血、镰状细胞贫血等以骨髓细胞作为靶细胞,而且一些非血液系统疾病如苯丙酮尿症、溶酶体储积病等也都以此作为靶细胞。

1991年美国批准了人类第1个体细胞基因治疗方案,即将腺苷脱氨酶(ADA)导入一个4岁患有严重联合免疫缺陷综合征(SCID)的女孩。采用的方法是用含有正常人腺苷脱氨酶基因的反转录病毒感染患儿的白细胞,并用白细胞介素Ⅱ(IL-2)刺激其增殖,经10 d培养后再经静脉回输入患儿,治疗后腺苷脱氨酶达到正常人的25%。同年,复旦大学科学家进行了世界上首例血友病B的基因治疗临床试验,治疗后体内IX因子浓度上升,出血症状减轻,取得了安全有效的治疗效果。目前已经有上千个基因治疗临床试验方案获批,大多是针对肿瘤的基因治疗。

第四节 基因组学与转录组学

一、基因组学

基因组学(genomics)是阐述整个基因组的结构、结构与功能关系以及基因之间相互作用的学科,包括结构基因组学(structural genomics)、功能基因组学(functional genomics)和比较基因组学(comparative genomics)等。

1. 结构基因组学 结构基因组学主要是通过人类基因组计划(Human Genome Project, HGP)的实施,解析人类自身DNA的序列和结构,通过基因作图、构建连续克隆系以及大规模测序等方法,结合主要模式生物已知基因组DNA序列,用生物信息学和计算生物学技术解密人类基因组DNA序列和结构。

(1) 遗传作图:遗传图(genetic map)又称连锁图(linkage map),就是确定连锁的遗传标志位点在一条染色体上的排列顺序以及它们之间的相对遗传距离。当两个遗传标记之间的重组值为1%时,图距为1厘摩尔根(centi-Morgan, cM)。在人类基因组计划实施过程中先后采用了限制性片段长度多态性(restriction fragment length polymorphism, RFLP)、可变数目串联重复序列(variable number of tandem repeat, VNTR)和单核苷酸多态性(single nucleotide polymorphism, SNP)作为DNA标志。

1) RFLP:利用特定的限制性内切核酸酶识别并切割基因组DNA,产生的DNA数目和各个片段的长度反映了DNA上不同酶切位点的分布情况,可用于区分不同个体等位基因之间由于碱基替换、重排、缺失等变化导致的限制性内切核酸酶位点变化,造成基因型间限制性片段个数和长度的差异。

2) VNTR:又称微卫星DNA(minisatellite DNA),是一种重复的DNA短序列,通过限制性内切酶酶切和DNA探针杂交,可一次性检测到众多微卫星位点,得到个体特异性的DNA指纹图谱。

3) SNP:SNP是指在基因组水平上由单个核苷酸变异所造成的DNA序列多态性,是人类可遗传变异中最常见、最稳定的变异。SNP最大限度地代表了不同个体之间的遗传差异,因而成为研究多基因疾病、药物遗传学以及人类进化的重要遗传标记。

(2) 物理作图:物理作图(physical mapping)是在遗传作图基础上制作的更详细的人类基因组图谱,包括荧光原位杂交图(fluorescent *in situ* hybridization map, FISH map)、限制性酶切图(restriction map)和克隆相连重叠群图(clone contig map)等。连续克隆系图是最重要的一种物理作图,通过稀有限制性内切酶或高频超声破碎技术将DNA分解为大片段,通过构建酵母/细菌人工染色体获取含已知基因组序列标签位点(sequence tagged site, STS)的DNA大片段。STS是在染色体上定位明确且可用于PCR扩增的单拷贝序列,每隔100 kb就有这样一个标志。由于构建的连续克隆系含有STS,就可以确定克隆中所含DNA大片段在特定染色体上的定位,为大规模DNA测序做好准备。

（3）测序：鸟枪法（shotgun）测序是直接将整个基因组打成大小不同的 DNA 片段，构建细菌人工染色体文库，然后对文库进行随机测序，然后运用生物信息学方法将测序片段拼接成全基因组序列。

近年来快速发展的高通量测序（high-throughput sequencing）不再需要构建文库，可以一次读取 40 万～400 万条序列，单次测定通量从几百 bp 提高到几万 bp，可以实现对一种生物、组织或细胞器进行基因组的全面分析，故称为深度测序（deep sequencing）。高通量测序技术的发展催生了全基因组关联研究（Genome Wide Association Study，GWAS）以及个体化基因检测等新兴研究方向的发展。

2. 功能基因组学 功能基因组学主要研究基因组的表达、基因组功能注释、基因组表达调控网络及机制等，从整体水平上研究一种组织或细胞在同一时间或同一条件下所表达基因的种类、数量、功能及在基因组中的定位，或同一细胞在不同状态下基因表达的差异。有如下研究方法。

（1）全基因组扫描鉴定序列中的基因：利用高性能计算机的算法流水线来加工和注释人类基因组的 DNA 序列，进行新基因预测、蛋白质功能预测和疾病基因发现。

（2）搜索同源基因：同源基因在进化上来自共同祖先，可通过 DNA 序列的同源性比较推测相似基因的功能。NCBI 的序列局部相似性查询（BLAST）程序是基因同源性搜索和比对的有效工具。

（3）验证基因功能：可通过转基因、基因过表达、基因敲除、基因敲减或基因沉默等方法，结合表型改变即可验证基因功能。

（4）通过转录组学和蛋白质组学描述基因表达模式：基因的表达涉及 RNA 转录和蛋白质翻译，研究基因的表达模式和调控可借助相应的组学方法来描述。

二、转录组学

转录组学（transcriptomics）是一门在整体水平上研究细胞中基因转录的情况及转录调控规律的学科。转录组即一个活细胞所能转录出来的所有 RNA 总和，包括可以直接参与蛋白质翻译的 mRNA 和其他非编码 RNA，是研究细胞表型和功能的一个重要手段，可动态地揭示不同个体、不同细胞或者同一组织的不同发育阶段及不同病理生理状态下的基因表达差异。

转录组学侧重的是基因转录区域、转录因子结合位点、染色质修饰点、DNA 甲基化位点等方面的研究，具体的技术方法如下。

1. 微阵列（microarray） 也称为基因芯片，可用于大规模基因组表达谱研究、快速检测基因差异表达、鉴别致病基因或疾病相关基因的方法。

2. 基因表达系列分析（serial analysis of gene expression，SAGE） 利用 cDNA 3′-端特定位置 9～10 bp 的序列所含特定信息，来鉴定基因组中的所有基因。具体方法是利用特定的酶分离 SAGE 标签，并将这些标签串联，对其测序，可以获得生物体基因表达谱信息。这种方法可用来定量比较不同状态下组织或细胞的所有差异表达基因。

3. **大规模平行信号测序系统（massively parallel signature sequencing, MPSS）**
利用标签序列(10～20 bp)含有能够特异识别转录子的信息，结合测序的方法，通过仅测出RNA一端包含标签序列在样品中的拷贝数就可获得与该标签序列相应的基因表达水平。

人类基因组中仅有2%左右是编码蛋白质的，因此剩余的98%序列可能含有丰富的基因表达调控信息，研究非编码RNA对于理解高等生物的复杂性以及对环境的适应等有重要的意义。转录组中有大量的非编码RNA，对其功能的注释才刚刚起步。

（李　希）

参考文献

[1] 周春燕，药立波. 生物化学与分子生物学. 9版. 北京：人民卫生出版社. 2018.
[2] 全国科学技术名词审定委员会. 生物化学与分子生物学名词. 北京：科学出版社，2008.
[3] Krebs J, Goldstein E, Kilpatrick S. Levin's Genes Ⅹ. Boston: Jones & Bartlett Publishers, 2011.
[4] Nelson DL, Cox MM. Lehninger Principles of Biochemistry. 6th ed. New York: W. H. Freeman and Company, 2013.

第十四章　细胞信号转导

生物体内各种细胞在功能上的协调统一是通过细胞间相互识别和相互作用来实现的。一些细胞发出信号，而另一些细胞则接收信号并将其转变为自身功能变化，这一过程称为细胞通讯（cell communication）。细胞针对外源信息所发生的细胞内生物化学变化及效应的全过程称为信号转导（signal transduction）。细胞通讯和信号转导过程是高等生物生命活动的基本机制。

第一节　信息物质

信息物质（messenger）的功能就是在细胞间和细胞内传递信息。根据溶解度及其受体在细胞中的分布，将信息分子分为细胞间信息物质和细胞内信息物两大类。

一、细胞间信息物质

细胞间信息物质（extracellular signal molecule）是由细胞分泌的调节靶细胞生命活动的化学物质的统称，又称第一信使（primary messenger）。根据信息分子到达靶细胞的距离及作用方式，可分为局部化学介质、内分泌激素、神经递质和气体信号分子四大类。

（一）局部化学介质

大多数细胞都能分泌一种或数种局部信号分子，又称为旁分泌信号（paracrine signal）或自分泌信号（autocrine signal），其特点为不需要经过血液转运，而是在组织液中直接扩散作用于周围的靶细胞或自身细胞。例如由交感神经组织细胞分泌的神经生长因子（nerve growth factor，NGF）、肥大细胞分泌的组胺、胰岛细胞分泌的生长抑素、NO、花生四烯酸及其衍生物（前列腺素等），都属于此类信息分子。

（二）内分泌激素

内分泌激素是由特殊分化的内分泌细胞分泌的化学物质，需经过血液转运到靶细胞而传递信息，又称为内分泌信号（endocrine signal）。根据其化学组成可分为两类：一类为含氮化合物，如氨基酸衍生物（肾上腺素、甲状腺素等）、肽类和蛋白质类（胰岛素、胰高血糖素、甲状旁腺素、垂体激素等）；另一类为固醇类激素，如肾上腺皮质激素、性激素等。

（三）神经递质

这是一类在神经细胞与靶细胞之间进行信息传递的分子，由神经细胞突触前膜释放，又称为突触分泌信号(synaptic signal),包括神经递质(乙酰胆碱、多巴胺、谷氨酸等)和神经肽(内源性吗啡、P物质等),其作用时间短。

(四)气体信号

体内通过NO合酶(NO synthase, NOS)氧化*L*-精氨酸的胍基生成NO,其结构简单,半寿期短,化学性质活泼。除NO外,具有信号转导作用的气体分子还有一氧化碳(CO)、硫化氢(H_2S)等。

二、细胞内信息物质

在细胞内传递调控信号的化学物质称为细胞内信息物质(intracellular signal molecule),包括无机离子、脂类衍生物、糖类衍生物、核苷酸及蛋白质分子等(详见表14-1)。其中Ca^{2+}、DAG、IP_3、cAMP、cGMP等小分子物质通常是由第一信使作用于靶细胞后在细胞内产生,又称为第二信使(second messenger),其功能在于将细胞外信号转换为细胞内信号,在信号转导过程中发挥着承上启下的作用。

表14-1 细胞内信息物质的组成及其功能

信息物质化学本质	细胞内信使	引起的胞内变化	在信息转导中的作用
无机离子	Ca^{2+}	PKC, CaM激活	第二信使
脂类衍生物	甘油二酯(DAG)	PKC激活	
糖类衍生物	三磷酸肌醇(IP_3)	胞内Ca^{2+}升高	
核苷酸	cAMP、cGMP	PKA, PKG激活	
蛋白质	Ras	蛋白激酶活性	受体和蛋白激酶

几种重要的第二信使分子介绍如下。

(一)cAMP与cGMP

cAMP由腺苷酸环化酶(adenylyl cyclase, AC)催化ATP生成(图14-1),AC是一种质膜内在蛋白质,其活性位点位于质膜内表面。

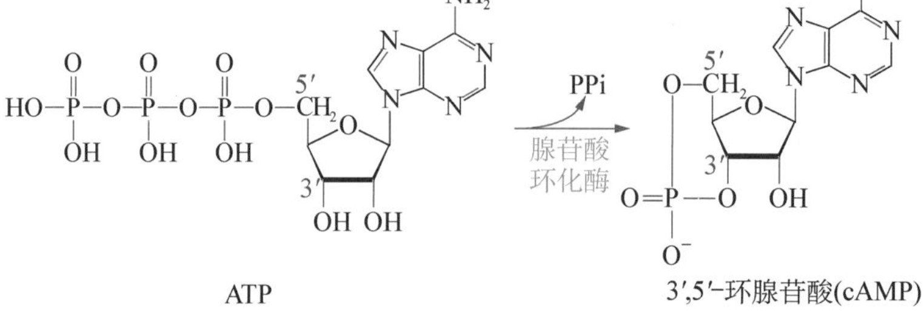

图14-1 腺苷酸环化酶催化ATP生成cAMP

许多激素、生长因子和其他调控分子都要通过改变细胞内cAMP的浓度,引起蛋白激酶A(protien kinase A, PKA)的活化,继而激发下游的信号转导,如肾上腺素、多巴胺、胰高血糖素、甲状旁腺素等。以β-肾上腺素受体为例，β-肾上腺素与特定受体结合后，受体胞内侧偶联的$G_{s\alpha}$蛋白（$G_{s\alpha}$：激活型G蛋白的α亚基）上结合的GDP被GTP取代，继而激活的$G_{s\alpha}$向AC移动并激活它，AC催化ATP生成cAMP，cAMP激活PKA，PKA通过磷酸化细胞内靶蛋白引起细胞对肾上腺素的反应。作为第二信使的cAMP存在时间很短，它迅速被环核苷酸磷酸二酯酶（cyclic nucleotide phosphodiesterase）降解为5′-AMP（图14-2）。

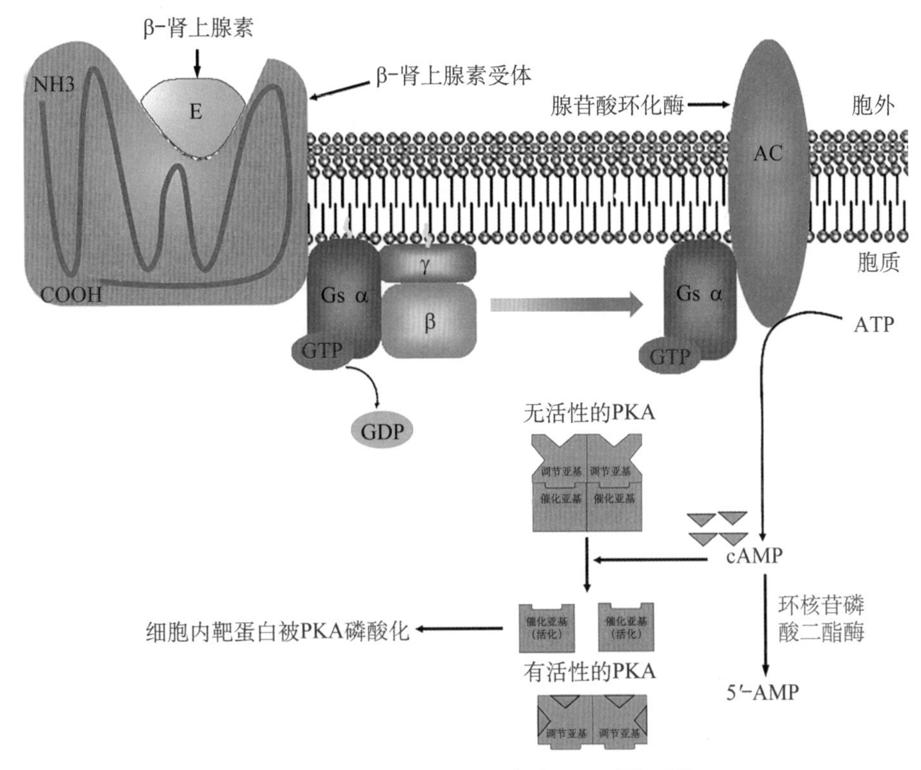

图14-2 肾上腺素通过第二信使cAMP发挥功能

PKA又称为cAMP依赖的蛋白激酶（cAMP-dependent protein kinase），能够被cAMP别构激活。非活性状态的PKA包含2个催化亚基（C）和2个调节亚基（R），由于调节亚基占据了催化亚基的底物结合位点，使得四聚体R_2C_2为非活性状态。当cAMP结合到调节亚基的特定位点上时，调节亚基发生构象变化，使R_2C_2解聚为有活性的C亚基（图14-3）。激活的PKA能够磷酸化多种下游底物蛋白质（如磷酸化酶b激酶），这些底物蛋白质的共同特点是含有相似的丝氨酸或苏氨酸残基区域，能够被PKA磷酸化。

另一种作为第二信使的环核苷酸是cGMP，由鸟苷酸环化酶催化GTP生成（详见第二节受体），它的下游分子是蛋白激酶G（protein kinase G，PKG）。PKG是由相同亚基构成的二聚体。与PKA不同，PKG的调节结构域和催化结构域存在于同一个亚基内。PKG在脑组织和平滑肌中含量较丰富，在心肌及平滑肌收缩调节方面具有重要作用。

（二）磷脂酰肌醇衍生物

甘油二酯（diacylglycerol，DAG）和1,4,5-三磷酸肌醇（inositol 1,4,5-trisphosphate,

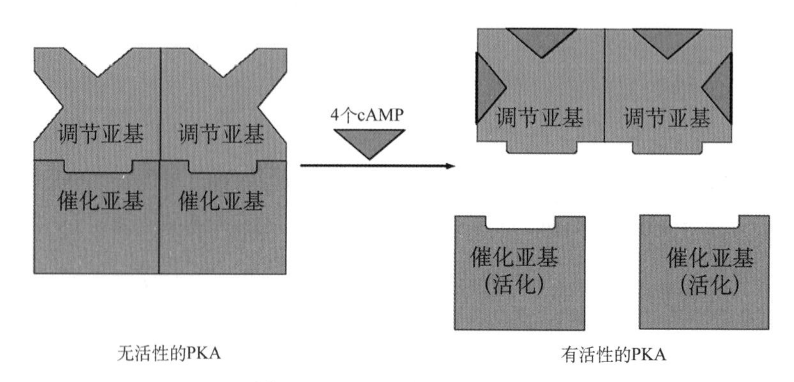

图 14-3 cAMP 激活 PKA 过程

IP_3)是来源于脂类衍生物的两种第二信使。某些激素在与特定的受体结合后,激素-受体复合物能催化其偶联的 $G_{q\alpha}$ 蛋白($G_{q\alpha}$:磷脂酶 C 型 G 蛋白的 α 亚基)上 GDP 与 GTP 的互变,并活化 $G_{q\alpha}$ 蛋白,继而激活脂膜上的磷脂酶 C(phospholipase C, PLC),PLC 将质膜上的磷脂酰肌醇 4,5-二磷酸(phosphatidylinositol 4,5-bisphosphate, PIP_2)水解生成 DAG 和 IP_3 两种第二信使。DAG 是脂溶性分子,生成后仍留在质膜上;IP_3 是水溶性分子,可扩散至内质网或肌质网膜上,并与特异的 Ca^{2+} 通道受体结合,释放被隔离的 Ca^{2+},继而 Ca^{2+} 与 DAG 一起在质膜上活化蛋白激酶 C(protein kinase C, PKC)。PKC 能使靶蛋白上的丝氨酸、苏氨酸残基被磷酸化,从而改变靶蛋白的催化活性,使细胞产生对激素信号的响应(图 14-4)。目前发现的 PKC 同工酶有 12 种以上,不同的同工酶有不同的酶学特性、特异的组织分布和亚细胞定位。

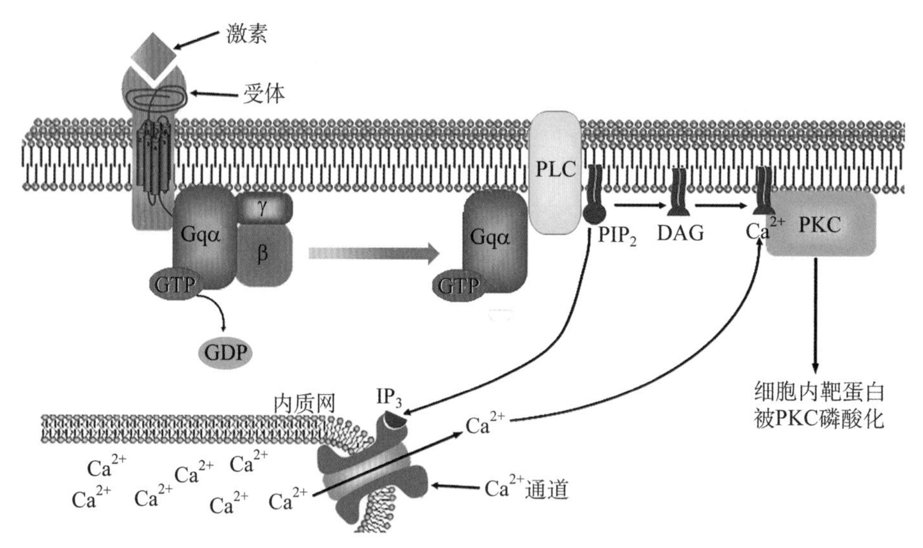

图 14-4 激素通过第二信使 DAG 和 IP_3 激活 PKC

(三) Ca^{2+}

细胞内的 Ca^{2+} 有 90%以上储存于细胞内钙库(内质网和线粒体),胞质内的 Ca^{2+} 浓度很低。如果外界信号触发了质膜或胞内钙库的 Ca^{2+} 通道开启,引起胞外 Ca^{2+} 的内流或细胞内钙库的钙释放，使胞质内 Ca^{2+} 浓度急剧升高。Ca^{2+} 传递的信号可使细胞内某些酶和功能蛋白质产生多种生物学效应，如肌肉收缩、神经兴奋传导、细胞分泌、细胞分化及增殖等，因此 Ca^{2+} 也被视为细胞内重要的第二信使。

除了前述的与 DAG 共同活化 PKC 以外，Ca^{2+} 的另外一个下游靶分子是钙调蛋白。钙调蛋白(calmodulin，CaM)是一种钙结合蛋白，分子中有 4 个结构域，每个结构域可结合一个 Ca^{2+} (图 14－5)。随着胞质中 Ca^{2+} 浓度增高，钙调蛋白可结合不同数量的 Ca^{2+}，形成不同构象的 Ca^{2+}/CaM 复合物，Ca^{2+}/CaM 复合物能与多种靶蛋白结合并调节它们的活性。CaM 可作为 Ca^{2+}/CaM 依赖性蛋白激酶(Ca^{2+}/calmodulin-dependent protein kinase)的内在亚基，当细胞对某些信号发生应答，胞内 Ca^{2+} 浓度升高，CaM 与 Ca^{2+} 结合发生构象变化，激活 Ca^{2+}/CaM 依赖性蛋白激酶，继而能磷酸化许多下游靶酶，调控其活性。

图 14－5　钙调蛋白结构示意图(图片来源：PDB 数据库，PDB ID：1CLL)

第二节　受体

一、受体的定义与特性

细胞接收信号时，是通过受体(receptor)将信号导入细胞内。受体通常是细胞膜上或细胞内能识别外源化学信号并与之结合的蛋白质分子，个别糖脂也具有受体作用。能够与受体特异性结合的分子称为配体(ligand)。

受体在膜表面和细胞内的分布可以是区域性的，也可以是散在的，其作用都是识别和接收外源信号。受体与配体的相互作用有以下特点。

(一) 高度专一性

受体选择性地与特定配体结合，这种选择性是由分子的空间构象所决定的。受体与配体的特异性识别和结合保证了调控的准确性。

(二) 高度亲和力

体内化学信号的浓度非常低，受体与信号分子的高亲和力保证了很低浓度的信号分子也可充分起到调控作用。

(三) 可饱和性

细胞内受体和细胞表面受体的数目都是有限的。增加配体浓度，可使受体与配体的结合达到饱和。当受体全部被配体占据时，再提高配体浓度不会增强效应。

(四) 可逆性

受体与配体以非共价键结合。当生物效应发生后，配体即与受体解离，受体可恢复到原来的状态再次接收配体信息。

（五）特定的作用模式

受体的分布和含量具有组织和细胞特异性，并呈现特定的作用模式，受体与配体结合后可引起某种特定的生理效应。

二、受体的分类及结构

受体的种类繁多，分类方式复杂多样。在药理学和临床医学药物机制的描述中习惯用各种激动剂的化学特性将受体进行分类，如乙酰胆碱受体、肾上腺素受体、多巴胺受体、阿片肽受体等。按照受体的亚细胞定位又可分为膜受体和胞内受体：大多数受体都为膜受体，胞内受体又分为胞质受体和胞核受体。根据受体的作用特点，介绍以下几种类型。

（一）配体门控离子通道受体（ligand-gated ion channel receptor）

这类受体是指细胞膜上一类特殊的亲水性蛋白质微孔道，当与配体结合或者受跨膜电位及细胞表面应力等因素的影响，通道开放或关闭，是神经、肌肉等细胞电活动的物质基础。

离子通道受体的典型代表是烟碱型乙酰胆碱受体（nicotinic acetylcholine receptor），由β、γ、δ亚基以及2个α亚基组成。α亚基具有配体结合部位，2分子乙酰胆碱与受体结合可使通道开放，这时Na^{+}或Ca^{2+}内流造成细胞膜去极化，进而启动下游事件。但即使有乙酰胆碱结合，该受体处于通道开放状态的时限仍十分短暂，在几个毫微秒内就发生脱敏作用，通道关闭。然后乙酰胆碱与之解离，受体恢复到初始状态，做好重新接受配体的准备（图14-6）。

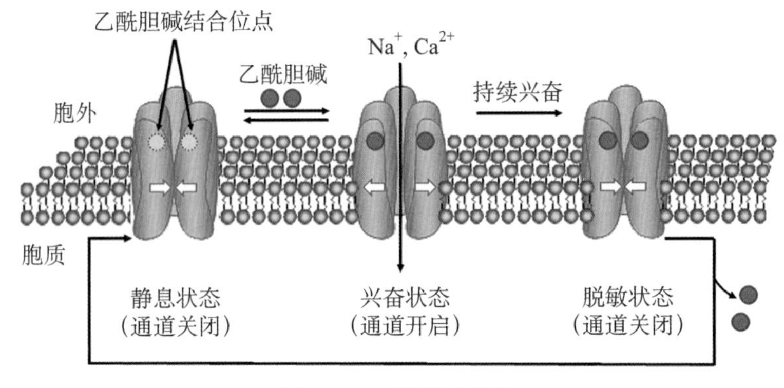

图14-6 乙酰胆碱受体

（二）具有酶活性的受体

这类受体是自身具有酶活性的跨膜蛋白，具有胞外的配体结合区域和胞内的酶活性区域，中间由跨膜区连接，也称为受体酶（receptor enzyme）。受体的胞外区域与配体结合后，其胞内区域的酶活性被激活，继而激活下游信号通路。

最典型的一类受体酶以胰岛素受体（insulin receptor）、表皮生长因子受体（epidermal growth factor receptor，EGFR）、血小板衍生生长因子受体（platelet-derived growth factor receptor，PDGFR）、神经生长因子受体（nerve growth factor receptor，NGFR）等为代表，其胞内区域均具有酪氨酸蛋白激酶活性，又称为受体型酪氨酸蛋白激酶（receptor tyrosine kinase，RTK)。这类受体在没有与信号分子结合时多以单体无活性状态存在，一旦有信号分子与受体的胞外结构域结合，两个单体受体分子在膜上形成二聚体，在二聚体内彼此相互磷酸化胞内段的酪氨酸残基，这种自身磷酸化(autophosphorylation)激活了受体本身的酪氨酸蛋白激酶活性。例如活化的胰岛素受体由2个位于质膜外的α链和2个跨膜的β链构成，β链的羧基端位于胞质内。配体(胰岛素)与α链结合后，受体构象发生改变，激活β链上的酪氨酸激酶活性，导致两个αβ单体之间相互磷酸化对方β链羧基端的3个酪氨酸残基。这种自身磷酸化开启了受体酶的活性位点，使其能够招募并磷酸化下游靶蛋白的酪氨酸残基，继而通过多种信号转导途径来传导信息(图14-7)，例如Ras-MAPK途径与PI3K-Akt途径等(详见第三节)。

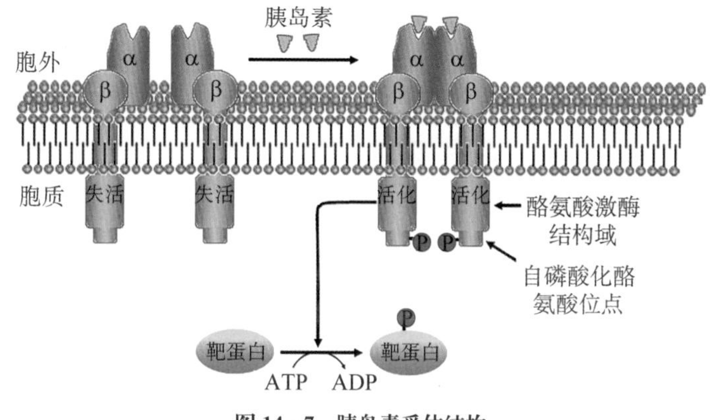

图14-7 胰岛素受体结构

跨膜型受体鸟苷酸环化酶(guanylyl cyclase，GC)是另一种类型的受体酶，它被激活时，能催化GTP生成第二信使3′,5′-环鸟苷酸(guanosine 3′,5′-cyclic monophosphate，cGMP)。细胞内的鸟苷酸环化酶有两种形式：与细胞膜结合的跨膜型和胞质可溶型。

肾中的GC为单跨膜蛋白受体，胞外段是配体结合部位，胞内段为鸟苷酸环化酶催化结构域，能被心钠素(atrial natriuretic factor，ANF)激活(图14-8)。当血容量过大，心房受到牵拉后分泌ANF，ANF通过血液循环到达肾脏，激活肾小管上皮细胞中的GC，催化胞内cGMP产生继而促进肾脏排出Na^+和水，以对抗血容量过大造成的血压过高。

但可溶型GC不属于受体酶，仅作为信号分子起作用。它是连接有亚铁血红素基团的一种胞质蛋白，能被NO激活(图14-8)。由于NO无极性，可自由穿过细胞膜，结合到GC的亚铁血红素上，催化cGMP的产生。在心脏中，cGMP能刺激Ca^{2+}泵从胞质中泵出Ca^{2+}而减轻心脏收缩力，这种NO诱导的心脏平滑肌松弛与硝酸甘油类药物的效应相同，这些药物被用于缓解冠状动脉病变引起的心绞痛。

此外，受体丝氨酸/苏氨酸激酶(receptor serine/threonine kinase)、受体酪氨酸磷脂酶(receptor tyrosine phosphatase)等也属于受体酶范畴。

(三) G蛋白偶联受体(G protein-coupled receptor，GPCR)

G蛋白偶联受体是由单一肽链构成的七跨膜受体，氨基端位于细胞外表面，羧基端位于

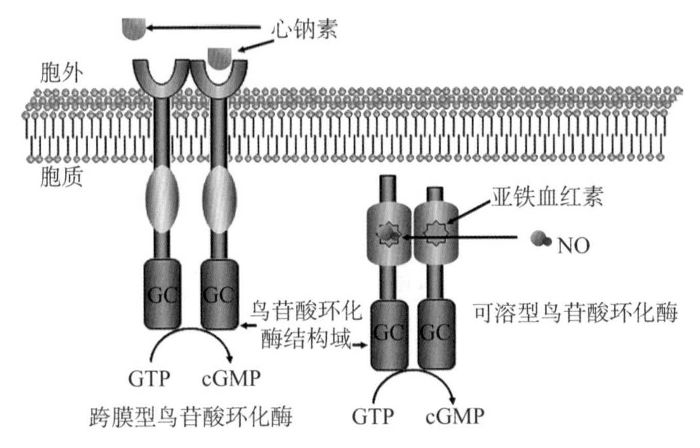

图 14-8　两种鸟苷酸环化酶

胞膜内侧，具有 7 个 20～28 个氨基酸残基的疏水区，以"蛇"形跨膜 7 次，在胞外和胞内形成多个环状结构，其胞内的第 2、3 个环状结构能与 G 蛋白结合，又称为蛇型受体（serpentine receptor）（图 14-9）。GPCR 与配体结合后，需要先激活胞内偶联的 GTP 结合蛋白（GTP-binding protein，G 蛋白），再由 G 蛋白调控下游的靶酶产生第二信使。G 蛋白种类很多，常见的有激动型 G 蛋白（stimulatory G protein，G_s）、抑制型 G 蛋白（inhibitory G protein，G_i）、磷脂酶 C 型 G 蛋白（PI-PLC G protein，G_q）等。不同的 G 蛋白将特异的 GPCR 与胞内的靶酶偶联起来。在这一类型的信号转导过程中，需要 3 个必需组分参与：质膜上的 GPCR、质膜内侧的 G 蛋白以及能产生第二信使的酶。

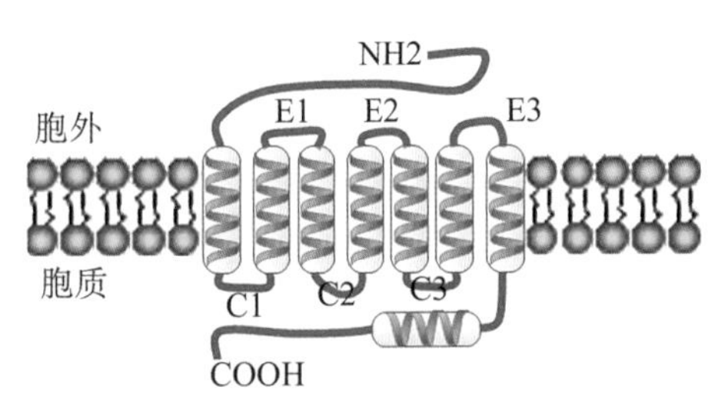

图 14-9　G 蛋白偶联受体结构示意图

目前已发现的 GPCR 多达 1 000 余种，是种类最多的受体。β-肾上腺素受体家族是这一类受体的典型代表。与 β-肾上腺素受体胞内结构域结合的 G 蛋白为 Gs。Gs 由 α、β、γ 3 个亚基构成，α 亚基具有多个功能位点，包括与 GPCR 结合并受其活化调节的部位，与 β、γ 亚基相结合的部位，GDP 或 GTP 结合部位以及与下游效应分子相互作用的部位等；α 亚基还具有 GTP 酶活性。β 和 γ 亚基形成紧密结合的二聚体，其主要作用是与 α 亚基形成复合体并定位于质膜内侧。当 G 蛋白以 αβγ 三聚体的形式与 GDP 结合时，为非活性状态；而当 β-肾上腺素受体的胞外区域与配体（肾上腺素）结合后，受体的胞内结构域发生构象变化，促使 GTP 取代 GDP 与 Gs 的 α 亚基结合并使 βγ 二聚体脱落时，G 蛋白为活性状态，之后活化的 Gsα 带着 GTP 从受体转移到附近的 AC 并激活它，催化胞内第二信使 cAMP 的产生（图 14-2）。

还有一类特殊的 G 蛋白，因分子量只有 20 000～30 000 道尔顿，同样也具有 GTP 酶活性，称为小 G 蛋白。Ras 是第 1 个被发现的小 G 蛋白，因此这类蛋白被称为 Ras 超家族。目前已知的 Ras 家族成员已超过 50 种，在细胞内分别参与不同的信号转导途径。例如 Ras 蛋白被上游信号转导分子激活后成为 GTP 结合形式时，可启动下游的促分裂原活化蛋白激酶

(MAPK)级联反应(详见本章第三节中的 Ras - MAPK 途径)。

(四) 不具有内在酶活性的受体(receptor with no intrinsic enzyme activity)

这一类受体的结构与受体酶类似,但其胞内区域不具有酶活性,需要招募结合细胞内的酶蛋白并激活其功能,再由该酶蛋白激活下游信号通路,调节基因表达。例如 JAK - STAT 信号通路属于这一类型(详见本章第三节中的 JAK - STAT 途径)。

(五) 黏附型受体(adhesion receptor)

这一类受体介导胞外基质成分(如胶原)与细胞内骨架之间的信息交流,多为跨膜糖蛋白,在细胞迁移、黏附等方面发挥功能,又称为黏附分子(cell adhesion molecule, CAM)。整合蛋白(integrin)、钙黏蛋白(cadherin)、选凝素(selectin)等属于这一类受体。

(六) 核受体(nuclear receptor)

这一类受体多为反式作用因子,结构上具有高度可变区、DNA 结合区、铰链区和配体结合区。与该型受体结合的配体(类固醇激素、甲状腺素、维甲酸和维生素 D 等)为非极性分子,能透过质膜双层结构,直接与受体结合,受体发生构象或定位的改变,与 DNA 顺式作用元件结合,调节基因的转录。以类固醇激素为例,由于其疏水性很强,在血液中由载体蛋白将其由分泌组织携带到靶组织中。在靶细胞,激素以简单扩散的方式穿过质膜,与核中特异的受体蛋白(Rec)结合(图 14 - 10)。激素的结合引起受体蛋白构象变化,使之可与 DNA 中特异的调节序列结合,这些调节序列被称为激素应答元件(hormone response element, HRE),并改变基因的表达。

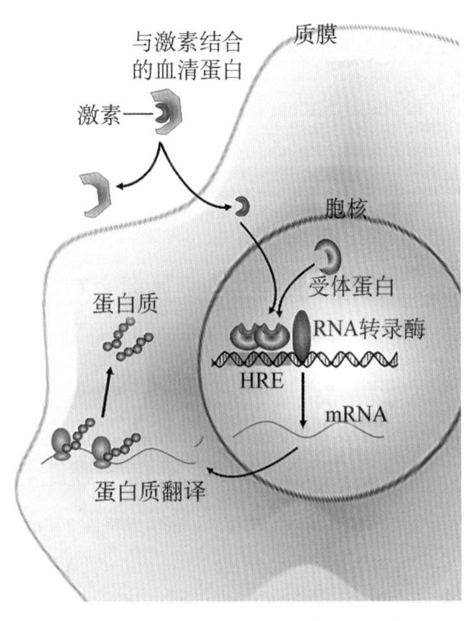

图 14 - 10　类固醇激素-受体作用机制

三、受体活性的调节

受体在配体和某些生理病理因素的作用下发生数目与亲和力的变化,称为受体调节。受体活性调节的机制主要表现在以下几个方面。

(一) 受体磷酸化与去磷酸化作用

蛋白质磷酸化和去磷酸化是调节受体功能的最重要方式,包括两种机制:一种是某些受体与配体结合后发生构象变化,从而成为某些激酶或磷酸酶的底物;另一种是受体本身具有内在的激酶活性,在与配体结合后即激活,从而导致自身的磷酸化。受体磷酸化与去磷酸化改变了受体的功能。例如胰岛素受体与配体结合后,受体胞内段酪氨酸残基被磷酸化,不仅能激活下游信号通路,还加强了受体与配体的结合,而去磷酸化则使其转变为无激活能力的形式。

(二) 膜磷脂代谢的影响

膜磷脂在维持细胞膜流动性和受体活性中起着重要作用。例如质膜中脑磷脂被甲基化转变成卵磷脂，可明显增强 β-肾上腺素受体激活 AC 的能力。

（三）受体中巯基和二硫键

巯基和二硫键在维持受体蛋白的分子构象中起着重要作用，巯基的破坏或二硫键的变化会导致受体空间结构松散及生物活性减弱或丧失。例如还原剂二硫苏糖醇可通过还原二硫键影响受体活性。

（四）受体蛋白被水解

许多激素的受体对蛋白水解酶敏感。细胞在某些情况下分泌一些蛋白酶，而且胞质中的蛋白酶可以被 Ca^{2+} 激活，受体通过内吞的方式被溶酶体降解。

（五）G 蛋白的调节

G 蛋白参与多种活化受体和 AC 之间的偶联作用，当一个受体系统被激活而使 cAMP 升高时，就会降低同一细胞受体对配体的亲和力。

第三节　受体介导的信号转导通路

虽然不同的配体-受体具有特定的作用模式和信号转导机制，但是它们常共用一些细胞内的信号转导分子和信号转导通路来传递信号。本节以几个不同类型的受体为例，介绍几个细胞内基本信号转导通路。

一、Ras-MAPK 信号通路与 PI3K-Akt 信号通路

胰岛素受体是受体酶的典型代表，具有酪氨酸蛋白激酶活性。

胰岛素受体介导的 Ras-MAPK 信号转导机制如图 14-11 所示：①配体（胰岛素）与胰岛素受体 α 链结合后，受体的自身磷酸化开启了受体酶的活性位点，使其能够招募并磷酸化下游靶蛋白的酪氨酸残基（见第二节受体）。②胰岛素受体底物-1（insulin receptor substrate-1，IRS-1）上的酪氨酸残基被胰岛素受体磷酸化。③IRS-1 的磷酸化酪氨酸残基与接头蛋白 Grb2 的 SH2 结构域结合。SH2 结构域是指 Src 同源 2 结构域（Src homology 2 domain），往往存在于受体酪氨酸激酶信号转导通路的接头蛋白中，能与其他蛋白中的磷酸化酪氨酸残基结合。④Grb2 与 Sos 分子结合并使之活化。⑤活化的 Sos 结合 Ras 蛋白，促进 Ras 释放 GDP 而结合 GTP。⑥Ras 是小 G 蛋白成员，能介导多种信号通路。结合了 GTP 的 Ras 激活下游蛋白激酶 Raf-1。⑦Raf-1 通过级联的磷酸化效应依次激活下游的蛋白激酶 MEK 和 ERK。⑧ERK 在酪氨酸和苏氨酸位点被磷酸化后活化，进入细胞核使 Elk1 等蛋白质磷酸化，以此调节受胰岛素调控的一些基因的转录。

ERK 是促分裂原活化蛋白激酶（mitogen-activated protein kinase，MAPK）的家族成员，MEK 属于 MAPKK（MAP kinase kinase）家族，而 Raf-1 则属于 MAPKKK（MAP kinase kinase kinase）家族。细胞外胰岛素信号通过胰岛素受体-IRS-1-Grb2-Sos 活化小 G 蛋白 Ras 后，再通过 MAPKKK-MAPKK-MAPK（Raf-1-MEK-ERK）逐级磷酸化转

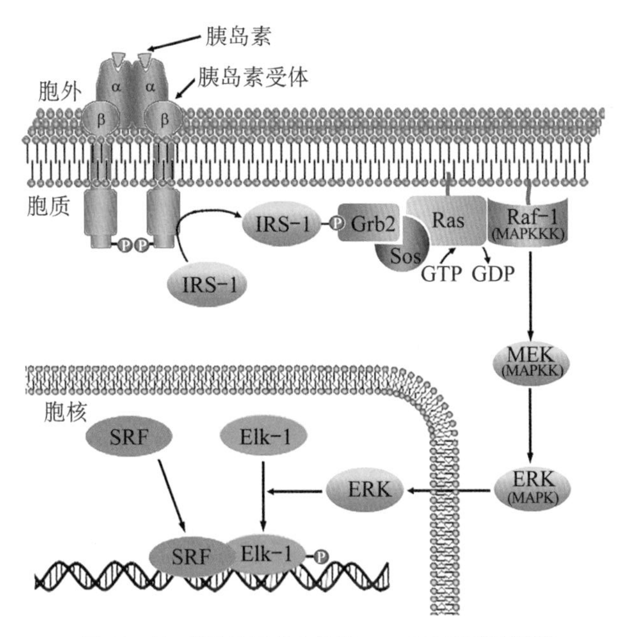

图 14-11　胰岛素受体介导的 Ras-MAPK 信号通路

导,因此被称为 Ras-MAPK 级联信号通路。这种逐级磷酸化的转导方式在激素信号转导的过程中是一种普遍现象,能有效地级联放大初始信号。

IRS-1 的酪氨酸残基被胰岛素受体磷酸化激活以后,并不是只能与 Grb2 结合,事实上 IRS-1 能激活多种含有 SH2 结构域的蛋白质,如 PI3K(phosphoinositide 3-kinase),继而通过 PI3K-Akt 信号转导通路来调节糖原的合成。其信号转导机制如图 14-12 所示:①②同 Ras-MAPK 信号通路。③IRS-1 结合 PI3K 的 SH2 结构域并激活其活性。④PI3K 将膜脂中的 PIP_2(磷脂酰肌醇 4,5-二磷酸,lipid phosphatidylinositol 4,5-bisphosphate)磷酸

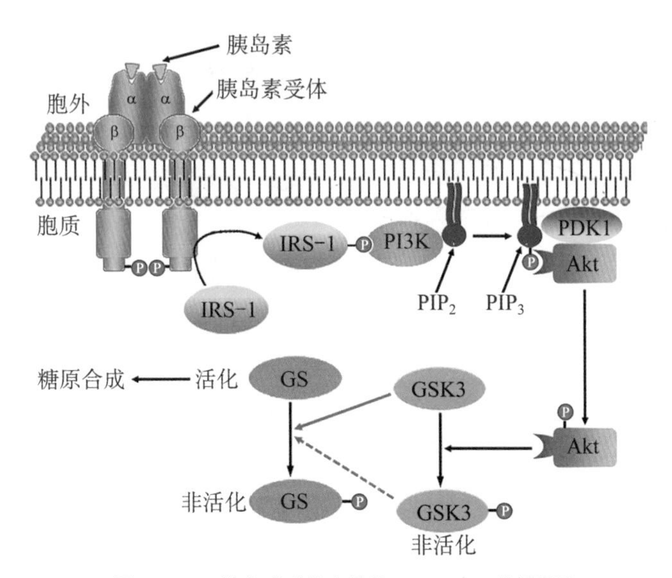

图 14-12　胰岛素受体介导的 PI3K-Akt 信号通路

化为PIP_3(磷脂酰肌醇3,4,5-三磷酸,phosphatidylinositol 3,4,5-trisphosphate)。⑤PIP_3产生后,结合Akt(又称PKB)的PH结构域将其锚定于质膜,同时招募蛋白激酶PDK1使Akt被磷酸化激活。⑥Akt能磷酸化多种下游靶蛋白的丝/苏氨酸残基,如糖原合酶激酶3(GSK3)。GSK3被磷酸化后为失活状态,由此导致糖原合酶(glycogen synthase, GS)处在非磷酸化的激活状态,促进了糖原的合成。最终,胰岛素通过PI3K-Akt信号通路达到促进糖原合成、降低血糖的结果。

二、AC-cAMP-PKA信号通路

胰高血糖素受体(glucagon receptor)属于G蛋白偶联受体,其质膜内侧偶联的G蛋白为Gs,其作用机制与β-肾上腺素受体类似(见本章第二节受体),都是通过AC-cAMP-PKA通路发挥效应。该通路以靶细胞内cAMP浓度改变和激活PKA为主要特征。图14-13示意了胰高血糖素受体结合配体(胰高血糖素)信号以后,通过Gs蛋白激活AC,催化细胞内产生第二信使cAMP来激活PKA,PKA磷酸化下游靶蛋白糖原合酶与磷酸化酶b激酶,促使糖原分解,血糖上升。

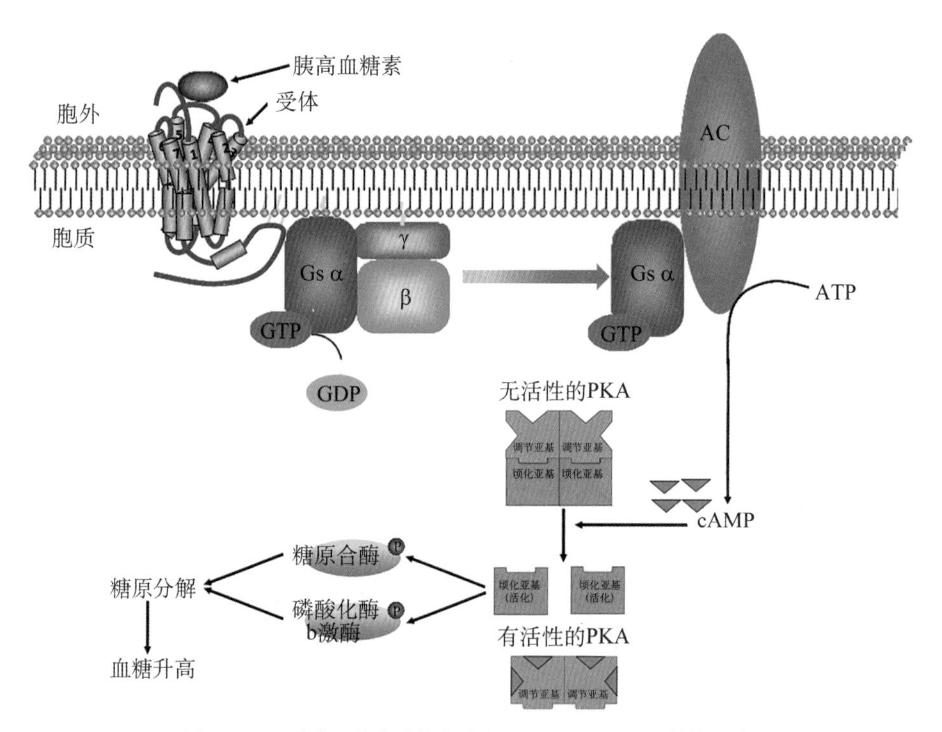

图14-13 胰高血糖素受体介导的AC-cAMP-PKA信号通路

三、PLC-IP_3/DAG-PKC信号通路

血管紧张素Ⅱ受体(angiotensin Ⅱ receptor)也属于G蛋白偶联受体,但其偶联的G蛋白为Gq(作用机制详见本章第一节信息物质/第二信使),通过激活脂膜上的PLC,PLC水解PIP_2生成DAG和IP_3两种第二信使(注意与PI3K作用机制区别),继而激活PKC,由PKC

磷酸化下游靶蛋白产生生物学效应，引起血管收缩。这一类型的信号转导方式称为 PLC - IP_3/DAG - PKC 信号通路(图 14 - 14)。

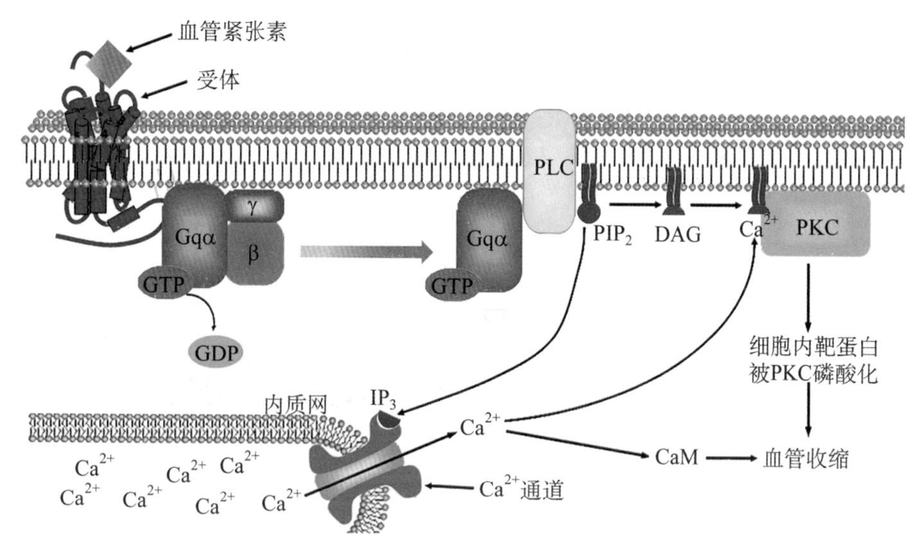

图 14 - 14　血管紧张素Ⅱ受体介导的 PLC - IP_3/DAG - PKC 信号通路

四、JAK - STAT 信号通路

促红细胞生成素(erythropoietin, EPO)、干扰素(interferon, IFN)、白细胞介素 2(interleukin - 2, IL - 2)、白细胞介素 3(interleukin - 3, IL - 3)等细胞因子的受体属于不具有内在酶活性的受体，需要偶联细胞内的蛋白酪氨酸激酶 JAK(janus kinase)和下游的转录因子 STAT(signal transducer and activator of transcription)，即 JAK - STAT 信号通路。

EPO 通过 JAK - STAT 通路转导信息机制如图 14 - 15 所示：EPO 与质膜上的受体结合后，受体发生二聚化。二聚化的受体能与胞质内 JAK 结合并激活其活性。活化后的 JAK 使 EPO 受体胞内区域的数个酪氨酸残基发生磷酸化，以招募 STAT 并与其 SH2 结构域结合，继而 JAK 使 STAT 磷酸化。STAT 既是信号转导分子，又是转录因子。磷酸化的 STAT 分子形成二聚体，迁移进入胞核，调控相关基因的表达，改变靶细胞的增殖与分化。细胞内有数种 JAK 和数种 STAT 亚型存在，不同的受体可与不同的 JAK 和 STAT 组成信号通路，分别转导不同细胞因子的信号。此外，被 JAK 活化的 EPO 受体还能招募 Grb - 1，通过 MAPK 级联信号通路转导信号，调节基因转录。

五、NF - κB 信号通路

肿瘤坏死因子(tumor necrosis factor, TNF)、IL - 1 等细胞因子的受体同属于不具有内在酶活性的膜受体，它们需要偶联细胞内的蛋白酪氨酸激酶，继而通过酶联反应激活下游的转录因子 NF - κB，调节基因表达，称为 NF - κB 信号通路。

NF - κB(nuclear factor-kappa-B)首先发现于 B 细胞，是作为免疫球蛋白 κ 轻链基因转

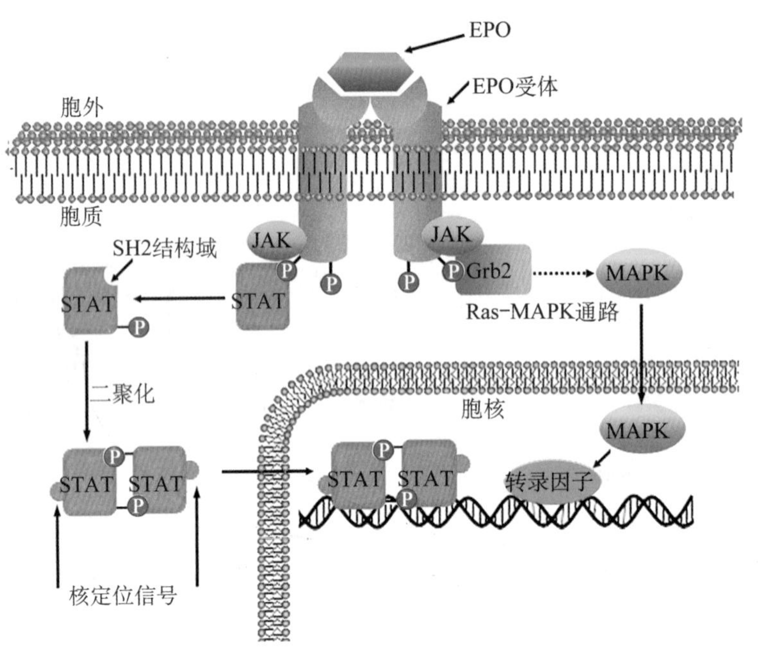

图 14-15　EPO 受体介导的 JAK-STAT 信号通路

录所需的核内转录因子，后证实 NF-κB 是一种几乎存在于所有细胞的转录因子。NF-κB 包括 5 个亚单位：Rel、p65、RelB、p50 和 p52。p65、Rel 和 RelB 分别含有 N-端 Rel 同源区(Rel homology domain，RHD)和 C-端的反式激活结构域(transactivation domain，TD)。在 RHD 的 C-端有一个核定位区域(nuclear-localization sequence，NLS)，负责与 DNA 结合、二聚体化和核易位，而 TD 则与转录活化相关。p50 和 p52 只有 RHD 而缺乏 TD。两个亚基形成的同源和(或)异源二聚体与靶基因上特定的序列结合调节基因转录，不同的 NF-κB 二聚体在选择结合序列时可能略有差异，这是 NF-κB 通过不同的二聚体形式对不同基因的表达进行精细调节的一种方式。最常见的 NF-κB 二聚体是 p65 与 p50 组成的异二聚体。静止状态下，NF-κB 在细胞质内与 NF-κB 抑制蛋白(IκB)结合成无活性的复合物。受体激活后，使 IκB 激酶(IKK)激活，IKK 使 IκB 磷酸化后与 NF-κB 解离，NF-κB 的 NLS 得以暴露活化，活化的 NF-κB 转位进入细胞核，作用于 NF-κB 结合相应的增强子元件，影响多种细胞因子、黏附因子、免疫受体、急性时相蛋白和应激反应蛋白基因的转录(图 14-16)。

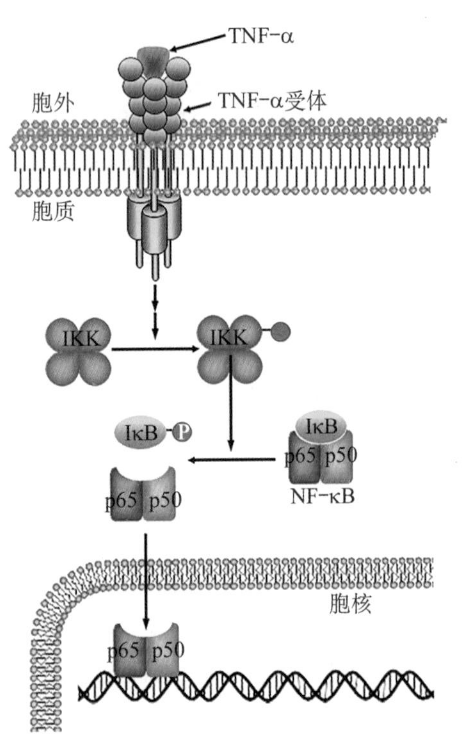

图 14-16　TNF-α 受体介导的 NF-κB 信号通路

第四节　信号转导系统的特点及其交互联系

一、受体介导的信号转导特点

（一）特异性和敏感性

受体介导的信号转导具有高度的特异性和敏感性（specificity and sensitivity）。特异性源于受体选择性地与特定配体结合，这种选择性是由分子的空间构象所决定的。受体与配体的特异性识别和结合保证了调控的准确性。

配体与受体分子之间的高度亲和力、配体-受体相互作用的协同效应，以及酶级联反应对信号的放大作用，使得受体介导的信号转导还具有高度的敏感性。

（二）酶级联放大效应

信号转导过程中，与受体相联系的酶一旦被激活，将逐级催化第 2 个、第 3 个酶分子，信号被依次放大，可以数毫秒内将信号放大许多倍，称为酶级联放大效应（amplification by enzyme cascade）。

（三）脱敏效应

受体系统的敏感性并不是一成不变的，当一个信号持续存在时，受体系统会发生脱敏作用（desensitization）。例如受体活化时会启动一个反馈环路，使受体失活或从膜上解离；而当信号刺激降低到一定阈值后，受体系统会重新恢复敏感性。

（四）整合性

信号转导系统往往同时接受多种信号，但最终只产生唯一的最适应机体或细胞需要的反应效果，不同的信号会通过整合作用而输出一个调整后的信号。

二、信号转导通路的多样性与交互联系

某一信号的传递往往不是局限在某一单独的信号转导系统内，而是涉及多个系统。一定的胞外刺激可能主要通过特定的信号转导系统起作用，但最终产生的生物学效应往往是细胞内各信息系统相互作用的结果。这种相互调节、相互制约可以解释为何同样的刺激在不同的细胞和组织表现出不同的反应。因此，细胞信号转导是复杂多样的，并且相互之间密切联系，具体表现在以下几个方面。

1. 信号分子、受体、信号转导通路以及靶细胞之间的多样性组合　具体可表现为以下几方面。

（1）一种信号分子可通过不同信号转导途径影响不同的细胞。例如 IL－1β 不仅可通过 G 蛋白偶联受体（涉及 cAMP 途径、cGMP 途径、PKC 途径等）和蛋白激酶偶联受体介导的 MAPK 途径传递信号，还可通过其他几条重要途径介导信号转导，包括 IL－1 受体相关激酶途径、PI3K 途径、JAK－STAT 通路、离子通道。并且 IL－1β 受体在多种细胞表面存在，不仅可作用于各种炎症相关细胞，还可通过 JAK－STAT 途径作用于胰岛 β 细胞，以及通过激

活离子通道影响神经细胞、血管平滑肌细胞、成纤维细胞、骨髓基质细胞等多种细胞的功能。

(2) 一种受体可激活多条信号转导途径。有些受体自身磷酸化后产生多个与其他蛋白相互作用的位点,可以激活几条信号转导途径。例如 PDGF 的受体激活后,可激活 Src 激酶活性,结合 Grb2 并激活 Ras、激活 PI3K、激活 PLCγ,同时激活多条信号转导途径而引起复杂的细胞应答反应。

(3) 一条信号转导途径的成员可参与激活另外一条信号转导途径。例如 GPCR 主要是通过活化的 α 亚基促进第二信使产生而调节代谢,因而 GPCR 一般是在分化成熟的组织细胞参与信号转导。但 GPCR 在某些增殖细胞中也可表达,在这些细胞中,G 蛋白的 βγ 二聚体可激活 Src 或 Src 样激酶(如 Fyn、Lyn 和 Yes 蛋白酪氨酸激酶),后者使 Shc 的酪氨酸残基磷酸化,形成 SH2 结合位点,从而与 Grb2 结合形成 Shc - Grb2 复合物,通过 Sos、Ras 蛋白激活 MAPK 途径,调控细胞增殖所需基因的转录。

2. 不同信号转导通路之间具有相互影响和协同调节作用 例如 Ras/ERK 途径转导的信号可促进细胞增殖,而 Smad 途径转导的信号则抑制细胞增殖。对于正常上皮细胞,作为维持细胞稳态的 TGF - β 占主导地位,并对抗由生长因子经 Ras 途径激活的增殖反应。然而,当大量的生长因子(如 EGF、HGF)刺激细胞或 ras 癌基因激活后,使 Ras/ERK 途径激活,活化的 ERK1/2 蛋白激酶将 Smad2/3 等分子的特定位点磷酸化,使 Smad2/3 向核内聚集的能力减弱,从而抑制 Smad 传递信号的作用。此时增殖信号成为调控细胞增殖反应的主要信号。再例如肌细胞的糖原磷酸化酶 b 激酶,该酶为多亚基蛋白质(αβγδ),其 α、β 亚基是 PKA 的底物,被 PKA 磷酸化后激活。而 δ 亚基属于 CAM, Ca^{2+} 浓度增加可与之结合并使其激活,进一步激活 Ca^{2+}/CaM 激酶。PKA 和 Ca^{2+}/CaM 两条途径均可在胞核内使转录因子 CREB 的 133 位丝氨酸残基磷酸化激活,活化的 CREB 作用于 DNA 上的 CRE 顺式作用元件,调节多种基因的转录。

第五节 信号转导异常与疾病

机体完整的信息转导通路是保障机体生命活动不可缺少的,当信息传递发生异常时会导致某些疾病的产生。

一、 G 蛋白偶联受体异常及相关疾病

多种因素可引起 G 蛋白偶联受体所介导的信息传递异常,甚至引起各种疾病状态。G 蛋白偶联受体异常主要是 G 蛋白结构、活性和表达水平的异常。当效应分子和小分子信使分子异常或 G 蛋白结构异常时,G 蛋白出现功能增强或下降,引起 G 蛋白偶联受体介导的信号传递异常,出现包括心血管疾病、毒品与乙醇依赖、遗传性疾病和传染性疾病等。

(一) G 蛋白偶联受体异常与心血管疾病

心脏的功能依赖 GPCR 及其下游信号的运行,静止时心率由胆碱能受体偶联 $G_{i\alpha}$ 通过

抑制 AC 的活性和 $G_{\beta\gamma}$ 亚基功能，使 cAMP 降低而共同抑制心率；运动时通过 β-肾上腺素受体偶联 $G_{s\alpha}$ 控制心率。而 $G_{q\alpha}$ 的过表达可通过 MAPK 通路导致 ERK 的激活，ERK 是心肌细胞最重要的生长信号，其激活可引起心肌细胞扩增，导致心肌肥大；GPCR 受体表达减少、受体与下游信号解偶联，使 cAMP 水平下降，会引起心肌收缩功能不足，导致心力衰竭。

（二）G 蛋白偶联受体异常与肿瘤

目前研究认为，肿瘤的发生发展涉及 GPCR 的变化，有些 $G_{\beta\gamma}$ 亚基还具有恶性转化的作用。$G_{\beta\gamma}$ 亚基可直接作用于 MAPK 上游的 ras 和激活 JNK，在肿瘤增殖中起作用。在甲状腺癌、垂体瘤时有 $G_{s\alpha}$ 突变，在结肠癌、小细胞肺癌存在多种 GPCR 突变，前列腺癌组织中某些 GPCR 高表达，都说明了肿瘤的发生与 GPCR 相关。

（三）G 蛋白偶联受体异常与感染

某些细菌通过产生的毒素干扰 GPCR 信号转导，使受累的细胞出现功能异常，如破伤风、百日咳、霍乱等。霍乱毒素的 A 亚基进入小肠上皮细胞后直接作用于 $G_{s\alpha}$，使其发生 ADP-核糖化修饰，导致其固有的 GTP 酶活性丧失，不能恢复到 GDP 结合形式，因而 $G_{s\alpha}$ 处于持续活化状态，细胞中 cAMP 持续增高。cAMP 的效应之一是通过 PKA 作用于小肠上皮细胞膜上的蛋白质磷酸化而改变细胞膜的通透性，Na^+ 通道和 Cl^- 通道持续开放，造成水与电解质大量丢失，引起腹泻与电解质紊乱等症状（图 14-17）。

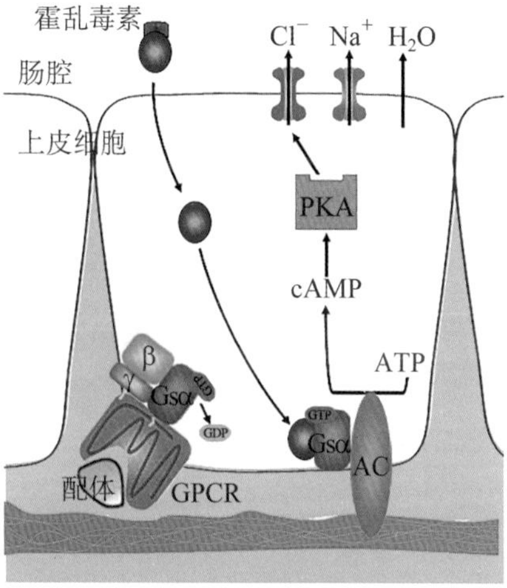

图 14-17 霍乱毒素作用于 AC-cAMP-PKA 信号通路的机制

（四）G 蛋白偶联受体异常与遗传病

假性甲状旁腺素低下症（pseudohypoparathyroidism, pseudoPHP）患者血中甲状旁腺素水平正常，却表现为功能低下。1989 年，Patten 等在研究一个假性甲状旁腺素低下家族时发现患者 $G_{s\alpha}$ 异常，编码该蛋白的基因 GANS1 第 1 个外显子中第 1 个编码甲硫氨酸并作为起始码的 ATG 突变为 GTG，使 $G_{s\alpha}$ 的翻译合成只能从第 2 个 ATG（第 60 位氨基酸）开始，最终产生的 $G_{s\alpha}$ 缺失了 N-端的 59 个氨基酸，导致 GPCR 的信号转导功能丧失，因而对甲状旁腺激素无反应。

（五）G 蛋白偶联受体异常与药物成瘾性疾病

吗啡类药物的镇痛作用和成瘾性是通过 GPCR 介导的信号转导实现的。吗啡的耐受和依赖性机制与胞内 cAMP 浓度升高密切相关。吗啡通过受体偶联 $G_{s\alpha}$ 的活化，导致 AC 活化，cAMP 浓度升高。细胞中的 G 蛋白长期暴露于吗啡后，原来以抑制效应为主的 $G_{i\alpha}$ 信号转变为以 $G_{\beta\gamma}$ 刺激作用为主的信号。同时，高吗啡还诱导吗啡受体数目减少。而大量乙醇除可增强 G 蛋白偶联的内向整流性 K^+ 通道、影响突触传递外，还降低血小板 AC 的活性，诱导 $G_{i\alpha}$ 的高表达。

二、酪氨酸蛋白激酶受体异常与疾病

酪氨酸蛋白激酶受体异常介导的相关疾病种类非常多，许多癌基因产物都可作为这一过程的重要信号转导分子。例如胰岛素受体基因突变可引起先天性糖尿病，突变以碱基的置换为最常见，可发生在 α 亚基和 β 亚基上。

三、信号转导分子与药物

干扰信号转导的药物是否可用于疾病的治疗主要基于两点：一是其干扰的信号转导途径在体内是否广泛存在，如果广泛存在则会出现严重不良反应；二是自身的选择性，药物对信号转导的选择性越高，所引起的全身不良反应越少。

目前用于治疗慢性白血病的药物达沙替尼（Dasatinib）和伊马替尼（Imatinib）就是蛋白酪氨酸激酶的抑制剂。慢性粒细胞白血病患者由于携带费城染色体（Philadelphia chromosome，Ph）产生结构和功能异常的 bcr－abl 酪氨酸激酶，伊马替尼通过取代 bcr－abl 酪氨酸激酶结构中的 ATP 而阻断其酪氨酸激酶活性与下游分子的磷酸化，从而达到抑制 Ph 阳性白血病细胞的增殖与抗凋亡作用。

用于治疗乳腺癌的药物三苯氧胺（tamoxifen）是一种雌激素拮抗剂，能与雌激素竞争性结合雌激素受体，但是三苯氧胺-受体复合物不能激活下游的基因表达。因此，激素依赖型乳腺癌患者在术后或化疗时给予三苯氧胺，可使残留的癌细胞生长缓慢甚至停止。

（江建海）

参考文献

［1］周克元，罗德生，刘新光等. 生物化学. 2 版. 北京：科学出版社，2010.
［2］周春燕，药立波. 生物化学与分子生物学. 9 版. 北京：人民卫生出版社. 2018.
［3］Nelson DL，Cox MM. Lehninger Principles of Biochemistry. 5th ed. New York：W. H. Freeman and company，2008.

第十五章　肝的生物化学

肝是人体最大的实质性器官，也是体内最大的腺体，成人肝组织约重 1 500 g，约占体重的 2.5%。其独特的形态组织结构和化学组成特点，赋予肝复杂多样的生物化学功能。肝不仅在机体糖、脂类、蛋白质、维生素、激素等物质代谢中处于中心地位，还具有生物转化、分泌和排泄等方面的生理功能，是人体的“物质代谢中枢”。

第一节　肝的生物转化作用

一、肝的生物转化作用是机体重要的保护机制

（一）肝中非营养性物质的来源

日常生活中，许多非营养性物质由体内外进入肝脏。这些非营养物质据其来源可分为：①内源性物质：系体内代谢中产生的各种生物活性物质如激素、神经递质等及有毒的代谢产物如氨、胆红素等。多种激素在发挥其调节作用后，主要在肝中代谢转化，从而降低或失去其活性，此过程称为激素的灭活（inactivation）。②外源性物质：系由外界进入体内的各种异物，如咖啡因、药物、致癌物等。这些非营养物质既不能作为构成组织细胞的原料，又不能供应能量，这些物质多系脂溶性，均需经过生物转化作用才能排出体外。

（二）生物转化的概念

肝是机体内生物转化最重要的器官。机体在排出非营养物质之前，需对它们进行代谢转变，使其水溶性提高，极性增强，易于通过胆汁或尿液排出体外，这一过程称为生物转化作用（biotransformation）。

（三）生物转化作用的特点

1. 多样性和连续性　即一种物质在体内可进行多种、往往是连续的生物转化反应，才能由原来极性弱的物质变为极性强的物质，脂溶性物质变为水溶性物质，再经胆道或肾排出体外。

2. 解毒与致毒双重性　肝脏转化较为复杂，经肝生物转化作用，在使物质极性、水溶性增强的同时往往也会使毒性强的物质变为毒性弱的或无毒的，使其易于排出体外，达到解毒作用。但也有少数物质经肝生物转化作用使无毒性物质变为有毒性，或毒性弱变为毒性强。

二、肝的生物转化反应类型及酶系

肝的生物转化可分为两相反应：氧化（oxidation）、还原（reduction）和水解（hydrolysis）反

应称为第一相反应；结合反应（conjugation）称为第二相反应。许多物质通过第一相反应，其分子中的某些非极性基团转变为极性基团，水溶性增加，即可大量排出体外。但有些物质经过第一相反应后水溶性和极性改变不明显，还须进一步与葡糖醛酸、硫酸等极性更强的物质相结合，以增加其溶解度才能排出体外，这些结合反应属于第二相反应。实际上，许多物质的生物转化反应非常复杂。一种物质有时需要连续进行几种反应类型才能实现生物转化目的，这反映了生物转化反应的连续性特点。例如乙酰水杨酸常先水解成水杨酸后再经结合反应才能排出体外。同一种或同一类物质可以进行不同类型的生物转化反应，产生不同的产物，则体现了生物转化反应类型的多样性特点。例如乙酰水杨酸水解生成水杨酸，后者既可与甘氨酸反应，又可与葡糖醛酸结合。肝内参与生物转化的酶类列于表 15－1。

表 15－1　参与肝生物转化作用的酶类、反应底物或辅酶

酶类	反应底物或辅酶	细胞内定位	第二相反应的供体
第一相反应			
氧化酶类			
加单氧酶系	$NADPH+H^+$、O_2、RH	微粒体	
脱氢酶类	RCH_2OH、RCHO、NAD^+	胞液或微粒体	
胺氧化酶	RCH_2NH_2、O_2、H_2O	线粒体	
还原酶类	硝基苯等、NADPH、NADH	微粒体	
水解酶类	酯、酰胺、糖苷、酰胺酯	胞液或微粒体	
第二相反应			
葡糖醛酸基转移酶	醇、酚、胺、羧酸	微粒体	尿苷二磷酸葡萄糖醛酸
硫酸基转移酶	酚、醇、芳香胺类	胞液	活性硫酸(PAPS)
谷胱甘肽转移酶	环氧化物、卤化物	胞液与微粒体	谷胱甘肽(GSH)
甲基转移酶	含羟基、氨基、巯基化合物	胞液与微粒体	*S*-腺苷甲硫氨酸(SAM)
乙酰基转移酶	芳香胺、胺、氨基酸	胞液	乙酰 CoA
酰基转移酶	酰基 CoA	线粒体	甘氨酸

（一）第一相反应——氧化、还原、水解反应

1. 氧化反应　肝细胞微粒体、线粒体和胞液中含有参与生物转化作用的不同氧化酶系，如加单氧酶系、胺氧化酶系和脱氢酶系。

（1）加单氧酶系：加单氧酶系由 NADPH、细胞色素 P_{450} 还原酶及细胞色素 P_{450} 组成。NADPH－细胞色素 P_{450} 还原酶以 FAD 和 FMN 为辅基，两者比例为 1∶1。细胞色素 P_{450} 是以铁卟啉原 IX 为辅基的 B 族细胞色素，含有与氧和作用物结合的部位。

加单氧酶系催化的基本反应如下：

$$RH + O_2 + NADPH + H^+ \longrightarrow ROH + NADP^+ + H_2O$$

反应中底物氧化生成羟化物。细胞色素 P_{450} 含单个血红素辅基，只能接受 1 个电子，而 NADPH 是 2 个电子供体，NADPH－P_{450} 还原酶则既是 1 个电子受体又是 2 个电子的供体。例如苯胺在加单氧酶系催化下生成对氨基苯酚。

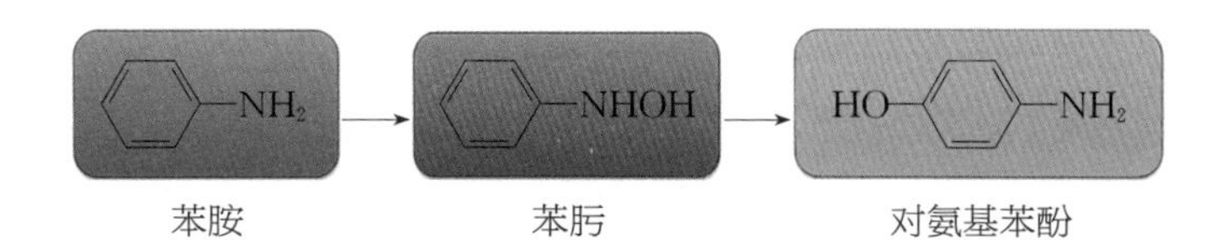

加单氧酶系的羟化作用非常广泛，例如维生素 D_3 在肝脏和肾脏经 2 次羟化后形成活性的 $1,25-(OH)_2-D_3$，类固醇激素（肾上腺皮质激素、性激素）和胆汁酸的合成都需要羟化过程。应该指出的是，有些致癌活性物质经羟化后失活，但另一些无致癌活性的物质经羟化后会生成有致癌活性的物质。例如黄曲霉素 B_1 经加单氧酶作用生成的黄曲霉素 2,3 环氧化物可与 DNA 分子中的鸟嘌呤结合，引起 DNA 突变，成为原发性肝癌发生的重要危险因素。

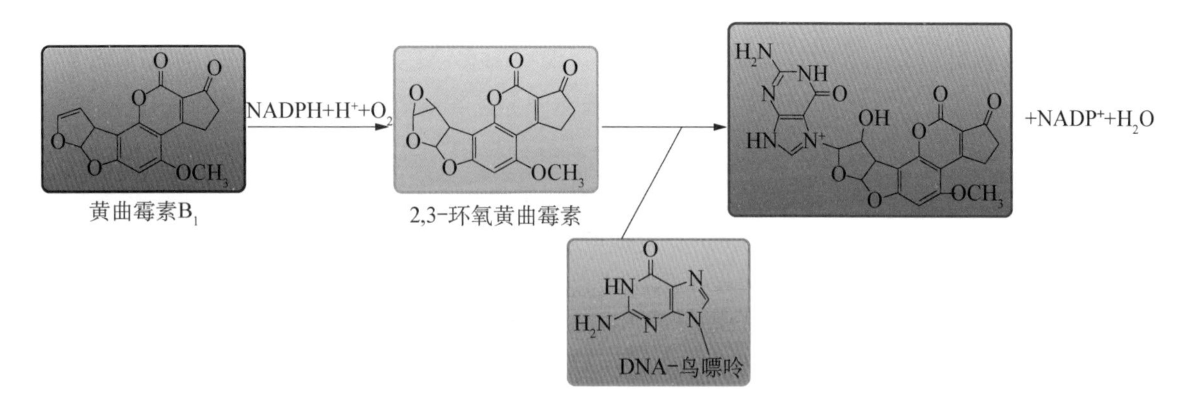

（2）脱氢酶系：肝细胞胞液存在非常活跃的以 NAD^+ 为辅酶的醇脱氢酶（alcohol dehydrogenase，ADH），可催化醇类氧化成醛，后者再由线粒体或胞液醛脱氢酶（aldehyde dehydrogenase，ALDH）的催化生成相应的酸类。

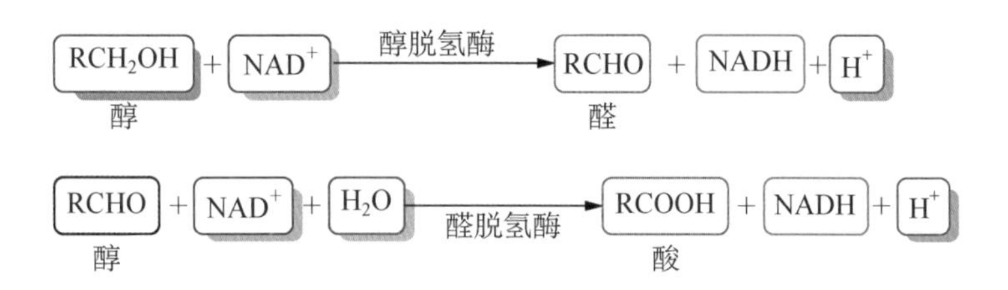

ALDH 是包括乙醇在内的多种醛类物质代谢的关键酶，是乙醇代谢中最重要的关键酶之一。目前已发现 19 种同工酶。编码 ALDH2 的基因具有高度的遗传多态性并决定人对乙醇的耐受性。亚洲人群中普遍存在突变型的乙醛脱氢酶（ALDH2*2）。异常的 ALDH2 分子结构是其外显子 12 中有一个 G→A 的点突变（即由 ALDH2*1 突变为 ALDH2*2），突变型 ALDH2 活性丧失，抑制了乙醇氧化为乙酸的过程，从而导致乙醛在肝脏内大量累积，使突变携带者在喝酒后会有脸红、心动过速、呼吸困难等不适反应，表现为对乙醇的不耐受性。

（3）单胺氧化酶类：胺类物质是由氨基酸脱羧基作用产生的，具有生物活性。例如由谷氨酸脱羧产生的 γ-氨基丁酸（GABA）是一种抑制性神经递质；组氨酸脱羧产生的组胺是一种强烈的血管舒张剂；色氨酸脱羧后产生的 5-羟色胺是一种抑制性神经递质，并对外周血管有刺激收缩的作用；鸟氨酸等脱羧作用后产生的多胺（精脒、精胺）是调节细胞生长物质，在旺盛分裂的癌细胞中多胺含量较高。单胺氧化酶(monoamine oxidase，MAO)系存在于肝细胞线粒体中，可催化活性物质胺类的氧化脱氢，生成相应醛类而失去活性。

$$RCH_2NH_2 + O_2 + H_2O \longrightarrow RCHO + NH_3 + H_2O_2$$

胺　　醛

$$RCHO + NAD^+ + H_2O \longrightarrow RCOOH + NADH + H^+$$

醛　　酸

2. 还原反应　肝微粒体中存在着由NADPH及还原型细胞色素P450供氢的还原酶，主要有硝基还原酶类和偶氮还原酶类，均为黄素蛋白酶类。还原的产物为胺。例如硝基苯在硝基还原酶催化下加氢还原生成苯胺，偶氮苯在偶氮还原酶催化下还原生成苯胺。

20世纪30年代之前，百浪多息只是作为一种红色染料。在人们可能因咽喉感染链球菌而引起死亡的年代，百浪多息能够杀死链球菌的现象是一个惊人的发现。人们首次有了治疗诸如肺炎、产褥热等疾病的药物。研究发现百浪多息在肝脏内能被还原、分解出对氨基苯磺酰胺（简称磺胺）。磺胺与细菌生长所需要的对氨基苯甲酸在化学结构上十分相似，使细菌的叶酸合成障碍，从而阻断细菌增殖。

$$H_2N-C_6H_3(NH_2)-N{=}N-C_6H_4-SO_2NH_2 \xrightarrow{4H} H_2N-C_6H_3(NH_2)-NH_2 + H_2N-C_6H_4-SO_2NH_2$$

百浪多息　　对氨基苯磺酰胺

3. 水解反应　肝细胞中有各种水解酶。主要有酯酶(esterase)、酰胺酶(amidase)和糖苷酶(glucosidase)，分别水解各种酯键、酰胺键及糖苷键。普鲁卡因(procaine)是常用的局部麻醉药，发挥作用后普鲁卡因在肝中被酯酶水解，转变为对氨基苯甲酸(PABA)和二乙氨基乙醇。

$$H_2N-C_6H_4-COOCH_2CH_2N(C_2H_5)_2 \xrightarrow{\text{酯酶}} H_2N-C_6H_4-COOH + HOCH_2CH_2N(C_2H_5)_2$$

普鲁卡因　　对氨苯甲酸　　二乙氨基乙醇

（二）第二相反应——结合反应

结合反应是体内最重要的生物转化方式。凡含有羟基、羧基或氨基等功能基的非营养物质，在肝内与某种极性较强的物质结合，增加水溶性，同时也掩盖了作用物上原有的功能基团，一般具有解毒功能。某些非营养物质可直接进行结合反应，有些则先经氧化、还原、水解反应后再进行结合反应。结合反应可在肝细胞的微粒体、胞液和线粒体内进行。根据参与反应的结合剂不同可分为多种反应类型。

1. 葡糖醛酸结合反应　糖醛酸途径中产生的尿苷二磷酸葡萄糖(UDPG)可在肝进一步氧化生成尿苷二磷酸葡萄糖醛酸(uridine diphosphate glucuronic acid，UDPGA)。

尿苷二磷酸葡萄糖 + NAD^+ ⟶ 尿苷二磷酸葡萄糖醛酸 + NADH + H^+
(UDPG)　　　　　　　　　　　(UDPGA)

肝细胞微粒体的葡萄糖醛酸基转移酶(UDP glucuronyl transferase, UGT),以 UDPGA 为葡萄糖醛酸的活性供体,可催化葡萄糖醛酸基转移到醇、酚、胺、羧酸类化合物的羟基、氨基及羧基上,形成相应的 β－*D* 葡萄糖醛酸苷,使其极性增加易排出体外。胆红素、类固醇激素、吗啡、苯巴比妥类药物等均可在肝与葡萄糖醛酸结合而进行生物转化。

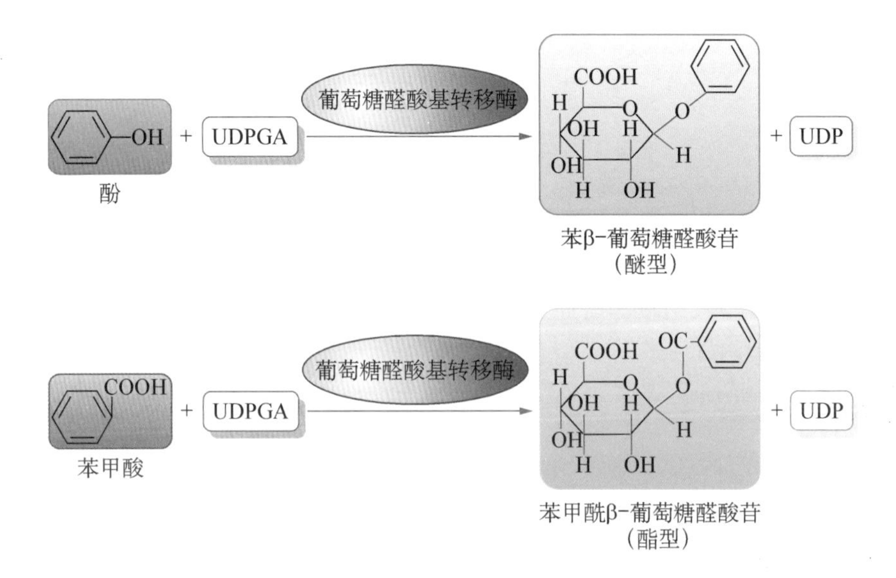

2. 硫酸结合反应　醇、酚或芳香胺类化合物可与活性硫酸——3′-磷酸腺苷 5′-磷酸硫酸(PAPS)反应,在肝细胞胞液中硫酸基转移酶(sulfotransferase, SULT)催化下,生成相应的硫酸酯,使其水溶性增强,易于排出体外。例如雌酮即由此形成硫酸酯而灭活。

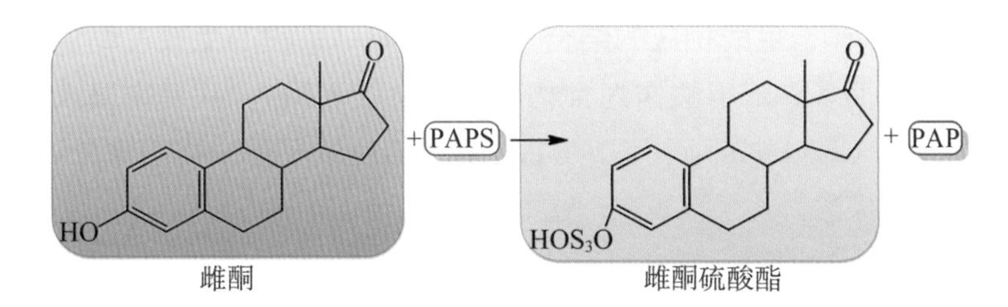

3. 乙酰基结合反应　各种芳香胺、胺或氨基酸的氨基在乙酰基转移酶(acetyltransferase)的催化下,与乙酰基的直接供体乙酰 CoA 结合生成乙酰化衍生物。磺胺药主要在肝内代谢,部分与葡萄糖醛酸结合而失效,部分经过乙酰化形成乙酰化磺胺而失效。磺胺乙酰化后,溶解度降低,特别在酸性尿中溶解度更小,易在尿中析出结晶,而损害肾脏。故在服用磺胺类药物时应服用适量的小苏打,以提高其溶解度,利于随尿排出。

$NH_2-C_6H_4-SO_2NHR$ + $CH_3CO\sim SCoA$ ⟶ $NH_2-C_6H_4-SO_2NHR$ + HSCoA

磺胺　　乙酰辅酶A　　N-乙酰磺胺

4. 谷胱甘肽结合反应 谷胱甘肽（GSH）在肝细胞胞液的谷胱甘肽 *S*－转移酶（glutathione *S*－transferase）的催化下与有毒的环氧化物或卤代化合物结合，生成 GSH 结合产物。主要参与对致癌物、环境污染物、抗肿瘤药物以及内源性活性物质的生物转化。许多致癌物在生物转化过程中可形成对细胞毒性较强的环氧化物，例如溴苯经环氧化反应生成环氧溴苯，是强肝脏毒物，出现 DNA，RNA 及蛋白质损伤。可致肝细胞坏死，但与谷胱甘肽结合后被解毒。

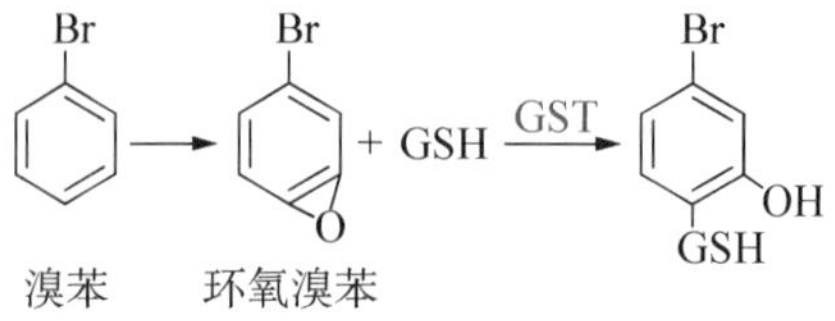

Br Br + GSH GST Br OH GSH
溴苯 环氧溴苯

5. 甲基结合反应 含有羟基、巯基或氨基的化合物都可以进行甲基化反应。在肝细胞各种甲基转移酶的催化下，以 *S*－腺苷甲硫氨酸（SAM）为甲基供体，生成相应的甲基化衍生物。儿茶酚胺、5－羟色胺、组胺等可通过甲基化而失去其生物活性。例如烟草成分去甲基烟碱可转变为烟碱（尼古丁）。

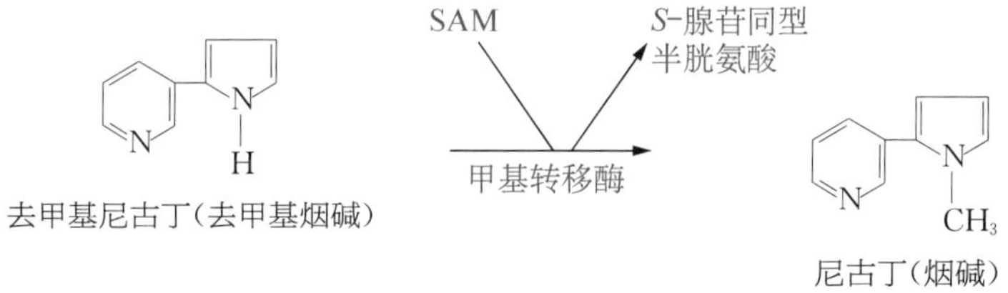

SAM *S*-腺苷同型半胱氨酸
甲基转移酶
去甲基尼古丁（去甲基烟碱）
尼古丁（烟碱）

6. 甘氨酸结合反应 含羧基的药物、毒物可在肝细胞线粒体基质酰基 CoA：氨基酸 *N*－酰基转移酶（acyl－CoA：amino acid *N*－acyltransferase）的催化下与 CoA、ATP 生成活泼的酰基 CoA，再与甘氨酸结合生成相应的结合产物。例如马尿酸的生成。马尿酸在马及其他草食动物的尿中含量很多。苯甲酸作为食物防腐剂会被人摄入，从食物摄入的苯甲酸输送到肝脏，在 ATP、HS CoA 的共同作用下与甘氨酸结合生成马尿酸排出体外，所以在人的尿中有时也含有少量马尿酸。

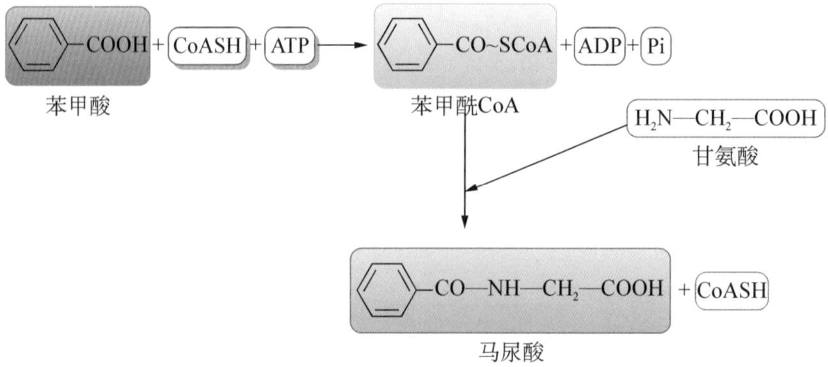

—COOH + CoASH + ATP → —CO~SCoA + ADP + Pi
苯甲酸 苯甲酰CoA
$H_2N—CH_2—COOH$
甘氨酸
—CO—NH—CH_2—COOH + CoASH
马尿酸

另外，胆酸和脱氧胆酸可与甘氨酸或牛磺酸结合生成甘氨胆酸与牛磺胆酸、甘氨鹅脱氧胆酸与牛磺鹅脱氧胆酸形式的结合胆汁酸。胆红素是血红素的代谢产物，也要经过肝脏生物转化过程排出体外，胆红素生物转化概况见图 15-1。

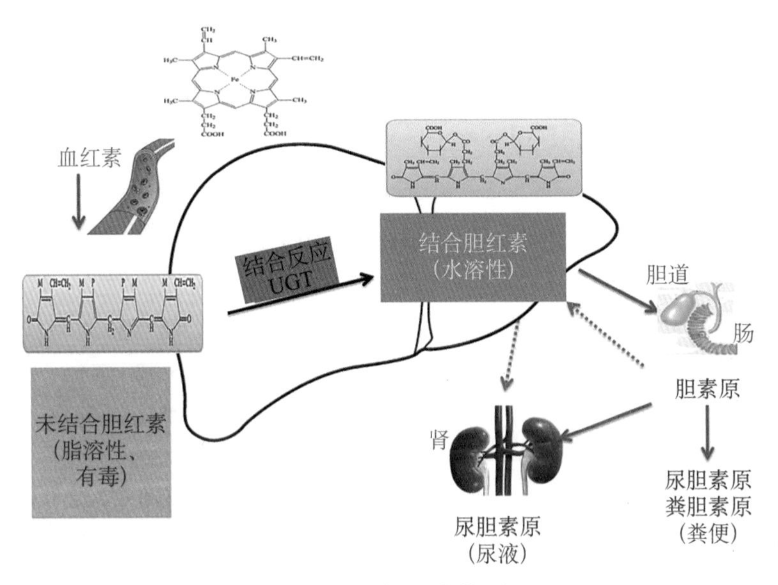

图 15-1　胆红素的生物转化概况

三、肝的生物转化作用受许多因素的调节和影响

（一）物种与个体差异

同一外来化合物生物转化的速度在不同动物可有较大差异。例如苯胺在小鼠体内生物半寿期为 35 min，狗为 167 min。同一外来化合物在不同物种动物体内的代谢情况可以完全不同。*N*-2-乙酰氨基芴在大鼠、小鼠和狗体内可进行 *N*-羟化并再与硫酸结合成为硫酸酯，呈现强烈致癌作用；而在豚鼠体内一般不发生 *N*-羟化，因此不能结合成为硫酸酯，也无致癌作用或致癌作用极弱。遗传因素亦可显著影响生物转化酶的活性。遗传变异可引起个体之间生物转化酶类分子结构的差异或酶合成量的差异。目前已知许多肝生物转化的酶类存在酶活性变化的多态性，如醛脱氢酶、葡萄糖醛酸基转移酶、谷胱甘肽 *S*-转移酶等。

（二）年龄与性别和营养状况

新生儿肝生物转化酶类发育尚不完善，对内外源性非营养物质的转化能力较弱，容易发生药物或毒素蓄积中毒。新生儿的高胆红素血症与缺乏葡萄糖醛酸转移酶有关，此酶活性在出生 5～6 d 后才开始升高，1～3 个月后接近成人水平。老年人肝血流量及肾的廓清速率下降，导致老年人血浆药物的清除率降低，药物在体内的半寿期延长。因此，临床上对新生儿及老年人的药物用量应较成人低，许多药物使用时都要求儿童和老人慎用或禁用。某些生物转化反应有明显的性别差异。例如女性体内醇脱氢酶活性高于男性，女性对乙醇的代谢处理能力比男性强。氨基比林在男性体内的半寿期约 13.4 h，而女性为 10.3 h，说明女性对氨基比林的转化能力比男性强。妊娠期妇女肝清除抗癫痫药的能力升高，但晚期妊娠妇女的生物转化能力普遍降低。蛋白质、抗坏血酸、核黄素、维生素 A 和维生素 E 的营养状况都可影响微粒体混合功能氧化酶的活性。在动物实验中如蛋白质供给不足，则微粒体酶活性降低。当抗坏血酸缺乏时，苯胺的羟化反应减弱。缺乏核黄素，可使偶氮类化合物还原酶活性降低，增强致癌物奶油黄的致癌作用。上述酶活性降低，可能造成外来化合物转化过程减弱或减慢。

第二节　胆汁酸的代谢

胆汁酸是胆汁的重要成分，在脂肪代谢中起着重要作用。胆汁酸主要存在于肠肝循环系统并通过再循环起一定的保护作用。只有少部分胆汁酸进入外围循环。胆汁液也是一种排泄液，能将体内一些代谢产物(如胆红素)及进入机体的重金属盐和药物、毒物、染料等经肝的生物转化作用后随胆汁输送到肠道而排出。

肝胆汁(hepatic bile)是肝细胞初分泌的胆汁。肝每天分泌胆汁 300～700 ml，清澈透明，呈金黄色，微苦。肝胆汁进入胆囊后，胆囊壁上皮细胞吸收其中的部分水和其他一些成分，并分泌黏液进入胆汁，从而浓缩成为胆囊胆汁(gallbladder bile)。胆囊胆汁呈棕绿色。

胆汁中的主要特征性成分是胆汁酸(bile acid)、胆固醇、胆色素等。其中胆汁酸占固体成分的 50%～70%。胆汁酸在胆汁中以钠盐或钾盐形式存在，称为胆汁酸盐。其次是无机盐、黏蛋白、磷脂。胆汁中还有多种酶类，包括脂肪酶、磷脂酶、淀粉酶、磷酸酶等。

正常人胆汁的化学组成列于表 15－2。

表 15－2　正常人胆汁的化学组成

成分	肝胆汁	胆囊胆汁	成分	肝胆汁	胆囊胆汁
水(%)	96～97	80～86	磷脂(%)	0.05～0.08	0.2～0.5
总固体(%)	3～4	14～20	无机盐(%)	0.2～0.9	0.5～1.1
胆汁酸盐(%)	0.5～2	1.5～10	黏蛋白(%)	0.1～0.9	1～4
胆色素(%)	0.05～0.17	0.2～1.5	比重 g(cm^3)	1.009～1.013	1.026～1.032
胆固醇(%)	0.05～0.17	0.2～0.9	pH	7.1～8.5	5.5～7.7

一、胆汁酸的分类

胆汁酸是胆汁中存在的一大类胆烷酸的总称。胆汁酸按其来源亦可分为初级胆汁酸(primary bile acid)和次级胆汁酸(secondary bile acid)两类。在肝细胞以胆固醇为原料直接合成的胆汁酸称为初级胆汁酸，包括胆酸、鹅脱氧胆酸及其与甘氨酸或牛磺酸的结合产物。初级胆汁酸在肠道中受细菌作用，第 7 位 α 羟基脱氧生成的胆汁酸称为次级胆汁酸，主要包括脱氧胆酸和石胆酸及其在肝中分别与甘氨酸或牛磺酸结合生成的结合产物。

正常人胆汁中的胆汁酸按其结构可分为游离胆汁酸(free bile acid)和结合胆汁酸

(conjugated bile acid)两大类。游离胆汁酸包括胆酸(cholic acid)、鹅脱氧胆酸(chenodeoxycholic acid)、脱氧胆酸(deoxycholic acid)和少量石胆酸(lithocholic acid)4 种。游离胆汁酸的 24 位羧基分别与甘氨酸或牛磺酸结合生成各种相应的结合胆汁酸，包括甘氨胆酸(glycocholic acid)、牛磺胆酸(taurocholic acid)、甘氨鹅脱氧胆酸(glycochenodeoxycholic acid)和牛磺鹅脱氧胆酸(taurochenodeoxycholic acid)。健康成人胆汁中甘氨胆汁酸与牛磺胆汁酸的比例为 3∶1。

胆汁中的初级胆汁酸与次级胆汁酸均以钠盐或钾盐的形式存在，形成相应的胆汁酸盐，简称胆盐(bile salt)。部分胆汁酸的结构见图 15－2。

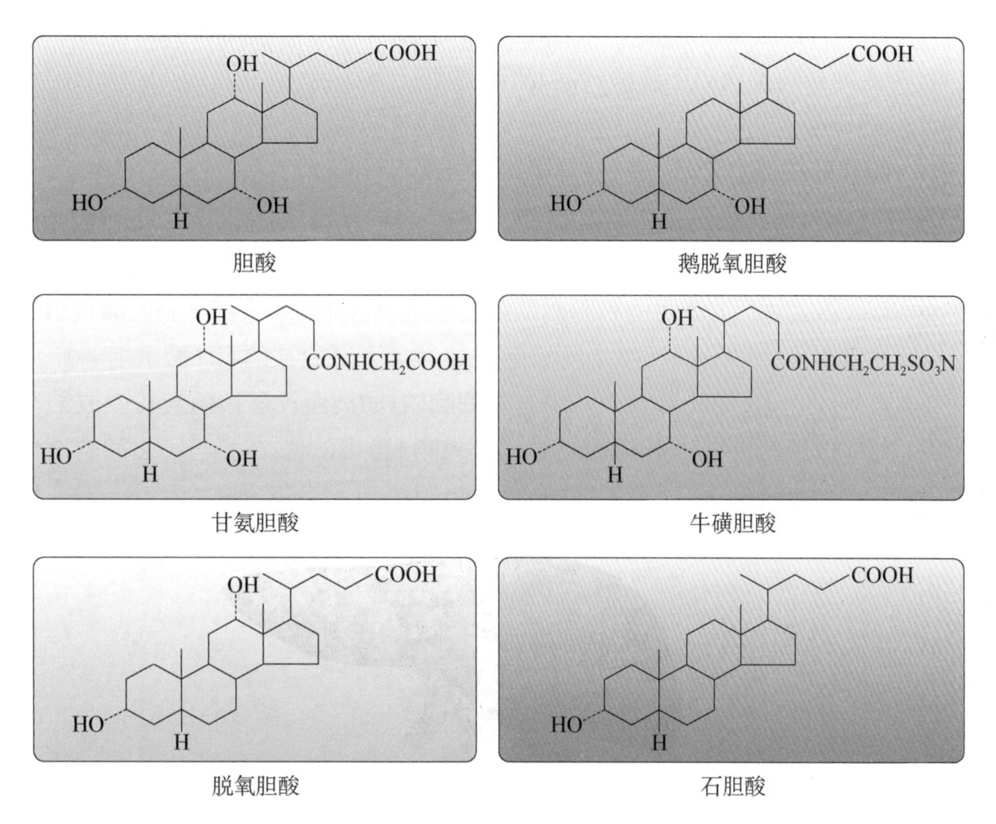

图 15－2　几种常见胆汁酸的结构

胆酸和鹅脱氧胆酸都是含 24 个碳原子的胆烷酸衍生物。两者结构上的差别只是含羟基数不同，胆酸含有 3 个羟基(3α、7α、12α)，而鹅脱氧胆酸含 2 个羟基(3α、7α)。次级胆汁酸脱氧胆酸和石胆酸结构特点是 C－7 位上无羟基。

二、胆汁酸的代谢

(一) 初级胆汁酸的生成

肝细胞以胆固醇为原料合成初级胆汁酸。健康成人每日合成 0.4～0.6 g 胆汁酸，占每日合成 1～1.5 g 胆固醇总量的 2/5，所以转化为胆汁酸是胆固醇的主要代谢去路。催化肝细胞合成胆汁酸的酶类主要分别分布于微粒体和胞液。胆固醇首先在胆固醇 7α－羟化酶

(cholesterol 7α - hydroxylase)的催化下生成 7α -羟胆固醇,然后经过固醇核的还原、羟化、侧链的缩短和加辅酶 A 等多步反应,生成 24 碳的初级游离胆汁酸。胆固醇 7α -羟化酶是胆汁酸合成的限速酶,受胆汁酸浓度的负反馈调节。糖皮质激素、生长激素和胆固醇浓度可提高胆固醇 7α -羟化酶的活性,甲状腺激素可诱导该酶的 mRNA 合成,这是甲状腺功能亢进患者血浆胆固醇含量降低的重要原因。7α -羟化酶属微粒体加单氧酶系,需细胞色素 P_{450} 及 NADPH、NADPH -细胞色素 P_{450} 还原酶参与反应。

(二) 次级胆汁酸的生成

结合型初级胆汁酸随胆汁分泌进入肠道,在协助脂质消化吸收后,在肠道细菌酰胺酶的作用下,水解脱去甘氨酸或牛磺酸,释放出游离型初级胆汁酸;接着在肠菌酶作用下,发生 7 位脱羟基,转变为游离型次级胆汁酸,即胆酸脱去 7α -羟基生成脱氧胆酸,鹅脱氧胆酸脱去 7α -羟基生成石胆酸。

(三) 胆汁酸的肠肝循环

进入肠道的各种胆汁酸(包括初级和次级、游离型与结合型)约有 95%以上可被肠道重吸收入血。结合型胆汁酸在小肠下部即回肠部位被主动重吸收;游离型胆汁酸则在小肠和大肠被动重吸收,以小肠为主。肠道中的石胆酸溶解度小,较难重吸收,大部分石胆酸直接随粪便排出。每日机体仅从粪便排出 0.4～0.6 g 胆汁酸盐,与肝细胞合成的胆汁酸量相平衡。

重吸收的胆汁酸经门静脉重新入肝。在肝细胞内,游离胆汁酸被重新转变成结合胆汁酸,并同新合成的结合胆汁酸一起再次随胆汁排入肠道。胆汁酸在肝与肠之间的这种不断循环过程称为胆汁酸的肠肝循环(enterohepatic circulation of bile acid)(图 15 - 3)。促进胆

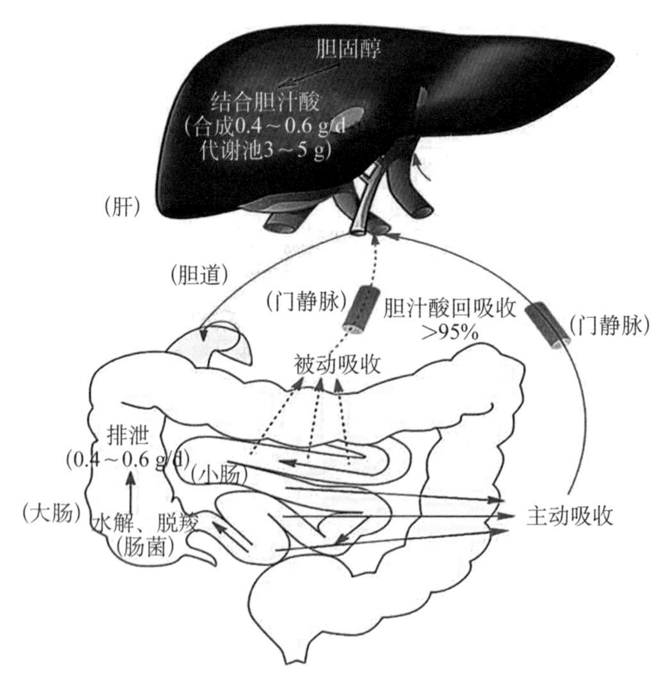

图 15 - 3　胆汁酸的肠肝循环

汁酸肠肝循环的动力是肝细胞的转运系统——吸收胆汁酸并将其分泌入胆汁、缩胆囊素诱导的胆囊收缩、小肠的推进蠕动、回肠黏膜的主动运输及血液向门静脉的流入。

胆汁酸的肠肝循环具有重要生理意义。机体内胆汁酸代谢池有胆汁酸 3～5 g，而每日需 16～32 g 胆汁酸乳化脂质。每天进行 6～12 次肠肝循环，使有限的胆汁酸发挥最大限度的乳化作用，以保证脂质和脂溶性维生素的消化吸收。此外，胆汁酸的重吸收可使胆汁中的胆汁酸盐与胆固醇的比例恒定，不易形成胆固醇结石。

三、胆汁酸的生理功能

（一）促进脂质的消化吸收

胆汁酸分子内部既含有亲水性的羟基和羧基、磺酸基等，又含有疏水的烃核和甲基。在立体构型上两类基团恰好位于环戊烷多氢菲的两侧，构成亲水和疏水两个侧面(图 15－4)。

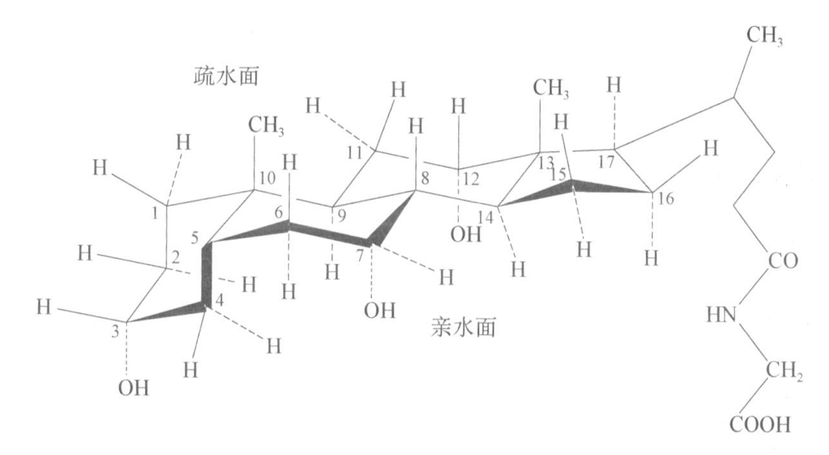

图 15－4　甘氨胆酸的立体结构示意图

甘氨胆酸多元环上的 3 个羟基和甘氨酸的羧基位于分子的一侧，形成亲水面；甲基位于分子的另一侧，形成疏水面

这种结构能够降低油/水两相之间的表面张力，故胆汁酸是较强的乳化剂，使脂质在水中乳化成 3～10 μm 的细小微团，既有利于消化酶作用，又促进脂质物质的吸收。

（二）抑制胆固醇结石的形成

胆汁酸还具有防止胆结石生成作用。胆固醇难溶于水，随胆汁排入胆囊贮存时，胆汁在胆囊中被浓缩，胆固醇易沉淀，但因胆汁中含胆汁酸盐与卵磷脂，可使胆固醇分子分散形成可溶性微团而不易沉淀形成结石。胆固醇结石形成的基础为胆汁中胆固醇、胆汁酸以及卵磷脂等成分的比例失调，导致胆汁中的胆固醇呈过饱和状态而发生成晶、析出、结聚、成石。大部分胆汁中的胆固醇来源于肝细胞的生物合成，而不是饮食中胆固醇的分泌。胆固醇结石的形成，主要是由于肝细胞合成的胆汁中胆固醇处于过饱和状态，以及胆汁中的蛋白质促胆固醇晶体成核作用。鹅脱氧胆酸可使胆固醇结石溶解，临床上常用鹅脱氧胆酸治疗胆固醇结石。

第三节　胆色素代谢与黄疸

胆色素（bile pigment）是一组包括胆红素（bilirubin）、胆绿素（biliverdin）、胆素原（bilinogen）和胆素（bilin）的化合物，除胆素原无色外，其他均有颜色，故统称为胆色素。胆红素居于胆色素代谢的中心，是人体胆汁中的主要色素，呈橙黄色。胆红素的生成、运输、转化及排泄异常都会造成临床上伴有黄疸体征的疾病产生。

一、胆红素的来源与生成

（一）胆红素的来源

胆红素是体内铁卟啉类化合物的主要分解代谢产物。体内铁卟啉类化合物包括血红蛋白、肌红蛋白、细胞色素、过氧化氢酶和过氧化物酶等。胆红素主要来自衰老红细胞中血红蛋白中血红素的分解，占70%～80%；其他则来自非血红蛋白的含铁卟啉化合物的分解。正常人每天可生成250～350 mg胆红素。

（二）胆红素的生成

胆红素主要来自衰老红细胞中血红蛋白中血红素的分解。红细胞的平均寿命约120 d。衰老的红细胞被肝、脾、骨髓等单核吞噬系统细胞识别并吞噬，释放出血红蛋白。血红蛋白随后分解为珠蛋白和血红素。珠蛋白可降解为氨基酸供体内再利用。血红素是由4个吡咯环连接而成的环形化合物，并螯合1个铁离子。血红素在单核吞噬系统细胞的微粒体血红素加氧酶（heme oxygenase，HO）催化下，在氧分子和3分子NADPH的存在下，血红素原卟啉Ⅸ环上的α甲炔基（—CH═）桥碳原子的两侧氧化断裂，释放出1分子CO和Fe^{2+}，并将两端的吡咯环羟化，卟啉环打开，形成线性四吡咯的水溶性胆绿素。释放的铁进入体内铁代谢池，可供机体再利用。胆绿素进一步在胞液活性很强的胆绿素还原酶（biliverdin reductase）催化下，从NADPH获得2个氢原子，还原生成胆红素（图15-5）。

二、胆红素在血液中的运输

在生理pH条件下胆红素是难溶于水的脂溶性物质。胆红素分子是由3个次甲基桥连接的4个吡咯环组成，含有2个羟基、4个亚氨基和2个丙酸基等亲水基团，形成6个分子内氢键，使胆红素分子形成脊瓦状内旋的刚性折叠结构，赋予胆红素以亲脂疏水的性质。图15-6中，4个吡咯环的C环上的丙酸基与A环的氧原子和A、B环上的氮原子形成氢键；B环上的丙酸基与C环的氧原子和C、D环上的氮原子形成氢键。A和B环在一个平面，C和D环在一个平面。胆红素在单核吞噬系统细胞生成。能自由透过细胞膜进入血液，在血液中主要与血浆白蛋白结合成复合物进行运输。这种结合增加了胆红素在血浆中的溶解度，便于运输；同时又限制胆红素自由透过各种生物膜，使其不致对组织细胞产生毒性作用。把这种未经肝脏结合转化的、在血液中与白蛋白结合运输的胆红素称为未结合胆红素

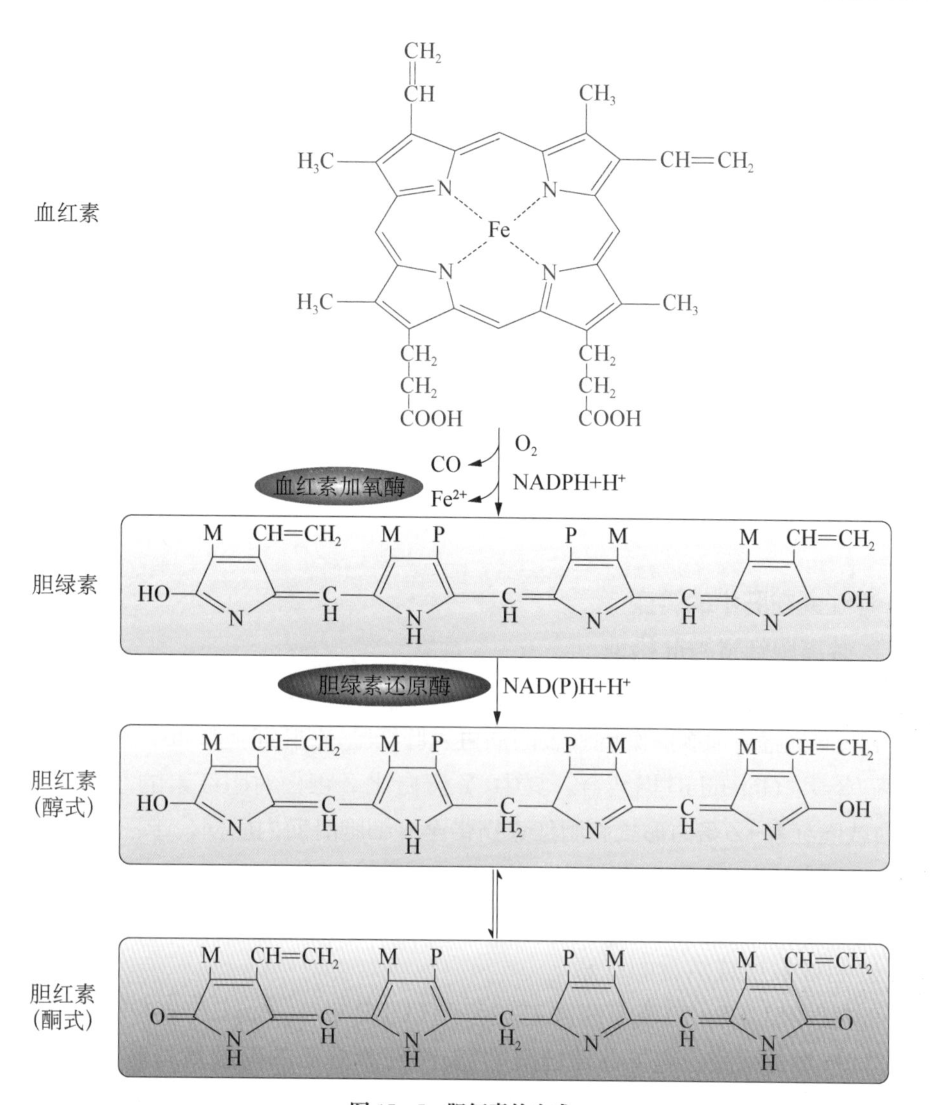

图 15-5　胆红素的生成

M：CH_3；　P：CH_3CH_2COOH

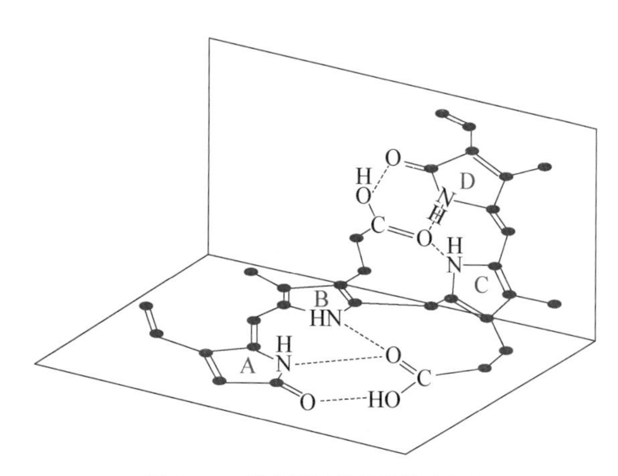

图 15-6　游离胆红素的结构示意图

(unconjugated bilirubin)或血胆红素或游离胆红素。未结合胆红素因分子内氢键存在，不能直接与重氮试剂反应，只有在加入乙醇或尿素等破坏氢键后才能与重氮试剂反应，生成紫红色偶氮化合物，故未结合胆红素又称为间接反应胆红素或间接胆红素(indirect bilirubin)。每个白蛋白分子上有一个高亲和力结合部位和一个低亲和力结合部位。每分子白蛋白可结合 2 分子胆红素。正常人每 100 ml 血浆的血浆白蛋白能与 20～25 mg 胆红素结合，而正常人血浆胆红素浓度仅为 0.1～1.0 mg/dl，所以在正常情况下，血浆中的白蛋白足以结合全部胆红素。但某些有机阴离子如磺胺类、脂肪酸、胆汁酸、水杨酸等可竞争与白蛋白结合，从而使胆红素游离出来，增加其透入细胞的可能性。过多的游离胆红素可与脑部基底核的脂类结合，并干扰脑的正常功能，称胆红素脑病(bilirubin encephalopathy)或核黄疸(kernicterus)。因此，在新生儿高胆红素血症时，对多种有机阴离子药物必需慎用。

三、胆红素在肝中的转变

（一）游离胆红素被肝摄取

血胆红素以胆红素-白蛋白复合体的形式运输到肝后，白蛋白首先与胆红素分离。胆红素可以自由双向通透肝血窦肝细胞膜表面而进入肝细胞，在肝细胞胞质中主要与 Y 蛋白和 Z 蛋白两种配体蛋白(ligandin)相结合。其中，Y 蛋白比 Z 蛋白对胆红素的亲和力高，以胆红素- Y 蛋白或胆红素- Z 蛋白形式将胆红素携带至肝细胞滑面内质网。苯巴比妥可诱导新生儿合成 Y 蛋白，从而加强胆红素的转运。因此，临床上可应用苯巴比妥消除新生儿生理性黄疸。

（二）胆红素生成结合胆红素

在滑面内质网 UDP -葡萄糖醛酸基转移酶(UDP-glucuronyl transferase, UGT)的催化下，由 UDP -葡萄糖醛酸提供葡萄糖醛酸基，胆红素分子的丙酸基与葡萄糖醛酸以酯键结合，生成葡萄糖醛酸胆红素(bilirubin glucuronide)(图 15 - 7)。每分子胆红素至多结合 2 分子葡萄糖醛酸，生成胆红素葡萄糖醛酸一酯和胆红素葡萄糖醛酸二酯，以后者为主，占 70%～80%。把这些在肝与葡萄糖醛酸结合转化的胆红素称为结合胆红素(conjugated bilirubin)。因此，血浆白蛋白与胆红素的结合仅起到暂时性的解毒作用，其根本性的解毒依赖肝脏与葡萄糖醛酸结合的生物转化作用。与葡萄糖醛酸结合的胆红素因分子内不再有氢键，分子中间的甲烯桥不再深埋于分子内部，可以迅速、直接与重氮试剂发生反应，故结合胆红素又称为直接反应胆红素或直接胆红素(direct bilirubin)。UDP -葡萄糖醛酸基转移酶可被苯巴比妥等诱导，从而加强胆红素的代谢。故临床上可应用苯巴比妥消除新生儿生理性黄疸。

此外，尚有少量胆红素与硫酸结合，生成硫酸酯。结合胆红素与未结合胆红素不同理化性质的比较见表 15 - 3。

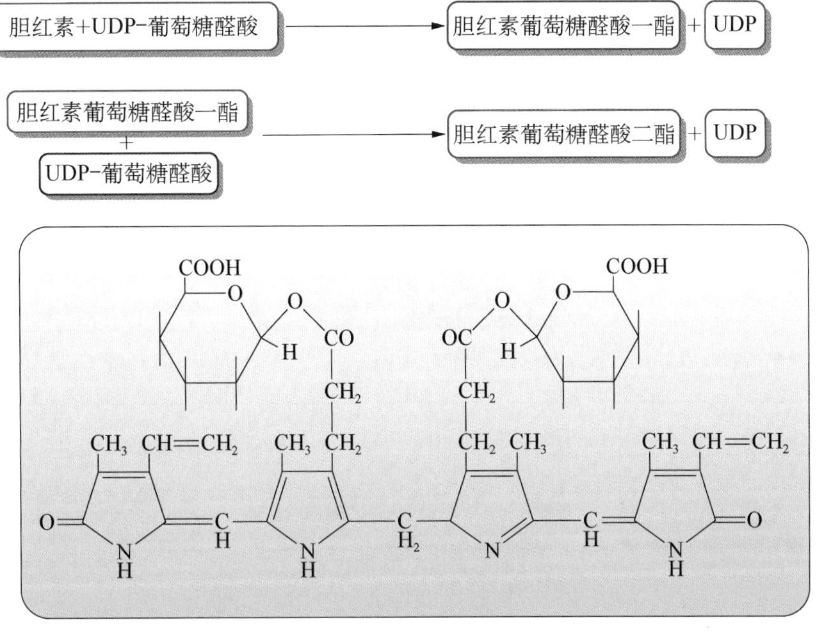

图 15-7　结合胆红素的生成与结构

表 15-3　两种胆红素理化性质的比较

理化性质	未结合胆红素 (游离胆红素、间接胆红素)	结合胆红素 (肝胆红素、直接胆红素)
水溶性	小	大
脂溶性	大	小
与白蛋白亲和力	大	小
与葡萄糖结合	未结合	结合
对细胞通透性及毒性	大	小
能否透过肾小球	不能	能
与重氮试剂反应	间接阳性	直接阳性

（三）肝细胞分泌结合胆红素

结合胆红素水溶性强，被肝细胞分泌进入胆管系统，随胆汁排入小肠。此被认为是肝代谢胆红素的限速步骤，亦是肝处理胆红素的薄弱环节。肝细胞向胆小管分泌结合胆红素是一个逆浓度梯度的主动转运过程，定位于肝细胞膜胆小管域的多耐药相关蛋白 2(multidrug resistance-like protein 2, MRP2)是肝细胞向胆小管分泌结合胆红素的转运蛋白。胆红素排泄一旦发生障碍，结合胆红素就可返流入血。

四、胆红素在肠道内的转变与胆素原的肠肝循环

（一）胆红素在肠道内的转变

经肝细胞转化生成的结合胆红素随胆汁进入肠道，在回肠下段和结肠的肠道细菌作用下，脱去葡萄糖醛酸基，并被逐渐还原生成中胆素原(mesobilirubinogen, i-urobilinogen)、d-

尿胆素原(d-urobilinogen)、粪胆素原(stercobilinogen，l-urobilinogen)，三者统称为胆素原。在肠道下段，这些无色的胆素原被空气分别氧化为黄褐色的 i -尿胆素(i-urobilin)、d -尿胆素(d-urobilin)和粪胆素(stercobilin，l-urobilin)，三者合称胆素(图 15 - 8)。正常人每日排出总量为 40～280 mg，成为粪便颜色的来源。

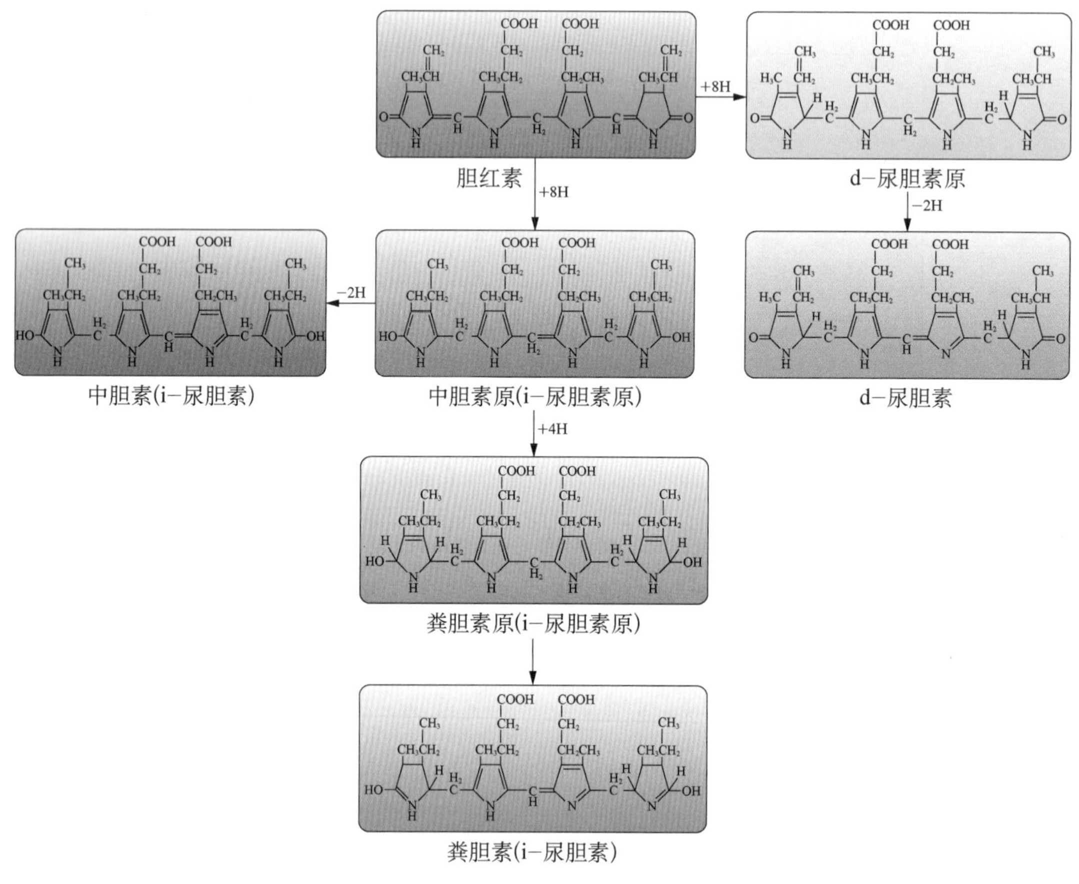

图 15 - 8　胆素原与胆素的生成

(二) 胆素原的肠肝循环

肠道中生成的胆素原 10％～20％可被肠黏膜细胞重吸收，经门静脉入肝，其中大部分再次随胆汁排入肠道，此过程为胆素原的肠肝循环(bilinogen enterohepatic circulation)(图 15 - 9)。小部分胆素原经血液大循环入肾随尿排出，称为尿胆素原。无色的尿胆素原被空气氧化后生成黄色的尿胆素，这是尿液颜色的来源。正常人每日随尿排出尿胆素原 0.5～4.0 mg。

临床上将尿胆素原、尿胆素及尿胆红素合称为尿三胆，是黄疸类型鉴别诊断的常用指标之一。

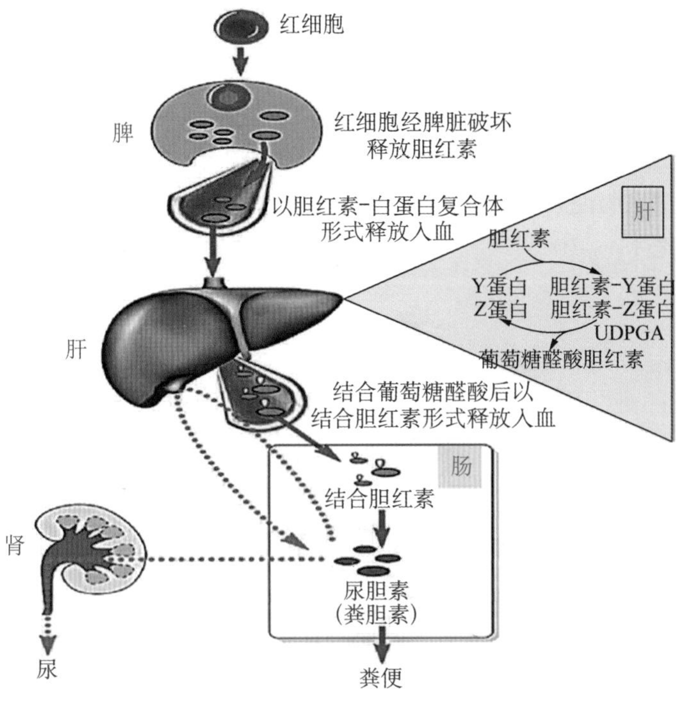

图 15-9 正常人胆红素生成与排泄维持动态平衡

主要途径 次要途径

五、高胆红素血症及黄疸

（一）正常人胆红素的生成与排泄维持动态平衡

正常人每天从单核-吞噬细胞系统产生 200～300 mg 胆红素，但正常人肝每日可清除 3 000 mg 以上的胆红素，远远大于机体产生胆红素的能力，从而使胆红素的生成与排泄处于动态平衡。因此，正常人血清中胆红素的含量＜1 mg/dl，其中约 80％是未结合胆红素，其余为结合胆红素。

（二）黄疸依据病因有溶血性、肝细胞性和阻塞性之分

体内胆红素生成过多，或肝细胞对胆红素的摄取、转化及排泄能力下降等因素均可引起血浆胆红素含量增多，称为高胆红素血症（hyperbilirubinemia）。胆红素为橙黄色物质，过量的胆红素可扩散进入含有较多弹性蛋白的皮肤、巩膜等，弹性蛋白对胆红素有较强的亲和力，造成组织黄染，这一体征称为黄疸（jaundice）。黄疸的程度与血清胆红素的浓度密切相关。血清总胆红素量为 1～2 mg/dl 时，肉眼不易观察到黄染，称为隐性黄疸（jaundice occult）；当＞2 mg/dl 时，巩膜皮肤黄染明显，称为显性黄疸。

临床上常根据黄疸发病的原因不同，简单地将黄疸分为 3 类。

1. 溶血性黄疸 某些药物、某些疾病（如恶性疟疾、过敏等）、输血不当、镰刀型红细胞贫血、葡萄糖-6-磷酸脱氢酶缺乏症（蚕豆病）等多种原因均有可能引起大量红细胞破坏，导致溶血性黄疸（hemolytic jaundice），又称为肝前性黄疸（prehepatic jaundice）。此类黄疸是由

于红细胞大量破坏，在单核-吞噬细胞系统产生胆红素过多所致，超过了肝细胞摄取、转化和排泄胆红素的能力，造成血液中未结合胆红素浓度显著增高。此时，血浆总胆红素、未结合胆红素含量增高，结合胆红素的浓度较低。未结合胆红素溶解度低不能通过肾小球滤过，所以尿胆红素阴性。血浆重氮试剂反应间接阳性。还由于肝对胆红素的摄取、转化和排泄增多，过多的胆红素进入胆道系统，肠肝循环增多，使得尿中尿胆原和尿胆素含量增多，粪胆原与粪胆素亦增加(图 15 - 10)。

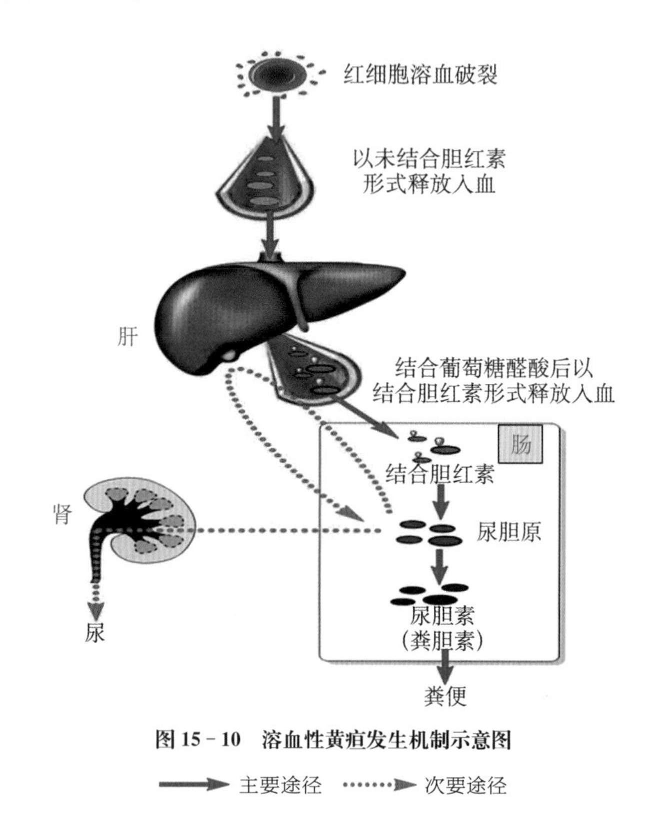

图 15 - 10　溶血性黄疸发生机制示意图

主要途径　次要途径

2. 肝细胞性黄疸　肝实质性疾病如各种肝炎、肝肿瘤、肝硬化均有可能引起肝细胞性黄疸(hepatocellular jaundice)，由于肝细胞功能受损，造成其摄取、转化和排泄胆红素的能力降低所致。肝细胞性黄疸时，不仅由于肝细胞摄取胆红素障碍，造成血中未结合胆红素浓度升高，还由于肝细胞肿胀，压迫毛细胆管，造成肝内毛细胆管阻塞，而后者与肝血窦直接相通，使部分结合胆红素反流入血，造成血清结合胆红素浓度增高。肝细胞性黄疸时，血清重氮试剂反应呈双向阳性。由于结合胆红素水溶性高，能通过肾小球滤过，故尿胆红素呈现阳性。由于肝功能障碍，结合胆红素在肝内生成减少，粪便颜色可变浅。谷丙转氨酶(ALT)、谷草转氨酶(AST)是反映肝实质损害的指标。其中 ALT 是最常用的敏感指标，1%的肝细胞发生坏死时，血清 ALT 水平即可升高 1 倍。AST 持续升高，数值超过 ALT 往往提示肝实质损害严重(图 15 - 11)。

3. 阻塞性黄疸　胆道系统阻塞时，胆汁的排泄受到阻碍而使胆红素反流到血液引起的黄疸，称为阻塞性黄疸。阻塞性黄疸是由于肝外胆管或肝内胆管阻塞所致的黄疸，前者称为

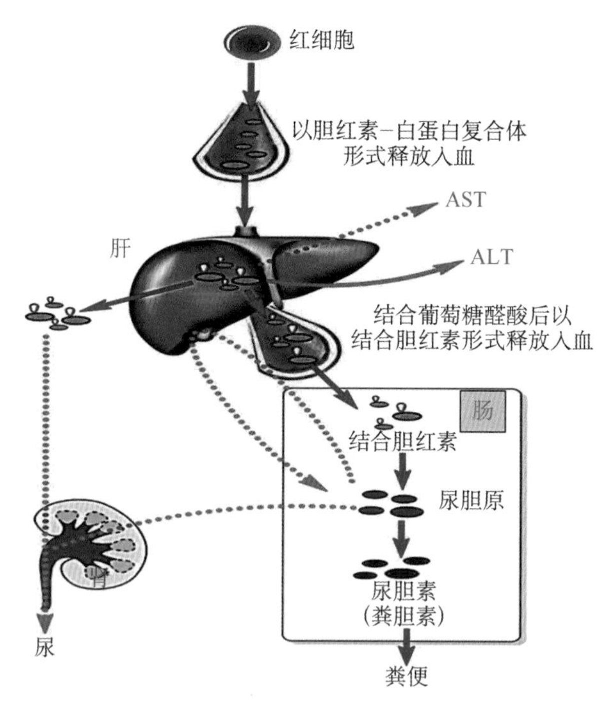

图 15－11　肝细胞性黄疸发生机制示意图

主要途径　次要途径

肝外阻塞性黄疸，后者称为肝内阻塞性黄疸。胆管炎、肿瘤（尤其胰腺癌）、胆结石或先天性胆管闭锁等疾病均有可能引起阻塞性黄疸（obstructive jaundice）。此类黄疸是由于各种原因引起的胆管系统阻塞，胆汁排泄障碍所致。胆汁排泄障碍可使胆小管和毛细胆管内压力增高而破裂，导致结合胆红素反流入血，使得血清结合胆红素明显升高。实验室检查可发现重氮试剂反应直接阳性，血清间接胆红素可无明显变化。由于大量结合胆红素可以从肾小球滤出，所以尿胆红素呈阳性反应，尿的颜色变深，可呈茶水色。由于胆管阻塞排入肠道的胆红素减少，生成的胆素原也减少。完全阻塞的患者粪便因无胆色素而变成灰白色或陶土色。反映胆红素代谢及胆汁淤积的指标主要包括 γ-谷氨酰转肽酶（γ－GT）及碱性磷酸酶（ALP）等。γ－GT 分布于肾、肝、胰等实质性脏器，在肝中主要局限于毛细胆管和肝细胞的微粒体中，肝阻塞性黄疸患者 γ－GT 明显增高。肝外、肝内阻塞性黄疸及肝内胆汁淤积导致 ALP 明显增高（图 15－12）。

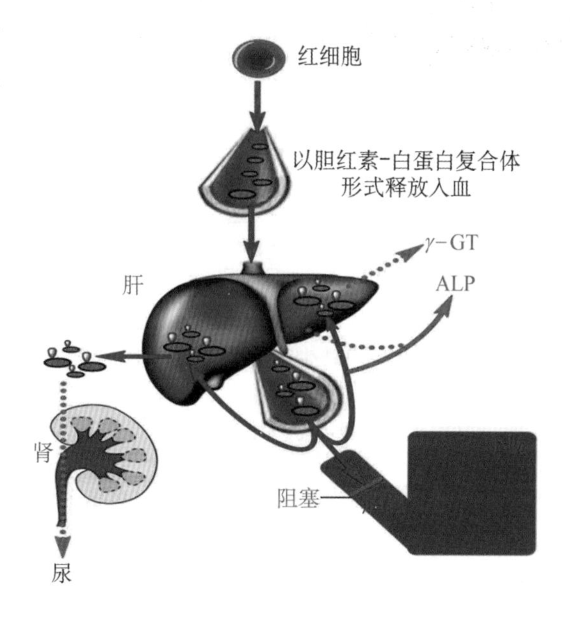

图 15－12　阻塞性黄疸发生机制示意图

各种黄疸血、尿、粪胆色素的实验室检查变化见表 15 - 4。

表 15 - 4　3 种黄疸实验室检查的差异

标本采集	指标	健康人	溶血性黄疸	肝细胞性黄疸	阻塞性黄疸
血	总胆红素	3.4～17.1 μmol/L	增加	增加	增加
血	游离胆红素	1.7～10.2 mol/L	明显增加	增加	—
血	结合胆红素	1.7～6.9 μmol/L	—	增加	明显增加
尿	尿胆红素	—	—	增加	明显增加
尿	尿胆素原	少量	增加	轻度增加	增加或减少
尿	尿胆素	少量	增加	轻度增加	减少或消失
粪便	粪胆素原	少量	增加	减少或不变	减少或消失
粪便	粪便颜色	正常	变深	变浅或正常	陶土色

六、胆红素及氧化修饰低密度脂蛋白（ox - LDL）与冠心病的关系

胆红素一直被认为是人体内一种有害无益的代谢产物及毒性废物，必须排出。临床上比较注重其含量升高的意义，其浓度过高容易形成黄疸，因此胆红素可作为肝胆及血液系统疾病的一个检测指标和诊断指标。但是近些年来关于胆红素抗氧化性质的研究改变了这种传统的看法。1994 年 Sohewertne 等通过流行病学调查，首先发现冠心病患者的胆红素水平低于健康对照组，提出血清胆红素浓度与冠状动脉疾病发病率呈负相关。研究表明，胆红素与体内的谷胱甘肽、Co Q_{10}、维生素 C 一样，是机体天然内源性抗氧化系统的成员之一，是一有效的生理性抗氧化剂，可抑制氧化修饰低密度脂蛋白（ox - LDL）的生成，能清除氧自由基，具有抗脂质过氧化、保护细胞免受损伤、抗动脉粥样斑块等作用。它与人体内其他抗氧化防御系统（GSH、SOD、维生素 E）有协同作用，保护心室肌细胞不受氧自由基损害，对防止心血管疾病，特别是冠状动脉粥样硬化和炎症等可提供重要的保护作用，因此血清中胆红素降低与冠心病危险增加相关。

（王丽影）

参考文献

[1] 周春燕，药立波. 生物化学与分子生物学. 9 版. 北京：人民卫生出版社. 2018.
[2] 林青，熊尚全，许少锋等. 胆红素及氧化修饰低密度脂蛋白与冠心病的关系. 临床心血管病杂志，2002，18(5)：204 - 206.
[3] Baynes JW，Dominiczak MH. Medical Biochemistry. Elsevier Mosby，2005.

中英文名词对照索引

A

B

C

D

E

F

G

H

J

K

L

M

N

P

Q

R

S

Y

Z

图书在版编目(CIP)数据

生物化学与分子生物学/汤其群总主编. —上海：复旦大学出版社，2015.9(2021.12 重印)
(复旦博学·基础医学本科核心课程系列教材)
ISBN 978-7-309-11703-5

Ⅰ. 生… Ⅱ. 汤… Ⅲ. ①生物化学-医学院校-教材②分子生物学-医学院校-教材
Ⅳ. ①Q5②Q7

中国版本图书馆 CIP 数据核字(2015)第 190728 号

生物化学与分子生物学
汤其群 总主编
责任编辑/肖 英

复旦大学出版社有限公司出版发行
上海市国权路 579 号 邮编：200433
网址：fupnet@fudanpress.com http://www.fudanpress.com
门市零售：86-21-65102580 团体订购：86-21-65104505
出版部电话：86-21-65642845
上海崇明裕安印刷厂

开本 787×1092 1/16 印张 26.5 字数 566 千
2021 年 12 月第 1 版第 4 次印刷

ISBN 978-7-309-11703-5/Q·101
定价：88.00 元